中国科学院科学出版基金资助出版

信息与计算科学丛书·典藏版　46

# 有限元方法

石钟慈　王　鸣　著

科　学　出　版　社
北　京

## 内 容 简 介

本书系统地论述了有限元方法的数学基础理论. 本书以椭圆偏微分方程的边值问题为例, 介绍了协调有限元方法以及非协调等非标准有限元方法的数学描述、收敛条件和性质、有限元解的先验和后验误差估计以及有限元空间的基本性质, 其中包括作者多年来的部分研究成果.

本书可以作为从事科学与工程计算的科研和工程技术人员的参考书, 也可以作为高等院校计算数学、应用数学等专业硕士研究生的教材.

**图书在版编目(CIP)数据**

有限元方法/石钟慈, 王鸣著. — 北京: 科学出版社, 2010
(信息与计算科学丛书; 46)
ISBN 978-7-03-026475-6

I. 有… II. ① 石… ② 王… III. 有限元法 IV. O241.82

中国版本图书馆 CIP 数据核字(2010) 第 012953 号

责任编辑: 陈玉琢 / 责任校对: 陈玉凤
责任印制: 钱玉芬 / 封面设计: 陈 敬

科学出版社 出版
北京东黄城根北街 16 号
邮政编码: 100717
http://www.sciencep.com

北京凌奇印刷有限责任公司 印刷

科学出版社发行 各地新华书店经销
*
2010 年 1 月第 一 版 开本: B5(720 × 1000)
2016 年 1 月印 刷 印张: 24 1/4
字数: 468 000

POD定价: 168.00元
(如有印装质量问题, 我社负责调换)

# 《信息与计算科学丛书》序

20 世纪 70 年代末，由已故著名数学家冯康先生任主编，科学出版社出版了一套《计算方法丛书》，至今已逾 30 册. 这套丛书以介绍计算数学的前沿方向和科研成果为主旨，学术水平高、社会影响大，对计算数学的发展、学术交流及人才培养起到了重要的作用.

1998 年教育部进行学科调整，将计算数学及其应用软件、信息科学、运筹控制等专业合并，定名为“信息与计算科学专业”. 为适应新形势下学科发展的需要，科学出版社将《计算方法丛书》更名为《信息与计算科学丛书》，组建了新的编委会，并于 2004 年 9 月在北京召开了第一次会议，讨论并确定了丛书的宗旨、定位及方向等问题.

新的《信息与计算科学丛书》的宗旨是面向高等学校信息与计算科学专业的高年级学生、研究生以及从事这一行业的科技工作者，针对当前的学科前沿，介绍国内外优秀的科研成果. 强调科学性、系统性及学科交叉性，体现新的研究方向. 内容力求深入浅出，简明扼要.

原《计算方法丛书》的编委和编辑人员以及多位数学家曾为丛书的出版做了大量工作，在学术界赢得了很好的声誉，在此表示衷心的感谢. 我们诚挚地希望大家一如既往地关心和支持新丛书的出版，以期为信息与计算科学在新世纪的发展起到积极的推动作用.

石钟慈

2005 年 7 月

# 前　　言

有限元方法在 20 世纪 50 年代诞生于结构力学, 至今它已在众多领域取得了巨大的成功. 现在, 它是求解微分方程的成熟、有效的数值方法. 在有限元方法的创立和发展过程中, 我国学者作出了重要的贡献. 冯康的有关工作是开创性的, 独立于美国和欧洲之外创立并发展了有限元方法.

有限元方法的基本思想是根据变分原理, 利用有限元空间上的离散解近似无穷维空间 $V$ 上的连续解. 构造有限元空间的典型步骤如下：

(1) 将连续解的定义域 $\Omega$ 剖分成若干个子区域, 称每个子区域为一个单元;

(2) 在每个单元上, 选取一个由多项式构成的 $m$ 维空间和 $m$ 个节点参数, 要求空间中的每个多项式都可以由一组节点参数值唯一确定, 函数或导数在单元某些点的值可以作为节点参数;

(3) 以某种方式连接各单元上的节点参数, 进而得到定义在 $\Omega$ 上的分片多项式空间 $V_h$, 称这样得到的 $V_h$ 为有限元空间.

在有限元方法的数学理论中, 有下面著名的结果:

当 $V_h$ 是 $V$ 的子空间时, 有限元解对连续解的逼近性取决于有限元空间 $V_h$ 对 $V$ 的逼近性.

由有限元的插值理论可以得到有限元空间的逼近性质.

当有限元空间 $V_h$ 是 $V$ 的子空间时, 称有限元方法是协调的或标准的有限元方法. 通常, 用于求解 $2m$ 阶椭圆偏微分方程边值问题的有限元空间的协调性质导致 $V_h$ 是 $C^{m-1}(\overline{\Omega})$ 的子空间. 所以, 有时也称求解的问题为 $C^{m-1}$ 问题. 对于二阶微分方程的边值问题, 有许多协调的有限元, 包括最少节点参数的情形. 对于四阶微分方程的边值问题, 也有若干协调的有限元, 但是它们的节点参数较多. 例如, 当单元是三角形时, 至少需要 18 个节点参数和 5 次多项式才能满足协调性条件. 当单元是四面体时, Zenicek 构造了一个协调元, 需要 9 次多项式和 220 个节点参数. 这样就带来了严重的计算困难, 不仅有限元空间的维数相当大, 而且空间的结构也很复杂. 如何减少节点参数的个数以及降低多项式的阶数是人们感兴趣的问题.

最初的尝试是把单元再分成小单元, 然后使用在整个单元上的低阶分片多项式来满足连续性要求. 这样得到的有限元空间仍然复杂, 失去了有限元方法的简单特性, 所以实际中极少使用.

一个成功的方法是放松在 $\Omega$ 上的 $C^{m-1}$ 连续性要求. 称用这样的方法得到的

有限元为非协调元. 有些非协调元, 如 Wilson 元、Morley 元, 是收敛的; 而有些是不收敛的. 也有的非协调元, 如二维 Zienkiewicz 元, 只对 $\Omega$ 的某些特殊剖分收敛. 因此, 非协调元的收敛条件变得重要起来. Irons 从数值实践中提出一个方法, 称为"分片检验". 分片检验的思想基于: 对于常应变问题, 有限元方法应该得到精确解. 分片检验使用起来非常简单, 在力学和工程界非常流行. 但是, 如果不附加一些条件, 分片检验不是充分条件也不是必要条件. Stummel 从数学的角度提出了一个充分必要条件, 称之为广义分片检验. 石钟慈利用广义分片检验讨论了许多非协调元的收敛性, 同时提出了比广义分片检验更易于应用的一个充分条件, 称之为 F-E-M 检验.

虽然数学家证明了分片检验不充分也不必要, 但是力学家和工程师们仍然相信在某些条件下, 如弱连续条件, 分片检验仍然是非协调元收敛的充分必要条件. 直到王鸣的工作证明了: 在包括弱连续性在内的一定条件下, 分片检验是收敛的充分条件. 不仅如此, 如果某非协调元不通过分片检验, 则存在一簇剖分, 使得该非协调元在此簇剖分下是不收敛的.

除了非协调元外, 位移杂交有限元方法也放松了 $C^{m-1}$ 连续性. 该方法把单元之间的连续性看成约束, 在单元内部边界上引入 Lagrange 乘子放松连续性要求. 这样原始的变分问题变成了依赖于 $\Omega$ 剖分的变分问题. 这样得到的有限元称为位移杂交有限元. 对应于每一个杂交元, 都有一个从它得到的非协调元. 在这种意义下, 位移杂交元方法可以看成是非协调元方法的一种特殊情形.

无论是分片检验还是广义分片检验, 它们都是有限元收敛的分析工具. 如何构造好的单元是另外一件事. 通常, 人们愿意用函数和导数在单元顶点的值作为节点参数, 这样可以得到简单的结构和少的总自由度. 但是, 这样难以保证单元内边界上的连续性条件, 如 Zienkiewicz 元. 以二维情形为例, 为了保证收敛性, 法向导数在单元边上的积分平均值、函数在边中点的函数值被选为节点参数, 如 Veubake 元, 这样就导致了整体自由度的增加.

为了得到好的单元, 力学家们提出了一些构造方法. 例如, 唐立民等提出的拟协调元方法、龙驭球等的广义协调元方法、Bergan 等的自由格式方法和能量正交方法. 由这些方法构造的某些单元具有很好的收敛性质. 张鸿庆等证明了拟协调元方法的收敛性, 石钟慈等证明了其他方法的收敛性.

非协调元、拟协调元、广义协调元、自由格式和能量正交等方法都与协调元方法有所不同, 所以, 称这些方法为非标准有限元方法. 为了讨论这些非标准有限元方法, 张鸿庆提出了多套函数逼近方法, 石钟慈和陈绍春提出了双参数方法, 这些数学工具成功地建立了非标准有限元方法的数学理论. 本书只准备介绍双参数方法, 关于多套函数方法, 有兴趣的读者可以在本书的参考文献中找到.

还有另外一条途径克服 $C^{m-1}$ 连续性的困难 —— 混合有限元方法. 该方法把

原来的偏微分方程转化为低阶偏微分方程组, 如把重调和方程转化成两个二阶偏微分方程, 然后考虑转化后问题的有限元方法. 虽然最终得到的有限元格式与直接从原问题出发得到的可能不相同, 但是毕竟还是转化后问题的有限元方法. 从这个角度来看, 混合有限元方法不是非标准的有限元. 当然, 对于转化后的问题也可以使用非标准有限元方法.

有限元方法及其数学理论的内容十分丰富, 涉及的范围广泛. 本书考虑椭圆偏微分方程边值问题的标准和非标准有限元方法的数学理论, 介绍标准和非标准有限元方法的如下问题:

(1) 数学描述;

(2) 收敛条件;

(3) 有限元解的先验和后验误差估计;

(4) 有限元空间的基本性质,

可以把这些内容看成有限元方法的数学理论的学习或研究工作的入门介绍.

本书分为 12 章. 第 1 章介绍椭圆边值问题的变分原理, 内容包括: 需要用到的 Sobolev 空间的基本结果, Poisson 方程和重调和方程边值问题的变分形式, 抽象变分问题的 Lax-Milgram 引理、Ritz 法和 Galerkin 法及其抽象的误差估计.

第 2 章介绍有限元方法的基本内容, 包括构造有限元、有限元插值算子和有限元空间的方法, 椭圆边值问题的若干协调和非协调有限元. 从有限元和有限元空间的构造方法以及插值误差分析的角度来看, 协调元和非协调元没有区别. 另外, 从算法实现的角度来看, 它们也没有什么区别, 所以本书把它们列在一起给出.

第 3 章介绍有限元的插值理论, 内容包括仿射变换技巧、有限元的插值误差估计、逆不等式和有限元空间的逼近精度等, 最后介绍更一般情形的插值理论结果.

第 4 章考虑求解椭圆边值问题的协调有限元方法. 对于二阶和四阶问题, 介绍协调有限元方法的收敛性、误差估计和 Aubin-Nistche 技巧. 对于 $2m$ 阶问题, 介绍后验误差估计.

第 5 章和第 6 章介绍非协调元的数学理论. 第 5 章介绍二阶、四阶和 $2m$ 阶椭圆边值问题的非协调方法及其先后验误差估计. 第 6 章讨论非协调元的收敛条件, 包括分片检验、广义分片检验、弱分片检验、F-E-M 检验等, 并且介绍有限元的超逼近性质和若干非协调元的奇异收敛现象.

第 7 章介绍拟协调元方法, 内容包括拟协调元的基本思想、拟协调元的例子、拟协调元的收敛条件和先后验误差估计.

第 8 章介绍非传统有限元方法, 包括自由格式和能量正交等方法及其收敛性分析和先后验误差估计.

第 9 章介绍双参数方法, 一些非标准有限元可以用双参数方法进行统一讨论, 如广义协调元方法. 前两节介绍双参数法的构造方法、良定条件和收敛性质; 接着两节介绍双参数法在非标准有限元分析中的应用和一些用双参数法构造的有限元; 最后介绍后验误差估计.

第 10 章考虑非标准有限元空间的性质, 这些性质类似于 Sobolev 空间的性质, 如嵌入性质和紧致性质. 另外, 还介绍有限元空间上的若干不等式, 如广义 Poincare-Friedrichs 不等式、Korn 不等式等.

最后两章分别讨论二维 Poisson 方程和薄板弯曲问题的有限元方法的 $L^\infty$ 误差估计, 涉及的有限元包括协调元和非标准有限元.

关于有限元方法及其数学理论的文献浩瀚如海, 本书所列的参考文献只是其中极少的一部分, 这些文献或是本书内容的取材来源或是写作过程中参考过的.

本书的写作是在科学出版社林鹏先生的提议下进行的, 本书的初稿完成于 1996 年 6 月. 在初稿的基础上, 作者添加了一些新的内容形成了本书. 本书的第二作者曾在北京大学数学科学学院研究生课程“有限元方法 II”上讲授过本书前 6 章的内容. 在本书的初稿写作期间, 第二作者在香港裘槎基金会的资助下, 在香港理工大学应用数学系做访问学者. 作者感谢林鹏先生, 感谢香港裘槎基金会, 感谢香港理工大学当时的同事, 尤其是侯瑞鸿教授、石济民教授、林振宝教授和林兆玉女士. 作者感谢北京大学数学科学学院计算数学专业阅读过本书书稿, 并提出宝贵意见的研究生们, 尤其是高博然同学.

作　者

2009 年 3 月于北京

# 目　　录

# 第1章　变分原理

有限元方法是以偏微分方程的变分形式为基础的, 冯康最早关于有限元的工作 [1] 的论文题目就是“基于变分原理的差分格式”. 对于偏微分方程对应的变分问题, 有经典的 Ritz 和 Galerkin 近似求解方法. 在 Ritz 法或者 Galerkin 法中, 取有限维空间为有限元空间就得到了有限元方法. 介绍有限元的数学理论, 需要 Sobolev 空间的一些内容作为预备知识, 为此, 1.1 节将不加证明地给出 Sobolev 空间的基本结果, 1.2 节和 1.3 节分别介绍 Poisson 方程和重调和方程边值问题的变分形式, 1.4 节介绍抽象变分问题的 Lax-Milgram 引理, 最后一节介绍 Galerkin 方法和 Ritz 方法.

本章 1.1 节的内容取自于 Adams 的著作 [2], 1.2 节和 1.3 节的内容取自于文献 [3], 最后两节的内容, 除了定理 1.5.2 之外, 均取自于 Ciarlet 的著作 [4].

## 1.1　Sobolev 空间

记 $n$ 维空间 $\mathbf{R}^n$ 中的点为 $\boldsymbol{x}=(x_1,\cdots,x_n)^{\mathrm{T}}$. 设 $\Omega$ 是 $\mathbf{R}^n$ 中的一个有界连通区域, 记其边界为 $\partial\Omega$. 当 $m$ 表示非负整数或 $\infty$ 时, 用 $C^m(\Omega)$ 表示 $\Omega$ 上所有 $m$ 次连续可微的函数构成的集合, 用 $C^m(\overline{\Omega})$ 表示 $\overline{\Omega}$ 上所有 $m$ 次连续可微的函数构成的集合. 用 $C_0^m(\Omega)$ 表示 $C^m(\Omega)$ 中所有这样的函数构成集合, 这些函数的紧支集包含在 $\Omega$ 内. 当 $m=0$ 时, $C^0(\Omega), C^0(\overline{\Omega})$ 和 $C_0^0(\Omega)$ 可以略去上标, 分别记为 $C(\Omega), C(\overline{\Omega})$ 和 $C_0(\Omega)$.

称分量均为非负整数的向量 $\boldsymbol{\alpha}=(\alpha_1,\cdots,\alpha_n)$ 为多重指标, 记 $|\boldsymbol{\alpha}|=\alpha_1+\cdots+\alpha_n$. 利用多重指标, 偏导数算子可以记为

$$\partial^{\boldsymbol{\alpha}}=\frac{\partial^{|\boldsymbol{\alpha}|}}{\partial x_1^{\alpha_1}\cdots\partial x_n^{\alpha_n}}.$$

记梯度算子为

$$\nabla=\left(\frac{\partial}{\partial x_1},\frac{\partial}{\partial x_2},\cdots,\frac{\partial}{\partial x_n}\right)^{\mathrm{T}}.$$

当 $m$ 为非负整数时, 对于线性空间 $C^m(\overline{\Omega})$, 赋予它如下范数:

$$\|v\|_{C^m(\overline{\Omega})}=\max_{|\boldsymbol{\alpha}|\leqslant m}\max_{\boldsymbol{x}\in\overline{\Omega}}|\partial^{\boldsymbol{\alpha}}v(\boldsymbol{x})|,\quad \forall v\in C^m(\overline{\Omega}),$$

它就是一个 Banach 空间.

定义 Sobolev 空间需要广义导数的概念. 对于 $\Omega$ 上局部 Lebesgue 可积函数 $u$, 如果存在另一个 $\Omega$ 上的局部 Lebesgue 可积函数 $v$ 满足

$$\int_\Omega v\phi\,\mathrm{d}\boldsymbol{x} = (-1)^{|\boldsymbol{\alpha}|}\int_\Omega u\partial^{\boldsymbol{\alpha}}\phi\,\mathrm{d}\boldsymbol{x}, \quad \forall\phi\in C_0^\infty(\Omega),$$

则称 $v$ 是 $u$ 的一个广义导数, 记为 $\partial^{\boldsymbol{\alpha}}u$. 显然, 广义导数是古典导数的推广.

对于非负整数 $m$ 和实数 $\varrho\in[1,\infty]$, 定义

$$W^{m,\varrho}(\Omega) = \{\, u\in L^\varrho(\Omega) \mid \partial^{\boldsymbol{\alpha}}u\in L^\varrho(\Omega),\ |\boldsymbol{\alpha}|\leqslant m \,\}.$$

在 $W^{m,\varrho}(\Omega)$ 上定义 Sobolev 范数 $\|\cdot\|_{m,\varrho,\Omega}$ 如下:

对 $u\in W^{m,\varrho}(\Omega)$,

$$\|u\|_{m,\varrho,\Omega} = \left(\sum_{|\boldsymbol{\alpha}|\leqslant m}\int_\Omega |\partial^{\boldsymbol{\alpha}}u|^\varrho\,\mathrm{d}\boldsymbol{x}\right)^{1/\varrho}, \quad 1\leqslant\varrho<\infty,$$

$$\|u\|_{m,\infty,\Omega} = \max_{|\boldsymbol{\alpha}|\leqslant m}\operatorname*{esssup}_{\boldsymbol{x}\in\Omega}|\partial^{\boldsymbol{\alpha}}u(\boldsymbol{x})|,$$

则 $W^{m,\varrho}(\Omega)$ 是一个 Banach 空间, 称 $W^{m,\varrho}(\Omega)$ 为 Sobolev 空间. 当 $\varrho=2$ 时, 记 $W^{m,\varrho}(\Omega)$ 为 $H^m(\Omega)$, 相应的范数为 $\|\cdot\|_{m,\Omega}$, $H^m(\Omega)$ 是一个 Hilbert 空间. 在 Sobolev 空间的理论中有下述基本结果:

**定理 1.1.1**　如果区域 $\Omega$ 的边界 $\partial\Omega$ 是 Lipschitz 连续的, 并且 $1\leqslant\varrho<\infty$, 则 $C^\infty(\overline{\Omega})$ 在 $W^{m,\varrho}(\Omega)$ 中稠密.

记 $C_0^\infty(\Omega)$ 在范数 $\|\cdot\|_{m,\varrho,\Omega}$ 下的完备化空间为 $W_0^{m,\varrho}(\Omega)$, 则 $W_0^{m,\varrho}(\Omega)$ 也是一个 Banach 空间. 当 $\varrho=2$ 时, 它是一个 Hilbert 空间, 记为 $H_0^m(\Omega)$. 定义负数阶 Sobolev 空间$H^{-m}(\Omega)$ 为 $H_0^m(\Omega)$ 的对偶空间, 其范数 $\|\cdot\|_{-m,\Omega}$ 如下定义:

对于 $v\in H^{-m}(\Omega)$,

$$\|v\|_{-m,\Omega} = \sup_{u\in H_0^m(\Omega)}\frac{\langle v,u\rangle}{\|u\|_{m,\Omega}},$$

其中, $\langle\cdot,\cdot\rangle$ 是 $H^{-m}(\Omega)$ 和 $H_0^m(\Omega)$ 之间的对偶对. 当 $v\in L^2(\Omega)$ 时,

$$\langle v,u\rangle = (v,u),$$

其中, $(\cdot,\cdot)$ 是 $L^2(\Omega)$ 的内积.

在 $W^{m,\varrho}(\Omega)$ 上定义 Sobolev 半范如下:

对 $u\in W^{m,\varrho}(\Omega)$,

$$|u|_{m,\varrho,\Omega} = \left( \sum_{|\boldsymbol{\alpha}|=m} \int_\Omega |\partial^{\boldsymbol{\alpha}} u|^\varrho \, \mathrm{d}\boldsymbol{x} \right)^{1/\varrho}, \quad 1 \leqslant \varrho < \infty,$$

$$|u|_{m,\infty,\Omega} = \max_{|\boldsymbol{\alpha}|=m} \operatorname*{esssup}_{\boldsymbol{x}\in\Omega} |\partial^{\boldsymbol{\alpha}} u(\boldsymbol{x})|.$$

恒等算子 $Iu = u$ 明显是从 $W^{m,\varrho}(\Omega)$ 到 $L^\varrho(\Omega)$ 的连续算子, 这种嵌入关系记作

$$W^{m,\varrho}(\Omega) \to L^\varrho(\Omega).$$

这时, 称恒等算子为嵌入算子. 下面是 Sobolev 空间的嵌入定理.

**定理 1.1.2** 设区域 $\Omega$ 的边界 $\partial\Omega$ 是 Lipschitz 连续的, 并且 $1 \leqslant \varrho \leqslant \infty$. 如果 $m \geqslant k+1$, 则当 $m < k + \dfrac{n}{\varrho}$ 时,

$$W^{m,\varrho}(\Omega) \to W^{k,\mu}(\Omega), \quad 1 \leqslant \mu \leqslant \frac{n\varrho}{n-(m-k)\varrho};$$

当 $m = k + \dfrac{n}{\varrho}$ 时,

$$W^{m,\varrho}(\Omega) \to W^{k,\mu}(\Omega), \quad 1 \leqslant \mu < \infty;$$

当 $m > k + \frac{n}{\varrho}$ 时,

$$W^{m,\varrho}(\Omega) \to C^k(\overline{\Omega}).$$

**定理 1.1.3** 设区域 $\Omega$ 的边界 $\partial\Omega$ 是 Lipschitz 连续的, 并且 $1 \leqslant \varrho \leqslant \infty$. 如果 $m \geqslant k+1$, 则描述下面嵌入关系的嵌入算子是紧的:

当 $m < k + \dfrac{n}{\varrho}$ 时,

$$W^{m,\varrho}(\Omega) \to W^{k,\mu}(\Omega), \quad 1 \leqslant \mu < \frac{n\varrho}{n-(m-k)\varrho};$$

当 $m = k + \dfrac{n}{\varrho}$ 时,

$$W^{m,\varrho}(\Omega) \to W^{k,\mu}(\Omega), \quad 1 \leqslant \mu < \infty;$$

当 $m > k + \dfrac{n}{\varrho}$ 时,

$$W^{m,\varrho}(\Omega) \to C^k(\overline{\Omega}).$$

因为 $\partial\Omega$ 的 $n$ 维测度是零, 所以当 $u \in L^\varrho(\Omega)$ 时, $u$ 在 $\partial\Omega$ 上的值是无意义的. 但是, 从定理 1.1.2 可知当 $m > \dfrac{n}{\varrho}$ 时, $W^{m,\varrho}(\Omega)$ 可以嵌入到 $C(\overline{\Omega})$, 因而, 把

$u \in C(\overline{\Omega})$ 在 $\partial\Omega$ 上的值作为 $u \in W^{m,\varrho}(\Omega)$ 在 $\partial\Omega$ 上的值是可以的. 如果 $m \geqslant 1$ 且 $\partial\Omega$ 是 $m$ 阶光滑的, 则下面的不等式:

$$\|v\|_{0,\varrho,\partial\Omega} \leqslant C_\Omega \|v\|_{m,\varrho,\Omega} \tag{1.1.1}$$

对 $v \in C^m(\overline{\Omega})$ 成立, 其中, $C_\Omega$ 是一个只与 $\Omega$ 有关的常数.

对于 $u \in W^{m,\varrho}(\Omega)$, 由定理 1.1.1 可知存在序列 $\{u_k\} \in C^m(\overline{\Omega})$, 使得

$$\|u - u_k\|_{m,\varrho,\Omega} \to 0, \quad k \to \infty.$$

由不等式 (1.1.1), $\{u_k\}$ 在 $L^\varrho(\partial\Omega)$ 中收敛, 记该极限为 $u|_{\partial\Omega}$. 这一极限与序列的选取无关.

称 $u|_{\partial\Omega}$ 是函数 $u \in W^{m,\varrho}(\Omega)$ 的迹, 算子 $\mathrm{tr}: u \to u|_{\partial\Omega}$ 为迹算子. 对迹算子有如下定理:

**定理 1.1.4** 设区域 $\Omega$ 的边界 $\partial\Omega$ 是 Lipschitz 连续的且分片 $m$ 阶光滑, $1 \leqslant \varrho \leqslant \infty$, $n > 1$. 如果 $m \geqslant 1$, 则迹算子

$$\mathrm{tr}: W^{m,\varrho}(\Omega) \to L^\mu(\partial\Omega), \quad 1 \leqslant \mu \leqslant \frac{(n-1)\varrho}{n - m\varrho}$$

当 $m\varrho < n$ 时是连续的;

$$\mathrm{tr}: W^{m,\varrho}(\Omega) \to L^\mu(\partial\Omega), \quad 1 \leqslant \mu < \infty$$

当 $m\varrho = n$ 时是连续的.

通常, 称 $W^{m,\varrho}(\Omega)$ 和 $L^\mu(\partial\Omega)$ 这种关系为 $W^{m,\varrho}(\Omega)$ 嵌入到 $L^\mu(\partial\Omega)$, 记这种关系为

$$W^{m,\varrho}(\Omega) \to L^\mu(\partial\Omega).$$

特别地, 当 $\partial\Omega$ 是 Lipschitz 连续时,

$$H^1(\Omega) \to L^2(\partial\Omega).$$

令 $\boldsymbol{\nu} = (\nu_1, \cdots, \nu_n)^{\mathrm{T}}$ 是 $\partial\Omega$ 的单位外法向量, 则当 $\partial\Omega$ 分片光滑时, $\boldsymbol{\nu}$ 在 $\partial\Omega$ 上几乎处处存在. 对于 $C^2(\overline{\Omega})$ 中的函数, 法向导数算子

$$\frac{\partial}{\partial\boldsymbol{\nu}} = \sum_{i=1}^n \nu_i \frac{\partial}{\partial x_i}$$

在 $\partial\Omega$ 上几乎处处有定义. 类似于迹算子, 可以将法向导数算子延拓到 $W^{2,\varrho}(\Omega)$ 中的函数,

$$\frac{\partial}{\partial\boldsymbol{\nu}} = \sum_{i=1}^n \nu_i \mathrm{tr} \frac{\partial}{\partial x_i}.$$

对于空间 $W_0^{m,\varrho}(\Omega)$, 下面的性质成立:

$$
\begin{aligned}
&W_0^{1,\varrho}(\Omega)=\{\, v \mid v\in W^{1,\varrho}(\Omega), v|_{\partial\Omega}=0\},\\
&W_0^{2,\varrho}(\Omega)=\left\{\, v \mid v\in W^{2,\varrho}(\Omega), v|_{\partial\Omega}=\left.\frac{\partial v}{\partial \boldsymbol{\nu}}\right|_{\partial\Omega}=0\right\}.
\end{aligned}
$$

对 $u,v\in C^1(\overline{\Omega})$, 有 Green 公式

$$
\int_\Omega \frac{\partial u}{\partial x_i} v\,\mathrm{d}\boldsymbol{x}=\int_{\partial\Omega} uv\nu_i\,\mathrm{d}s-\int_\Omega u\frac{\partial v}{\partial x_i}\,\mathrm{d}\boldsymbol{x},\quad 1\leqslant i\leqslant n. \tag{1.1.2}
$$

由定理 1.1.1 和定理 1.1.4, 式 (1.1.2) 对于 $u,v\in H^1(\Omega)$ 也成立.

## 1.2 Poisson 方程

本节讨论 Poisson 方程边值问题的变分形式.

### 1.2.1 Dirichlet 边值问题

设 $f$ 和 $g$ 是足够光滑的函数. Poisson 方程的 Dirichlet 边值问题为

$$
\begin{cases}
-\Delta u=f, & \text{在 } \Omega \text{ 内},\\
u|_{\partial\Omega}=g,
\end{cases} \tag{1.2.1}
$$

其中,

$$
\Delta=\sum_{i=1}^n \frac{\partial^2}{\partial x_i^2}
$$

是 Laplace 算子.

假设问题 (1.2.1) 的解 $u$ 属于 $C^2(\overline{\Omega})$. 对任意 $v\in C_0^\infty(\Omega)$, 在方程两端同时乘以 $v$, 然后在 $\Omega$ 积分得到

$$
-\int_\Omega v\Delta u\,\mathrm{d}\boldsymbol{x}=\int_\Omega fv\,\mathrm{d}\boldsymbol{x},
$$

这时称 $v$ 为试探函数. 由 Green 公式和 $v|_{\partial\Omega}=0$ 得到

$$
\int_\Omega \sum_{i=1}^n \frac{\partial u}{\partial x_i}\frac{\partial v}{\partial x_i}\,\mathrm{d}\boldsymbol{x}=\int_\Omega fv\,\mathrm{d}\boldsymbol{x}.
$$

定义

$$
a(u,v)=\int_\Omega \sum_{i=1}^n \frac{\partial u}{\partial x_i}\frac{\partial v}{\partial x_i}\,\mathrm{d}\boldsymbol{x},
$$

则

$$a(u,v)=(f,v). \tag{1.2.2}$$

等式 (1.2.2) 不仅对所有的 $v\in C_0^\infty(\Omega)$ 成立, 而且由 $H_0^1(\Omega)$ 的定义可知, 它对所有的 $v\in H_0^1(\Omega)$ 也成立.

现在令 $f\in L^2(\Omega)$, $g$ 是 $u_0\in H^1(\Omega)$ 的迹. 由式 (1.2.2) 可以给出问题 (1.2.1) 的变分形式.

问题 (1.2.1) 的变分形式为求 $u\in H^1(\Omega)$ 且 $u|_{\partial\Omega}=g$, 使得

$$a(u,v)=(f,v),\quad \forall v\in H_0^1(\Omega). \tag{1.2.3}$$

称问题 (1.2.3) 的解为问题 (1.2.1) 的弱解, 也称问题 (1.2.3) 为问题 (1.2.1) 的弱形式.

对于问题 (1.2.1) 的弱解和古典解之间的关系, 有下述定理:

**定理 1.2.1** 设 $f\in C(\overline{\Omega})$, $g\in C(\partial\Omega)$. 如果 $u\in C^2(\overline{\Omega})$ 是问题 (1.2.1) 的古典解, 则它是弱解. 反过来, 如果 $u$ 是问题 (1.2.1) 的弱解且 $u\in C^2(\overline{\Omega})$, 则它是古典解.

**证明** 定理的第一个结论是显然的. 现在令 $u$ 是问题 (1.2.1) 的弱解且 $u\in C^2(\overline{\Omega})$. 在式 (1.2.3) 中取 $v\in C_0^\infty(\Omega)$, 利用 Green 公式得到

$$\int_\Omega(\Delta u+f)v\,\mathrm{d}\boldsymbol{x}=0.$$

所以, 在分布的意义下, $\Delta u+f=0$. 另一方面, $-\Delta u$ 和 $f$ 都是连续函数, 因此, 它们处处相等, 也就是说, $u$ 是古典解. 由迹的定义, 在 $\partial\Omega$ 上 $u$ 等于 $g$. □

令 $u=w+u_0$, 定义

$$F(v)=(f,v)-a(u_0,v),$$

则问题 (1.2.3) 等价于求 $w\in H_0^1(\Omega)$ 满足

$$a(w,v)=F(v),\quad \forall v\in H_0^1(\Omega). \tag{1.2.4}$$

也就是说, 边界条件可以齐次化.

当边界 $\partial\Omega$ 和函数 $f$, $g$ 都足够光滑时, 问题 (1.2.1) 的弱解的正则性也会变高. 特别地, 如果 $g=0$, $\Omega$ 是凸的, 则对任意 $f\in L^2(\Omega)$, 弱解 $u$ 属于 $H^2(\Omega)$ 且

$$\|u\|_{2,\Omega}\leqslant C\|f\|_{0,\Omega}, \tag{1.2.5}$$

其中, $C$ 是与 $f$ 无关的常数 (参见文献 [5]).

### 1.2.2 Neumann 边值问题

Poisson 方程的 Neumann 边值问题为

$$\begin{cases} -\Delta u = f, & \text{在 } \Omega \text{ 内}, \\ \left.\dfrac{\partial u}{\partial \boldsymbol{\nu}}\right|_{\partial\Omega} = g. \end{cases} \tag{1.2.6}$$

问题 (1.2.6) 的解是不唯一的. 要保证唯一性需要其他条件, 如

$$\int_\Omega u \, \mathrm{d}\boldsymbol{x} = 0. \tag{1.2.7}$$

假设问题 (1.2.6) 的解 $u$ 属于 $C^2(\overline{\Omega})$. 对任意的试探函数 $v \in C^\infty(\overline{\Omega})$, 在方程的两端乘以它, 然后在 $\Omega$ 上积分得到

$$a(u,v) = (f,v) + \int_{\partial\Omega} gv \, \mathrm{d}s. \tag{1.2.8}$$

类似于式 (1.2.2), 式 (1.2.8) 不仅对所有的 $v \in C^\infty(\overline{\Omega})$ 成立, 而且对所有的 $v \in H^1(\Omega)$ 也成立.

现在令 $f \in L^2(\Omega)$, $g \in L^2(\partial\Omega)$. 由式 (1.2.8) 可以给出问题 (1.2.6) 的变分形式. 令 $V$ 是 $H^1(\Omega)$ 中所有满足式 (1.2.7) 的函数构成的空间. 问题 (1.2.6) 的变分形式为求 $u \in V$ 满足

$$a(u,v) = (f,v) + \int_{\partial\Omega} gv \, \mathrm{d}s, \quad \forall v \in V. \tag{1.2.9}$$

称问题 (1.2.9) 的解是问题 (1.2.6) 的弱解, 问题 (1.2.9) 为问题 (1.2.6) 的弱形式. 问题 (1.2.9) 有解的一个必要条件是

$$\int_\Omega f \, \mathrm{d}\boldsymbol{x} + \int_{\partial\Omega} g \, \mathrm{d}s = 0. \tag{1.2.10}$$

**定理 1.2.2** 设 $f \in C(\overline{\Omega})$, $g \in C(\partial\Omega)$. 如果 $u \in C^2(\overline{\Omega})$ 是问题 (1.2.6), (1.2.7) 的古典解, 则它是弱解. 反过来, 如果 $u$ 问题 (1.2.6) 的弱解且 $u \in C^2(\overline{\Omega})$, 则它是古典解.

**证明** 只证明定理的最后一个结论. 令 $u$ 是问题 (1.2.6) 的弱解且 $u \in C^2(\overline{\Omega})$. 在式 (1.2.9) 中取 $v \in C_0^\infty(\Omega)$, 由 Green 公式得

$$\int_\Omega (\Delta u + f) v \, \mathrm{d}\boldsymbol{x} = 0,$$

所以, $u$ 是 Poisson 方程的古典解. 接着在式 (1.2.9) 中取 $v \in C^\infty(\overline{\Omega})$, 注意到 $\Delta u + f = 0$, 于是得到

$$\int_{\partial\Omega} \frac{\partial u}{\partial \boldsymbol{\nu}} v \, \mathrm{d}s = \int_{\partial\Omega} gv \, \mathrm{d}s.$$

由 $v$ 的任意性得到 $u$ 满足边界条件, 所以 $u$ 是古典解. □

## 1.3 重调和方程

本节介绍重调和方程边值问题的变分形式. 重调和方程的齐次 Dirichlet 边值问题如下：

$$\begin{cases} \Delta^2 u = f, & \text{在 } \Omega \text{ 内}, \\ u|_{\partial\Omega} = \left.\dfrac{\partial u}{\partial \boldsymbol{\nu}}\right|_{\partial\Omega} = 0. \end{cases} \tag{1.3.1}$$

设问题 (1.3.1) 的解 $u$ 属于 $C^4(\overline{\Omega})$. 对任意 $v \in C_0^\infty(\Omega)$, 用它乘以方程的两端, 然后在 $\Omega$ 上积分得到

$$\int_\Omega v\Delta^2 u\,\mathrm{d}\boldsymbol{x} = \int_\Omega fv\,\mathrm{d}\boldsymbol{x}.$$

利用算子 $\Delta$ 的定义得

$$\int_\Omega v\Delta^2 u\,\mathrm{d}\boldsymbol{x} = \int_\Omega v \sum_{1\leqslant i,j\leqslant n} \frac{\partial^2}{\partial x_i \partial x_j} \frac{\partial^2 u}{\partial x_i \partial x_j}\,\mathrm{d}\boldsymbol{x}.$$

定义

$$a(u,v) = \int_\Omega \sum_{1\leqslant i,j\leqslant n} \frac{\partial^2 u}{\partial x_i \partial x_j} \frac{\partial^2 v}{\partial x_i \partial x_j}\,\mathrm{d}\boldsymbol{x}. \tag{1.3.2}$$

利用 Green 公式可以推导出

$$a(u,v) = (f,v).$$

因为 $C_0^\infty(\Omega)$ 在 $H_0^2(\Omega)$ 中稠密, 所以上面的方程对 $v \in H_0^2(\Omega)$ 也成立.

问题 (1.3.1) 的变分形式 (弱形式) 为：求 $u \in H_0^2(\Omega)$ 满足

$$a(u,v) = (f,v), \quad \forall v \in H_0^2(\Omega). \tag{1.3.3}$$

称问题 (1.3.3) 的解是问题 (1.3.1) 的弱解. □

类似于定理 1.2.1 有下面的定理：

**定理 1.3.1** 设 $f \in C(\overline{\Omega})$. 如果 $u \in C^4(\overline{\Omega})$ 是问题 (1.3.1) 的古典解, 则它也是弱解. 反过来, 如果 $u$ 是问题 (1.3.1) 的弱解且 $u \in C^4(\overline{\Omega})$, 则它是古典解.

关于问题 (1.3.1) 的弱解的正则性, 有本书后面要用到的如下结论：

如果 $\Omega$ 是凸多边形, 则对任意 $f \in H^{-1}(\Omega)$, 问题 (1.3.1) 的解 $u$ 属于 $H^3(\Omega)$ 且

$$\|u\|_{3,\Omega} \leqslant C\|f\|_{-1,\Omega}, \tag{1.3.4}$$

其中, $C$ 是与 $f$ 无关的常数 (参见文献 [5]).

当 $n=2$ 时, 问题 (1.3.1) 可以描述边界固定的薄板弯曲问题. 在此情况下, 问题 (1.3.1) 常常用另一种形式的变分问题. 设问题 (1.3.1) 的解 $u$ 属于 $C^4(\overline{\Omega})$. 对任意 $v\in C_0^\infty(\Omega)$, 用它乘以方程的两端, 然后在 $\Omega$ 上积分得到

$$\int_\Omega v\Delta^2 u\,\mathrm{d}\boldsymbol{x}=\int_\Omega fv\,\mathrm{d}\boldsymbol{x}.$$

令 $\sigma\in\left[0,\dfrac{1}{2}\right]$ 是板的 Poisson 比, 则

$$\begin{aligned}\int_\Omega v\Delta^2 u\,\mathrm{d}\boldsymbol{x}=&\int_\Omega v\Big(\frac{\partial^2}{\partial x_1^2}\Delta u+\frac{\partial^2}{\partial x_2^2}\Delta u\Big)\,\mathrm{d}\boldsymbol{x}\\&+\int_\Omega(1-\sigma)v\Big(2\frac{\partial^2}{\partial x_1\partial x_2}\frac{\partial^2 u}{\partial x_1\partial x_2}-\frac{\partial^2}{\partial x_1^2}\frac{\partial^2 u}{\partial x_2^2}-\frac{\partial^2}{\partial x_2^2}\frac{\partial^2 u}{\partial x_1^2}\Big)\,\mathrm{d}\boldsymbol{x}.\end{aligned}$$

定义

$$a(u,v)=\int_\Omega\left\{\Delta u\Delta v+(1-\sigma)\left(2\frac{\partial^2 u}{\partial x_1\partial x_2}\frac{\partial^2 v}{\partial x_1\partial x_2}-\frac{\partial^2 u}{\partial x_1^2}\frac{\partial^2 v}{\partial x_2^2}-\frac{\partial^2 u}{\partial x_2^2}\frac{\partial^2 v}{\partial x_1^2}\right)\right\}\mathrm{d}\boldsymbol{x}. \tag{1.3.5}$$

利用 Green 公式, 可以推导出

$$a(u,v)=(f,v).$$

因为 $C_0^\infty(\Omega)$ 在 $H_0^2(\Omega)$ 中稠密, 所以上面的等式对 $v\in H_0^2(\Omega)$ 也成立.

这样, 对于薄板弯曲问题, 使用由式 (1.3.5) 给出的双线性泛函 $a(\cdot,\cdot)$, 也可以得到形如式 (1.3.3) 的变分形式.

## 1.4 抽象变分问题

令 $V$ 是一个 Hilbert 空间, 其内积为 $(\cdot,\cdot)_V$, 相应的范数为 $\|\cdot\|_V$. 设 $a(\cdot,\cdot)$ 是从 $V\times V$ 到 $\mathbf{R}$ 的对称连续双线性泛函, $f$ 是 $V$ 到 $\mathbf{R}$ 的连续线性泛函. 由 1.2 节和 1.3 节可以看到椭圆边值问题可以归结为下面的抽象变分问题: 求 $u\in V$, 满足

$$a(u,v)=f(v),\quad \forall v\in V. \tag{1.4.1}$$

对于问题 (1.4.1) 解的存在性和唯一性, 有下面的 Lax-Milgram 引理:

**定理 1.4.1** 设 $V$ 是 Hilbert 空间, $a(\cdot,\cdot)$ 是从 $V\times V$ 到 $\mathbf{R}$ 的对称连续双线性泛函, $f$ 是 $V$ 到 $\mathbf{R}$ 的连续线性泛函. 假设 $a(\cdot,\cdot)$ 是 $V$ 椭圆的, 即存在正常数 $c$, 使得

$$c\|v\|_V^2\leqslant a(v,v),\quad \forall v\in V, \tag{1.4.2}$$

则问题 (1.4.1) 有唯一解.

**证明**　因为 $a(\cdot,\cdot)$ 是连续的, 所以存在常数 $M$, 使得

$$|a(u,v)| \leqslant M\|u\|_V \, \|v\|_V. \tag{1.4.3}$$

这样, 对任意 $u \in V$, $a(u,\cdot)$: $V \to \mathbf{R}$ 是连续的线性泛函. 由 Riesz 表现定理, 存在 $Au \in V$ 满足

$$a(u,v) = (Au,v)_V, \quad \forall v \in V. \tag{1.4.4}$$

于是得到一个连续的线性映射 $A: V \to V$. 假设 $u, w \in V$ 且 $Au = Aw$. 等式 (1.4.4) 导致

$$a(u-w,v) = (Au-Aw,v)_V = 0, \quad \forall v \in V.$$

特别地, 对 $v = u-w$, $a(u-w,u-w) = 0$. 由 $a(\cdot,\cdot)$ 的 $V$ 椭圆性得到 $u = w$. 也就是说, $A$ 是一对一映射且其逆 $A^{-1}: AV \to V$ 存在. 对 $w \in AV$,

$$c\|A^{-1}w\|_V^2 \leqslant a(A^{-1}w, A^{-1}w) = (w, A^{-1}w)_V \leqslant \|w\|_V \|A^{-1}w\|_V,$$

从而

$$\|A^{-1}\|_V \leqslant \frac{1}{c}\|w\|_V.$$

因为 $A^{-1}$ 是连续的, 空间 $AV$ 是 $V$ 中的一个闭子空间.

最后, 断言 $V = AV$. 否则, 存在 $u_0 \in V, u_0 \neq 0$, 满足 $u_0$ 与 $AV$ 正交. 因为 $Au_0 \in AV$,

$$0 = (Au_0, u_0)_V = a(u_0, u_0) \geqslant c\|u_0\|_V^2,$$

即 $u_0 = 0$, 与 $u_0 \neq 0$ 矛盾.

对于连续线性泛函 $f$, 由 Riesz 表现定理可知存在唯一的 $w \in V$, 使得

$$f(v) = (w,v)_V, \quad \forall v \in V.$$

于是 $A^{-1}w$ 就是问题 (1.4.1) 的唯一解. □

对 1.2 节和 1.3 节的变分问题应用 Lax-Milgram 引理, 需要验证对应的双线性泛函的 $V$ 椭圆性. 对此, 有关 Sobolev 空间中函数的若干不等式提供了保证.

**定理 1.4.2**　设整数 $m > 0$. 如果 $\Omega$ 的边界 $\partial\Omega$ 是 Lipschitz 连续的, 则存在常数 $C_1, C_2, C_3$, 使得 Poincaré-Friedrichs 不等式

$$\|v\|_{m,\Omega} \leqslant C_1|v|_{m,\Omega}, \quad \forall v \in H_0^m(\Omega), \tag{1.4.5}$$

Poincaré 不等式

$$\|v\|_{m,\Omega}^2 \leqslant C_2\Big(|v|_{m,\Omega}^2 + \sum_{|\alpha|<m}\Big(\int_\Omega \partial^{\boldsymbol{\alpha}} v \,\mathrm{d}\boldsymbol{x}\Big)^2\Big), \quad \forall v \in H^m(\Omega) \tag{1.4.6}$$

成立, 而且 Friedrichs 不等式

$$\|v\|_{m,\Omega} \leqslant C_3\big(|v|_{m,\Omega} + |v|_{0,\partial\Omega}\big), \quad \forall v \in H^m(\Omega), \tag{1.4.7}$$

当 $m < 3$ 时成立.

**证明** 假设与定理相反, 不等式 (1.4.5) 不成立. 于是对每个正整数 $k$, 存在函数 $v_k \in H_0^m(\Omega)$, 满足

$$\|v_k\|_{m,\Omega} > k|v_k|_{m,\Omega}.$$

不失一般性, 设 $v_k$ 满足

$$\|v_k\|_{m,\Omega} = 1, \quad k = 1, 2, \cdots, \tag{1.4.8}$$

这样就有

$$\lim_{k\to\infty} |v_k|_{m,\Omega} = 0. \tag{1.4.9}$$

因为 $\{v_k\}$ 是 $H_0^m(\Omega)$ 的有界序列, 所以存在 $v_\infty \in H_0^m(\Omega)$ 和一个子列 (仍记为 $\{v_k\}$) 满足 $\{v_k\}$ 弱收敛于 $v_\infty$. 由定理 1.1.3, 在 $H_0^{m-1}(\Omega)$ 中 $\{v_k\}$ 收敛于 $v_\infty$. 于是

$$\lim_{k,l\to\infty} \|v_k - v_l\|_{m,\Omega} = \lim_{k,l\to\infty} (\|v_k - v_l\|_{m-1,\Omega} + |v_k - v_l|_{m,\Omega}) = 0,$$

也就是说, $\{v_k\}$ 是 $H_0^m(\Omega)$ 中的 Cauchy 序列, 进而 $\{v_k\}$ 在 $H_0^m(\Omega)$ 中收敛于 $v_\infty$.

由式 (1.4.8) 得到 $\|v_\infty\|_{m,\Omega} = 1$. 另一方面, 式 (1.4.9) 导致 $|v_\infty|_{m,\Omega} = 0$, 即 $v_\infty$ 是一个 $m-1$ 次多项式. 注意到 $v_\infty \in H_0^m(\Omega)$, 于是得到 $v_\infty \equiv 0$, 与 $v_\infty \neq 0$ 矛盾. 上面的讨论推出不等式 (1.4.5) 成立.

类似地, 可以证明不等式 (1.4.6) 和不等式 (1.4.7) 成立. □

由定理 1.4.1 和定理 1.4.2 可知变分问题 (1.2.3), (1.2.8) 和 (1.3.3) 都有唯一解. 现在定义

$$J(v) = \frac{1}{2}a(v, v) - f(v),$$

考虑如下问题: 求 $u \in V$ 满足

$$J(u) = \min_{v\in V} J(v). \tag{1.4.10}$$

**定理 1.4.3** 设 $V$ 是 Hilbert 空间, $a(\cdot,\cdot)$ 是 $V \times V$ 到 $\mathbf{R}$ 的连续的对称双线性泛函, $f$ 是 $V$ 到 $\mathbf{R}$ 的连续线性泛函, 并且 $a(\cdot,\cdot)$ 是 $V$ 椭圆的. 则变分问题 (1.4.1) 等价于问题 (1.4.10).

**证明** 首先, 令 $u$ 是问题 (1.4.10) 的解. 对任意 $v \in V$ 和 $t \in (-1,1)$, 由双线性泛函 $a(\cdot,\cdot)$ 的对称性质, 则有

$$\begin{aligned} J(u+tv)-J(u) &= \frac{1}{2}a(u+tv,u+tv)-(f,u+tv)-\frac{1}{2}a(u,u)+(f,u) \\ &= t[a(u,v)-(f,v)]+t^2a(v,v) \geqslant 0. \end{aligned}$$

由 $t$ 的任意性, $u$ 是问题 (1.4.1) 的解.

其次, 令 $u$ 是问题 (1.4.1) 的解. 当 $v \in V$ 时,

$$\begin{aligned} J(v)-J(u) &= \frac{1}{2}a(v,v)-(f,v)-\frac{1}{2}a(u,u)+(f,u) \\ &= a(u,v-u)-(f,v-u)+\frac{1}{2}a(v-u,v-u) \\ &= \frac{1}{2}a(v-u,v-u) \geqslant 0, \end{aligned}$$

也就是说, $u$ 是问题 (1.4.10) 的解. □

## 1.5 Galerkin 方法和 Ritz 方法

现在考虑问题 (1.4.1) 或问题 (1.4.10) 的有限维逼近. 假设不等式 (1.4.2) 和不等式 (1.4.3) 成立, 由 Lax-Milgram 引理, 问题 (1.4.1) 或问题 (1.4.10) 都有唯一解.

取 $V_h$ 是 $V$ 的一个有限维子空间. 求解变分问题 (1.4.1) 的 Galerkin 方法是: 求 $u_h \in V_h$, 满足

$$a(u_h,v)=f(v), \quad \forall v \in V_h. \tag{1.5.1}$$

求解变分问题 (1.4.1) 或问题 (1.4.10) 的 Ritz 方法是: 求 $u_h \in V_h$, 满足

$$J(u_h)=\inf_{v \in V_h} J(v). \tag{1.5.2}$$

问题 (1.5.1) 的解叫做问题 (1.4.1) 的 Galerkin 解, 问题 (1.5.2) 的解叫做问题 (1.4.1) 或问题 (1.4.10) 的 Ritz 解.

显然, 问题 (1.5.1) 和问题 (1.5.2) 是等价的, 即它们的解是相同的. 在一般情况下, 如 $a(\cdot,\cdot)$ 是非对称的, 得不到等价性质.

对于 Galerkin 解或 Ritz 解, 有下面的 Céa 定理 (参见文献 [6]):

**定理 1.5.1** 设 $u$ 是问题 (1.4.1) 的解, $u_h$ 是问题 (1.5.1) 的解, 则

$$\|u-u_h\|_V \leqslant \frac{M}{c} \inf_{v_h \in V_h} \|u-v_h\|_V. \tag{1.5.3}$$

**证明** 对任意 $w_h \in V_h$, 由式 (1.4.1) 和式 (1.5.1) 得 $a(u-u_h, w_h)=0$. 利用式 (1.4.3) 和式 (1.4.2), 则对任意 $v_h \in V_h$,

$$\begin{aligned} c\|u-u_h\|_V^2 &\leqslant a(u-u_h, u-u_h) = a(u-u_h, u-v_h) \\ &\leqslant M\|u-u_h\|_V\|u-v_h\|_V. \end{aligned}$$

这样就得到了估计式 (1.5.3). □

定理 1.5.1 中关于 $u-u_h$ 的误差估计是所谓的先验误差估计, 也就是说, 要确定误差界必须知道问题 (1.4.1) 的解 $u$. 相对地, 后验误差估计的误差界是由只与 $f$ 和 $u_h$ 相关而与 $u$ 无关的项确定.

**定理 1.5.2** 设 $u$ 是问题 (1.4.1) 的解, $u_h$ 是问题 (1.5.1) 的解, 则

$$\|u-u_h\|_V \leqslant \frac{1}{c}\max_{0\neq v\in V}\frac{|(f,v)_V - a(u_h,v)|}{\|v\|_V}, \tag{1.5.4}$$

$$\|u-u_h\|_V \geqslant \frac{1}{M}\max_{0\neq v\in V}\frac{|(f,v)_V - a(u_h,v)|}{\|v\|_V}. \tag{1.5.5}$$

**证明** 令 $v \in V$, 由式 (1.4.1) 有

$$\begin{aligned} &c\|u-u_h\|_V^2 \leqslant a(u-u_h, u-u_h) = (f, u-u_h)_V - a(u_h, u-u_h), \\ &|(f,v)_V - a(u_h,v)| = |a(u-u_h, v)| \leqslant M\|u-u_h\|_V\|v\|_V. \end{aligned}$$

因此, 式 (1.5.4) 和式 (1.5.5) 成立. □

对于 Sobolev 空间上的变分问题, 有限维空间的选择有许多方法, 其中的一种就是有限元方法, 有限元方法将在后面的章节进行介绍.

# 第 2 章　有限元和有限元空间

本章讨论有限元和有限元空间的数学描述, 并且给出若干有限元的例子. 构造有限元空间有“化整为零”和“集零为整”两个步骤. “化整为零”就是把所考虑问题的区域按照一定规则剖分成若干单元, 把问题转化为每个单元上的问题. 处理好单元上的问题后, 再按照一定规则把所有单元拼接在一起, 这就是“集零为整”. 通常情形下, 这两个步骤中的规则是不变的, 因此, 描述一个有限元只需要给出其在单元上的描述就可以了.

在单元上描述一个有限元需要说明三个内容: 单元的几何形状、形函数空间和节点参数. 单元的几何形状为剖分区域提供了依据. 形函数空间和节点参数的选择要满足匹配要求: 对应于每个节点参数可以唯一确定形函数空间中的一个函数, 所有节点参数所确定的函数要构成形函数空间的一组基. 这样一来, 形函数空间的任一个函数都可以用一组节点参数表示. 形函数空间的选择主要出于逼近性质的考虑, 节点参数的选择需要考虑保证最终得到的有限元空间中的函数满足需要的连续性质. 有限元方法得到的有限元解函数所对应的节点参数是有限元方程组的未知数, 所以节点参数的选择通常也对应函数的一些简单的量, 如在区域某些称为节点的点处的函数值或者导数值等.

节点参数也称为自由度, 本书采用节点参数的说法, 上面所提及的节点参数是所谓的单元节点参数. 在形成有限元空间时, 按照规则, 会令一个单元的若干单元节点参数分别与相邻单元对应的单元节点参数相同. 因此, 有限元空间中的函数所对应的节点参数的数目会有所减少.

本章的内容安排如下: 2.1 节考虑区域的剖分; 2.2 节和 2.3 节分别讨论有限元和有限元空间; 2.4 节 ~2.7 节分别给出若干用于二阶和四阶椭圆边值问题的单纯形及矩形有限元; 最后一节介绍 $2m$ 阶问题的单纯形有限元. 在这些有限元中, 有些是协调元, 有些是非协调元.

本章 2.1 节 ~2.5 节的内容, 除了矩形 C-R 元外, 取自于文献 [4], [7], [8]. 对于矩形 C-R 元, 本书以文献 [9], [10] 中二维、三维的情形为基础介绍一般 $n$ 维的情况. 在 2.6 节中, 有关 Morley 元的内容取自于文献 [11], [12], Morley-Zienkiewicz 元的内容未见于文献, 修正 Zienkiewicz 元的内容取自于文献 [13], 12 参三角形板元的内容取自于文献 [14], 15 参三角形板元的内容取自于文献 [15], Argyris 元和 Bell 元的内容取自于文献 [4], 三次四面体元的内容取自于文献 [16]. 2.7 节和 2.8 节的内容分别取自于文献 [17], [18].

## 2.1 区域的剖分

构造有限元空间的第一个步骤是区域的剖分. 设 $\Omega$ 是 $\mathbf{R}^n$ 中的有界区域, 将 $\Omega$ 划分成有限个子集, 称每个子集为一个单元. 令 $h$ 为描述这些单元的某种尺度, 记由这些子集构成的集合为 $\mathcal{T}_h$. 称 $\mathcal{T}_h$ 是区域 $\Omega$ 的一个有限元剖分 (简称剖分), 如果下面的性质 HT1~ 性质 HT3 成立:

**HT1** $\overline{\Omega} = \bigcup_{T\in\mathcal{T}_h} T.$

**HT2** $\mathcal{T}_h$ 中的 $T$ 是闭的且其内点集 $\underline{T}$ 非空, 其边界 $\partial T$ 是 Lipschitz 连续的.

**HT3** 对任意两个不同的 $T_1, T_2 \in \mathcal{T}_h$, $\underline{T_1} \cap \underline{T_2} = \varnothing$.

从实际使用的角度来看, 单元的几何形状应该尽可能简单. 经常使用的有 $n$ 单纯形和 $n$ 矩形.

令 $\boldsymbol{a}_j = (x_{1j}, x_{2j}, \cdots, x_{nj})^{\mathrm{T}}$ $(1 \leqslant j \leqslant n+1)$ 是 $\mathbf{R}^n$ 中的 $n+1$ 个点. 如果矩阵

$$\boldsymbol{A} = \begin{pmatrix} x_{11} & x_{12} & \cdots & x_{1,n+1} \\ x_{21} & x_{22} & \cdots & x_{2,n+1} \\ \vdots & \vdots & & \vdots \\ x_{n1} & x_{n2} & \cdots & x_{n,n+1} \\ 1 & 1 & \cdots & 1 \end{pmatrix} \tag{2.1.1}$$

是非奇异的, 也就是说, 这 $n+1$ 个点不在同一个超平面内, 则称它们的凸包 $T$ 是一个 (非退化的) $n$ 单纯形. 称这 $(n+1)$ 个点为 $n$ 单纯形的顶点. 这时 $T$ 可以表示成

$$T = \left\{ \boldsymbol{x} = \sum_{i=1}^{n+1} \lambda_i \boldsymbol{a}_i \;\middle|\; 0 \leqslant \lambda_i \leqslant 1,\ 1 \leqslant i \leqslant n+1,\ \sum_{i=1}^{n+1} \lambda_i = 1 \right\}. \tag{2.1.2}$$

2 单纯形就是三角形, 3 单纯形就是四面体.

对任意点 $\boldsymbol{x} \in \mathbf{R}^n$, 相对于 $(n+1)$ 个点 $\boldsymbol{a}_j$, 它的重心坐标

$$\lambda_i = \lambda_i(\boldsymbol{x}), \quad 1 \leqslant i \leqslant n+1$$

是线性代数方程组

$$\begin{cases} \displaystyle\sum_{j=1}^{n+1} x_{ij}\lambda_j = x_i, \quad 1 \leqslant i \leqslant n, \\ \displaystyle\sum_{j=1}^{n+1} \lambda_j = 1 \end{cases} \tag{2.1.3}$$

的解, 而该线性代数方程组的矩阵恰好是式 (2.1.1) 给出的 $\boldsymbol{A}$. 当 $n=2$ 时, 重心坐标也叫面积坐标. $n$ 单纯形 $T$ 的重心是所有重心坐标为 $1/(n+1)$ 的点.

由重心坐标的定义, 可以证明下式:

$$(\boldsymbol{a}_k-\boldsymbol{x})^{\mathrm{T}}\nabla\lambda_j=\delta_{jk}-\lambda_j(\boldsymbol{x}),\quad 1\leqslant j,k\leqslant n+1,\ \forall\boldsymbol{x}\in\mathbf{R}^n, \tag{2.1.4}$$

其中, $\delta_{jk}$ 是 Kronecker 记号.

现在令 $\boldsymbol{a}_j$ $(1\leqslant j\leqslant n)$ 是 $\mathbf{R}^n$ 中的 $n$ 个线性无关的向量, $\boldsymbol{x}^0\in\mathbf{R}^n$. 定义 $n$ 平行体 $T$ 如下:

$$T=\left\{\boldsymbol{x}=\sum_{j=1}^{n}\xi_j\boldsymbol{a}_j+\boldsymbol{x}^0\ \middle|\ -1\leqslant\xi_j\leqslant 1,\ 1\leqslant j\leqslant n\right\}. \tag{2.1.5}$$

称点 $\boldsymbol{x}^0+\sum\limits_{j=1}^{n}\eta_j\boldsymbol{a}_j$ $(\eta_j=\pm 1,\ 1\leqslant j\leqslant n)$ 是 $T$ 的顶点, 顶点的个数为 $2^n$. 当 $\boldsymbol{a}_j$ $(1\leqslant j\leqslant n)$ 相互正交时, 称 $T$ 为 $n$ 矩形.

一般地, 对于 $\mathbf{R}^n$ 中的有限个点, 如果它们的凸包的内点集非空, 就称该凸包为一个 $n$ 多面体, 也称之为多胞形.

对于一个 $n$ 多面体 $T$, 如果一个超平面 $H$ 满足 $H\cap T$ 非空且 $H\cap\underline{T}$ 为空, 则称 $H$ 为 $T$ 的一个支撑超平面. 对于 $T$ 的一个支撑超平面 $H$, 当 $F=T\cap H$ 是 $r$ 维时, 称 $F$ 是 $T$ 的一个 $r$ 面. 简称 $(n-1)$ 面为面, 1 面称为边. 一个 0 面就是 $T$ 的一个顶点. $n$ 单纯形的一个 $r$ 面是一个 $r$ 单纯形, 其 $r+1$ 个顶点也是该 $n$ 单纯形的顶点. $n$ 平行体的 $r$ 面是 $r$ 平行体, 其 $2^r$ 个顶点也是该 $n$ 平行体的顶点.

给定一个 $n$ 多面体 $T$, 记 $T$ 的测度为 $|T|$. 对于 $T$ 的一个 $r$ 面 $F$, 记其 $r$ 维测度为 $|F|$, $F$ 的积分元为 $\mathrm{d}F$. 用 $\boldsymbol{\nu}_{F,1},\cdots,\boldsymbol{\nu}_{F,n-r}$ 表示 $F$ 的一组相互正交的单位外法向量. 当 $r=n-1$ 时, 用 $\boldsymbol{\nu}_F$ 表示 $F$ 的单位外法向量.

当一个剖分 $\mathcal{T}_h$ 由 $n$ 多面体构成时, 它还要满足下面的要求:

**HT4**　任意两个不同的 $T_1,T_2\in\mathcal{T}_h$, $T_1\cap T_2$ 或是空集或是两者的一个公共 $r$ 面.

当一个剖分 $\mathcal{T}_h$ 由 $n$ 多面体构成时, $\mathcal{T}_h$ 中所有单元的顶点、边和面也相应地称之为 $\mathcal{T}_h$ 的顶点、边和面. 如果 $\mathcal{T}_h$ 的一个面 $F$ 满足 $F\subset\partial\Omega$, 则称该面为自由面, 否则称它为单元内面.

## 2.2　有　限　元

构造有限元空间的第二步是在每个单元 $T$ 上选取函数的形式和参数.

令 $\kappa$ 是一非负整数. 对任意 $T \in \mathcal{T}_h$, 选取一个 $C^\kappa(T)$ 的有限维子空间 $P_T$ 和一个列向量泛函 $\boldsymbol{D}_T = (d_{1,T}, \cdots, d_{L,T})^{\mathrm{T}}$, 其中, $d_{1,T}, \cdots, d_{L,T}$ 是定义在 $C^\kappa(T)$ 上的线性无关的线性泛函. 称 $\boldsymbol{D}_T$ 是 $P_T$ 唯一可解的, 如果对任意给定的 $\mu_i$ $(1 \leqslant i \leqslant L)$, 存在唯一的 $p \in P_T$ 满足

$$d_{i,T}(p) = \mu_i, \quad 1 \leqslant i \leqslant L. \tag{2.2.1}$$

在这里, 总是假定 $\boldsymbol{D}_T$ 是 $P_T$ 唯一可解的. 这样, 就存在唯一的 $p_i \in P_T$ $(1 \leqslant i \leqslant L)$ 满足

$$d_{j,T}(p_i) = \delta_{ij}, \quad 1 \leqslant j \leqslant L, \tag{2.2.2}$$

进而

$$p = \sum_{i=1}^{L} d_{i,T}(p) p_i, \quad \forall p \in P_T. \tag{2.2.3}$$

称具有上面所描述性质的三元组 $(T, P_T, \boldsymbol{D}_T)$ 为一有限元. 称其中的 $P_T$ 为有限元的形函数空间, 线性形式 $d_{i,T}$ $(1 \leqslant i \leqslant L)$ 为自由度或节点参数, $p_i$ 为对应的基函数, $T$ 为几何形状.

因为空间 $P_T$ 是有限维的, $\boldsymbol{D}_T$ 是 $P_T$ 唯一可解的当且仅当 $P_T$ 的维数是 $L$ 而且对任意 $p \in P_T$, $\boldsymbol{D}_T(p) = 0$ 等价于 $p \equiv 0$.

另一方面, $\boldsymbol{D}_T$ 是 $P_T$ 唯一可解的当且仅当 $P_T$ 的维数是 $L$, 并且存在 $p_i \in P_T$ $(1 \leqslant i \leqslant L)$, 使得式 (2.2.3) 成立.

实际上, 剖分 $\Omega$ 的单元 $T$ 几何形状是相同的, 所以构造一个有限元空间只需要给出单元的几何形状、形函数空间 $P_T$ 和节点参数向量 $\boldsymbol{D}_T$. 这就是有限元方法的主要特点.

在 2.4 节 ~2.8 节中, 将会看到 $T$ 上某些点的函数值或导数值经常被选取为节点参数, 称这些点为单元的节点, 也称 $\mathcal{T}_h$ 中的所有单元的节点为 $\mathcal{T}_h$ 的节点.

形函数空间通常是由多项式构成的. 令 $r$ 是一非负整数, 记所有次数不超过 $r$ 的多项式构成的空间为 $P_r$. 多项式 $p \in P_r$ 可以表示为

$$p(\boldsymbol{x}) = \sum_{|\boldsymbol{\alpha}| \leqslant r} c_{\boldsymbol{\alpha}} \boldsymbol{x}^{\boldsymbol{\alpha}},$$

其中, $\boldsymbol{\alpha}$ 是多重指标, $\boldsymbol{x}^{\boldsymbol{\alpha}} = x_1^{\alpha_1} x_2^{\alpha_2} \cdots x_n^{\alpha_n}$, $c_{\boldsymbol{\alpha}}$ 是常数. $P_r$ 的维数为

$$\dim P_r = \binom{n+r}{r}. \tag{2.2.4}$$

当 $W$ 是一个由定义在 $\mathbf{R}^n$ 上的函数构成的空间, $G$ 是 $\mathbf{R}^n$ 的一个子集时, 记 $W(G)$ 为所有 $W$ 中的函数在 $G$ 上的限制构成的空间. 例如,

$$P_r(G) = \{\, p|_G \mid p \in P_r \}.$$

只要 $G$ 的内点集非空, $P_r(G)$ 的维数就与 $P_r = P_r(\mathbf{R}^n)$ 相同.

描述形函数空间时, 经常会用到另外一个由多项式构成的空间 $Q_r$. $Q_r$ 中的多项式 $p$ 具有下面的形式:

$$p(\boldsymbol{x}) = \sum_{\substack{\boldsymbol{\alpha}=(\alpha_1,\cdots,\alpha n)\\ \alpha_i \leqslant r, 1\leqslant i\leqslant n}} c_{\boldsymbol{\alpha}} \boldsymbol{x}^{\boldsymbol{\alpha}}.$$

$Q_r$ 的维数是 $(r+1)^n$.

在有限元 $(T, P_T, \boldsymbol{D}_T)$ 中, $P_T$ 是 $C^\kappa(T)$ 的子空间. 由

$$d_{1,T}, d_{2,T}, \cdots, d_{L,T}$$

张成的空间也是 $C^\kappa(T)$ 的对偶空间的子空间, 这些线性形式是该子空间的一组基. 有限维空间完全可以由它的一组基刻画, 但是基不是唯一的. 因此, 对“同一个”有限元会有不同的描述. 为此, 需要引入等价有限元的概念. 两个有限元 $(T, P_T, \boldsymbol{D}_T)$ 和 $(\bar{T}, \bar{P}_{\bar{T}}, \bar{\boldsymbol{D}}_{\bar{T}})$ 是等价的, 如果 $\boldsymbol{D}_T$ 和 $\bar{\boldsymbol{D}}_{\bar{T}}$ 的分量个数都是 $L$ 且

$$T = \bar{T}, \quad P_T = \bar{P}_{\bar{T}}, \quad \boldsymbol{D}_T = \boldsymbol{M}\bar{\boldsymbol{D}}_{\bar{T}}, \tag{2.2.5}$$

其中, $\boldsymbol{M}$ 是一个可逆的 $L \times L$ 常数矩阵.

令 $(T, P_T, \boldsymbol{D}_T)$ 是一有限元, 定义从 $C^\kappa(T)$ 到 $P_T$ 的一个算子 $\Pi_T$ 如下:

$$\Pi_T v = \sum_{i=1}^{L} d_{i,T}(v) p_i, \quad \forall v \in C^\kappa(T), \tag{2.2.6}$$

其中, $p_i$ 为 $d_{i,T}$ 对应的基. 称这样定义的算子 $\Pi_T$ 为有限元 $(T, P_T, \boldsymbol{D}_T)$ 的插值算子, $\Pi_T v$ 为 $v$ 的插值函数. 当 $P_T$ 由多项式构成时, 称函数 $\Pi_T v$ 为 $v$ 的插值多项式.

同一个有限元可以有不同的等价描述, 现在考虑等价有限元的插值算子. 令 $(T, P_T, \boldsymbol{D}_T)$ 和 $(T, P_T, \bar{\boldsymbol{D}}_T)$ 是等价的. 记 $M = (M_{ij})$,

$$\bar{\boldsymbol{D}}_T = (\bar{d}_{1,T}, \bar{d}_{2,T}, \cdots, \bar{d}_{L,T})^{\mathrm{T}},$$

并且 $(T, P_T, \bar{\boldsymbol{D}}_T)$ 的插值算子为

$$\bar{\Pi}_T v = \sum_{i=1}^{L} \bar{d}_{i,T}(v) \bar{p}_i, \quad \forall v \in C^\kappa(T). \tag{2.2.7}$$

对 $p \in P_T$, 则有

$$p = \sum_{i=1}^{L} d_{i,T}(p) p_i = \sum_{i=1}^{L} \bar{d}_{i,T}(p) \bar{p}_i,$$

$$d_{i,T}(p)=\sum_{j=1}^{L}M_{ij}\bar{d}_{j,T}(p),\quad 1\leqslant i\leqslant L.$$

于是

$$\begin{aligned}0&=\sum_{i=1}^{L}d_{i,T}(p)p_i-\sum_{i=1}^{L}\bar{d}_{i,T}(p)\bar{p}_i\\&=\sum_{i=1}^{L}\sum_{j=1}^{L}M_{ij}\bar{d}_{j,T}(p)p_i-\sum_{j=1}^{L}\bar{d}_{j,T}(p)\bar{p}_j\\&=\sum_{j=1}^{L}\Big(\sum_{i=1}^{L}M_{ij}p_i-\bar{p}_j\Big)\bar{d}_{j,T}(p).\end{aligned}$$

由 $p$ 的任意性和 $\bar{\boldsymbol{D}}_T$ 的 $P_T$ 唯一可解的性质得到

$$\bar{p}_j=\sum_{i=1}^{L}M_{ij}p_i,\quad 1\leqslant j\leqslant L.$$

把上式和

$$d_{i,T}(v)=\sum_{j=1}^{L}M_{ij}\bar{d}_{j,T}(v),\quad 1\leqslant i\leqslant L,\ v\in C^{\kappa}(T)$$

代入式 (2.2.7) 得到对任意 $v\in C^{\kappa}(T)$,

$$\begin{aligned}\bar{\Pi}_Tv&=\sum_{j=1}^{L}\bar{d}_{j,T}(v)\bar{p}_j=\sum_{j=1}^{L}\bar{d}_{j,T}(v)\sum_{i=1}^{L}M_{ij}p_i\\&=\sum_{i=1}^{L}\Big(\sum_{j=1}^{L}M_{ij}\bar{d}_{j,T}(v)\Big)p_i=\Pi_Tv.\end{aligned}$$

上面的讨论说明, 等价有限元的插值算子是相同的.

## 2.3 有限元空间

现在介绍如何构造有限元空间. 定义有限维空间 $V_h$ 如下: $V_h\subset L^2(\Omega)$, 并且 $V_h$ 满足

**HV1**(分片要求) $v|_T\in P_T,\ \forall T\in\mathcal{T}_h,\ \forall v\in V_h$.

**HV2**(连续性要求) 对任意两个相异的单元 $T_1,T_2\in\mathcal{T}_h$, 如果 $T_1\cap T_2$ 非空, 则当下式:

$$d_{i,T_1}(v|_{T_1})=d_{j,T_2}(v|_{T_2})\tag{2.3.1}$$

对任意 $v \in C^\kappa(\overline{\Omega})$ 都成立时, 式 (2.31) 对任意 $v \in V_h$ 也成立.

这里, $v|_T$ 是 $v|_{\underline{T}}$ 到 $T$ 上的连续延拓. 对于式 (2.3.1) 中的节点参数, 可以是对应的等价有限元的节点参数. 称 $V_h$ 为对应于 $(T, P_T, \boldsymbol{D}_T)$ 和 $\mathcal{T}_h$ 的有限元空间.

有限元空间 $V_h$ 是用于逼近 $H^m(\Omega)$ 的. 对于 $H_0^m(\Omega)$, 这样定义 $V_h$ 的一个子空间 $V_{h0}$, $V_{h0}$ 由 $V_h$ 中所有满足下列条件的函数 $v_h$ 构成:

**HV0**(零边界要求) 对 $T \in \mathcal{T}_h$, 如果 $i \in \{1, \cdots, L\}$ 且 $d_{i,T}(v) = 0$ 对所有的 $v \in C^\kappa(\bar{\Omega}) \cap H_0^m(\Omega)$ 都成立, 则有 $d_{i,T}(v_h|_T) = 0$.

也称 $V_{h0}$ 为对应于 $(T, P_T, \boldsymbol{D}_T)$ 和 $\mathcal{T}_h$ 的有限元空间. 同样, 这里的节点参数可以是等价有限元的节点参数.

下面考虑 $V_h \subset H^m(\Omega)$ 的条件.

**定理 2.3.1** 令 $m \geqslant 1$, $V_h$ 是对应于 $(T, P_T, \boldsymbol{D}_T)$ 和 $\mathcal{T}_h$ 的有限元空间. 设 $P_T \subset C^m(T)$ $(\forall T \in \mathcal{T}_h)$, 则 $V_h \subset H^m(\Omega)$ 当且仅当 $V_h \subset C^{m-1}(\overline{\Omega})$. 当 $V_h \subset C^{m-1}(\overline{\Omega})$ 时,

$$\left\{ v \mid v \in V_h, v|_{\partial\Omega} = \cdots = \left.\frac{\partial^{m-1} v}{\partial \boldsymbol{\nu}^{m-1}}\right|_{\partial\Omega} = 0 \right\} \subset H_0^m(\Omega).$$

**证明** 考虑 $m = 1$ 的情形. 首先假设 $V_h \subset H^1(\Omega)$. 对任意 $v \in V_h$, $v$ 在每个单元的内部是连续的, 所以证明 $v$ 在相邻单元的公共部分是连续的就可以了. 设 $T_1, T_2$ 是 $\mathcal{T}_h$ 中的两个单元, $F = T_1 \cap T_2$ 是 $(n-1)$ 维的. 对 $i = 1, \cdots, n$ 有

$$\int_\Omega \phi \frac{\partial v}{\partial x_i} \,\mathrm{d}\boldsymbol{x} = -\int_\Omega v \frac{\partial \phi}{\partial x_i} \,\mathrm{d}\boldsymbol{x}, \quad \forall \phi \in C_0^\infty(\Omega).$$

特别地, 对 $\phi \in C_0^\infty(\underline{T_1 \cup T_2})$ 得到

$$\int_{T_1 \cup T_2} \phi \frac{\partial v}{\partial x_i} \,\mathrm{d}\boldsymbol{x} = -\int_{T_1 \cup T_2} v \frac{\partial \phi}{\partial x_i} \,\mathrm{d}\boldsymbol{x}.$$

利用 Green 公式推导出

$$\int_F \phi (v|_{T_1} - v|_{T_2}) \nu_i \,\mathrm{d}F = 0, \quad i = 1, \cdots, n,$$

其中, $\boldsymbol{\nu} = (\nu_1, \cdots, \nu_n)^{\mathrm{T}}$ 是 $\partial T_1$ 的单位外法向. 由 $\phi$ 的任意性可得在 $F$ 的相对内点处 $v|_{T_1} = v|_{T_2}$. 从 $v|_{T_1}$ 和 $v|_{T_2}$ 在 $F$ 上的连续性推出在 $F$ 上 $v|_{T_1} = v|_{T_2}$.

反过来, 假设 $V_h \subset C(\overline{\Omega})$. 对 $i = 1, \cdots, n$, 定义 $v_i \in L^2(\Omega)$ 如下: 对 $T \in \mathcal{T}_h$, 在 $\underline{T}$ 上 $v_i$ 等于 $\dfrac{\partial}{\partial x_i} v$. 对 $\phi \in C_0^\infty(\Omega)$, 由 Green 公式得

$$\begin{aligned}
\int_\Omega v_i \phi \,\mathrm{d}\boldsymbol{x} &= \sum_{T \in \mathcal{T}_h} \int_T v_i \phi \,\mathrm{d}\boldsymbol{x} = \sum_{T \in \mathcal{T}_h} \int_T \frac{\partial v}{\partial x_i} \phi \,\mathrm{d}\boldsymbol{x} \\
&= -\sum_{T \in \mathcal{T}_h} \int_T v \frac{\partial \phi}{\partial x_i} \,\mathrm{d}\boldsymbol{x} + \sum_{T \in \mathcal{T}_h} \int_{\partial T} v \phi \nu_i \,\mathrm{d}s
\end{aligned}$$

$$= -\int_{\Omega} v \frac{\partial \phi}{\partial x_i}\,\mathrm{d}\boldsymbol{x} + \sum_{T\in\mathcal{T}_h}\int_{\partial T} v\phi\nu_i\,\mathrm{d}s.$$

因为 $\partial T$ 的部分要么包含于 $\partial\Omega$, 这时 $\phi=0$; 要么在其上面相邻单元的总和是 0, 所以

$$\sum_{T\in\mathcal{T}_h}\int_{\partial T} v\phi\nu_i\,\mathrm{d}s = 0.$$

因此, $v_i$ 是 $v$ 的一个导数, 也就是说, $v$ 属于 $H^1(\Omega)$.

由 1.1 节的讨论可知当 $V_h\subset H^1(\Omega)$ 时, $\{v\mid v\in V_h, v|_{\partial\Omega}=0\}$ 是 $H_0^1(\Omega)$ 的子空间.

对于 $m=1$ 的情形, 定理的结论已证. 对于 $m>1$ 的情形, 可以类似地得到.□

通常, $P_T$ 中的函数都是足够光滑的, 所以当 $V_h$ 是 $H^m(\Omega)$ 的子空间时, 它一定是 $C^{m-1}(\overline{\Omega})$ 的子空间.

## 2.4 二阶椭圆问题: 单纯形有限元

从本节开始, 介绍具体的有限元例子. 本节介绍一些用于求解二阶椭圆边值问题、几何形状为单纯形的有限元. 假设剖分 $\mathcal{T}_h$ 由 $n$ 单纯形组成.

给定一个 $n$ 单纯形 $T$, 记其顶点为

$$\boldsymbol{a}_j = (x_{1j}, x_{2j}, \cdots, x_{nj})^{\mathrm{T}}, \quad 1\leqslant j\leqslant n+1,$$

其边的中点为 $\boldsymbol{a}_{ij} = \dfrac{1}{2}(\boldsymbol{a}_i+\boldsymbol{a}_j)(i<j)$. 令 $\boldsymbol{a}_{iij} = \dfrac{1}{3}(2\boldsymbol{a}_i+\boldsymbol{a}_j)(i\neq j)$ 以及 $\boldsymbol{a}_{ijk} = \dfrac{1}{3}(\boldsymbol{a}_i+\boldsymbol{a}_j+\boldsymbol{a}_k)(i<j<k)$, 这些点的重心坐标分别为

$$\begin{cases} \lambda_i(\boldsymbol{a}_j) = \delta_{ij}, & 1\leqslant i,j\leqslant n+1, \\ \lambda_k(\boldsymbol{a}_{ij}) = \dfrac{1}{2}(\delta_{ki}+\delta_{kj}), & 1\leqslant k\leqslant n+1,\ 1\leqslant i<j\leqslant n+1, \\ \lambda_k(\boldsymbol{a}_{iij}) = \dfrac{1}{3}(2\delta_{ki}+\delta_{kj}), & 1\leqslant k\leqslant n+1,\ 1\leqslant i\neq j\leqslant n+1, \\ \lambda_l(\boldsymbol{a}_{ijk}) = \dfrac{1}{3}(\delta_{li}+\delta_{lj}+\delta_{lk}), & 1\leqslant l\leqslant n+1,\ 1\leqslant i<j<k\leqslant n+1. \end{cases} \tag{2.4.1}$$

对于 $k\in\{1,\cdots,n\}$, 用 $F_{j_1\cdots j_k}(1\leqslant j_1<\cdots<j_k\leqslant n+1)$ 表示 $T$ 的不以点 $\boldsymbol{a}_{j_1},\cdots,\boldsymbol{a}_{j_k}$ 为顶点的 $(n-k)$ 面. 记 $F_i$ 的形心点为 $\breve{\boldsymbol{a}}_i(1\leqslant i\leqslant n+1)$.

当 $n=2$ 时, 按逆时针顺序对 $T$ 的顶点编号, 则

$$2|T| = (x_{12}x_{23}-x_{13}x_{22}) + (x_{13}x_{21}-x_{11}x_{23}) + (x_{11}x_{22}-x_{12}x_{21}). \tag{2.4.2}$$

记

$$\begin{cases} b_1 = x_{22} - x_{23}, & b_2 = x_{23} - x_{21}, & b_3 = x_{21} - x_{22}, \\ c_1 = x_{13} - x_{12}, & c_2 = x_{11} - x_{13}, & c_3 = x_{12} - x_{11}, \end{cases} \tag{2.4.3}$$

则有

$$|F_i| = (b_i^2 + c_i^2)^{\frac{1}{2}}, \quad \nabla\lambda_i = \frac{1}{2|T|}(b_i, c_i)^{\mathrm{T}}, \quad 1 \leqslant i \leqslant 3. \tag{2.4.4}$$

### 2.4.1 $k$ 次单纯形元

设 $k > 0$, 记

$$S_T^k = \left\{ \boldsymbol{x} \,\middle|\, \boldsymbol{x} = \sum_{i=1}^{n+1} \lambda_i \boldsymbol{a}_i, \ \sum_{i=1}^{n+1} \lambda_i = 1, \lambda_i \in \left\{0, \frac{1}{k}, \cdots, \frac{k-1}{k}, 1\right\}, \ 1 \leqslant i \leqslant n+1 \right\}. \tag{2.4.5}$$

对于 $k$ 次单纯形元, 其 $(T, P_T, \boldsymbol{D}_T)$ 定义如下:

(1) 单元 $T$ 是 $n$ 单纯形;

(2) 形函数空间 $P_T = P_k(T)$;

(3) 节点参数向量 $\boldsymbol{D}_T$ 的分量为对任意 $v \in C(T)$,

$$v \to v(\boldsymbol{a}), \quad \boldsymbol{a} \in S_T^k.$$

**定理 2.4.1** 对于 $k$ 次单纯形元, $\boldsymbol{D}_T$ 是 $P_T$ 唯一可解的.

**证明** 节点参数的个数和 $P_k(T)$ 的维数都是

$$\binom{n+k}{k},$$

所以, 要验证 $\boldsymbol{D}_T$ 是 $P_T$ 唯一可解的, 只需证明若 $p \in P_k(T)$ 且 $p(\boldsymbol{a}) = 0(\forall \boldsymbol{a} \in S_T^k)$, 则 $p \equiv 0$. 用归纳法证明这一结论.

当 $n = 1$ 时, $p$ 在 $k+1$ 个互不相同的点处为零, 所以 $p \equiv 0$.

当 $k = 1$ 时, $p$ 可以表示成

$$p = \sum_{i=1}^{n+1} c_i \lambda_i.$$

因为 $p(\boldsymbol{a}_i) = 0(1 \leqslant i \leqslant n+1)$, 由式 (2.4.1) 得到 $c_i = 0(1 \leqslant i \leqslant n+1)$, 所以 $p \equiv 0$.

令 $N > 1$, $j > 1$. 假设要证明的结论对于 $n < N$ 或 $k < j$ 成立, 考虑 $n = N$ 或 $k = j$ 的情形.

首先考虑 $n \leqslant N$ 且 $k \leqslant j$ 的情形. 令 $1 \leqslant i \leqslant n$. 在 $T$ 的 $(n-1)$ 面 $F_i$ 上, $p|_{F_i} \in P_k(F_i)$ 并且

$$p(\boldsymbol{a}) = 0, \quad \forall \boldsymbol{a} \in S_T^k \cap F_i.$$

因为 $S_T^k \cap F_i = S_{F_i}^k$, 所以由归纳假设, $p|_{F_i} \equiv 0$, 因而 $\lambda_i$ 是 $p$ 的因子. 这样, $p$ 可以表示为 $p = q\lambda_1 \cdots \lambda_{n+1}$, 其中, 当 $k \leqslant n+1$ 时, $q$ 为常数, 否则 $q \in P_{k-n-1}(T)$.

当 $k < n+1$ 时, 因为 $\lambda_1 \cdots \lambda_{n+1}$ 不会退化成 $n+1$ 次以下的多项式, 所以 $q = 0$, 也就是 $p \equiv 0$.

当 $k = n+1$ 时, 因为在 $T$ 的形心处, $\lambda_1 = \cdots = \lambda_{n+1} = \dfrac{1}{n+1}$, 不为零, 所以 $q = 0$, 也就是 $p \equiv 0$.

当 $k > n+1$, 记 $\tilde{T}$ 为点集 $S_T^k - \partial T$ 的闭凸包, 则有

$$S_{\tilde{T}}^{k-n-1} = S_T^k - \partial T.$$

在点集 $S_{\tilde{T}}^{k-n-1}$ 上, $p = 0$ 且 $\lambda_1 \cdots \lambda_{n+1}$ 不为零, 所以 $q$ 在 $S_{\tilde{T}}^{k-n-1}$ 上为零. 又因为 $q \in P_{k-n-1}(\tilde{T})$, 由归纳假设得 $q$ 在 $\tilde{T}$ 上恒为零, 因而 $p \equiv 0$.

这样就得到当 $n \leqslant N$ 且 $k \leqslant j$ 时要证明的结论成立.

其次, 考虑 $n = N$ 的情形. 如果 $j' \geqslant j$ 且 $k \leqslant j'$ 时要证明的结论成立, 则由上面的理由可以得到 $k = j'+1$ 时结论也成立.

第三, 考虑 $k = j$ 的情形. 如果 $n' \geqslant N$ 且 $n \leqslant n'$ 时要证明的结论成立, 则由上面的理由也可以得到 $n = n'+1$ 时的结论.

综合上面的讨论, 要证明的结论对于 $n = N$ 或 $k = j$ 的情形成立. 定理得证. □

定理 2.4.1 说明一个阶数不超过 $k$ 的多项式由它在 $S_T^k$ 中的所有点处的值唯一确定.

从构造 $V_h$ 的要求 HV1 和 HV2 可知, $k$ 次单纯形元的有限元空间 $V_h$ 可以表示成 $V_h = \{\, v \in L^2(\Omega) \mid v|_T \in P_k(T), \forall T \in \mathcal{T}_h$ 且 $v$ 在 $\mathcal{T}_h$ 的所有节点处连续 $\}$. 由 HV0 得到 $V_{h0} = \{\, v \in V_h \mid v$ 在 $\mathcal{T}_h$ 的所有位于 $\partial\Omega$ 上的节点处为零$\}$.

**定理 2.4.2** 令 $V_h$ 和 $V_{h0}$ 是 $k$ 次单纯形元对应的有限元空间, 则 $V_h \subset H^1(\Omega)$, $V_{h0} \subset H_0^1(\Omega)$.

**证明** 由定理 2.3.1, 证明 $V_h \subset H^1(\Omega)$ 只需要证明 $V_h \subset C(\overline{\Omega})$. 令 $v \in V_h$, 证明 $v$ 在 $\mathcal{T}_h$ 的面上是连续的就足够了. 设 $F$ 是两不同单元 $T_1$ 和 $T_2$ 的公共面. 由定义得 $v|_{T_1}$ 和 $v|_{T_2}$ 在 $F$ 上的限制都是 $n-1$ 个变量的次数不超过 $k$ 的多项式, $S_F^k = F \cap S_{T_1}^k = F \cap S_{T_2}^k$, 并且 $v|_{T_1}$ 和 $v|_{T_2}$ 在 $S_F^k$ 中的所有点处相同, 所以在 $F$ 上 $v|_{T_1} = v|_{T_2}$, 即 $v$ 在 $F$ 上连续.

现在令 $v \in V_{h0}$. 对于任意 $\boldsymbol{x} \in \partial\Omega$, 存在 $\mathcal{T}_h$ 自由面 $F$ 满足 $\boldsymbol{x} \in F$ 且 $F$ 是某个 $T \in \mathcal{T}_h$ 的面. 由 $V_{h0}$ 的定义, $v$ 在 $S_F^k$ 中的所有点处为零, 所以 $v|_F \equiv 0$, 从而 $v(\boldsymbol{x}) = 0$, 由此得到 $v \in H_0^1(\Omega)$. □

人们经常用图形表示有限元的几何形状和节点参数. 在某点处一个“•”表示

该点的函数值被选取为节点参数, 一个“○”表示该点的所有一阶导数值被选取为节点参数, 双圆圈表示所有的一阶和二阶导数都被选取为节点参数. 以某点为起点的一个短向量表示起点处沿向量方向的一阶方向导数值被选取为节点参数, 双线向量表示二阶方向导数值. 当向量上有一个积分号或者双积分号时, 节点参数是方向导数在该向量起点所在的边或面上的积分平均值. 一个带积分号的短线段表示函数在线段所在的边上的积分平均值是节点参数, 一个带双积分号的小三角形表示函数在小三角形所处的面上的积分平均值是节点参数.

当 $1 \leqslant k \leqslant 3$ 时, $k$ 次单纯形元对应的图分别为图 2.4.1~ 图 2.4.3.

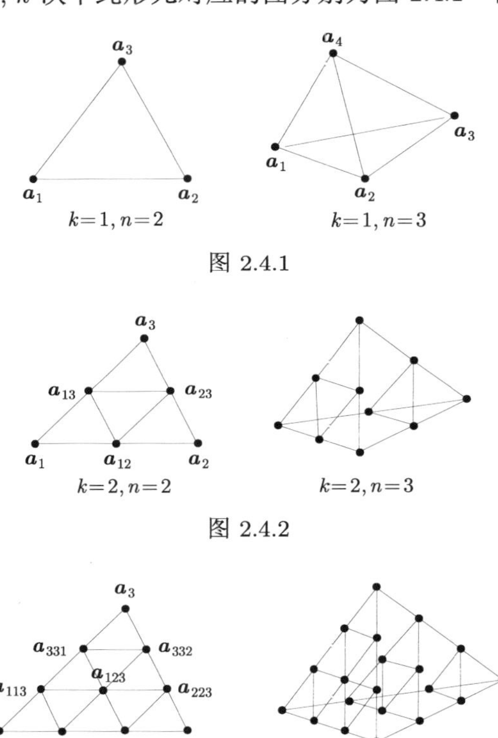


图 2.4.1

图 2.4.2

图 2.4.3

### 2.4.2　线性单纯形元

当 $k=1$ 时, 称 $k$ 次单纯形元为线性单纯形元或线性元. 它的节点参数向量 $\boldsymbol{D}_T=(d_1, d_2, \cdots, d_{n+1})^{\mathrm{T}}$ 为

$$d_j: v \rightarrow v(\boldsymbol{a}_j), \quad 1 \leqslant j \leqslant n+1,\ \forall v \in C(T),$$

并且有

$$p=\sum_{i=1}^{n+1}p(\boldsymbol{a}_i)\lambda_i,\quad \forall p\in P_1(T),\tag{2.4.6}$$

即一个阶数不超过 1 的多项式由它在 $T$ 的所有顶点处的值唯一确定. 线性单纯形元的有限元空间可以表示成 $V_h=\{\ v\in L^2(\Omega)\mid v|_T\in P_1(T),\forall T\in\mathcal{T}_h$ 且 $v$ 在 $\mathcal{T}_h$ 的所有顶点处连续 $\}$, $V_{h0}=\{\ v\in V_h\mid v$ 在 $\mathcal{T}_h$ 的所有位于 $\partial\Omega$ 上的顶点处为零$\}$.

称线性单纯形元的插值算子为 (使用顶点值的) 线性插值算子. 当 $n=2$ 时, 线性单纯形元也被称为 Courant 三角形.

### 2.4.3 二次单纯形元

二次单纯形元的节点参数为对任意 $v\in C(T)$,

$$\begin{aligned}&d_j:v\to v(\boldsymbol{a}_j), &&1\leqslant j\leqslant n+1,\\&d_{ij}:v\to v(\boldsymbol{a}_{ij}), &&1\leqslant i<j\leqslant n+1.\end{aligned}$$

下列多项式:

$$\lambda_i(2\lambda_i-1),1\leqslant i\leqslant n+1,\quad 4\lambda_i\lambda_j,1\leqslant i<j\leqslant n+1$$

是 $P_2(T)$ 的相应于节点参数的基. 进而下面的等式为真:

$$p=\sum_{i=1}^{n+1}\lambda_i(2\lambda_i-1)p(\boldsymbol{a}_i)+\sum_{1\leqslant i<j\leqslant n+1}4\lambda_i\lambda_jp(\boldsymbol{a}_{ij}),\quad \forall p\in P_2(T),\tag{2.4.7}$$

即一个阶数不超过 2 的多项式由它在 $T$ 的所有顶点和所有边中点处的值唯一确定.

对于二次单纯形元, 有限元空间 $V_h=\{\ v\in L^2(\Omega)\mid v|_T\in P_2(T),\forall T\in\mathcal{T}_h,\ v$ 在 $\mathcal{T}_h$ 的所有顶点和所有边的中点处连续$\}$, $V_{h0}=\{\ v\in V_h\mid v$ 在 $\mathcal{T}_h$ 的所有位于 $\partial\Omega$ 上的顶点和所有边的中点为零$\}$.

### 2.4.4 三次单纯形元

三次单纯形元的节点参数为对任意 $v\in C(T)$,

$$\begin{aligned}&d_j:v\to v(\boldsymbol{a}_j), &&1\leqslant j\leqslant n+1,\\&d_{iij}:v\to v(\boldsymbol{a}_{iij}), &&1\leqslant i\neq j\leqslant n+1,\\&d_{ijk}:v\to v(\boldsymbol{a}_{ijk}), &&1\leqslant i<j<k\leqslant n+1.\end{aligned}$$

下面的多项式:

$$\frac{1}{2}\lambda_i(3\lambda_i-1)(3\lambda_i-2),\quad 1\leqslant i\leqslant n+1,$$

$$\frac{9}{2}\lambda_i\lambda_j(3\lambda_i-1),\quad 1\leqslant i\neq j\leqslant n+1,$$
$$27\lambda_i\lambda_j\lambda_k,\quad 1\leqslant i<j<k\leqslant n+1,$$

是 $P_3(T)$ 的相应于节点参数的基. 于是

$$\begin{aligned}p=&\sum_{i=1}^{n+1}\frac{1}{2}\lambda_i(3\lambda_i-1)(3\lambda_i-2)p(\boldsymbol{a}_i)\\&+\sum_{1\leqslant i\neq j\leqslant n+1}\frac{9}{2}\lambda_i\lambda_j(3\lambda_i-1)p(\boldsymbol{a}_{iij})\\&+\sum_{1\leqslant i<j<k\leqslant n+1}27\lambda_i\lambda_j\lambda_k p(\boldsymbol{a}_{ijk}),\quad\forall p\in P_3(T).\end{aligned}\tag{2.4.8}$$

### 2.4.5 不完全三次单纯形元

对 $n$ 单纯形 $T$ 和 $1\leqslant i<j<k\leqslant n+1$, 定义

$$\psi_{ijk}(v)=12v(\boldsymbol{a}_{ijk})+2\sum_{l=i,j,k}v(\boldsymbol{a}_l)-3\sum_{\substack{l,m=i,j,k\\l\neq m}}v(\boldsymbol{a}_{llm}).\tag{2.4.9}$$

令

$$P_3'(T)=\{\,p\in P_3(T)\mid\psi_{ijk}(p)=0,1\leqslant i<j<k\leqslant n+1\}.$$

不完全三次单纯形元的 $(T,P_T,\boldsymbol{D}_T)$ 如下 (图 2.4.4):

(1) 单元 $T$ 是 $n$ 单纯形;

(2) 形函数空间 $P_T$ 为 $P_3'(T)$;

(3) 节点参数: 对任意 $v\in C(T)$,

$$d_j:v\to v(\boldsymbol{a}_j),\qquad 1\leqslant j\leqslant n+1,$$

$$d_{iij}:v\to v(\boldsymbol{a}_{iij}),\quad 1\leqslant i\neq j\leqslant n+1.$$

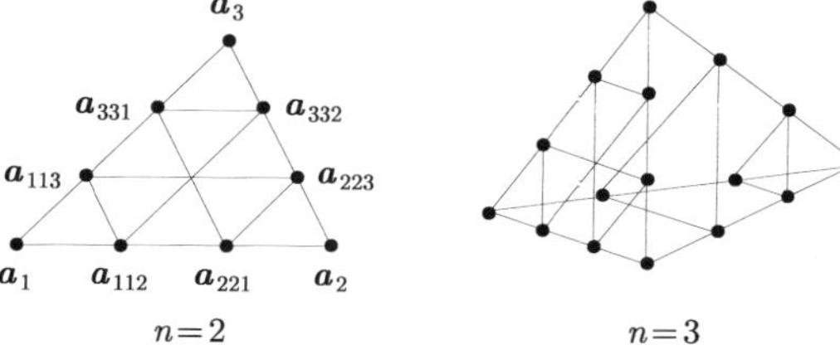


图 2.4.4

**定理 2.4.3** 对于不完全三次单纯形元, $\boldsymbol{D}_T$ 是 $P_T$ 唯一可解的, 并且

$$P_2(T)\subset P_3'(T).\tag{2.4.10}$$

**证明** $P_3'(T)$ 的维数和节点参数的个数都是 $(n+1)^2$. 对任意 $p \in P_3'(T)$, 由式 (2.4.8) 和式 (2.4.9) 得到

$$
\begin{aligned}
p = & \sum_{i=1}^{n+1} \Big( \frac{1}{2}\lambda_i (3\lambda_i - 1)(3\lambda_i - 2) - \frac{9}{2}\lambda_i \sum_{j<k, j,k \neq i} \lambda_j \lambda_k \Big) p(\boldsymbol{a}_i) \\
& + \sum_{i \neq j} \Big( \frac{9}{2}\lambda_i \lambda_j (3\lambda_i - 1) + \frac{27}{4}\lambda_i \lambda_j \sum_{k \neq i,j} \lambda_k \Big) p(\boldsymbol{a}_{iij}),
\end{aligned} \tag{2.4.11}
$$

即 $P_3'(T)$ 中的多项式由它在所有节点处的值唯一确定, $\boldsymbol{D}_T$ 是 $P_T$ 唯一可解的.

现在证明式 (2.4.10). 对 $\boldsymbol{\xi}_i = (\xi_{1i}, \cdots, \xi_{ni})^{\mathrm{T}} \in \mathbf{R}^n$ $(1 \leqslant i \leqslant m)$, 定义

$$
\nabla^m v(\boldsymbol{\xi}_1, \cdots, \boldsymbol{\xi}_m) = \Big( \prod_{i=1}^{m} \sum_{j=1}^{n} \xi_{ji} \frac{\partial}{\partial x_j} \Big) v, \quad \forall v \in H^m(T), \tag{2.4.12}
$$

对 $\boldsymbol{\xi} \in \mathbf{R}^n$ 定义 $\nabla^m v \boldsymbol{\xi}^m = \nabla^m v(\boldsymbol{\xi}, \cdots, \boldsymbol{\xi})$. 令 $p \in P_2(T)$. 当 $1 \leqslant i < j < k \leqslant n+1$ 时, 记 $\mathcal{I} = \{i, j, k\}$. 由展开式

$$
p(\boldsymbol{a}_l) = p(\boldsymbol{a}_{ijk}) + \nabla p(\boldsymbol{a}_{ijk})(\boldsymbol{a}_l - \boldsymbol{a}_{ijk}) + \frac{1}{2}\nabla^2 p(\boldsymbol{a}_l - \boldsymbol{a}_{ijk})^2, \quad l \in \mathcal{I}
$$

和等式

$$
\sum_{l \in \mathcal{I}} (\boldsymbol{a}_l - \boldsymbol{a}_{ijk}) = 0
$$

得到

$$
\sum_{l \in \mathcal{I}} p(\boldsymbol{a}_l) = 3p(\boldsymbol{a}_{ijk}) + \frac{1}{2} \sum_{l \in \mathcal{I}} \nabla^2 p(\boldsymbol{a}_l - \boldsymbol{a}_{ijk})^2.
$$

同样, 对 $l, m \in \mathcal{I}$, $l \neq m$, 由展开式

$$
p(\boldsymbol{a}_{llm}) = p(\boldsymbol{a}_{ijk}) + \nabla p(\boldsymbol{a}_{ijk})(\boldsymbol{a}_{llm} - \boldsymbol{a}_{ijk}) + \frac{1}{2}\nabla^2 p(\boldsymbol{a}_{llm} - \boldsymbol{a}_{ijk})^2
$$

和等式

$$
\boldsymbol{a}_{ijk} = \frac{1}{2}(\boldsymbol{a}_{iij} + \boldsymbol{a}_{kkj}) = \frac{1}{2}(\boldsymbol{a}_{jjk} + \boldsymbol{a}_{iik}) = \frac{1}{2}(\boldsymbol{a}_{kki} + \boldsymbol{a}_{jji})
$$

得到

$$
\sum_{l, m \in \mathcal{I}, l \neq m} p(\boldsymbol{a}_{llm}) = 6p(\boldsymbol{a}_{ijk}) + \frac{1}{2} \sum_{l, m \in \mathcal{I}, l \neq m} \nabla^2 p(\boldsymbol{a}_{llm} - \boldsymbol{a}_{ijk})^2.
$$

因为

$$
\boldsymbol{a}_{llm} - \boldsymbol{a}_{ijk} = \frac{1}{3}\Big( 2(\boldsymbol{a}_l - \boldsymbol{a}_{ijk}) + (\boldsymbol{a}_m - \boldsymbol{a}_{ijk}) \Big),
$$

所以

$$\sum_{l\in\mathcal{I}}\nabla^2 p(\boldsymbol{a}_l-\boldsymbol{a}_{ijk})^2-\frac{3}{2}\sum_{\substack{l,m\in\mathcal{I}\\ l\neq m}}\nabla^2 p(\boldsymbol{a}_{llm}-\boldsymbol{a}_{ijk})^2=-\frac{2}{3}\nabla^2 p\left(\sum_{l\in\mathcal{I}}(\boldsymbol{a}_l-\boldsymbol{a}_{ijk})\right)^2=0,$$

即 $p\in P_3'(T)$. □

由 $P_3'(T)$ 的定义可知不完全三次单纯形元的有限元空间 $V_h$ 和 $V_{h0}$ 是三次单纯形元对应的有限元空间的子空间, 所以 $V_h\subset H^1(\Omega)$, $V_{h0}\subset H_0^1(\Omega)$.

### 2.4.6 Crouzeix-Raviart 元

Crouzeix-Raviart 元也称为非协调线性元. 该有限元的 $(T,P_T,\boldsymbol{D}_T)$ 如下 (图 2.4.5)：

(1) 单元 $T$ 是 $n$ 单纯形;

(2) 形函数空间 $P_T=P_1(T)$;

(3) 节点参数为：$d_j:\ v\to v(\check{\boldsymbol{a}}_j)$, $1\leqslant j\leqslant n+1$, $\forall v\in C(T)$.

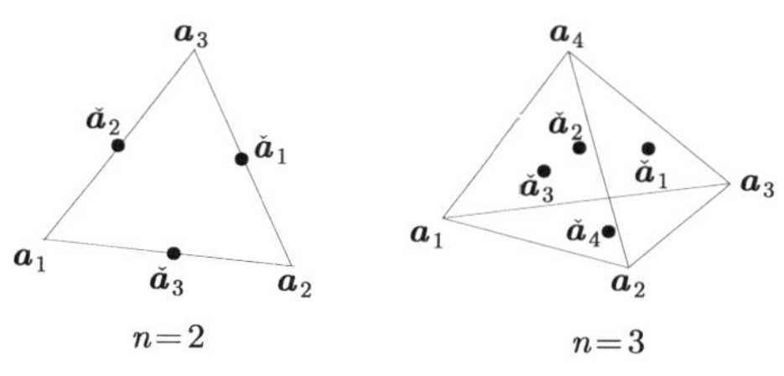


图 2.4.5

**定理 2.4.4** 对于 Crouzeix-Raviart 元, $\boldsymbol{D}_T$ 是 $P_T$ 唯一可解的.

**证明** $P_1(T)$ 的维数和节点参数的个数都是 $n+1$. 由式 (2.4.1) 得多项式

$$1-n\lambda_j,\quad 1\leqslant j\leqslant n+1$$

是 $P_1(T)$ 的对应于节点参数的基, 进而下面的等式为真：

$$p=\sum_{j=1}^{n+1}(1-n\lambda_j)p(\check{\boldsymbol{a}}_j),\quad \forall p\in P_1(T). \tag{2.4.13}$$

式 (2.4.13) 表明阶次不超过 1 的多项式由它在 $T$ 的 $n+1$ 个面的中点的值唯一确定, 进而, $\boldsymbol{D}_T$ 是 $P_T$ 唯一可解的. □

Crouzeix-Raviart 元的有限元空间 $V_h=\{v\in L^2(\Omega)\mid v|_T\in P_1(T),\ \forall T\in\mathcal{T}_h,\ v$ 在 $\mathcal{T}_h$ 的所有面的形心点处连续 $\}$, $V_{h0}=\{v\in V_h\mid v$ 在所有位于 $\partial\Omega$ 上的 $\mathcal{T}_h$ 的面的形心点处为零$\}$.

对于 $V_h$ 中的函数 $v_h$, 在 $\mathcal{T}_h$ 的某个面上 $v_h$ 是线性的, 并且只在该面的形心点处连续, 所以不足以保证 $v_h$ 在该面上是连续的. 可以举例说明 $V_h \not\subset H^1(\Omega)$.

令 $1 \leqslant i \leqslant n+1$. 对于单纯形 $T$ 的面 $F_i$ 有

$$p(\check{\boldsymbol{a}}_i) = \frac{1}{|F_i|}\int_{F_i} p \,\mathrm{d}F_i, \quad \forall p \in P_1(T). \tag{2.4.14}$$

由等式 (2.4.14) 和 $V_h, V_{h0}$ 的定义, 可以得到下面的定理:

**定理 2.4.5** 令 $V_h$ 和 $V_{h0}$ 是 Crouzeix-Raviart 元对应的有限元空间. 如果 $F$ 是 $T_1, T_2 \in \mathcal{T}_h$ 的公共面, 则

$$\int_F v_h|_{T_1} \,\mathrm{d}F = \int_F v_h|_{T_2} \,\mathrm{d}F, \quad \forall v_h \in V_h. \tag{2.4.15}$$

如果 $F$ 是 $T \in \mathcal{T}_h$ 的面, 并且 $F \subset \partial\Omega$, 则

$$\int_F v_h \,\mathrm{d}F = 0, \quad \forall v_h \in V_{h0}. \tag{2.4.16}$$

由于式 (2.4.14) 成立, Crouzeix-Raviart 元还可以有另外一种描述. 这时的 $(T, P_T, \boldsymbol{D}_T)$ 如下:

(1) 单元 $T$ 是 $n$ 单纯形;

(2) 形函数空间 $P_T = P_1(T)$;

(3) 节点参数为

$$d_j(v) = \frac{1}{|F_j|}\int_{F_j} v \,\mathrm{d}F_j, \quad 1 \leqslant j \leqslant n+1, \ \forall v \in C(T).$$

对于这样给出的 Crouzeix-Raviart 元, 相应的基函数和有限元空间与前面的描述完全相同, 并且定理 2.4.4 和定理 2.4.5 仍然成立.

上面给出的有限元的节点参数都是函数值或函数的积分平均值, 称这些有限元为 Lagrange 型的. 如果有限元使用了导数值或导数的积分平均值作为节点参数, 则称该有限元是 Hermite 型的. 下面介绍两个 Hermite 型的有限元.

### 2.4.7 三次 Hermite 单纯形元

三次 Hermite 单纯形元的 $(T, P_T, \boldsymbol{D}_T)$ 定义如下 (图 2.4.6):

(1) 单元 $T$ 是 $n$ 单纯形;

(2) 形函数空间 $P_T$ 为 $P_3(T)$;

(3) 节点参数为

$$\begin{aligned}
&d_j : v \to v(\boldsymbol{a}_j), && 1 \leqslant j \leqslant n+1,\\
&d_{ijk} : v \to v(\boldsymbol{a}_{ijk}), && 1 \leqslant i < j < k \leqslant n+1,\\
&d_{ij} : v \to \frac{1}{\|\boldsymbol{a}_j - \boldsymbol{a}_i\|}\nabla v(\boldsymbol{a}_i)(\boldsymbol{a}_j - \boldsymbol{a}_i), && 1 \leqslant i \neq j \leqslant n+1.
\end{aligned}$$

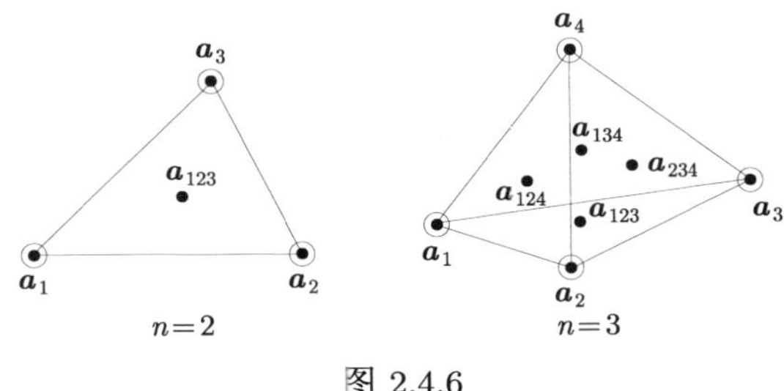


图 2.4.6

**定理 2.4.6** 对于三次 Hermite 单纯形元, $\boldsymbol{D}_T$ 是 $P_T$ 唯一可解的.

**证明** 节点参数的个数和 $P_3(T)$ 的维数均为

$$\frac{1}{6}(n+1)(n+2)(n+3).$$

由式 (2.4.1) 和式 (2.1.4) 得到对任意 $p \in P_3(T)$,

$$\begin{aligned}p=&\sum_{i=1}^{n+1}\Big(3\lambda_i^2-2\lambda_i^3-7\lambda_i\sum_{1\leqslant j<k\leqslant n+1, j,k\neq i}\lambda_j\lambda_k\Big)p(\boldsymbol{a}_i)\\&+27\sum_{1\leqslant i<j<k\leqslant n+1}\lambda_i\lambda_j\lambda_k p(\boldsymbol{a}_{ijk})\\&+\sum_{1\leqslant i\neq j\leqslant n+1}\lambda_i\lambda_j(2\lambda_i+\lambda_j-1)\nabla p(\boldsymbol{a}_i)(\boldsymbol{a}_j-\boldsymbol{a}_i),\end{aligned}\tag{2.4.17}$$

即 $P_3(T)$ 中的多项式由其节点参数值唯一确定, $\boldsymbol{D}_T$ 是 $P_T$ 唯一可解的. □

对于三次 Hermite 单纯形元, 其等价的节点参数为

$$\begin{aligned}&\bar{d}_j: v\to v(\boldsymbol{a}_j), && 1\leqslant j\leqslant n+1,\\&\bar{d}_{ijk}: v\to v(\boldsymbol{a}_{ijk}), && 1\leqslant i<j<k\leqslant n+1,\\&\bar{d}_{ij}: v\to \frac{\partial v}{\partial x_j}(\boldsymbol{a}_i), && 1\leqslant j\leqslant n,\ 1\leqslant i\leqslant n+1.\end{aligned}$$

从构造 $V_h$ 的连续性要求可知, 三次 Hermite 单纯形元的有限元空间 $V_h$ 可以如下描述: $V_h=\{\ v\in L^2(\Omega)\mid v|_T\in P_3(T),\forall T\in\mathcal{T}_h,\ v$ 在 $\mathcal{T}_h$ 的所有节点处连续, $\nabla v$ 在 $\mathcal{T}_h$ 的所有顶点处连续$\}$.

**定理 2.4.7** 令 $V_h$ 是三次 Hermite 单纯形元对应的有限元空间, 则 $V_h\subset H^1(\Omega)$.

**证明** 令 $v\in V_h$, $F$ 是 $\mathcal{T}_h$ 中两个不同的单元 $T_1$ 和 $T_2$ 的公共面, 则 $F$ 是一个 $(n-1)$ 单纯形, $v|_{T_1}$ 和 $v|_{T_2}$ 在 $F$ 上的限制是 $(n-1)$ 个变量的不超过三次的多项式. 因为 $v|_{T_1}$ 和 $v|_{T_2}$ 在 $F$ 上节点处相等, 它们对应这 $(n-1)$ 个变量的一阶导数

在 $F$ 的顶点处也相等, 所以由式 (2.4.17) 在 $(n-1)$ 维的情形, 在 $F$ 上 $v|_{T_1}=v|_{T_2}$. 进而 $V_h\subset C(\overline{\Omega})$. □

定义 $V_{h0}=\{\ v\in V_h\mid v|_{\partial\Omega}=0\}$, 则 $V_{h0}$ 是 $H_0^1(\Omega)$ 的子空间.

### 2.4.8 Zienkiewicz 元

对 $1\leqslant i<j<k\leqslant n+1$, 定义

$$\varphi_{ijk}(v)=6v(\boldsymbol{a}_{ijk})-2\sum_{l=i,j,k}v(\boldsymbol{a}_l)+\sum_{l=i,j,k}\nabla v(\boldsymbol{a}_l)(\boldsymbol{a}_l-\boldsymbol{a}_{ijk}). \tag{2.4.18}$$

令

$$P_3''(T)=\{\ p\in P_3(T)\mid \varphi_{ijk}(p)=0,\ 1\leqslant i<j<k\leqslant n+1\}.$$

对于 Zienkiewicz 元, $(T,P_T,\boldsymbol{D}_T)$ 如下 (图 2.4.7):

(1) 单元 $T$ 是 $n$ 单纯形;

(2) 形函数空间 $P_T$ 是 $P_3''(T)$;

(3) 节点参数为

$$\begin{aligned}&d_j: v\to v(\boldsymbol{a}_j), && 1\leqslant j\leqslant n+1,\\ &d_{ij}: v\to \frac{1}{\|\boldsymbol{a}_j-\boldsymbol{a}_i\|}\nabla v(\boldsymbol{a}_i)(\boldsymbol{a}_j-\boldsymbol{a}_i), && 1\leqslant i\neq j\leqslant n+1.\end{aligned}$$

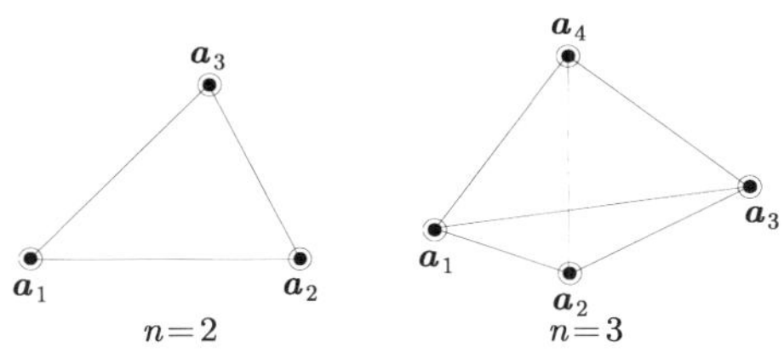


图 2.4.7

**定理 2.4.8** 对于 Zienkiewicz 元, $\boldsymbol{D}_T$ 是 $P_T$ 唯一可解的, 并且

$$P_2(T)\subset P_3''(T). \tag{2.4.19}$$

**证明** 节点参数共 $(n+1)^2$ 个. 由式 (2.4.17) 和式 (2.4.18) 得到对任意 $p\in P_3''(T)$,

$$\begin{aligned}p=&\sum_{i=1}^{n+1}\Big(\lambda_i^2(3-2\lambda_i)+2\lambda_i\sum_{\substack{1\leqslant j<k\leqslant n+1\\ j,k\neq i}}\lambda_j\lambda_k\Big)p(\boldsymbol{a}_i)\\ &+\sum_{1\leqslant i\neq j\leqslant n+1}\frac{1}{2}\lambda_i\lambda_j(1+\lambda_i-\lambda_j)\nabla p(\boldsymbol{a}_i)(\boldsymbol{a}_j-\boldsymbol{a}_i),\end{aligned} \tag{2.4.20}$$

也就是说, $P_3''(T)$ 中的多项式由 $n+1$ 个顶点处的函数值和 $n$ 个一阶导数值唯一确定, $\boldsymbol{D}_T$ 是 $P_T$ 唯一可解的.

现在证明式 (2.4.19). 令 $p \in P_2(T)$, $1 \leqslant i < j < k \leqslant n+1$, 则

$$p(\boldsymbol{a}_l) = p(\boldsymbol{a}_{ijk}) + \nabla p(\boldsymbol{a}_{ijk})(\boldsymbol{a}_l - \boldsymbol{a}_{ijk}) + \frac{1}{2}\nabla^2 p(\boldsymbol{a}_l - \boldsymbol{a}_{ijk})^2, \quad l = i, j, k,$$

$$\nabla p(\boldsymbol{a}_l) = \nabla p(\boldsymbol{a}_{ijk}) + \nabla^2 p(\boldsymbol{a}_l - \boldsymbol{a}_{ijk}), \quad l = i, j, k.$$

因为

$$\sum_{l=i,j,k} (\boldsymbol{a}_l - \boldsymbol{a}_{ijk}) = 0,$$

所以有

$$2\sum_{l=i,j,k} p(\boldsymbol{a}_l) = 6p(\boldsymbol{a}_{ijk}) + \sum_{l=i,j,k} \nabla^2 p(\boldsymbol{a}_l - \boldsymbol{a}_{ijk})^2,$$

$$\sum_{l=i,j,k} \nabla p(\boldsymbol{a}_l)(\boldsymbol{a}_l - \boldsymbol{a}_{ijk}) = \sum_{l=i,j,k} \nabla^2 p(\boldsymbol{a}_l - \boldsymbol{a}_{ijk})^2.$$

将上面两个式相减得到

$$2\sum_{l=i,j,k} p(\boldsymbol{a}_l) - \sum_{l=i,j,k} \nabla p(\boldsymbol{a}_l)(\boldsymbol{a}_l - \boldsymbol{a}_{ijk}) = 6p(\boldsymbol{a}_{ijk}),$$

即 $p \in P_3''(T)$. □

从构造 $V_h$ 的连续性要求可知, Zienkiewicz 元的有限元空间 $V_h$ 具有如下描述: $V_h = \{\ v \in L^2(\Omega) \mid v|_T \in P_3''(T), \forall T \in \mathcal{T}_h,\ v$ 和 $\nabla v$ 在 $\mathcal{T}_h$ 的所有顶点处连续$\}$.

由于 $V_h$ 是三次 Hermite 三角形元对应的有限元空间的子空间, 所以 $V_h \subset C(\overline{\Omega})$, $V_h \subset H^1(\Omega)$.

现在令 $V_{h0}$ 是对应的空间. 对 $v \in C_0^1(\bar{\Omega})$ 和一个 $\mathcal{T}_h$ 中位于 $\partial\Omega$ 上的顶点 $\boldsymbol{a}$, 显然有 $v(\boldsymbol{a}) = 0$. 如果有 $\Omega$ 的两个不同的面包含点 $\boldsymbol{a}$, 选择其中一个面的 $n-1$ 个切向量 $\boldsymbol{\tau}_1, \cdots, \boldsymbol{\tau}_{n-1}$ 和另一个面的切向量 $\boldsymbol{\tau}_n$, 使得 $\boldsymbol{\tau}_1, \cdots, \boldsymbol{\tau}_n$ 线性无关. 进而, 由 $v|_{\partial\Omega} = 0$ 得到 $\nabla v(\boldsymbol{a}) = 0$. 如果 $\Omega$ 只有一个面包含点 $\boldsymbol{a}$, 则只有 $v$ 沿 $\partial\Omega$ 的方向导数在点 $\boldsymbol{a}$ 处为 0. 图 2.4.8 给出了 $n = 2$ 的情形. 由构造 $V_{h0}$ 的规则 HV0 可知上面

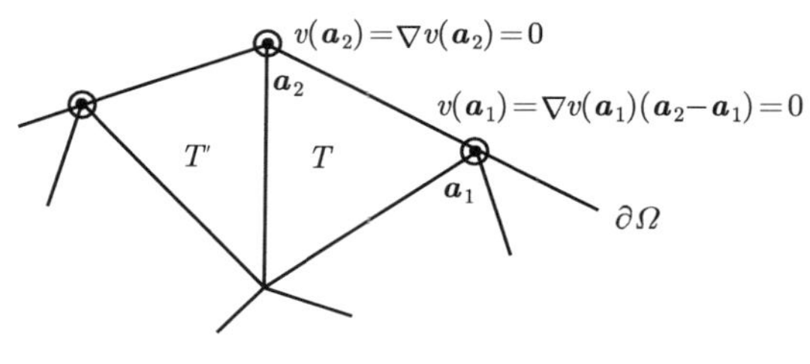


图 2.4.8

的结论对 $v\in V_{h0}$ 也成立. 给定 $v_h\in V_{h0}$, 因为 $v_h$ 和它的沿 $\partial\Omega$ 方向的导数在位于 $\partial\Omega$ 上的节点处都为零, 所以 $v_h|_{\partial\Omega}=0$. 这样就有 $V_{h0}\subset H_0^1(\Omega)$. □

## 2.5 二阶椭圆问题: 矩形有限元

对于二阶椭圆问题, 本节介绍一些几何形状为矩形的有限元. 假设剖分 $\mathcal{T}_h$ 由 $n$ 矩形组成. 令 $T$ 是一个 $n$ 矩形, 而且其所有的边都分别与某坐标轴平行, 则存在 $n$ 个正数 $h_1,h_2,\cdots,h_n$, 使得

$$T=\{\boldsymbol{x}=(x_1,x_2,\cdots,x_n)^{\mathrm{T}}\mid x_i=x_i^0+\xi_i h_i,-1\leqslant\xi_i\leqslant 1,\ 1\leqslant i\leqslant n\},\tag{2.5.1}$$

其中, $\boldsymbol{x}^0$ 是 $T$ 的形心. 定义

$$\xi_i=\frac{1}{h_i}(x_i-x_i^0),\quad 1\leqslant i\leqslant n,\tag{2.5.2}$$

记 $\boldsymbol{\xi}=(\xi_1,\xi_2,\cdots,\xi_n)^{\mathrm{T}}$.

令 $k\geqslant 1$, 定义点集 $S_T^k$ 为

$$S_T^k=\left\{\boldsymbol{x}\,\middle|\,x_i=x_i^0+h_i\Big(\frac{2I_i}{k}-1\Big),I_i=0,1,\cdots,k,\ 1\leqslant i\leqslant n\right\}.\tag{2.5.3}$$

### 2.5.1 $k$ 次矩形元

$k$ 次矩形元的 $(T,P_T,\boldsymbol{D}_T)$ 如下 (图 2.5.1 和图 2.5.2):

(1) 单元 $T$ 是由式 (2.5.1) 描述的 $n$ 矩形;

(2) 形函数空间 $P_T$ 为 $Q_k(T)$;

(3) 节点参数为

$$d_{j_1,\cdots,j_n}:v\to v\left(x_1^0+h_1\left(\frac{2j_1}{k}-1\right),\cdots,x_n^0+h_n\left(\frac{2j_n}{k}-1\right)\right),$$
$$j_i=0,1,\cdots,k,\ 1\leqslant i\leqslant n.$$

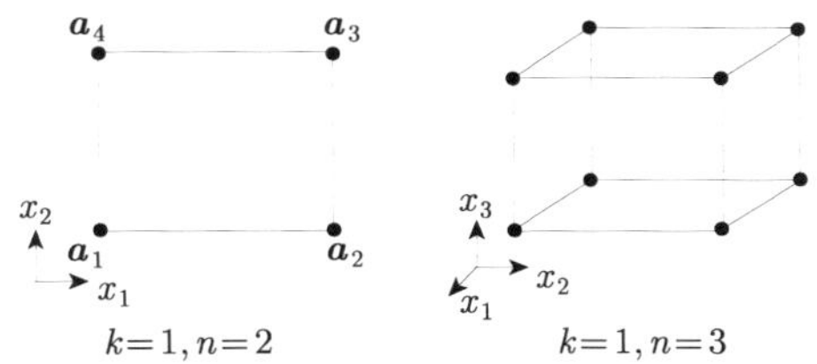


图 2.5.1

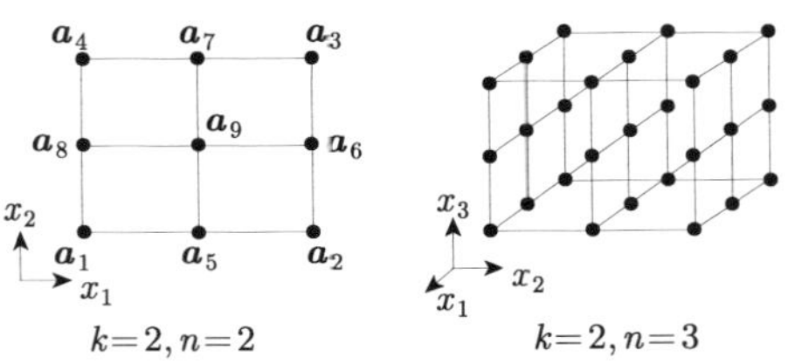


$k=2, n=2$　　$k=2, n=3$

图 2.5.2

对于 $I_i \in \{0,1,\cdots,k\}$ $(1 \leqslant i \leqslant n)$, 定义

$$p_{I_1\cdots I_n} = \prod_{j=1}^{n} \prod_{\substack{0\leqslant i_j\leqslant k \\ i_j\neq I_j}} \frac{k\xi_j - 2i_j + k}{2(I_j - i_j)}, \tag{2.5.4}$$

则 $p_{I_1\cdots I_n}$ $(I_i \in \{0,1,\cdots,k\},\ 1 \leqslant i \leqslant n)$ 是 $Q_k(T)$ 的相应于节点参数的基. 对于 $Q_k(T)$ 中的多项式 $p$, 因为等式

$$p = \sum_{I_1,\cdots,I_n=0}^{k} p_{I_1\cdots I_n} p\left(x_1^0 + h_1\left(\frac{2I_1}{k} - 1\right), \cdots, x_n^0 + h_n\left(\frac{2I_n}{k} - 1\right)\right) \tag{2.5.5}$$

成立, 所以 $p$ 由其在节点处的值唯一确定. 于是下面的定理成立.

**定理 2.5.1**　对于 $k$ 次矩形元, $\boldsymbol{D}_T$ 是 $P_T$ 唯一可解的.

$k$ 次矩形元对应的有限元空间 $V_h = \{\ v \in L^2(\Omega) \mid v|_T \in Q_k(T),\ \forall T \in \mathcal{T}_h,\ v$ 在 $\mathcal{T}_h$ 的所有节点处连续$\}$, $V_{h0} = \{\ v \in V_h \mid v$ 在位于 $\partial\Omega$ 上的节点处为零$\}$.

**定理 2.5.2**　令 $V_h$ 和 $V_{h0}$ 为 $k$ 次矩形元对应的有限元空间, 则 $V_h \subset H^1(\Omega)$, $V_{h0} \subset H_0^1(\Omega)$.

**证明**　令 $v \in V_h$, $F$ 是 $\mathcal{T}_h$ 中两相邻单元 $T_1, T_2$ 的公共面, 则 $F$ 是 $(n-1)$ 矩形. $v|_{T_1}$ 和 $v|_{T_2}$ 在 $F$ 上的限制都属于 $Q_k(F)$ 且由其在点集 $F \cap S_T^k$ 上的值唯一确定. 另一方面, $v|_{T_1}$ 和 $v|_{T_2}$ 在该点集上相等. 所以在 $F$ 上, $v|_{T_1} = v|_{T_2}$. 由此得到 $V_h \subset C(\overline{\Omega})$. 由定理 2.3.1 得到 $V_h \subset H^1(\Omega)$.

类似地可以得到 $V_{h0} \subset H_0^1(\Omega)$. □

有时也称一次矩形元为 $n$ 线性矩形元.

### 2.5.2　不完全二次矩形元

令 $n=2$, $T$ 是 4 条边分别平行于某坐标轴的矩形, 定义 (图 2.5.2)

$$Q_2'(T) = \left\{\ p \mid p \in Q_2(T), 4p(\boldsymbol{a}_9) + \sum_{i=1}^{4} p(\boldsymbol{a}_i) - 2\sum_{i=5}^{8} p(\boldsymbol{a}_i) = 0\right\}.$$

不完全二次矩形元的 $(T, P_T, \boldsymbol{D}_T)$ 定义如下 (图 2.5.3):

(1) 单元 $T$ 是由式 (2.5.1) 描述的矩形;

(2) 形函数空间 $P_T$ 为 $Q_2'(T)$;

(3) 节点参数为 $d_j: v \to v(\boldsymbol{a}_j)$, $1 \leqslant j \leqslant 8$.

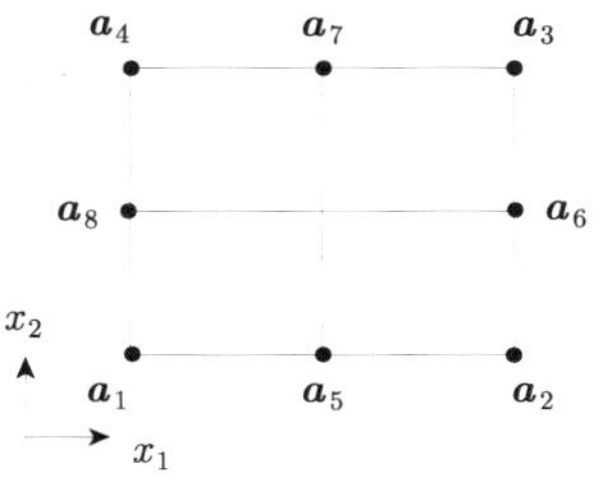

$\boldsymbol{a}_4$ $\boldsymbol{a}_7$ $\boldsymbol{a}_3$ $\boldsymbol{a}_8$ $\boldsymbol{a}_6$ $x_2$ $\boldsymbol{a}_1$ $\boldsymbol{a}_5$ $\boldsymbol{a}_2$ $x_1$

图 2.5.3

**定理 2.5.3** 对于不完全二次矩形元, $\boldsymbol{D}_T$ 是 $P_T$ 唯一可解的, 并且

$$P_2(T) \subset Q_2'(T). \tag{2.5.6}$$

**证明** 记

$$\tilde{\xi}_1 = \frac{1}{2}(\xi_1 + 1), \tilde{\xi}_2 = \frac{1}{2}(\xi_2 + 1), \quad \tilde{\xi}_3 = 1 - \tilde{\xi}_1, \quad \tilde{\xi}_4 = 1 - \tilde{\xi}_2.$$

定义

$$\begin{cases} p_1 = \tilde{\xi}_3\tilde{\xi}_4(2\tilde{\xi}_3 + 2\tilde{\xi}_4 - 3), & p_2 = \tilde{\xi}_4\tilde{\xi}_1(2\tilde{\xi}_4 + 2\tilde{\xi}_1 - 3), \\ p_3 = \tilde{\xi}_1\tilde{\xi}_2(2\tilde{\xi}_1 + 2\tilde{\xi}_2 - 3), & p_4 = \tilde{\xi}_2\tilde{\xi}_3(2\tilde{\xi}_2 + 2\tilde{\xi}_3 - 3), \\ p_5 = -4\tilde{\xi}_3\tilde{\xi}_4(\tilde{\xi}_3 - 1), & p_6 = -4\tilde{\xi}_4\tilde{\xi}_1(\tilde{\xi}_4 - 1), \\ p_7 = -4\tilde{\xi}_1\tilde{\xi}_2(\tilde{\xi}_1 - 1), & p_8 = -4\tilde{\xi}_2\tilde{\xi}_3(\tilde{\xi}_2 - 1), \end{cases} \tag{2.5.7}$$

则 $Q_2'(T)$ 中的多项式 $p$ 可以表示为

$$p = \sum_{i=1}^{8} p(\boldsymbol{a}_i)p_i, \tag{2.5.8}$$

即 $p$ 由其在节点处的值唯一确定, 所以 $\boldsymbol{D}_T$ 是 $P_T$ 唯一可解的.

现在证明式 (2.5.6). 令 $p \in P_2(T)$. 由展开式

$$p(\boldsymbol{a}_i) = p(\boldsymbol{a}_9) + \nabla p(\boldsymbol{a}_9)(\boldsymbol{a}_i - \boldsymbol{a}_9) + \frac{1}{2}\nabla^2 p(\boldsymbol{a}_i - \boldsymbol{a}_9)^2, \quad 1 \leqslant i \leqslant 8$$

和等式

$$\sum_{i=1}^{4}(\boldsymbol{a}_i - \boldsymbol{a}_9) = 0, \quad \sum_{i=5}^{8}(\boldsymbol{a}_i - \boldsymbol{a}_9) = 0$$

得到

$$\sum_{i=1}^{4} p(\boldsymbol{a}_i) = 4p(\boldsymbol{a}_9) + \frac{1}{2}\sum_{i=1}^{4}\nabla^2 p(\boldsymbol{a}_i - \boldsymbol{a}_9)^2,$$
$$\sum_{i=5}^{8} p(\boldsymbol{a}_i) = 4p(\boldsymbol{a}_9) + \frac{1}{2}\sum_{i=5}^{8}\nabla^2 p(\boldsymbol{a}_i - \boldsymbol{a}_9)^2.$$

因为映射 $\nabla^2 p$ 是双线性的, 并且有 $\boldsymbol{a}_5=\dfrac{1}{2}(\boldsymbol{a}_1+\boldsymbol{a}_2)$ 等, 所以

$$\sum_{i=5}^{8}\nabla^2 p(\boldsymbol{a}_i-\boldsymbol{a}_9)^2=\frac{1}{2}\sum_{i=1}^{4}\nabla^2 p(\boldsymbol{a}_i-\boldsymbol{a}_9)^2.$$

综合前面的结果得到

$$4p(\boldsymbol{a}_9)+\sum_{i=1}^{4}p(\boldsymbol{a}_i)-2\sum_{i=5}^{8}p(\boldsymbol{a}_i)=0,$$

即 $p\in Q_2'(T)$. □

不完全二次矩形元对应的有限元空间 $V_h=\{\ v\in L^2(\Omega)\mid v|_T\in Q_2'(T),\ \forall T\in\mathcal{T}_h,\ v$ 在 $\mathcal{T}_h$ 的所有顶点和所有边的中点处连续$\}$, $V_{h0}=\{\ v\in V_h\mid v$ 在 $\mathcal{T}_h$ 中所有位于 $\partial\Omega$ 上的顶点和边的中点处为零$\}$.

因为 $V_h$ 是二次矩形元有限元空间的子空间, 所以 $V_h\subset H^1(\Omega)$, $V_{h0}\subset H_0^1(\Omega)$.

### 2.5.3 Wilson 元

对于由式 (2.5.1) 描述的 $n$ 矩形 $T$, 记 $T$ 的顶点为 $\boldsymbol{a}_i$ $(1\leqslant i\leqslant 2^n)$, 则 $\boldsymbol{a}_i$ 可以表示为

$$\boldsymbol{a}_i=(x_1^0+\xi_{1i}h_1,\,x_2^0+\xi_{2i}h_2,\cdots,x_n^0-\xi_{ni}h_n)^{\mathrm{T}},\quad 1\leqslant i\leqslant 2^n.$$

可以将 $T$ 的所有面的形心点写成

$$\begin{cases}\boldsymbol{b}_{2k-1}=(x_1^0,\cdots,x_{k-1}^0,x_k^0-h_k,x_{k+1}^0,\cdots,x_n^0)^{\mathrm{T}},\\ \boldsymbol{b}_{2k}\quad\ =(x_1^0,\cdots,x_{k-1}^0,x_k^0-h_k,x_{k+1}^0,\cdots,x_n^0)^{\mathrm{T}},\end{cases}\qquad 1\leqslant k\leqslant n.$$

记以点 $\boldsymbol{b}_i$ 为形心点的面为 $F_i$ $(1\leqslant i\leqslant 2n)$.

Wilson 元的 $(T,P_T,\boldsymbol{D}_T)$ 如下 (图 2.5.1 ):

(1) 单元 $T$ 是由式 (2.5.1) 描述的 $n$ 矩形;

(2) 形函数空间 $P_T=Q_1(T)+\mathrm{span}\,\{x_1^2,x_2^2,\cdots,x_n^2\}$;

(3) 节点参数为对任意 $v\in C^2(T)$,

$$d_j:v\to v(\boldsymbol{a}_j),1\leqslant j\leqslant 2^n,\quad d_{2^n+i}:v\to\frac{1}{|T|}\int_T\frac{\partial^2 v}{\partial x_i^2}\,\mathrm{d}\boldsymbol{x},\ 1\leqslant i\leqslant n.$$

因为

$$\prod_{k=1}^{n}(1+\xi_{ki}\xi_k),\ 1\leqslant i\leqslant 2^n,\quad \xi_j^2-1,\ 1\leqslant j\leqslant n$$

都属于 $P_T$, 并且它们是线性无关的, 所以

$$p = \frac{1}{2^n}\sum_{j=1}^{2^n}\prod_{k=1}^{n}(1+\xi_{kj}\xi_k)p(\boldsymbol{a}_j) + \sum_{j=1}^{n}\frac{h_j^2}{2}(\xi_j^2-1)d_{2^n+j}(p), \quad \forall p \in P_T. \tag{2.5.9}$$

由等式 (2.5.9) 和 Wilson 元的定义可以得到下面的定理:

**定理 2.5.4** 对于 Wilson 元, $\boldsymbol{D}_T$ 是 $P_T$ 唯一可解的, 并且 $P_2(T) \subset P_T$.

Wilson 元的有限元空间 $V_h = \{v \in L^2(\Omega) \mid v|_T \in P_T,\ \forall T \in \mathcal{T}_h, v$ 在 $\mathcal{T}_h$ 的所有顶点处连续$\}$, $V_{h0} = \{v \in V_h \mid v$ 在位于 $\partial\Omega$ 的顶点处为零$\}$.

### 2.5.4 矩形 C-R 元

矩形 C-R 元分为两类, 两类的区别在于节点参数不同. 矩形 C-R 元是 Crouzeix-Raviart 元在 $n$ 矩形情形的类似单元. 当 $n=2$ 时, 矩形 C-R 元也被称为旋转 $Q_1$ 元. 第一类矩形 C-R 元的 $(T, P_T, \boldsymbol{D}_T)$ 如下 (图 2.5.4):

(1) 单元 $T$ 是由式 (2.5.1) 描述的 $n$ 矩形;

(2) 形函数空间 $P_T = P_1(T) + \operatorname{span}\{\xi_i^2 - \xi_{i+1}^2 \mid 1 \leqslant i < n\}$;

(3) 节点参数为

$$d_j : v \to v(\boldsymbol{b}_j), \quad 1 \leqslant j \leqslant 2n,\ \forall v \in C(T).$$

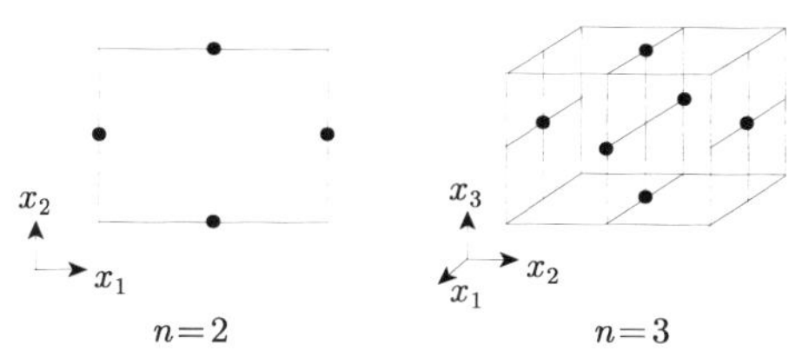


图 2.5.4

第二类矩形 C-R 元的 $(T, P_T, \boldsymbol{D}_T)$ 如下 (图 2.5.5):

(1) 单元 $T$ 是由式 (2.5.1) 描述的 $n$ 矩形;

(2) 形函数空间 $P_T = P_1(T) + \operatorname{span}\{\xi_i^2 - \xi_{i+1}^2 \mid 1 \leqslant i < n\}$;

(3) 节点参数为

$$d_j : v \to \frac{1}{|F_j|}\int_{F_j} v\,\mathrm{d}F_j, \quad 1 \leqslant j \leqslant 2n,\ \forall v \in H^1(T).$$

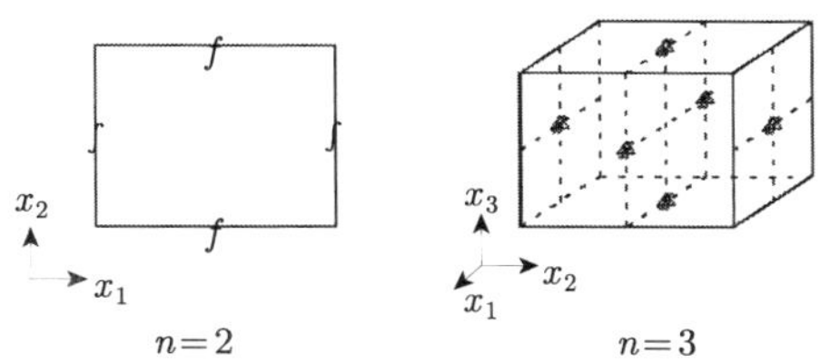


图 2.5.5

定义

$$\begin{cases} p_{2i-1} = \dfrac{1}{2n}\Big(1 + n\xi_i + \displaystyle\sum_{1\leqslant j\leqslant n, j\neq i}(\xi_i^2 - \xi_j^2)\Big), \\ p_{2i} = \dfrac{1}{2n}\Big(1 - n\xi_i + \displaystyle\sum_{1\leqslant j\leqslant n, j\neq i}(\xi_i^2 - \xi_j^2)\Big), \end{cases} \quad 1 \leqslant i \leqslant n, \tag{2.5.10}$$

$$\begin{cases} \tilde{p}_{2i-1} = \dfrac{1}{4n}\Big(2 + 2n\xi_i + 3\displaystyle\sum_{1\leqslant j\leqslant n, j\neq i}(\xi_i^2 - \xi_j^2)\Big), \\ \tilde{p}_{2i} = \dfrac{1}{4n}\Big(2 - 2n\xi_i + 3\displaystyle\sum_{1\leqslant j\leqslant n, j\neq i}(\xi_i^2 - \xi_j^2)\Big), \end{cases} \quad 1 \leqslant i \leqslant n. \tag{2.5.11}$$

可以验证 $p_i, \tilde{p}_i \in P_T$ $(1 \leqslant i \leqslant 2n)$, 并且

$$p_i(\boldsymbol{b}_j) = \delta_{ij}, \quad \frac{1}{|F_j|}\int_{F_j} \tilde{p}_i \,\mathrm{d}F_j = \delta_{ij}, \quad 1 \leqslant i, j \leqslant 2n, \tag{2.5.12}$$

所以 $p_i$ 是第一类矩形 C-R 元的基函数, $\tilde{p}_i$ 是第二类的基函数. 因此, 由矩形 C-R 元的定义可以得到下面的定理:

**定理 2.5.5** 对于第一类和第二类矩形 C-R 元, $\boldsymbol{D}_T$ 都是 $P_T$ 唯一可解的.

第一类矩形 C-R 元的有限元空间 $V_h = \{v \in L^2(\Omega) \mid v|_T \in P_T,\ \forall T \in \mathcal{T}_h,\ v$ 在 $\mathcal{T}_h$ 的所有面的形心点处连续$\}$, $V_{h0} = \{v \in V_h \mid v$ 在位于 $\partial\Omega$ 的所有面的形心点处为零$\}$.

第二类矩形 C-R 元的有限元空间 $V_h = \{v \in L^2(\Omega) \mid v|_T \in P_T,\ \forall T \in \mathcal{T}_h$, 在通过 $\mathcal{T}_h$ 的任意单元内面时, $v$ 在其上的积分平均值的跳跃为零$\}$, $V_{h0} = \{v \in V_h \mid v$ 在位于 $\partial\Omega$ 的所有面上的积分平均值为零$\}$.

## 2.6 四阶椭圆问题: 单纯形有限元

本节和 2.7 节将介绍用于求解四阶椭圆边值问题的有限元. 本节介绍单纯形有限元. 有关单纯形的一些记号和定义参见 2.4 节.

### 2.6.1 Morley 元

设 $n \geqslant 2$, Morley 元的 $(T, P_T, \boldsymbol{D}_T)$ 定义如下 (图 2.6.1):

(1) 单元 $T$ 是 $n$ 单纯形;

(2) 形函数空间 $P_T$ 是 $P_2(T)$;

(3) 节点参数为对任意 $v \in C^1(T)$,

$$d_{ij} : v \to \frac{1}{|F_{ij}|}\int_{F_{ij}} v \,\mathrm{d}F_{ij}, \quad 1 \leqslant i < j \leqslant n+1,$$

$$d_j : v \to \frac{\partial v}{\partial \boldsymbol{\nu}_{F_j}}(\check{\boldsymbol{a}}_j), \qquad 1 \leqslant j \leqslant n+1.$$

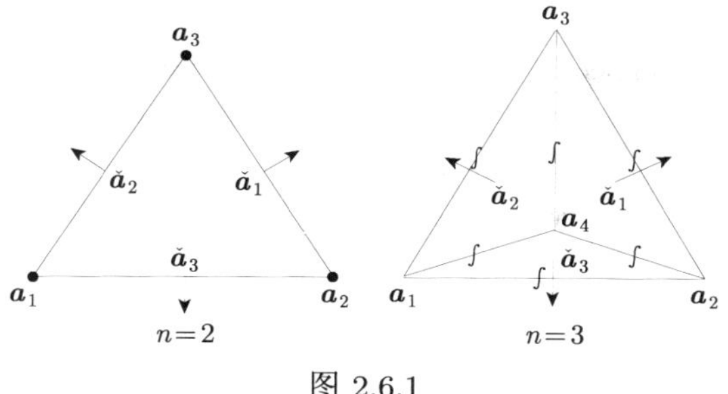

图 2.6.1

当 $n=2$ 时, 若 $1 \leqslant i < j \leqslant 3$, $k \neq i,j$, 则 $F_{ij} = \boldsymbol{a}_k$ 是 $T$ 的一个顶点. 于是有

$$\frac{1}{|F_{ij}|}\int_{F_{ij}} v\,\mathrm{d}F_{ij} = v(\boldsymbol{a}_k), \quad \forall v \in C^1(T).$$

现在考虑基函数. 记

$$\begin{cases} q_i = \dfrac{1}{2\|\nabla\lambda_i\|}\lambda_i(n\lambda_i - 2), & 1 \leqslant i \leqslant n+1, \\ p_{ij} = 1-(n-1)(\lambda_i+\lambda_j)+n(n-1)\lambda_i\lambda_j & \\ \qquad -(n-1)\nabla\lambda_i^{\mathrm{T}}\nabla\lambda_j \displaystyle\sum_{k=i,j}\frac{\lambda_k(n\lambda_k-2)}{2\|\nabla\lambda_k\|^2}, & 1 \leqslant i < j \leqslant n+1. \end{cases} \tag{2.6.1}$$

可以验证当 $1 \leqslant i \leqslant n+1$ 时有

$$\int_{F_{kl}} q_i\,\mathrm{d}F_{kl} = 0,\ 1 \leqslant k < l \leqslant n+1, \quad \frac{\partial q_i}{\partial \boldsymbol{\nu}_{F_k}}(\check{\boldsymbol{a}}_k) = \delta_{ik},\ 1 \leqslant k \leqslant n+1. \tag{2.6.2}$$

而当 $1 \leqslant i < j \leqslant n+1$ 时有

$$\frac{1}{|F_{kl}|}\int_{F_{kl}} p_{ij}\,\mathrm{d}F_{kl} = \delta_{ik}\delta_{jl},\ 1 \leqslant k < l \leqslant n+1, \quad \frac{\partial p_{ij}}{\partial \boldsymbol{\nu}_{F_k}}(\check{\boldsymbol{a}}_k) = 0,\ 1 \leqslant k \leqslant n+1. \tag{2.6.3}$$

所以, $q_i$, $p_{ij}$ $(1 \leqslant i \leqslant n+1,\ i < j \leqslant n+1)$ 是基函数, 进而下面的等式成立:

$$p = \sum_{1 \leqslant i < j \leqslant n+1}\frac{p_{ij}}{|F_{ij}|}\int_{F_{ij}} p\,\mathrm{d}F_{ij} + \sum_{j=1}^{n+1} q_j \frac{\partial v}{\partial \boldsymbol{\nu}_{F_j}}(\check{\boldsymbol{a}}_j), \quad \forall p \in P_2(T). \tag{2.6.4}$$

这样就得到下面的定理:

**定理 2.6.1** 对于 Morley 元, $\boldsymbol{D}_T$ 是 $P_T$ 唯一可解的.

Morley 元对应的 $V_h = \{\ v \in L^2(\Omega) \mid v|_T \in P_2(T),\ \forall T \in \mathcal{T}_h$; 通过 $\mathcal{T}_h$ 的任意 $(n-2)$ 面时, $v$ 在其上的积分平均值的跳跃为零; 在 $\mathcal{T}_h$ 所有的面 $F$ 的形心处

$\dfrac{\partial}{\partial \boldsymbol{\nu}_F} v$ 连续 $\}$, $V_{h0} = \{\ v \in V_h \mid$ 对于所有包含在 $\partial\Omega$ 内的 $(n-2)$ 面, $v$ 在其上的积分平均值为零, 在所有位于 $\partial\Omega$ 上的面 $F$ 的形心点处 $\dfrac{\partial}{\partial \boldsymbol{\nu}_F} v$ 为零 $\}$.

对于 $V_h$ 中的任意函数, 它在 $\mathcal{T}_h$ 的每一个面上一般只有 $n$ 个连续点, 所以 $V_h$ 不包含在 $H^1(\Omega)$ 内. 但是, Morley 元具有下面的性质:

**定理 2.6.2** 设 $V_h$ 和 $V_{h0}$ 是 Morley 元对应的有限元空间. 如果 $F$ 是 $T, T' \in \mathcal{T}_h$ 的公共面, 则

$$\int_F \nabla(v_h|_T)\,\mathrm{d}F = \int_F \nabla(v_h|_{T'})\,\mathrm{d}F, \quad \forall v_h \in V_h. \tag{2.6.5}$$

如果 $F$ 是 $T \in \mathcal{T}_h$ 的一个面, 并且 $F \subset \partial\Omega$, 则

$$\int_F \nabla(v_h|_T)\,\mathrm{d}F = 0, \quad \forall v_h \in V_{h0}. \tag{2.6.6}$$

**证明** 令 $F$ 是 $T, T' \in \mathcal{T}_h$ 的公共面, 记 $F$ 的所有 $(n-2)$ 面为 $\tilde{F}_1, \tilde{F}_2, \cdots, \tilde{F}_n$, $\boldsymbol{\nu}^{(i)}$ 为 $\tilde{F}_i$ 单位外法向量, 并且与 $F$ 相切. 给定 $\boldsymbol{b} \in \mathbf{R}^n$, 记 $\boldsymbol{\tau} = \boldsymbol{b} - (\boldsymbol{b}\cdot\boldsymbol{\nu}_F)\boldsymbol{\nu}_F$, 则 $\boldsymbol{\tau}\cdot\boldsymbol{\nu}_F = 0$, 即 $\boldsymbol{\tau}$ 与 $F$ 相切. 记 $\boldsymbol{a}$ 是 $F$ 的形心点. 设 $v_h \in V_h$, 由 Green 公式和 $V_h$ 的连续性要求有

$$\begin{aligned}
\int_F \nabla(v_h|_T)\cdot\boldsymbol{b}\,\mathrm{d}F &= (\boldsymbol{b}\cdot\boldsymbol{\nu}_F)\int_F \frac{\partial(v_h|_T)}{\partial\boldsymbol{\nu}_F}\,\mathrm{d}F + \sum_{i=1}^n \boldsymbol{b}\cdot\boldsymbol{\nu}^{(i)}\int_{\tilde{F}_i}(v_h|_T)\,\mathrm{d}\tilde{F}_i \\
&= (\boldsymbol{b}\cdot\boldsymbol{\nu}_F)\frac{\partial(v_h|_T)}{\partial\boldsymbol{\nu}_F}(\check{\boldsymbol{a}}) + \sum_{i=1}^n \boldsymbol{b}\cdot\boldsymbol{\nu}^{(i)}\int_{\tilde{F}_i}(v_h|_T)\,\mathrm{d}\tilde{F}_i \\
&= (\boldsymbol{b}\cdot\boldsymbol{\nu}_F)\int_F \frac{\partial(v_h|_{T'})}{\partial\boldsymbol{\nu}_F}\,\mathrm{d}F + \sum_{i=1}^n \boldsymbol{b}\cdot\boldsymbol{\nu}^{(i)}\int_{\tilde{F}_i}(v_h|_{T'})\,\mathrm{d}\tilde{F}_i \\
&= \int_F \nabla(v_h|_{T'})\cdot\boldsymbol{b}\,\mathrm{d}F.
\end{aligned}$$

由 $\boldsymbol{b}$ 的任意性, 式 (2.6.5) 成立. 类似地, 可以证明式 (2.6.6). □

因为有式 (2.4.14), Morley 元的节点参数 $d_j$ $(1 \leqslant j \leqslant n+1)$ 可以替换为

$$d_j : v \to \frac{1}{|F_j|}\int_{F_j} \frac{\partial v}{\partial\boldsymbol{\nu}_{F_j}}\,\mathrm{d}F_j. \tag{2.6.7}$$

替换后得到的 Morley 元, 对应的基函数和有限元空间保持不变.

### 2.6.2 Zienkiewicz 元

Zienkiewicz 元也可以作为求解四阶问题的有限元, 这时相应的有限元空间 $V_h = \{\ v \in L^2(\Omega) \mid v|_T \in P_3''(T),\ \forall T \in \mathcal{T}_h,\ v$ 和 $\nabla v$ 在 $\mathcal{T}_h$ 的所有顶点处连续$\}$, $V_{h0} = \{v \in V_h \mid v$ 和 $\nabla v$ 在所有位于 $\partial\Omega$ 上的顶点处为零$\}$.

### 2.6.3 Morley-Zienkiewicz 元

定义

$$q_0 = \lambda_1 \lambda_2 \cdots \lambda_{n+1}.$$

Morley-Zienkiewicz 元的 $(T, P_T, \boldsymbol{D}_T)$ 如下定义 (图 2.6.2):

(1) 单元 $T$ 是 $n$ 单纯形;

(2) 形函数空间 $P_T = P_3''(T) + \text{span}\,\{\lambda_1 q_0, \lambda_2 q_0, \cdots, \lambda_{n+1} q_0\}$;

(3) 节点参数为对任意 $v \in C^1(T)$,

$$\begin{aligned} d_j &: v \to v(\boldsymbol{a}_j), \quad 1 \leqslant j \leqslant n+1, \\ d_{n+1+j} &: v \to \frac{1}{|F_j|} \int_{F_j} \frac{\partial v}{\partial \boldsymbol{\nu}_{F_j}} \,\mathrm{d}F_j, \quad 1 \leqslant j \leqslant n+1, \\ d_{ij} &: v \to \frac{1}{\|\boldsymbol{a}_j - \boldsymbol{a}_i\|} \nabla v(\boldsymbol{a}_i)(\boldsymbol{a}_j - \boldsymbol{a}_i), \quad 1 \leqslant i \neq j \leqslant n+1, \end{aligned}$$

其中, $P_3''(T)$ 是 Zienkiewicz 元的形函数空间.

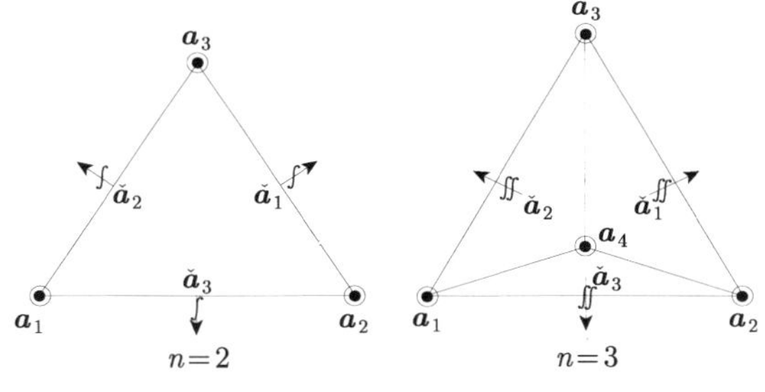


图 2.6.2

对 $1 \leqslant i \neq j \leqslant n+1$, 定义

$$\left\{ \begin{aligned} q_i &= \frac{(2n-1)!}{(n-1)!\,\|\nabla \lambda_i\|} (n\lambda_i - 1) q_0, \\ p_i &= 3\lambda_i^2 - 2\lambda_i^3 + 2\lambda_i \sum_{\substack{1 \leqslant k < l \leqslant n+1 \\ k, l \neq i}} \lambda_k \lambda_l \\ &\quad + \frac{(2n-1)!}{(n-1)!} \left( (n-2)\lambda_i - \frac{n-1}{n+1} \right) q_0 + \sum_{\substack{1 \leqslant k \leqslant n+1 \\ k \neq i}} \frac{\nabla \lambda_i^{\mathrm{T}} \nabla \lambda_k}{\|\nabla \lambda_k\|} q_k, \\ p_{ij} &= \sum_{\substack{1 \leqslant k \leqslant n+1 \\ k \neq i, k \neq j}} \frac{(\nabla \lambda_i + \nabla \lambda_j)^{\mathrm{T}} \nabla \lambda_k}{2n\,\|\nabla \lambda_k\|} q_k + \frac{1}{2} \lambda_i \lambda_j (1 + \lambda_i - \lambda_j) \\ &\quad + \frac{(2n-1)!}{2(n+1)!} \Big( n(n-1)\lambda_i + n(n+3)\lambda_j - 2(n+1) \Big) q_0. \end{aligned} \right. \tag{2.6.8}$$

当 $1 \leqslant i \neq j \leqslant n+1, 1 \leqslant k \neq l \leqslant n+1$ 时, 可以验证

$$\begin{cases} q_i(\boldsymbol{a}_k) = 0, \quad \nabla q_i(\boldsymbol{a}_k)(\boldsymbol{a}_l - \boldsymbol{a}_k) = 0, \quad \dfrac{1}{|F_k|}\displaystyle\int_{F_k} \dfrac{\partial q_i}{\partial \boldsymbol{\nu}_{F_k}}\,\mathrm{d}F_k = \delta_{ik}, \\ p_i(\boldsymbol{a}_k) = \delta_{ik}, \ \nabla p_i(\boldsymbol{a}_k)(\boldsymbol{a}_l - \boldsymbol{a}_k) = 0, \ \dfrac{1}{|F_k|}\displaystyle\int_{F_k} \dfrac{\partial p_i}{\partial \boldsymbol{\nu}_{F_k}}\,\mathrm{d}F_k = 0, \\ p_{ij}(\boldsymbol{a}_k) = 0, \quad \nabla p_{ij}(\boldsymbol{a}_k)(\boldsymbol{a}_l - \boldsymbol{a}_k) = \delta_{ik}\delta_{jl}, \quad \dfrac{1}{|F_k|}\displaystyle\int_{F_k} \dfrac{\partial p_{ij}}{\partial \boldsymbol{\nu}_{F_k}}\,\mathrm{d}F_k = 0. \end{cases} \tag{2.6.9}$$

对任意 $p \in P_T$, 可以推导出

$$\begin{aligned} p = & \sum_{1 \leqslant i \leqslant n+1} p_i p(\boldsymbol{a}_i) + \sum_{1 \leqslant i \leqslant n+1} \frac{q_i}{|F_i|} \int_{F_i} \frac{\partial p}{\partial \boldsymbol{\nu}_{F_i}}\,\mathrm{d}F_i \\ & + \sum_{1 \leqslant i \neq j \leqslant n+1} p_{ij} \nabla p(\boldsymbol{a}_i)(\boldsymbol{a}_j - \boldsymbol{a}_i). \end{aligned} \tag{2.6.10}$$

这样就证明了下面的定理:

**定理 2.6.3**　对于 Morley-Zienkiewicz 元, $\boldsymbol{D}_T$ 是 $P_T$ 唯一可解的.

Morley-Zienkiewicz 元的 $V_h = \{v \in L^2(\Omega) \mid v|_T \in P_T, \forall T \in \mathcal{T}_h, v$ 和 $\nabla v$ 在 $\mathcal{T}_h$ 的所有顶点处连续, 并且通过 $\mathcal{T}_h$ 的任意单元内面 $F$ 时, $\dfrac{\partial}{\partial \boldsymbol{\nu}_F} v$ 在其上的积分平均值的跳跃为零$\}$, $V_{h0} = \{v \in V_h \mid v$ 和 $\nabla v$ 在所有位于 $\partial\Omega$ 上的顶点处为零, 并且在所有包含在 $\partial\Omega$ 内的面 $F$ 上, $\dfrac{\partial}{\partial \boldsymbol{\nu}_F} v$ 的积分平均值为零$\}$.

因为 $V_h$ 中的函数在每个单元的面 $F$ 上的限制属于 $P_3''(F)$, 所以由 Zienkiewicz 元的性质与 $V_h, V_{h0}$ 的定义, 有下面的定理:

**定理 2.6.4**　令 $V_h$ 和 $V_{h0}$ 是 Morley-Zienkiewicz 元对应的有限元空间, 则 $V_h \subset H^1(\Omega)$, $V_{h0} \subset H_0^1(\Omega)$. 如果 $F$ 是 $T, T' \in \mathcal{T}_h$ 的公共面, 则式 (2.6.5) 成立, 如果 $F$ 是 $T \in \mathcal{T}_h$ 的一个面, 并且 $F \subset \partial\Omega$, 则式 (2.6.6) 成立.

### 2.6.4　修正 Zienkiewicz 元

对 $1 \leqslant i \leqslant n+1$, 定义

$$\tilde{\psi}_i(v) = \frac{1}{|F_i|} \int_{F_i} \frac{\partial v}{\partial \boldsymbol{\nu}_{F_i}}\,\mathrm{d}F_i - \frac{1}{n} \sum_{\substack{1 \leqslant k \leqslant n+1 \\ k \neq i}} \frac{\partial v}{\partial \boldsymbol{\nu}_{F_i}}(a_k), \quad \forall v \in C^1(T).$$

修正 Zienkiewicz 元的 $(T, P_T, \boldsymbol{D}_T)$ 如下定义:

(1) 单元 $T$ 是 $n$ 单纯形;

(2) 形函数空间 $P_T$ 为 $P_3''(T)$+span $\{\lambda_1 q_0, \lambda_2 q_0, \cdots, \lambda_{n+1} q_0\}$ 中所有满足 $\tilde{\psi}_i(v) = 0$ 的函数构成的空间;

(3) 节点参数为对任意 $v \in C^1(T)$,

$$d_j : v \to v(\boldsymbol{a}_j), \quad 1 \leqslant j \leqslant n+1,$$
$$d_{ij} : v \to \frac{1}{\|\boldsymbol{a}_j - \boldsymbol{a}_i\|} \nabla v(\boldsymbol{a}_i)(\boldsymbol{a}_j - \boldsymbol{a}_i), \quad 1 \leqslant i \neq j \leqslant n+1.$$

**定理 2.6.5** 对于修正 Zienkiewicz 元, $\boldsymbol{D}_T$ 是 $P_T$ 唯一可解的, 并且 $P_2(T) \subset P_T$.

**证明** 首先令 $p \in P_2(T)$, $1 \leqslant i \leqslant n+1$. 因为

$$\frac{1}{|F_i|}\int_{F_i} q \,\mathrm{d}F_i = \frac{1}{n}\sum_{\substack{1\leqslant k\leqslant n+1\\ k\neq i}} q(\boldsymbol{a}_k), \quad \forall q \in P_1(T),$$

所以 $\tilde{\psi}_i(p) = 0$, 因此 $P_2(T) \subset P_T$.

当 $1 \leqslant i \neq j \leqslant n+1$ 时, 定义

$$\begin{aligned}\tilde{p}_{ij} =& \frac{1}{2}\lambda_i\lambda_j(1+\lambda_i-\lambda_j) + \frac{(n-1)n(2n-1)!}{2(n+1)!}(\lambda_i-\lambda_j)q_0\\ &+ \sum_{1\leqslant k\leqslant n+1, k\neq i, k\neq j} \frac{(\nabla\lambda_i - \nabla\lambda_j)^{\mathrm{T}}\nabla\lambda_k}{2n\|\nabla\lambda_k\|} q_k,\end{aligned} \tag{2.6.11}$$

则

$$p = \sum_{1\leqslant i\leqslant n+1} p_i p(\boldsymbol{a}_i) + \sum_{1\leqslant i\neq j\leqslant n+1} \tilde{p}_{ij}\nabla p(\boldsymbol{a}_i)(\boldsymbol{a}_j - \boldsymbol{a}_i), \quad \forall p \in P_T. \tag{2.6.12}$$

由此等式可以得到 $\boldsymbol{D}_T$ 是 $P_T$ 唯一可解的. □

修正 Zienkiewicz 元的 $V_h = \{v \in L^2(\Omega) \mid v|_T \in P_T, \forall T \in T_h, v$ 和 $\nabla v$ 在 $\mathcal{T}_h$ 的所有顶点处连续$\}$. $V_{h0} = \{v \in V_h \mid v$ 和 $\nabla v$ 在所有位于 $\partial\Omega$ 上的顶点处为零$\}$.

由于 $V_h$ 和 $V_{h0}$ 分别是 Morley-Zienkiewicz 元对应空间的子空间, 所以有如下定理:

**定理 2.6.6** 令 $V_h, V_{h0}$ 是修正 Zienkiewicz 元对应的有限元空间, 则 $V_h \subset H^1(\Omega)$, $V_{h0} \subset H_0^1(\Omega)$. 如果 $F$ 是 $T, T' \in \mathcal{T}_h$ 的公共面, 则式 (2.6.5) 成立, 如果 $F$ 是 $T \in \mathcal{T}_h$ 的一个面, 并且 $F \subset \partial\Omega$, 则式 (2.6.6) 成立.

现在介绍几个二维的三角形有限元, 令 $n = 2$.

### 2.6.5 12 参数三角形板元

定义

$$\check{q}_i = 2\Big(5\Big(\lambda_i - \lambda_i^2 - 2\sum_{\substack{1\leqslant j,k\leqslant 3\\ j\neq i, k\neq i}} \lambda_j\lambda_k\Big) - 1\Big)\lambda_1\lambda_2\lambda_3, \quad 1 \leqslant i \leqslant 3, \tag{2.6.13}$$

$$P_3^+(T) = P_3(T) + \mathrm{span}\{\check{q}_1, \check{q}_2, \check{q}_3\}. \tag{2.6.14}$$

显然, $\check{q}_1 + \check{q}_2 + \check{q}_3 = -6\lambda_1\lambda_2\lambda_3$, 所以 $P_3^+(T)$ 的维数不会超过 12. 12 参数三角形板元的 $(T, P_T, \boldsymbol{D}_T)$ 如下定义 (见图 2.6.2 中 $n=2$ 的情形):

(1) 单元 $T$ 是三角形;

(2) 形函数空间 $P_T = P_3^+(T)$;

(3) 节点参数为对任意 $v \in C^1(T)$,

$$d_j : v \to v(\boldsymbol{a}_j), \quad d_{3+j} : v \to \frac{1}{|F_j|}\int_{F_j} \frac{\partial v}{\partial \boldsymbol{\nu}_{F_j}}\,\mathrm{d}F_j, \quad 1 \leqslant j \leqslant 3,$$

$$d_{ij} : v \to \frac{1}{\|\boldsymbol{a}_j - \boldsymbol{a}_i\|}\nabla v(\boldsymbol{a}_i)(\boldsymbol{a}_j - \boldsymbol{a}_i), \quad 1 \leqslant i \neq j \leqslant 3.$$

对于 $1 \leqslant i \neq j \neq k \leqslant 3$, 定义

$$\begin{cases} q_i = \dfrac{\check{q}_i}{\|\nabla\lambda_i\|}, \\ p_i = 3\lambda_i^2 - 2\lambda_i^3 + \displaystyle\sum_{\substack{1\leqslant l\leqslant 3\\ l\neq i}} \frac{\nabla\lambda_i^{\mathrm{T}}\nabla\lambda_l}{\|\nabla\lambda_l\|} q_l, \\ p_{ij} = \lambda_i^2\lambda_j + 10\lambda_i(\lambda_j - \lambda_k)\lambda_1\lambda_2\lambda_3. \end{cases} \tag{2.6.15}$$

可以验证, $q_i$, $p_i$, $p_{ij} \in P_3^+(T)$, 并且是对应于节点参数的基函数, 进而 $P_3^+(T)$ 的维数是 12, $\boldsymbol{D}_T$ 是 $P_T$ 唯一可解的.

对于 12 参数三角形板元, $V_h = \{v \in L^2(\Omega) \mid v|_T \in P_3^+(T),\ \forall T \in \mathcal{T}_h$, $v$ 和 $\nabla v$ 在 $\mathcal{T}_h$ 的所有顶点处连续, 并且通过 $\mathcal{T}_h$ 的任意单元内边 $F$ 时, $\dfrac{\partial}{\partial \boldsymbol{\nu}_F}v$ 在其上的积分平均值的跳跃为零$\}$, $V_{h0} = \{v \in V_h \mid v$ 和 $\nabla v$ 在所有位于 $\partial\Omega$ 上的顶点处为零, 并且在所有位于 $\partial\Omega$ 上的边 $F$ 上, $\dfrac{\partial}{\partial \boldsymbol{\nu}_F}v$ 的积分平均值为零$\}$.

**定理 2.6.7**　对于 12 参数三角形板元, 下述结论成立:

(1) $\boldsymbol{D}_T$ 是 $P_T$ 唯一可解的;

(2) $V_h \subset H^1(\Omega)$, $V_{h0} \subset H_0^1(\Omega)$;

(3) 如果 $F$ 是 $T, T' \in \mathcal{T}_h$ 的公共边, 则

$$\int_F q\nabla(v_h|_T)\,\mathrm{d}F = \int_F q\nabla(v_h|_{T'})\,\mathrm{d}F, \quad \forall q \in P_1(F),\ \forall v_h \in V_h; \tag{2.6.16}$$

(4) 如果 $F$ 是 $T \in \mathcal{T}_h$ 的一条边, 并且 $F \subset \partial\Omega$, 则

$$\int_F q\nabla(v_h|_T)\,\mathrm{d}F = 0, \quad \forall q \in P_1(F),\ \forall v_h \in V_{h0}. \tag{2.6.17}$$

**证明** 只需证明结论 (2)~(4). 因为 $V_h$ 中的函数 $v_h$ 在单元的每条边上是三次的, 并且 $v_h$ 在该边的端点处连续, $v_h$ 沿该边的切向导数在端点处连续, 所以 $V_h \subset H^1(\Omega)$. 类似的讨论可得 $V_{h0} \subset H_0^1(\Omega)$.

对于 $T \in \mathcal{T}_h$, 令 $p_i, q_i, p_{ij}$ 由式 (2.6.15) 给出, 则

$$p = \sum_{1 \leqslant i \leqslant 3} p(\boldsymbol{a}_i) p_i + \sum_{1 \leqslant i \leqslant 3} \frac{1}{|F_i|} \int_{F_i} \frac{\partial p}{\partial \boldsymbol{\nu}_{F_i}} \mathrm{d}F_i \, q_i + \sum_{1 \leqslant i \neq j \leqslant 3} \nabla p(\boldsymbol{a}_i)(\boldsymbol{a}_j - \boldsymbol{a}_i) p_{ij} \quad (2.6.18)$$

对任意 $p \in P_3^+(T)$ 成立. 可以验证当 $1 \leqslant i \leqslant 3, 1 \leqslant k \neq l \leqslant 3$ 时,

$$\int_{F_k} \lambda_l \frac{\partial q_i}{\partial \boldsymbol{\nu}_{F_k}} \mathrm{d}F_k = \frac{|F_k|}{2} \delta_{ik}, \quad \int_{F_k} \lambda_l \frac{\partial p_i}{\partial \boldsymbol{\nu}_{F_k}} \mathrm{d}F_k = 0, \quad (2.6.19)$$

并且当 $1 \leqslant i \neq j \leqslant 3$, $1 \leqslant k \neq i \leqslant 3$ 和 $1 \leqslant l \neq k, i \leqslant 3$ 时,

$$\nabla p_{ij}|_{F_i} \equiv 0, \quad \int_{F_k} \lambda_i \frac{\partial p_{ij}}{\partial \boldsymbol{\nu}_{F_k}} \mathrm{d}F_k = -\int_{F_k} \lambda_l \frac{\partial p_{ij}}{\partial \boldsymbol{\nu}_{F_k}} \mathrm{d}F_k = \frac{|F_k|}{12} \boldsymbol{\nu}_{F_k}^{\mathrm{T}} \nabla \lambda_j. \quad (2.6.20)$$

对于 $p \in P_3^+(T)$, $1 \leqslant i \neq j \neq k \leqslant 3$, 通过式 (2.6.18)~ 式 (2.6.20) 可以计算得到

$$\frac{1}{|F_i|} \int_{F_i} \lambda_j \frac{\partial p}{\partial \boldsymbol{\nu}_{F_i}} \mathrm{d}F_i = \frac{1}{12} \left( \frac{\partial p}{\partial \boldsymbol{\nu}_{F_i}}(\boldsymbol{a}_j) - \frac{\partial p}{\partial \boldsymbol{\nu}_{F_i}}(\boldsymbol{a}_k) \right) + \frac{1}{2|F_i|} \int_{F_i} \frac{\partial p}{\partial \nu_{F_i}} \mathrm{d}F_i. \quad (2.6.21)$$

由式 (2.6.21) 以及 $V_h$ 和 $V_{h0}$ 的定义, 直接得到结论 (3) 和 (4). □

### 2.6.6 15 参数三角形板元

15 参数三角形板元的 $(T, P_T, \boldsymbol{D}_T)$ 如下定义 (图 2.6.3):

(1) 单元 $T$ 是三角形;

(2) 形函数空间 $P_T = P_4(T)$;

(3) 节点参数为对任意 $v \in C^1(T)$,

$$d_j : v \to v(\boldsymbol{a}_j), \quad d_{3+j} : \ v \to v(\check{\boldsymbol{a}}_j),$$

$$d_{6+j} : v \to \frac{\partial v}{\partial \boldsymbol{\nu}_{F_j}}(\check{\boldsymbol{a}}_j), \ 1 \leqslant j \leqslant 3,$$

$$d_{ij} : v \to \frac{1}{\|\boldsymbol{a}_j - \boldsymbol{a}_i\|} \nabla v(\boldsymbol{a}_i)(\boldsymbol{a}_j - \boldsymbol{a}_i),$$

$1 \leqslant i \neq j \leqslant 3.$

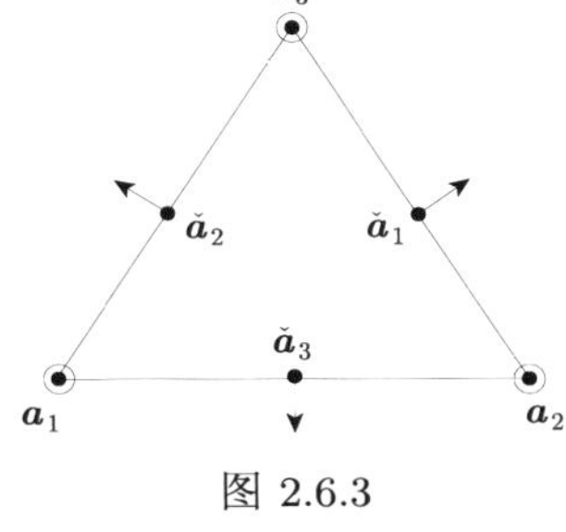

图 2.6.3

采用式 (2.4.3) 定义的 $b_i, c_i$ $(1 \leqslant i \leqslant 3)$, 对 $1 \leqslant i \neq j \leqslant 3$ 定义

$$\begin{cases} p_i = \lambda_i^2(2\lambda_i - 1)(5 - 4\lambda_i) + 6 \sum\limits_{\substack{1\leqslant k\leqslant 3\\ k\neq i}} \dfrac{b_i b_k + c_i c_k}{|F_k|^2}(2\lambda_k - 1)\lambda_1\lambda_2\lambda_3, \\ \check{p}_i = 16\Big((1 - 2\lambda_i)\lambda_1\lambda_2\lambda_3 + \sum\limits_{\substack{1\leqslant l<k\leqslant 3\\ l,k\neq i}} \lambda_l^2\lambda_k^2\Big), \\ p_{ij} = \lambda_i^2(2\lambda_i - 1)\lambda_j + \sum\limits_{\substack{1\leqslant k\leqslant 3\\ k\neq i,j}} \dfrac{b_i b_k + c_i c_k}{|F_k|^2}(2\lambda_k - 1)\lambda_1\lambda_2\lambda_3, \\ q_i = \dfrac{8|T|}{|F_i|}(2\lambda_i - 1)\lambda_1\lambda_2\lambda_3, \end{cases} \tag{2.6.22}$$

这组函数就是基函数. 对任意 $p \in P_4(T)$ 有

$$p = \sum_{i=1}^{3} p_i p(\boldsymbol{a}_i) + \sum_{i=1}^{3} \check{p}_i p(\check{\boldsymbol{a}}_i) + \sum_{1\leqslant i\neq j\leqslant 3} p_{ij} \nabla p(\boldsymbol{a}_i)(\boldsymbol{a}_j - \boldsymbol{a}_i) + \sum_{i=1}^{3} q_i \frac{\partial p}{\partial \boldsymbol{\nu}_{F_i}}(\check{\boldsymbol{a}}_i). \tag{2.6.23}$$

所以, $\boldsymbol{D}_T$ 是 $P_T$ 唯一可解的.

这个有限元的 $V_h = \{v \in L^2(\Omega) \mid v|_T \in P_T,\ \forall T \in \mathcal{T}_h,\ v$ 在 $\mathcal{T}_h$ 的所有顶点、所有边的中点处连续, $\nabla v$ 在 $\mathcal{T}_h$ 的所有顶点处连续, 并且在 $\mathcal{T}_h$ 的所有边 $F$ 的中点处, $\dfrac{\partial}{\partial \boldsymbol{\nu}_F} v$ 连续$\}$, $V_{h0} = \{v \in V_h \mid v$ 在所有位于 $\partial\Omega$ 上的顶点和边的中点处为零, $\nabla v$ 在所有位于 $\partial\Omega$ 上顶点处为零, 并且在所有位于 $\partial\Omega$ 上的边 $F$ 的中点处, $\dfrac{\partial}{\partial \boldsymbol{\nu}_F} v$ 为零$\}$.

因为 $V_h$ 中的函数 $v_h$ 在单元的每条边上是四次的, 并且 $v_h$ 在该边的端点和中点处连续, $v_h$ 沿该边的切向导数在端点处连续, 所以 $V_h \subset H^1(\Omega)$, $V_{h0} \subset H_0^1(\Omega)$.

现在取 $v_h \in V_h$, $F_i$ 是 $T \in \mathcal{T}_h$ 的一条边, 端点为 $\boldsymbol{a}_k$ 和 $\boldsymbol{a}_j$. 由于 $\dfrac{\partial}{\partial \boldsymbol{\nu}_{F_i}}(v_h|_T)$ 在 $F_i$ 上是三次的, 用 Simpson 积分公式得

$$\frac{1}{|F_i|}\int_{F_i} \frac{\partial}{\partial \boldsymbol{\nu}_{F_i}}(v_h|_T)\,\mathrm{d}F_i = \frac{1}{6}\Big(\frac{\partial v_h}{\partial \boldsymbol{\nu}_{F_i}}(\boldsymbol{a}_k) + 4\frac{\partial v_h}{\partial \boldsymbol{\nu}_{F_i}}(\check{\boldsymbol{a}}_i) + \frac{\partial v_h}{\partial \boldsymbol{\nu}_{F_i}}(\boldsymbol{a}_j)\Big),$$

即 $\dfrac{\partial}{\partial \boldsymbol{\nu}} v_h$ 在每个单元内边上的积分平均值的跳跃为零, 并且当 $v_h \in V_{h0}$ 时, 在每个自由边上, $\dfrac{\partial}{\partial \boldsymbol{\nu}} v_h$ 的积分平均值为 0.

总结上面的讨论, 有下面的定理:

**定理 2.6.8** 对于 15 参数三角形板元, 下述结论成立:

(1) $\boldsymbol{D}_T$ 是 $P_T$ 唯一可解的;

(2) $V_h \subset H^1(\Omega)$, $V_{h0} \subset H_0^1(\Omega)$;

(3) 如果 $F$ 是 $T, T' \in \mathcal{T}_h$ 的公共边, 则式 (2.6.5) 成立, 如果 $F$ 是 $T \in \mathcal{T}_h$ 的一条边, 并且 $F \subset \partial\Omega$, 则式 (2.6.6) 成立.

### 2.6.7 Argyris 元

Argyris 元的 $(T, P_T, \boldsymbol{D}_T)$ 定义如下 (图 2.6.4):

(1) 单元 $T$ 是三角形;

(2) 形函数空间 $P_T = P_5(T)$;

(3) 21 个节点参数为对任意 $v \in C^2(T)$,

$$\begin{cases} v(\boldsymbol{a}_i),\ \dfrac{\partial v}{\partial \boldsymbol{\nu}_{F_i}}(\check{\boldsymbol{a}}_i), & 1 \leqslant i \leqslant 3, \\ \dfrac{\nabla v(\boldsymbol{a}_i)(\boldsymbol{a}_j - \boldsymbol{a}_i)}{\|\boldsymbol{a}_j - \boldsymbol{a}_i\|}, & 1 \leqslant i \neq j \leqslant 3, \\ \dfrac{\nabla^2 v(\boldsymbol{a}_i)(\boldsymbol{a}_j - \boldsymbol{a}_i)(\boldsymbol{a}_k - \boldsymbol{a}_i)}{\|\boldsymbol{a}_j - \boldsymbol{a}_i\|\,\|\boldsymbol{a}_k - \boldsymbol{a}_i\|}, & 1 \leqslant j \leqslant k \leqslant 3,\ j,k \neq i,\ 1 \leqslant i \leqslant 3. \end{cases}$$

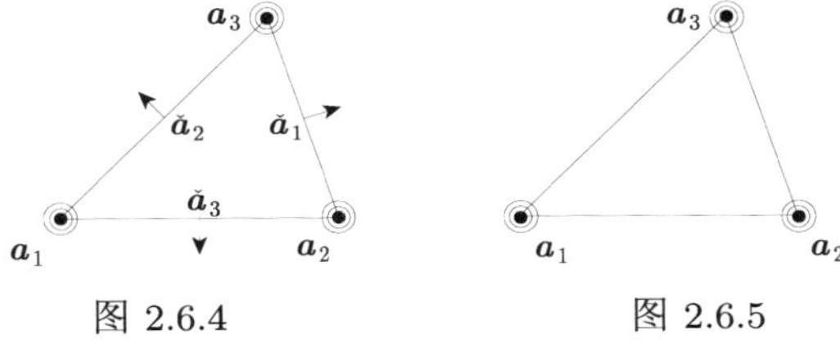


图 2.6.4　　　　图 2.6.5

**定理 2.6.9**　对于 Argyris 元, $\boldsymbol{D}_T$ 是 $P_T$ 唯一可解的.

**证明**　与 Argyris 元等价的节点参数为

$$\begin{cases} v(\boldsymbol{a}_j),\ \dfrac{\partial v}{\partial x_1}(\boldsymbol{a}_j),\ \dfrac{\partial v}{\partial x_2}(\boldsymbol{a}_j), & 1 \leqslant j \leqslant 3, \\ \dfrac{\partial^2 v}{\partial x_1^2}(\boldsymbol{a}_j),\ \dfrac{\partial^2 v}{\partial x_1 \partial x_2}(\boldsymbol{a}_j),\ \dfrac{\partial^2 v}{\partial x_2^2}(\boldsymbol{a}_j), & 1 \leqslant j \leqslant 3, \\ \dfrac{\partial v}{\partial \boldsymbol{\nu}_{F_j}}(\check{\boldsymbol{a}}_j), & 1 \leqslant j \leqslant 3, \end{cases}$$

所以只需证明如果 $p \in P_5(T)$ 且对 $1 \leqslant j \leqslant 3$,

$$\begin{cases} p(\boldsymbol{a}_j) = \dfrac{\partial p}{\partial x_1}(\boldsymbol{a}_j) = \dfrac{\partial p}{\partial x_2}(\boldsymbol{a}_j) = 0, \quad \dfrac{\partial p}{\partial \boldsymbol{\nu}_{F_j}}(\check{a}_j) = 0, \\ \dfrac{\partial^2 p}{\partial x_1^2}(\boldsymbol{a}_j) = \dfrac{\partial^2 p}{\partial x_1 \partial x_2}(\boldsymbol{a}_j) = \dfrac{\partial^2 p}{\partial x_2^2}(\boldsymbol{a}_j) = 0, \end{cases}$$

则 $p \equiv 0$.

记 $\boldsymbol{\tau}$ 是 $F = [\boldsymbol{a}_1, \boldsymbol{a}_2]$ 的单位切向量, $t$ 是沿 $\boldsymbol{\tau}$ 的参数, 则 $p$ 在 $F$ 上的限制 $p|_F$ 是 $t$ 的函数, 记作 $q$. $q$ 是 $t$ 的 5 次多项式, 因为

$$q'(\boldsymbol{a}_1) = \frac{\partial p}{\partial \boldsymbol{\tau}}(\boldsymbol{a}_1), \quad q''(\boldsymbol{a}_1) = \frac{\partial^2 p}{\partial \boldsymbol{\tau}^2}(\boldsymbol{a}_1), \quad \cdots,$$

所以

$$q(\boldsymbol{a}_1) = q'(\boldsymbol{a}_1) = q''(\boldsymbol{a}_1) = q(\boldsymbol{a}_2) = q'(\boldsymbol{a}_2) = q''(\boldsymbol{a}_2) = 0,$$

进而 $q = 0$. 同理, $p$ 在 $F$ 上的法向导数 $\dfrac{\partial}{\partial \boldsymbol{\nu}_F} p$ 也可以考虑为一个 $t$ 的函数 $\tilde{q}$, 它是 $t$ 的 4 次多项式. 因为

$$\tilde{q}(\boldsymbol{a}_1) = \frac{\partial p}{\partial \boldsymbol{\nu}_F}(\boldsymbol{a}_1), \quad \tilde{q}'(\boldsymbol{a}_1) = \frac{\partial^2 p}{\partial \boldsymbol{\tau} \partial \boldsymbol{\nu}_F}(\boldsymbol{a}_1), \quad \tilde{q}(\boldsymbol{a}_{12}) = \frac{\partial p}{\partial \boldsymbol{\nu}_F}(\boldsymbol{a}_{12}), \quad \cdots,$$

所以

$$\tilde{q}(\boldsymbol{a}_1) = \tilde{q}'(\boldsymbol{a}_1) = \tilde{q}(\boldsymbol{a}_{12}) = \tilde{q}(\boldsymbol{a}_2) = \tilde{q}'(\boldsymbol{a}_2) = 0,$$

于是 $\tilde{q} = 0$.

因为在 $F$ 上 $\dfrac{\partial}{\partial \boldsymbol{\nu}_F} p = 0$, $p = 0$, 所以 $p$ 和其一阶导数 $\nabla p$ 在 $F$ 上恒为零, 从而导出 $\lambda_3^2$ 是 $p$ 的因子.

对另外两个边也有类似的理由, 这样就有 $\lambda_1^2 \lambda_2^2 \lambda_3^2$ 是 $p$ 的因子. 因为 $\lambda_i$ 是一次多项式不可能退化为常数, 所以只可能有 $p = 0$. □

Argyris 元对应的有限元空间 $V_h = \{\ v \in L^2(\Omega) \mid v|_T \in P_5(T),\ \forall T \in \mathcal{T}_h,\ v$ 和其所有的一阶以及二阶导数在 $\mathcal{T}_h$ 的所有顶点处连续, 在 $\mathcal{T}_h$ 的所有边的中点, $v$ 关于该边的法向导数连续$\}$.

**定理 2.6.10** 令 $V_h$ 和 $V_{h0}$ 是 Argyris 元对应的有限元空间, 则 $V_h \subset H^2(\Omega)$, $V_{h0} \subset H_0^2(\Omega)$.

**证明** 令 $v \in V_h$, $F = [\boldsymbol{b}_1, \boldsymbol{b}_2]$ 是 $\mathcal{T}_h$ 中两相邻单元 $T_1$ 和 $T_2$ 的公共边. 将 $v|_{T_1}$ 和 $v|_{T_2}$ 在 $F$ 上的限制看成包含边 $F$ 的坐标轴的坐标 $t$ 的函数, 它们是 $t$ 的 5 次多项式. 记这两个多项式为 $q_1$ 和 $q_2$, 令 $q = q_1 - q_2$. 由空间 $V_h$ 的定义有

$$q(\boldsymbol{b}_1) = q'(\boldsymbol{b}_1) = q''(\boldsymbol{b}_1) = q(\boldsymbol{b}_2) = q'(\boldsymbol{b}_2) = q''(\boldsymbol{b}_2) = 0,$$

所以 $q = 0$, 进而得到 $v \in C(\overline{\Omega})$. 同样, 用 $p_1$ 和 $p_2$ 分别表示函数 $\dfrac{\partial}{\partial \boldsymbol{\nu}_F}(v|_{T_1})$ 和 $\dfrac{\partial}{\partial \boldsymbol{\nu}_F}(v|_{T_2})$ 在 $F$ 上的限制, 则 $p_1$ 和 $p_2$ 都是 $t$ 的 4 次多项式. 再次利用 $V_h$ 的定义有

$$p(\boldsymbol{b}_1) = p'(\boldsymbol{b}_1) = p\left(\frac{1}{2}(\boldsymbol{b}_1 + \boldsymbol{b}_2)\right) = p(\boldsymbol{b}_2) = p'(\boldsymbol{b}_2) = 0,$$

其中, $p = p_1 - p_2$. 于是 $p = 0$, 法向导数的连续性得证. 结合切向导数的连续性, 证明了一阶导数在 $\overline{\Omega}$ 上是连续的. 最终得出 $V_h \subset H^2(\Omega)$.

令 $v_h \in V_{h0}$. 对 $v \in C_0^2(\bar{\Omega})$ 有

$$v|_{\partial\Omega} = \left.\frac{\partial v}{\partial \boldsymbol{\tau}}\right|_{\partial\Omega} = \left.\frac{\partial v}{\partial \boldsymbol{\nu}}\right|_{\partial\Omega} = 0, \tag{2.6.24}$$

其中, $\boldsymbol{\tau}$ 是 $\partial\Omega$ 的单位切向量. 所以, $v_h$ 和其两个一阶导数在所有位于 $\partial\Omega$ 上的顶点处为零, 并且 $\dfrac{\partial}{\partial\boldsymbol{\nu}}v_h$ 在所有自由边的中点处为零. 现在令 $\boldsymbol{a}$ 是 $\mathcal{T}_h$ 的一个位于 $\partial\Omega$ 上的顶点. 如果 $\boldsymbol{a}$ 也是 $\Omega$ 的顶点, 则存在两个点 $\boldsymbol{b}_1$ 和 $\boldsymbol{b}_2$, 使得线段 $\overline{\boldsymbol{b}_1\boldsymbol{a}}$ 和 $\overline{\boldsymbol{b}_2\boldsymbol{a}}$ 都是 $\partial\Omega$ 的子集, 并且它们不在同一条直线上 (图 2.6.6). 由式 (2.6.24) 得

$$\frac{\partial^2 v}{\partial x_1^2}(\boldsymbol{a}) = \frac{\partial^2 v}{\partial x_2^2}(\boldsymbol{a}) = \frac{\partial^2 v}{\partial x_1\partial x_2}(\boldsymbol{a}) = 0.$$

如果 $\boldsymbol{a}$ 不是 $\Omega$ 的顶点, 则只有 $\dfrac{\partial^2 v}{\partial\boldsymbol{\tau}^2}$ 和 $\dfrac{\partial^2 v}{\partial\boldsymbol{\tau}\partial\boldsymbol{\nu}}$ 在点 $\boldsymbol{a}$ 处为 0. 由构造 $V_{h0}$ 规则, 对函数 $v_h$ 有同样的结论, 所以 $v_h \in H_0^2(\Omega)$. □

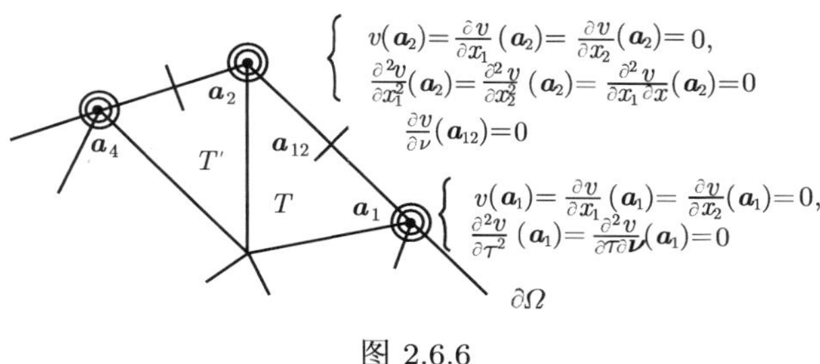


图 2.6.6

### 2.6.8 Bell 元

对于三角形 $T$, 定义

$$P_5'(T) = \left\{ p \;\middle|\; p \in P_5(T),\ \text{在 } T \text{ 的每条边 } F \text{ 上 } \frac{\partial p}{\partial\boldsymbol{\nu}_F} \in P_3(F) \right\}.$$

对 $1 \leqslant i < j \leqslant 3$, 定义

$$\chi_{ij}(v) = 4\Big(v(\boldsymbol{a}_i) + v(\boldsymbol{a}_j)\Big) - 8v(\boldsymbol{a}_{ij}) + \nabla v(\boldsymbol{a}_i)(\boldsymbol{a}_j - \boldsymbol{a}_i) + \nabla v(\boldsymbol{a}_j)(\boldsymbol{a}_i - \boldsymbol{a}_j). \tag{2.6.25}$$

令 $F = [\boldsymbol{a}_i, \boldsymbol{a}_j]$ 是 $T$ 的一条边, $v$ 是满足 $v|_F \in P_4(F)$ 的函数, 则 $v|_F \in P_3(F)$ 当且仅当 $\chi_{ij}(v) = 0$. 为了证明这一结论, 对 $\boldsymbol{x} \in F$, 令 $\chi_4 = \dfrac{\partial^4 v}{\partial\boldsymbol{\tau}^4}(\boldsymbol{x})$, 其中, $\boldsymbol{\tau}$ 是沿 $F$ 的单位向量, 则 $\chi_4$ 一个常数. 于是有下面的展开式:

$$\begin{aligned} v(\boldsymbol{a}_i) = {} & v(\boldsymbol{a}_{ij}) + \nabla v(\boldsymbol{a}_{ij})(\boldsymbol{a}_i - \boldsymbol{a}_{ij}) + \frac{1}{2}\nabla^2 v(\boldsymbol{a}_{ij})(\boldsymbol{a}_i - \boldsymbol{a}_{ij})^2 \\ & + \frac{1}{6}\nabla^3 v(\boldsymbol{a}_{ij})(\boldsymbol{a}_i - \boldsymbol{a}_{ij})^3 + \frac{\chi_4}{24}\|\boldsymbol{a}_i - \boldsymbol{a}_{ij}\|^4, \end{aligned}$$

$$\begin{aligned} v(\boldsymbol{a}_j) = {} & v(\boldsymbol{a}_{ij}) + \nabla v(\boldsymbol{a}_{ij})(\boldsymbol{a}_j - \boldsymbol{a}_{ij}) + \frac{1}{2}\nabla^2 v(\boldsymbol{a}_{ij})(\boldsymbol{a}_j - \boldsymbol{a}_{ij})^2 \\ & + \frac{1}{6}\nabla^3 v(\boldsymbol{a}_{ij})(\boldsymbol{a}_j - \boldsymbol{a}_{ij})^3 + \frac{\chi_4}{24}\|\boldsymbol{a}_j - \boldsymbol{a}_{ij}\|^4, \end{aligned}$$

由此可以导出

$$v(\boldsymbol{a}_i)+v(\boldsymbol{a}_j)=2v(\boldsymbol{a}_{ij})+\frac{1}{2}\nabla^2 v(\boldsymbol{a}_{ij})(\boldsymbol{a}_i-\boldsymbol{a}_{ij})^2+\frac{1}{2}\nabla^2 v(\boldsymbol{a}_{ij})(\boldsymbol{a}_j-\boldsymbol{a}_{ij})^2 + \frac{\chi_4}{24}\Big(\|\boldsymbol{a}_i-\boldsymbol{a}_{ij}\|^4+\|\boldsymbol{a}_j-\boldsymbol{a}_{ij}\|^4\Big).$$

同理,

$$\nabla v(\boldsymbol{a}_i)(\boldsymbol{a}_i-\boldsymbol{a}_{ij})=\nabla v(\boldsymbol{a}_{ij})(\boldsymbol{a}_i-\boldsymbol{a}_{ij})+\nabla^2 v(\boldsymbol{a}_{ij})(\boldsymbol{a}_i-\boldsymbol{a}_{ij})^2 + \frac{1}{2}\nabla^3 v(\boldsymbol{a}_{ij})(\boldsymbol{a}_i-\boldsymbol{a}_{ij})^3+\frac{\chi_4}{6}\|\boldsymbol{a}_i-\boldsymbol{a}_{ij}\|^4,$$

$$\nabla v(\boldsymbol{a}_j)(\boldsymbol{a}_j-\boldsymbol{a}_{ij})=\nabla v(\boldsymbol{a}_{ij})(\boldsymbol{a}_j-\boldsymbol{a}_{ij})+\nabla^2 v(\boldsymbol{a}_{ij})(\boldsymbol{a}_j-\boldsymbol{a}_{ij})^2 + \frac{1}{2}\nabla^3 v(\boldsymbol{a}_{ij})(\boldsymbol{a}_j-\boldsymbol{a}_{ij})^3+\frac{\chi_4}{6}\|\boldsymbol{a}_j-\boldsymbol{a}_{ij}\|^4,$$

从而

$$\begin{aligned}&\nabla^2 v(\boldsymbol{a}_{ij})(\boldsymbol{a}_i-\boldsymbol{a}_{ij})^2+\nabla^2 v(\boldsymbol{a}_{ij})(\boldsymbol{a}_j-\boldsymbol{a}_{ij})^2\\ =&\ \nabla v(\boldsymbol{a}_i)(\boldsymbol{a}_i-\boldsymbol{a}_{ij})+\nabla v(\boldsymbol{a}_j)(\boldsymbol{a}_j-\boldsymbol{a}_{ij})-\frac{\chi_4}{6}\Big(\|\boldsymbol{a}_i-\boldsymbol{a}_{ij}\|^4+\|\boldsymbol{a}_j-\boldsymbol{a}_{ij}\|^4\Big).\end{aligned}$$

综合前面的讨论得到

$$2v(\boldsymbol{a}_{ij})=v(\boldsymbol{a}_i)+v(\boldsymbol{a}_j)+\frac{1}{4}\Big(\nabla v(\boldsymbol{a}_i)(\boldsymbol{a}_i-\boldsymbol{a}_j)+\nabla v(\boldsymbol{a}_j)(\boldsymbol{a}_j-\boldsymbol{a}_i)\Big)-\frac{\chi_4}{96}\|\boldsymbol{a}_i-\boldsymbol{a}_j\|^4,$$

结论得证. □

上面的结果说明

$$P_5'(T)=\Big\{\ p\mid p\in P_5(T),\ \chi_{ij}\Big(\frac{\partial p}{\partial \boldsymbol{\nu}_{F_k}}\Big)=0,\ k\neq i,j,\ 1\leqslant i<j\leqslant 3\Big\}. \tag{2.6.26}$$

对于 Bell 元, $(T,P_T,\boldsymbol{D}_T)$ 定义如下 (图 2.6.5):

(1) 单元 $T$ 是三角形;

(2) 形函数空间 $P_T$ 为 $P_5'(T)$;

(3) 18 个节点参数为对任意 $v\in C^2(T)$,

$$\begin{cases} v(\boldsymbol{a}_i), & 1\leqslant i\leqslant 3,\\ \dfrac{\nabla v(\boldsymbol{a}_i)(\boldsymbol{a}_j-\boldsymbol{a}_i)}{\|\boldsymbol{a}_j-\boldsymbol{a}_i\|}, & 1\leqslant i\neq j\leqslant 3,\\ \dfrac{\nabla^2 v(\boldsymbol{a}_i)(\boldsymbol{a}_j-\boldsymbol{a}_i)(\boldsymbol{a}_k-\boldsymbol{a}_i)}{\|\boldsymbol{a}_j-\boldsymbol{a}_i\|\,\|\boldsymbol{a}_k-\boldsymbol{a}_i\|}, & 1\leqslant j\leqslant k\leqslant 3,\ j,k\neq i,\ 1\leqslant i\leqslant 3.\end{cases}$$

Bell 元对应的有限元空间 $V_h$ 可以如下描述: $V_h=\{\ v\in L^2(\Omega)\mid v|_T\in P_5'(T),\forall T\in\mathcal{T}_h,$ $v$ 和其所有的一阶、二阶导数在 $\mathcal{T}_h$ 的顶点处连续$\}$.

**定理 2.6.11** 对于 Bell 元, $\boldsymbol{D}_T$ 是 $P_T$ 唯一可解的. 令 $V_h$ 和 $V_{h0}$ 是 Bell 元对应的有限元空间, 则 $V_h \subset H^2(\Omega)$, $V_{h0} \subset H_0^2(\Omega)$.

**证明** 显然多项式 $p \in P_5'(T)$ 由 Bell 元的节点参数和 $\dfrac{\partial p}{\partial \boldsymbol{\nu}_{F_i}}(\check{\boldsymbol{a}}_i)(1 \leqslant i \leqslant 3)$ 唯一确定. 由式 (2.6.26) 可知 $\dfrac{\partial v}{\partial \boldsymbol{\nu}_{F_i}}(\check{\boldsymbol{a}}_i)$ 是 Bell 元的节点参数的线性组合, 所以 $\boldsymbol{D}_T$ 是 $P_T$ 唯一可解的.

因为 $V_h$ 是对应 Argyris 元的有限元空间的子空间, 所以 $V_h \subset H^2(\Omega)$.

令 $v_h \in V_{h0}$. 从 Argyris 元的讨论可知, $v_h$ 和其一阶导数在所有位于 $\partial\Omega$ 上的顶点处为零. 现在取 $\boldsymbol{a}$ 是一个位于 $\partial\Omega$ 上的 $\mathcal{T}_h$ 的顶点. 如果 $\boldsymbol{a}$ 也是 $\Omega$ 的顶点, 则

$$\frac{\partial^2 v_h}{\partial x_1^2}(\boldsymbol{a}) = \frac{\partial^2 v_h}{\partial x_2^2}(\boldsymbol{a}) = \frac{\partial^2 v_h}{\partial x_1 \partial x_2}(\boldsymbol{a}) = 0.$$

如果 $\boldsymbol{a}$ 不是 $\Omega$ 的顶点, 则只有 $\dfrac{\partial^2 v_h}{\partial \boldsymbol{\tau}^2}$ 和 $\dfrac{\partial^2 v_h}{\partial \boldsymbol{\tau} \partial \boldsymbol{\nu}}$ 在点 $\boldsymbol{a}$ 处为零. 因为 $V_{h0}$ 是 Argyris 元对应的有限元空间的子空间, 所以 $V_{h0} \subset H_0^2(\Omega)$. □

### 2.6.9 三次四面体元

在结束本节之前, 最后介绍一个四面体元. 令 $n = 3$. 三次四面体元的 $(T, P_T, \boldsymbol{D}_T)$ 给出如下 (图 2.6.7):

(1) 单元 $T$ 是四面体;

(2) 形函数空间 $P_T = P_3(T)$;

(3) 对 $v \in C^1(T)$, 节点参数为

$$v(\boldsymbol{a}_i),\ \frac{\partial v}{\partial \boldsymbol{\nu}_{F_i}}(\check{\boldsymbol{a}}_i),\ 1 \leqslant i \leqslant 4,\quad \frac{\nabla v(\boldsymbol{a}_i)(\boldsymbol{a}_j - \boldsymbol{a}_i)}{\|\boldsymbol{a}_j - \boldsymbol{a}_i\|},\ 1 \leqslant i \neq j \leqslant 4.$$

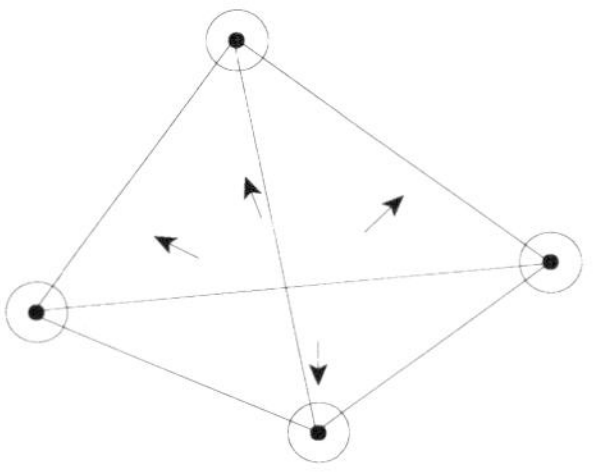

图 2.6.7

**定理 2.6.12** 对于三次四面体元, $\boldsymbol{D}_T$ 是 $P_T$ 唯一可解的.

**证明** 定义

$$\begin{cases} q_i = \dfrac{9}{4\|\nabla\lambda_i\|}\left(\displaystyle\sum_{\substack{1\leqslant j<k<l\leqslant 4\\ j\neq i,k\neq i,l\neq i}} \lambda_j\lambda_k\lambda_l - \lambda_i \sum_{\substack{1\leqslant j<k\leqslant 4\\ j\neq i,k\neq i}} \lambda_j\lambda_k\right), & 1 \leqslant i \leqslant 4, \\ p_i = 3\lambda_i^2 - 2\lambda_i^3 + \displaystyle\sum_{\substack{1\leqslant k\leqslant 4\\ k\neq i}} \dfrac{4\nabla\lambda_i^{\mathrm{T}}\nabla\lambda_k}{3\|\nabla\lambda_k\|} q_k, & 1 \leqslant i \leqslant 4, \\ p_{ij} = \lambda_i^2\lambda_j + \dfrac{\|\nabla\lambda_j\|}{9} q_j + \displaystyle\sum_{\substack{1\leqslant k\leqslant 4\\ k\neq i,k\neq j}} \dfrac{(2\nabla\lambda_i + \nabla\lambda_j)^{\mathrm{T}}\nabla\lambda_k}{9\|\nabla\lambda_k\|} q_k, & 1 \leqslant i \neq j \leqslant 4. \end{cases} \tag{2.6.27}$$

可以验证当 $1 \leqslant i \neq j \leqslant 4$ 和 $1 \leqslant k \neq l \leqslant 4$ 时,

$$\begin{cases} q_i(\boldsymbol{a}_k) = 0, \quad \nabla q_i(\boldsymbol{a}_k) = 0, \quad \dfrac{\partial q_i}{\partial \boldsymbol{\nu}_{F_k}}(\check{\boldsymbol{a}}_k) = \delta_{ik}, \\ p_i(\boldsymbol{a}_k) = \delta_{ik}, \quad \nabla p_i(\boldsymbol{a}_k) = 0, \quad \dfrac{\partial p_i}{\partial \boldsymbol{\nu}_{F_k}}(\check{\boldsymbol{a}}_k) = 0, \\ p_{ij}(\boldsymbol{a}_k) = 0, \quad \nabla p_{ij}(\boldsymbol{a}_k)(\boldsymbol{a}_l - \boldsymbol{a}_k) = \delta_{ik}\delta_{jl}, \quad \dfrac{\partial p_{ij}}{\partial \boldsymbol{\nu}_{F_k}}(\check{\boldsymbol{a}}_k) = 0. \end{cases} \tag{2.6.28}$$

也就是说, $q_i, p_i, p_{ij}$ $(1 \leqslant j \neq i \leqslant 4, 1 \leqslant i \leqslant 4)$ 是相应于节点参数的基, 所以 $\boldsymbol{D}_T$ 是 $P_T$ 唯一可解的. □

由上面的讨论可以得到对任意 $p \in P_3(T)$,

$$p = \sum_{1\leqslant i\leqslant 4} p_i p(\boldsymbol{a}_i) + \sum_{1\leqslant i\leqslant 4} q_i \frac{\partial p}{\partial \boldsymbol{\nu}_{F_i}}(\check{\boldsymbol{a}}_i) + \sum_{1\leqslant i\neq j\leqslant 4} p_{ij} \nabla p(\boldsymbol{a}_i)(\boldsymbol{a}_j - \boldsymbol{a}_i). \tag{2.6.29}$$

三次四面体元的有限元空间 $V_h = \{ v \in L^2(\Omega) \mid v|_T \in P_3(T), \forall T \in \mathcal{T}_h$, $v$ 和 $\nabla v$ 在 $\mathcal{T}_h$ 的所有顶点处连续, 在 $\mathcal{T}_h$ 的所有面 $F$ 的形心点处 $\dfrac{\partial}{\partial \boldsymbol{\nu}_F} v$ 连续$\}$, $V_{h0} = \{v \in V_h \mid v$ 和 $\nabla v$ 在所有位于 $\partial\Omega$ 上的顶点处为零, 在所有位于 $\partial\Omega$ 上的面 $F$ 的形心点处 $\dfrac{\partial}{\partial \boldsymbol{\nu}_F} v$ 为零$\}$.

**定理 2.6.13** 令 $V_h$ 和 $V_{h0}$ 是三次四面体元对应的有限元空间. 如果 $F$ 是 $T, T' \in \mathcal{T}_h$ 的公共面, 则式 (2.6.5) 成立, 如果 $F$ 是 $T \in \mathcal{T}_h$ 的一个面, 并且 $F \subset \partial\Omega$, 则式 (2.6.6) 成立.

**证明** 令 $v_h \in V_h$, $F$ 是 $T \in \mathcal{T}_h$ 的一个面. 选取 $\boldsymbol{\nu}_F, \boldsymbol{\tau}^{(1)}, \boldsymbol{\tau}^{(2)}$ 为 $\mathbf{R}^3$ 的一组单位正交基. 记 $F$ 的三个顶点为 $\tilde{\boldsymbol{a}}_1, \tilde{\boldsymbol{a}}_2, \tilde{\boldsymbol{a}}_3$, 形心点为 $\tilde{\boldsymbol{b}}_0$, $\tilde{\lambda}_i$ $(1 \leqslant i \leqslant 3)$ 为对应于顶点 $\tilde{\boldsymbol{a}}_i$ 的面积坐标, 则有

$$\int_F \tilde{\lambda}_j^2 \,\mathrm{d}F = \frac{|F|}{6} = \frac{|F|}{12}\Big(\sum_{i=1}^{3} \tilde{\lambda}_j^2(\tilde{\boldsymbol{a}}_i) + 9\tilde{\lambda}_j^2(\tilde{\boldsymbol{b}}_0)\Big), \quad 1 \leqslant j \leqslant 3,$$

$$\int_F \tilde{\lambda}_j\tilde{\lambda}_k \,\mathrm{d}F = \frac{|F|}{12} = \frac{|F|}{12}\Big(\sum_{i=1}^{3} \tilde{\lambda}_j\tilde{\lambda}_k(\tilde{\boldsymbol{a}}_i) + 9\tilde{\lambda}_j\tilde{\lambda}_k(\tilde{\boldsymbol{b}}_0)\Big), \quad 1 \leqslant j \neq k \leqslant 3.$$

因为 $P_2(F) = \mathrm{span}\{\tilde{\lambda}_1^2, \tilde{\lambda}_2^2, \tilde{\lambda}_3^2, \tilde{\lambda}_1\tilde{\lambda}_2, \tilde{\lambda}_2\tilde{\lambda}_3, \tilde{\lambda}_3\tilde{\lambda}_1\}$, 所以有

$$\int_F p \,\mathrm{d}F = \frac{|F|}{12}\Big(\sum_{i=1}^{3} p(\tilde{\boldsymbol{a}}_i) + 9p(\tilde{\boldsymbol{b}}_0)\Big), \quad \forall p \in P_2(F). \tag{2.6.30}$$

假设 $F$ 是 $T, T' \in \mathcal{T}_h$ 的公共面, 则 $\dfrac{\partial}{\partial \boldsymbol{\nu}_F}(v_h|_T)$ 和 $\dfrac{\partial}{\partial \boldsymbol{\nu}_F}(v_h|_{T'})$ 在 $F$ 上都是二

次的, 而且在点 $\tilde{\boldsymbol{b}}_0$ 和 $\tilde{\boldsymbol{a}}_i$ $(1\leqslant i\leqslant 3)$ 处都等于 $\dfrac{\partial}{\partial\boldsymbol{\nu}_F}v_h$. 进而有

$$\int_F\frac{\partial(v_h|_T)}{\partial\boldsymbol{\nu}_F}\,\mathrm{d}F=\frac{|F|}{12}\Big(\sum_{i=1}^{3}\frac{\partial v_h}{\partial\boldsymbol{\nu}_F}(\tilde{\boldsymbol{a}}_i)+9\frac{\partial v_h}{\partial\boldsymbol{\nu}_F}(\tilde{\boldsymbol{b}}_0)\Big)=\int_F\frac{\partial(v_h|_{T'})}{\partial\boldsymbol{\nu}_F}\,\mathrm{d}F. \tag{2.6.31}$$

记 $F$ 的三条边为 $S_1,S_2,S_3$. 用 $n^{(i)}$ 表示 $S_i$ 的与 $\boldsymbol{\nu}_F$ 正交的相对于 $F$ 的单位外法向量. 对 $i\in\{1,2\}$, Green 公式给出

$$\int_F\frac{\partial(v_h|_T)}{\partial\boldsymbol{\tau}^{(i)}}\,\mathrm{d}F=\sum_{j=1}^{3}n_i^{(j)}\int_{S_j}v_h|_T\,\mathrm{d}S_j,\quad \int_F\frac{\partial(v_h|_{T'})}{\partial\boldsymbol{\tau}^{(i)}}\,\mathrm{d}F=\sum_{j=1}^{3}n_i^{(j)}\int_{S_j}v_h|_{T'}\,\mathrm{d}S_j.$$

由 $V_h$ 的定义可以得到在 $S_j$ 上, $v_h|_T=v_h|_{T'}$, 所以

$$\int_F\frac{\partial(v_h|_T)}{\partial\boldsymbol{\tau}^{(i)}}\,\mathrm{d}F=\int_F\frac{\partial(v_h|_{T'})}{\partial\boldsymbol{\tau}^{(i)}}\,\mathrm{d}F,\quad i=1,2. \tag{2.6.32}$$

由式 (2.6.31) 和式 (2.6.32) 得到式 (2.6.5).

类似地, 当 $F\subset\partial\Omega$ 时, 式 (2.6.6) 成立. □

## 2.7 四阶椭圆问题: 矩形有限元

本节介绍三类 $n$ 矩形元. 对于由式 (2.5.1) 描述的 $n$ 矩形 $T$, 采用 2.5 节的记号. 定义

$$\tilde{p}_i=\frac{1}{2^n}\prod_{j=1}^{n}(1+\xi_{ji}\xi_j),\quad 1\leqslant i\leqslant 2^n,$$

则 $\tilde{p}_i$ $(1\leqslant i\leqslant 2^n)$ 是 $Q_1(T)$ 的一组基.

### 2.7.1 矩形 Morley 元

矩形 Morley 元的 $(T,P_T,\boldsymbol{D}_T)$ 定义如下 (图 2.7.1):

(1) 单元 $T$ 是由式 (2.5.1) 描述的 $n$ 矩形;

(2) 形函数空间 $P_T=Q_1(T)+\mathrm{span}\,\{x_1^2,x_2^2,\cdots,x_n^2,x_1^3,x_2^3,\cdots,x_n^3\}$;

(3) 节点参数为对任意 $v\in C^1(T)$,

$$\boldsymbol{D}_T(v)=\Big(v(\boldsymbol{a}_1),\cdots,v(\boldsymbol{a}_{2^n}),\frac{\partial v}{\partial\boldsymbol{\nu}_{F_1}}(\boldsymbol{b}_1),\cdots,\frac{\partial v}{\partial\boldsymbol{\nu}_{F_{2n}}}(\boldsymbol{b}_{2n})\Big)^{\mathrm{T}}.$$

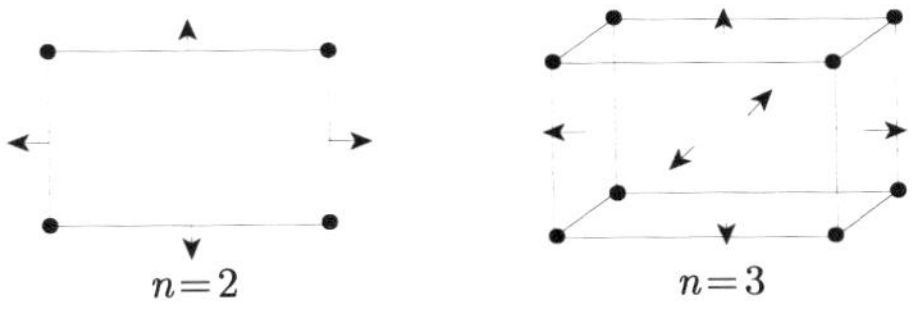

$n=2$　　$n=3$

图 2.7.1

**定理 2.7.1**　对于矩形 Morley 元, $\boldsymbol{D}_T$ 是 $P_T$ 唯一可解的, 并且 $P_2(T) \subset P_T$.

**证明**　从 $P_T$ 的定义可以直接推导出 $P_2(T) \subset P_T$. 现在定义

$$\begin{cases} p_i = \dfrac{1}{2^{n+1}}\Big(2\prod_{j=1}^{n}(1+\xi_{ji}\xi_j) - \sum_{j=1}^{n}\xi_{ji}\xi_j(\xi_j^2-1)\Big), & 1 \leqslant i \leqslant 2^n, \\ q_{2k-1} = \dfrac{h_k}{4}(\xi_k+1)^2(\xi_k-1), & 1 \leqslant k \leqslant n, \\ q_{2k} = -\dfrac{h_k}{4}(\xi_k+1)(\xi_k-1)^2, & 1 \leqslant k \leqslant n, \end{cases} \tag{2.7.1}$$

则下面的等式成立:

$$\begin{cases} p_i(\boldsymbol{a}_j) = \delta_{ij}, & 1 \leqslant i,j \leqslant 2^n, \\ \dfrac{\partial p_i}{\partial \boldsymbol{\nu}_{F_j}}(\boldsymbol{b}_j) = 0, & 1 \leqslant j \leqslant 2n,\ 1 \leqslant i \leqslant 2^n, \\ q_i(\boldsymbol{a}_j) = 0, & 1 \leqslant j \leqslant 2^n,\ 1 \leqslant i \leqslant 2n, \\ \dfrac{\partial q_i}{\partial \boldsymbol{\nu}_{F_j}}(\boldsymbol{b}_j) = \delta_{ij}, & 1 \leqslant i,j \leqslant 2n, \end{cases} \tag{2.7.2}$$

因而

$$p = \sum_{i=1}^{2^n} p_i p(\boldsymbol{a}_i) + \sum_{i=1}^{2n} q_i \frac{\partial p}{\partial \boldsymbol{\nu}_{F_i}}(\boldsymbol{b}_i), \quad \forall p \in P_T, \tag{2.7.3}$$

并且 $\boldsymbol{D}_T$ 是 $P_T$ 唯一可解的. □

矩形 Morley 元的 $V_h = \{v \in L^2(\Omega) \mid v|_T \in P_T,\ \forall T \in \mathcal{T}_h,\ v$ 在所有的顶点处连续, 在 $\mathcal{T}_h$ 的所有面 $F$ 的形心处 $\dfrac{\partial}{\partial \boldsymbol{\nu}_F}v$ 连续$\}$, $V_{h0} = \{v \in V_h \mid v$ 在位于 $\partial\Omega$ 上的顶点处为零, 在包含在 $\partial\Omega$ 中的面 $F$ 的形心处 $\dfrac{\partial}{\partial \boldsymbol{\nu}_F}v$ 为零$\}$.

这样得到的有限元空间 $V_h, V_{h0}$ 不是 $H^1(\Omega)$ 的子空间. 它们具有和 Morley 元一样的性质.

**定理 2.7.2**　设 $V_h$ 和 $V_{h0}$ 是矩形 Morley 元对应的有限元空间. 如果 $F$ 是 $T, T' \in \mathcal{T}_h$ 的公共面, 则

$$\int_F \nabla(v_h|_T)\,\mathrm{d}F = \int_F \nabla(v_h|_{T'})\,\mathrm{d}F, \quad \forall v_h \in V_h. \tag{2.7.4}$$

如果 $F$ 是 $T \in \mathcal{T}_h$ 的面, 并且 $F \subset \partial\Omega$, 则

$$\int_F \nabla(v_h|_T)\,\mathrm{d}F = 0, \quad \forall v_h \in V_{h0}. \tag{2.7.5}$$

**证明** 令 $v_h \in V_h$, 定义 $w_h \in L^2(\Omega)$ 如下:

$$w_h|_T = \sum_{i=1}^{2^n} \tilde{p}_i v_h(\boldsymbol{a}_i), \quad \forall T \in \mathcal{T}_h,$$

则 $w_h \in H^1(\Omega)$, 并且当 $v_h \in V_{h0}$ 时, $w_h \in H_0^1(\Omega)$.

现在取 $T \in \mathcal{T}_h$, $1 \leqslant k \leqslant n$. 由式 (2.7.1) 得

$$\int_{F_j} \frac{\partial p_i}{\partial x_k} \mathrm{d}F_j = \begin{cases} 0, & j = 2k-1, 2k, \\ \displaystyle\int_{F_j} \frac{\partial \tilde{p}_i}{\partial x_k} \mathrm{d}F_j, & \text{其他}, \end{cases} \quad 1 \leqslant i \leqslant 2^n, \tag{2.7.6}$$

$$\int_{F_j} \frac{\partial q_i}{\partial x_k} \mathrm{d}F_j = \begin{cases} 2^{n-1} \displaystyle\prod_{\substack{1 \leqslant m \leqslant n \\ m \neq k}} h_m, & j = i, \ j \in \{2k-1, 2k\}, \\ 0, & \text{其他}, \end{cases} \quad 1 \leqslant i \leqslant 2n. \tag{2.7.7}$$

由式 (2.7.6) 和式 (2.7.7) 得到当 $1 \leqslant k \leqslant n$, $1 \leqslant j \leqslant 2n$ 时,

$$\int_{F_j} \frac{\partial (v_h|_T)}{\partial x_k} \mathrm{d}F_j = \begin{cases} 2^{n-1} \dfrac{\partial v_h}{\partial x_k}(\boldsymbol{b}_j) \displaystyle\prod_{\substack{1 \leqslant m \leqslant n \\ m \neq k}} h_m, & j = 2k-1, 2k, \\ \displaystyle\int_{F_j} \frac{\partial w_h}{\partial x_k} \mathrm{d}F_j, & \text{其他}. \end{cases} \tag{2.7.8}$$

由 $V_h$ 的定义、式 (2.7.8) 以及 $w_h \in H^1(\Omega)$ 的事实可以得到式 (2.7.4). 类似地, 可以证明式 (2.7.5). □

### 2.7.2 Adini 元

Adini 元的 $(T, P_T, \boldsymbol{D}_T)$ 定义如下 (图 2.7.2):

(1) 单元 $T$ 是由式 (2.5.1) 描述的 $n$ 矩形;

(2) 形函数空间 $P_T$ 为

$$P_T = Q_1(T) + \operatorname{span}\{\, x_i^2 q \mid 1 \leqslant i \leqslant n, \ q \in Q_1(T)\};$$

(3) 节点参数为对任意 $v \in C^1(T)$,

$$\boldsymbol{D}_T(v) = \left(v(\boldsymbol{a}_1), \nabla v(\boldsymbol{a}_1)^{\mathrm{T}}, v(\boldsymbol{a}_2), \nabla v(\boldsymbol{a}_2)^{\mathrm{T}}, \cdots, v(\boldsymbol{a}_{2^n}), \nabla v(\boldsymbol{a}_{2^n})^{\mathrm{T}}\right)^{\mathrm{T}}.$$

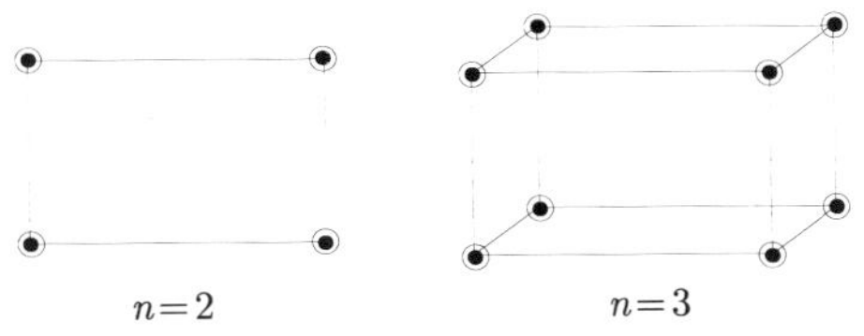

$n=2$ $n=3$

图 2.7.2

对 $i \in \{1,2,\cdots,2^n\}$ 和 $j \in \{1,2,\cdots,n\}$ 定义

$$\begin{cases} p_{0i} = \dfrac{1}{2^{n+1}}\Big(2+\sum_{k=1}^{n}(\xi_{ki}\xi_k-\xi_k^2)\Big)\prod_{k=1}^{n}(1+\xi_{ki}\xi_k), \\ p_{ji} = \dfrac{h_j\xi_{ji}}{2^{n+1}}(\xi_j^2-1)\prod_{k=1}^{n}(1+\xi_{ki}\xi_k). \end{cases} \tag{2.7.9}$$

可以验证

$$p=\sum_{i=1}^{2^n}p_{0i}p(\boldsymbol{a}_i)+\sum_{j=1}^{n}\sum_{i=1}^{2^n}p_{ji}\frac{\partial p}{\partial x_j}(\boldsymbol{a}_i), \quad \forall p\in P_T, \tag{2.7.10}$$

因而 $\boldsymbol{D}_T$ 是 $P_T$ 唯一可解的.

Adini 元的有限元空间 $V_h=\{v\in L^2(\Omega)\mid v|_T\in P_T,\ \forall T\in\mathcal{T}_h,\ v$ 和 $\nabla v$ 在 $\mathcal{T}_h$ 的所有顶点处连续$\}$, $V_{h0}=\{v\in V_h\mid v$ 和 $\nabla v$ 在位于 $\partial\Omega$ 的顶点处为零$\}$.

令 $F$ 是 $T\in\mathcal{T}_h$ 的一个面, $v_h\in V_h$. 则 $v_h$ 在 $F$ 上的限制是 $n-1$ 个变量的多项式, 它属于 $(n-1)$ 矩形 $F$ 对应的 Adini 形函数空间. 它可以由 $v_h$ 和 $\nabla v_h$ 在 $F$ 的 $2^{n-1}$ 个顶点的值唯一确定, 所以 $v_h$ 在 $F$ 上连续. 这样就有 $v_h\in C(\bar{\Omega})$, 即 $V_h\subset H^1(\Omega)$ 和 $V_{h0}\subset H_0^1(\Omega)$.

总结上面的讨论, 由 $P_T$ 的定义可得下面的定理:

**定理 2.7.3** 对于 Adini 元, $\boldsymbol{D}_T$ 是 $P_T$ 唯一可解的, 并且 $P_3(T)\subset P_T$. 令 $V_h$ 和 $V_{h0}$ 是 Adini 元对应的有限元空间, 则 $V_h\subset H^1(\Omega)$, $V_{h0}\subset H_0^1(\Omega)$.

### 2.7.3 Bogner-Fox-Schmit 元

定义

$$S_T=\{x_1^2,x_2^2,\cdots,x_n^2\}+\{x_i^2x_j^2\mid 1\leqslant i<j\leqslant n\},$$
$$P_B(T)=Q_1(T)+\mathrm{span}\{pq\mid \forall p\in S_T,\ q\in Q_1(T)\}.$$

Bogner-Fox-Schmit 元的 $(T,P_T,\boldsymbol{D}_T)$ 定义如下 (图 2.7.3):

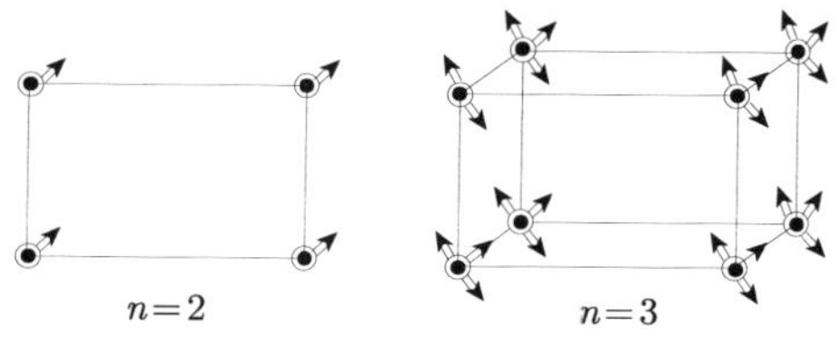


图 2.7.3

(1) 单元 $T$ 是由式 (2.5.1) 描述的 $n$ 矩形;

(2) 形函数空间 $P_T=P_B(T)$;

(3) 节点参数为对任意 $v \in C^2(T)$,

$$v(\boldsymbol{a}_i),\ \nabla v(\boldsymbol{a}_i),\ \frac{\partial^2 v}{\partial x_j \partial x_k}(\boldsymbol{a}_i), \quad 1 \leqslant j < k \leqslant n,\ 1 \leqslant i \leqslant 2^n.$$

**定理 2.7.4** 对于 Bogner-Fox-Schmit 元, $\boldsymbol{D}_T$ 是 $P_T$ 唯一可解的, 并且 $P_3(T) \subset P_T$.

**证明** 从 $P_T$ 的定义可以直接推导出 $P_3(T) \subset P_T$. 因为 $P_T$ 的维数和节点参数的个数都是

$$\Big(\frac{n(n-1)}{2} + n + 1\Big)2^n,$$

所以, 要证明节点参数的 $P_T$ 唯一可解性质, 只需证明对 $p \in P_T$, $p \equiv 0$ 当且仅当 $\boldsymbol{D}_T(p) = 0$. 用归纳法证明这一结论.

首先设 $n = 2$. 这时 $P_T = Q_3(T)$,

$$p(\boldsymbol{a}_j) = \frac{\partial p}{\partial x_1}(\boldsymbol{a}_j) = \frac{\partial p}{\partial x_2}(\boldsymbol{a}_j) = \frac{\partial^2 p}{\partial x_1 \partial x_2}(\boldsymbol{a}_j) = 0, \quad 1 \leqslant j \leqslant 4.$$

记

$$p(x_1, x_2) = \sum_{i,j=0}^{3} c_{ij} x_1^i x_2^j.$$

不失一般性, 假设 $T = [0,1] \times [0,1]$, 则

$$p(0, x_2) = \sum_{j=0}^{3} c_{0j} x_2^j$$

且

$$p(0,0) = p(0,1) = \frac{\partial p}{\partial x_2}(0,0) = \frac{\partial p}{\partial x_2}(0,1) = 0.$$

由式 (2.4.17) $(n = 1)$ 得到 $p(0, x_2) \equiv 0$. 另一方面,

$$p(1, x_2) = \sum_{j=0}^{3} \left( \sum_{i=0}^{3} c_{ij} \right) x_2^j,$$

$$p(1,0) = p(1,1) = \frac{\partial p}{\partial x_2}(1,0) = \frac{\partial p}{\partial x_2}(1,1) = 0,$$

所以 $p(1, x_2) \equiv 0$. 于是

$$c_{0j} = 0, \quad \sum_{i=1}^{3} c_{ij} = 0, \quad 0 \leqslant j \leqslant 3. \tag{2.7.11}$$

类似地

$$c_{j0}=0, \quad \sum_{i=1}^{3} c_{ji}=0, \quad 0 \leqslant j \leqslant 3. \tag{2.7.12}$$

注意到

$$\frac{\partial p}{\partial x_1}(0,x_2)=\sum_{j=0}^{3} c_{1j}x_2^j, \quad \frac{\partial p}{\partial x_1}(1,x_2)=\sum_{j=0}^{3}\sum_{i=1}^{3} ic_{ij}x_2^j,$$

$$\frac{\partial p}{\partial x_1}(0,0)=\frac{\partial p}{\partial x_1}(0,1)=\frac{\partial^2 p}{\partial x_1\partial x_2}(0,0)=\frac{\partial^2 p}{\partial x_1\partial x_2}(0,1)=0,$$

$$\frac{\partial p}{\partial x_1}(1,0)=\frac{\partial p}{\partial x_1}(1,1)=\frac{\partial^2 p}{\partial x_1\partial x_2}(1,0)=\frac{\partial^2 p}{\partial x_1\partial x_2}(1,1)=0,$$

则有 $\dfrac{\partial p}{\partial x_1}(0,x_2)=\dfrac{\partial p}{\partial x_1}(1,x_2)\equiv 0$ 等, 进而

$$c_{1j}=0, \quad \sum_{i=2}^{3} ic_{ij}=0, \quad 0 \leqslant j \leqslant 3. \tag{2.7.13}$$

同理,

$$c_{j1}=0, \quad \sum_{i=2}^{3} ic_{ji}=0, \quad 0 \leqslant j \leqslant 3. \tag{2.7.14}$$

由式 (2.7.11)~ 式 (2.7.14), 断言 $c_{ij}=0\ (0\leqslant i,j\leqslant 3)$, 也就是说, $p\equiv 0$. 定理的结论当 $n=2$ 时成立.

假设定理的结论当 $n=k\geqslant 2$ 时成立. 考虑 $n=k+1$ 的情形. 记 $p=p(\xi_1,\xi_2,\cdots,\xi_n)$. 在 $\xi_1=\pm 1$ 的 $k$ 维面 $F$ 上, $p$ 是 $\xi_2,\cdots,\xi_n$ 的多项式, 并且属于 $k$ 维情形的 Bogner-Fox-Schmit 元的形函数空间 $P_B(F)$. 因为

$$\begin{aligned}
&p(\pm 1,\xi_2,\cdots,\xi_n),\\
&\frac{\partial p}{\partial \xi_j}(\pm 1,\xi_2,\cdots,\xi_n), \quad 2\leqslant j\leqslant n,\\
&\frac{\partial^2 p}{\partial \xi_j\partial \xi_l}(\pm 1,\xi_2,\cdots,\xi_n), \quad 2\leqslant k<l\leqslant n,
\end{aligned}$$

在 $F$ 的每个顶点处都为零, 所以由归纳假设得对所有 $\xi_2,\cdots,\xi_n\in[-1,1]$,

$$p(\pm 1,\xi_2,\cdots,\xi_n)=0.$$

这就得到 $\xi_1^2-1$ 是 $p$ 的一个因式. 对 $\xi_2$ 到 $\xi_n$ 重复同样的理由, 最终得到 $(\xi_1^2-1)\cdots(\xi_n^2-1)$ 是 $p$ 的因式. 再由 $P_T$ 的定义, $p\equiv 0$. 定理得证. □

Bogner-Fox-Schmit 元对应的有限元空间描述如下：$V_h=\{\ v\in L^2(\Omega)\mid v|_T\in P_T,\ \forall T\in\mathcal{T}_h,\ v$ 和 $\nabla v$ 以及所有二阶混合偏导数 $\dfrac{\partial^2}{\partial x_i\partial x_j}v\ (1\leqslant i\neq j\leqslant n)$ 在 $\mathcal{T}_h$

的所有顶点处连续}, $V_{h0}=\{\ v\in V_h\mid v$ 和 $\nabla v$ 以及所有二阶混合偏导数 $\dfrac{\partial^2}{\partial x_i\partial x_j}v$ $(1\leqslant i\neq j\leqslant n)$ 在所有位于 $\partial\Omega$ 上的 $\mathcal{T}_h$ 中的顶点处为零}.

**定理 2.7.5** 令 $V_h$ 和 $V_{h0}$ 是 Bogner-Fox-Schmit 元对应的有限元空间, 则 $V_h\subset H^1(\Omega)$, $V_{h0}\subset H_0^1(\Omega)$. 当 $n=2$ 时, $V_h\subset H^2(\Omega)$, $V_{h0}\subset H_0^2(\Omega)$.

**证明** 令 $F$ 是 $T\in\mathcal{T}_h$ 的一个面, $v_h\in V_h$. 则 $v_h$ 在 $F$ 上的限制是 $n-1$ 个变量的多项式, 它属于 $(n-1)$ 矩形 $F$ 对应的 Bogner-Fox-Schmit 形函数空间. 它可以由 $v_h$, $\nabla v_h$ 和 $v_h$ 的所有二阶混合偏导数在 $F$ 的 $2^{n-1}$ 个顶点的值唯一确定, 所以 $v_h$ 在 $F$ 上连续. 这样就有 $v_h\in C(\bar{\Omega})$, 即 $V_h\subset H^1(\Omega)$ 和 $V_{h0}\subset H_0^1(\Omega)$.

现在设 $n=2$. 令 $F=[\boldsymbol{b}_1,\boldsymbol{b}_2]$ 是单元 $T\in\mathcal{T}_h$ 的一条边, $v\in V_h$ (或 $v\in V_{h0}$). 要证 $v\in H^2(\Omega)$ (或 $v\in H_0^2(\Omega)$), 只需证明 $(v|_T)|_F$ 和 $\dfrac{\partial}{\partial x_i}(v|_T)|_F(i=1,2)$ 由 $F$ 的两个端点 $\boldsymbol{b}_1$ 和 $\boldsymbol{b}_2$ 处的节点参数唯一确定. 记 $q=(v|_T)|_F$, $q_i=\dfrac{\partial}{\partial x_i}(v|_T)|_F$, 则 $q$ 和 $q_i$ 是变量 $x_1$ (或 $x_2$) 的三次多项式. 对于 $q$, 它由 $q$ 和 $\dfrac{\partial}{\partial x_1}(v|_T)|_F$ (或 $\dfrac{\partial}{\partial x_2}(v|_T)|_F$) 在点 $\boldsymbol{b}_1$ 和 $\boldsymbol{b}_2$ 的值唯一确定; 而 $q_i$ 则由 $q_i$ 和 $\dfrac{\partial^2}{\partial x_1\partial x_2}(v|_T)$ 在点 $\boldsymbol{b}_1$ 和 $\boldsymbol{b}_2$ 处的值唯一确定. 而这些值恰好是在点 $\boldsymbol{b}_1$ 和 $\boldsymbol{b}_2$ 处的节点参数. 于是 $V_h\subset H^2(\Omega)$, $V_{h0}\subset H_0^2(\Omega)$. □

本节和 2.6 节介绍了若干用于四阶问题的有限元, 其中, Morley-Zienkiewicz 元、修正 Zienkiewicz 元、12 参数三角形板元、15 参数三角形板元、Argyris 元、Bell 元、Adini 元和 Bogner-Fox-Schmit 元也可以用于求解二阶问题. 这时, 用于逼近 $H_0^1(\Omega)$ 的有限元空间 $V_{h0}$ 要作相应的修改. 而 Morley 元、矩形 Morley 元和三次四面体元则不能用于求解二阶问题, 原因是用于求解二阶问题时, 它们是不收敛的 (参见文献 [19]).

## 2.8 $2m$ 阶椭圆问题: MWX 元

前面几节分别介绍了用于求解二阶和四阶椭圆边值问题的有限元. 本节以统一的方式介绍一类用于求解 $2m$ 阶椭圆边值问题的单纯形有限元 ——MWX 元. 有关单纯形的一些记号和定义参见 2.4 节, 假设 $n\geqslant m$.

MWX 元的 $(T,P_T,\boldsymbol{D}_T)$ 定义如下 (表 2.8.1):

(1) 单元 $T$ 是 $n$ 单纯形;

(2) 形函数空间 $P_T=P_m(T)$;

(3) 对于 $v \in C^{m-1}(T)$, $\boldsymbol{D}_T(v)$ 的分量为

$$\frac{1}{|F_{j_1\cdots j_k}|}\int_{F_{j_1\cdots j_k}}\frac{\partial^{m-k}v}{\partial\boldsymbol{\nu}^{i_1}_{F_{j_1\cdots j_k},1}\cdots\partial\boldsymbol{\nu}^{i_k}_{F_{j_1\cdots j_k},k}}\mathrm{d}F_{j_1\cdots j_k},$$
$$i_1+\cdots+i_k=m-k,\ 1\leqslant j_1<\cdots<j_k\leqslant n+1,\ 1\leqslant k\leqslant m. \tag{2.8.1}$$

当 $m=1$ 时, 该有限元的 $n=1$ 情形就是线性协调元, $n>1$ 的情形是 Crouzeix-Raviart 元. 当 $m=2$ 时, 该有限元恰好是 Morley 元.

**表 2.8.1**

| $m\backslash n$ | 1 | 2 | 3 |
|---|---|---|---|
| 1 |  | 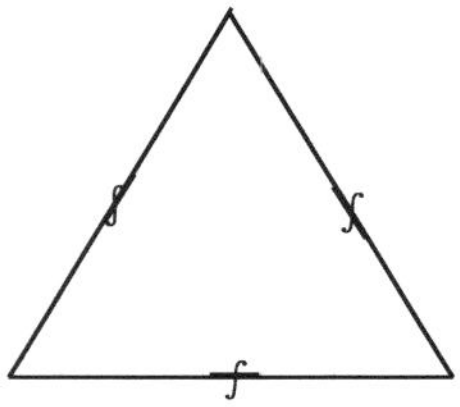 | 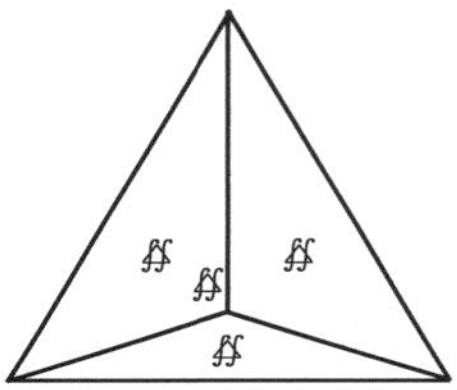 |
| 2 | | 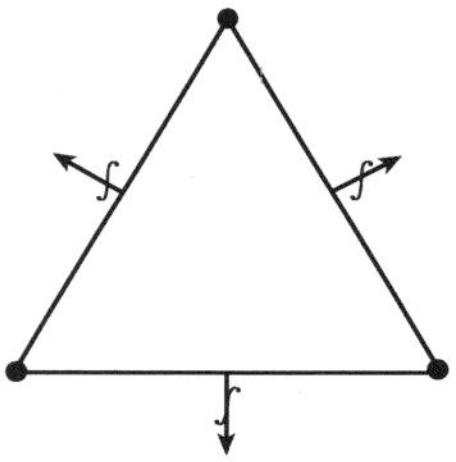 | 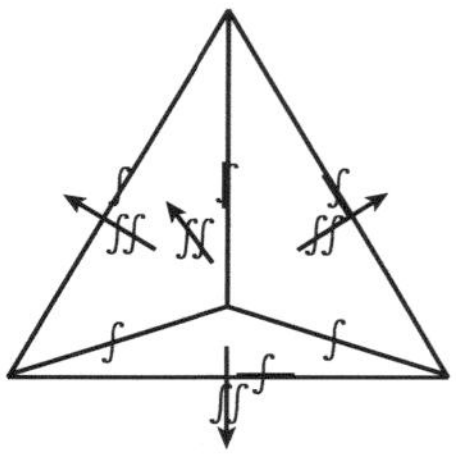 |
| 3 | | | 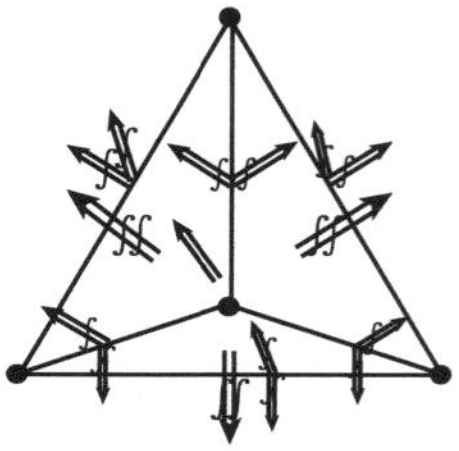 |

**引理 2.8.1** 令 $1\leqslant k\leqslant m$ 且 $F$ 是 $n$ 单纯形 $T$ 的一个 $(n-k)$ 维面, 则对任意 $v\in C^{m-1}(T)$, 其所有的 $(m-k)$ 阶导数在 $F$ 上的积分

$$\int_F \partial^{\boldsymbol{\alpha}} v\ \mathrm{d}F,\quad |\boldsymbol{\alpha}|=m-k$$

由在式 (2.8.1) 中所有位于 $F$ 上的节点参数确定.

**证明** 用归纳法证明. 当 $k=m$ 时,

$$\frac{1}{|F|}\int_F v\ \mathrm{d}F$$

恰好是节点参数, 所以定理成立. 对于 $1 \leqslant i < m$, 假设定理对所有 $k \in \{i+1, \cdots, m\}$ 都成立. 现在考虑 $k = i$ 的情形.

记 $F$ 的所有 $(n-k-1)$ 面为 $S_1, S_2, \cdots, S_{n-k+1}$. 取 $\boldsymbol{n}^{(j)}$ 为 $S_j$ 的单位外法向量, 并且与 $F$ 相切. 再选择 $\boldsymbol{\tau}_{F,k+1}, \cdots, \boldsymbol{\tau}_{F,n}$, 使得

$$\boldsymbol{\nu}_{F,1}, \cdots, \boldsymbol{\nu}_{F,k}, \boldsymbol{\tau}_{F,k+1}, \cdots, \boldsymbol{\tau}_{F,n}$$

构成 $\mathbf{R}^n$ 的一组单位正交基. 这时 $\boldsymbol{\tau}_{F,j}$ $(k < j \leqslant n)$ 与 $F$ 相切.

现在令 $|\boldsymbol{\alpha}| = m-k$. 如果 $\alpha_{k+1} = \cdots = \alpha_n = 0$, 则

$$\frac{1}{|F|}\int_F \frac{\partial^{m-k} v}{\partial \boldsymbol{\nu}_{F,1}^{\alpha_1} \cdots \partial \boldsymbol{\nu}_{F,k}^{\alpha_k} \partial \boldsymbol{\tau}_{F,k+1}^{\alpha_{k+1}} \cdots \partial \boldsymbol{\tau}_{F,n}^{\alpha_n}} \mathrm{d}F$$

是节点参数. 否则, 不失一般性, 设 $\alpha_{k+1} > 0$, 利用 Green 公式得

$$\begin{aligned}
&\int_F \frac{\partial^{m-k} v}{\partial \boldsymbol{\nu}_{F,1}^{\alpha_1} \cdots \partial \boldsymbol{\nu}_{F,k}^{\alpha_k} \partial \boldsymbol{\tau}_{F,k+1}^{\alpha_{k+1}} \cdots \partial \boldsymbol{\tau}_{F,n}^{\alpha_n}} \mathrm{d}F \\
= &\sum_{j=1}^{n-k+1} \boldsymbol{n}^{(j)} \cdot \boldsymbol{\tau}_{F,k+1} \int_{S_j} \frac{\partial^{m-k-1} v}{\partial \boldsymbol{\nu}_{F,1}^{\alpha_1} \cdots \partial \boldsymbol{\nu}_{F,k}^{\alpha_k} \partial \boldsymbol{\tau}_{F,k+1}^{\alpha_{k+1}-1} \partial \boldsymbol{\tau}_{F,k+2}^{\alpha_{k+2}} \cdots \partial \boldsymbol{\tau}_{F,n}^{\alpha_n}} \mathrm{d}S_j.
\end{aligned}$$

由归纳假设, 上式右边可以由位于 $F$ 上的节点参数确定. 因此, 定理对于 $k = i$ 的情形也成立. □

**定理 2.8.1**　对于 MWX 元, $\boldsymbol{D}_T$ 是 $P_T$ 唯一可解的.

**证明**　空间 $P_m(T)$ 的维数和节点参数的个数分别为

$$\binom{n+m}{m} \quad 和 \quad \sum_{k=1}^{m} \binom{n+1}{k}\binom{m-1}{m-k}.$$

由等式

$$\binom{n+1}{k}\binom{m-1}{m-k} = \frac{n+1}{m}\binom{n}{k-1}\binom{m}{m-k},$$

$$\binom{n}{k-1} = \binom{n+1}{k} - \binom{n}{k}, \quad \binom{n+1}{0} = \binom{n}{0}$$

得到

$$\begin{aligned}
&\sum_{k=1}^{m} \binom{n+1}{k}\binom{m-1}{m-k} \\
= &\frac{n+1}{m} \sum_{k=1}^{m} \binom{n}{k-1}\binom{m}{m-k} \\
= &\frac{n+1}{m} \left( \sum_{k=0}^{m} \binom{n+1}{k}\binom{m}{m-k} - \sum_{k=0}^{m} \binom{n}{k}\binom{m}{m-k} \right).
\end{aligned}$$

再由

$$\binom{m+n+1}{m} = \sum_{k=0}^{m} \binom{n+1}{k} \binom{m}{m-k} = \frac{n+m+1}{n+1} \binom{m+n}{m},$$

$$\binom{n+m}{m} = \sum_{k=0}^{m} \binom{n}{k} \binom{m}{m-k},$$

则有

$$\binom{n+m}{m} = \sum_{k=1}^{m} \binom{n+1}{k} \binom{m-1}{m-k}. \tag{2.8.2}$$

也就是说, $P_m(T)$ 的维数和节点参数的个数相等. 所以要证明定理, 只需要证明如果 $p \in P_m(T)$, 并且当 $1 \leqslant j_1 < \cdots < j_k \leqslant n+1$, $1 \leqslant k \leqslant m$ 时,

$$\int_{F_{j_1 \cdots j_k}} \frac{\partial^{m-k} p}{\partial \boldsymbol{\nu}_{F_{j_1 \cdots j_k},1}^{i_1} \cdots \partial \boldsymbol{\nu}_{F_{j_1 \cdots j_k},k}^{i_k}} \mathrm{d}F_{j_1 \cdots j_k} = 0, \quad i_1 + \cdots + i_k = m-k, \tag{2.8.3}$$

则 $p \equiv 0$.

由引理 2.8.1 和其证明, 当 $1 \leqslant j_1 < \cdots < j_k \leqslant n+1$, $1 \leqslant k \leqslant m$ 时,

$$\int_{F_{j_1 \cdots j_k}} \partial^{\boldsymbol{\alpha}} p \, \mathrm{d}F_{j_1 \cdots j_k} = 0, \quad |\boldsymbol{\alpha}| = m-k. \tag{2.8.4}$$

取 $1 \leqslant k_1, \cdots, k_m \leqslant n$, 由 Green 公式和式 (2.8.4) 给出

$$\begin{aligned} \frac{\partial^m p}{\partial x_{k_1} \cdots \partial x_{k_m}} &= \frac{1}{|T|} \int_T \frac{\partial^m p}{\partial x_{k_1} \cdots \partial x_{k_m}} \mathrm{d}\boldsymbol{x} \\ &= \frac{1}{|T|} \sum_{j=1}^{n+1} \int_{F_j} \frac{\partial^{m-1} p}{\partial x_{k_2} \cdots \partial x_{k_m}} (\boldsymbol{\nu}_{F_j,1})_{k_1} \mathrm{d}F_j = 0, \end{aligned}$$

即 $p \in P_{m-1}(T)$.

当 $1 \leqslant k < m$ 且 $p \in P_{m-k}(T)$ 时, 由式 (2.8.4), $p$ 的所有 $(m-k)$ 阶导数为零, 所以 $p$ 属于 $P_{m-k-1}(T)$. 如此下去, $p$ 是一个常数. 再由式 (2.8.4) 得到 $p \equiv 0$. □

MWX 元对应的有限元空间 $V_h$ 和 $V_{h0}$ 可以如下描述: $V_h$ 由所有满足下面条件的函数 $v_h$ 构成:

(1) $v_h|_T \in P_m(T)$, $\forall T \in \mathcal{T}_h$;

(2) 对于 $T \in \mathcal{T}_h$, $k \in \{1, \cdots, m\}$ 和 $T$ 的每个 $(n-k)$ 维面 $F$,

$$\frac{1}{|F|} \int_F \frac{\partial^{m-k} v_h}{\partial \boldsymbol{\nu}_{F,1}^{i_1} \cdots \partial \boldsymbol{\nu}_{F,k}^{i_k}} \mathrm{d}F, \quad i_1 + \cdots + i_k = m-k$$

通过 $F$ 时的跳跃为零.

$V_{h0}$ 由 $V_h$ 中所有满足下面条件的函数 $v_h$ 构成: 对于 $T \in \mathcal{T}_h$, $k \in \{1, \cdots, m\}$ 和 $T$ 的每个 $(n-k)$ 维面 $F$, 如果 $F \subset \partial\Omega$, 则

$$\frac{1}{|F|}\int_F \frac{\partial^{m-k} v_h}{\partial \boldsymbol{\nu}_{F,1}^{i_1} \cdots \partial \boldsymbol{\nu}_{F,k}^{i_k}} \mathrm{d}F = 0, \quad i_1 + \cdots + i_k = m-k.$$

由 $V_h$ 和 $V_{h0}$ 定义和引理 2.8.1 的证明可以得出下面的定理:

**定理 2.8.2** 设 $V_h, V_{h0}$ 是 MWX 元对应的有限元空间, $1 \leqslant k \leqslant m$, $T \in \mathcal{T}_h$, $F$ 是 $T$ 的一个 $(n-k)$ 维面, 则对所有包含 $F$ 的 $T' \in \mathcal{T}_h$,

$$\int_F \partial^{\boldsymbol{\alpha}}(v_h|_{T'}) \,\mathrm{d}F = \int_F \partial^{\boldsymbol{\alpha}}(v_h|_T) \,\mathrm{d}F, \quad |\boldsymbol{\alpha}| = m-k, \ \forall v_h \in V_h. \tag{2.8.5}$$

如果 $F \subset \partial\Omega$, 则对所有包含 $F$ 的 $T' \in \mathcal{T}_h$,

$$\int_F \partial^{\boldsymbol{\alpha}}(v_h|_{T'}) \,\mathrm{d}F = 0, \quad |\boldsymbol{\alpha}| = m-k, \ \forall v_h \in V_{h0}. \tag{2.8.6}$$

# 第 3 章　有限元插值理论

由定理 1.5.1(Céa 定理) 可知对于问题 (1.4.1) 的 Galerkin 解 $u_h$, 也就是问题 (1.5.1) 的解, 它的误差由 $\inf\limits_{v_h\in V_h}\|u-v_h\|_V$ 给出, 这里 $u$ 是问题 (1.4.1) 的解. 相应于 $h\to 0$ 的一簇 $\{V_h\}$, 称其具有逼近性, 如果对任意 $v\in V$,

$$\lim_{h\to 0}\inf_{v_h\in V_h}\|u-v_h\|_V=0.$$

在有限元空间的情形下, 称有限元具有逼近性.

对任意 $v\in V$, 一定存在 $v$ 在空间 $V_h$ 中的正交投影 $w_h\in V_h$, 即 $w_h$ 满足

$$\|v-w_h\|_V=\inf_{v_h\in V_h}\|v-v_h\|_V.$$

对于有限元空间, 不去直接讨论 $w_h$ 的估计, 而是考虑插值函数的误差估计. 插值函数的误差讨论也具有有限元的特点：一旦每个单元上插值函数的误差确定了, 区域 $\Omega$ 上的插值函数的误差也就随之确定了, 所以关键是单元上的插值函数的分析. 本书讨论的插值误差估计是以单元的尺度作为衡量标准的. 对于一个给定的有限元, 其逼近性质是考虑区域的一个剖分中所有单元的最大尺度趋向于 0 的情况.

本章的内容安排如下：3.1 节介绍仿射变换、仿射等价有限元和仿射有限元簇的概念及其相关的内容; 3.2 节介绍仿射连续和尺度不变有限元簇的概念, 给出一类具有仿射连续性和尺度不变性的有限元簇 —— 常规有限元簇; 3.3 节讨论具有仿射连续性和尺度不变性的有限元簇的插值误差估计; 3.4 节讨论分片多项式空间上的逆不等式; 3.5 节介绍有限元空间对 Sobolev 空间的逼近精度, 除了直接应用插值误差估计得到的结果外, 通过引进两个投影平均算子, 介绍更一般情形的结果; 最后一节讨论一般单元上的插值误差估计, 并介绍了几个求解 Poisson 方程的四边形有限元.

3.1 节和 3.3 节的内容取自于文献 [4], [9], 3.2 节的内容取自于文献 [9], 3.4 节的内容取自于文献 [4], 3.5 节中的定理文献 3.5.1 取自于文献 [9]. 投影平均算子的处理方法在一些文献中对具体的有限元使用过, 如文献 [17], 这里对常规有限元簇的情况进行了讨论. 在 3.6 节中, 有关三个四边形元的内容取自于文献 [20],[21], 关于 $\mathcal{S}$ 簇、$\mathcal{S}$ 连续和尺度不变的有限元簇的讨论是仿射簇、仿射连续和尺度不变簇的相应结果的推广.

## 3.1 仿射变换和仿射簇

通常情况下, 剖分中单元的几何形状是相同的, 形函数空间和节点参数在一定意义下也是类似的, 所以将这些单元上的问题转换成一个固定单元上的问题是自然和方便的. 实现这一目标的工具就是仿射变换技巧.

称 $\mathbf{R}^n$ 中两个有界集合 $G$ 和 $\hat{G}$ 是仿射等价的, 如果存在一个仿射变换

$$\boldsymbol{\Psi} : \hat{\boldsymbol{x}} \in \mathbf{R}^n \to \boldsymbol{\Psi}(\hat{\boldsymbol{x}}) \equiv \boldsymbol{B}\hat{\boldsymbol{x}} + \boldsymbol{b} \in \mathbf{R}^n, \tag{3.1.1}$$

使得 $G = \boldsymbol{\Psi}\hat{G}$, 其中, $\boldsymbol{B}$ 是 $n \times n$ 可逆矩阵, $\boldsymbol{b} \in \mathbf{R}^n$.

记矩阵 $\boldsymbol{B}$ 的欧几里得范数为 $\|\boldsymbol{B}\|$, 行列式为 $\det \boldsymbol{B}$, 则 $\|\boldsymbol{B}\|$ 和 $\det \boldsymbol{B}$ 可以由 $G$ 和 $\hat{G}$ 的几何尺寸控制. 记 $h_G$ 是所有包含 $G$ 的球的直径的下确界, $\rho_G$ 是包含在 $G$ 中的所有球的直径的上确界.

**引理 3.1.1** 设 $G$ 和 $\hat{G}$ 是 $\mathbf{R}^n$ 中两个具有非空内点集的有界集合. 如果 $G$ 和 $\hat{G}$ 是仿射等价的, 则有

$$\|\boldsymbol{B}\| \leqslant \frac{h_G}{\rho_{\hat{G}}}, \quad \|\boldsymbol{B}^{-1}\| \leqslant \frac{h_{\hat{G}}}{\rho_G}, \tag{3.1.2}$$

$$|\det \boldsymbol{B}| \leqslant C\left(\frac{h_G}{\rho_{\hat{G}}}\right)^n, \quad |\det \boldsymbol{B}^{-1}| \leqslant C\left(\frac{h_{\hat{G}}}{\rho_G}\right)^n, \tag{3.1.3}$$

其中, $C$ 是只与 $n$ 有关的常数.

**证明** 关于 $\|\boldsymbol{B}\|$ 有

$$\|\boldsymbol{B}\| = \frac{1}{\rho_{\hat{G}}} \sup_{\|\hat{\boldsymbol{z}}\| = \rho_{\hat{G}}} \|\boldsymbol{B}\hat{z}\|.$$

对于任意满足 $\|\hat{\boldsymbol{z}}\| = \rho_{\hat{G}}$ 的 $\hat{\boldsymbol{z}} \in \mathbf{R}^n$, 存在 $\hat{\boldsymbol{y}}, \hat{\boldsymbol{x}} \in \overline{\hat{G}}$, 使得 $\hat{\boldsymbol{z}} = \hat{\boldsymbol{y}} - \hat{\boldsymbol{x}}$. 因为 $\boldsymbol{\Psi}(\hat{\boldsymbol{y}}), \boldsymbol{\Psi}(\hat{\boldsymbol{x}}) \in \bar{G}$ 且 $\boldsymbol{B}\hat{\boldsymbol{z}} = \boldsymbol{\Psi}(\hat{\boldsymbol{y}}) - \boldsymbol{\Psi}(\hat{\boldsymbol{x}})$, 所以 $\|\boldsymbol{B}\hat{z}\| \leqslant h_G$. 式 (3.1.2) 的第一个不等式得证. 类似地可证式 (3.1.2) 的第二个不等式.

记 $\boldsymbol{B} = (b_{ij})$ 和

$$\|\boldsymbol{B}\|_\infty = \max_{1 \leqslant i,j \leqslant n} |b_{ij}|,$$

则

$$|\det \boldsymbol{B}| \leqslant n! \|\boldsymbol{B}\|_\infty^n.$$

因为范数 $\|\cdot\|_\infty$ 和 $\|\cdot\|$ 是等价的, 所以式 (3.1.3) 的第一个不等式成立. 第二个不等式可类似地证明. □

现在假设 $G$ 和 $\hat{G}$ 是仿射等价的. 对于定义在 $G$ 上的函数 $v$, 定义 $\hat{v}=v\cdot\boldsymbol{\Psi}$, 则 $\hat{v}$ 是 $\hat{G}$ 上的函数且

$$\hat{v}(\hat{\boldsymbol{x}})=v(\boldsymbol{x}),\quad \boldsymbol{x}=\boldsymbol{\Psi}(\hat{\boldsymbol{x}}).\tag{3.1.4}$$

**引理 3.1.2** 设 $G$ 和 $\hat{G}$ 是 $\mathbf{R}^n$ 中的两个仿射等价的有界开集, 并且具有 Lipschitz 连续的边界, $m$ 是非负整数, $\varrho\in[1,\infty]$. 如果函数 $v$ 属于 $W^{m,\varrho}(G)$, 则 $\hat{v}=v\cdot\boldsymbol{\Psi}$ 属于 $W^{m,\varrho}(\hat{G})$. 除此之外, 存在常数 $C=C(m,n)$, 使得

$$|\hat{v}|_{m,\varrho,\hat{G}}\leqslant C\|\boldsymbol{B}\|^m|\det\boldsymbol{B}|^{-1/\varrho}|v|_{m,\varrho,G},\quad \forall v\in W^{m,\varrho}(G),\tag{3.1.5}$$

$$|v|_{m,\varrho,G}\leqslant C\|\boldsymbol{B}^{-1}\|^m|\det\boldsymbol{B}|^{1/\varrho}|\hat{v}|_{m,\varrho,\hat{G}},\quad \forall\hat{v}\in W^{m,\varrho}(\hat{G}).\tag{3.1.6}$$

**证明** 当函数 $v\in W^{m,\varrho}(G)$ 时, 由定义和求导数的链法则直接可以推出 $\hat{v}=v\cdot\boldsymbol{\Psi}\in W^{m,\varrho}(\hat{G})$.

令 $v\in C^\infty(\overline{G})$, 则 $\hat{v}\in C^\infty(\overline{\hat{G}})$. 对 $j_1,\cdots,j_m\in\{1,2,\cdots,n\}$, 记

$$\partial_{x_{j_1}\cdots x_{jm}}=\frac{\partial^m}{\partial x_{j_1}\cdots\partial x_{j_m}},$$
$$\partial_{\hat{x}_{j_1}\cdots\hat{x}_{jm}}=\frac{\partial^m}{\partial\hat{x}_{j_1}\cdots\partial\hat{x}_{j_m}}.$$

采用引理 3.1.1 证明中的记法, 由求导的链法则得

$$\partial_{\hat{x}_{j_1}\cdots\hat{x}_{jm}}\hat{v}(\hat{\boldsymbol{x}})=\sum_{i_1,\cdots,i_m=1}^{n}\Big(\prod_{k=1}^{m}b_{i_k,j_k}\Big)\partial_{x_{i_1}\cdots x_{im}}v(\boldsymbol{x}),\tag{3.1.7}$$

所以

$$|\partial_{\hat{x}_{j_1}\cdots\hat{x}_{jm}}\hat{v}(\hat{\boldsymbol{x}})|\leqslant n^m\|\boldsymbol{B}\|_\infty^m\sum_{|\boldsymbol{\alpha}|=m}|\partial^{\boldsymbol{\alpha}}v(\boldsymbol{x})|.\tag{3.1.8}$$

借助于上面的不等式, 可以推导出当 $\varrho<\infty$ 时,

$$\begin{aligned}|\hat{v}|_{m,\varrho,\hat{G}}&=\left(\sum_{|\boldsymbol{\alpha}|=m}\int_{\hat{G}}|\partial_{\hat{\boldsymbol{x}}}^{\boldsymbol{\alpha}}\hat{v}(\hat{\boldsymbol{x}})|^\varrho\,\mathrm{d}\hat{\boldsymbol{x}}\right)^{1/\varrho}\\&\leqslant C(m,n)\|\boldsymbol{B}\|_\infty^m\left(\sum_{|\boldsymbol{\alpha}|=m}\int_{\hat{G}}|\partial_{\boldsymbol{x}}^{\boldsymbol{\alpha}}v(\boldsymbol{x})|^\varrho\,\mathrm{d}\hat{\boldsymbol{x}}\right)^{1/\varrho},\end{aligned}\tag{3.1.9}$$

其中, $\partial_{\hat{\boldsymbol{x}}}^{\boldsymbol{\alpha}}$ 和 $\partial_{\boldsymbol{x}}^{\boldsymbol{\alpha}}$ 分别表示对 $\hat{\boldsymbol{x}}$ 和 $\boldsymbol{x}$ 的偏导数,

$$C(m,n)=n^mM^2,$$

而 $M$ 是所有满足 $|\boldsymbol{\alpha}|=m$ 的多重指标 $\boldsymbol{\alpha}$ 的个数.

在式 (3.1.9) 右边的积分中采用坐标变换 $\hat{\boldsymbol{x}}=\boldsymbol{B}^{-1}(\boldsymbol{x}-\boldsymbol{b})$, 并注意到

$$\mathrm{d}\hat{\boldsymbol{x}}=|\det\boldsymbol{B}^{-1}|\,\mathrm{d}\boldsymbol{x},\quad |\det\boldsymbol{B}^{-1}|=|\det\boldsymbol{B}|^{-1},$$

于是得到

$$|\hat{v}|_{m,\varrho,\hat{G}}\leqslant C(m,n)\|\boldsymbol{B}\|_\infty^m|\det\boldsymbol{B}|^{-1/\varrho}|v|_{m,\varrho,G}.$$

利用矩阵范数 $\|\cdot\|$ 和 $\|\cdot\|_\infty$ 的等价性, 不等式 (3.1.5) 对任意 $v\in C^\infty(\overline{G})$ 成立. 由于 $C^\infty(\overline{G})$ 在 $W^{m,\varrho}(G)$ 中稠密, 不等式 (3.1.5) 对任意 $v\in W^{m,\varrho}(G)$ 也成立.

对于 $\varrho=\infty$ 的情形, 当 $v\in W^{m,\infty}(G)$ 时, 由广义导数的定义可知式 (3.1.7) 几乎处处成立, 所以式 (3.1.8) 几乎处处为真, 进而式 (3.1.5) 成立.

用同样的方法可以证明不等式 (3.1.6). □

记 $\partial G$ 和 $\partial\hat{G}$ 的面积元分别为 $\mathrm{d}s$ 和 $\mathrm{d}\hat{s}$, $\partial G$ 和 $\partial\hat{G}$ 的单位外法向量分别为 $\boldsymbol{\nu}$ 和 $\hat{\boldsymbol{\nu}}$. 关于它们之间的关系有如下引理:

**引理 3.1.3** 设 $G$ 和 $\hat{G}$ 是 $\mathbf{R}^n$ 中的两个仿射等价的有界开集, 并且具有 Lipschitz 连续的边界, 则在 $\partial G$ 的光滑点处,

$$\boldsymbol{\nu}=\frac{\boldsymbol{B}^{-\mathrm{T}}\hat{\boldsymbol{\nu}}}{\|\boldsymbol{B}^{-\mathrm{T}}\hat{\boldsymbol{\nu}}\|},\tag{3.1.10}$$

$$\mathrm{d}s=|\det\boldsymbol{B}|\,\|\boldsymbol{B}^{-\mathrm{T}}\hat{\boldsymbol{\nu}}\|\,\mathrm{d}\hat{s}.\tag{3.1.11}$$

**证明** 首先, $\partial\hat{G}$ 在其光滑点 $\hat{\boldsymbol{x}}$ 的邻域内可以表示成 $H(\hat{\boldsymbol{x}})=0$, 则 $\partial\hat{G}$ 在点 $\hat{\boldsymbol{x}}$ 处的法向量为

$$\hat{\boldsymbol{N}}=\left(\partial_{\hat{x}_1}H,\partial_{\hat{x}_2}H,\cdots,\partial_{\hat{x}_n}H\right)^{\mathrm{T}},$$

单位外法向量 $\hat{\boldsymbol{\nu}}=\hat{\delta}\,\hat{N}/\|\hat{N}\|$, 其中, $\hat{\delta}=1$ 或 $-1$. 类似地, $\partial G$ 在点 $\boldsymbol{x}=\boldsymbol{\Psi}(\hat{\boldsymbol{x}})$ 的邻域内可以表示成 $H(\boldsymbol{B}^{-1}(\boldsymbol{x}-\boldsymbol{b}))=0$. 在点 $\boldsymbol{x}$ 处, $\partial G$ 的法向量为

$$\boldsymbol{N}=\boldsymbol{B}^{-\mathrm{T}}\hat{\boldsymbol{N}},$$

所以

$$\boldsymbol{\nu}=\frac{\delta\boldsymbol{B}^{-\mathrm{T}}\hat{\boldsymbol{N}}}{\|\boldsymbol{B}^{-\mathrm{T}}\hat{\boldsymbol{N}}\|}=\frac{\delta\hat{\delta}\boldsymbol{B}^{-\mathrm{T}}\hat{\boldsymbol{\nu}}}{\|\boldsymbol{B}^{-\mathrm{T}}\hat{\boldsymbol{\nu}}\|},$$

其中, $\delta=1$ 或 $-1$. 事实上, $\delta\hat{\delta}=1$. 否则

$$\boldsymbol{\nu}=-\frac{\boldsymbol{B}^{-\mathrm{T}}\hat{\boldsymbol{\nu}}}{\|\boldsymbol{B}^{-\mathrm{T}}\hat{\boldsymbol{\nu}}\|}.$$

当 $t>0$ 足够小时, 因为 $\boldsymbol{\nu}$ 是外法向量, 所以 $\boldsymbol{x}+t\boldsymbol{\nu}\notin G$. 这样就有

$$\boldsymbol{\Psi}^{-1}(\boldsymbol{x}+t\boldsymbol{\nu})=\hat{\boldsymbol{x}}-t\frac{\boldsymbol{B}^{-1}\boldsymbol{B}^{-\mathrm{T}}\hat{\boldsymbol{\nu}}}{\|\boldsymbol{B}^{-\mathrm{T}}\hat{\boldsymbol{\nu}}\|}\notin\hat{G}.$$

另一方面,

$$\frac{\hat{\boldsymbol{\nu}}^{\mathrm{T}}\boldsymbol{B}^{-1}\boldsymbol{B}^{-\mathrm{T}}\hat{\boldsymbol{\nu}}}{\|\boldsymbol{B}^{-\mathrm{T}}\hat{\boldsymbol{\nu}}\|}>0,$$

即 $\hat{\boldsymbol{\nu}}$ 和 $\dfrac{\boldsymbol{B}^{-1}\boldsymbol{B}^{-\mathrm{T}}\hat{\boldsymbol{\nu}}}{\|\boldsymbol{B}^{-\mathrm{T}}\hat{\boldsymbol{\nu}}\|}$ 之间的夹角小于 $\dfrac{\pi}{2}$, 进而 $\hat{\boldsymbol{\nu}}$ 和 $-t\dfrac{\boldsymbol{B}^{-1}\boldsymbol{B}^{-\mathrm{T}}\hat{\boldsymbol{\nu}}}{\|\boldsymbol{B}^{-\mathrm{T}}\hat{\boldsymbol{\nu}}\|}$ 之间的夹角大于 $\dfrac{\pi}{2}$. 这样就得到当 $t$ 足够小时, $\hat{\boldsymbol{x}}-t\dfrac{\boldsymbol{B}^{-1}\boldsymbol{B}^{-\mathrm{T}}\hat{\boldsymbol{\nu}}}{\|\boldsymbol{B}^{-\mathrm{T}}\hat{\boldsymbol{\nu}}\|}\in G$, 矛盾! 所以等式 (3.1.10) 为真.

其次, 假设在点 $\hat{\boldsymbol{x}}$ 处, 面积元 $\mathrm{d}s$ 和 $\mathrm{d}\hat{s}$ 之间的对应关系为 $\mathrm{d}s=\theta(\hat{\boldsymbol{x}})\,\mathrm{d}\hat{s}$. 存在以 $\hat{\boldsymbol{x}}$ 为心的球, 使得该球与 $\hat{G}$ 的交集 $\hat{S}$ 的边界是分片光滑的. 记 $S=\boldsymbol{\Psi}\hat{S}$. 对于任意 $\varphi\in C^{\infty}(\overline{S})$ 和 $i=1,\cdots,n$, 由 Green 公式和式 (3.1.10) 有

$$\int_S\frac{\partial\varphi}{\partial x_i}\,\mathrm{d}\boldsymbol{x}=\int_{\partial S}\varphi\nu_i\,\mathrm{d}s=\int_{\partial\hat{S}}\varphi\frac{(\boldsymbol{B}^{-\mathrm{T}}\hat{\boldsymbol{\nu}})_i}{\|\boldsymbol{B}^{-\mathrm{T}}\hat{\boldsymbol{\nu}}\|}\theta(\hat{\boldsymbol{x}})\,\mathrm{d}\hat{s},$$

$$\int_S\frac{\partial\varphi}{\partial x_i}\,\mathrm{d}\boldsymbol{x}=\int_{\hat{S}}\sum_{j=1}^{n}b^{ji}\frac{\partial\varphi}{\partial\hat{x}_j}|\det\boldsymbol{B}|\,\mathrm{d}\hat{\boldsymbol{x}}=|\det\boldsymbol{B}|\int_{\partial\hat{S}}(\boldsymbol{B}^{-\mathrm{T}}\hat{\boldsymbol{\nu}})_i\varphi\,\mathrm{d}\hat{s},$$

其中, $\boldsymbol{B}^{-1}=(b^{ij})$. 综合两者得到

$$\int_{\partial\hat{S}}(\boldsymbol{B}^{-\mathrm{T}}\hat{\boldsymbol{\nu}})_i\left(\frac{\theta(\hat{\boldsymbol{x}})}{\|\boldsymbol{B}^{-\mathrm{T}}\hat{\boldsymbol{\nu}}\|}-|\det\boldsymbol{B}|\right)\varphi\,\mathrm{d}\hat{s}=0$$

对 $i=1,\cdots,n$ 成立, 于是得到

$$\int_{\partial\hat{S}}\varphi\hat{\nu}_j\left(\frac{\theta(\hat{\boldsymbol{x}})}{\|\boldsymbol{B}^{-\mathrm{T}}\hat{\boldsymbol{\nu}}\|}-|\det\boldsymbol{B}|\right)\mathrm{d}\hat{s}=0,\quad j=1,\cdots,n.$$

至少存在一个 $\hat{\nu}_j$ 在点 $\hat{\boldsymbol{x}}$ 处不为 0, 而且 $\hat{\boldsymbol{\nu}}$ 在 $\hat{\boldsymbol{x}}$ 的邻域内是连续的. $\varphi$ 的任意性导致

$$\theta(\hat{\boldsymbol{x}})=\|\boldsymbol{B}^{-\mathrm{T}}\hat{\boldsymbol{\nu}}\|\,|\det\boldsymbol{B}|,$$

即等式 (3.1.11) 为真. □

**引理 3.1.4** 设 $G$ 和 $\hat{G}$ 是 $\mathbf{R}^n$ 中的两个仿射等价的有界开集, 并且具有分片光滑的边界. 对于 $\varrho\in[1,\infty]$, 如果 $v$ 属于 $L^{\varrho}(\partial G)$, 则 $\hat{v}=v\cdot\boldsymbol{\Psi}$ 属于 $L^{\varrho}(\partial\hat{G})$. 除此之外, 存在常数 $C=C(n,\varrho)$, 使得

$$\|\hat{v}\|_{0,\varrho,\partial\hat{G}}\leqslant C\|\boldsymbol{B}\|^{\frac{1}{\varrho}}\|\boldsymbol{B}^{-1}\|^{\frac{n}{\varrho}}\|v\|_{0,\varrho,\partial G},\quad\forall v\in L^{\varrho}(\partial G),\tag{3.1.12}$$

$$\|v\|_{0,\varrho,\partial G}\leqslant C\|\boldsymbol{B}^{-1}\|^{\frac{1}{\varrho}}\|\boldsymbol{B}\|^{\frac{n}{\varrho}}\|\hat{v}\|_{0,\varrho,\partial\hat{G}},\quad\forall\hat{v}\in L^{\varrho}(\partial\hat{G}).\tag{3.1.13}$$

**证明** 由式 (3.1.11) 得到对任意 $\hat{v}\in L^{\varrho}(\partial\hat{G})$,

$$\begin{aligned}\|v\|_{0,\varrho,\partial G}^{\varrho}&=\int_{\partial G}|v|^{\varrho}\,\mathrm{d}s=\int_{\partial\hat{G}}|\hat{v}|^{\varrho}|\det\boldsymbol{B}|\,\|\boldsymbol{B}^{-\mathrm{T}}\hat{\boldsymbol{\nu}}\|\,\mathrm{d}\hat{s}\\&\leqslant|\det\boldsymbol{B}|\,\|\boldsymbol{B}^{-1}\|\int_{\partial\hat{G}}|\hat{v}|^{\varrho}\,\mathrm{d}\hat{s}.\end{aligned}$$

另一方面, $|\det\boldsymbol{B}|\leqslant C\|\boldsymbol{B}\|^{n}$, 所以不等式 (3.1.13) 成立. 类似地, 可以证明不等式 (3.1.12) 成立. □

假设 $(\hat{T},P_{\hat{T}},\boldsymbol{D}_{\hat{T}})$ 是一有限元, $\boldsymbol{\varPsi}$ 是一可逆仿射映射. 定义

$$\begin{cases}K=\boldsymbol{\varPsi}\hat{T},\\P_K=\{\,p\mid p=\hat{p}\cdot\boldsymbol{\varPsi}^{-1},\hat{p}\in P_{\hat{T}}\},\\\boldsymbol{D}_K(v)=\boldsymbol{D}_{\hat{T}}(\hat{v}),\quad\hat{v}=v\cdot\boldsymbol{\varPsi},\quad\forall v\in C^{\kappa}(K),\end{cases}\tag{3.1.14}$$

则 $(K,P_K,\boldsymbol{D}_K)$ 也是一有限元.

称有限元 $(T,P_T,\boldsymbol{D}_T)$ 和 $(\hat{T},P_{\hat{T}},\boldsymbol{D}_{\hat{T}})$ 是仿射等价的, 如果存在可逆的仿射变换 $\boldsymbol{\varPsi}$, 使得 $(T,P_T,\boldsymbol{D}_T)$ 等价于由式 (3.1.14) 定义的 $(K,P_K,\boldsymbol{D}_K)$. 由定义可得下面的结果.

**引理 3.1.5** 有限元 $(T,P_T,\boldsymbol{D}_T)$ 和 $(\hat{T},P_{\hat{T}},\boldsymbol{D}_{\hat{T}})$ 是仿射等价的当且仅当存在可逆的仿射变换 $\boldsymbol{\varPsi}$, 使得

$$\begin{cases}T=\boldsymbol{\varPsi}\hat{T},\\P_T=\{\,p\mid p=\hat{p}\cdot\boldsymbol{\varPsi}^{-1},\ \hat{p}\in P_{\hat{T}}\},\\\boldsymbol{D}_T(v)=\boldsymbol{M}\boldsymbol{D}_{\hat{T}}(\hat{v}),\quad\hat{v}=v\cdot\boldsymbol{\varPsi},\quad\forall v\in C^{\kappa}(T),\end{cases}\tag{3.1.15}$$

其中, $\boldsymbol{M}$ 是可逆的常数矩阵.

称一簇有限元 $\mathcal{F}$ 是仿射簇, 如果该簇中的每个有限元 $(T,P_T,\boldsymbol{D}_T)$ 都与一个固定的有限元仿射等价. 称仿射簇的那个固定有限元为该簇的参照有限元, 通常记为 $(\hat{T},P_{\hat{T}},\boldsymbol{D}_{\hat{T}})$, 称 $\hat{T}$ 为参照单元.

现在来考虑两类单元: $n$ 单纯形和 $n$ 平行体. 对于 $n$ 单纯形, 令参照单元 $\hat{T}$ 是以

$$\hat{\boldsymbol{a}}_j=(\delta_{1j},\delta_{2j},\cdots,\delta_{nj})^{\mathrm{T}},\ 1\leqslant j\leqslant n,\quad\hat{\boldsymbol{a}}_{n+1}=(0,0,\cdots,0)^{\mathrm{T}}\tag{3.1.16}$$

为顶点的 $n$ 单纯形. $\hat{T}$ 的重心坐标具有如下简单的形式:

$$\lambda_i=x_i,\ \ 1\leqslant i\leqslant n,\quad\lambda_{n+1}=1-\sum_{i=1}^{n}x_i.$$

对于以 $\boldsymbol{a}_j=(x_{1j},\cdots,x_{nj})^{\mathrm{T}}(1\leqslant j\leqslant n+1)$ 为顶点的 $n$ 单纯形 $T$, 定义仿射变换 $\boldsymbol{\Psi}_T:\hat{T}\to T$ 如下:

$$\begin{cases}\boldsymbol{\Psi}_T\hat{\boldsymbol{x}}=\boldsymbol{B}_T\hat{\boldsymbol{x}}+\boldsymbol{b}_T, \quad \hat{\boldsymbol{x}}\in\hat{T},\\ \boldsymbol{B}_T=\begin{pmatrix}x_{11}-x_{1,n+1} & \cdots & x_{1n}-x_{1,n+1}\\ x_{21}-x_{2,n+1} & \cdots & x_{2n}-x_{2,n+1}\\ \vdots & & \vdots\\ x_{n1}-x_{n,n+1} & \cdots & x_{nn}-x_{n,n+1}\end{pmatrix},\\ \boldsymbol{b}_T=\boldsymbol{a}_{n+1},\end{cases} \tag{3.1.17}$$

则 $\boldsymbol{B}_T$ 是可逆的且

$$\boldsymbol{\Psi}_T\hat{\boldsymbol{a}}_i=\boldsymbol{a}_i, \quad 1\leqslant i\leqslant n+1.$$

$\boldsymbol{\Psi}_T$ 把 $\hat{T}$ 的 $r$ 面映射成 $T$ 的 $r$ 面. 由式 (3.1.17) 可以看出所有的 $n$ 单纯形是仿射等价的.

对于 $n$ 平行体, 定义参照单元 $\hat{T}$ 为

$$\hat{T}=\{\,\boldsymbol{x}\mid -1\leqslant x_i\leqslant 1, \quad 1\leqslant i\leqslant n\}. \tag{3.1.18}$$

令 $T$ 是下面定义的 $n$ 平行体:

$$T=\left\{\boldsymbol{x}\middle|\boldsymbol{x}=\sum_{i=1}^{n}\xi_i\boldsymbol{a}_i+\boldsymbol{x}^0,\ \xi_i\in[-1,1],\ 1\leqslant i\leqslant n\right\},$$

其中, $\boldsymbol{a}_i=(x_{1i},\cdots,x_{ni})^{\mathrm{T}}$ $(1\leqslant i\leqslant n)$ 是 $\mathbf{R}^n$ 中线性无关的向量, $\boldsymbol{x}^0\in\mathbf{R}^n$. 定义仿射变换 $\boldsymbol{\Psi}_T$ 为

$$\begin{cases}\boldsymbol{\Psi}_T\hat{\boldsymbol{x}}=\boldsymbol{B}_T\hat{\boldsymbol{x}}+\boldsymbol{b}_T, \quad \hat{\boldsymbol{x}}\in\hat{T},\\ \boldsymbol{B}_T=\begin{pmatrix}x_{11} & x_{12} & \cdots & x_{1n}\\ x_{21} & x_{22} & \cdots & x_{2n}\\ \vdots & \vdots & & \vdots\\ x_{n1} & x_{n2} & \cdots & x_{nn}\end{pmatrix},\\ \boldsymbol{b}_T=\boldsymbol{x}^0,\end{cases} \tag{3.1.19}$$

则 $\boldsymbol{B}_T$ 是可逆的且 $\boldsymbol{\Psi}_T$ 把 $\hat{T}$ 的每个 $r$ 面都映射成 $T$ 的 $r$ 面. 由式 (3.1.19) 可以看出所有的 $n$ 平行体都是仿射等价的.

在本书的剩余章节中, 如果没有特殊说明, 对于给定的 $n$ 单纯形或 $n$ 平行体 $T$, 相应的仿射变换 $\boldsymbol{\Psi}_T$ 以及 $\boldsymbol{B}_T,\boldsymbol{b}_T$ 由式 (3.1.17) 或式 (3.1.19) 给出.

对于定义在 $T$ 的子集 $S$ 上的函数 $w$, 令定义在 $\hat{S}=\boldsymbol{\varPsi}_T^{-1}S$ 上的函数 $\hat{w}$ 为

$$\hat{w}=w\cdot\boldsymbol{\varPsi}_T, \tag{3.1.20}$$

反过来, 对于定义在 $\hat{T}$ 的子集 $\hat{S}$ 上的函数 $\hat{w}$, 在 $S=\boldsymbol{\varPsi}_T\hat{S}$ 上定义的相应函数 $w$ 由式 (3.1.20) 确定.

对于定义在空间 $C^\kappa(T)$ 上的线性泛函 $\chi$, 令定义在空间 $C^\kappa(\hat{T})$ 上相应的线性泛函 $\hat{\chi}$ 为

$$\hat{\chi}(\hat{w})=\chi(\hat{w}\cdot\boldsymbol{\varPsi}_T^{-1}),\quad \forall\hat{w}\in C^\kappa(\hat{T}). \tag{3.1.21}$$

由 2.4 节中给出的所有线性单纯形元构成的有限元簇是仿射簇; 所有二次单纯形元或所有三次单纯形元构成的有限元簇也是仿射簇. 现在令 $T$ 是以 $\boldsymbol{a}_1,\cdots,\boldsymbol{a}_{n+1}$ 为顶点的 $n$ 单纯形, $\hat{T}$ 是以 $\hat{\boldsymbol{a}}_1,\cdots,\hat{\boldsymbol{a}}_{n+1}$ 为顶点的参照 $n$ 单纯形. 定义

$$\begin{aligned}
&\boldsymbol{a}_{ij}=\frac{1}{2}(\boldsymbol{a}_i+\boldsymbol{a}_j),\quad \hat{\boldsymbol{a}}_{ij}=\frac{1}{2}(\hat{\boldsymbol{a}}_i+\hat{\boldsymbol{a}}_j),\quad i<j,\\
&\boldsymbol{a}_{iij}=\frac{1}{3}(2\boldsymbol{a}_i+\boldsymbol{a}_j),\quad \hat{\boldsymbol{a}}_{iij}=\frac{1}{3}(2\hat{\boldsymbol{a}}_i+\hat{\boldsymbol{a}}_j),\quad i\neq j,\\
&\boldsymbol{a}_{ijk}=\frac{1}{3}(\boldsymbol{a}_i+\boldsymbol{a}_j+\boldsymbol{a}_k),\quad \hat{\boldsymbol{a}}_{ijk}=\frac{1}{3}(\hat{\boldsymbol{a}}_i+\hat{\boldsymbol{a}}_j+\hat{\boldsymbol{a}}_k),\quad i<j<k.
\end{aligned}$$

由 $\boldsymbol{\varPsi}_T$ 的定义得到

$$\boldsymbol{a}_{ij}=\boldsymbol{\varPsi}_T\hat{\boldsymbol{a}}_{ij},\ i<j,\quad \boldsymbol{a}_{iij}=\boldsymbol{\varPsi}_T\hat{\boldsymbol{a}}_{iij},\ i\neq j,\quad \boldsymbol{a}_{ijk}=\boldsymbol{\varPsi}_T\hat{\boldsymbol{a}}_{ijk},\ i<j<k.$$

对于线性单纯元、二次单纯形或三次单纯形元的 $(T,P_T,\boldsymbol{D}_T)$ 有

$$\begin{cases}
T=\boldsymbol{\varPsi}_T\hat{T},\\
P_T=\{\,p\mid p=\hat{p}\cdot\boldsymbol{\varPsi}_T^{-1},\hat{p}\in P_{\hat{T}}\},\\
\boldsymbol{D}_T(v)=\boldsymbol{D}_{\hat{T}}(\hat{v}),\hat{v}=v\cdot\boldsymbol{\varPsi}_T,\quad \forall v\in C^\kappa(T),
\end{cases}$$

即 $(T,P_T,\boldsymbol{D}_T)$ 与 $(\hat{T},P_{\hat{T}},\boldsymbol{D}_{\hat{T}})$ 是仿射等价的.

一般地, 对于给定的 $k\geqslant 1$, 由所有 $k$ 次单纯形元构成的有限元簇是仿射簇.

现在考虑不完全三次单纯形元 $(T,P_T,\boldsymbol{D}_T)$. 要验证该单元构成的有限元簇是仿射簇只需要证明

$$P_3'(T)=\{\,p\mid p=\hat{p}\cdot\boldsymbol{\varPsi}_T^{-1},\forall\hat{p}\in P_3'(\hat{T})\}.$$

令 $p\in P_3'(T)$, $\hat{p}$ 是定义在 $\hat{T}$ 上对应的多项式. 对于 $i<j<k$, 条件

$$12p(\boldsymbol{a}_{ijk})+2\sum_{l=i,j,k}p(\boldsymbol{a}_l)-3\sum_{\substack{l,m=i,j,k\\ l\neq m}}p(\boldsymbol{a}_{llm})=0$$

等价于

$$12\hat{p}(\hat{\boldsymbol{a}}_{ijk})+2\sum_{l=i,j,k}\hat{p}(\hat{\boldsymbol{a}}_l)-3\sum_{\substack{l,m=i,j,k\\ l\neq m}}\hat{p}(\hat{\boldsymbol{a}}_{llm})=0,$$

这样就完成了证明.

类似地, 可以验证 2.4 节和 2.5 节中的其他单元都是仿射簇.

对于 2.6 节和 2.7 节中给出的单元, 可以验证 Zienkiewicz 元、矩形 Morley 元、Adini 元和 Bogner-Fox-Schmit 元是仿射簇, 而其他的, 如 Morley 元、Argyris 元和 Bell 元等都不是仿射簇. 这些有限元不是仿射簇的原因是它们直接或间接地使用了各面的法向导数作为节点参数.

对于仿射簇的有限元, 所有单元的讨论都转化成一个单元的情形, 所以仿射簇的概念是很好的想法.

## 3.2　仿射连续性和尺度不变性

由于仿射簇不能包括许多有限元的情形, 所以仿射簇的概念需要加以推广. 本节介绍仿射连续性和尺度不变性的概念.

给定一有限元簇 $\mathcal{F}$, 定义

$$\mathcal{F}_e=\{\,T\mid(T,P_T,\boldsymbol{D}_T)\in\mathcal{F}\}.\tag{3.2.1}$$

首先给出有限元簇 $\mathcal{F}$ 满足的 4 个基本假设 HF1～HF4.

**HF1**　$\mathcal{F}$ 中的所有有限元的 $L$ 和 $\kappa$ 分别为固定的整数.

**HF2**　存在这样的参照有限元 $(\hat{T},P_{\hat{T}},\boldsymbol{D}_{\hat{T}})$, 对 $\mathcal{F}_e$ 中的每个 $T$ 都有一个仿射变换 $\boldsymbol{\Psi}_T:\hat{\boldsymbol{x}}\to\boldsymbol{B}_T\hat{\boldsymbol{x}}+\boldsymbol{b}_T\in\mathbf{R}^n$, 使得 $T=\boldsymbol{\Psi}_T\hat{T}$.

**HF3**　对任意 $T\in\mathcal{F}_e$, 任意 $\theta>0$ 和向量 $\boldsymbol{b}\in\mathbf{R}^n$, 定义 $\boldsymbol{\Psi}_{T,\theta,b}:\ \boldsymbol{x}\in\mathbf{R}^n\to\theta\boldsymbol{x}+\boldsymbol{b}\in\mathbf{R}^n$, 则 $\boldsymbol{\Psi}_{T,\theta,b}T\in\mathcal{F}_e$.

**HF4**　如果 $\mathcal{F}_e$ 中的序列 $\{T_k\}$ 当 $k\to\infty$ 时, $\boldsymbol{B}_{T_k}$ 收敛于一个可逆矩阵 $\boldsymbol{B}_\infty$, 则 $T_\infty=\boldsymbol{B}_\infty\hat{T}\in\mathcal{F}_e$.

在假设 HF1, HF2 和 HF4 成立时, 称一簇有限元 $\mathcal{F}$ 具有仿射连续性, 如果下面的 AC1 和 AC2 成立:

**AC1**　如果 $\{(T_k,P_{T_k},\boldsymbol{D}_{T_k})\}$ 是 $\mathcal{F}$ 中的一个序列, 并且当 $k\to\infty$ 时 $\boldsymbol{B}_{T_k}$ 收敛于可逆矩阵 $\boldsymbol{B}_{T_\infty}$, 则对 $1\leqslant i\leqslant L$, $\widehat{d_{i,T_k}}$ 在 $C^\kappa(\hat{T})$ 的对偶空间中收敛于 $\widehat{d_{i,T_\infty}}$, 其中, $d_{i,T_k}$ 是有限元 $(T_k,P_{T_k},\boldsymbol{D}_{T_k})$ 或其等价的有限元的节点参数.

**AC2**　如果 $\{(T_k,P_{T_k},\boldsymbol{D}_{T_k})\}$ 是 $\mathcal{F}$ 中的一个序列, 并且当 $k\to\infty$ 时 $\boldsymbol{B}_{T_k}$ 收敛于可逆矩阵 $\boldsymbol{B}_{T_\infty}$, 则对每个 $k$ 存在 $P_{T_k}$ 的一组基 $q_{1,T_k},q_{2,T_k},\cdots,q_{L,T_k}$, 使得 $\widehat{q_{i,T_k}}$

在空间 $C^\kappa(\hat{T})$ 中收敛于 $\widehat{q_{i,T_\infty}}$ $(1 \leqslant i \leqslant L)$, 并且 $q_{1,T_\infty}, q_{2,T_\infty}, \cdots, q_{L,T_\infty}$ 是 $P_{T_\infty}$ 的一组基.

在假设 HF1~HF3 成立时, 称一簇有限元 $\mathcal{F}$ 具有尺度不变性, 如果下面的 SI1 和 SI2 成立:

**SI1** 对任意 $(T, P_T, \boldsymbol{D}_T) \in \mathcal{F}$, $\theta > 0$ 和向量 $\boldsymbol{b} \in \mathbf{R}^n$, 令 $\tilde{T} = \boldsymbol{\Psi}_{T,\theta,b}T$, 则

$$\boldsymbol{D}_{\tilde{T}}(\tilde{v}) = \boldsymbol{M}\boldsymbol{D}_T(\tilde{v} \cdot \boldsymbol{\Psi}_{T,\theta,b}), \quad \forall \tilde{v} \in C^\kappa(\tilde{T}), \tag{3.2.2}$$

其中, $\boldsymbol{M}$ 是一个可逆的 $L \times L$ 常数矩阵.

**SI2** 对任意 $(T, P_T, \boldsymbol{D}_T) \in \mathcal{F}$, $\theta > 0$ 和向量 $\boldsymbol{b} \in \mathbf{R}^n$, 令 $\tilde{T} = \boldsymbol{\Psi}_{T,\theta,b}T$, 则

$$P_{\tilde{T}} = \{\, \tilde{p} \mid \tilde{p} = p \cdot \boldsymbol{\Psi}_{T,\theta,b}^{-1}, \ \forall p \in P_T\}. \tag{3.2.3}$$

在仿射连续性和尺度不变性的条件中, AC1 和 SI1 是关于单元的节点参数的, AC2 和 SI2 是关于形函数空间的.

**引理 3.2.1** 设有限元簇 $\mathcal{F}$ 是仿射连续的. 如果 $\{(T_k, P_{T_k}, \boldsymbol{D}_{T_k})\}$ 是 $\mathcal{F}$ 中的一个序列, 并且当 $k \to \infty$ 时 $\boldsymbol{B}_{T_k}$ 收敛于可逆矩阵 $\boldsymbol{B}_{T_\infty}$, 则 $\widehat{p_{i,T_k}}$ 在空间 $C^\kappa(\hat{T})$ 中收敛于 $\widehat{p_{i,T_\infty}}$ $(1 \leqslant i \leqslant L)$, 其中, $p_{i,T_k}$ 是节点参数 $d_{i,T_k}$ 对应的基函数, $p_{i,T_\infty}$ 是节点参数 $d_{i,T_\infty}$ 对应的基函数.

**证明** 设 $q_{1,T_\infty}, \cdots, q_{L,T_\infty}$ 是 $P_{T_\infty}$ 的一组基, 对每个 $k$, $q_{1,T_k}, \cdots, q_{L,T_k}$ 是 $P_{T_k}$ 的一组基, 并且 $\widehat{q_{i,T_k}}$ 在空间 $C^\kappa(\hat{T})$ 中收敛于 $\widehat{q_{i,T_\infty}}$ $(1 \leqslant i \leqslant L)$, 则节点参数 $d_{i,T_k}$ 对应的基函数 $p_{i,T_k}$ 可以表示为

$$p_{i,T_k} = \sum_{j=1}^{L} c_{k,ij} q_{j,T_k},$$

其中, $c_{k,ij}$ 是线性方程组

$$\sum_{j=1}^{L} c_{k,ij} d_{l,T_k}(q_{j,T_k}) = \delta_{il}, \quad 1 \leqslant l \leqslant L \tag{3.2.4}$$

的解. 同样, 节点参数 $d_{i,T_\infty}$ 对应的基函数 $p_{i,T_\infty}$ 可以表示为

$$p_{i,T_\infty} = \sum_{j=1}^{L} c_{\infty,ij} q_{j,T_\infty},$$

其中, $c_{\infty,ij}$ 是线性方程组

$$\sum_{j=1}^{L} c_{\infty,ij} d_{l,T_\infty}(q_{j,T_\infty}) = \delta_{il}, \quad 1 \leqslant l \leqslant L \tag{3.2.5}$$

的解. 因为当 $k\to\infty$ 时,

$$
\begin{aligned}
&d_{l,T_k}(q_{j,T_k})=\widehat{d_{l,T_k}}(\widehat{q_{j,T_k}})=\widehat{d_{l,T_k}}(\widehat{q_{j,T_\infty}})+\widehat{d_{l,T_k}}(\widehat{q_{j,T_k}}-\widehat{q_{j,T_\infty}})\\
\to&\widehat{d_{l,T_\infty}}(\widehat{q_{j,T_\infty}})=d_{l,T_\infty}(q_{j,T_\infty}),
\end{aligned}
$$

并且线性方程组 (3.2.5) 和方程组 (3.2.4) 的解都是唯一的, 于是得到

$$
\lim_{k\to\infty}c_{k,ij}=c_{\infty,ij},\quad 1\leqslant i,j\leqslant L.
$$

再由仿射连续性得到 $\widehat{p_{i,T_k}}$ 在空间 $C^\kappa(\hat{T})$ 中收敛于 $\widehat{p_{i,T_\infty}}$ $(1\leqslant i\leqslant L)$. □

下面两个引理说明仿射连续性和尺度不变性确实是仿射簇的推广.

**引理 3.2.2** 设一簇有限元 $\mathcal{F}$ 满足 HF1~HF4. 如果 $\mathcal{F}$ 是仿射簇, 则它是仿射连续和尺度不变的.

**证明** 令 $\{(T_k,P_{T_k},\boldsymbol{D}_{T_k})\}$ 是 $\mathcal{F}$ 中的一个序列, 而且当 $k\to\infty$ 时 $\boldsymbol{B}_{T_k}$ 收敛于可逆矩阵 $\boldsymbol{B}_{T_\infty}$, 则对 $1\leqslant i\leqslant L$, $\widehat{d_{i,T_k}}=\widehat{d_{i,T_\infty}}$ 在 $C^\kappa(\hat{T})$ 上成立, 并且 $\widehat{p_{i,T_k}}=\widehat{p_{i,T_\infty}}$, 所以 AC1 和 AC2 为真.

因为仿射簇中的任意两个有限元都是仿射等价的, 所以 SI1 和 SI2 成立. □

**引理 3.2.3** 由所有 Argyris 元构成的有限元簇是仿射连续和尺度不变的, 由所有 Bell 元构成的有限元簇也是仿射连续和尺度不变的.

**证明** 只考虑 Argyris 元. 首先, 条件 HF1 成立, 其中, $L=21$, $\kappa=2$. 因为所有的三角形都包括在簇中, 所以 HF2~HF4 为真. 假设 $(T,P_T,\boldsymbol{D}_T)$ 是一 Argyris 元, $\hat{T}$ 是参照单元. 令 $\hat{\boldsymbol{a}}_i(1\leqslant i\leqslant 3)$ 是 $\hat{T}$ 的顶点, $\hat{\boldsymbol{a}}_{3+i}(1\leqslant i\leqslant 3)$ 是 $\hat{T}$ 的三个边的中点, 定义 $\boldsymbol{a}_i=\boldsymbol{\Psi}_T\hat{\boldsymbol{a}}_i(1\leqslant i\leqslant 6)$, 记 $\boldsymbol{B}_T^{-1}=(b^{ij})_{2\times 2}$, $\boldsymbol{\nu}^i$ 是 $\partial T$ 在 $\boldsymbol{a}_{3+i}(1\leqslant i\leqslant 3)$ 处的单位外法向量. $\boldsymbol{D}_T$ 的分量可以如下表示：对 $v\in C^2(T)$,

$$
\begin{aligned}
d_i^0(v)&=\hat{v}(\hat{\boldsymbol{a}}_i),\quad 1\leqslant i\leqslant 3,\\
d_{ij}^1(v)&=\sum_{l=1}^{2}b^{lj}\partial_{\hat{x}_l}\hat{v}(\hat{\boldsymbol{a}}_i),\quad 1\leqslant i\leqslant 3,\ j=1,2,\\
d_{ijk}^2(v)&=\sum_{l,m=1}^{2}b^{lj}b^{mk}\partial_{\hat{x}_l\hat{x}_m}\hat{v}(\hat{\boldsymbol{a}}_i),\quad 1\leqslant i\leqslant 3,\ 1\leqslant j\leqslant k\leqslant 2,\\
d_i^\nu(v)&=\sum_{l,m=1}^{2}b^{lm}\nu_m^i\partial_{\hat{x}_l}\hat{v}(\hat{\boldsymbol{a}}_{3+i}),\quad 1\leqslant i\leqslant 3.
\end{aligned}
$$

注意到 $\boldsymbol{\nu}^i$ 关于矩阵 $\boldsymbol{B}_T$ 是连续的, 所以 $\widehat{\boldsymbol{D}_T}$ 的分量关于 $B_T$ 也是连续的, $\boldsymbol{D}_T$ 满足 AC1 的要求.

令 $q_{\boldsymbol{\alpha},T}=(\boldsymbol{x}-\boldsymbol{b}_T)^{\boldsymbol{\alpha}}$ $(|\boldsymbol{\alpha}|\leqslant 5)$, 则 $q_{\boldsymbol{\alpha},T}$ $(|\boldsymbol{\alpha}|\leqslant 5)$ 是 $P_T$ 的一组基, 并且 $\hat{q}_{\boldsymbol{\alpha},T}=(\boldsymbol{B}_T\hat{\boldsymbol{x}})^{\boldsymbol{\alpha}}$, 所以 AC2 成立.

条件 SI1 和 SI2 是显然的. □

观察 2.4 节 ~2.8 节中给出的有限元的例子, 可以发现它们的节点参数都满足下面的条件:

**ACI** 存在非负整数 $k_1, k_2, k(i)$ $(1 \leqslant i \leqslant L)$, $\hat{T}$ 上的点 $\hat{\boldsymbol{a}}_i$ $(1 \leqslant i \leqslant k_1)$ 和 $\hat{T}$ 的不为 0 维的面 $\hat{F}_i$ $(k_1 < i \leqslant k_2)$, 使得对 $\mathcal{F}$ 中的任意有限元 $(T, P_T, \boldsymbol{D}_T)$, 其节点参数向量 $\boldsymbol{D}_T$ 的分量都为下面的形式:

$$d_{i,T}(v) = \begin{cases} D_{i,T}v(\boldsymbol{a}_{i,T}), & 1 \leqslant i \leqslant k_1, \\ \dfrac{1}{|F_{i,T}|}\displaystyle\int_{F_{i,T}} D_{i,T}v \, \mathrm{d}F_{i,T}, & k_1 < i \leqslant k_2, \\ \dfrac{1}{|T|}\displaystyle\int_T D_{i,T}v \, \mathrm{d}\boldsymbol{x}, & k_2 < i \leqslant L, \end{cases} \quad \forall v \in C^{\kappa}(T), \tag{3.2.6}$$

其中, $\kappa = \max\limits_{1 \leqslant i \leqslant L} k(i)$, $\boldsymbol{a}_{i,T} = \boldsymbol{\varPsi}_T \hat{\boldsymbol{a}}_i$, $F_{i,T} = \boldsymbol{\varPsi}_T \hat{F}_i$, 并且

$$D_{i,T} = \sum_{|\boldsymbol{\alpha}|=k(i)} \eta_{i,T,\boldsymbol{\alpha}} \partial^{\boldsymbol{\alpha}}, \quad 1 \leqslant i \leqslant L, \tag{3.2.7}$$

而 $\eta_{i,T,\boldsymbol{\alpha}}$ $(|\boldsymbol{\alpha}| = k(i), 1 \leqslant i \leqslant L)$ 是与 $i, T, \boldsymbol{\alpha}$ 有关的常数, 并且满足下面两个的条件:

(1) $\eta_{i,T,\boldsymbol{\alpha}}$ 关于 $\boldsymbol{B}_T$ 是连续的;

(2) 对 $\mathcal{F}$ 中的每个有限元 $(T, P_T, \boldsymbol{D}_T)$ 和任意的 $\theta > 0$ 与 $\boldsymbol{b} \in \mathbf{R}^n$, 记 $\tilde{T} = \boldsymbol{\varPsi}_{T,\theta,b}T$, 则 $\eta_{i,T,\boldsymbol{\alpha}} = \eta_{i,\tilde{T},\boldsymbol{\alpha}}$.

如果 $D_{i,T}$ 是偏导数 $\partial^{\beta}$, 或是关于 $T$ 的面的单位外法向量或单位切向量的方向导数, 则对应的 $\eta_{i,T,\boldsymbol{\alpha}}$ 满足 ACI 的要求.

对于一簇有限元 $\mathcal{F}$, 称由 $\mathcal{F}_e$ 中的有限个元素构成的子集 $\mathcal{T}_P$ 为一个对应于 $\mathcal{F}$ 的有限元片, 如果 $\mathcal{T}_P$ 是某个区域的有限元剖分. 此时, 记对应于 $\mathcal{F}$ 和 $\mathcal{T}_P$ 的有限元空间为 $V_P$.

在条件 ACI 成立时, 称有限元簇 $\mathcal{F}$ 是节点参数对称的, 如果对于任意对应于 $\mathcal{F}$ 的有限元片 $\mathcal{T}_P$, 任意 $T \in \mathcal{T}_P$, $1 \leqslant i \leqslant k_2$, 下式:

$$d_{i,T}(v|_T) = d_{i,T}(v|_{T'}), \quad \forall v \in V_P \tag{3.2.8}$$

当 $1 \leqslant i \leqslant k_1$ 时, 对所有包含 $\boldsymbol{a}_{i,T}$ 的 $T' \in \mathcal{T}_P$ 成立, 在 $k_1 < i \leqslant k_2$ 时对所有包含 $F_{i,T}$ 的 $T' \in \mathcal{T}_P$ 成立.

称一簇有限元为常规有限元簇, 如果该簇有限元满足条件 HF1~HF4, ACI, AC2 和 SI2, 并且是节点参数对称的.

**引理 3.2.4** 常规有限元簇是仿射连续和尺度不变的.

**证明** 只需要证明常规有限元簇的节点参数满足 AC1 和 SI1. 令 $(T, P_T, \boldsymbol{D}_T)$ 是簇中的有限元.

首先, 由条件 ACI 直接得到节点参数 $\hat{d}_{i,T}$ 关于 $\boldsymbol{B}_T$ 是连续的, 所以 ACI 成立. 其次, 对于 $\theta > 0$ 和 $\boldsymbol{b} \in \mathbf{R}^n$, 记 $\tilde{T} = \{\tilde{\boldsymbol{x}} \mid \tilde{\boldsymbol{x}} = \theta\boldsymbol{x} + \boldsymbol{b}, \boldsymbol{x} \in T\}$. 对于 $\tilde{v} \in C^{\kappa}(\tilde{T})$, 记 $v(\boldsymbol{x}) = \tilde{v}(\theta\boldsymbol{x} + \boldsymbol{b})$, 则

$$D_{i,T}v(\boldsymbol{a}_{i,T}) = \theta^{k(i)} D_{i,\tilde{T}}\tilde{v}(\boldsymbol{a}_{i,\tilde{T}}),$$

$$\frac{1}{|F_{i,T}|}\int_{F_{i,T}} D_{i,T}v\,\mathrm{d}F_{i,T} = \frac{\theta^{k(i)}}{|F_{i,\tilde{T}}|}\int_{F_{i,\tilde{T}}} D_{i,\tilde{T}}\tilde{v}\,\mathrm{d}F_{i,\tilde{T}},$$

$$\frac{1}{|T|}\int_T D_{i,T}v\,\mathrm{d}x = \frac{\theta^{k(i)}}{|\tilde{T}|}\int_{\tilde{T}} D_{i,\tilde{T}}\tilde{v}\,\mathrm{d}\tilde{x},$$

即 $\boldsymbol{D}_{\tilde{T}}(\tilde{v}) = \boldsymbol{M}\boldsymbol{D}_T(v)$ $(\forall \tilde{v} \in C^{\kappa}(\tilde{T}))$. 而

$$\boldsymbol{M} = \begin{Bmatrix} \theta^{-k(1)} & 0 & \cdots & 0 \\ 0 & \theta^{-k(2)} & \cdots & 0 \\ \vdots & \vdots & & \vdots \\ 0 & 0 & \cdots & \theta^{-k(L)} \end{Bmatrix}.$$

条件 SI1 也成立. □

## 3.3 插值误差

本节考虑有限元的插值算子的误差估计, 首先给出两个引理.

**引理 3.3.1** 设 $r$ 是非负整数, $\varrho \in [1, \infty]$, $G$ 是 $\mathbf{R}^n$ 中的有界区域且其边界 $\partial G$ 是 Lipschitz 连续的, 则存在常数 $C$, 使得

$$\inf_{p \in P_r(G)} \|v + p\|_{r+1,\varrho,G} \leqslant C|v|_{r+1,\varrho,G}, \quad \forall v \in W^{r+1,\varrho}(G). \tag{3.3.1}$$

**证明** 记 $P_r(G)$ 的维数为 $M$, 取 $f_i \quad (1 \leqslant i \leqslant M)$ 是 $P_r(G)$ 的对偶空间的一组基. 由 Hahn-Banach 延拓定理, 存在 $W^{r+1,\varrho}(G)$ 上的连续线性形式, 仍记为 $f_i \quad (1 \leqslant i \leqslant M)$, 满足对任意 $p \in P_r(G)$, $p = 0$ 等价于 $f_i(p) = 0 \quad (1 \leqslant i \leqslant M)$.

首先证明存在常数 $C$, 使得

$$\|v\|_{r+1,\varrho,G} \leqslant C\left(|v|_{r+1,\varrho,G} + \sum_{i=1}^{M}|f_i(v)|\right) \tag{3.3.2}$$

对所有 $v \in W^{r+1,\varrho}(G)$ 成立.

用反证法证明式 (3.3.2). 假设它不成立, 则存在序列 $\{v_m\}_{m=1}^{\infty} \subset W^{r+1,\varrho}(G)$, 对 $m \geqslant 1$ 有

$$\|v_m\|_{r+1,\varrho,G} = 1$$

和

$$\lim_{m\to\infty} \left( |v_m|_{r+1,\varrho,G} + \sum_{i=1}^{M} |f_i(v_m)| \right) = 0.$$

因为 $\{v_m\}$ 是 $W^{r+1,\varrho}(G)$ 中的有界序列, 所以存在其子列 (仍记为 $\{v_m\}$) 和 $v \in W^{r+1,\varrho}(G)$ 满足 $\{v_m\}$ 弱收敛于 $v$. 由定理 1.1.3 导出

$$\lim_{m\to\infty} \|v_m - v\|_{r,\varrho,G} = 0.$$

由于

$$\lim_{m\to\infty} |v_m|_{r+1,\varrho,G} = 0,$$

所以 $\{v_m\}$ 是 $W^{r+1,\varrho}(G)$ 中的 Cauchy 序列. 进而在 $W^{r+1,\varrho}(G)$ 的范数下 $\{v_m\}$ 收敛于 $v$. 这样就有

$$\|v\|_{r+1,\varrho,G} = 1 \tag{3.3.3}$$

和

$$|v|_{r+1,\varrho,G} + \sum_{i=1}^{M} |f_i(v)| = 0.$$

$|v|_{r+1,\varrho,G} = 0$ 意味着 $v \in P_r(G)$. 由 $f_i(v) = 0 \quad (1 \leqslant i \leqslant M)$ 得到 $v = 0$. 这与式 (3.3.3) 矛盾, 所以不等式 (3.3.2) 为真.

现在证明不等式 (3.3.1). 对 $v \in W^{r+1,\varrho}(G)$, 令 $q \in P_r(G)$ 且满足 $f_i(v+q) = 0 \quad (1 \leqslant i \leqslant M)$. 由不等式 (3.3.2),

$$\inf_{p\in P_r(G)} \|v+p\|_{r+1,\varrho,G} \leqslant \|v+q\|_{r+1,\varrho,G} \leqslant C|v|_{r+1,\varrho,G}.$$

引理得证. □

**引理 3.3.2** 假设 $r$ 是非负整数, $\varrho \in [1,\infty]$, $\{T\}$ 是一簇以 $\hat{T}$ 为参照单元的仿射等价单元. 设数 $s_j \quad (0 \leqslant j \leqslant r+1)$ 和 $t_j \quad (0 \leqslant j \leqslant r)$ 满足

$$\begin{cases} \varrho \leqslant s_j \leqslant \dfrac{n\varrho}{n-(r+1-j)\varrho}, & (r+1-j)\varrho < n, \\ \varrho \leqslant t_j \leqslant \dfrac{(n-1)\varrho}{n-(r+1-j)\varrho}, & (r+1-j)\varrho < n, \\ \varrho \leqslant s_j,\ t_j < \infty, & (r+1-j)\varrho = n, \\ \varrho \leqslant s_j,\ t_j \leqslant \infty, & (r+1-j)\varrho > n, \end{cases}$$

则存在与 $T$ 无关的常数 $C$, 使得对簇中的任意 $T$ 和任意 $v \in W^{r+1,\varrho}(T)$ 下式成立:

$$\inf_{p\in P_r(T)}\left(\sum_{j=0}^{r} h_T^{-\frac{n}{t_j}}\rho_T^{j+\frac{1}{t_j}}\sum_{|\boldsymbol{\alpha}|=j}|\partial^{\boldsymbol{\alpha}}(v-p)|_{0,t_j,\partial T}\right.$$
$$\left.+\sum_{j=0}^{r+1}h_T^{-\frac{n}{s_j}}\rho_T^{j}|v-p|_{j,s_j,T}\right)\leqslant Ch_T^{r+1}\rho_T^{-\frac{n}{\varrho}}|v|_{r+1,\varrho,T}. \tag{3.3.4}$$

**证明** 在本节, 常数 $C$ 总表示与 $T$ 无关的常数, 在不同的地方, 它的值可以不同. 由引理 3.1.2, 引理 3.1.4 及其证明方法, 式 (3.1.2) 和式 (3.1.3) 得到

$$|v-p|_{j,s_j,T}\leqslant C\left(\frac{h_{\hat{T}}}{\rho_T}\right)^j\left(\frac{h_T}{\rho_{\hat{T}}}\right)^{\frac{n}{s_j}}|\hat{v}-\hat{p}|_{j,s_j,\hat{T}},$$

$$\sum_{|\boldsymbol{\alpha}|=j}|\partial^{\boldsymbol{\alpha}}(v-p)|_{0,t_j,\partial T}\leqslant C\left(\frac{h_{\hat{T}}}{\rho_T}\right)^{j+\frac{1}{t_j}}\left(\frac{h_T}{\rho_{\hat{T}}}\right)^{\frac{n}{t_j}}\sum_{|\boldsymbol{\alpha}|=j}|\partial^{\boldsymbol{\alpha}}(\hat{v}-\hat{p})|_{0,t_j,\partial\hat{T}}.$$

利用定理 1.1.3, 定理 1.1.4 和不等式 (3.3.1) 得到

$$\inf_{p\in P_r(T)}\left(\sum_{j=0}^{r+1}h_T^{-\frac{n}{s_j}}\rho_T^{j}|v-p|_{j,s_j,T}+\sum_{j=0}^{r}h_T^{-\frac{n}{t_j}}\rho_T^{j+\frac{1}{t_j}}\sum_{|\boldsymbol{\alpha}|=j}|\partial^{\boldsymbol{\alpha}}(v-p)|_{0,t_j,\partial T}\right)$$
$$\leqslant C\inf_{\hat{p}\in P_r(\hat{T})}\|\hat{v}-\hat{p}\|_{r+1,\varrho,\hat{T}}\leqslant C|\hat{v}|_{r+1,\varrho,\hat{T}}.$$

由式 (3.1.5), 式 (3.1.2) 和式 (3.1.3) 可以推导出

$$|\hat{v}|_{r+1,\varrho,\hat{T}}\leqslant C\left(\frac{h_T}{\rho_{\hat{T}}}\right)^{r+1}\left(\frac{h_{\hat{T}}}{\rho_T}\right)^{\frac{n}{\varrho}}|v|_{r+1,\varrho,T}.$$

由上面两个不等式得到式 (3.3.4). □

给定了一个有限元 $(T,P_T,\boldsymbol{D}_T)$, 相应的插值算子 $\mathit{\Pi}_T$ 就由式 (2.2.6) 唯一确定. 现在讨论插值算子的误差估计.

**定理 3.3.1** 假设 $\varrho\in[1,\infty]$, 有限元簇 $\mathcal{F}$ 是仿射连续和尺度不变的. 设存在一个非负整数 $r$, 满足 $r+1-\kappa>n/\varrho$ 且 $P_r(T)\subset P_T$, $\forall(T,P_T,\boldsymbol{D}_T)\in\mathcal{F}$. 对 $j\in\{0,1,\cdots,r+1\}$, 如果数 $s_j$ 满足

$$\begin{cases}\varrho\leqslant s_j\leqslant\dfrac{n\varrho}{n-(r+1-j)\varrho}, & (r+1-j)\varrho<n,\\ \varrho\leqslant s_j<\infty, & (r+1-j)\varrho=n,\\ \varrho\leqslant s_j\leqslant\infty, & (r+1-j)\varrho>n,\end{cases}$$

则对每个 $\eta>0$ 存在与 $\mathcal{F}$ 中的有限元无关的常数 $C$, 使得

$$|v-\mathit{\Pi}_Tv|_{j,s_j,T}\leqslant Ch_T^{r+1-j+\frac{n}{s_j}-\frac{n}{\varrho}}|v|_{r+1,\varrho,T} \tag{3.3.5}$$

对任意 $v\in W^{r+1,\varrho}(T)$ 和 $\mathcal{F}$ 中任意满足 $\eta h_T\leqslant\rho_T$ 的 $(T,P_T,\boldsymbol{D}_T)$ 成立.

**证明** 因为 $r+1-\kappa > n/\varrho$, 从定理 1.1.2 得出 $W^{r+1,\varrho}(T)$ 是 $C^{\kappa}(T)$ 的子空间. $d_{i,T}$ 也是 $W^{r+1,\varrho}(T)$ 上的连续线性泛函, 进而 $\varPi_T$ 是从 $W^{r+1,\varrho}(T)$ 到 $P_T$ 的连续线性算子. 记 $S(\eta)=\{\,T\mid |T|=|\hat{T}|,\eta h_T\leqslant \rho_T, T\in\mathcal{F}_e\}$, 则当 $T\in S(\eta)$ 时,

$$\omega_n\rho_T^n\leqslant |T|,\quad |T|\leqslant\omega_n h_T^n,\quad |T|=|\hat{T}|,$$

其中, $\omega_n$ 是 $\mathbf{R}^n$ 中单位球的测度. 于是

$$\eta\omega_n^{-1/n}|\hat{T}|^{1/n}\leqslant\rho_T\leqslant h_T\leqslant\eta^{-1}\omega_n^{-1/n}|\hat{T}|^{1/n},\quad |\det\boldsymbol{B}_T|=1. \tag{3.3.6}$$

首先, 证明存在与 $T$ 无关的常数 $C$, 使得

$$\sum_{j=0}^{r+1}|\varPi_T v|_{j,s_j,T}\leqslant C\|v\|_{r+1,\varrho,T},\quad \forall v\in W^{r+1,\varrho}(T) \tag{3.3.7}$$

对所有 $T\in S(\eta)$ 成立.

记 $\mathbb{N}=\{1,2,\cdots\}$. 假设不等式 (3.3.7) 不成立, 则对 $m\in\mathbb{N}$, 存在 $T_m\in S(\eta)$ 和 $v_m\in W^{r+1,\varrho}(T_m)$ 满足

$$\sum_{j=0}^{r+1}|\varPi_{T_m}v_m|_{j,s_j,T_m}>m\|v_m\|_{r+1,\varrho,T_m},\quad m\in\mathbb{N}. \tag{3.3.8}$$

不失一般性, 假定

$$\|\boldsymbol{D}_{T_m}(v_m)\|^2\equiv\sum_{i=1}^{L}|d_{i,T_m}(v_m)|^2=1,\quad m\in\mathbb{N}.$$

因为 $T_m\in S(\eta)$, 由式 (3.1.2) 可得 $\{\boldsymbol{B}_{T_m}\}$ 和 $\{\boldsymbol{B}_{T_m}^{-1}\}$ 都是矩阵空间中的有界集. 存在 $\mathbb{N}$ 的子集 $\mathbb{N}'$ 和 $\boldsymbol{Y}\in\mathbf{R}^L$, 使得 $\{\boldsymbol{D}_{T_m}(v_m)\}_{m\in\mathbb{N}'}$ 在 $\mathbf{R}^L$ 中收敛于 $\boldsymbol{Y}$, $\{\boldsymbol{B}_{T_m}\}_{m\in\mathbb{N}'}$ 收敛于一个可逆的矩阵. 由条件 HF4, 存在 $\mathcal{F}$ 中的有限元 $(T,P_T,\boldsymbol{D}_T)$ 恰好 $\{\boldsymbol{B}_{T_m}\}_{m\in\mathbb{N}'}$ 收敛于 $\boldsymbol{B}_T$. 显然

$$\|\boldsymbol{Y}\|=1. \tag{3.3.9}$$

由引理 3.2.1, $|\varPi_{T_m}v_m|_{j,s_j,T_m}(m\in\mathbb{N}')$ 有界. 从式 (3.3.8) 可以推导出

$$\lim_{m\to\infty,m\in\mathbb{N}'}\|v_m\|_{r+1,\varrho,T_m}=0.$$

由式 (3.1.5) 和式 (3.3.6) 得到

$$\|\hat{v}_m\|_{r+1,\varrho,\hat{T}}\leqslant C\|v_m\|_{r+1,\varrho,T_m}.$$

于是

$$\lim_{m\to\infty, m\in\mathbb{N}'}\|\hat{v}_m\|_{r+1,\varrho,\hat{T}}=0.$$

注意到 $\{\widehat{d_{i,T_m}}\}$ 在 $W^{r+1,\varrho}(\hat{T})$ 的对偶空间中是有界的, 所以当 $m\to\infty$ $(m\in\mathbb{N}')$ 时,

$$|\widehat{d_{i,T_m}}(\hat{v}_m)|\leqslant\|\widehat{d_{i,T_m}}\|\,\|\hat{v}_m\|_{r+1,\varrho,\hat{T}}\to 0,\quad 1\leqslant i\leqslant L.$$

进一步有

$$0=\lim_{m\to\infty, m\in\mathbb{N}'}\hat{\boldsymbol{D}}_{T_m}(\hat{v}_m)=\lim_{m\to\infty, m\in\mathbb{N}'}\boldsymbol{D}_{T_m}(v_m)=\boldsymbol{Y}.$$

与式 (3.3.9) 矛盾, 所以不等式 (3.3.7) 成立.

其次, 取 $\mathcal{F}$ 中满足 $T\in S(\eta)$ 的有限元 $(T,P_T,\boldsymbol{D}_T)$. 由式 (2.2.3) 及 $P_r(T)\subset P_T$,

$$\Pi_T p=p,\quad \forall p\in P_r(T).$$

从式 (3.3.7), 式 (3.3.6), 引理 3.1.2 和引理 3.3.1 及定理 1.1.2, 对 $v\in W^{r+1,\varrho}(T)$ 有

$$\begin{aligned}\sum_{j=0}^{r+1}|v-\Pi_T v|_{j,s_j,T}&=\inf_{p\in P_r(T)}\sum_{j=0}^{r+1}|(v-p)-\Pi_T(v-p)|_{j,s_j,T}\\&\leqslant\inf_{p\in P_r(T)}\left\{\sum_{j=0}^{r+1}|v-p|_{j,s_j,T}+\sum_{j=0}^{r+1}|\Pi_T(v-p)|_{j,s_j,T}\right\}\\&\leqslant C\inf_{p\in P_r(T)}\left\{\sum_{j=0}^{r+1}|v-p|_{j,s_j,T}+\|v-p\|_{r+1,\varrho,T}\right\}\\&\leqslant C\inf_{\hat{p}\in P_r(\hat{T})}\left\{\sum_{j=0}^{r+1}|\hat{v}-\hat{p}|_{j,s_j,\hat{T}}+\|\hat{v}-\hat{p}\|_{r+1,\varrho,\hat{T}}\right\}\\&\leqslant C\inf_{\hat{p}\in P_r(\hat{T})}\|\hat{v}-\hat{p}\|_{r+1,\varrho,\hat{T}}\leqslant C|\hat{v}|_{r+1,\varrho,\hat{T}}.\end{aligned}$$

又因为式 (3.3.6) 和式 (3.1.5), 于是得到

$$\sum_{j=0}^{r+1}|v-\Pi_T v|_{j,s_j,T}\leqslant C|v|_{r+1,\varrho,T}\tag{3.3.10}$$

对所有 $v\in W^{r+1,\varrho}(T)$ 和 $T\in S(\eta)$ 的有限元 $(T,P_T,\boldsymbol{D}_T)$ 成立.

最后, 取 $\mathcal{F}$ 中满足 $\eta h_T\leqslant\rho_T$ 的有限元 $(T,P_T,\boldsymbol{D}_T)$. 令

$$\theta_T=\left(\frac{|\hat{T}|}{|T|}\right)^{1/n},\quad \tilde{T}=\{\,\tilde{\boldsymbol{x}}\mid\tilde{\boldsymbol{x}}=\theta_T\boldsymbol{x},\forall\boldsymbol{x}\in T\,\},$$

则 $\tilde{T} \in S(\eta)$. 对 $v \in W^{r+1,\varrho}(T)$, 定义 $\tilde{v}(\tilde{\boldsymbol{x}}) = v(\theta_T^{-1}\tilde{\boldsymbol{x}})$ 和 $\widetilde{\Pi_T v}(\tilde{\boldsymbol{x}}) = \Pi_T v(\theta_T^{-1}\tilde{\boldsymbol{x}})$. 由尺度不变性的 SI1 和 SI2 可得 $\widetilde{\Pi_T v} = \Pi_{\tilde{T}}\tilde{v}$. 这样, 当 $0 \leqslant j \leqslant r+1$ 时,

$$\begin{aligned}|v - \Pi_T v|_{j,s_j,T} &= \theta_T^{j-\frac{n}{s_j}} |\tilde{v} - \Pi_{\tilde{T}}\tilde{v}|_{j,s_j,\tilde{T}} \leqslant C\theta_T^{j-\frac{n}{s_j}} |\tilde{v}|_{r+1,\varrho,\tilde{T}} \\ &= C\theta_T^{j-r-1-\frac{n}{s_j}+\frac{n}{\varrho}} |v|_{r+1,\varrho,T}.\end{aligned}$$

再由 $\dfrac{\rho_{\hat{T}}}{h_T} \leqslant \theta_T \leqslant \dfrac{h_{\hat{T}}}{\rho_T} \leqslant \dfrac{h_{\hat{T}}}{\eta h_T}$, 不等式 (3.3.5) 得证. □

利用类似的方法可以得到下面的定理, 详细的证明留给读者自己补上.

**定理 3.3.2** 假设 $\varrho \in [1,\infty]$, 有限元簇 $\mathcal{F}$ 是仿射连续和尺度不变的. 设存在一个非负整数 $r$, 满足 $r+1-\kappa > n/\varrho$ 且 $P_r(T) \subset P_T$ $(\forall (T, P_T, \boldsymbol{D}_T) \in \mathcal{F})$. 对 $j \in \{0,1,\cdots,r\}$, 如果数 $t_j$ 满足

$$\begin{cases} \varrho \leqslant t_j \leqslant \dfrac{(n-1)\varrho}{n-(r+1-j)\varrho}, & (r+1-j)\varrho < n, \\ \varrho \leqslant t_j < \infty, & (r+1-j)\varrho = n, \\ \varrho \leqslant t_j \leqslant \infty, & (r+1-j)\varrho > n, \end{cases}$$

则对每个 $\eta > 0$, 存在与 $\mathcal{F}$ 中的有限元无关的常数 $C$, 使得

$$\sum_{|\boldsymbol{\alpha}|=j} |\partial^{\boldsymbol{\alpha}}(v - \Pi_T v)|_{0,t_j,\partial T} \leqslant C\, h_T^{r+1-j+\frac{n-1}{t_j}-\frac{n}{\varrho}} |v|_{r+1,\varrho,T} \tag{3.3.11}$$

对任意 $v \in W^{r+1,\varrho}(T)$ 和 $\mathcal{F}$ 中任意满足 $\eta h_T \leqslant \rho_T$ 的 $(T, P_T, \boldsymbol{D}_T)$ 成立.

现在考虑两个正交投影算子的误差估计. 在有限元的收敛性讨论中, 有关的结果是重要的.

给定具有非空内点集的 $G \subset \mathbf{R}^n$ 和整数 $r$, 定义 $L^2(G)$ 上的正交投影算子 $P_G^r$: $L^2(G) \to P_r(G)$ 如下: 对任意 $v \in L^2(G)$,

$$\int_G p P_G^r v \, \mathrm{d}\boldsymbol{x} = \int_G p v \, \mathrm{d}\boldsymbol{x}, \quad \forall p \in P_r(G). \tag{3.3.12}$$

**定理 3.3.3** 假设 $r$ 为一非负整数, $\varrho \in [1,\infty]$. 设当 $(r+1)\varrho < n$ 时, $2 \leqslant \dfrac{n\varrho}{n-(r+1)\varrho}$. 对 $j \in \{0,1,\cdots,r+1\}$, 如果 $s_j$ 满足

$$\begin{cases} \varrho \leqslant s_j \leqslant \dfrac{n\varrho}{n-(r+1-j)\varrho}, & (r+1-j)\varrho < n, \\ \varrho \leqslant s_j < \infty, & (r+1-j)\varrho = n, \\ \varrho \leqslant s_j \leqslant \infty, & (r+1-j)\varrho > n, \end{cases}$$

则对 $\eta > 0$, 存在与 $T$ 无关的常数 $C$, 使得

$$|v - P_T^r v|_{j,s_j,T} \leqslant C h_T^{r+1-j-\frac{n}{s_j}-\frac{n}{\varrho}} |v|_{r+1,\varrho,T} \tag{3.3.13}$$

对任意满足 $\eta h_T \leqslant \rho_T$ 的 $n$ 单纯形或 $n$ 平行体 $T$ 和任意 $v \in W^{r+1,\varrho}(T)$ 成立.

**证明**　令 $T$ 是满足 $\eta h_T \leqslant \rho_T$ 的 $n$ 单纯形或 $n$ 平行体, $\hat{T}$ 是由 3.1 节给出 $n$ 单纯形或 $n$ 平行体. 对 $v \in L^2(T)$ 和 $\hat{p} \in P_r(\hat{T})$, 由式 (3.3.12) 得

$$\begin{aligned}\int_{\hat{T}} \hat{p}\widehat{P_T^r v}\,\mathrm{d}\hat{\boldsymbol{x}} &= |\det \boldsymbol{B}_T^{-1}| \int_T p P_T^r v \,\mathrm{d}\boldsymbol{x} = |\det \boldsymbol{B}_T^{-1}| \int_T p v \,\mathrm{d}\boldsymbol{x} \\ &= \int_{\hat{T}} \hat{p}\hat{v}\,\mathrm{d}\hat{\boldsymbol{x}} = \int_{\hat{T}} \hat{p} P_{\hat{T}}^r \hat{v}\,\mathrm{d}\hat{\boldsymbol{x}},\end{aligned}$$

其中, $\boldsymbol{B}_T$ 由式 (3.1.17) 或式 (3.1.19) 给出. 进而

$$\widehat{P_T^r v} = P_{\hat{T}}^r \hat{v}. \tag{3.3.14}$$

定理的假设保证了 $W^{r+1,\varrho}(\hat{T}) \to L^2(\hat{T})$, 于是有

$$\|P_{\hat{T}}^r \hat{v}\|_{0,2,\hat{T}} \leqslant C\|\hat{v}\|_{r+1,\varrho,\hat{T}}, \quad \forall \hat{v} \in W^{r+1,\varrho}(\hat{T}).$$

因为 $P_r(\hat{T})$ 是有限维空间, 所以

$$\|P_{\hat{T}}^r \hat{v}\|_{j,s_j,\hat{T}} \leqslant C\|\hat{v}\|_{r+1,\varrho,\hat{T}}, \quad \forall \hat{v} \in W^{r+1,\varrho}(\hat{T}). \tag{3.3.15}$$

注意到 $P_{\hat{T}}^r \hat{p} = \hat{p} \quad (\forall \hat{p} \in P_r(\hat{T}))$, 由式 (3.3.1) 得到对任意 $\hat{v} \in W^{r+1,\varrho}(\hat{T})$,

$$\begin{aligned}\|\hat{v} - P_{\hat{T}}^r \hat{v}\|_{j,s_j,\hat{T}} &= \inf_{\hat{p}\in P_r(\hat{T})} \|(\hat{v}+\hat{p}) - P_{\hat{T}}^r(\hat{v}+\hat{p})\|_{j,s_j,\hat{T}} \\ &\leqslant C \inf_{\hat{p}\in P_r(\hat{T})} \|\hat{v}+\hat{p}\|_{r+1,\varrho,\hat{T}} \leqslant C|\hat{v}|_{r+1,\varrho,\hat{T}}.\end{aligned}$$

从上面的不等式及式 (3.1.2), 式 (3.1.3), 式 (3.1.5), 式 (3.1.6) 和式 (3.3.14), 可以得到对 $v \in W^{r+1,\varrho}(T)$,

$$\begin{aligned}|v - P_T^r v|_{j,s_j,T} &\leqslant C\left(\frac{h_{\hat{T}}}{\rho_T}\right)^j \left(\frac{h_T}{\rho_{\hat{T}}}\right)^{n/s_j} |\hat{v} - P_{\hat{T}}^r \hat{v}|_{j,s_j,\hat{T}} \\ &\leqslant C\left(\frac{h_{\hat{T}}}{\rho_T}\right)^j \left(\frac{h_T}{\rho_{\hat{T}}}\right)^{n/s_j} |\hat{v}|_{r+1,\varrho,\hat{T}} \\ &\leqslant C\left(\frac{h_{\hat{T}}}{\rho_T}\right)^j \left(\frac{h_T}{\rho_{\hat{T}}}\right)^{n/s_j} \left(\frac{h_T}{\rho_{\hat{T}}}\right)^{r+1} \left(\frac{h_{\hat{T}}}{\rho_T}\right)^{n/\varrho} |v|_{r+1,\varrho,T}.\end{aligned}$$

不等式 (3.3.13) 得证. □

类似地可以证明下面的定理:

**定理 3.3.4** 假设 $r$ 为非负整数, $\varrho \in [1,\infty]$. 设 $(r+1)\varrho < n$ 时, $2 \leqslant \frac{n\varrho}{n-(r+1)\varrho}$. 对于 $j \in \{0,1,\cdots,r\}$, 如果数 $t_j$ 满足

$$\begin{cases} \varrho \leqslant t_j \leqslant \dfrac{(n-1)\varrho}{n-(r+1-j)\varrho}, & (r+1-j)\varrho < n, \\ \varrho \leqslant t_j < \infty, & (r+1-j)\varrho = n, \\ \varrho \leqslant t_j \leqslant \infty, & (r+1-j)\varrho > n, \end{cases}$$

则对任意 $\eta > 0$, 存在一个与 $T$ 无关的常数 $C$, 使得

$$\sum_{|\boldsymbol{\alpha}|=j} |\partial^{\boldsymbol{\alpha}}(v - P_T^r v)|_{0,t_j,\partial T} \leqslant C h_T^{r+1-j+\frac{n-1}{t_j}-\frac{n}{\varrho}} |v|_{r+1,\varrho,T} \tag{3.3.16}$$

对任意满足 $\eta h_T \leqslant \rho_T$ 的 $n$ 单纯形或 $n$ 平行体 $T$ 和任意 $v \in W^{r+1,\varrho}(T)$ 一致成立.

给定一个 $n$ 单纯形或 $n$ 平行体 $T$, 令 $F$ 是 $T$ 的一个面. 定义从 $L^2(F)$ 到 $P_r(F)$ 的 $L^2(F)$ 正交投影算子 $P_F^r$ 如下: 对任意 $v \in L^2(F)$,

$$\int_F p P_F^r v \, \mathrm{d}F = \int_F p v \, \mathrm{d}F, \quad \forall p \in P_r(F). \tag{3.3.17}$$

利用证明定理 3.3.3 的方法, 可以得到下面的结果:

**定理 3.3.5** 假设 $r$ 为非负整数, $\varrho \in [1,\infty]$. 设当 $(r+1)\varrho < n$ 时, $2 \leqslant \frac{(n-1)\varrho}{n-(r+1)\varrho}$. 如果数 $s$ 满足

$$\begin{cases} \varrho \leqslant s \leqslant \dfrac{(n-1)\varrho}{n-(r+1)\varrho}, & (r+1)\varrho < n, \\ \varrho \leqslant s < \infty, & (r+1)\varrho = n, \\ \varrho \leqslant s \leqslant \infty, & (r+1)\varrho > n, \end{cases}$$

则对任意 $\eta > 0$, 存在与 $T$ 和 $F$ 无关的常数 $C$, 使得

$$|v - P_F^r v|_{0,s,F} \leqslant C h_T^{r+1+\frac{n-1}{s}-\frac{n}{\varrho}} |v|_{r+1,\varrho,T} \tag{3.3.18}$$

对任意满足 $\eta h_T \leqslant \rho_T$ 的 $n$ 单纯形或 $n$ 平行体 $T$, 所有 $T$ 的面 $F$ 和任意 $v \in W^{r+1,\varrho}(T)$ 一致成立.

有时候, 简单地称定理 3.3.1～ 定理 3.3.5 为插值理论, 其结果为插值结果.

在定理 3.3.1 和定理 3.3.3 的证明中, 使用了所谓的“仿射”技巧 (也称“尺度”处理技巧). 仿射技巧是有限元方法的数学理论中常用的工具. 考虑有限元的收敛性时, 经常需要涉及不同阶 Sobolev 半范数 $|\cdot|_{m,\varrho,T}$ 和单元 $T$ 几何尺寸 $h_T$ 的不等

式. 如果有足够的仿射不变性质, 证明一个这样的不等式的仿射技巧采用下面三个步骤:

(1) 利用仿射变换的关系, 如式 (3.1.2), 式 (3.1.3), 式 (3.1.5) 和式 (3.1.6) 与某些仿射不变性, 将不等式的一端由 $T$ 上转换成到 $\hat{T}$ 上;

(2) 想办法得到 $\hat{T}$ 上的不等式;

(3) 将 $\hat{T}$ 上的不等式的另一端转换到 $T$ 上.

在定理 3.3.3 的证明中, 仿射不变关系是式 (3.3.14).

当仿射不变性质由仿射连续和尺度不变性质取代时, 可以使用下面的步骤:

(1) 对所有测度为一固定常数的单元 $T$, 利用仿射连续的性质证明不等式在这些单元上成立;

(2) 利用尺度不变性和尺度变换, 将 $T$ 上的不等式的一端转换到 $\tilde{T}$ 上, 而 $\tilde{T}$ 的测度为 (1) 中的固定常数;

(3) 利用 (1) 的结果得到 $\tilde{T}$ 上相应的不等式, 然后再把不等式的另一端由 $\tilde{T}$ 转换到 $T$ 上.

定理 3.3.1 的证明是这种方法的例子. 称这两种方法为仿射技巧. 有时为了区别两种方法, 称后者为仿射连续和尺度不变技巧.

## 3.4 逆不等式

在有限元的数学理论中, 有时需要所谓的“逆不等式”, 本节将介绍逆不等式.

**定理 3.4.1** 设 $r \in \mathbb{N}$, $\mu, \varrho \in [1, \infty]$ 和 $\eta > 0$, 则存在与 $r, \mu, \varrho, n$ 和 $\eta$ 相关的常数 $C$, 使得

$$|p|_{t,\mu,T} \leqslant Ch_T^{\frac{n}{\mu}-\frac{n}{\varrho}-t+s}|p|_{s,\varrho,T}, \quad \forall p \in P_r(T) \tag{3.4.1}$$

对所有 $t \geqslant s \in \{0\} + \mathbb{N}$ 和所有满足 $\eta h_T \leqslant \rho_T$ 的 $n$ 单纯形或 $n$ 平行体 $T$ 都成立.

**证明** 令 $\hat{T}$ 是由式 (3.1.16) 给出的 $n$ 单纯形或由式 (3.1.18) 给出的 $n$ 平行体. 由式 (3.1.5), 式 (3.1.2) 和式 (3.1.3), 对任意 $p \in P_r(T)$,

$$|p|_{t,\mu,T} \leqslant Ch_T^{\frac{n}{\mu}-t}|\hat{p}_{\ t,\mu,\hat{T}}, \tag{3.4.2}$$

$$|\hat{p}|_{s,\varrho,\hat{T}} \leqslant Ch_T^{-\frac{n}{\varrho}+s}|p|_{s,\varrho,T}. \tag{3.4.3}$$

显然, $|\cdot|_{s,\varrho,\hat{T}}$ 和 $\sum\limits_{i=s}^{t}|\cdot|_{i,\mu,\hat{T}}$ 是商空间 $P_r(\hat{T})/P_{s-1}(\hat{T})$ 上的范数, 其中, $P_{-1} = \{0\}$. 因为该商空间是有限维的, 所以两个范数是等价的, 进而存在一个常数 $C$, 使得对 $\hat{p} \in P_r(\hat{T})$,

$$|\hat{p}|_{t,\mu,\hat{T}} \leqslant C\sum_{i=s}^{t}|\{\hat{p}\}|_{i,\mu,\hat{T}} \leqslant C|\{\hat{p}\}|_{s,\varrho,\hat{T}},$$

$$|\{\hat{p}\}|_{s,\varrho,\hat{T}} = \inf_{\hat{q}\in P_{s-1}(\hat{T})} |\hat{p}-\hat{q}|_{s,\varrho,\hat{T}} = |\hat{p}|_{s,\varrho,\hat{T}},$$

其中, $\{\hat{p}\}$ 是 $P_r(\hat{T})/P_{s-1}(\hat{T})$ 中对应 $\hat{p}$ 的元素. 于是

$$|\hat{p}|_{t,\mu,\hat{T}} \leqslant C|\hat{p}|_{s,\varrho,\hat{T}}. \tag{3.4.4}$$

由不等式 (3.4.2)~ 式 (3.4.4) 得到定理的结论. □

对于参数 $h, h\to 0$, 令 $\{\mathcal{T}_h\}$ 是 $\Omega$ 的一族剖分. 称 $\{\mathcal{T}_h\}$ 满足逆假设, 如果存在与 $h$ 无关的正数 $\eta$ 和 $\eta'$, 使得

$$\eta h \leqslant \rho_T < h_T \leqslant \eta' h \tag{3.4.5}$$

对所有 $T\in\mathcal{T}_h$ 和 $h$ 都成立.

对于非负整数 $r$, 定义

$$P_r(\mathcal{T}_h) = \{\ w\in L^2(\Omega)\mid w|_T\in P_r(T),\ \forall T\in\mathcal{T}_h\}. \tag{3.4.6}$$

**定理 3.4.2** 设 $\{\mathcal{T}_h\}$ 满足逆假设且 $\mathcal{T}_h$ 中的单元或是 $n$ 单纯形或是 $n$ 平行体, $r,t,s\in\{0\}+\mathbb{N}, t\geqslant s$ 且 $\mu,\varrho\in[1,\infty]$, 则存在与 $t,s$ 和 $h$ 无关的常数 $C$, 使得对任意 $v\in P_r(\mathcal{T}_h)$,

$$\Big(\sum_{T\in\mathcal{T}_h}|v|^{\mu}_{t,\mu,T}\Big)^{1/\mu} \leqslant Ch^{s-t-\max\{0,(\frac{n}{\varrho}-\frac{n}{\mu})\}}\Big(\sum_{T\in\mathcal{T}_h}|v|^{\varrho}_{s,\varrho,T}\Big)^{1/\varrho} \tag{3.4.7}$$

对 $h$ 一致成立.

**证明** 令 $v\in P_r(\mathcal{T}_h)$. 首先, 考虑 $\mu\geqslant\varrho$ 的情形. 对给定的 $T\in\mathcal{T}_h$, 由定理 3.4.1 得

$$|v|_{t,\mu,T} \leqslant Ch^{\frac{n}{\mu}-\frac{n}{\varrho}-t+s}|v|_{s,\varrho,T},$$

进而

$$\begin{aligned}|v|^{\mu}_{t,\mu,T} &\leqslant Ch^{\varrho(\frac{n}{\mu}-\frac{n}{\varrho}-t+s)}|v|^{\mu-\varrho}_{t,\mu,T}|v|^{\varrho}_{s,\varrho,T}\\ &\leqslant Ch^{\varrho(\frac{n}{\mu}-\frac{n}{\varrho}-t+s)}\Big(\sum_{T'\in\mathcal{T}_h}|v|^{\mu}_{t,\mu,T'}\Big)^{(\mu-\varrho)/\mu}|v|^{\varrho}_{s,\varrho,T}.\end{aligned}$$

将上式对所有的 $T\in\mathcal{T}_h$ 相加得到

$$\sum_{T\in\mathcal{T}_h}|v|^{\mu}_{t,\mu,T} \leqslant Ch^{\varrho(\frac{n}{\mu}-\frac{n}{\varrho}-t+s)}\Big(\sum_{T'\in\mathcal{T}_h}|v|^{\mu}_{t,\mu,T'}\Big)^{\frac{\mu-\varrho}{\mu}}\sum_{T\in\mathcal{T}_h}|v|^{\varrho}_{s,\varrho,T}.$$

因此

$$\Big(\sum_{T\in\mathcal{T}_h}|v|^{\mu}_{t,\mu,T}\Big)^{1/\mu} \leqslant Ch^{\frac{n}{\mu}-\frac{n}{\varrho}-t+s}\Big(\sum_{T\in\mathcal{T}_h}|v|^{\varrho}_{s,\varrho,T}\Big)^{1/\varrho}. \tag{3.4.8}$$

定理的结论在 $\mu \geqslant \varrho$ 的情形成立.

现在考虑 $\mu < \varrho$ 的情形. 由定理 3.4.1 得到

$$\Big(\sum_{T\in\mathcal{T}_h}|v|_{t,\mu,T}^{\mu}\Big)^{1/\mu}\leqslant Ch^{s-t+\frac{n}{\mu}-\frac{n}{\varrho}}\Big(\sum_{T\in\mathcal{T}_h}|v|_{s,\varrho,T}^{\mu}\Big)^{1/\mu}.$$

利用 Hölder 不等式有

$$\Big(\sum_{T\in\mathcal{T}_h}|v|_{s,\varrho,T}^{\mu}\Big)^{1/\mu}\leqslant C\Big(\sum_{T\in\mathcal{T}_h}1^{\frac{\varrho}{\varrho-\mu}}\Big)^{\frac{1}{\mu}-\frac{1}{\varrho}}\Big(\sum_{T\in\mathcal{T}_h}|v|_{s,\varrho,T}^{\varrho}\Big)^{1/\varrho}.$$

另一方面, 由逆关系 (3.4.5) 知 $|T|$ 大于 $\omega_n\eta^n h^n$, 所以

$$\sum_{T\in\mathcal{T}_h}1^{\frac{\varrho}{\varrho-\mu}}\leqslant\frac{|\varOmega|}{\omega_n\eta^n h^n}=Ch^{-n}.$$

综合上面三个不等式, 就证明了式 (3.4.7). □

利用证明定理 3.4.1 和定理 3.4.2 的类似方法, 可以得到下面的结果:

**定理 3.4.3** 设有限元簇 $\mathcal{F}$ 是仿射连续和尺度不变的, $\{\mathcal{T}_h\}$ 是 $\varOmega$ 对应于 $\mathcal{F}$ 的一簇剖分, $t,s\in\{0\}+\mathbb{N}$, $t\geqslant s$ 且 $\mu,\varrho\in[1,\infty]$, 则有下面的结论:

(1) 对于 $\eta>0$, 存在与 $T$ 无关的常数 $C$, 使得

$$|p|_{t,\mu,T}\leqslant Ch_T^{\frac{n}{\mu}-\frac{n}{\varrho}-t+s}|p|_{s,\varrho,T},\quad\forall p\in P_T\tag{3.4.9}$$

对所有 $\mathcal{F}$ 中满足 $\eta h_T\leqslant\rho_T$ 的 $(T,P_T,\boldsymbol{D}_T)$ 成立;

(2) 如果 $\{\mathcal{T}_h\}$ 满足逆假设, 则存在与 $h$ 无关的常数 $C$, 使得对于 $v\in L^2(\varOmega)$, 当 $v|_T\in P_T\quad(\forall T\in\mathcal{T}_h)$ 时,

$$\Big(\sum_{T\in\mathcal{T}_h}|v|_{t,\mu,T}^{\mu}\Big)^{1/\mu}\leqslant Ch^{s-t-\max\{0,(\frac{n}{\varrho}-\frac{n}{\mu})\}}\Big(\sum_{T\in\mathcal{T}_h}|v|_{s,\varrho,T}^{\varrho}\Big)^{1/\varrho}\tag{3.4.10}$$

成立.

式 (3.4.1), 式 (3.4.7), 式 (3.4.9) 和式 (3.4.10) 都被称为逆不等式.

## 3.5 有限元空间的逼近精度

本节讨论有限元空间对 Sobolev 空间的逼近精度. 利用 3.3 节中的插值误差估计, 人们很容易得到相应的结果. 但是, 直接应用定理 3.3.1 会对空间维数 $n$ 和被近似的函数正则性有所限制, 即要求 $r+1-\kappa>n/\varrho$ 成立. 本节将给出去掉这一限制的结果. 为此, 本节对于常规有限元簇的情形, 定义了两个所谓的投影平均算子, 借助于投影平均算子得到了期望的结果.

设 $\mathcal{F}$ 为一簇单纯形或矩形有限元. 对于趋向于 0 的参数 $h$, 令 $\mathcal{T}_h$ 是 $\Omega$ 的一个相对于该簇有限元的剖分. 对于集合 $G\subset\bar{\Omega}$, 定义

$$S_h(G)=\{T\mid T\in\mathcal{T}_h,T\cap G\neq\varnothing\},\quad S_h^c(G)=\{T\mid T\in\mathcal{T}_h,G\subset T\}.$$

令 $N_h(G)$, $N_h^c(G)$ 分别是 $S_h(G)$, $S_h^c(G)$ 中单元的个数. 当 $G$ 由一个点构成时, $N_h(G)=N_h^c(G)$. 假设条件 HT1, HT2, HT4 和下面的 HT5 成立:

**HT5** 存在正常数 $\eta$ 和 $\eta'$, 使得对所有 $h$, $h_T\leqslant\eta' h$ $(\forall T\in\mathcal{T}_h)$, 并且

$$\eta\max_{T\in S_h(\boldsymbol{x})}h_T\leqslant\min_{T\in S_h(\boldsymbol{x})}\rho_T,\quad\forall\boldsymbol{x}\in\bar{\Omega}.\tag{3.5.1}$$

称参数 $h$ 为网格尺寸.

称一簇剖分 $\{\mathcal{T}_h\}$ 是形状规则的, 如果存在正常数 $\eta$ 和 $\eta'$, 使得对所有 $h$, $h_T\leqslant\eta' h$ 和 $\eta h_T\leqslant\rho_T$ 对所有 $T\in\mathcal{T}_h$ 成立. 由 HT5 可以推出 $\{\mathcal{T}_h\}$ 是形状规则的.

设 $m$ 为非负整数, $\varrho\in[1,\infty]$. 对应有限元簇 $\mathcal{F}$ 和剖分 $\mathcal{T}_h$, 令 $V_h$ 和 $V_{h0}$ 是用于近似 $W^{m,\varrho}(\Omega)$ 和 $W_0^{m,\varrho}(\Omega)$ 的有限元空间.

对于非负整数 $k$, 令

$$W^{k,\varrho}(\mathcal{T}_h)=\Big\{\,w\in L^{\varrho}(\Omega)\mid w|_T\in W^{k,\varrho}(T),\ \forall T\in\mathcal{T}_h\Big\}.\tag{3.5.2}$$

对 $w\in W^{k,\varrho}(\mathcal{T}_h)$, 当 $\varrho<\infty$ 时, 定义

$$\begin{cases}\|w\|_{k,\varrho,h}=\left(\displaystyle\sum_{T\in\mathcal{T}_h}\sum_{|\boldsymbol{\alpha}|\leqslant k}|\partial^{\boldsymbol{\alpha}}w|_{0,\varrho,T}^{\varrho}\right)^{1/\varrho},\\[2ex]|w|_{k,\varrho,h}=\left(\displaystyle\sum_{T\in\mathcal{T}_h}\sum_{|\boldsymbol{\alpha}|=k}|\partial^{\boldsymbol{\alpha}}w|_{0,\varrho,T}^{\varrho}\right)^{1/\varrho};\end{cases}\tag{3.5.3}$$

当 $\varrho=\infty$ 时, 定义

$$\|w\|_{k,\infty,h}=\max_{T\in\mathcal{T}_h}\|w\|_{k,\infty,T},\quad|w|_{k,\infty,h}=\max_{T\in\mathcal{T}_h}|w|_{k,\infty,T}.\tag{3.5.4}$$

显然, 当 $v\in W^{k,\varrho}(\Omega)$ 时, $\|v\|_{k,\varrho,h}=\|v\|_{k,\varrho,\Omega}$, $|v|_{k,\varrho,h}=|v|_{k,\varrho,\Omega}$. 当 $\varrho=2$ 时, 记 $W^{k,\varrho}(\mathcal{T}_h)$, $\|\cdot\|_{k,\varrho,h}$ 和 $|\cdot|_{k,\varrho,h}$ 分别为 $H^k(\mathcal{T}_h)$, $\|\cdot\|_{k,h}$ 和 $|\cdot|_{k,h}$.

从现在开始, 如果没有特别说明, $C$ 总是表示与单元和网格尺寸无关的正常数, 在不同的地方 $C$ 的值可以不同. 为了方便起见, 本书使用符号 $\lesssim$, $\gtrsim$ 和 $\eqsim$. $X_1\lesssim Y_1$ 和 $X_2\gtrsim Y_2$ 分别表示 $X_1\leqslant C_1Y_1$ 和 $C_2X_2\geqslant Y_2$, 其中, $C_1$ 和 $C_2$ 是与单元 $T$ 和网格尺寸 $h$ 无关的正常数. 而 $X_3\eqsim Y_3$ 则表示 $X_3\lesssim Y_3$ 和 $X_3\gtrsim Y_3$ 同时成立.

相应于有限元簇 $\mathcal{F}$ 和剖分 $\mathcal{T}_h$, 定义插值算子 $\Pi_h$ 如下：对于使得下式有意义的函数 $v$, $\Pi_h v$ 满足

$$\Pi_h v|_T = \Pi_T(v|_T), \quad \forall T \in \mathcal{T}_h. \tag{3.5.5}$$

直接利用定理 3.3.1 和 $\Pi_h$ 的定义可以得到下面的定理：

**定理 3.5.1**　*假设 $\varrho \in [1,\infty]$, 有限元簇 $\mathcal{F}$ 是仿射连续和尺度不变的. 设存在一个非负整数 $r$, 满足 $r+1-\kappa > n/\varrho$ 且 $P_r(T) \subset P_T$ $(\forall (T, P_T, D_T) \in \mathcal{F})$, 则*

$$|v - \Pi_h v|_{j,\varrho,h} \lesssim h^{r+1-j}|v|_{r+1,\varrho,\Omega}, \quad 0 \leqslant j \leqslant r+1 \tag{3.5.6}$$

*对所有 $v \in W^{r+1,\varrho}(\Omega)$ 和所有 $h$ 成立.*

在定理 3.5.1 的条件成立的情况下, 当 $v \in W^{r+1,\varrho}(\Omega)$ 时, $\Pi_h v \in V_h$, 而 $v \in W^{r+1,\varrho}(\Omega) \cap W_0^{m,\varrho}(\Omega)$ 时, $\Pi_h v \in V_{h0}$.

当插值算子 $\Pi_h$ 作用在分片多项式函数上时, 在下面定理的条件下, 可以去掉插值误差估计结果中的条件 $r+1-\kappa > n/\varrho$.

**引理 3.5.1**　*假设 $\varrho \in [1,\infty]$, 有限元簇 $\mathcal{F}$ 是仿射连续和尺度不变的, 并且存在一个非负整数 $r$, 使得 $P_r(T) \subset P_T$ $(\forall (T, P_T, \boldsymbol{D}_T) \in \mathcal{F})$. 设 $k$ 是非负整数, $\eta > 0$, 则当 $0 \leqslant s \leqslant r+1$ 时,*

$$|p - \Pi_T p|_{j,\varrho,T} \lesssim h_T^{s-j}|p|_{s,\varrho,T}, \quad 0 \leqslant j \leqslant s, \ \forall p \in P_k(T) \tag{3.5.7}$$

*对 $\mathcal{F}$ 中所有满足 $\eta h_T \leqslant \rho_T$ 的 $(T, P_T, \boldsymbol{D}_T)$ 成立.*

**证明**　令 $p \in P_k(T)$, $0 \leqslant j \leqslant s$, 则 $|p - \Pi_T p|_{j,\varrho,T}$ 和 $|p|_{s,\varrho,T}$ 都是 $p$ 的半范数. 另一方面, 如果 $|p|_{s,\varrho,T} = 0$, 则 $p \in P_{s-1}(T)$, 进而 $p - \Pi_T p \equiv 0$. 因为 $P_k(T)$ 是有限维的线性空间, 存在与 $T$ 有关的常数 $C_{T,j}$, 使得

$$|p - \Pi_T p|_{j,\varrho,T} \leqslant C_{T,j}|p|_{s,\varrho,T}, \quad \forall p \in P_k(T). \tag{3.5.8}$$

利用式 (3.5.8), 仿射连续和尺度不变技巧, 可以得到 (3.5.7).　□

应用引理 3.5.1, 直接得到下面的结果：

**定理 3.5.2**　*假设 $\varrho \in [1,\infty]$, 有限元簇 $\mathcal{F}$ 是仿射连续和尺度不变的, 并且存在一个非负整数 $r$, 使得 $P_r(T) \subset P_T$ $(\forall (T, P_T, \boldsymbol{D}_T) \in \mathcal{F})$. 设 $k$ 是非负整数, 则当 $0 \leqslant s \leqslant r+1$ 时,*

$$|p - \Pi_h p|_{j,\varrho,h} \lesssim h^{s-j}|p|_{s,\varrho,h}, \quad 0 \leqslant j \leqslant s, \ \forall p \in P_k(\mathcal{T}_h) \tag{3.5.9}$$

*对所有 $h$ 成立.*

现在考虑一般情形. 对于给定的 $T \in \mathcal{T}_h$, 记 $L^2(T) \to P_T$ 的正交投影算子为 $P^T$. 对 $v \in L^2(T)$, $P^T v$ 满足

$$\int_T q P^T v \,\mathrm{d}\boldsymbol{x} = \int_T q v \,\mathrm{d}\boldsymbol{x}, \quad \forall q \in P_T. \tag{3.5.10}$$

对应于 $\mathcal{T}_h$, 定义算子 $P_h:\ L^2(\Omega)\to L^\infty(\Omega)$ 如下：对任意 $v\in L^2(\Omega)$,

$$P_h v|_T = P^T(v|_T),\quad \forall T\in\mathcal{T}_h. \tag{3.5.11}$$

从这里开始, 本节假设 $\mathcal{F}$ 是常规有限元簇. 借助于 $P_h$, 可以定义一个 $L^2(\Omega)\to V_h$ 的算子 $\Pi_h^p$. 对 $v\in L^2(\Omega)$, 定义 $\Pi_h^p v$ 如下：对任意 $T\in\mathcal{T}_h$, $\Pi_h^p v|_T\in P_T$, 并且下面三条成立：

(1) 对于 $i\in\{1,\cdots,k_1\}$,

$$d_{i,T}(\Pi_h^p v|_T)=\frac{1}{N_h^c(\boldsymbol{a}_{i,T})}\sum_{T'\in S_h^c(\boldsymbol{a}_{i,T})}D_{i,T}(P_h v|_{T'})(\boldsymbol{a}_{i,T}); \tag{3.5.12}$$

(2) 对于 $i\in\{k_1+1,\cdots,k_2\}$,

$$d_{i,T}(\Pi_h^p v|_T)=\frac{1}{N_h^c(F_{i,T})}\sum_{T'\in S_h^c(F_{i,T})}\frac{1}{|F_{i,T}|}\int_{F_{i,T}}D_{i,T}(P_h v|_{T'})\,\mathrm{d}F_{i,T}; \tag{3.5.13}$$

(3) 对于 $i\in\{k_2+1,\cdots,L\}$,

$$d_{i,T}(\Pi_h^p v|_T)=\frac{1}{|T|}\int_T D_{i,T}(P_h v|_T)\,\mathrm{d}x. \tag{3.5.14}$$

由 $\boldsymbol{D}_T$ 的 $P_T$ 唯一可解性质可知 $\Pi_h^p v|_T$ 由上面唯一确定, 进而 $\Pi_h^p v$ 的定义有意义. 由构造有限元空间 $V_h$ 的连续性要求 HV1 和 HV2 可以得到 $\Pi_h^p v\in V_h$.

考虑 $V_{h0}$ 对 $W_0^{m,\varrho}(\Omega)$ 的逼近时, 定义一个 $L^2(\Omega)\to V_{h0}$ 的算子 $\Pi_{h0}^p$ 如下：对 $v\in L^2(\Omega)$, $\Pi_{h0}^p v$ 满足对任意 $T\in\mathcal{T}_h$, $\Pi_{h0}^p v|_T\in P_T$, 并且下面三条成立：

(1) 对于 $i\in\{1,\cdots,k_1\}$, 如果 $\boldsymbol{a}_{i,T}\in\partial\Omega$, 并且 $d_{i,T}(\varphi)=0$ $(\forall\varphi\in C^\kappa(\bar{\Omega})\cap H_0^m(\Omega))$, 则 $d_{i,T}(\Pi_{h0}^p v|_T)=0$, 否则

$$d_{i,T}(\Pi_{h0}^p v|_T)=\frac{1}{N_h^c(\boldsymbol{a}_{i,T})}\sum_{T'\in S_h^c(\boldsymbol{a}_{i,T})}D_{i,T}(P_h v|_{T'})(\boldsymbol{a}_{i,T}); \tag{3.5.15}$$

(2) 对于 $i\in\{k_1+1,\cdots,k_2\}$, 如果 $F_{i,T}\subset\partial\Omega$, 并且 $d_{i,T}(\varphi)=0$ $(\forall\varphi\in C^\kappa(\bar{\Omega})\cap H_0^m(\Omega))$, 则 $d_{i,T}(\Pi_{h0}^p v|_T)=0$, 否则

$$d_{i,T}(\Pi_{h0}^p v|_T)=\frac{1}{N_h^c(F_{i,T})}\sum_{T'\in S_h^c(F_{i,T})}\frac{1}{|F_{i,T}|}\int_{F_{i,T}}D_{i,T}(P_h v|_{T'})\,\mathrm{d}F_{i,T}; \tag{3.5.16}$$

(3) 对于 $i\in\{k_2+1,\cdots,L\}$,

$$d_{i,T}(\Pi_{h0}^p v|_T)=\frac{1}{|T|}\int_T D_{i,T}(P_h v|_T)\,\mathrm{d}x. \tag{3.5.17}$$

由构造有限元空间 $V_h$ 的连续性要求 HV1 和 HV2 和 $V_{h0}$ 满足的 HV0 可以得到 $\Pi_{h0}^p v\in V_{h0}$.

称 $\Pi_h^p$ 和 $\Pi_{h0}^p$ 为对应于有限元簇 $\mathcal{F}$ 和剖分 $\mathcal{T}_h$ 的投影平均算子.

**引理 3.5.2** 下式对所有 $h$ 成立:

$$N_h(T) \lesssim 1, \quad \forall T \in \mathcal{T}_h. \tag{3.5.18}$$

**证明** 令 $T \in \mathcal{T}_h, \boldsymbol{x} \in T$. 由式 (3.5.1) 得

$$\eta h_T \leqslant \eta \max_{T' \in S_h(\boldsymbol{x})} h_{T'} \leqslant \min_{T' \in S_h(\boldsymbol{x})} \rho_{T'} \leqslant \rho_T < h_T,$$

所以有

$$\eta h_T \leqslant h_{T'} \leqslant \eta^{-1} h_T, \quad \forall T' \in S_h(T), \tag{3.5.19}$$

$$\eta \rho_T \leqslant \rho_{T'} \leqslant \eta^{-1} \rho_T, \quad \forall T' \in S_h(T). \tag{3.5.20}$$

由式 (3.5.19) 可知 $S_h(T)$ 中所有单元都包含在一个直径为 $(1+2\eta^{-1})h_T$ 的球中. 记 $\omega_n$ 为单位直径的球的测度, 则式 (3.5.20) 给出

$$|T'| \geqslant \rho_{T'}^n \omega_n \geqslant \eta^n \rho_T^n \omega_n \geqslant \eta^{2n} h_T^n \omega_n,$$

进而

$$N_h(T) \leqslant \frac{(1+2\eta^{-1})^n h_T^n \omega_n}{\eta^{2n} h_T^n \omega_n} = \frac{(1+2\eta^{-1})^n}{\eta^{2n}}.$$

引理得证. □

利用仿射连续和尺度不变的技巧, 可以证明下面两个引理:

**引理 3.5.3** 设 $\mathcal{F}$ 是常规有限元簇且 $\eta > 0$, 则

$$|\eta_{i,T,\boldsymbol{\alpha}}| \lesssim 1, \quad |\boldsymbol{\alpha}| = k(i), \quad 1 \leqslant i \leqslant L \tag{3.5.21}$$

对 $\mathcal{F}$ 中任意满足 $\eta h_T \leqslant \rho_T$ 的 $(T, P_T, \boldsymbol{D}_T)$ 成立.

**引理 3.5.4** 设 $\varrho \in [1, \infty)$, $\mathcal{F}$ 是常规有限元簇且 $\eta > 0$, 则

$$\|p\|_{0,\varrho,T}^{\varrho} \eqsim h_T^n \sum_{i=1}^{L} h_T^{k(i)\varrho} |d_{i,T}(p)|^{\varrho}, \quad \forall p \in P_T, \tag{3.5.22}$$

$$\|p\|_{0,\infty,T} \eqsim \sum_{i=1}^{L} h_T^{k(i)} |d_{i,T}(p)|, \quad \forall p \in P_T \tag{3.5.23}$$

对 $\mathcal{F}$ 中任意满足 $\eta h_T \leqslant \rho_T$ 的 $(T, P_T, \boldsymbol{D}_T)$ 成立.

**引理 3.5.5** 设 $\mathcal{F}$ 是常规有限元簇, 则

$$|\mathit{\Pi}_h^p v|_{0,T}^2 + |\mathit{\Pi}_{h0}^p v|_{0,T}^2 \lesssim \sum_{T' \in S_h(T)} |v|_{0,T'}^2, \quad \forall T \in \mathcal{T}_h, \ \forall v \in L^2(\mathit{\Omega}) \tag{3.5.24}$$

对所有 $h$ 成立.

**证明** 令 $v \in L^2(\Omega)$, $T \in \mathcal{T}_h$. 由式 (3.5.22) 得

$$|\Pi_h^p v|_{0,T}^2 \lesssim h_T^n \sum_{i=1}^{L} h_T^{2k(i)} |d_{i,T}(\Pi_h^p v)|^2.$$

由式 (3.5.12)~ 式 (3.5.14), 引理 3.5.2 和引理 3.5.3 得

$$|d_{i,T}(\Pi_h^p v)|^2 \lesssim \sum_{T' \in S_h(T)} |P^T v|_{k(i),\infty,T'}^2.$$

再利用逆不等式得到

$$|\Pi_h^p v|_{0,T}^2 \lesssim \sum_{T' \in S_h(T)} |P^T v|_{0,T'}^2 \lesssim \sum_{T' \in S_h(T)} |v|_{0,T'}^2.$$

类似地可得

$$|\Pi_{h0}^p v|_{0,T}^2 \lesssim \sum_{T' \in S_h(T)} |v|_{0,T'}^2.$$

引理得证. □

**引理 3.5.6** 设 $\varrho \in [2,\infty)$, $\mathcal{F}$ 是常规有限元簇且 $\eta > 0$. 如果存在非负整数 $r$, 使得 $P_r(T) \subset P_T$ $(\forall (T, P_T, \boldsymbol{D}_T) \in \mathcal{F})$, 则当 $s \in \{0, 1, \cdots, r+1\}$ 时,

$$|v - P^T v|_{j,\varrho,T} \lesssim h_T^{s-j} |v|_{s,\varrho,T}, \quad 0 \leqslant j \leqslant s, \tag{3.5.25}$$

$$\sum_{|\boldsymbol{\alpha}|=j} |\partial^{\boldsymbol{\alpha}}(v - P^T v)|_{0,\varrho,\partial T} \lesssim h_T^{s-j-\frac{1}{\varrho}} |v|_{s,\varrho,T}, \quad 0 \leqslant j < s \tag{3.5.26}$$

对任意 $v \in W^{s,\varrho}(T)$, $\mathcal{F}$ 中任意满足 $\eta h_T \leqslant \rho_T$ 的 $(T, P_T, \boldsymbol{D}_T)$ 成立.

**证明** 令 $s \in \{0, 1, \cdots, r+1\}$, $v \in W^{s,\varrho}(T)$, $0 \leqslant j \leqslant s$. 因为 $P_{s-1}(T) \subset P_T$, 所以

$$P^T p = p, \quad \forall p \in P_{s-1}(T).$$

因为 $P^T$ 是 $L^2(T)$ 到 $P_T$ 的正交投影算子, 所以利用逆不等式有

$$\begin{aligned}
|v - P^T v|_{j,\varrho,T} =& |v - P_T^{s-1} v - P^T(v - P_T^{s-1} v)|_{j,\varrho,T} \\
\leqslant& |v - P_T^{s-1} v|_{j,\varrho,T} + |P^T(v - P_T^{s-1} v)|_{j,\varrho,T} \\
\lesssim& |v - P_T^{s-1} v|_{j,\varrho,T} + h_T^{-j+\frac{n}{\varrho}-\frac{n}{2}} |P^T(v - P_T^{s-1} v)|_{0,2,T} \\
\lesssim& |v - P_T^{s-1} v|_{j,\varrho,T} + h_T^{-j+\frac{n}{\varrho}-\frac{n}{2}} |v - P_T^{s-1} v|_{0,2,T}.
\end{aligned}$$

由定理 3.3.3 就得到了式 (3.5.25).

当 $j < s$, $|\boldsymbol{\alpha}| = j$ 时, 类似地

$$|\partial^{\boldsymbol{\alpha}}(v - P^T v)|_{0,\varrho,\partial T} \leqslant |\partial^{\boldsymbol{\alpha}}(v - P_T^{s-1} v)|_{0,\varrho,\partial T} + |\partial^{\boldsymbol{\alpha}} P^T (v - P_T^{s-1} v)|_{0,\varrho,\partial T},$$

$$\begin{aligned}|\partial^{\boldsymbol{\alpha}} P^T (v - P_T^{s-1} v)|_{0,\varrho,\partial T} &\lesssim h_T^{-j+\frac{n-1}{\varrho}-\frac{n}{2}} |P^T (v - P_T^{s-1} v)|_{0,2,T} \\ &\lesssim h_T^{-j+\frac{n-1}{\varrho}-\frac{n}{2}} |v - P_T^{s-1} v|_{0,2,T}.\end{aligned}$$

再由定理 3.3.3 和定理 3.3.4 就得到了式 (3.5.26). □

**引理 3.5.7** 设 $\varrho \in [2, \infty]$, $\mathcal{F}$ 是常规有限元簇并且存在非负整数 $r$, 使得 $P_r(T) \subset P_T$ $(\forall (T, P_T, \boldsymbol{D}_T) \in \mathcal{F})$. 对于 $s \in \{0, 1, \cdots, r\}$ 及 $0 \leqslant j \leqslant s+1$, 当 $\varrho < \infty$ 时,

$$|v - \Pi_h^p v|_{j,\varrho,T}^{\varrho} \lesssim h_T^{(s+1-j)\varrho} \sum_{T' \in S_h(T)} |v|_{s+1,\varrho,T'}^{\varrho}, \quad \forall T \in \mathcal{T}_h \tag{3.5.27}$$

对所有 $v \in W^{s+1,\varrho}(\Omega)$ 和所有 $h$ 成立; 当 $\varrho = \infty$ 时,

$$|v - \Pi_h^p v|_{j,\infty,T} \lesssim h_T^{s+1-j} \max_{T' \in S_h(T)} |v|_{s+1,\infty,T'}, \quad \forall T \in \mathcal{T}_h \tag{3.5.28}$$

对所有 $v \in W^{s+1,\infty}(\Omega)$ 和所有 $h$ 成立.

**证明** 令 $v \in W^{s+1,\varrho}(\Omega)$, 记 $\psi = P_h v$, $\phi = \Pi_h^p v$, $w = \psi - \phi$. 设 $0 \leqslant j \leqslant s+1$. 由引理 3.5.6 得到

$$|v - \psi|_{j,\varrho,T} \lesssim h_T^{s+1-j} |v|_{s+1,\varrho,T}. \tag{3.5.29}$$

首先考虑 $\varrho < \infty$ 的情形. 令 $T \in \mathcal{T}_h$, 则 $w|_T \in P_T$. 从引理 3.5.4 和逆不等式得

$$|w|_{j,\varrho,T}^{\varrho} \lesssim h_T^{n-j\varrho} \sum_{1 \leqslant i \leqslant k_2} h_T^{k(i)\varrho} |d_{i,T}(w|_T)|^{\varrho}. \tag{3.5.30}$$

现在令 $1 \leqslant i \leqslant k_2$. 当 $1 \leqslant i \leqslant k_1$ 时, 记 $G_i = \{\boldsymbol{a}_{i,T}\}$, 否则 $G_i = F_{i,T}$. 如果 $N_h^c(G_i) = 1$, 由 $\Pi_h^p v$ 的定义得 $d_{i,T}(w|_T) = 0$, 所以考虑 $N_h^c(G_i) > 1$ 的情况.

当 $1 \leqslant i \leqslant k_1$ 时,

$$\begin{aligned}d_{i,T}(w|_T) &= D_{i,T}(\psi|_T)(\boldsymbol{a}_{i,T}) - \frac{1}{N_h^c(\boldsymbol{a}_{i,T})} \sum_{T' \in S_h^c(\boldsymbol{a}_{i,T})} D_{i,T}(\psi|_{T'})(\boldsymbol{a}_{i,T}) \\ &= \frac{1}{N_h^c(\boldsymbol{a}_{i,T})} \sum_{T' \in S_h^c(\boldsymbol{a}_{i,T})} \big(D_{i,T}(\psi|_T) - D_{i,T}(\psi|_{T'})\big)(\boldsymbol{a}_{i,T}),\end{aligned}$$

由式 (3.2.7) 和式 (3.5.21) 得

$$|d_{i,T}(w|_T)| \lesssim \sum_{T' \in S_h^c(G_i)} \sum_{|\boldsymbol{\alpha}|=k(i)} |\partial^{\boldsymbol{\alpha}}(\psi|_T) - \partial^{\boldsymbol{\alpha}}(\psi|_{T'})|_{0,\infty,G_i}; \tag{3.5.31}$$

当 $k_1 < i \leqslant k_2$ 时,

$$d_{i,T}(w|_T) = D_{i,T}(\psi|_T) - \frac{1}{N_h^c(F_{i,T})} \sum_{T' \in S_h^c(F_{i,T})} \frac{1}{|F_{i,T}|} \int_{F_{i,T}} D_{i,T}(\psi|_{T'})\,\mathrm{d}F_{i,T}$$
$$= \frac{1}{N_h^c(F_{i,T})} \sum_{T' \in S_h^c(F_{i,T})} \frac{1}{|F_{i,T}|} \int_{F_{i,T}} \big(D_{i,T}(\psi|_T) - D_{i,T}(\psi|_{T'})\big)\,\mathrm{d}F_{i,T},$$

由式 (3.2.7) 和式 (3.5.21) 仍然可以得到式 (3.5.31).

取 $|\boldsymbol{\alpha}| = k(i)$. 对于 $T' \in S_h^c(G_i)$, $T' \neq T$, 存在 $T_1, \cdots, T_l \in S_h^c(G_i)$ 满足 $T_1 = T$, $T_l = T'$ 且 $T_k \cap T_{k+1}$ $(1 \leqslant k \leqslant l-1)$ 是 $T_k$ 与 $T_{k+1}$ 包含 $G_i$ 的公共面. 记 $\tilde{F}_k = T_k \cap T_{k+1}$. 利用逆不等式得

$$|\partial^{\boldsymbol{\alpha}}(\psi|_T) - \partial^{\boldsymbol{\alpha}}(\psi|_{T'})|_{0,\infty,G_i} \lesssim \sum_{k=1}^{l-1} |\partial^{\boldsymbol{\alpha}}(\psi|_{T_k}) - \partial^{\boldsymbol{\alpha}}(\psi|_{T_{k+1}})|_{0,\infty,G_i}$$
$$\lesssim h_T^{\frac{1-n}{\varrho}} \sum_{k=1}^{l-1} |\partial^{\boldsymbol{\alpha}}(\psi|_{T_k}) - \partial^{\boldsymbol{\alpha}}(\psi|_{T_{k+1}})|_{0,\varrho,\tilde{F}_k}.$$

如果 $k(i) \leqslant s$, 则由式 (3.5.26) 和式 (3.5.19) 得到

$$|\partial^{\boldsymbol{\alpha}}(\psi|_{T_k}) - \partial^{\boldsymbol{\alpha}}(\psi|_{T_{k+1}})|_{0,\varrho,\tilde{F}_k}$$
$$\lesssim |\partial^{\boldsymbol{\alpha}}(\psi|_{T_k}) - \partial^{\boldsymbol{\alpha}} v|_{0,\varrho,\partial T_k} + |\partial^{\boldsymbol{\alpha}}(\psi|_{T_{k+1}}) - \partial^{\boldsymbol{\alpha}} v|_{0,\varrho,\partial T_{k+1}}$$
$$\lesssim h_T^{s+1-k(i)-\frac{1}{\varrho}} \big(|v|_{s+1,\varrho,T_k} + |v|_{s+1,\varrho,T_{k+1}}\big),$$

否则由逆不等式, 式 (3.5.19) 和式 (3.5.25) 得

$$|\partial^{\boldsymbol{\alpha}}(\psi|_{T_k}) - \partial^{\boldsymbol{\alpha}}(\psi|_{T_{k+1}})|_{0,\varrho,\tilde{F}_k}$$
$$\leqslant |\partial^{\boldsymbol{\alpha}}(\psi|_{T_k})|_{0,\varrho,\tilde{F}_k} + |\partial^{\boldsymbol{\alpha}}(\psi|_{T_{k+1}})|_{0,\varrho,\tilde{F}_k}$$
$$\lesssim h_T^{-\frac{1}{\varrho}} |\psi|_{k(i),\varrho,T_k} + h_T^{-\frac{1}{\varrho}} |\psi|_{k(i),\varrho,T_{k+1}} \lesssim h_T^{s+1-k(i)-\frac{1}{\varrho}} \big(|\psi|_{s+1,\varrho,T_k} + |\psi|_{s+1,\varrho,T_{k+1}}\big)$$
$$\lesssim h_T^{s+1-k(i)-\frac{1}{\varrho}} \big(|v|_{s+1,\varrho,T_k} + |v|_{s+1,\varrho,T_{k+1}}\big).$$

综合上面几个式子得

$$|d_{i,T}(w|_T)| \lesssim h_T^{s+1-k(i)-\frac{n}{\varrho}} \sum_{T' \in S_h(G_i)} |v|_{s+1,\varrho,T'}.$$

从引理 3.5.2 得

$$N_h(G_i) \lesssim 1, \tag{3.5.32}$$

进而得到

$$h_T^{n+k(i)\varrho}|d_{i,T}(w|_T)|^\varrho \lesssim h_T^{(s+1)\varrho} \sum_{T'\in S_h(T)} |v|_{s+1,\varrho,T'}^\varrho. \tag{3.5.33}$$

将式 (3.5.33) 代入式 (3.5.30), 再由式 (3.5.29) 得到式 (3.5.27) 当 $\varrho < \infty$ 时成立.

现在考虑 $\varrho = \infty$ 的情况. 令 $T \in \mathcal{T}_h$, 由引理 3.5.4 和逆不等式得

$$|w|_{j,\infty,T} \lesssim h_T^{-j} \sum_{1\leqslant i\leqslant k_2} h_T^{k(i)}|d_{i,T}(w|_T)|. \tag{3.5.34}$$

由前面的讨论可知当 $1 \leqslant i \leqslant k_2$ 时, 如果 $N_h^c(G_i) > 1$, 则式 (3.5.31) 成立, 否则 $d_{i,T}(w|_T) = 0$.

取 $|\boldsymbol{\alpha}| = k(i)$. 对于 $T' \in S_h^c(G_i)$, 如果 $k(i) \leqslant s$, 则由式 (3.5.25) 和式 (3.5.19) 得到

$$\begin{aligned}|\partial^{\boldsymbol{\alpha}}(\psi|_T) - \partial^{\boldsymbol{\alpha}}(\psi|_{T'})|_{0,\infty,G_i} &\leqslant |\partial^{\boldsymbol{\alpha}}(\psi|_T) - \partial^{\boldsymbol{\alpha}} v|_{0,\infty,G_i} + |\partial^{\boldsymbol{\alpha}} v - \partial^{\boldsymbol{\alpha}}(\psi|_{T'})|_{0,\infty,G_i} \\ &\lesssim h_T^{s+1-k(i)}\big(|v|_{s+1,\infty,T} + |v|_{s+1,\infty,T'}\big),\end{aligned}$$

否则由逆不等式, 式 (3.5.19) 和式 (3.5.25) 得

$$\begin{aligned}&|\partial^{\boldsymbol{\alpha}}(\psi|_T) - \partial^{\boldsymbol{\alpha}}(\psi|_{T'})|_{0,\infty,G_i} \\ \leqslant\ & |\partial^{\boldsymbol{\alpha}}(\psi|_T)|_{0,\infty,G_i} + |\partial^{\boldsymbol{\alpha}}(\psi|_{T'})|_{0,\infty,G_i} \leqslant |\psi|_{k(i),\infty,T} + |\psi|_{k(i),\infty,T'} \\ \lesssim\ & h_T^{s+1-k(i)}\big(\psi|_{s+1,\infty,T} + |\psi|_{s+1,\infty,T'}\big) \lesssim h_T^{s+1-k(i)}\big(|v|_{s+1,\infty,T} + |v|_{s+1,\infty,T'}\big).\end{aligned}$$

利用式 (3.5.32), 式 (3.5.31), 式 (3.5.34), 式 (3.5.4) 和式 (3.5.29) 可知式 (3.5.28) 成立. □

**引理 3.5.8** 假设 $m > 0$, $\varrho \in [2, \infty]$, $\mathcal{F}$ 是常规有限元簇并且存在非负整数 $r$ 使得 $P_r(T) \subset P_T$, $\forall (T, P_T, \boldsymbol{D}_T) \in \mathcal{F}$. 设 $k(i) < 2m$ $(1 \leqslant i \leqslant k_2)$, 对于 $s \in \{0, 1, \cdots, r\}$ 及 $0 \leqslant j \leqslant s+1$, 当 $\varrho < \infty$ 时,

$$|v - \Pi_{h0}^p v|_{j,\varrho,T}^\varrho \lesssim h_T^{(s+1-j)\varrho} \sum_{T'\in S_h(T)} |v|_{s+1,\varrho,T'}^\varrho, \quad \forall T \in \mathcal{T}_h \tag{3.5.35}$$

对所有 $v \in W^{s+1,\varrho}(\varOmega) \cap W_0^{m,\varrho}(\varOmega)$ 和所有 $h$ 成立; 当 $\varrho = \infty$ 时,

$$|v - \Pi_{h0}^p v|_{j,\infty,T} \lesssim h_T^{s+1-j} \max_{T'\in S_h(T)} |v|_{s+1,\infty,T'}, \quad \forall T \in \mathcal{T}_h \tag{3.5.36}$$

对所有 $v \in W^{s+1,\infty}(\varOmega) \cap W_0^{m,\infty}(\varOmega)$ 和所有 $h$ 成立.

**证明** 令 $v \in W^{s+1,\varrho}(\Omega) \cap W_0^{m,\varrho}(\Omega)$, 记 $\psi = P_h v$, $\phi = \Pi_{h0}^p v$, $w = \psi - \phi$. 取 $T \in \mathcal{T}_h$, 则 $w|_T \in P_T$.

令 $1 \leqslant i \leqslant k_2$, 当 $1 \leqslant i \leqslant k_1$ 时, 记 $G_i = \{\boldsymbol{a}_{i,T}\}$, 否则 $G_i = F_{i,T}$. 由 $\Pi_{h0}^p v$ 和 $\Pi_h^p v$ 的定义以及引理 3.5.7 的证明, 只需要考虑如下情形: $G_i \subset \partial\Omega$, 并且 $d_{i,T}(\varphi) = 0$, $\forall \varphi \in C^\kappa(\bar{\Omega}) \cap H_0^m(\Omega)$. 这时 $d_{i,T}(\phi|_T) = 0$.

(1) $k(i) < m$ 且 $k(i) \leqslant s$ 的情形. 对于 $G_i$, 存在 $\tilde{T} \in S_h^c(G_i)$ 和 $\tilde{T}$ 的一个面 $\tilde{F}$, 使得 $G_i \subset \tilde{F}$ 且 $\tilde{F} \subset \partial\Omega$.

当 $1 \leqslant i \leqslant k_1$ 时, 由 $\Pi_{h0}^p v$ 的定义得

$$|d_{i,T}(w|_T)| = |D_{i,T}(\psi|_T)(\boldsymbol{a}_{i,T})| = |D_{i,T}(\psi|_T)|_{0,\infty,G_i},$$

由此得到

$$|d_{i,T}(w|_T)| \lesssim |D_{i,T}(\psi|_T) - D_{i,T}(\psi|_{\tilde{T}})|_{0,\infty,G_i} + |D_{i,T}(\psi|_{\tilde{T}})|_{0,\infty,\tilde{F}}. \tag{3.5.37}$$

当 $k_1 < i \leqslant k_2$ 时, 类似地

$$|d_{i,T}(w|_T)| = \frac{1}{|F_{i,T}|}\left|\int_{F_{i,T}} D_{i,T}(\psi|_T)\,\mathrm{d}F_{i,T}\right| \leqslant |D_{i,T}(\psi|_T)|_{0,\infty,G_i}.$$

仍然可以得到式 (3.5.37).

因为 $m > 0$, 所以 $\partial^{\boldsymbol{\alpha}} v|_{\tilde{F}} = 0$, $|\boldsymbol{\alpha}| = k(i)$. 当 $\varrho < \infty$ 时, 由逆不等式, 引理 3.5.6, 式 (3.2.7), 式 (3.5.21) 和式 (3.5.19) 得

$$\begin{aligned} |D_{i,T}(\psi|_{\tilde{T}})|_{0,\infty,\tilde{F}} &\lesssim h_T^{\frac{1-n}{\varrho}} |D_{i,T}(\psi|_{\tilde{T}})|_{0,\varrho,\tilde{F}} \\ &= h_T^{\frac{1-n}{\varrho}} |D_{i,T} v - D_{i,T}(\psi|_{\tilde{T}})|_{0,\varrho,\tilde{F}} \lesssim h_T^{s+1-k(i)-\frac{n}{\varrho}} |v|_{s+1,\varrho,\tilde{T}}. \end{aligned}$$

用引理 3.5.7 的证明方法处理 $|D_{i,T}(\psi|_T) - D_{i,T}(\psi|_{\tilde{T}})|_{0,\infty,G_i}$ 得到

$$h_T^{n+k(i)\varrho} |d_{i,T}(w|_T)|^\varrho \lesssim h_T^{(s+1)\varrho} \sum_{T' \in S_h(T)} |v|_{s+1,\varrho,T'}^\varrho. \tag{3.5.38}$$

当 $\varrho = \infty$ 时, 仍由逆不等式, 引理 3.5.6, 式 (3.2.7), 式 (3.5.21) 和式 (3.5.19) 得到

$$|D_{i,T}(\psi|_{\tilde{T}})|_{0,\infty,\tilde{F}} = |D_{i,T} v - D_{i,T}(\psi|_{\tilde{T}})|_{0,\infty,\tilde{F}} \lesssim h_T^{s+1-k(i)} |v|_{s+1,\infty,\tilde{T}}.$$

用引理 3.5.7 的证明方法处理 $|D_{i,T}(\psi|_T) - D_{i,T}(\psi|_{\tilde{T}})|_{0,\infty,G_i}$ 得

$$h_T^{k(i)} |d_{i,T}(w|_T)| \lesssim h_T^{s+1} \max_{T' \in S_h(T)} |v|_{s+1,\infty,T'}. \tag{3.5.39}$$

(2) $k(i) \geqslant m$, $k(i) \leqslant s$ 且 $G_i$ 只包含在 $\Omega$ 的某一个面中. 此时, 存在 $\tilde{T} \in S_h^c(G_i)$ 和 $\tilde{T}$ 的一个面 $\tilde{F}$, 使得 $G_i \subset \tilde{F}$ 且 $\tilde{F} \subset \partial\Omega$.

记 $\boldsymbol{\nu}$ 是 $\tilde{F}$ 的单位外法向量, $\boldsymbol{\tau}_2, \cdots, \boldsymbol{\tau}_n$ 是 $\tilde{F}$ 的一组两两正交的单位切向量, 则 $D_{i,T}$ 可以表示为

$$D_{i,T} = \sum_{|\boldsymbol{\alpha}|=k(i)} \bar{\eta}_{i,T,\boldsymbol{\alpha}} \frac{\partial^{|\boldsymbol{\alpha}|}}{\partial \boldsymbol{\nu}^{\alpha_1} \partial \boldsymbol{\tau}_2^{\alpha_2} \cdots \partial \boldsymbol{\tau}_n^{\alpha_n}}.$$

因为对所有的 $\varphi \in C^{\kappa}(\bar{\Omega})) \cap H_0^m(\Omega)$ 都有 $d_{i,T}(\varphi|_T) = 0$, 所以对所有满足 $\alpha_1 \geqslant m$ 的 $\boldsymbol{\alpha}$, $\bar{\eta}_{i,T,\boldsymbol{\alpha}} = 0$. 由式 (3.2.7) 和式 (3.5.21) 得

$$|\bar{\eta}_{i,T,\boldsymbol{\alpha}}| \lesssim 1, \quad |\boldsymbol{\alpha}| = k(i). \tag{3.5.40}$$

当 $\varrho < \infty$ 时, 由逆不等式, 引理 3.5.6, 式 (3.2.7), 式 (3.5.40) 和式 (3.5.19) 得

$$\begin{aligned}
|D_{i,T}(\psi|_{\tilde{T}})|_{0,\infty,\tilde{F}} &\lesssim h_T^{\frac{1-n}{\varrho}} |D_{i,T}(\psi|_{\tilde{T}})|_{0,\varrho,\tilde{F}} \\
&\lesssim h_T^{m-1-k(i)+\frac{1-n}{\varrho}} \sum_{|\boldsymbol{\alpha}|=m-1} |\partial^{\boldsymbol{\alpha}}(\psi|_{\tilde{T}})|_{0,\varrho,\tilde{F}} \\
&= h_T^{m-1-k(i)+\frac{1-n}{\varrho}} \sum_{|\boldsymbol{\alpha}|=m-1} |\partial^{\boldsymbol{\alpha}} v - \partial^{\boldsymbol{\alpha}}(\psi|_{\tilde{T}})|_{0,\varrho,\tilde{F}} \\
&\lesssim h_T^{s+1-k(i)-\frac{n}{\varrho}} |v|_{s+1,\varrho,\tilde{T}}.
\end{aligned}$$

使用引理 3.5.7 的证明方法处理 $|D_{i,T}(\psi|_T) - D_{i,T}(\psi|_{\tilde{T}})|_{0,\infty,G_i}$ 得到式 (3.5.38).

当 $\varrho = \infty$ 时, 仍由逆不等式, 引理 3.5.6, 式 (3.2.7), 式 (3.5.40) 和式 (3.5.19) 得到

$$\begin{aligned}
|D_{i,T}(\psi|_{\tilde{T}})|_{0,\infty,\tilde{F}} &\lesssim h_T^{m-1-k(i)} \sum_{|\boldsymbol{\alpha}|=m-1} |\partial^{\boldsymbol{\alpha}}(\psi|_{\tilde{T}})|_{0,\infty,\tilde{F}} \\
&= h_T^{m-1-k(i)} \sum_{|\boldsymbol{\alpha}|=m-1} |\partial^{\boldsymbol{\alpha}} v - \partial^{\boldsymbol{\alpha}}(\psi|_{\tilde{T}})|_{0,\infty,\tilde{F}} \\
&\lesssim h_T^{s+1-k(i)} |v|_{s+1,\infty,\tilde{T}}.
\end{aligned}$$

用引理 3.5.7 的证明方法处理 $|D_{i,T}(\psi|_T) - D_{i,T}(\psi|_{\tilde{T}})|_{0,\infty,G_i}$ 得到式 (3.5.39).

(3) $k(i) \geqslant m$, $k(i) \leqslant s$ 且至少有 $\Omega$ 的两个面包含 $G_i$. 此时, 存在 $\tilde{T}_1, \tilde{T}_2 \in S_h^c(G_i)$ 以及 $\tilde{T}_1$ 的一个面 $\tilde{F}_1$ 和 $\tilde{T}_2$ 的一个面 $\tilde{F}_2$ , 使得 $G_i \subset \tilde{F}_j$, $\tilde{F}_j \subset \partial\Omega$ $(j = 1, 2)$, 并且 $\tilde{F}_1 \neq \tilde{F}_2$.

取 $\boldsymbol{\tau}_3, \cdots, \boldsymbol{\tau}_n$ 是一组两两正交的单位向量, 都与 $\tilde{F}_1$ 和 $\tilde{F}_2$ 相切. 再取 $\tilde{F}_1$ 的一个单位切向量 $\boldsymbol{\tau}_1$ 和 $\tilde{F}_2$ 的一个单位切向量 $\boldsymbol{\tau}_2$, 而 $\boldsymbol{\tau}_1, \boldsymbol{\tau}_2, \cdots, \boldsymbol{\tau}_n$ 构成 $\mathbf{R}^n$ 的一组

基, 则 $D_{i,T}$ 可以表示为

$$D_{i,T}=\sum_{|\boldsymbol{\beta}|=k(i)}\tilde{\eta}_{i,T,\boldsymbol{\beta}}\tilde{\partial}^{\boldsymbol{\beta}},\quad \tilde{\partial}^{\boldsymbol{\beta}}=\frac{\partial^{|\boldsymbol{\beta}|}}{\partial\boldsymbol{\tau}_1^{\beta_1}\partial\boldsymbol{\tau}_2^{\beta_2}\cdots\partial\boldsymbol{\tau}_n^{\beta_n}}.$$

因为 $\Omega$ 的面是有限个, 再由式 (3.2.7) 和式 (3.5.21) 得

$$|\tilde{\eta}_{i,T,\boldsymbol{\beta}}|\lesssim 1,\quad |\boldsymbol{\beta}|=k(i). \tag{3.5.41}$$

对于 $d_{i,T}$ 有

$$|d_{i,T}(w|_T)|\lesssim\sum_{|\boldsymbol{\beta}|=k(i)}|\tilde{\partial}^{\boldsymbol{\beta}}(\psi|_T)|_{0,\infty,G_i}. \tag{3.5.42}$$

取 $|\boldsymbol{\beta}|=k(i)$, 如果 $\beta_1\geqslant m$, 则令 $\tilde{T}=T_1$, $\tilde{F}=\tilde{F}_1$, 否则 $\tilde{T}=T_2$, $\tilde{F}=\tilde{F}_2$. 当 $\varrho<\infty$ 时, 由逆不等式, 引理 3.5.6 和式 (3.5.19) 得

$$\begin{aligned}|\tilde{\partial}^{\boldsymbol{\beta}}(\psi|_{\tilde{T}})|_{0,\infty,\tilde{F}}&\lesssim h_T^{\frac{1-n}{\varrho}}|\tilde{\partial}^{\boldsymbol{\beta}}(\psi|_{\tilde{T}})|_{0,\varrho,\tilde{F}}\\&\lesssim h_T^{m-1-k(i)+\frac{1-n}{\varrho}}\sum_{|\boldsymbol{\alpha}|=m-1}|\tilde{\partial}^{\boldsymbol{\alpha}}(\psi|_{\tilde{T}})|_{0,\varrho,\tilde{F}}\\&\lesssim h_T^{m-1-k(i)+\frac{1-n}{\varrho}}\sum_{|\boldsymbol{\alpha}|=m-1}|\partial^{\boldsymbol{\alpha}}(\psi|_{\tilde{T}})|_{0,\varrho,\tilde{F}}\\&=h_T^{m-1-k(i)+\frac{1-n}{\varrho}}\sum_{|\boldsymbol{\alpha}|=m-1}|\partial^{\boldsymbol{\alpha}}v-\partial^{\boldsymbol{\alpha}}(\psi|_{\tilde{T}})|_{0,\varrho,\tilde{F}}\\&\lesssim h_T^{s+1-k(i)-\frac{n}{\varrho}}|v|_{s+1,\varrho,\tilde{T}}.\end{aligned}$$

用引理 3.5.7 的证明方法处理 $|\tilde{\partial}^{\boldsymbol{\beta}}(\psi|_T)-\tilde{\partial}^{\boldsymbol{\beta}}(\psi|_{\tilde{T}})|_{0,\infty,G_i}$ 得到

$$|\tilde{\partial}^{\boldsymbol{\beta}}(\psi|_T)-\tilde{\partial}^{\boldsymbol{\beta}}(\psi|_{\tilde{T}})|_{0,\infty,G_i}+|\tilde{\partial}^{\boldsymbol{\beta}}(\psi|_{\tilde{T}})|_{0,\infty,G_i}\lesssim h_T^{s+1-k(i)-\frac{n}{\varrho}}\sum_{T'\in S_h(T)}|v|_{s+1,\varrho,T'},$$

进而从式 (3.5.42) 得到式 (3.5.38).

当 $\varrho=\infty$ 时, 仍由逆不等式, 引理 3.5.6 和式 (3.5.19) 得到

$$\begin{aligned}|\tilde{\partial}^{\boldsymbol{\beta}}(\psi|_{\tilde{T}})|_{0,\infty,\tilde{F}}&\lesssim h_T^{m-1-k(i)}\sum_{|\boldsymbol{\alpha}|=m-1}|\tilde{\partial}^{\boldsymbol{\alpha}}(\psi|_{\tilde{T}})|_{0,\infty,\tilde{F}}\\&\lesssim h_T^{m-1-k(i)}\sum_{|\boldsymbol{\alpha}|=m-1}|\partial^{\boldsymbol{\alpha}}(\psi|_{\tilde{T}})|_{0,\infty,\tilde{F}}\\&=h_T^{m-1-k(i)}\sum_{|\boldsymbol{\alpha}|=m-1}|\partial^{\boldsymbol{\alpha}}v-\partial^{\boldsymbol{\alpha}}(\psi|_{\tilde{T}})|_{0,\infty,\tilde{F}}\\&\lesssim h_T^{s+1-k(i)}|v|_{s+1,\infty,\tilde{T}}.\end{aligned}$$

用引理 3.5.7 的证明方法处理 $|\tilde{\partial}^{\boldsymbol{\beta}}(\psi|_T)-\tilde{\partial}^{\boldsymbol{\beta}}(\psi|_{\tilde{T}})|_{0,\infty,G_i}$ 得到

$$|\tilde{\partial}^{\boldsymbol{\beta}}(\psi|_T)-\tilde{\partial}^{\boldsymbol{\beta}}(\psi|_{\tilde{T}})|_{0,\infty,G_i}+|\tilde{\partial}^{\boldsymbol{\beta}}(\psi|_{\tilde{T}})|_{0,\infty,G_i}\lesssim h_T^{s+1-k(i)}\sum_{T'\in S_h(T)}|v|_{s+1,\infty,T'},$$

进而从式 (3.5.42) 得到式 (3.5.39).

(4) $k(i)>s$ 的情形. 由逆不等式, 引理 3.5.6, 式 (3.2.7) 和式 (3.5.21) 得

$$\begin{aligned}|d_{i,T}(w|_T)|=|D_{i,T}(\psi|_T)|_{0,\infty,G_i}&\lesssim h_T^{-\frac{n}{\varrho}}|D_{i,T}(\psi|_T)|_{0,\varrho,T}\\&\lesssim h_T^{s+1-k(i)-\frac{n}{\varrho}}|\psi|_{s+1,\varrho,T}\lesssim h_T^{s+1-k(i)-\frac{n}{\varrho}}|v|_{s+1,\varrho,T}.\end{aligned}$$

如果 $\varrho<\infty$, 则得到式 (3.5.38), 否则得到式 (3.5.39).

最后, 由式 (3.5.38) 和式 (3.5.39), 再加上引理 3.5.7 的证明, 就得到了本引理的结论. □

**定理 3.5.3**　设 $\varrho\in[2,\infty]$, $\mathcal{F}$ 是常规有限元簇, 并且存在非负整数 $r$, 使得 $P_r(T)\subset P_T$ $(\forall(T,P_T,\boldsymbol{D}_T)\in\mathcal{F})$. 令 $s\in\{0,1,\cdots,r\}$, 则

$$|v-\Pi_h^p v|_{j,\varrho,h}\lesssim h^{s+1-j}|v|_{s+1,\varrho,\Omega},\quad 0\leqslant j\leqslant s+1 \tag{3.5.43}$$

对所有 $v\in W^{s+1,\varrho}(\Omega)$ 和所有 $h$ 成立.

**证明**　在本定理的条件下, 引理 3.5.7 成立. 当 $\varrho<\infty$ 时, 将式 (3.5.27) 对所有的 $T\in\mathcal{T}_h$ 求和得到

$$|v-\Pi_h^p v|_{j,\varrho,h}^{\varrho}\lesssim h^{(s+1-j)\varrho}\sum_{T\in\mathcal{T}_h}\sum_{T'\in S_h(T)}|v|_{s+1,\varrho,T'}^{\varrho}.$$

对于 $T''\in T_h$, 它在求和

$$\sum_{T\in\mathcal{T}_h}\sum_{T'\in S_h(T)}$$

中出现的次数为 $N_h(T'')$, 所以从引理 3.5.2 可以得到

$$\sum_{T\in\mathcal{T}_h}\sum_{T'\in S_h(T)}|v|_{s+1,\varrho,T'}^{\varrho}\lesssim\sum_{T\in\mathcal{T}_h}|v|_{s+1,\varrho,T}^{\varrho}=|v|_{s+1,\varrho,\Omega}^{\varrho},$$

这样就得到了式 (3.5.43).

当 $\varrho=\infty$ 时, 由式 (3.5.28) 得

$$|v-\Pi_h^p v|_{j,\infty,T}\lesssim h^{s+1-j}|v|_{s+1,\infty,\Omega},\quad\forall T\in\mathcal{T}_h.$$

再由式 (3.5.4) 就得到了式 (3.5.43). □

采用定理 3.5.3 证明的类似方法, 可以得到下面的定理:

**定理 3.5.4** 假设 $m>0$, $\varrho\in[2,\infty]$, $\mathcal{F}$ 是常规有限元簇, 并且存在非负整数 $r$, 使得 $P_r(T)\subset P_T$ $(\forall(T,P_T,\boldsymbol{D}_T)\in\mathcal{F})$. 设 $k(i)<2m$ $(1\leqslant i\leqslant k_2)$, 令 $s\in\{0,1,\cdots,r\}$, 则

$$|v-\Pi_{h0}^{p}v|_{j,\varrho,h}\lesssim h^{s+1-j}|v|_{s+1,\varrho,\Omega},\quad 0\leqslant j\leqslant s+1 \tag{3.5.44}$$

对所有 $v\in W^{s+1,\varrho}(\Omega)\cap W_0^{m,\varrho}(\Omega)$ 和所有 $h$ 成立.

通过比较定理 3.5.1 和定理 3.5.3 可知对于常规有限元簇, 条件 $r+1-\kappa>n/\varrho$ 可以去掉, 而且当被逼近的函数正则性较低时也可以得到相应, 较低的逼近精度.

定理 3.5.4 中的条件 $k(i)<2m$ $(1\leqslant i\leqslant k_2)$ 不是必要的, 是为了避免涉及关于区域 $\Omega$ 的边界和节点参数的更复杂的讨论. 另外, 这一条件并不苛刻, 第 2 章中所列出的有限元都满足这一条件.

## 3.6 一般单元的插值误差

在 3.3 节中, 考虑了仿射连续和尺度不变有限元的插值误差估计. 在这些有限元中, 单元 $T$ 是由参照单元经过仿射变换得到的. 在实际应用中, 有些单元可能不是这种情况. 本节考虑更一般的情形.

首先, 选择一个 $\mathbf{R}^n$ 中的有界闭多胞形 $\hat{T}$ 作为参照单元, 然后选择 $(C^{\iota}(\hat{T}))^n$ 的一个有限维子空间 $\mathcal{S}$, 其中, $\iota$ 足够大. 对任意可逆的 $\boldsymbol{\Psi}_T\in\mathcal{S}$, 由 $T=\boldsymbol{\Psi}_T\hat{T}$ 定义一个单元 $T$. 这样就得到了一簇单元. 如果 $\hat{\boldsymbol{a}}$ 是 $\hat{T}$ 的一个顶点, 则称 $\boldsymbol{a}=\boldsymbol{\Psi}_T\hat{\boldsymbol{a}}$ 是 $T$ 的一个顶点. 如果 $\hat{F}$ 是 $\hat{T}$ 的一个 $r$ 面, 则称 $F=\boldsymbol{\Psi}_T\hat{F}$ 是 $T$ 的一个 $r$ 面.

下面列出一些例子.

**$n$ 单纯形单元** 参照单元 $\hat{T}$ 是顶点由式 (3.1.16) 给出的 $n$ 单纯形, $\mathcal{S}=(P_1(\hat{T}))^n$.

**$n$ 平行体单元** 参照单元 $\hat{T}$ 是由式 (3.1.18) 给出的超立方体, $\mathcal{S}=(P_1(\hat{T}))^n$. 当 $n=2$ 时, $n$ 平行体单元是平行四边形单元, 当 $n=3$ 时是平行六面体单元.

**二次曲边 $n$ 单纯形单元** 参照单元 $\hat{T}$ 仍是顶点由式 (3.1.16) 给出的 $n$ 单纯形, $\mathcal{S}=(P_2(\hat{T}))^n$. 从式 (2.4.7) 可知确定一个二次曲边 $n$ 单纯形单元 $T$ 只需要给出 $T$ 上对应于 $\hat{T}$ 的顶点和每个边中点的点. 当 $n=2$ 时, 称二次曲边 $n$ 单纯形单元为曲边三角形单元.

**四边形单元** 参照单元 $\hat{T}$ 是正方形 $\{\hat{\boldsymbol{x}}\mid|\hat{x}_i|\leqslant 1, i=1,2\}$, $\mathcal{S}=(Q_1(\hat{T}))^2$. 由式 (2.5.5) 可知给出了 $T$ 的顶点就可以确定 $T$.

**二次曲边 $n$ 平行体单元** 参照单元 $\hat{T}$ 是由式 (3.1.18) 给出的超立方体, $\mathcal{S}=(P_2(\hat{T}))^n$. 当 $n=2$ 时, 称二次曲边 $n$ 平行体单元为曲边四边形单元.

类似于仿射簇, 可以定义 $\mathcal{S}$ 簇. 称一簇有限元 $\mathcal{F}$ 为一个 $\mathcal{S}$ 簇, 如果存在一个参照有限元 $(\hat{T}, P_{\hat{T}}, \boldsymbol{D}_{\hat{T}})$, 使得对簇 $\mathcal{F}$ 中的每个 $(T, P_T, \boldsymbol{D}_T)$ 有

$$\begin{cases} T = \boldsymbol{\Psi}_T \hat{T}, \quad \boldsymbol{\Psi}_T \in \mathcal{S} \ \text{可逆}, \\ P_T = \{\ p \mid p = \hat{p} \cdot \boldsymbol{\Psi}_T^{-1}, \hat{p} \in P_{\hat{T}}\}, \\ \boldsymbol{D}_T(v) = \boldsymbol{M}_T \boldsymbol{D}_{\hat{T}}(\hat{v}), \quad \hat{v} = v \cdot \boldsymbol{\Psi}_T, \quad \forall v \in C^{\kappa}(T), \end{cases} \tag{3.6.1}$$

其中, $\boldsymbol{M}_T$ 是一与 $v$ 无关的可逆矩阵.

给定了 $(\hat{T}, P_{\hat{T}}, \boldsymbol{D}_{\hat{T}})$ 后由式 (3.6.1) 就可以得到一个 $\mathcal{S}$ 簇.

$\mathcal{S}$ 簇的一个特殊和重要的情形是等参有限元. 如果 $\mathcal{S} = (P_{\hat{T}})^n$, 则称该簇有限元为等参有限元. 关于等参有限元的例子参见文献 [4].

如果 $\boldsymbol{\Psi}_T \in \mathcal{S}$ 是可逆的且 $T = \boldsymbol{\Psi}_T \hat{T}$, 令对应关系 (3.1.20) 和式 (3.1.21) 成立. 定义

$$\begin{cases} J_{\boldsymbol{\Psi}_T}(\hat{\boldsymbol{x}}) = \det\left(\dfrac{\partial}{\partial x_j}(\boldsymbol{\Psi}_T(\hat{\boldsymbol{x}}))_i\right), \\ J_{\boldsymbol{\Psi}_T^{-1}}(\boldsymbol{x}) = (J_{\boldsymbol{\Psi}_T}(\hat{\boldsymbol{x}}))^{-1}, \end{cases} \tag{3.6.2}$$

$$\begin{cases} |\boldsymbol{\Psi}_T|_{l,\infty,\hat{T}} = \max\limits_{|\boldsymbol{\alpha}|=l, 1 \leqslant i \leqslant n} \sup\limits_{\hat{\boldsymbol{x}} \in \hat{T}} |\partial^{\boldsymbol{\alpha}}(\boldsymbol{\Psi}_T)_i(\hat{\boldsymbol{x}})|, \\ |\boldsymbol{\Psi}_T^{-1}|_{l,\infty,T} = \max\limits_{|\boldsymbol{\alpha}|=l, 1 \leqslant i \leqslant n} \sup\limits_{\boldsymbol{x} \in T} |\partial^{\boldsymbol{\alpha}}(\boldsymbol{\Psi}_T^{-1})_i(\boldsymbol{x})|, \end{cases} \quad l = 0, 1, \cdots. \tag{3.6.3}$$

引理 3.1.1 说明仿射变换的导数的范数可以由单元的几何尺寸界定. 对于 $\mathcal{S}$ 映射的情形, 经过细致的讨论也可以相应的结果. 这里只考虑四边形单元.

令 $T$ 是一个凸四边形, 逆时针顺序记其顶点为 $\boldsymbol{a}_j = (a_{1j}, a_{2j})^{\mathrm{T}} \quad (1 \leqslant j \leqslant 4)$. 记 $T$ 的两条对角线中点之间的距离为 $d_T$. 令 $\hat{T} = \{\hat{\boldsymbol{x}} \mid |\hat{x}_i| \leqslant 1, i = 1, 2\}$, 其顶点为 $\hat{\boldsymbol{a}}_j = (\xi_{1j}, \xi_{2j})^{\mathrm{T}}(1 \leqslant j \leqslant 4)$, 其中,

$$\begin{aligned} &\xi_{11} = 1, \quad \xi_{12} = -1, \quad \xi_{13} = -1, \quad \xi_{14} = 1, \\ &\xi_{21} = 1, \quad \xi_{22} = 1, \quad \xi_{23} = -1, \quad \xi_{24} = -1. \end{aligned}$$

当

$$\boldsymbol{\Psi}_T \hat{\boldsymbol{x}} = \frac{1}{4} \sum_{j=1}^{4} (1 + \xi_{1j} \hat{x}_1)(1 + \xi_{2j} \hat{x}_2) \boldsymbol{a}_j \tag{3.6.4}$$

时, $T = \boldsymbol{\Psi}_T \hat{T}$.

**引理 3.6.1** 对于一个四边形 $T$ 有

$$\begin{cases} |\boldsymbol{\Psi}_T|_{1,\infty,\hat{T}} \leqslant \dfrac{1}{2}(h_T + d_T), \\ |\boldsymbol{\Psi}_T|_{2,\infty,\hat{T}} \leqslant \dfrac{1}{2} d_T, \\ |\boldsymbol{\Psi}_T|_{l,\infty,\hat{T}} = 0, l > 2, \end{cases} \tag{3.6.5}$$

并且

$$\frac{1}{4}(|T| - h_T d_T) \leqslant \left|J_{\boldsymbol{\Psi}_T}(\hat{\boldsymbol{x}})\right| \leqslant \frac{1}{4}(|T| + h_T d_T), \quad \forall \hat{\boldsymbol{x}} \in \hat{T}. \tag{3.6.6}$$

**证明** 令 $\boldsymbol{b} = \boldsymbol{a}_1 - \boldsymbol{a}_3$, $\boldsymbol{c} = \boldsymbol{a}_4 - \boldsymbol{a}_2$, $\boldsymbol{d} = \dfrac{1}{2}(\boldsymbol{a}_1 + \boldsymbol{a}_3) - \dfrac{1}{2}(\boldsymbol{a}_2 + \boldsymbol{a}_4)$, 则 $\boldsymbol{\Psi}_T$ 的导数可以表示如下:

$$\begin{aligned}
&\frac{\partial}{\partial \hat{x}_1}\boldsymbol{\Psi}_T(\hat{x}) = \frac{1}{4}\sum_{j=1}^{4}\xi_{1j}(1+\xi_{2j}\hat{x}_2)\boldsymbol{a}_j = \frac{1}{4}(\boldsymbol{b}+\boldsymbol{c}+2\hat{x}_2\boldsymbol{d}),\\
&\frac{\partial}{\partial \hat{x}_2}\boldsymbol{\Psi}_T(\hat{\boldsymbol{x}}) = \frac{1}{4}\sum_{j=1}^{4}\xi_{2j}(1+\xi_{1j}\hat{x}_1)\boldsymbol{a}_j = \frac{1}{4}(\boldsymbol{b}-\boldsymbol{c}+2\hat{x}_1\boldsymbol{d}),\\
&\frac{\partial^2}{\partial \hat{x}_1^2}\boldsymbol{\Psi}_T(\hat{\boldsymbol{x}}) = \frac{\partial^2}{\partial \hat{x}_2^2}\boldsymbol{\Psi}_T(\hat{\boldsymbol{x}}) = 0,\\
&\frac{\partial^2}{\partial \hat{x}_1\partial \hat{x}_2}\boldsymbol{\Psi}_T(\hat{\boldsymbol{x}}) = \frac{1}{4}\sum_{j=1}^{4}\xi_{2j}\xi_{1j}\boldsymbol{a}_j = \frac{1}{2}\boldsymbol{d}.
\end{aligned}$$

显然, 式 (3.6.5) 成立. 记 $\boldsymbol{b} = (b_1, b_2)^{\mathrm{T}}, \boldsymbol{c} = (c_1, c_2)^{\mathrm{T}}$, $\boldsymbol{d} = (d_1, d_2)^{\mathrm{T}}$, 可以算得

$$\begin{aligned}
J_{\boldsymbol{\Psi}_T}(\hat{\boldsymbol{x}}) = &\frac{1}{8}\Big((c_1b_2 - c_2b_1) + (\hat{x}_1 - \hat{x}_2)(b_1d_2 - b_2d_1)\\
&+(\hat{x}_1 + \hat{x}_2)(c_1d_2 - c_2d_1)\Big).
\end{aligned} \tag{3.6.7}$$

当 $\hat{\boldsymbol{x}} \in \hat{T}$ 时有

$$\begin{aligned}
|J_{\boldsymbol{\Psi}_T}(\hat{\boldsymbol{x}})| \leqslant &\frac{1}{8}\Big(|c_1b_2 - c_2b_1| + |\hat{x}_1 - \hat{x}_2||b_1d_2 - b_2d_1|\\
&+ |\hat{x}_1 + \hat{x}_2||c_1d_2 - c_2d_1|\Big),\\
|J_{\boldsymbol{\Psi}_T}(\hat{\boldsymbol{x}})| \geqslant &\frac{1}{8}\Big(|c_1b_2 - c_2b_1| - |\hat{x}_1 - \hat{x}_2||b_1d_2 - b_2d_1|\\
&- |\hat{x}_1 + \hat{x}_2||c_1d_2 - c_2d_1|\Big).
\end{aligned}$$

因为 $|c_1b_2 - c_2b_1| = 2|T|$ 且

$$|b_1d_2 - b_2d_1| \leqslant h_T d_T, \quad |c_1d_2 - c_2d_1| \leqslant h_T d_T,$$

于是得到

$$\begin{aligned}
|J_{\boldsymbol{\Psi}_T}(\hat{x})| \leqslant &\frac{1}{8}\Big(2|T| + (|\hat{x}_1 - \hat{x}_2| + |\hat{x}_1 + \hat{x}_2|)h_T d_T\Big),\\
|J_{\boldsymbol{\Psi}_T}(\hat{x})| \geqslant &\frac{1}{8}\Big(2|T| - (|\hat{x}_1 - \hat{x}_2| + |\hat{x}_1 + \hat{x}_2|)h_T d_T\Big).
\end{aligned}$$

注意 $|\hat{x}_1-\hat{x}_2|+|\hat{x}_1+\hat{x}_2|\leqslant 2$ 就得到了式 (3.6.6). □

对于给定的正数 $\epsilon$, 定义一个关于四边形的假设如下:

**HQ($\epsilon$)**　四边形 $T$ 满足 $d_T\lesssim h_T^{1+\epsilon}$.

由式 (3.6.6) 可以直接得到下面的引理:

**引理 3.6.2**　对于四边形 $T$, 如果存在正数 $\epsilon$ 和 $\eta$, 使得 HQ($\epsilon$) 成立且 $h_T\leqslant\eta\rho_T$, 则当 $h_T$ 足够小时,

$$|J_{\boldsymbol{\Psi}_T}(\hat{\boldsymbol{x}})^{-1}|\lesssim h_T^{-2}. \tag{3.6.8}$$

令 $k$ 是一个正整数. 对于一般的 $\mathcal{S}$, 用 $\mathcal{S}_{e,k}$ 表示所有这样的单元 $T$ 构成的集合: 存在可逆的 $\boldsymbol{\Psi}_T\in\mathcal{S}$, 使得 $T=\boldsymbol{\Psi}_T\hat{T}$ 且 $\boldsymbol{\Psi}_T$ 满足

$$\begin{cases}|\boldsymbol{\Psi}_T|_{l,\infty,\hat{T}}\lesssim h_T^l, & 1\leqslant l\leqslant k,\\ |J_{\boldsymbol{\Psi}_T}^{-1}|_{0,\infty,\hat{T}}\lesssim h_T^{-n}.\end{cases} \tag{3.6.9}$$

对于趋向于零的网格尺寸 $h$, 如果 $\mathcal{S}_{e,k}$ 的子集 $\mathcal{T}_h$ 是 $\Omega$ 的一个剖分且对所有的 $T\in\mathcal{T}_h$ 有 $h_T\leqslant h$, 则称 $\mathcal{T}_h$ 是形状规则的.

**引理 3.6.3**　设 $k$ 是一个正整数. 对 $l\in\{1,\cdots,k\}$,

$$|\boldsymbol{\Psi}_T^{-1}|_{l,\infty,T}\lesssim h_T^{-l} \tag{3.6.10}$$

对所有 $T=\boldsymbol{\Psi}_T\hat{T}\in\mathcal{S}_{e,k}$ 成立.

**证明**　对 $\hat{\boldsymbol{x}}\in\hat{T}$, 令 $\boldsymbol{x}=\boldsymbol{\Psi}_T(\hat{\boldsymbol{x}})$. 由不等式 (3.6.9) 可知矩阵

$$\nabla_{\hat{\boldsymbol{x}}}\boldsymbol{\Psi}_T(\hat{\boldsymbol{x}})=\begin{pmatrix}\dfrac{\partial}{\partial\hat{x}_1}(\boldsymbol{\Psi}_T(\hat{\boldsymbol{x}}))_1 & \cdots & \dfrac{\partial}{\partial\hat{x}_1}(\boldsymbol{\Psi}_T(\hat{\boldsymbol{x}}))_n\\ \vdots & & \vdots\\ \dfrac{\partial}{\partial\hat{x}_n}(\boldsymbol{\Psi}_T(\hat{\boldsymbol{x}}))_1 & \cdots & \dfrac{\partial}{\partial\hat{x}_n}(\boldsymbol{\Psi}_T(\hat{\boldsymbol{x}}))_n\end{pmatrix}$$

对所有的 $\hat{\boldsymbol{x}}\in\hat{T}$ 是可逆的, 从而

$$\nabla_{\boldsymbol{x}}\boldsymbol{\Psi}_T^{-1}(\boldsymbol{x})=(\nabla_{\hat{\boldsymbol{x}}}\boldsymbol{\Psi}_T(\hat{\boldsymbol{x}}))^{-1}=\frac{1}{J_{\boldsymbol{\Psi}_T}}\begin{pmatrix}f_{11} & \cdots & f_{1n}\\ \vdots & & \vdots\\ f_{n1} & \cdots & f_{nn}\end{pmatrix}, \tag{3.6.11}$$

其中, $f_{ij}$ 是某 $n-1$ 个 $\boldsymbol{\Psi}_T$ 的一阶导数的乘积的和. 再由式 (3.6.11) 和式 (3.6.9) 就得到了引理的结论. □

**引理 3.6.4**　设 $\varrho\in[1,\infty]$, $k>0$. 对 $l\in\{0,\cdots,k\}$,

$$|v|_{l,\varrho,T}\lesssim h_T^{\frac{n}{\varrho}-l}\|\hat{v}\|_{l,\varrho,\hat{T}},\quad\forall\hat{v}\in W^{l,\varrho}(\hat{T}), \tag{3.6.12}$$

$$|\hat{v}|_{l,\varrho,\hat{T}} \lesssim h_T^{l-\frac{n}{\varrho}} \|v\|_{l,\varrho,T}, \quad \forall v \in W^{l,\varrho}(T) \tag{3.6.13}$$

对所有的 $T \in \mathcal{S}_{e,k}$ 成立.

**证明** 设 $\hat{w} \in L^\varrho(\hat{T})$, 采用坐标变换 $\boldsymbol{x} = \boldsymbol{\Psi}_T(\hat{\boldsymbol{x}})$ 得

$$|w|_{0,\varrho,T}^\varrho = \int_T |w|^\varrho \, \mathrm{d}\boldsymbol{x} = \int_{\hat{T}} |\hat{w}|^\varrho |J_{\boldsymbol{\Psi}_T}(\hat{\boldsymbol{x}})| \, \mathrm{d}\hat{\boldsymbol{x}}.$$

由式 (3.6.9) 可知当 $l=0$ 时式 (3.6.12) 成立.

令 $l>0$, $\hat{v} \in W^{l,\varrho}(\hat{T})$. 对每个满足 $|\boldsymbol{\alpha}| = l$ 的 $\boldsymbol{\alpha}$ 有

$$\partial_{\boldsymbol{x}}^{\boldsymbol{\alpha}} v = \sum_{1 \leqslant |\boldsymbol{\beta}| \leqslant l} G_{l\boldsymbol{\alpha}\boldsymbol{\beta}}(\boldsymbol{\Psi}_T^{-1}) \partial_{\hat{\boldsymbol{x}}}^{\boldsymbol{\beta}} \hat{v}, \tag{3.6.14}$$

其中, $G_{l\boldsymbol{\alpha}\boldsymbol{\beta}}(\boldsymbol{\Psi}_T^{-1})$ 是若干满足下面条件的项 $\partial_{\boldsymbol{x}}^{\gamma^1}(\boldsymbol{\Psi}_T^{-1})_{i_1} \cdots \partial_{\boldsymbol{x}}^{\gamma^j}(\boldsymbol{\Psi}_T^{-1})_{i_j}$ 的和:

$$1 \leqslant j \leqslant l, \quad 1 \leqslant i_1, \cdots, i_j \leqslant n, \quad \sum_{s=1}^{j} |\gamma^s| = l.$$

可以用归纳法证明等式 (3.6.14).

由式 (3.6.10) 有

$$|\partial_{\boldsymbol{x}}^{\boldsymbol{\alpha}} v| \lesssim h_T^{-l} \sum_{1 \leqslant |\boldsymbol{\beta}| \leqslant l} |\partial_{\hat{\boldsymbol{x}}}^{\boldsymbol{\beta}} \hat{v}|,$$

所以式 (3.6.12) 成立. 类似地, 可以证明式 (3.6.13). □

**定理 3.6.1** 设 $\varrho \in [1,\infty]$, $\mathcal{F}$ 是 $\mathcal{S}$ 簇, 存在一个非负整数 $r$ 满足 $r+1-\kappa > n/\varrho$, 并且对参照有限元 $(\hat{T}, P_{\hat{T}}, \boldsymbol{D}_{\hat{T}})$ 有 $P_r(\hat{T}) \subset P_{\hat{T}}$. 对 $j \in \{0,1,\cdots,r+1\}$, 如果 $s_j$ 满足

$$\begin{cases} \varrho \leqslant s_j \leqslant \dfrac{n\varrho}{n-(r+1-j)\varrho}, & (r+1-j)\varrho < n, \\ \varrho \leqslant s_j < \infty, & (r+1-j)\varrho = n, \\ \varrho \leqslant s_j \leqslant \infty, & (r+1-j)\varrho > n, \end{cases}$$

则

$$|v - \Pi_T v|_{j,s_j,T} \lesssim h_T^{r+1-j+\frac{n}{s_j}-\frac{n}{\varrho}} \|v\|_{r+1,\varrho,T}, \quad 0 \leqslant j \leqslant r+1 \tag{3.6.15}$$

对所有 $v \in W^{r+1,\varrho}(T)$ 和所有 $\mathcal{F}$ 中满足 $T \in \mathcal{S}_{e,r+1}$ 的 $(T, P_T, \boldsymbol{D}_T)$ 成立.

**证明** 因为 $r+1-\kappa > n/\varrho$, 所以由定理 1.1.2 知道 $W^{r+1,\varrho}(\hat{T})$ 是 $C^\kappa(\hat{T})$ 的子空间, 进而 $d_{i,\hat{T}}$ 也是 $W^{r+1,\varrho}(\hat{T})$ 上的连续线性泛函, $\Pi_{\hat{T}}$ 是从 $W^{r+1,\varrho}(\hat{T})$ 到 $P_{\hat{T}}$ 的连续线性算子.

应用引理 3.6.4 有

$$|v - \Pi_T v|_{j,s_j,T} \lesssim h_T^{\frac{n}{s_j}-j} \|\hat{v} - \widehat{\Pi_T v}\|_{j,s_j,\hat{T}}.$$

另一方面, 对 $m=0,1,\cdots,j$ 有

$$\|\hat{v}-\widehat{\Pi_T v}\|_{m,s_j,\hat{T}}=\|\hat{v}-\Pi_{\hat{T}}\hat{v}\|_{m,s_j,\hat{T}}\lesssim|\hat{v}|_{r+1,\varrho,\hat{T}}\lesssim h_T^{r+1-\frac{n}{\varrho}}\|v\|_{r+1,\varrho,T}.$$

这样就证明了本定理. □

类似于仿射连续性, 可以给出 $\mathcal{S}$ 连续的定义. 称一簇有限元 $\mathcal{F}$ 具有 $\mathcal{S}$ 连续性如果 HF1 和下面的 HF2′, HF4′, SC1 与 SC2 为真.

**HF2′**　对于任意 $T\in\mathcal{F}_e$, 存在可逆映射 $\boldsymbol{\Psi}_T\in\mathcal{S}$, 使得 $T=\boldsymbol{\Psi}_T\hat{T}$.

**HF4′**　如果 $\{T_k\}$ 是 $\mathcal{F}_e$ 中的序列且当 $k\to\infty$ 时, $\boldsymbol{\Psi}_{T_k}$ 在 $(C^\iota(\hat{T}))^n/(P_0(\hat{T}))^n$ 意义下收敛到一个可逆映射 $\boldsymbol{\Psi}_\infty\in\mathcal{S}$, 则 $T_\infty=\boldsymbol{\Psi}_\infty\hat{T}$ 属于 $\mathcal{F}_e$.

**SC1**　若 $\{(T_k,P_{T_k},\boldsymbol{D}_{T_k})\}$ 是 $\mathcal{F}$ 中的序列且当 $k\to\infty$ 时, $\boldsymbol{\Psi}_{T_k}$ 在 $(C^\iota(\hat{T}))^n/(P_0(\hat{T}))^n$ 下收敛于可逆映射 $\boldsymbol{\Psi}_{T_\infty}$, 则对 $1\leqslant i\leqslant L$, $\widehat{d_{i,T_k}}$ 在 $C^\kappa(\hat{T})$ 的对偶空间中收敛于 $\widehat{d_{i,T_\infty}}$, 其中, $d_{i,T_k}$ 是有限元 $(T_k,P_{T_k},\boldsymbol{D}_{T_k})$ 或其等价的有限元的节点参数.

**SC2**　若 $\{(T_k,P_{T_k},\boldsymbol{D}_{T_k})\}$ 是 $\mathcal{F}$ 中的序列且当 $k\to\infty$ 时, $\boldsymbol{\Psi}_{T_k}$ 在 $(C^\iota(\hat{T}))^n/(P_0(\hat{T}))^n$ 下收敛于可逆映射 $\boldsymbol{\Psi}_{T_\infty}$, 则对每个 $k$ 存在 $P_{T_k}$ 的一组基 $q_{1,T_k},q_{2,T_k},\cdots,q_{L,T_k}$, 使得 $\widehat{q_{i,T_k}}$ 在空间 $C^\kappa(\hat{T})$ 中收敛于 $\widehat{q_{i,T_\infty}}$ $(1\leqslant i\leqslant L)$, 并且 $q_{1,T_\infty},q_{2,T_\infty},\cdots,q_{L,T_\infty}$ 是 $P_{T_\infty}$ 的一组基.

对于具有 $\mathcal{S}$ 连续性和尺度不变性的有限元簇, 有类似于具有仿射连续性和尺度不变性的有限元簇的结果.

**定理 3.6.2**　设 $\varrho\in[1,\infty]$, 有限元簇 $\mathcal{F}$ 是 $\mathcal{S}$ 连续和尺度不变的, 存在非负整数 $r$ 满足 $r+1-\kappa>n/\varrho$, 并且 $P_r(T)\subset P_T$ $(\forall(T,P_T,\boldsymbol{D}_T)\in\mathcal{F})$. 对 $j\in\{0,1,\cdots,r+1\}$, 如果数 $s_j$ 满足

$$\begin{cases}\varrho\leqslant s_j\leqslant\dfrac{n\varrho}{n-(r+1-j)\varrho}, & (r+1-j)\varrho<n,\\ \varrho\leqslant s_j<\infty, & (r+1-j)\varrho=n,\\ \varrho\leqslant s_j\leqslant\infty, & (r+1-j)\varrho>n,\end{cases}$$

则

$$|v-\Pi_T v|_{j,s_j,T}\lesssim h_T^{r+1-j+\frac{n}{s_j}-\frac{n}{\varrho}}|v|_{r+1,\varrho,T},\quad 0\leqslant j\leqslant r+1 \tag{3.6.16}$$

对所有 $v\in W^{r+1,\varrho}(T)$ 和 $\mathcal{F}$ 中所有满足 $T\in\mathcal{S}_{\varrho,r+1}$ 的 $(T,P_T,\boldsymbol{D}_T)$ 成立.

**定理 3.6.3**　设 $\varrho\in[1,\infty]$, 有限元簇 $\mathcal{F}$ 是 $\mathcal{S}$ 连续和尺度不变的, 存在非负整数 $r$ 满足 $r+1-\kappa>n/\varrho$, 并且 $P_r(T)\subset P_T$ $(\forall(T,P_T,\boldsymbol{D}_T)\in\mathcal{F})$. 对 $j\in\{0,1,\cdots,r\}$, 如果 $t_j$ 满足

$$\begin{cases}\varrho\leqslant t_j\leqslant\dfrac{(n-1)\varrho}{n-(r+1-j)\varrho}, & (r+1-j)\varrho<n,\\ \varrho\leqslant t_j<\infty, & (r+1-j)\varrho=n,\\ \varrho\leqslant t_j\leqslant\infty, & (r+1-j)\varrho>n,\end{cases}$$

则

$$\sum_{|\boldsymbol{\alpha}|=j} |\partial^{\boldsymbol{\alpha}}(v-\Pi_T v)|_{0,t_j,\partial T} \lesssim h_T^{r+1-j+\frac{n-1}{t_j}-\frac{n}{\varrho}} |v|_{r+1,\varrho,T} \tag{3.6.17}$$

对所有 $v \in W^{r+1,\varrho}(T)$ 和 $\mathcal{F}$ 中所有满足 $T \in \mathcal{S}_{e,r+1}$ 的 $(T, P_T, \boldsymbol{D}_T)$ 成立.

这两个定理的证明与定理 3.3.1 的证明非常相象, 差别是把后者中的 $S(\eta)$ 换成由 $\mathcal{S}_{e,r+1}$ 中所有满足 $h_T = 1$ 的单元构成的集合. □

令 $P_G^r$ 和 $P_F^r$ 分别为由式 (3.3.12) 和式 (3.3.17) 定义的算子. 类似于定理 3.3.3~定理 3.3.5 的结果如下:

**定理 3.6.4** 假设 $r$ 是非负整数, $\varrho \in [1,\infty]$. 设当 $(r+1)\varrho < n$ 时, $2 \leqslant \dfrac{n\varrho}{n-(r+1)\varrho}$. 对 $j \in \{0,1,\cdots,r+1\}$, 如果 $s_j$ 满足

$$\begin{cases} \varrho \leqslant s_j \leqslant \dfrac{n\varrho}{n-(r+1-j)\varrho}, & (r+1-j)\varrho < n, \\ \varrho \leqslant s_j < \infty, & (r+1-j)\varrho = n, \\ \varrho \leqslant s_j \leqslant \infty, & (r+1-j)\varrho > n, \end{cases}$$

则

$$|v - P_T^r v|_{j,s_j,T} \lesssim h_T^{r+1-j+\frac{n}{s_j}-\frac{n}{\varrho}} |v|_{r+1,\varrho,T} \tag{3.6.18}$$

对所有 $T \in \mathcal{S}_{e,r+1}$ 和所有 $v \in W^{r+1,\varrho}(T)$ 一致成立.

**定理 3.6.5** 假设 $r$ 是非负整数, $\varrho \in [1,\infty]$. 设当 $(r+1)\varrho < n$ 时, $2 \leqslant \dfrac{n\varrho}{n-(r+1)\varrho}$. 对 $j \in \{0,1,\cdots,r\}$, 如果 $t_j$ 满足

$$\begin{cases} \varrho \leqslant t_j \leqslant \dfrac{(n-1)\varrho}{n-(r+1-j)\varrho}, & (r+1-j)\varrho < n, \\ \varrho \leqslant t_j < \infty, & (r+1-j)\varrho = n, \\ \varrho \leqslant t_j \leqslant \infty, & (r+1-j)\varrho > n, \end{cases}$$

则

$$\sum_{|\boldsymbol{\alpha}|=j} |\partial^{\boldsymbol{\alpha}}(v-P_T^r v)|_{0,t_j,\partial T} \lesssim h_T^{r+1-j+\frac{n-1}{t_j}-\frac{n}{\varrho}} |v|_{r+1,\varrho,T} \tag{3.6.19}$$

对所有 $T \in \mathcal{S}_{e,r+1}$ 和所有 $v \in W^{r+1,\varrho}(T)$ 一致成立.

**定理 3.6.6** 假设 $r$ 是非负整数, $\varrho \in [1,\infty]$. 设当 $(r+1)\varrho < n$ 时, $2 \leqslant \dfrac{n\varrho}{n-(r+1)\varrho}$. 对 $j \in \{0,1,\cdots,r\}$, 如果 $s$ 满足

$$\begin{cases} \varrho \leqslant s \leqslant \dfrac{(n-1)\varrho}{n-(r+1)\varrho}, & (r+1)\varrho < n, \\ \varrho \leqslant s < \infty, & (r+1)\varrho = n, \\ \varrho \leqslant s \leqslant \infty, & (r+1)\varrho > n, \end{cases}$$

则

$$|v - P_F^r v|_{0,s,F} \lesssim h_T^{r+1+\frac{n-1}{s}-\frac{n}{\varrho}} |v|_{r+1,\varrho,T} \tag{3.6.20}$$

对所有 $T \in \mathcal{S}_{e,r+1}$, 所有 $T$ 的面 $F$ 和所有 $v \in W^{r+1,\varrho}(T)$ 一致成立.

在本节的最后, 介绍几个用于求解二阶椭圆边值问题的四边形有限元. 现在令 $n = 2$.

1. 四边形 Wilson 元

令 $\hat{T}$ 是由式 (3.1.18) 给出的正方形, $\mathcal{S} = (Q_1(\hat{T}))^2$. 记 Wilson 元为 $(\hat{T}, P_{\hat{T}}, \boldsymbol{D}_{\hat{T}})$. 四边形 Wilson 元是这样定义的 $\mathcal{S}$ 簇. 对四边形 Wilson 元, $(T, P_T, \boldsymbol{D}_T)$ 可以描述如下:

(1) 单元 $T$ 是凸四边形且存在一个可逆的 $\boldsymbol{\Psi}_T \in \mathcal{S} \equiv (Q_1(\hat{T}))^2$, 使得 $T = \boldsymbol{\Psi}_T \hat{T}$(图 3.6.1), 按逆时针顺序记其顶点 $\boldsymbol{a}_j$ $(1 \leqslant j \leqslant 4)$;

(2) 形函数空间 $P_T = \{p \mid p = \hat{p} \cdot \boldsymbol{\Psi}_T^{-1},\ \hat{p} \in P_2(\hat{T})\}$;

(3) 节点参数为对任意 $v \in C^2(T)$, $d_j : v \to v(\boldsymbol{a}_j)$　$(1 \leqslant j \leqslant 4)$ 和

$$d_{4+i}(v) = \frac{1}{4} \int_{\hat{T}} \frac{\partial^2}{\partial \hat{x}_i^2} v(\boldsymbol{\Psi}_T \hat{\boldsymbol{x}}) \, \mathrm{d}\hat{\boldsymbol{x}}, \quad i = 1, 2.$$

四边形 Wilson 元的有限元空间 $V_h = \{v \in L^2(\Omega) \mid v|_T \in P_T,\ \forall T \in \mathcal{T}_h,\ v$ 在 $\mathcal{T}_h$ 的所有顶点处连续$\}$, $V_{h0} = \{v \in V_h \mid v$ 在所有位于 $\partial\Omega$ 上的顶点处为零$\}$. □

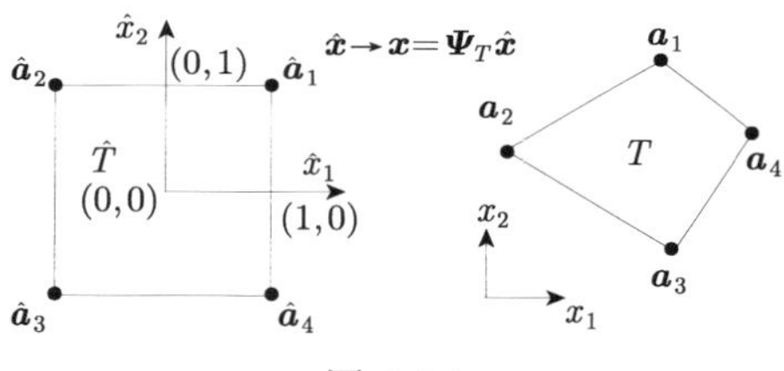


图 3.6.1

现在令 $T$ 为一四边形, 按逆时针顺序记其顶点 $\boldsymbol{a}_j (1 \leqslant j \leqslant 4)$, 记边 $\overline{\boldsymbol{a}_j \boldsymbol{a}_{j+1}}$ 的中点为 $\boldsymbol{a}_{4+j}$ $(j = 1, 2, 3)$, 边 $\overline{\boldsymbol{a}_4 \boldsymbol{a}_1}$ 的中点为 $\boldsymbol{a}_8$. 定义矩阵 $\boldsymbol{A}_T$ 如下:

$$\boldsymbol{A}_T = \frac{1}{4}(\boldsymbol{a}_1 - \boldsymbol{a}_2 - \boldsymbol{a}_3 + \boldsymbol{a}_4, \boldsymbol{a}_1 + \boldsymbol{a}_2 - \boldsymbol{a}_3 - \boldsymbol{a}_4).$$

2. 8 参数四边形元

8 参数四边形元的 $(T, P_T, \boldsymbol{D}_T)$ 定义如下:

(1) 单元 $T$ 是凸四边形且存在一个可逆的 $\boldsymbol{\Psi}_T \in \mathcal{S} \equiv (Q_1(\hat{T}))^2$, 使得 $T = \boldsymbol{\Psi}_T \hat{T}$;

(2) $P_T = P_2(T) + \mathrm{span}\{(\boldsymbol{A}_T^{-1}\boldsymbol{x})_1^2 (\boldsymbol{A}_T^{-1}\boldsymbol{x})_2, (\boldsymbol{A}_T^{-1}\boldsymbol{x})_1 (\boldsymbol{A}_T^{-1}\boldsymbol{x})_2^2\}$;

(3) 节点参数为 $d_j : v \to v(\boldsymbol{a}_j)$ $(1 \leqslant j \leqslant 8)$, $\forall v \in C(T)$.

对于 8 参数四边形元, 有限元空间 $V_h=\{v\in L^2(\Omega)\mid v|_T\in P_T,\ \forall T\in\mathcal{T}_h,\ v$ 在 $\mathcal{T}_h$ 的所有顶点和所有边的中点处连续$\}$, $V_{h0}=\{v\in V_h\mid v$ 在位于 $\partial\Omega$ 的顶点和边中点处为零$\}$.

首先要考虑的是 $\boldsymbol{D}_T$ 是否是 $P_T$ 唯一可解的. 令

$$
\begin{aligned}
&p_1=1,\quad p_2=x_1,\quad p_3=x_2,\quad \cdots,\\
&p_7=(\boldsymbol{A}_T^{-1}\boldsymbol{x})_1^2(\boldsymbol{A}_T^{-1}\boldsymbol{x})_2,\quad p_8=(\boldsymbol{A}_T^{-1}\boldsymbol{x})_1(\boldsymbol{A}_T^{-1}\boldsymbol{x})_2^2,
\end{aligned}
$$

记

$$
\boldsymbol{M}_T=\begin{pmatrix} d_1(p_1) & d_1(p_2) & \cdots & d_1(p_8)\\ d_2(p_1) & d_2(p_2) & \cdots & d_2(p_8)\\ \vdots & \vdots & & \vdots\\ d_8(p_1) & d_8(p_2) & \cdots & d_8(p_8)\end{pmatrix}, \tag{3.6.21}
$$

则 $\boldsymbol{D}_T$ 是 $P_T$ 唯一可解的当且仅当 $\boldsymbol{M}_T$ 是非奇异的. 当 $T$ 是平行四边形时, 可以验证 $\boldsymbol{M}_T$ 是非奇异的, 即 $\det(\boldsymbol{M}_T)\neq 0$.

**定理 3.6.7** 对于四边形 $T$, 如果 HQ($\epsilon$) 对 $\epsilon>0$ 成立且存在正数 $\eta$, 使得 $h_T\leqslant\eta\rho_T$, 则当 $h_T$ 足够小时, $\boldsymbol{D}_T$ 是 $P_T$ 唯一可解的.

**证明** 因为 $\det(\boldsymbol{M}_T)$, $\rho_T$ 和 $h_T$ 都由 $T$ 的顶点坐标唯一确定, 所以它们是变量 $x_{1i},x_{2i}$ $(i=1,2,3,4)$ 的连续函数.

记 $S_p(\eta)$ 是由所有满足 $\dfrac{1}{\eta}\leqslant\rho_T$, $h_T\leqslant 1$, 并且一个顶点在原点的平行四边形 $T$ 构成的集合, 则 $S_p(\eta)$ 中所有平行四边形的顶点坐标在一个有界集中变化, 这样就得到

$$
\min_{T\in S_p(\eta)}|\det(\boldsymbol{M}_T)|\geqslant c_1>0. \tag{3.6.22}
$$

于是存在一个小常数 $\delta>0$ 满足对一个四边形 $T$, 如果存在 $\tilde{T}\in S_p(\eta)$, 使得

$$
\sum_{j=1}^{4}\|\boldsymbol{a}_j-\tilde{\boldsymbol{a}}_j\|<\delta, \tag{3.6.23}
$$

则 $|\det(\boldsymbol{M}_T)|>0$ 成立, 其中, $\tilde{\boldsymbol{a}}_j(1\leqslant j\leqslant 4)$ 是 $\tilde{T}$ 的 4 个顶点,

给定一个四边形 $T$, 假设它的一个顶点, 如 $\boldsymbol{a}_4$, 在坐标系统原点. 定义一个平行四边形 $T'$ 如下: $T'$ 的三个顶点与 $T$ 相同, $\boldsymbol{a}_i'=\boldsymbol{a}_i$ $(i=2,3,4)$, 另一个顶点 $\boldsymbol{a}_1'$ 与 $\boldsymbol{a}_1$ 的关系为

$$
\boldsymbol{a}_1'=\boldsymbol{a}_1+h_T(\epsilon_1,\epsilon_2)^{\mathrm{T}}. \tag{3.6.24}
$$

HQ($\epsilon$) 意味着

$$
\epsilon_1=O(h_T^{\epsilon}),\quad \epsilon_2=O(h_T^{\epsilon}). \tag{3.6.25}
$$

定义 $G_T:\mathbf{R}^2\to\mathbf{R}^2$ 为 $G_T\boldsymbol{x}=h_T^{-1}\boldsymbol{x}(x\in\mathbf{R}^2)$, 于是

$$\bar{T}=G_TT,\quad \bar{T}'=G_TT',$$

顶点的变化为

$$\boldsymbol{a}_j\to\bar{\boldsymbol{a}}_j=G_T\boldsymbol{a}_j,\quad \boldsymbol{a}_j'\to\bar{\boldsymbol{a}}_j'=G_T\boldsymbol{a}_j',\quad 1\leqslant j\leqslant 4.$$

显然

$$\bar{\boldsymbol{a}}_j=\bar{\boldsymbol{a}}_j',\ j=2,3,4,\quad \bar{\boldsymbol{a}}_1=\bar{\boldsymbol{a}}_1'+(\epsilon_1,\epsilon_2)^{\mathrm{T}},\tag{3.6.26}$$

所以当 $h_T$ 足够小时,

$$\sum_{j=1}^{4}\|\bar{\boldsymbol{a}}_j-\bar{\boldsymbol{a}}_j'\|<\delta.$$

由 $\bar{T}'\in S_p(\eta)$ 得

$$|\det(\boldsymbol{M}_{\bar{T}})|>0,$$

注意

$$\det(\boldsymbol{M}_T)=h_T^8\det(\boldsymbol{M}_{\bar{T}}),$$

就得到了定理. □

3. 12 参数四边形元

12 参数四边形元的 $(T,P_T,\boldsymbol{D}_T)$ 定义如下:

(1) 单元 $T$ 是凸四边形且存在一个可逆的 $\boldsymbol{\Psi}_T\in\mathcal{S}\equiv(Q_1(\hat{T}))^2$, 使得 $T=\boldsymbol{\Psi}_T\hat{T}$;

(2) $P_T=P_3(T)+\mathrm{span}\{x_1^3x_2,x_1x_2^3\}$;

(3) 节点参数为对任意 $v\in C(T)$, $d_j:v\to v(\boldsymbol{a}_j)(1\leqslant j\leqslant 8)$,

$$d_{8+j}(v)=\int_T vq_j\,\mathrm{d}\boldsymbol{x},\quad 1\leqslant j\leqslant 4,$$

其中, $q_j\in P_T$ 相互正交且正交于空间

$$P_2(T)+\mathrm{span}\ \{(\boldsymbol{A}_T^{-1}\boldsymbol{x})_1^2(\boldsymbol{A}_T^{-1}\boldsymbol{x})_2,(\boldsymbol{A}_T^{-1}\boldsymbol{x})_1(\boldsymbol{A}_T^{-1}\boldsymbol{x})_2^2\}.$$

12 参数四边形元的有限元空间 $V_h=\{v\in L^2(\Omega)\mid v|_T\in P_T,\ \forall T\in\mathcal{T}_h, v$ 在 $\mathcal{T}_h$ 的所有顶点和所有边的中点处连续$\}$, $V_{h0}=\{v\in V_h\mid v$ 在位于 $\partial\Omega$ 的顶点和边中点处为零$\}$.

利用定理 3.6.7 的证明方法, 可以得到该定理的结论对 12 参数四边形元也是成立的.

# 第 4 章　协调有限元方法

本章讨论协调有限元方法及其误差估计. 4.1 节介绍求解二阶椭圆边值问题的协调有限元方法; 4.2 节介绍求解四阶椭圆边值问题的协调有限元方法; 4.3 节介绍求解 $2m$ 阶椭圆边值问题的协调有限元方法的后验误差估计.

4.1 节和 4.2 节的内容取自于文献 [4], 由于利用了投影平均算子的结果, 去掉了相关结论中关于空间维数 $n$ 的限制, 利用 Aubin-Nistche 技巧讨论四阶问题时, 也不存在解的正则性要求的困难. 在 4.3 节中, 采用了文献 [22], [23] 的处理方法讨论 $2m$ 阶问题的后验误差估计.

利用 Céa 定理和第 3 章有关有限元空间的插值结果, 可以容易地得到协调有限元解的收敛性和 (先验) 误差估计. 对于 $2m$ 阶问题, 得到的误差估计是关于 $H^m(\Omega)$ 范数的, 或者说是关于能量范数的. 对于在 $H^{m-1}(\Omega)$ 范数下的误差, 利用对偶问题解的正则性质和 Aubin-Nistche 技巧可以得到高一阶的结果. 利用定理 1.5.2 并对式 (1.5.4) 的右端项进行估计, 可以得到可计算的后验误差估计. 当 $h\to 0$ 时, 该后验误差估计关于 $h$ 的阶与先验估计是一致的.

令 $\Omega$ 是 $\mathbf{R}^n$ 中的一个有界区域, $\mathcal{F}$ 是一簇 $n$ 单纯形有限元或 $n$ 矩形有限元. 对于趋向于零的网格参数 $h$, 令 $\mathcal{T}_h$ 是 $\Omega$ 相应于 $\mathcal{F}$ 的剖分, 假设条件 HT1, HT2, HT4 和 HT5 成立. 对于 $\mathcal{F}$ 和剖分 $\mathcal{T}_h$, 令 $V_h$ 和 $V_{h0}$ 是相应的有限元空间.

## 4.1　Poisson 方程

本节考虑二阶椭圆边值问题的协调有限元方法及其误差估计. 令 $f\in L^2(\Omega)$, 以 Poisson 方程齐次 Dirichlet 边值问题为例进行讨论,

$$\begin{cases} -\Delta u = f, & \text{在 } \Omega \text{ 内}, \\ u|_{\partial\Omega} = 0. \end{cases} \tag{4.1.1}$$

由 1.2 节可知问题 (4.1.1) 的变分形式为求 $u\in H_0^1(\Omega)$ 满足

$$a(u,v)=(f,v),\quad \forall v\in H_0^1(\Omega), \tag{4.1.2}$$

其中,

$$a(u,v)=\sum_{i=1}^n\int_\Omega \frac{\partial u}{\partial x_i}\frac{\partial v}{\partial x_i}\,\mathrm{d}\boldsymbol{x}. \tag{4.1.3}$$

设有限元空间 $V_h \subset H^1(\Omega)$, $V_{h0} \subset H_0^1(\Omega)$. 这时称相应的有限元为 (求解二阶椭圆边值问题的) 协调元. 求解问题 (4.1.1) 的 (协调) 有限元方法为求 $u_h \in V_{h0}$ 满足

$$a(u_h, v_h) = (f, v_h), \quad \forall v_h \in V_{h0}. \tag{4.1.4}$$

称问题 (4.1.4) 的解为问题 (4.1.1) 的有限元解. 对于有限元解的收敛性有下述定理:

**定理 4.1.1**　设 $k \geqslant 1$. 如果 $V_{h0}$ 是 $k$ 次单纯形元对应的有限元空间, 则对任意 $f \in L^2(\Omega)$, 问题 (4.1.4) 有唯一解 $u_h$, 并且

$$\lim_{h \to 0} \|u - u_h\|_{1,\Omega} = 0. \tag{4.1.5}$$

当 $1 \leqslant s \leqslant k$, $u \in H_0^1(\Omega) \cap H^{s+1}(\Omega)$ 时,

$$\|u - u_h\|_{1,\Omega} \lesssim h^s |u|_{s+1,\Omega}. \tag{4.1.6}$$

**证明**　由不等式 (1.4.5) 和定理 1.4.1, 问题 (4.1.4) 有唯一解. 再由定理 1.5.1 得到

$$\|u - u_h\|_{1,\Omega} \lesssim \inf_{v_h \in V_{h0}} \|u - v_h\|_{1,\Omega}. \tag{4.1.7}$$

首先假设 $u \in H_0^1(\Omega) \cap H^{s+1}(\Omega)$. 令 $\Pi_{h0}^p$ 是 $k$ 次单纯形元对应的投影平均算子. 由定理 3.5.4 直接得到

$$\|u - \Pi_{h0}^p u\|_{1,\Omega}^2 = \|u - \Pi_{h0}^p u\|_{0,\Omega}^2 + |u - \Pi_{h0}^p u|_{1,\Omega}^2 \lesssim (h^{2s} + h^{2s+2})|u|_{s+1,\Omega}^2.$$

由于 $h \to 0$, 可以认为 $h$ 是有界的. 这样就有

$$\|u - \Pi_{h0}^p u\|_{1,\Omega} \lesssim h^s |u|_{s+1,\Omega}. \tag{4.1.8}$$

注意到 $\Pi_{h0}^p u \in V_{h0}$, 所以

$$\inf_{v_h \in V_{h0}} \|u - v_h\|_{1,\Omega} \leqslant \|u - \Pi_{h0}^p u\|_{1,\Omega}.$$

再由式 (4.1.7) 和式 (4.1.8) 就得到了估计式 (4.1.6).

现在设 $u \in H_0^1(\Omega)$. 对任意 $\varepsilon > 0$, 存在 $\phi \in C_0^\infty(\Omega)$, 使得

$$\|u - \phi\|_{1,\Omega} < \varepsilon. \tag{4.1.9}$$

另一方面, 类似于式 (4.1.8) 可以得到

$$\|\phi - \Pi_{h0}^p \phi\|_{1,\Omega} \lesssim h^k |\phi|_{k+1,\Omega}. \tag{4.1.10}$$

于是存在 $h_0>0$, 使得 $h\leqslant h_0$ 时有

$$\|\phi-\Pi_{h0}^{p}\phi\|_{1,\Omega}<\varepsilon.$$

这样当 $h\leqslant h_0$ 时,

$$\begin{aligned}\|u-u_h\|_{1,\Omega}&\lesssim\inf_{v_h\in V_{h0}}\|u-v_h\|_{1,\Omega}\\&\lesssim\|u-\phi\|_{1,\Omega}+\inf_{v_h\in V_{h0}}\|\phi-v_h\|_{1,\Omega}\\&\lesssim\varepsilon+\|\phi-\Pi_{h0}^{p}\phi\|_{1,\Omega}\lesssim 2\varepsilon,\end{aligned}$$

即式 (4.1.5) 成立. □

使用同样的方法, 可以讨论 2.4 节和 2.5 节给出的其他协调有限元, 得到它们的收敛性. 有限元解的误差估计关于 $h$ 的阶在表 4.1.1 列出.

**表 4.1.1**

| 有限元 | $P_r(T)\subset P_T$ | $\|u-u_h\|_{1,\Omega}$ | 解的正则性 |
|---|---|---|---|
| $k$ 次单纯形元 | $P_k(T)=P_T$ | $O(h^k)$ | $u\in H^{k+1}(\Omega)$ |
| 不完全三次单纯形元 | $P_2(T)\subset P_T$ | $O(h^2)$ | $u\in H^3(\Omega)$ |
| 三次 Hermite 单纯形元 | $P_3(T)=P_T$ | $O(h^3)$ | $u\in H^4(\Omega)$ |
| Zienkiewicz 元 | $P_2(T)\subset P_T$ | $O(h^2)$ | $u\in H^3(\Omega)$ |
| $k$ 次矩形元 | $P_k(T)\subset P_T$ | $O(h^k)$ | $u\in H^{k+1}(\Omega)$ |
| 不完全二次矩形元 | $P_2(T)\subset P_T$ | $O(h^2)$ | $u\in H^3(\Omega)$ |

现在考虑误差 $\|u-u_h\|_{0,\Omega}$ 的估计. 从 3.3 节和 3.5 节可知关于网格尺寸 $h$ 的阶, 插值算子在 $L^2(\Omega)$ 范数下的误差要比在 $H^1(\Omega)$ 范数下的误差高一阶. 对于有限元解 $u_h$ 能否有相同的结论呢? 要回答这个问题, 需要介绍 Aubin-Nistche 技巧.

对任意 $g\in L^2(\Omega)$, 令 $\phi_g\in H_0^1(\Omega)$ 是下述变分问题的解:

$$a(\phi_g,v)=(g,v),\quad\forall v\in H_0^1(\Omega).\tag{4.1.11}$$

由式 (4.1.11), 式 (4.1.2) 和式 (4.1.4) 有

$$\begin{aligned}(g,u-u_h)=a(\phi_g,u-u_h)&=\inf_{v_h\in V_{h0}}a(\phi_g-v_h,u-u_h)\\&\leqslant\inf_{v_h\in V_{h0}}\|\phi_g-v_h\|_{1,\Omega}\|u-u_h\|_{1,\Omega}.\end{aligned}$$

由关系式

$$\|u-u_h\|_{0,\Omega}=\sup_{0\neq g\in L^2(\Omega)}\frac{(g,u-u_h)}{\|g\|_{0,\Omega}}$$

得到

$$\|u-u_h\|_{0,\Omega}\leqslant\|u-u_h\|_{1,\Omega}\sup_{0\neq g\in L^2(\Omega)}\frac{1}{\|g\|_{0,\Omega}}\inf_{v_h\in V_{h0}}\|\phi_g-v_h\|_{1,\Omega}.\tag{4.1.12}$$

**定理 4.1.2**　设 $k \geqslant 1$ 且 $\Omega$ 是凸的. 如果 $V_{h0}$ 是 $k$ 次单纯形元对应的有限元空间, 则当 $1 \leqslant s \leqslant k$, $u \in H_0^1(\Omega) \cap H^{s+1}(\Omega)$ 时,

$$\|u - u_h\|_{0,\Omega} \lesssim h^{s+1}|u|_{s+1,\Omega}. \tag{4.1.13}$$

**证明**　因为 $\Omega$ 是凸的, 所以式 (1.2.5) 给出

$$\|\phi_g\|_{2,\Omega} \lesssim \|g\|_{0,\Omega}. \tag{4.1.14}$$

利用式 (3.5.44) 在 $s = 1$, $\varrho = 2$ 的情形可以得到

$$\inf_{v_h \in V_{h0}} \|\phi_g - v_h\|_{1,\Omega} \leqslant \|\phi_g - \Pi_{h0}^p \phi_g\|_{1,\Omega} \lesssim h|\phi_g|_{2,\Omega}, \tag{4.1.15}$$

其中, $\Pi_{h0}^p$ 是 $k$ 次单纯形元对应的投影平均算子. 由式 (4.1.12), 式 (4.1.14) 和式 (4.1.15) 就可以得到

$$\|u - u_h\|_{0,\Omega} \lesssim h\|u - u_h\|_{1,\Omega}, \tag{4.1.16}$$

再利用式 (4.1.6) 就得到了估计式 (4.1.13). □

定理 4.1.2 证明中所使用的方法就是 Aubin-Nistche 技巧. 利用该技巧可以得到下面的定理:

**定理 4.1.3**　设 $\Omega$ 是凸的, 有限元空间 $V_{h0}$ 和整数 $r$ 对应下列情形之一:

(1) $k$ ($k \geqslant 1$) 次矩形元, $r = k$;

(2) 不完全三次单纯形元, $r = 2$;

(3) 不完全二次矩形元, $r = 2$;

(4) 三次 Hermite 单纯形元, $r = 3$;

(5) Zienkiewicz 元, $r = 2$,

则当 $1 \leqslant s \leqslant r$, $u \in H_0^1(\Omega) \cap H^{s+1}(\Omega)$ 时,

$$\|u - u_h\|_{0,\Omega} \lesssim h^{s+1}|u|_{s+1,\Omega}. \tag{4.1.17}$$

## 4.2　薄板弯曲问题

本节考虑求解四阶椭圆边值问题的协调有限元方法. 如果有限元空间 $V_h \subset H^2(\Omega)$, $V_{h0} \subset H_0^2(\Omega)$, 则称相应的有限元为求解四阶椭圆边值问题的协调有限元. 当 $n \geqslant 2$ 时, 构造协调的有限元是非常困难的, 而且得到的有限元空间非常复杂. 在 2.6 节和 2.7 节介绍的有限元中, 只有 $n = 2$ 时的 Argyris 元、Bell 元和 Bogner-Fox-Schmit 元是协调的. 为此, 本节考虑求解二维四阶椭圆边值问题的协调有限元方法. 以薄板弯曲问题为例介绍有关的结果.

令 $n=2$, $f \in H^{-1}(\Omega)$. 考虑重调和方程齐次 Dirichlet 边值问题

$$\begin{cases} \Delta^2 u = f, & \text{在 } \Omega \text{ 内}, \\ u|_{\partial\Omega} = \dfrac{\partial u}{\partial \boldsymbol{\nu}}\Big|_{\partial\Omega} = 0. \end{cases} \tag{4.2.1}$$

问题 (4.2.1) 的变分形式为求 $u \in H_0^2(\Omega)$, 使得

$$a(u,v) = \langle f, v\rangle, \quad \forall v \in H_0^2(\Omega), \tag{4.2.2}$$

其中, $a(u,v)$ 由式 (1.3.5) 给出, $\langle\cdot,\cdot\rangle$ 是 $H^{-1}(\Omega)\times H_0^1(\Omega)$ 上的对偶形式.

设有限元空间 $V_h \subset H^2(\Omega)$, $V_{h0} \subset H_0^2(\Omega)$. 求解问题 (4.2.1) 的 (协调) 有限元方法为求 $u_h \in V_{h0}$, 使得

$$a(u_h, v_h) = \langle f, v_h\rangle, \quad \forall v \in V_{h0}. \tag{4.2.3}$$

对于有限元解 $u_h$ 的收敛性质有下述定理:

**定理 4.2.1** 设 $V_{h0}$ 是 Argyris 元、Bell 元和 Bogner-Fox-Schmit 元之一对应的有限元空间, $r$ 在 Argyris 元、Bell 元和 Bogner-Fox-Schmit 元的情形时分别为 4, 3 和 2. 对任意 $f \in H^{-1}(\Omega)$, 问题 (4.2.3) 有唯一解 $u_h$, 并且

$$\lim_{h\to 0} \|u-u_h\|_{2,\Omega} = 0. \tag{4.2.4}$$

当 $1 \leqslant s \leqslant r$, $u \in H_0^2(\Omega) \cap H^{s+2}(\Omega)$ 时,

$$\|u-u_h\|_{2,\Omega} \lesssim h^s |u|_{s+2,\Omega}. \tag{4.2.5}$$

定理 4.2.1 的证明类似于定理 4.1.1 的证明, 留给读者作为练习.

现在考虑有限元解在范数 $\|\cdot\|_{1,\Omega}$ 下的误差估计. 为此还要使用 Aubin-Nistche 技巧. 等式

$$\|u-u_h\|_{1,\Omega} = \sup_{0\neq g\in H^{-1}(\Omega)} \frac{\langle g, u-u_h\rangle}{\|g\|_{-1,\Omega}} \tag{4.2.6}$$

是讨论的基础. 对 $g \in H^{-1}(\Omega)$, 令 $\varphi_g \in H_0^2(\Omega)$ 是变分问题

$$a(\varphi_g, v) = \langle g, v\rangle, \quad \forall v \in H_0^2(\Omega) \tag{4.2.7}$$

的解. 令 $\varphi_{gh} \in V_{h0}$ 是问题

$$a(\varphi_{gh}, v) = \langle g, v\rangle, \quad \forall v \in V_{h0} \tag{4.2.8}$$

的解. 由式 (4.2.2), 式 (4.2.3), 式 (4.2.7) 得到

$$|\langle g, u-u_h\rangle| = |a(\varphi_g, u-u_h)| = |a(\varphi_g - \varphi_{gh}, u-u_h)|$$

$$\lesssim |u-u_h|_{2,\Omega}|\varphi_g-\varphi_{gh}|_{2,\Omega},$$

因而

$$\|u-u_h\|_{1,\Omega} \lesssim |u-u_h|_{2,\Omega} \sup_{0\neq g\in H^{-1}(\Omega)} \frac{|\varphi_g-\varphi_{gh}|_{2,\Omega}}{\|g\|_{-1,\Omega}}. \tag{4.2.9}$$

如果 $\varphi_g \in H^3(\Omega)$, 则应用定理 4.2.1 在 $s=1$ 情形得到

$$|\varphi_g-\varphi_{gh}|_{2,\Omega} \lesssim h|\varphi_g|_{3,\Omega}.$$

注意到式 (1.3.4), 得到下面的定理:

**定理 4.2.2** 设 $\Omega$ 是凸的, $V_{h0}$ 是 Argyris 元、Bell 元和 Bogner-Fox-Schmit 元之一对应的有限元空间, $r$ 在 Argyris 元、Bell 元和 Bogner-Fox-Schmit 元的情形时分别为 4, 3 和 2. 当 $1\leqslant s\leqslant r$, $u\in H_0^2(\Omega)\cap H^{s+2}(\Omega)$ 时,

$$\|u-u_h\|_{1,\Omega} \lesssim h^{s+1}|u|_{s+2,\Omega}. \tag{4.2.10}$$

对于 $u-u_h$ 在 $L^2(\Omega)$ 范数下的误差估计, 能不能得到像插值误差估计那样高两阶的结果? 这是一个公开问题, 到目前为止没有解决.

问题 (4.1.4) 和问题 (4.2.3) 都可以化成线性代数方程组, 形成方程组的矩阵和右端项也具有有限元方法的特点. 有关内容可以在其他书中找到, 如文献 [3], [7], [24], [25].

## 4.3 后验误差估计

设 $m$ 是正整数. 对 $f\in L^2(\Omega)$, 考虑下述 $2m$ 阶椭圆边值问题:

$$\begin{cases} (-1)^m\Delta^m u = f, & \text{在 } \Omega \text{ 内}, \\ u|_{\partial\Omega} = \left.\dfrac{\partial u}{\partial \boldsymbol{\nu}}\right|_{\partial\Omega} = \cdots = \left.\dfrac{\partial^{m-1} u}{\partial \boldsymbol{\nu}^{m-1}}\right|_{\partial\Omega} = 0. \end{cases} \tag{4.3.1}$$

定义

$$a(u,v) = \sum_{1\leqslant j_1,\cdots,j_m\leqslant n} \int_\Omega \frac{\partial^m u}{\partial x_{j_1}\cdots\partial x_{j_m}} \frac{\partial^m v}{\partial x_{j_1}\cdots\partial x_{j_m}}\,\mathrm{d}\boldsymbol{x}, \tag{4.3.2}$$

则问题 (4.3.1) 的变分问题为求 $u\in H_0^m(\Omega)$, 使得

$$a(u,v)=(f,v), \quad \forall v\in H_0^m(\Omega). \tag{4.3.3}$$

本节假设 $\mathcal{F}$ 是常规有限元簇, $V_h\subset H^m(\Omega)$, $V_{h0}\subset H_0^m(\Omega)$. 问题 (4.3.1) 的协调有限元方法为求 $u_h\in V_{h0}$, 使得

$$a(u_h,v_h)=(f,v_h), \quad \forall v_h\in V_{h0}. \tag{4.3.4}$$

对于非负整数 $k$, 令 $v \in H^k(\mathcal{T}_h), T \in \mathcal{T}_h$. 对于 $T$ 的面 $F$ 和 $|\boldsymbol{\alpha}| < k$, 定义 $\partial^{\boldsymbol{\alpha}} v$ 通过 $F$ 的跳跃 $[\partial^{\boldsymbol{\alpha}} v]$ 如下：当 $F$ 是单元内面时,

$$[\partial^{\boldsymbol{\alpha}} v] = \partial^{\boldsymbol{\alpha}}(v|_T) - \partial^{\boldsymbol{\alpha}}(v|_{T'}),$$

其中, $T' \in \mathcal{T}_h, T' \neq T$, 并且 $F = T \cap T'$; 当 $F$ 是自由面时,

$$[\partial^{\boldsymbol{\alpha}} v] = \partial^{\boldsymbol{\alpha}}(v|_T).$$

对于 $v_h \in V_h, T \in \mathcal{T}_h$ 和非负整数 $i$, 定义

$$R_{T,i}(v_h) = \sum_{|\boldsymbol{\alpha}|=i} \sum_{F \subset \partial T, F \not\subset \partial \Omega} \big\|[\partial^{\boldsymbol{\alpha}} v_h]\big\|_{0,F}^2, \tag{4.3.5}$$

其中, $\displaystyle\sum_{F \subset \partial T, F \not\subset \partial \Omega}$ 表示对 $T$ 的所有单元内面求和. 对于 $v_h \in V_h, T \in \mathcal{T}_h$, 定义

$$R_T(v_h) = \sum_{i=m}^{2m-1} |T|^{\frac{2(i-m)+1}{n}} R_{T,i}(v_h), \tag{4.3.6}$$

$$E_T(v_h) = |T|^{\frac{2m}{n}} \big\|f - (-1)^m \Delta^m v_h\big\|_{0,T}^2 + R_T(v_h). \tag{4.3.7}$$

**引理 4.3.1** 对任意 $T \in \mathcal{T}_h$,

$$\|v\|_{0,\partial T}^2 \lesssim h_T^{-1} \|v\|_{0,T}^2 + h_T |v|_{1,T}^2, \quad \forall v \in H^1(T). \tag{4.3.8}$$

**证明** 记 $\hat{T}$ 是有限元簇 $\mathcal{F}$ 的参照单元. 由迹定理 1.1.4 有

$$\|\hat{v}\|_{0,\partial\hat{T}}^2 \lesssim \|\hat{v}\|_{0,\hat{T}}^2 + |\hat{v}|_{1,\hat{T}}^2, \quad \forall \hat{v} \in H^1(\hat{T}).$$

再由引理 3.1.2 和引理 3.1.4 就得到了式 (4.3.8). □

**引理 4.3.2** 设存在整数 $r \geqslant m-1$, 使得对 $\mathcal{F}$ 中的任意有限元 $(T, P_T, \boldsymbol{D}_T)$ 都有 $P_r(T) \subset P_T$. 则对问题 (4.3.4) 的解 $u_h$ 和任意 $v \in H_0^m(\Omega)$,

$$|(f,v) - a(u_h, v)| \lesssim \|v\|_{m,\Omega} \Big(\sum_{T \in \mathcal{T}_h} E_T(u_h)\Big)^{1/2}. \tag{4.3.9}$$

**证明** 记所考虑的有限元和 $\mathcal{T}_h$ 对应的投影平均算子为 $\Pi_{h0}^p$. 令 $v \in H_0^m(\Omega)$, $w_h = v - \Pi_{h0}^p v$.

记 $\boldsymbol{e}_j = (\delta_{1j}, \delta_{2j}, \cdots, \delta_{nj})$ $(1 \leqslant j \leqslant n)$. 对于 $|\boldsymbol{\alpha}| = m$, 将其表示为 $\boldsymbol{\alpha} = \displaystyle\sum_{i=1}^m \boldsymbol{e}_{j_i}$. 记

$$\boldsymbol{\alpha}^{(k)} = \boldsymbol{\alpha} + \sum_{i=1}^k \boldsymbol{e}_{j_i}, \quad \boldsymbol{\beta}^{(k)} = \boldsymbol{\alpha} - \sum_{i=1}^k \boldsymbol{e}_{j_i}, \quad 0 \leqslant k \leqslant m.$$

定义

$$E_{\boldsymbol{\alpha}} = \sum_{T\in\mathcal{T}_h}\int_T \Big(\partial^{\boldsymbol{\alpha}} u_h\, \partial^{\boldsymbol{\alpha}} w_h - (-1)^m \partial^{\boldsymbol{\alpha}}\partial^{\boldsymbol{\alpha}} u_h\, w_h\Big)\,\mathrm{d}\boldsymbol{x}. \tag{4.3.10}$$

Green 公式给出

$$E_{\boldsymbol{\alpha}} = \sum_{k=1}^{m-1}\sum_{T\in\mathcal{T}_h}\int_{\partial T} \partial^{\boldsymbol{\alpha}^{(k-1)}} u_h \partial^{\boldsymbol{\beta}^{(k)}} w_h \nu_{j_k}\,\mathrm{d}s,$$

所以有

$$E_{\boldsymbol{\alpha}} = \frac{1}{2}\sum_{k=1}^{m-1}\sum_{T\in\mathcal{T}_h}\sum_{F\subset\partial T, F\not\subset\partial\Omega}\int_F [\partial^{\boldsymbol{\alpha}^{(k-1)}} u_h]\partial^{\boldsymbol{\beta}^{(k)}} w_h (\boldsymbol{\nu}_F)_{j_k}\,\mathrm{d}F. \tag{4.3.11}$$

对于 $1\leqslant k<m$, 利用 Schwarz 不等式和引理 4.3.1 有

$$\begin{aligned}
&\Big|\sum_{F\subset\partial T, F\not\subset\partial\Omega}\int_F [\partial^{\boldsymbol{\alpha}^{(k-1)}} u_h]\partial^{\boldsymbol{\beta}^{(k)}} w_h (\boldsymbol{\nu}_F)_{j_k}\,\mathrm{d}F\Big| \\
\lesssim &\sum_{F\subset\partial T, F\not\subset\partial\Omega} \big\|[\partial^{\boldsymbol{\alpha}^{(k-1)}} u_h]\big\|_{0,F}\big\|\partial^{\boldsymbol{\beta}^{(k)}} w_h\big\|_{0,\partial T} \\
\lesssim &\sum_{F\subset\partial T, F\not\subset\partial\Omega} \big\|[\partial^{\boldsymbol{\alpha}^{(k-1)}} u_h]\big\|_{0,F}\big(h_T^{-1/2}|w_h|_{m-k,T} + h_T^{1/2}|w_h|_{m-k+1,T}\big).
\end{aligned}$$

由式 (3.5.35) 得到

$$h_T^{-1/2}|w_h|_{m-k,T} + h_T^{1/2}|w_h|_{m-k+1,T} \lesssim h_T^{k-\frac{1}{2}}\Big(\sum_{T'\in S_h(T)}|v|_{m,T'}^2\Big)^{1/2}.$$

因此

$$\begin{aligned}
E_{\boldsymbol{\alpha}}^2 &\lesssim \Big(\sum_{k=1}^{m-1}\sum_{T\in\mathcal{T}_h} h_T^{2k-1}\sum_{F\subset\partial T, F\not\subset\partial\Omega}\big\|[\partial^{\boldsymbol{\alpha}^{(k-1)}} u_h]\big\|_{0,F}^2\Big)\Big(\sum_{T\in\mathcal{T}_h}\sum_{T'\in S_h(T)}|v|_{m,T'}^2\Big) \\
&\lesssim |v|_{m,\Omega}^2\Big(\sum_{k=1}^{m-1}\sum_{T\in\mathcal{T}_h} h_T^{2k-1}\sum_{F\subset\partial T, F\not\subset\partial\Omega}\big\|[\partial^{\boldsymbol{\alpha}^{(k-1)}} u_h]\big\|_{0,F}^2\Big).
\end{aligned}$$

因为 HT5 的缘故, 于是有

$$h_T \eqsim |T|^{1/n}. \tag{4.3.12}$$

进而得到

$$|E_{\boldsymbol{\alpha}}| \lesssim |v|_{m,\Omega}\Big(\sum_{T\in\mathcal{T}_h} R_T(u_h)\Big)^{1/2}. \tag{4.3.13}$$

另一方面, 由式 (4.3.4),

$$(f,v)-a(u_h,v)=(f,w_h)-a(u_h,w_h), \tag{4.3.14}$$

而

$$(f,w_h)-a(u_h,w_h)=\sum_{|\boldsymbol{\alpha}|=m} b_{\boldsymbol{\alpha}}E_{\boldsymbol{\alpha}}+\sum_{T\in\mathcal{T}_h}\int_T (f-(-1)^m\Delta^m u_h)w_h\,\mathrm{d}\boldsymbol{x}, \tag{4.3.15}$$

其中, $b_{\boldsymbol{\alpha}}$ 是常数. 利用 Schwarz 不等式, 式 (3.5.35) 和式 (4.3.12) 得到

$$\begin{aligned}
&\Big|\sum_{T\in\mathcal{T}_h}\int_T (f-(-1)^m\Delta^m u_h)w_h\,\mathrm{d}\boldsymbol{x}\Big| \\
\lesssim&\sum_{T\in\mathcal{T}_h}\big\|f-(-1)^m\Delta^m u_h\big\|_{0,T}\|w_h\|_{0,T} \\
\lesssim&\sum_{T\in\mathcal{T}_h}h_T^m\big\|f-(-1)^m\Delta^m u_h\big\|_{0,T}\sum_{T'\in S_h(T)}|v|_{m,T'} \\
\lesssim&\Big(\sum_{T\in\mathcal{T}_h}h_T^{2m}\big\|f-(-1)^m\Delta^m u_h\big\|_{0,T}^2\Big)^{1/2}\Big(\sum_{T\in\mathcal{T}_h}\sum_{T'\in S_h(T)}|v|_{m,T'}^2\Big)^{1/2} \\
\lesssim&\Big(\sum_{T\in\mathcal{T}_h}|T|^{\frac{2m}{n}}\big\|f-(-1)^m\Delta^m u_h\big\|_{0,T}^2\Big)^{1/2}\Big(\sum_{T\in\mathcal{T}_h}\sum_{T'\in S_h(T)}|v|_{m,T'}^2\Big)^{1/2},
\end{aligned}$$

这样就有

$$\Big|\sum_{T\in\mathcal{T}_h}\int_T (f-(-1)^m\Delta^m u_h)w_h\,\mathrm{d}\boldsymbol{x}\Big|\lesssim|v|_{m,\Omega}\Big(\sum_{T\in\mathcal{T}_h}E_T(u_h)\Big)^{1/2}. \tag{4.3.16}$$

综合式 (4.3.13)~ 式 (4.3.16) 就得到了式 (4.3.9). □

**定理 4.3.1** 设存在整数 $r\geqslant m$, 使得对 $\mathcal{F}$ 中的任意有限元 $(T,P_T,\boldsymbol{D}_T)$ 都有 $P_r(T)\subset P_T$, 则对问题 (4.3.3) 和问题 (4.3.4) 的解 $u$ 和 $u_h$,

$$\|u-u_h\|_{m,\Omega}^2\lesssim\sum_{T\in\mathcal{T}_h}E_T(u_h). \tag{4.3.17}$$

如果 $u\in H^{r+m}(\Omega)$, 并且存在 $0<s\leqslant r$, 使得

$$\|u-u_h\|_{m,\Omega}\geqslant C_1h^s, \tag{4.3.18}$$

其中, $C_1$ 是与 $h$ 无关的正常数, 则存在与 $h$ 无关的常数 $C_2$, 使得

$$\sum_{T\in\mathcal{T}_h}E_T(u_h)\leqslant C_2\|u-u_h\|_{m,\Omega}^2. \tag{4.3.19}$$

**证明**　估计式 (4.3.17) 是定理 1.5.2 和引理 4.3.2 的直接推论.

设 $u \in H^{r+m}(\Omega)$, 记 $e_h = u - u_h$. 令 $T \in \mathcal{T}_h$, $F$ 是 $T$ 的不在 $\partial\Omega$ 上的面, 则存在 $T' \in \mathcal{T}_h$, 使得 $F = T \cap T'$. 对于 $m \leqslant |\boldsymbol{\alpha}| < 2m$, 由式 (4.3.12) 和引理 4.3.1 有

$$\begin{aligned}\left\|[\partial^{\boldsymbol{\alpha}} u_h]\right\|_{0.F}^2 &\lesssim \left\|\partial^{\boldsymbol{\alpha}}(u - u_h|_T)\right\|_{0.F}^2 + \left\|\partial^{\boldsymbol{\alpha}}(u - u_h|_{T'})\right\|_{0.F}^2 \\ &\lesssim h_T^{-1}(\|e_h\|_{|\boldsymbol{\alpha}|,T}^2 + \|e_h\|_{|\boldsymbol{\alpha}|,T'}^2) + h_T(\|e_h\|_{|\boldsymbol{\alpha}|+1,T}^2 + \|e_h\|_{|\boldsymbol{\alpha}|+1,T'}^2).\end{aligned}$$

由式 (4.3.6), 式 (4.3.7) 和式 (4.3.12) 得

$$\sum_{T \in \mathcal{T}_h} E_T(u_h) \lesssim \sum_{j=m}^{2m} \sum_{T \in \mathcal{T}_h} \sum_{T' \in S_h(T)} h_T^{2(j-m)} |e_h|_{j,T'}^2,$$

于是有

$$\sum_{T \in \mathcal{T}_h} E_T(u_h) \lesssim \sum_{j=m}^{2m} \sum_{T \in \mathcal{T}_h} h_T^{2(j-m)} |e_h|_{j,T}^2. \tag{4.3.20}$$

记 $k = r + m - 1$, $P_T^k : L^2(T) \to P_k(T)$ 是正交投影算子. 当 $1 \leqslant i \leqslant m$ 时, 由逆不等式和插值理论有

$$\begin{aligned}h_T^{2i}|e_h|_{m+i,T}^2 &\lesssim h_T^{2i}|u - P_T^k u|_{m+i,T}^2 + h_T^{2i}|u_h - P_T^k u|_{m+i,T}^2 \\ &\lesssim h_T^{2r}|u|_{r+m,T}^2 + |u_h - P_T^k u|_{m,T}^2 \\ &\lesssim h_T^{2r}|u|_{r+m,T}^2 + |u - P_T^k u|_{m,T}^2 + |e_h|_{m,T}^2 \\ &\lesssim h^{2r}|u|_{r+m,T}^2 + |e_h|_{m,T}^2.\end{aligned}$$

不等式 (4.3.20) 导致

$$\sum_{T \in \mathcal{T}_h} E_T(u_h) \lesssim |e_h|_{m,h}^2 + h^{2r}|u|_{r+m,\Omega}^2. \tag{4.3.21}$$

因为 $u \in H^{r+m}(\Omega)$ 且式 (4.3.18) 成立, 于是得到式 (4.3.19). □

# 第 5 章　非协调有限元方法

本章讨论非协调有限元方法. 5.1 节介绍非协调有限元, 并讨论其收敛性和误差估计的基本结果; 5.2 节介绍与弱连续性相关的一些结果; 5.3 节和 5.4 节分别介绍二阶和四阶椭圆边值问题的非协调元方法; 5.5 节介绍 $2m$ 阶椭圆边值问题的非协调元方法; 最后一节讨论非协调元方法的后验误差估计.

5.1 节 ~5.4 节的内容取自于文献 [12], [17], [19], [26]~[32], 5.5 节的内容取自于文献 [18]. 在 5.6 节中, 采用了类似于文献 [33] 处理四阶问题的方法讨论一般 $2m$ 阶问题的后验误差估计.

对于高阶高维的椭圆边值问题, 构造协调的有限元是麻烦和困难的, 并且形函数空间包含的多项式次数太高 (参见文献 [34], [35]). 仅从逼近性的角度来看, 对于 $H^m(\Omega)$ 中的函数, 分片 $m$ 次多项式就可以具有逼近性质 (见第 3 章). 当 $m \leqslant n$ 时, 对于 $2m$ 阶椭圆边值问题采用非协调元方法, 可以构造出形函数空间恰好是 $m$ 次多项式空间的单纯形有限元, 如四阶问题的 Morley 元和一般情形下的 MWX 元. 从本章可以知道 Morley 元和 MWX 元是收敛的.

从节点参数的角度来看, 求解二阶问题的一次单纯形元的节点参数在四阶问题的对应是 Zienkiewicz 元的节点参数. 然而, 如果在单元上不使用再分片的多项式作为形函数空间, 仅使用 Zienkiewicz 元的节点参数无法构造出四阶问题的协调元. 不仅如此, 对于二维四阶问题, Zienkiewicz 元也只在平行线条件下才收敛. 对于四阶问题, 修正 Zienkiewicz 元是收敛的, 而且节点参数与 Zienkiewicz 元相同.

仅从二维情形来看, 在对四阶问题收敛的有限元中, Morley 元是单元节点参数最少的. 但是对于相同的三角形剖分, 它的总节点参数不是最少的, 在所知道的范围内, 修正 Zienkiewicz 元是最少中的一个.

与协调元方法的 Céa 定理相对应, 非协调元方法有 Strang 引理. 考虑后验估计时, 也有与定理 1.5.2 对应的结果. 在对应的结果中, 都多出了一个所谓的相容项. 考虑非协调元方法的收敛性和误差估计, 对于相容项的分析是问题的关键所在.

## 5.1　非协调有限元

假定 $m$ 是正整数, $\Omega$ 是 $\mathbf{R}^n$ 中的一个有界区域, $a(\cdot,\cdot)$ 是定义在 $H^m(\Omega)$ 上的

双线性泛函, $f \in L^2(\Omega)$. 考虑如下变分问题：求 $u \in H_0^m(\Omega)$, 使得

$$a(u,v)=(f,v), \quad \forall v \in H_0^m(\Omega). \tag{5.1.1}$$

假定 $h$ 是一簇趋向于零的网格尺寸. 对每个 $h$, 令 $\mathcal{T}_h$ 是 $\Omega$ 的一个剖分. 在本章总是假定条件 HT1, HT2, HT4 和 HT5 成立.

令 $V_h, V_{h0}$ 是相应于某个有限元 $(T, P_T, \boldsymbol{D}_T)$ 和剖分 $\mathcal{T}_h$ 的有限元空间. 在这里, 只要求 $V_h \subset H^m(\mathcal{T}_h)$, 可以不满足 $V_h \subset H^m(\Omega)$ 和 $V_{h0} \subset H_0^m(\Omega)$. 称 $(T, P_T, \boldsymbol{D}_T)$ 是问题 (5.1.1) 的一个非协调元, 如果 $V_h$ 不是 $H^m(\Omega)$ 的子空间.

假设 $a_h(\cdot,\cdot)$ 是定义在 $H^m(\mathcal{T}_h)$ 上的双线性形式, 满足

$$a_h(v,w)=a(v,w), \quad \forall v,w \in H^m(\Omega),$$

并且

$$|a_h(v,w)| \lesssim |v|_{m,h}|w|_{m,h}, \quad \forall v,w \in H^m(\mathcal{T}_h), \tag{5.1.2}$$

$$a_h(v_h,v_h) \gtrsim |v_h|_{m,h}^2, \quad \forall v_h \in V_{h0}. \tag{5.1.3}$$

问题 (5.1.1) 的非协调有限元方法是：求 $u_h \in V_{h0}$, 使得

$$a_h(u_h,v_h)=(f,v_h), \quad \forall v_h \in V_{h0}. \tag{5.1.4}$$

由于式 (5.1.2) 和式 (5.1.3), 如果 $|\cdot|_{m,h}$ 是空间 $V_{h0}$ 上的范数, 则问题 (5.1.4) 有唯一解.

关于 $u_h$ 对 $u$ 的误差估计, 有下面的 Strang 引理：

**引理 5.1.1**　设 $|\cdot|_{m,h}$ 是 $V_{h0}$ 上的范数. 令 $u$ 是问题 (5.1.1) 的解, $u_h$ 是问题 (5.1.4) 的解, 则

$$|u-u_h|_{m,h} \lesssim \inf_{v_h \in V_{h0}} |u-v_h|_{m,h} + \sup_{0 \neq w_h \in V_{h0}} \frac{|(f,w_h)-a_h(u,w_h)|}{|w_h|_{m,h}}. \tag{5.1.5}$$

**证明**　设 $v_h \in V_{h0}$, 由式 (5.1.2)~ 式 (5.1.4) 有

$$\begin{aligned}
|u_h-v_h|_{m,h}^2 \lesssim\ & a_h(u_h-v_h,u_h-v_h) \\
&= a_h(u-v_h,u_h-v_h)+a_h(u_h,u_h-v_h)-a_h(u,u_h-v_h) \\
&= a_h(u-v_h,u_h-v_h)+(f,u_h-v_h)-a_h(u,u_h-v_h) \\
&\lesssim |u-v_h|_{m,h}|u_h-v_h|_{m,h}+|(f,u_h-v_h)-a_h(u,u_h-v_h)|.
\end{aligned}$$

于是当 $v_h \neq u_h$ 时,

$$|u_h - v_h|_{m,h} \lesssim |u - v_h|_{m,h} + \frac{|(f, u_h - v_h) - a_h(u, u_h - v_h)|}{|u_h - v_h|_{m,h}},$$

进而

$$|u_h - v_h|_{m,h} \lesssim |u - v_h|_{m,h} + \sup_{0 \neq w_h \in V_{h0}} \frac{|(f, w_h) - a_h(u, w_h)|}{|w_h|_{m,h}}. \tag{5.1.6}$$

当 $v_h = u_h$ 时, 不等式 (5.1.6) 仍然成立. 也就是说, 不等式 (5.1.6) 对所有的 $v_h \in V_{h0}$ 都成立.

另一方面,

$$\begin{aligned} |u - u_h|_{m,h} \leqslant & |u - v_h|_{m,h} + |u_h - v_h|_{m,h} \\ \lesssim & |u - v_h|_{m,h} + \sup_{0 \neq w_h \in V_{h0}} \frac{|(f, w_h) - a_h(u, w_h)|}{|w_h|_{m,h}}. \end{aligned}$$

引理得证. □

因为

$$\sup_{0 \neq w_h \in V_{h0}} \frac{|(f, w_h) - a_h(u, w_h)|}{|w_h|_{m,h}} = \sup_{0 \neq w_h \in V_{h0}} \frac{|a_h(u_h - u, w_h)|}{|w_h|_{m,h}} \lesssim |u - u_h|_{m,h}$$

和

$$\inf_{v_h \in V_{h0}} |u - v_h|_{m,h} \leqslant |u - u_h|_{m,h},$$

于是得到下面的定理:

**定理 5.1.1** 设 $|\cdot|_{m,h}$ 是 $V_{h0}$ 上的范数. 令 $u$ 是问题 (5.1.1) 的解, $u_h$ 是问题 (5.1.4) 的解, 则 $\lim\limits_{h \to 0} |u - u_h|_{m,h} = 0$ 等价于

$$\lim_{h \to 0} \inf_{v_h \in V_{h0}} |u - v_h|_{m,h} = 0 \quad \text{和} \quad \lim_{h \to 0} \sup_{0 \neq w_h \in V_{h0}} \frac{|(f, w_h) - a_h(u, w_h)|}{|w_h|_{m,h}} = 0.$$

虽然非协调元放松了单元内面的 $C^{m-1}$ 连续性, 但是为得到收敛的结果, 有限元空间 $V_h$ 中的函数应该具有一定的弱连续性质. 类似地, 虽然 $V_{h0} \not\subset H_0^m(\Omega)$, 它在 $\partial\Omega$ 上也应该满足某种弱零性质.

称 $V_h$ 具有 $m$ 阶弱连续性, 如果对任意的 $v_h \in V_h$, $|\boldsymbol{\alpha}| < m$ 和 $\mathcal{T}_h$ 的任意单元内面 $F$, $\partial^{\boldsymbol{\alpha}} v_h$ 至少在 $F$ 上的一点连续. 由积分中值定理, 当 $\partial^{\boldsymbol{\alpha}} v_h$ 在每个单元上连续时, 它在 $F$ 上的积分平均值的跳跃为零也能保证它在 $F$ 上的一点处连续.

称 $V_{h0}$ 在 $\partial\Omega$ 上具有 $m$ 阶弱零性, 如果对任意的 $v_h \in V_{h0}$, $|\boldsymbol{\alpha}| < m$, 和 $\mathcal{T}_h$ 的任意自由面 $F$, $\partial^{\boldsymbol{\alpha}} v_h$ 至少在 $F$ 上的一点为零. 当 $\partial^{\boldsymbol{\alpha}} v_h$ 在每个单元上连续时, 它在 $F$ 上的积分平均值为零也能保证它在 $F$ 上的一点处为零.

**定理 5.1.2** 设 $V_h$ 具有 $m$ 阶弱连续性, $V_{h0}$ 在 $\partial\Omega$ 上具有 $m$ 阶弱零性, 则 $|\cdot|_{m,h}$ 是 $V_{h0}$ 上的范数.

**证明** 设 $v_h \in V_{h0}$ 且 $|v_h|_{m,h}=0$. 只需要证明在 $\Omega$ 上, $v_h \equiv 0$.

当 $|\boldsymbol{\alpha}|=m-1$ 时, $\partial^{\boldsymbol{\alpha}} v_h$ 在所有 $T\in\mathcal{T}_h$ 上是常数. 由定理的假设, 在每个单元内面上, 至少有一点是 $\partial^{\boldsymbol{\alpha}} v_h$ 的连续点, 所以 $\partial^{\boldsymbol{\alpha}} v_h$ 在整个 $\Omega$ 上是一个常数. 此外, $\partial^{\boldsymbol{\alpha}} v_h$ 至少在 $\partial\Omega$ 上的一点处为 0, 所以 $\partial^{\boldsymbol{\alpha}} v_h\equiv 0$, 即 $|v_h|_{m-1,h}=0$. 类似地, 可以证明 $|v_h|_{j,h}=0(0\leqslant j<m-1)$, 进而, 在 $\Omega$ 上, $v_h\equiv 0$. □

比较式 (5.1.5) 和式 (1.5.3) 看到, 不等式 (5.1.5) 右端的第一项与协调元的情形相同, 它可以由插值误差控制, 而第二项则是由非协调性质引起的, 称该项为相容项. 当 $V_{h0}\subset H_0^m(\Omega)$ 时, 相容项为零.

类似于协调元情形, 称有限元具有逼近性, 如果对任意 $v\in H_0^m(\Omega)$,

$$\lim_{h\to 0}\inf_{v_h\in V_{h0}}\|v-v_h\|_{m,h}=0. \tag{5.1.7}$$

定理 5.1.1 说明为了得到收敛的结果, 除了考虑逼近性外, 必须考虑相容项是否收敛于零.

## 5.2 弱连续性

本节讨论与弱连续有关的性质. 弱连续性质是非协调元的基本假设之一. 由 5.1 节看到, 弱连续性质保证了有限元问题解的存在唯一性. 下面再介绍几个有关的结果.

本节假设 $\mathcal{T}_h$ 中的单元都是 $n$ 单纯形或都是各边分别平行于坐标轴的 $n$ 矩形. 假设存在整数 $r$, 使得 $V_h\subset P_r(\mathcal{T}_h)$.

**引理 5.2.1** 设 $V_h$ 具有 $m$ 阶弱连续性. 对 $|\boldsymbol{\alpha}|<m$, 任意 $\boldsymbol{x}\in\bar{\Omega}$, 任意 $T',T''\in S_h(\boldsymbol{x})$ 和任意 $v_h\in V_h$, 下式成立:

$$|\partial^{\boldsymbol{\alpha}}(v_h|_{T'})(\boldsymbol{x})-\partial^{\boldsymbol{\alpha}}(v_h|_{T''})(\boldsymbol{x})|^2\lesssim h_{T'}^{2(m-|\alpha|)-n}\sum_{T\in S_h(\boldsymbol{x})}|v_h|_{m,T}^2. \tag{5.2.1}$$

**证明** 令 $v_h\in V_h$ 和 $\boldsymbol{x}\in\bar{\Omega}$. 如果 $\boldsymbol{x}$ 是某个单元的内点, 则 $S_h(\boldsymbol{x})$ 只有一个单元, 所以式 (5.2.1) 是显然的. 现在考虑包含 $\boldsymbol{x}$ 的单元的个数大于 1 的情况. 如果 $T',T''\in S_h(\boldsymbol{x})$ 且 $T'\neq T''$, 则存在 $T_1,\cdots,T_J\in S_h(\boldsymbol{x})$ 满足 $T_1=T'$, $T_J=T''$, 并且 $F_j=T_j\cap T_{j+1}$ 是 $T_j$ 和 $T_{j+1}$ 包含 $\boldsymbol{x}$ 的公共面, $1\leqslant j<J$. 因为 $V_h$ 具有 $m$ 阶弱逼近性, 所以当 $0\leqslant|\boldsymbol{\alpha}|<m$ 时, 存在 $\boldsymbol{x}_j'\in F_j$, 使得 $\partial^{\boldsymbol{\alpha}}(v_h|_{T_j})(\boldsymbol{x}_j')-\partial^{\boldsymbol{\alpha}}(v_h|_{T_{j+1}})(\boldsymbol{x}_j')=0$. 这样就有

$$\max_{\boldsymbol{y}\in F_j}\left|\partial^{\boldsymbol{\alpha}}(v_h|_{T_j})(\boldsymbol{y})-\partial^{\boldsymbol{\alpha}}(v_h|_{T_{j+1}})(\boldsymbol{y})\right|$$

$$\leqslant h_{F_j} \max_{\boldsymbol{y}\in F_j} \left| \frac{\partial}{\partial \boldsymbol{\tau}} \partial^{\boldsymbol{\alpha}} (v_h|_{T_j})(\boldsymbol{y}) - \frac{\partial}{\partial \boldsymbol{\tau}} \partial^{\boldsymbol{\alpha}} (v_h|_{T_{j+1}})(\boldsymbol{y}) \right|$$

$$\lesssim h_{F_j} \sum_{|\boldsymbol{\beta}|=|\boldsymbol{\alpha}|+1} \max_{\boldsymbol{y}\in F_j} \left| \partial^{\boldsymbol{\beta}} (v_h|_{T_j})(\boldsymbol{y}) - \partial^{\boldsymbol{\beta}} (v_h|_{T_{j+1}})(\boldsymbol{y}) \right|,$$

其中, $\boldsymbol{\tau}$ 是 $F_j$ 的一个单位切方向. 重复使用同样的理由可以得到

$$\max_{\boldsymbol{y}\in F_j} \left| \partial^{\boldsymbol{\alpha}} (v_h|_{T_j})(\boldsymbol{y}) - \partial^{\boldsymbol{\alpha}} (v_h|_{T_{j+1}})(\boldsymbol{y}) \right|$$

$$\lesssim h_{T'}^{m-|\boldsymbol{\alpha}|} \sum_{|\boldsymbol{\beta}|=m} \max_{\boldsymbol{y}\in F_j} \left| \partial^{\boldsymbol{\beta}} (v_h|_{T_j})(\boldsymbol{y}) - \partial^{\boldsymbol{\beta}} (v_h|_{T_{j+1}})(\boldsymbol{y}) \right|.$$

由逆不等式得到

$$\left| \partial^{\boldsymbol{\alpha}} (v_h|_{T_j})(\boldsymbol{x}) - \partial^{\boldsymbol{\alpha}} (v_h|_{T_{j+1}})(\boldsymbol{x}) \right|^2 \lesssim h_{T'}^{2(m-|\boldsymbol{\alpha}|)-n} \left( |v_h|_{m,T_j}^2 + |v_h|_{m,T_{j+1}}^2 \right).$$

因为 $J$ 是有界的, 并且

$$|\partial^{\boldsymbol{\alpha}} (v_h|_{T'})(\boldsymbol{x}) - \partial^{\boldsymbol{\alpha}} (v_h|_{T''})(\boldsymbol{x})|^2 \lesssim \sum_{j=1}^{J-1} |\partial^{\boldsymbol{\alpha}} (v_h|_{T_j})(\boldsymbol{x}) - \partial^{\boldsymbol{\alpha}} (v_h|_{T_{j+1}})(\boldsymbol{x})|^2,$$

所以不等式 (5.2.1) 成立. □

**引理 5.2.2** 设 $V_h$ 具有 $m$ 阶弱连续性, $V_{h0}$ 在 $\partial\Omega$ 上具有 $m$ 阶弱零性. 对 $|\boldsymbol{\alpha}| < m$, 任意 $\boldsymbol{x} \in \partial\Omega$ 和任意 $v_h \in V_{h0}$, 下式成立:

$$|\partial^{\boldsymbol{\alpha}} (v_h|_{T'})(\boldsymbol{x})|^2 \lesssim h_{T'}^{2(m-|\boldsymbol{\alpha}|)-n} \sum_{T\in S_h(x)} |v_h|_{m,T}^2, \quad \forall T' \in S_h(\boldsymbol{x}). \tag{5.2.2}$$

**证明** 令 $v_h \in V_{h0}$, $\boldsymbol{x} \in \partial\Omega$ 以及 $T' \in S_h(\boldsymbol{x})$, 存在 $T^b \in S_h(\boldsymbol{x})$ 和 $T^b$ 的一个面 $F \subset \partial\Omega$ 且 $\boldsymbol{x} \in F$. 由于 $V_{h0}$ 在 $\partial\Omega$ 上具有 $m$ 阶弱零性, 所以当 $0 \leqslant |\boldsymbol{\alpha}| < m$ 时, 存在 $\boldsymbol{x}' \in F$, 使得 $\partial^{\alpha}(v_h|_{T^b})(\boldsymbol{x}') = 0$. 用类似于引理 5.2.1 的证明方法可以得到

$$|\partial^{\boldsymbol{\alpha}} (v_h|_{T^b})(\boldsymbol{x})|^2 \lesssim h_T^{2(m-|\boldsymbol{\alpha}|)-n} |v_h|_{m,T^b}^2.$$

显然

$$|\partial^{\boldsymbol{\alpha}} (v_h|_{T'})(\boldsymbol{x})|^2 \lesssim |\partial^{\boldsymbol{\alpha}} (v_h|_{T^b})(\boldsymbol{x})|^2 + |\partial^{\boldsymbol{\alpha}} (v_h|_{T'})(\boldsymbol{x}) - \partial^{\boldsymbol{\alpha}} (v_h|_{T^b})(\boldsymbol{x})|^2.$$

由引理 5.2.1 就得到了本引理. □

对于 $v_h \in V_h$ 和 $|\boldsymbol{\alpha}| < m$, 因为非协调性质, $\partial^{\boldsymbol{\alpha}} v_h$ 在整个 $\Omega$ 上通常是不连续的. 不连续点出现在单元内边界的点上. 弱连续性质保证了间断点处的跳跃在式

(5.2.1) 所描述的 $h$ 的阶的范围内, 这样就有可能找到连续的分片函数与 $\partial^{\boldsymbol{\alpha}} v_h$ 有一个适当的误差.

现在令 $k$ 是一个正整数. 对于 $T\in\mathcal{T}_h$, 如果 $T$ 是 $n$ 单纯形, 则取 $\bar{P}_{k,T}=P_k(T)$, $S_T^k$ 由式 (2.4.5) 定义, 否则取 $\bar{P}_{k,T}=Q_k(T)$, $S_T^k$ 由式 (2.5.3) 定义 (见 2.4 节和 2.5 节). 记 $\varPi_h^{p,k}$ 和 $\varPi_{h0}^{p,k}$ 为对应 $k$ 次单纯形元或 $k$ 次矩形元的投影平均算子 (见 3.5 节). 记 $P^{k,T}: L^2(T)\to\bar{P}_{k,T}$ 是如下定义的正交投影算子:

$$\int_T qP^{k,T}w\,\mathrm{d}\boldsymbol{x}=\int_T qw\,\mathrm{d}\boldsymbol{x},\quad \forall q\in\bar{P}_{k,T}. \tag{5.2.3}$$

当 $|\boldsymbol{\alpha}|<m$, $v_h\in V_h$ 时, 记 $v_h^{\boldsymbol{\alpha}}$ 如下: $v_h^{\boldsymbol{\alpha}}|_T=\partial^{\boldsymbol{\alpha}}(v_h|_T)$, $\forall T\in T_h$. 定义

$$\varPi_h^{p,k}\partial^{\boldsymbol{\alpha}}v_h=\varPi_h^{p,k}v_h^{\boldsymbol{\alpha}},\quad \varPi_{h0}^{p,k}\partial^{\boldsymbol{\alpha}}v_h=\varPi_{h0}^{p,k}v_h^{\boldsymbol{\alpha}}. \tag{5.2.4}$$

**引理 5.2.3**　设 $V_h$ 具有 $m$ 阶弱连续性, 则对 $|\boldsymbol{\alpha}|<m$ 和 $0\leqslant j\leqslant m-|\boldsymbol{\alpha}|$,

$$|\partial^{\boldsymbol{\alpha}}v_h-\varPi_h^{p,m-|\boldsymbol{\alpha}|}\partial^{\boldsymbol{\alpha}}v_h|_{j,h}\lesssim h^{m-|\boldsymbol{\alpha}|-j}|v_h|_{m,h},\quad \forall v_h\in V_h. \tag{5.2.5}$$

除此之外, 如果 $V_{h0}$ 在 $\partial\varOmega$ 上具有 $m$ 阶弱零性, 则对 $|\boldsymbol{\alpha}|<m$ 和 $0\leqslant j\leqslant m-|\boldsymbol{\alpha}|$,

$$|\partial^{\boldsymbol{\alpha}}v_h-\varPi_{h0}^{p,m-|\boldsymbol{\alpha}|}\partial^{\boldsymbol{\alpha}}v_h|_{j,h}\lesssim h^{m-|\boldsymbol{\alpha}|-j}|v_h|_{m,h},\quad \forall v_h\in V_{h0}. \tag{5.2.6}$$

**证明**　取 $|\boldsymbol{\alpha}|<m$, $0\leqslant j\leqslant m-|\boldsymbol{\alpha}|$. 记 $k=m-|\boldsymbol{\alpha}|$. 首先令 $v_h\in V_h$ 及 $T\in\mathcal{T}_h$, 则

$$|\partial^{\boldsymbol{\alpha}}v_h-\varPi_h^{p,k}\partial^{\boldsymbol{\alpha}}v_h|_{j,T}\leqslant|\partial^{\boldsymbol{\alpha}}v_h-P^{k,T}\partial^{\boldsymbol{\alpha}}v_h|_{j,T}+|P^{k,T}\partial^{\boldsymbol{\alpha}}v_h-\varPi_h^{p,k}\partial^{\boldsymbol{\alpha}}v_h|_{j,T}. \tag{5.2.7}$$

由引理 3.5.6,

$$|\partial^{\boldsymbol{\alpha}}v_h-P^{k,T}\partial^{\boldsymbol{\alpha}}v_h|_{j,T}\lesssim h_T^{m-|\boldsymbol{\alpha}|-j}|v_h|_{m,T}. \tag{5.2.8}$$

由引理 3.5.4 和逆不等式得

$$|p|_{j,T}^2\lesssim h_T^{n-2j}\sum_{\boldsymbol{x}\in S_T^k}|p(\boldsymbol{x})|^2,\quad \forall p\in\bar{P}_{k,T}. \tag{5.2.9}$$

因为 $P^{k,T}\partial^{\boldsymbol{\alpha}}v_h-\varPi_h^{p,k}\partial^{\boldsymbol{\alpha}}v_h|_T\in\bar{P}_{k,T}$, 所以

$$|P^{k,T}\partial^{\boldsymbol{\alpha}}v_h-\varPi_h^{p,k}\partial^{\boldsymbol{\alpha}}v_h|_{j,T}^2\lesssim h_T^{n-2j}\sum_{\boldsymbol{x}\in S_T^k}|P^{k,T}\partial^{\boldsymbol{\alpha}}(v_h|_T)(\boldsymbol{x})-\varPi_h^{p,k}\partial^{\boldsymbol{\alpha}}v_h(\boldsymbol{x})|^2. \tag{5.2.10}$$

对 $\boldsymbol{x}\in S_T^k$, 由式 (5.2.3) 和 $\varPi_h^{p,k}$ 的定义得

$$P^{k,T}\partial^{\boldsymbol{\alpha}}(v_h|_T)(\boldsymbol{x})-\varPi_h^{p,k}\partial^{\boldsymbol{\alpha}}v_h(\boldsymbol{x})$$

$$
\begin{aligned}
&=\frac{1}{N_h(\boldsymbol{x})}\sum_{T'\in S_h(\boldsymbol{x})}\Big(P^{k,T}\partial^{\boldsymbol{\alpha}}(v_h|_T)(\boldsymbol{x})-P^{k,T'}\partial^{\boldsymbol{\alpha}}(v_h|_{T'})(\boldsymbol{x})\Big)\\
&=\frac{1}{N_h(\boldsymbol{x})}\sum_{T'\in S_h(\boldsymbol{x})}\Big(P^{k,T}\partial^{\boldsymbol{\alpha}}(v_h|_T)(\boldsymbol{x})-\partial^{\boldsymbol{\alpha}}(v_h|_T)(\boldsymbol{x})\Big)\\
&\quad+\frac{1}{N_h(\boldsymbol{x})}\sum_{T'\in S_h(\boldsymbol{x})}\Big(\partial^{\boldsymbol{\alpha}}(v_h|_{T'})(\boldsymbol{x})-P^{k,T'}\partial^{\boldsymbol{\alpha}}(v_h|_{T'})(\boldsymbol{x})\Big)\\
&\quad+\frac{1}{N_h(\boldsymbol{x})}\sum_{T'\in S_h(\boldsymbol{x})}\Big(\partial^{\boldsymbol{\alpha}}(v_h|_T)(\boldsymbol{x})-\partial^{\boldsymbol{\alpha}}(v_h|_{T'})(\boldsymbol{x})\Big).
\end{aligned}
$$

由引理 3.5.6, 引理 5.2.1 和逆不等式有

$$
|P^{k,T}\partial^{\boldsymbol{\alpha}}(v_h|_T)(\boldsymbol{x})-\Pi_h^{p,k}\partial^{\boldsymbol{\alpha}}v_h(\boldsymbol{x})|^2\lesssim h_T^{2(m-|\boldsymbol{\alpha}|)-n}\sum_{T'\in S_h(\boldsymbol{x})}|v_h|_{m,T'}^2,
$$

再由式 (5.2.10) 得

$$
|P^{k,T}\partial^{\boldsymbol{\alpha}}v_h-\Pi_h^{p,k}\partial^{\boldsymbol{\alpha}}v_h|_{j,T}^2\lesssim h_T^{2(m-|\boldsymbol{\alpha}|-j)}\sum_{T'\in S_h(T)}|v_h|_{m,T'}^2. \tag{5.2.11}
$$

综合式 (5.2.7), 式 (5.2.8) 和式 (5.2.11) 得到

$$
|\partial^{\boldsymbol{\alpha}}v_h-\Pi_h^{p,k}\partial^{\boldsymbol{\alpha}}v_h|_{j,h}^2\lesssim h^{2(m-|\boldsymbol{\alpha}|-j)}\sum_{T\in\mathcal{T}_h}\sum_{T'\in S_h(T)}|v_h|_{m,T'}^2, \tag{5.2.12}
$$

再由式 (5.2.12) 就得到了式 (5.2.5).

现在令 $v_h\in V_{h0}$. 对 $\boldsymbol{x}\in S_T^k$, 如果 $\boldsymbol{x}\in\partial\Omega$ 则由 $\Pi_{h0}^{p,k}$ 的定义、引理 3.5.6, 引理 5.2.2 和逆不等式得到

$$
\begin{aligned}
&|P^{k,T}\partial^{\boldsymbol{\alpha}}(v_h|_T)(\boldsymbol{x})-\Pi_{h0}^{p,k}\partial^{\boldsymbol{\alpha}}v_h(\boldsymbol{x})|^2=|P^{k,T}\partial^{\boldsymbol{\alpha}}(v_h|_T)(\boldsymbol{x})|^2\\
\lesssim\ &|P^{k,T}\partial^{\boldsymbol{\alpha}}(v_h|_T)(\boldsymbol{x})-\partial^{\boldsymbol{\alpha}}(v_h|_T)(\boldsymbol{x})|^2+|\partial^{\boldsymbol{\alpha}}(v_h|_T)(\boldsymbol{x})|^2\\
\lesssim\ &h_T^{2(m-|\boldsymbol{\alpha}|)-n}\sum_{T'\in S_h(x)}|v_h|_{m,T'}^2,
\end{aligned}
$$

否则由前面使用的方法可以得到

$$
|\partial^{\boldsymbol{\alpha}}(v_h|_T)(\boldsymbol{x})-\Pi_{h0}^{p,k}\partial^{\boldsymbol{\alpha}}v_h(\boldsymbol{x})|^2\lesssim h_T^{2(m-|\boldsymbol{\alpha}|)-n}\sum_{T'\in S_h(\boldsymbol{x})}|v_h|_{m,T'}^2,
$$

于是

$$
|P^{k,T}\partial^{\boldsymbol{\alpha}}v_h-\Pi_{h0}^{p,k}\partial^{\boldsymbol{\alpha}}v_h|_{j,T}^2\lesssim h_T^{2(m-|\boldsymbol{\alpha}|-j)}\sum_{T'\in S_h(T)}|v_h|_{m,T'}^2. \tag{5.2.13}
$$

不等式 (5.2.6) 为真. □

**定理 5.2.1** 设 $V_h$ 具有 $m$ 阶弱连续性, $V_{h0}$ 在 $\partial\Omega$ 上具有 $m$ 阶弱零性. 则下述广义 Poincare-Friedrichs 不等式成立:

$$\|v_h\|_{m,h} \lesssim |v_h|_{m,h}, \quad \forall v_h \in V_{h0}. \tag{5.2.14}$$

**证明** 令 $v_h \in V_{h0}$, $|\boldsymbol{\alpha}| < m$. 由式 (5.2.6) 有

$$\begin{aligned}|\partial^{\boldsymbol{\alpha}} v_h|_{0,h} &\leqslant |\partial^{\boldsymbol{\alpha}} v_h - \varPi_{h0}^{p,m-|\boldsymbol{\alpha}|}\partial^{\boldsymbol{\alpha}} v_h|_{0,h} + |\varPi_{h0}^{p,m-|\boldsymbol{\alpha}|}\partial^{\boldsymbol{\alpha}} v_h|_{0,h}\\ &\lesssim |v_h|_{m,h} + |\varPi_{h0}^{p,m-|\boldsymbol{\alpha}|}\partial^{\boldsymbol{\alpha}} v_h|_{0,h}.\end{aligned}$$

注意到 $\varPi_{h0}^{p,m-|\alpha|}\partial^{\boldsymbol{\alpha}} v_h \in H_0^1(\Omega)$ 的事实, 由式 (1.4.5) 得

$$|\varPi_{h0}^{p,m-|\boldsymbol{\alpha}|}\partial^{\boldsymbol{\alpha}} v_h|_{0,h} \lesssim |\varPi_{h0}^{p,m-|\boldsymbol{\alpha}|}\partial^{\boldsymbol{\alpha}} v_h|_{1,h}.$$

另一方面, 由式 (5.2.6) 得到

$$\begin{aligned}|\varPi_{h0}^{p,m-|\boldsymbol{\alpha}|}\partial^{\boldsymbol{\alpha}} v_h|_{1,h} &\leqslant |\partial^{\boldsymbol{\alpha}} v_h|_{1,h} + |\partial^{\boldsymbol{\alpha}} v_h - \varPi_{h0}^{p,m-|\boldsymbol{\alpha}|}\partial^{\boldsymbol{\alpha}} v_h|_{1,h}\\ &\lesssim |v_h|_{m,h} + |\partial^{\boldsymbol{\alpha}} v_h|_{1,h}.\end{aligned}$$

由上面的讨论得到

$$|v_h|_{j,h} \lesssim |v_h|_{m,h} + |v_h|_{j+1,h}, \quad 0 \leqslant j < m, \ \forall v_h \in V_{h0}. \tag{5.2.15}$$

利用式 (5.2.15) 就可以得到式 (5.2.14). □

## 5.3 二阶椭圆边值问题

本节以 Poisson 方程的齐次 Dirichlet 边值问题 (4.1.1) 为例讨论二阶椭圆边值问题的非协调元. 该问题的变分形式为求 $u \in H_0^1(\Omega)$, 满足

$$a(u,v) = (f,v), \quad \forall v \in H_0^1(\Omega), \tag{5.3.1}$$

其中, $a(u,v)$ 由式 (4.1.3) 给出.

对于函数 $v, w \in H^1(\mathcal{T}_h)$, 定义

$$a_h(v,w) = \sum_{T\in\mathcal{T}_h}\sum_{i=1}^{n}\int_T \frac{\partial v}{\partial x_i}\frac{\partial w}{\partial x_i}\,\mathrm{d}\boldsymbol{x}. \tag{5.3.2}$$

现在考虑 Crouzeix-Raviart 元和 Wilson 元的收敛性. 由第 3 章的插值理论有如下引理:

**引理 5.3.1** 设 $V_{h0}$ 是 Crouzeix-Raviart 元或 Wilson 元对应的有限元空间, 则

$$|v - \Pi_{h0}^p v|_{m,h} \lesssim h^{2-m}|v|_{2,\Omega}, \quad 0 \leqslant m \leqslant 2, \ \forall v \in H^2(\Omega) \cap H_0^1(\Omega). \tag{5.3.3}$$

**引理 5.3.2** 设 $V_{h0}$ 是 Wilson 元对应的有限元空间, 则

$$|v - \Pi_{h0}^p v|_{m,h} \lesssim h^{3-m}|v|_{3,\Omega}, \quad 0 \leqslant m \leqslant 3, \ \forall v \in H^3(\Omega) \cap H_0^1(\Omega). \tag{5.3.4}$$

Crouzeix-Raviart 元和 Wilson 元都满足定理 5.1.2 在 $m = 1$ 的情形下的假设, 所以有下面的引理:

**引理 5.3.3** 设 $V_{h0}$ 是 Crouzeix-Raviart 元或 Wilson 元对应的有限元空间, 则 $|\cdot|_{1,h}$ 是 $V_{h0}$ 上的范数.

对于 Crouzeix-Raviart 元和 Wilson 元, 这个引理保证了问题 (5.1.4) 有唯一解.

**引理 5.3.4** 设 $V_{h0}$ 是 Crouzeix-Raviart 元或 Wilson 元对应的有限元空间. 如果问题 (5.3.1) 的解 $u \in H^2(\Omega)$, 则

$$|(f, w_h) - a_h(u, w_h)| \lesssim h|u|_{2,\Omega}|w_h|_{1,h}, \quad \forall w_h \in V_{h0}. \tag{5.3.5}$$

**证明** 令 $w_h \in V_{h0}$. 因为 $-\Delta u = f$, 由分部积分得到

$$\begin{aligned}(f, w_h) - a_h(u, w_h) &= -(\Delta u, w_h) - a_h(u, w_h)\\ &= -\sum_{T\in\mathcal{T}_h}\int_T\Big(\Delta u w_h + \sum_{i=1}^n \frac{\partial u}{\partial x_i}\frac{\partial w_h}{\partial x_i}\Big)\mathrm{d}\boldsymbol{x}\\ &= -\sum_{T\in\mathcal{T}_h}\int_{\partial T}\frac{\partial u}{\partial \boldsymbol{\nu}}w_h\,\mathrm{d}s,\end{aligned}$$

于是

$$(f, w_h) - a_h(u, w_h) = -\sum_{T\in\mathcal{T}_h}\sum_{F\subset\partial T}\int_F \frac{\partial u}{\partial \boldsymbol{\nu}_F}w_h\,\mathrm{d}F, \tag{5.3.6}$$

其中, $\sum\limits_{F\subset\partial T}$ 表示对 $T$ 的所有面求和.

首先考虑 Crouzeix-Raviart 元. 如果 $F = T' \cap T''$ 是 $\mathcal{T}_h$ 的单元内面, 记 $\boldsymbol{\nu}', \boldsymbol{\nu}''$ 分别是 $F$ 相对于 $T', T''$ 的单位外法向量, 则

$$\frac{\partial u}{\partial \boldsymbol{\nu}'} = -\frac{\partial u}{\partial \boldsymbol{\nu}''}$$

且

$$\int_F w_h|_{T'}\,\mathrm{d}F = \int_F w_h|_{T''}\,\mathrm{d}F. \tag{5.3.7}$$

如果 $F$ 是 $\mathcal{T}_h$ 的自由面, 则

$$\int_F w_h\,\mathrm{d}F = 0. \tag{5.3.8}$$

令 $P_F^0$ 是由式 (3.3.17) 给出的算子, 对 $g \in L^2(F)$ 定义 $R_F^0 g = g - P_F^0 g$. 则由式 (5.3.7) 和式 (5.3.8) 推出

$$
\begin{aligned}
|(f, w_h) - a_h(u, w_h)| &= \Big| \sum_{T\in\mathcal{T}_h} \sum_{F\subset\partial T} \int_F \frac{\partial u}{\partial \boldsymbol{\nu}_F} w_h \,\mathrm{d}F \Big| \\
&= \Big| \sum_{T\in\mathcal{T}_h} \sum_{F\subset\partial T} \int_F R_F^0 \frac{\partial u}{\partial \boldsymbol{\nu}_F} R_F^0 w_h \,\mathrm{d}F \Big| \\
&\lesssim \sum_{T\in\mathcal{T}_h} \sum_{F\subset\partial T} \Big| R_F^0 \frac{\partial u}{\partial \boldsymbol{\nu}_F} \Big|_{0,F} |R_F^0 w_h|_{0,F}.
\end{aligned}
$$

由定理 3.3.5 和 Schwarz 不等式有

$$
|(f, w_h) - a_h(u, w_h)| \lesssim \sum_{T\in\mathcal{T}_h} h|u|_{2,T}|w_h|_{1,T} \lesssim h|u|_{2,\Omega}|w_h|_{1,h}.
$$

对 Crouzeix-Raviart 元, 引理得证.

现在考虑 Wilson 元. 对 $w_h \in V_{h0}$, 定义 $w_h'$ 和 $w_h''$ 如下:

$$
\begin{cases}
w_h'|_T = \dfrac{1}{2^n} \displaystyle\sum_{j=1}^{2^n} \prod_{k=1}^{n} (1 + \xi_{kj}\xi_k) w_h(\boldsymbol{a}_j), \\
w_h''|_T = \displaystyle\sum_{j=1}^{n} \dfrac{h_j^2}{2} (\xi_j^2 - 1) d_{2^n+j}(w_h),
\end{cases}
\quad \forall T \in \mathcal{T}_h. \tag{5.3.9}
$$

记 $\tilde{\Pi}_h$ 是一次矩形元对应的插值算子, 则 $w_h' = \tilde{\Pi}_h w_h \in H_0^1(\Omega)$, $w_h'' = w_h - \tilde{\Pi}_h w_h$. 于是

$$
(f, w_h) - a_h(u, w_h) = -\sum_{T\in\mathcal{T}_h} \sum_{i=1}^{n} \int_{\partial T} \frac{\partial u}{\partial x_i} w_h'' \nu_i \,\mathrm{d}s. \tag{5.3.10}
$$

另一方面,

$$
\begin{aligned}
\sum_{i=1}^{n} \int_{\partial T} w_h'' \nu_i \,\mathrm{d}s &= \sum_{i=1}^{n} \int_T \frac{\partial w_h''}{\partial x_i} \,\mathrm{d}\boldsymbol{x} \\
&= \sum_{i=1}^{n} \frac{h_i|T|}{2^n} d_{2^n+i}(w_h) \int_{-1}^{1} \cdots \int_{-1}^{1} \xi_i \,\mathrm{d}\xi_1 \cdots \mathrm{d}\xi_n = 0.
\end{aligned}
$$

由定理 3.3.4, 引理 3.5.1 得到

$$
|(f, w_h) - a_h(u, w_h)| = \Big| \sum_{T\in\mathcal{T}_h} \sum_{i=1}^{n} \int_{\partial T} \Big( \frac{\partial u}{\partial x_i} - P_T^0 \frac{\partial u}{\partial x_i} \Big) (w_h - \tilde{\Pi}_h w_h) \nu_i \,\mathrm{d}s \Big|
$$

$$\leqslant \sum_{T\in\mathcal{T}_h}\sum_{i=1}^{n}\left|\frac{\partial u}{\partial x_i}-P_T^0\frac{\partial u}{\partial x_i}\right|_{0,\partial T}|w_h-\tilde{\Pi}_h w_h|_{0,\partial T}$$

$$\lesssim \sum_{T\in\mathcal{T}_h}\sum_{i=1}^{n}h_T^2|u|_{2,T}|w_h|_{2,T},$$

其中, $P_T^0$ 由式 (3.3.12) 定义. 利用逆不等式 (3.4.1) 和 Schwarz 不等式,

$$|(f,w_h)-a_h(u,w_h)|\lesssim h|u|_{2,\Omega}|w_h|_{1,h}.$$

引理得证. □

**定理 5.3.1** 令 $u$ 是问题 (5.3.1) 的解, $u_h$ 是问题 (5.1.4) 对应于 Crouzeix-Raviart 元或 Wilson 元的解. 设 $u\in H^2(\Omega)\cap H_0^1(\Omega)$, 则

$$|u-u_h|_{1,h}\lesssim h|u|_{2,\Omega}, \tag{5.3.11}$$

而且当 $\Omega$ 是凸的时候,

$$\|u-u_h\|_{0,\Omega}\lesssim h^2|u|_{2,\Omega}. \tag{5.3.12}$$

**证明** 估计式 (5.3.11) 由引理 5.1.1, 引理 5.3.1, 引理 5.3.3 和引理 5.3.4 得出.

假设 $\Omega$ 是凸的. 对每个 $g\in L^2(\Omega)$, 记 $\phi_g\in H_0^1(\Omega)$ 和 $\phi_{gh}\in V_{h0}$ 分别是下列问题的解:

$$a(v,\phi_g)=(g,v),\quad \forall v\in H_0^1(\Omega), \tag{5.3.13}$$

$$a_h(v_h,\phi_{gh})=(g,v_h),\quad \forall v_h\in V_{h0}. \tag{5.3.14}$$

从式 (5.3.11) 和式 (1.2.5) 有

$$|\phi_g-\phi_{gh}|_{1,h}\lesssim h|\phi_g|_{2,\Omega}\lesssim h\|g\|_{0,\Omega}. \tag{5.3.15}$$

对于 $u,u_h,\phi_g$ 和 $\phi_{gh}$, 可以推导出

$$\begin{aligned}(g,u-u_h)=&a(u,\phi_g)-a_h(u_h,\phi_{gh})\\=&a_h(u-u_h,\phi_g-\phi_{gh})+a_h(u-u_h,\phi_{gh})+a_h(u_h,\phi_g-\phi_{gh}).\end{aligned}$$

进一步地,

$$|(g,u-u_h)|\lesssim h^2|u|_{2,\Omega}\|g\|_{0,\Omega}+|a_h(u-u_h,\phi_{gh})|+|a_h(u_h,\phi_g-\phi_{gh})|. \tag{5.3.16}$$

对于式 (5.3.16) 右端的第二项有

$$a_h(u-u_h,\phi_{gh})=\sum_{T\in\mathcal{T}_h}\int_{\partial T}\frac{\partial u}{\partial\boldsymbol{\nu}}(\phi_{gh}-\phi_g)\,\mathrm{d}s. \tag{5.3.17}$$

在 Crouzeix-Raviart 元的情形, 等式 (5.3.7) 和式 (5.3.8) 成立, 所以

$$
\begin{aligned}
|a_h(u-u_h,\phi_{gh})| =& \Big|\sum_{T\in\mathcal{T}_h}\sum_{F\subset\partial T}\int_F R_F^0\frac{\partial u}{\partial \boldsymbol{\nu}_F}R_F^0(\phi_g-\phi_{gh})\,\mathrm{d}F\Big| \\
\lesssim& h\sum_{T\in\mathcal{T}_h}|u|_{2,T}|\phi_g-\phi_{gh}|_{1,T}\lesssim h|u|_{2,\Omega}|\phi_g-\phi_{gh}|_{1,h}.
\end{aligned}
$$

再利用式 (5.3.15) 得到

$$
|a_h(u-u_h,\phi_{gh})|\lesssim h^2|u|_{2,\Omega}\|g\|_{0,\Omega}. \tag{5.3.18}
$$

类似地,

$$
|a_h(u_h,\phi_g-\phi_{gh})|\lesssim h^2|u|_{2,\Omega}\|g\|_{0,\Omega}. \tag{5.3.19}
$$

在 Wilson 元的情形, 估计式 (5.3.18) 和式 (5.3.19) 仍然成立. 事实上,

$$
\begin{aligned}
a_h(u_h,\phi_g-\phi_{gh}) =& a_h(u_h,\phi_g)-(g,u_h)=\sum_{T\in\mathcal{T}_h}\int_{\partial T}\frac{\partial\phi_g}{\partial\boldsymbol{\nu}}u_h\,\mathrm{d}s \\
=& \sum_{T\in\mathcal{T}_h}\int_{\partial T}\frac{\partial\phi_g}{\partial\boldsymbol{\nu}}(u_h-\tilde{\Pi}_h u_h)\,\mathrm{d}s \\
=& \sum_{i=1}^n\sum_{T\in\mathcal{T}_h}\int_{\partial T}\Big(R_T^0\frac{\partial\phi_g}{\partial x_i}\Big)(u_h-\tilde{\Pi}_h u_h)\nu_i\,\mathrm{d}s,
\end{aligned}
$$

其中, 对 $v\in L^2(T)$, $R_T^0 v=v-P_T^0 v$, $\tilde{\Pi}_h$ 是一次矩形元对应的插值算子. 于是

$$
\begin{aligned}
|a_h(u_h,\phi_g-\phi_{gh})| \leqslant& \sum_{i=1}^n\sum_{T\in\mathcal{T}_h}\Big\|R_T^0\frac{\partial\phi_g}{\partial x_i}\Big\|_{0,\partial T}\|u_h-\tilde{\Pi}_h u_h\|_{0,\partial T} \\
\lesssim& \sum_{T\in\mathcal{T}_h}h_T^2|\phi_g|_{2,T}|u_h|_{2,T}\lesssim h|\phi_g|_{2,\Omega}\Big(\sum_{T\in\mathcal{T}_h}h_T^2|u_h|_{2,T}^2\Big)^{1/2}.
\end{aligned}
$$

令 $\Pi_{h0}^p$ 是 Wilson 元对应的投影平均算子. 由逆不等式 (3.4.1) 和定理 3.5.4 有

$$
\begin{aligned}
\sum_{T\in\mathcal{T}_h}h_T^2|u_h|_{2,T}^2 \leqslant& 2\sum_{T\in\mathcal{T}_h}h_T^2\big(|u_h-\Pi_{h0}^p u|_{2,T}^2+|\Pi_{h0}^p u|_{2,T}^2\big) \\
\lesssim& \sum_{T\in\mathcal{T}_h}\Big(h_T^2|u|_{2,T}^2+|u_h-\Pi_{h0}^p u|_{1,T}^2\Big) \\
\lesssim& \sum_{T\in\mathcal{T}_h}\Big(h_T^2|u|_{2,T}^2+|u-u_h|_{1,T}^2+|u-\Pi_{h0}^p u|_{1,T}^2\Big)
\end{aligned}
$$

$$\lesssim h^2|u|_{2,\Omega}^2 + |u-u_h|_{1,h}^2 \lesssim h^2|u|_{2,\Omega}^2.$$

进而, 式 (5.3.19) 成立. 估计式 (5.3.18) 可以类似地得到.

综合式 (5.3.16), 式 (5.3.18) 和式 (5.3.19) 得到

$$|(g, u-u_h)| \lesssim h^2|u|_{2,\Omega}\|g\|_{0,\Omega}. \tag{5.3.20}$$

注意到

$$\|u-u_h\|_{0,\Omega} = \sup_{0\neq g\in L^2(\Omega)} \frac{|(g,u-u_h)|}{\|g\|_{0,\Omega}},$$

于是得到估计式 (5.3.12). □

## 5.4 四阶椭圆边值问题

本节讨论求解四阶椭圆边值问题的非协调有限元方法. 考虑重调和方程齐次 Dirichlet 边值问题的变分形式: 求 $u\in H_0^2(\Omega)$, 使得

$$a(u,v)=(f,v), \quad \forall v\in H_0^2(\Omega), \tag{5.4.1}$$

其中, $a(\cdot,\cdot)$ 由式 (1.3.2) 定义.

对于函数 $v,w\in H^2(\mathcal{T}_h)$, 定义

$$a_h(v,w)=\sum_{T\in\mathcal{T}_h}\sum_{1\leqslant i,j\leqslant n}\int_T \frac{\partial^2 v}{\partial x_i\partial x_j}\frac{\partial^2 w}{\partial x_i\partial x_j}\,\mathrm{d}\boldsymbol{x}. \tag{5.4.2}$$

关于 2.6 节和 2.7 节给出的一些有限元的逼近性质有下面的引理:

**引理 5.4.1** 对 Morley 元、Zienkiewicz 元、Morley-Zienkiewicz 元、修正 Zienkiewicz 元、矩形 Morley 元、Adini 元、Bogner-Fox-Schmit 元、12 参数三角形板元、15 参数三角形板元和三次四面体元等有限元, 记 $\Pi_h^p$ 和 $\Pi_{h0}^p$ 是其中之一对应的投影平均算子, 则

$$|v-\Pi_h^p v|_{j,h} \lesssim h^{3-j}|v|_{3,\Omega}, \quad 0\leqslant j\leqslant 3,\ \forall v\in H^3(\Omega), \tag{5.4.3}$$

$$|v-\Pi_{h0}^p v|_{j,h} \lesssim h^{3-j}|v|_{3,\Omega}, \quad 0\leqslant j\leqslant 3,\ \forall v\in H^3(\Omega)\cap H_0^2(\Omega). \tag{5.4.4}$$

**引理 5.4.2** 对于 12 参数三角形板元, 记 $\Pi_h^p$ 和 $\Pi_{h0}^p$ 是对应的投影平均算子, 则

$$|v-\Pi_h^p v|_{j,h} \lesssim h^{4-j}|v|_{4,\Omega}, \quad 0\leqslant j\leqslant 4,\ \forall v\in H^4(\Omega), \tag{5.4.5}$$

$$|v-\Pi_{h0}^p v|_{j,h} \lesssim h^{4-j}|v|_{4,\Omega}, \quad 0\leqslant j\leqslant 4,\ \forall v\in H^4(\Omega)\cap H_0^2(\Omega). \tag{5.4.6}$$

这两个引理可以直接从定理 3.5.3 和定理 3.5.4 得到. 在这些有限元的情形下, 关于问题 (5.1.4) 解的存在性, 可以从定理 5.1.2 得到下面的引理:

**引理 5.4.3**　设 $V_{h0}$ 是 Morley 元、Zienkiewicz 元、Morley-Zienkiewicz 元、修正 Zienkiewicz 元、矩形 Morley 元、Adini 元、Bogner-Fox-Schmit 元、12 参数三角形板元、15 参数三角形板元和三次四面体元等有限元之一对应的有限元空间, 则 $|\cdot|_{2,h}$ 是 $V_{h0}$ 上的范数.

现在讨论有限元解的收敛性以及误差估计. 本节只考虑 Morley 元、矩形 Morley 元和 12 参数三角形板元, 其他的非协调有限元将在第 6 章进行讨论.

**定理 5.4.1**　令 $u$ 是问题 (5.4.1) 的解, $u_h$ 是 Morley 元或矩形 Morley 元情形时问题 (5.1.4) 的解. 设 $u \in H^3(\Omega) \cap H_0^2(\Omega)$, 则

$$|u-u_h|_{2,h} \lesssim h\Big(|u|_{3,\Omega}+h\|f\|_{0,\Omega}\Big). \tag{5.4.7}$$

**证明**　由引理 5.4.1 得到

$$\inf_{v_h \in V_{h0}} |u-v_h|_{2,h} \lesssim h|u|_{3,\Omega}. \tag{5.4.8}$$

对于 Morley 元, 令 $\Pi_{h0}^{p,2}$ 是二次单纯形元对应的投影平均算子, 否则令 $\Pi_{h0}^{p,2}$ 是二次矩形元对应的投影平均算子. 取 $w_h \in V_{h0}$, 则

$$(f,w_h)-a_h(u,w_h)=(f,w_h-\Pi_{h0}^{p,2}w_h)+(f,\Pi_{h0}^{p,2}w_h)-a_h(u,w_h). \tag{5.4.9}$$

由引理 5.2.3 有

$$|(f,w_h-\Pi_{h0}^{p,2}w_h)| \lesssim h^2\|f\|_{0,\Omega}|w_h|_{2,h}. \tag{5.4.10}$$

注意 $\Pi_{h0}^{p,2}w_h \in H_0^1(\Omega)$, 采用分部积分得

$$\begin{aligned}(f,\Pi_{h0}^{p,2}w_h)-a_h(u,w_h) &= \sum_{T\in\mathcal{T}_h}\int_T\Big(\Delta^2 u\Pi_{h0}^{p,2}w_h-\sum_{1\leqslant i,j\leqslant n}\frac{\partial^2 u}{\partial x_i\partial x_j}\frac{\partial^2 w_h}{\partial x_i\partial x_j}\Big)\,\mathrm{d}\boldsymbol{x}\\ &= \sum_{T\in\mathcal{T}_h}\sum_{1\leqslant i,j\leqslant n}\int_T\frac{\partial^3 u}{\partial x_i^2\partial x_j}\frac{\partial}{\partial x_j}(w_h-\Pi_{h0}^{p,2}w_h)\,\mathrm{d}\boldsymbol{x}\\ &\quad -\sum_{T\in\mathcal{T}_h}\sum_{1\leqslant i,j\leqslant n}\int_{\partial T}\frac{\partial^2 u}{\partial x_i\partial x_j}\frac{\partial w_h}{\partial x_j}\nu_i\,\mathrm{d}s.\end{aligned}$$

利用 Schwarz 不等式和引理 5.2.3 有

$$\Big|\sum_{T\in\mathcal{T}_h}\sum_{1\leqslant i,j\leqslant n}\int_T\frac{\partial^3 u}{\partial x_i^2\partial x_j}\frac{\partial}{\partial x_j}(w_h-\Pi_{h0}^{p,2}w_h)\,\mathrm{d}\boldsymbol{x}\Big| \lesssim h|u|_{3,\Omega}|w_h|_{2,h}.$$

另一方面,

$$\begin{aligned}\Big|\sum_{T\in\mathcal{T}_h}\sum_{1\leqslant i,j\leqslant n}\int_{\partial T}\frac{\partial^2 u}{\partial x_i\partial x_j}\frac{\partial w_h}{\partial x_j}\nu_i\,\mathrm{d}s\Big| &= \Big|\sum_{T\in\mathcal{T}_h}\sum_{1\leqslant i,j\leqslant n}\sum_{F\subset\partial T}\int_F\frac{\partial^2 u}{\partial x_i\partial x_j}\frac{\partial w_h}{\partial x_j}(\boldsymbol{\nu}_F)_i\,\mathrm{d}F\Big|\\ &= \Big|\sum_{T\in\mathcal{T}_h}\sum_{1\leqslant i,j\leqslant n}\sum_{F\subset\partial T}\int_F R_F^0\frac{\partial^2 u}{\partial x_i\partial x_j}R_F^0\frac{\partial w_h}{\partial x_j}(\boldsymbol{\nu}_F)_i\mathrm{d}F\Big|\\ &\lesssim \sum_{T\in\mathcal{T}_h}\sum_{1\leqslant i,j\leqslant n}\sum_{F\subset\partial T}\Big|R_F^0\frac{\partial^2 u}{\partial x_i\partial x_j}\Big|_{0,F}\Big|R_F^0\frac{\partial w_h}{\partial x_j}\Big|_{0,F}\\ &\lesssim \sum_{T\in\mathcal{T}_h}h|u|_{3,T}|w_h|_{2,T}\lesssim h|u|_{3,\Omega}|w_h|_{2,h}.\end{aligned}$$

在上面的推导中, 利用了插值结果和这样的事实: $w_h$ 的一阶导数在单元内面上的积分平均值的跳跃为零, 在自由面上的积分平均值为零, 这样就有

$$|(f,\Pi_{h0}^{p,2}w_h)-a_h(u,w_h)|\lesssim h|u|_{3,\Omega}|w_h|_{2,h}. \tag{5.4.11}$$

由式 (5.1.5) 及式 (5.4.8)~ 式 (5.4.11) 得到估计式 (5.4.7). □

对于 Morley 元和矩形 Morley 元, 还可以考虑另一个有限元问题: 求 $\tilde{u}_h\in V_{h0}$ 满足

$$a_h(\tilde{u}_h,v_h)=(f,\Pi_{h0}^{p,2}v_h),\quad \forall v_h\in V_{h0}. \tag{5.4.12}$$

对于该问题, 有下面的误差估计:

**定理 5.4.2** 令 $u$ 是问题 (5.4.1) 的解, $\tilde{u}_h$ 是 Morley 元或矩形 Morley 元情形时问题 (5.4.12) 的解. 设 $u\in H^3(\Omega)\cap H_0^2(\Omega)$, 则

$$|u-\tilde{u}_h|_{2,h}\lesssim h|u|_{3,\Omega}. \tag{5.4.13}$$

**证明** 用类似于引理 5.1.1 的证明方法可以得到

$$|u-\tilde{u}_h|_{2,h}\lesssim\inf_{v_h\in V_{h0}}|u-v_h|_{2,h}+\sup_{0\neq w_h\in V_{h0}}\frac{|(f,\Pi_{h0}^{p,2}w_h)-a_h(u,w_h)|}{|w_h|_{2,h}}. \tag{5.4.14}$$

由定理 5.4.1 的证明可以知道

$$|(f,\Pi_{h0}^{p,2}w_h)-a_h(u,w_h)|\lesssim h|u|_{3,\Omega}|w_h|_{2,h} \tag{5.4.15}$$

对所有 $w_h\in V_{h0}$ 成立. 定理得证. □

**定理 5.4.3**　令 $u$ 是问题 (5.4.1) 的解, $u_h$ 是 Morley 元或矩形 Morley 元情形时问题 (5.1.4) 的解. 设对于任意 $f \in L^2(\Omega)$, 问题 (5.4.1) 的解都属于 $H^3(\Omega)$, 并且式 (1.3.4) 为真, 则

$$\|u-u_h\|_{1,h} \lesssim h^2\Big(|u|_{3,\Omega}+h\|f\|_{0,\Omega}\Big). \tag{5.4.16}$$

**证明**　对 $g \in L^2(\Omega)$, 令 $\phi_g \in H_0^2(\Omega)$ 和 $\phi_{gh} \in V_{h0}$ 分别是下面问题的解:

$$a(v,\phi_g)=(g,v), \quad \forall v \in H_0^2(\Omega), \tag{5.4.17}$$

$$a_h(v_h,\phi_{gh})=(g,\Pi_{h0}^{p,2}v_h), \quad \forall v_h \in V_{h0}. \tag{5.4.18}$$

由定理 5.4.2 和式 (1.3.4) 得

$$|\phi_g-\phi_{gh}|_{2,h} \lesssim h|\phi_g|_{3,\Omega}, \quad \|\phi_g\|_{3,\Omega} \lesssim \|g\|_{-1,\Omega}. \tag{5.4.19}$$

令 $\Pi_{h0}^p$ 是 Morley 元或矩形 Morley 元对应的投影平均算子, 记 $w_h=\Pi_{h0}^p u$, 则

$$\begin{aligned}(g,\Pi_{h0}^{p,2}(w_h-u_h)) &= a_h(w_h-u_h,\phi_{gh})\\ &= a_h(u-w_h,\phi_g-\phi_{gh})+\Big(a_h(u,\phi_{gh}-\phi_g)-(f,\phi_{gh}-\phi_g)\Big)\\ &\quad +\Big(a_h(w_h-u,\phi_g)-(g,\Pi_{h0}^{p,2}(w_h-u))\Big)+(g,\Pi_{h0}^{p,2}(w_h-u)).\end{aligned} \tag{5.4.20}$$

对于式 (5.4.20) 右端的第一项, 由定理 3.5.4 和式 (5.4.19) 有

$$|a_h(u-w_h,\phi_g-\phi_{gh})| \lesssim h^2|u|_{3,\Omega}\|g\|_{-1,\Omega}. \tag{5.4.21}$$

对于最后一项有

$$|(g,\Pi_{h0}^{p,2}(w_h-u))| \lesssim \|g\|_{-1,\Omega}\|\Pi_{h0}^{p,2}(w_h-u)\|_{1,\Omega}.$$

使用逆不等式、引理 3.5.5 和引理 3.5.7 推导出

$$\begin{aligned}|\Pi_{h0}^{p,2}(w_h-u)|_{1,\Omega}^2 &= \sum_{T\in\mathcal{T}_h}|\Pi_{h0}^{p,2}(w_h-u)|_{1,T}^2\\ &\lesssim \sum_{T\in\mathcal{T}_h}h_T^{-2}|\Pi_{h0}^{p,2}(w_h-u)|_{0,T}^2 \lesssim \sum_{T\in\mathcal{T}_h}h_T^{-2}\sum_{T'\in S_h(T)}|w_h-u|_{0,T'}^2\\ &\lesssim \sum_{T\in\mathcal{T}_h}h_T^{-2}|w_h-u|_{0,T}^2 \lesssim \sum_{T\in\mathcal{T}_h}\sum_{T'\in S_h(T)}h_T^4|u|_{3,T'}^2 \lesssim h^4|u|_{3,\Omega}^2,\end{aligned}$$

再利用 Friedrichs-Poincare 不等式就可以得到

$$\|\Pi_{h0}^{p,2}(w_h-u)\|_{1,\Omega} \lesssim h^2|u|_{3,\Omega}, \tag{5.4.22}$$

进而得到

$$|(g, \Pi_{h0}^{p,2}(w_h - u))| \lesssim h^2|u|_{3,\Omega}\|g\|_{-1,\Omega}. \tag{5.4.23}$$

现在考虑式 (5.4.20) 右端的第二项, 记

$$e_{h1} = \phi_{gh} - \Pi_{h0}^{p}\phi_g, \quad e_{h2} = \Pi_{h0}^{p}\phi_g - \phi_g,$$

则

$$\begin{aligned}&a_h(u, \phi_{gh} - \phi_g) - (f, \phi_{gh} - \phi_g)\\ =& \sum_{i=1}^{2}\Big(a_h(u, e_{hi}) - (f, \Pi_{h0}^{p,2}e_{hi}) - (f, e_{hi} - \Pi_{h0}^{p,2}e_{hi})\Big).\end{aligned}$$

令 $i \in \{1, 2\}$. 用证明定理 5.4.1 的类似方法, 可以证明

$$\big|a_h(u, e_{hi}) - (f, \Pi_{h0}^{p,2}e_{hi})\big| \lesssim |u|_{3,\Omega}\big(h|e_{hi}|_{2,h} + |e_{hi} - \Pi_{h0}^{p,2}e_{hi}|_{1,h}\big).$$

另一方面,

$$|(f, e_{hi} - \Pi_{h0}^{p,2}e_{hi})| \leqslant \|f\|_{0,\Omega}\|e_{hi} - \Pi_{h0}^{p,2}e_{hi}\|_{0,\Omega}.$$

利用引理 5.2.3 可以得到

$$\|e_{h1} - \Pi_{h0}^{p,2}e_{h1}\|_{0,\Omega} + h\|e_{h1} - \Pi_{h0}^{p,2}e_{h1}\|_{1,h} \lesssim h^2|e_{h1}|_{2,h}.$$

对于 $e_{h2}$, 类似于式 (5.4.22) 有

$$\|\Pi_{h0}^{p,2}e_{h2}\|_{1,\Omega} \lesssim h^2|\phi_g|_{3,\Omega}.$$

另外, 由定理 3.5.4 和引理 3.5.5 得

$$|e_{h2}|_{1,\Omega} \lesssim h^2|\phi_g|_{3,\Omega}.$$

$$\|e_{h2} - \Pi_{h0}^{p,2}e_{h2}\|_{0,\Omega} \lesssim \|e_{h2}\|_{0,\Omega} \lesssim h^3|\phi_g|_{3,\Omega}.$$

总结上面的讨论得到

$$|a_h(u, \phi_{gh} - \phi_g) - (f, \phi_{gh} - \phi_g)| \lesssim h^2(|u|_{3,\Omega} + h\|f\|_{0,\Omega})|\phi_g|_{3,\Omega}.$$

式 (5.4.19) 给出

$$|a_h(u, \phi_{gh} - \phi_g) - (f, \phi_{gh} - \phi_g)| \lesssim h^2(|u|_{3,\Omega} + h\|f\|_{0,\Omega})\|g\|_{-1,\Omega}. \tag{5.4.24}$$

至于式 (5.4.20) 右端的第三项, 采用与第二项类似的处理方法可以得到

$$|a_h(w_h-u,\phi_g)-(g,\Pi_{h0}^{p,2}(w_h-u))|\lesssim h^2|u|_{3,\Omega}\|g\|_{-1,\Omega}. \tag{5.4.25}$$

综合式 (5.4.20), 式 (5.4.21), 式 (5.4.24) 和式 (5.4.25) 得到对任意 $g\in L^2(\Omega)$,

$$|(g,\Pi_{h0}^{p,2}(w_h-u_h))|\lesssim h^2(|u|_{3,\Omega}+h\|f\|_{0,\Omega})\|g\|_{-1,\Omega}. \tag{5.4.26}$$

注意到下面的事实:

$$\|\Pi_{h0}^{p,2}(w_h-u_h)\|_{1,\Omega}=\sup_{0\neq g\in L^2(\Omega)}\frac{|(g,\Pi_{h0}^{p,2}(w_h-u_h))|}{\|g\|_{-1,\Omega}},$$

则有

$$\|\Pi_{h0}^{p,2}(w_h-u_h)\|_{1,\Omega}\lesssim h^2(|u|_{3,\Omega}+h\|f\|_{0,\Omega}). \tag{5.4.27}$$

利用引理 5.2.3 和定理 3.5.4 可以得到

$$\begin{aligned}\|u-u_h\|_{1,h}&\leqslant\|u-w_h\|_{1,h}+\|\Pi_{h0}^{p,2}(w_h-u_h)\|_{1,\Omega}\\&\quad+\|w_h-u_h-\Pi_{h0}^{p,2}(w_h-u_h)\|_{1,h}\\&\lesssim|u-w_h|_{1,h}+h|w_h-u_h|_{2,h}+\|\Pi_{h0}^{p,2}(w_h-u_h)\|_{1,\Omega}\\&\lesssim h^2|u|_{3,\Omega}+\|\Pi_{h0}^{p,2}(w_h-u_h)\|_{1,\Omega},\end{aligned}$$

所以估计式 (5.4.16) 成立. □

**定理 5.4.4** 令 $n=2$, $u$ 是问题 (5.4.1) 的解, $u_h$ 是 12 参数三角形板元情形时问题 (5.1.4) 的解. 设 $u\in H^4(\Omega)\cap H_0^2(\Omega)$, 则

$$|u-u_h|_{2,h}\lesssim h^2|u|_{4,\Omega}; \tag{5.4.28}$$

进一步, 若 $\Omega$ 是凸的, 则

$$\|u-u_h\|_{1,\Omega}\lesssim h^3|u|_{4,\Omega}. \tag{5.4.29}$$

**证明** 由引理 5.4.2 得到

$$\inf_{v_h\in V_{h0}}|u-v_h|_{2,h}\lesssim h^2|u|_{4,\Omega}. \tag{5.4.30}$$

取 $w_h\in V_{h0}$. 注意 $w_h\in H_0^1(\Omega)$, 采用分部积分得

$$\begin{aligned}(f,w_h)-a_h(u,w_h)&=\sum_{T\in\mathcal{T}_h}\int_T\Big(\Delta^2uw_h-\sum_{1\leqslant i,j\leqslant 2}\frac{\partial^2u}{\partial x_i\partial x_j}\frac{\partial^2w_h}{\partial x_i\partial x_j}\Big)\mathrm{d}\boldsymbol{x}\\&=-\sum_{T\in\mathcal{T}_h}\sum_{1\leqslant i,j\leqslant 2}\int_{\partial T}\frac{\partial^2u}{\partial x_i\partial x_j}\frac{\partial w_h}{\partial x_j}\nu_i\,\mathrm{d}s.\end{aligned}$$

令 $P_F^1$ 是由式 (3.3.17) 给出的算子, 对 $g \in L^2(F)$ 定义 $R_F^1 g = g - P_F^1 g$, 则由式 (2.6.16), 式 (2.6.17) 和定理 3.3.5 推出

$$\begin{aligned}
&\sum_{T\in\mathcal{T}_h}\sum_{1\leqslant i,j\leqslant 2}\int_{\partial T}\frac{\partial^2 u}{\partial x_i\partial x_j}\frac{\partial w_h}{\partial x_j}\nu_i\,\mathrm{d}s\\
=&\sum_{T\in\mathcal{T}_h}\sum_{1\leqslant i,j\leqslant 2}\sum_{F\subset\partial T}\int_F\frac{\partial^2 u}{\partial x_i\partial x_j}\frac{\partial w_h}{\partial x_j}(\boldsymbol{\nu}_F)_i\,\mathrm{d}F\\
=&\sum_{T\in\mathcal{T}_h}\sum_{1\leqslant i,j\leqslant 2}\sum_{F\subset\partial T}\int_F R_F^1\frac{\partial^2 u}{\partial x_i\partial x_j}R_F^1\frac{\partial w_h}{\partial x_j}(\boldsymbol{\nu}_F)_i\,\mathrm{d}F,
\end{aligned}$$

$$\begin{aligned}
&\Big|\sum_{T\in\mathcal{T}_h}\sum_{1\leqslant i,j\leqslant 2}\int_{\partial T}\frac{\partial^2 u}{\partial x_i\partial x_j}\frac{\partial w_h}{\partial x_j}\nu_i\,\mathrm{d}s\Big|\\
\lesssim&\sum_{T\in\mathcal{T}_h}\sum_{1\leqslant i,j\leqslant 2}\sum_{F\subset\partial T}\Big|R_F^1\frac{\partial^2 u}{\partial x_i\partial x_j}\Big|_{0,F}\Big|R_F^1\frac{\partial w_h}{\partial x_j}\Big|_{0,F}\\
\lesssim&\sum_{T\in\mathcal{T}_h}h^2|u|_{4,T}|w_h|_{2,T}\lesssim h^2|u|_{4,\Omega}|w_h|_{2,h}.
\end{aligned}$$

这样就有

$$|(f,w_h)-a_h(u,w_h)|\lesssim h^2|u|_{4,\Omega}|w_h|_{2,h}. \tag{5.4.31}$$

由式 (5.1.5), 式 (5.4.30) 和式 (5.4.31) 得到估计式 (5.4.28).

利用定理 5.4.3 中使用的 Aubin-Nitsche 技巧可以得到式 (5.4.29). □

上面的讨论中, 双线性泛函采用了式 (5.4.2) 的形式. 当 $n=2$ 时也可以采用薄板弯曲问题的形式 (1.3.5), 相应的 $a_h(\cdot,\cdot)$ 如下:

$$\begin{aligned}
a_h(v,w)=&\sum_{T\in\mathcal{T}_h}\int_T\Big\{\Delta v\Delta w+(1-\sigma)\Big(2\frac{\partial^2 v}{\partial x_1\partial x_2}\frac{\partial^2 w}{\partial x_1\partial x_2}\\
&-\frac{\partial^2 v}{\partial x_1^2}\frac{\partial^2 w}{\partial x_2^2}-\frac{\partial^2 v}{\partial x_2^2}\frac{\partial^2 w}{\partial x_1^2}\Big)\Big\}\,\mathrm{d}\boldsymbol{x}.
\end{aligned}\tag{5.4.32}$$

在这种情况下, 相应的结论不变.

另外, 当 $n\leqslant 3$ 时, 从定理 5.4.1 的证明开始使用的投影平均算子 $\Pi_{h0}^{p,2}$ 可以全部换成一次单纯形元或一次矩形元的插值算子, 相应的结论也不变.

## 5.5 2m 阶椭圆边值问题

现在讨论更一般一些的情形：2m 阶椭圆边值问题 (4.3.1). 对于函数 $v,w\in$

$H^m(\mathcal{T}_h)$, 定义

$$a_h(v,w)=\sum_{T\in\mathcal{T}_h}\int_T\sum_{1\leqslant j_1,\cdots,j_m\leqslant n}\frac{\partial^m v}{\partial x_{j_1}\cdots\partial x_{j_m}}\frac{\partial^m w}{\partial x_{j_1}\cdots\partial x_{j_m}}\,\mathrm{d}\boldsymbol{x}. \tag{5.5.1}$$

问题 (4.3.1) 的非协调有限元方法为求 $u_h\in V_{h0}$, 使得

$$a_h(u_h,v_h)=(f,v_h),\quad \forall v_h\in V_{h0}. \tag{5.5.2}$$

到目前为止, 已经讨论了一些有限元的收敛性. 当 $m=1$ 时, 线性协调元和线性非协调元都做到了, 有限元形函数空间为 $P_1(T)$, 也就是说, 单元节点参数的数目达到了最少, 并且使得对应的有限元方法是收敛的. 当 $m=2$ 时, Morley 元的形函数空间为 $P_2(T)$, 并且是收敛的. 现在对一般的 $m$, 在 $n\geqslant m$ 的情形下, 证明 MWX 元也是具有类似性质的单纯形有限元. 关于 MWX 元的逼近性, 由定理 3.3.1 有

**定理 5.5.1** 设 $\eta>0$, $\Pi_T$ 是 MWX 元的插值算子, 则

$$|v-\Pi_T v|_{k,T}\lesssim h_T^{m+1-k}|v|_{m+1,T},\quad 0\leqslant k\leqslant m+1,\ \forall v\in H^{m+1}(T) \tag{5.5.3}$$

对所有满足 $h_T\leqslant\eta\rho_T$ 的 $n$ 单纯形 $T$ 成立.

**引理 5.5.1** 设 $V_h, V_{h0}$ 是 MWX 元对应的有限元空间, 则 $V_h$ 具有 $m$ 阶弱连续性, $V_{h0}$ 在 $\partial\Omega$ 上具有 $m$ 阶弱零性.

**证明** 令 $v_h\in V_h$, $|\boldsymbol{\alpha}|<m$, $T\in\mathcal{T}_h$, $F$ 是 $T$ 的一个 $(n-1)$ 维面. 选择 $F$ 的一个 $(n-m+|\boldsymbol{\alpha}|)$ 维面 $F'$. 由定理 2.8.2, 对所有包含 $F$ 的 $T'\in\mathcal{T}_h$ 有

$$\int_{F'}\partial^{\boldsymbol{\alpha}}(v_h|_{T'})\,\mathrm{d}F'=\int_{F'}\partial^{\boldsymbol{\alpha}}(v_h|_T)\,\mathrm{d}F',$$

所以 $\partial^{\boldsymbol{\alpha}}(v_h|_T)$ 和 $\partial^{\boldsymbol{\alpha}}(v_h|_{T'})$ 至少在 $F'$ 上的一个点处相等. 这样就得到 $V_h$ 具有 $m$ 阶弱连续性.

如果 $F\subset\partial\Omega$, $v_h\in V_{h0}$ 则由定理 2.8.2 得到

$$\int_{F'}\partial^{\boldsymbol{\alpha}}(v_h|_T)\,\mathrm{d}F'=0,$$

所以 $\partial^{\boldsymbol{\alpha}}(v_h|_T)$ 至少在 $F'$ 的某点处为零, 进而得到 $V_{h0}$ 在 $\partial\Omega$ 上的 $m$ 阶弱零性. □

**引理 5.5.2** 设 $V_{h0}$ 是 MWX 元对应的有限元空间, 令 $r=\max\{m+1,2m-1\}$, 如果问题 (4.3.3) 的解 $u\in H^r(\Omega)$, 则对任意 $v_h\in V_{h0}$,

$$|a_h(v,v_h)-(f,v_h)|\lesssim\Big(\sum_{k=1}^{r-m}h^k|u|_{m+k,\Omega}+h^m\|f\|_{0,\Omega}\Big)|v_h|_{m,h}. \tag{5.5.4}$$

**证明** 令 $v_h \in V_{h0}$. 对于 $|\boldsymbol{\alpha}| < m$, 采用 5.2 节的记号, 令 $w_{\boldsymbol{\alpha}} = \Pi_{h0}^{p,m-|\boldsymbol{\alpha}|}\partial^{\boldsymbol{\alpha}} v_h$. 定义

$$E_{\boldsymbol{\alpha}} = \sum_{T\in\mathcal{T}_h}\int_T \left(\partial^{\boldsymbol{\alpha}} u\, \partial^{\boldsymbol{\alpha}} v_h + (-1)^{m+1}\partial^{2\boldsymbol{\alpha}} u\, v_h\right) \mathrm{d}\boldsymbol{x}, \quad |\boldsymbol{\alpha}| = m, \tag{5.5.5}$$

则 $a_h(u, v_h) - (f, v_h)$ 可以表示为

$$a_h(u, v_h) - (f, v_h) = \sum_{|\boldsymbol{\alpha}|=m} b_{\boldsymbol{\alpha}} E_{\boldsymbol{\alpha}}, \tag{5.5.6}$$

其中, $b_{\boldsymbol{\alpha}}$ 是常数.

记 $\boldsymbol{e}_j = (\delta_{1j}, \delta_{2j}, \cdots, \delta_{nj})$ $(1 \leqslant j \leqslant n)$. 对于 $|\boldsymbol{\alpha}| = m$, 将其表示为 $\boldsymbol{\alpha} = \sum_{i=1}^{m} \boldsymbol{e}_{j_i}$. 记

$$\boldsymbol{\alpha}^{(k)} = \boldsymbol{\alpha} + \sum_{i=1}^{k} \boldsymbol{e}_{j_i}, \quad \boldsymbol{\beta}^{(k)} = \boldsymbol{\alpha} - \sum_{i=1}^{k} \boldsymbol{e}_{j_i}, \quad 1 \leqslant k \leqslant m.$$

定义

$$E'_{\boldsymbol{\alpha}} = \sum_{T\in\mathcal{T}_h}\int_T \left(\partial^{\boldsymbol{\alpha}} u\, \partial^{\boldsymbol{\alpha}} v_h + \partial^{\boldsymbol{\alpha}^{(1)}} u\, \partial^{\boldsymbol{\beta}^{(1)}} v_h\right) \mathrm{d}\boldsymbol{x}. \tag{5.5.7}$$

当 $m > 1$ 时, 定义

$$\begin{aligned} E''_{\boldsymbol{\alpha}} = &\sum_{k=2}^{m-1}(-1)^{k+1} \sum_{T\in\mathcal{T}_h}\int_T \partial^{\boldsymbol{\alpha}^{(k)}} u\, (\partial^{\boldsymbol{\beta}^{(k)}} v_h - w_{\boldsymbol{\beta}^{(k)}})\, \mathrm{d}\boldsymbol{x} \\ &+ \sum_{k=2}^{m}(-1)^{k} \sum_{T\in\mathcal{T}_h}\int_T \partial^{\boldsymbol{\alpha}^{(k-1)}} u\, \partial^{\boldsymbol{e}_{j_k}} (\partial^{\boldsymbol{\beta}^{(k)}} v_h - w_{\boldsymbol{\beta}^{(k)}})\, \mathrm{d}\boldsymbol{x}. \end{aligned} \tag{5.5.8}$$

由引理 2.8.2 和 Green 公式有

$$\begin{aligned} E'_{\boldsymbol{\alpha}} &= \sum_{T\in\mathcal{T}_h}\sum_{F\subset\partial T}\int_F \partial^{\boldsymbol{\alpha}} u \partial^{\boldsymbol{\beta}^{(1)}} v_h (\boldsymbol{\nu}_F)_{j_1}\, \mathrm{d}F \\ &= \sum_{T\in\mathcal{T}_h}\sum_{F\subset\partial T}\int_F \partial^{\boldsymbol{\alpha}} u R_F^0 \partial^{\boldsymbol{\beta}^{(1)}} v_h (\boldsymbol{\nu}_F)_{j_1}\, \mathrm{d}F \\ &= \sum_{T\in\mathcal{T}_h}\sum_{F\subset\partial T}\int_F R_F^0\partial^{\boldsymbol{\alpha}} u R_F^0 \partial^{\boldsymbol{\beta}^{(1)}} v_h (\boldsymbol{\nu}_F)_{j_1}\, \mathrm{d}F. \end{aligned}$$

利用 Schwarz 不等式和插值理论得到

$$|E'_{\boldsymbol{\alpha}}| \leqslant \sum_{T\in\mathcal{T}_h}\sum_{F\subset\partial T} \|R_F^0\partial^{\boldsymbol{\alpha}} u\|_{0,F} \|R_F^0\partial^{\boldsymbol{\beta}^{(1)}} v_h\|_{0,F} \lesssim \sum_{T\in\mathcal{T}_h} h|u|_{m+1,T}|v_h|_{m,T},$$

因此

$$|E'_{\boldsymbol{\alpha}}| \lesssim h|u|_{m+1,\Omega}|v_h|_{m,h}. \tag{5.5.9}$$

当 $m>1$ 时, 由 Schwarz 不等式, 式 (5.5.8), 引理 5.5.1 和引理 5.2.3 可以得到

$$|E''_{\boldsymbol{\alpha}}| \lesssim \sum_{k=1}^{m-1} h^k |u|_{m+k,\Omega}|v_h|_{m,h}. \tag{5.5.10}$$

因为 $w_{\boldsymbol{\beta}^{(k)}} \in H_0^1(\Omega)$, 由 Green 公式得

$$E_{\boldsymbol{\alpha}} = E'_{\boldsymbol{\alpha}} + E''_{\boldsymbol{\alpha}} + (-1)^m(\partial^{2\boldsymbol{\alpha}}u, w_0 - v_h). \tag{5.5.11}$$

从式 (4.3.1), 式 (5.5.6) 和式 (5.5.11) 可以得到

$$a_h(u,v_h)-(f,v_h) = \sum_{|\boldsymbol{\alpha}|=m} b_{\boldsymbol{\alpha}}(E'_{\boldsymbol{\alpha}}+E''_{\boldsymbol{\alpha}}) + (f, w_0 - v_h),$$

再由式 (5.5.9), 式 (5.5.10) 和式 (5.2.6), 得到式 (5.5.4).

当 $m=1$ 时, 由式 (5.5.9) 和

$$a_h(u,v_h)-(f,v_h) = \sum_{|\boldsymbol{\alpha}|=m} b_{\boldsymbol{\alpha}} E'_{\boldsymbol{\alpha}},$$

仍然得到式 (5.5.4). □

由定理 5.5.1, 引理 5.5.2, 定理 5.2.1 和引理 5.1.1 得到下面的定理:

**定理 5.5.2** 设 $V_{h0}$ 是 MWX 元对应的有限元空间, 令 $r=\max\{m+1, 2m-1\}$, $u$ 和 $u_h$ 分别是问题 (4.3.3) 和问题 (5.5.2) 的解. 当 $u \in H^r(\Omega)$ 时,

$$\|u-u_h\|_{m,h} \lesssim \sum_{k=1}^{r-m} h^k |u|_{m+k,\Omega} + h^m \|f\|_{0,\Omega}. \tag{5.5.12}$$

## 5.6 后验误差估计

本节讨论 $2m$ 阶椭圆边值问题 (4.3.1) 的非协调方法 (5.5.2) 的后验误差估计. 假设 $\mathcal{T}_h$ 中的单元都是 $n$ 单纯形或都是各边分别平行于坐标轴的 $n$ 矩形, 所考虑的有限元是常规有限元簇.

**引理 5.6.1** 设 $V_h$ 具有 $m$ 阶弱连续性, $V_{h0}$ 在 $\partial\Omega$ 上具有 $m$ 阶弱零性, 则对问题 (4.3.3) 和问题 (5.5.2) 的解 $u$ 和 $u_h$,

$$\|u-u_h\|_{m,h} \eqsim \sup_{0\neq v\in H_0^m(\Omega)} \frac{|(f,v)-a_h(u_h,v)|}{\|v\|_{m,\Omega}} + \inf_{v\in H_0^m(\Omega)} \|u_h - v\|_{m,h}. \tag{5.6.1}$$

**证明** 引理的假设保证了问题 (5.5.2) 有唯一解 $u_h$. 令 $w \in H_0^m(\Omega)$, 由 Poincare-Friedrichs 不等式和式 (4.3.3) 有

$$\begin{aligned}\|u-w\|_{m,\Omega}^2 &\lesssim a_h(u-w,u-w)\\ &= (f,u-w)-a_h(u_h,u-w)+a_h(u_h-w,u-w)\\ &\lesssim |(f,u-w)-a_h(u_h,u-w)|+\|u_h-w\|_{m,h}\|u-w\|_{m,\Omega},\end{aligned}$$

所以

$$\|u-w\|_{m,\Omega} \lesssim \sup_{0\neq v\in H_0^m(\Omega)} \frac{|(f,v)-a_h(u_h,v)|}{\|v\|_{m,\Omega}} + \|u_h-w\|_{m,h}.$$

由三角不等式得到

$$\|u-u_h\|_{m,h} \lesssim \sup_{0\neq v\in H_0^m(\Omega)} \frac{|(f,v)-a_h(u_h,v)|}{\|v\|_{m,\Omega}} + \|u_h-w\|_{m,h}.$$

由 $w$ 的任意性得到式 (5.6.1) 的 $\lesssim$ 一面成立. 式 (5.6.1) 的 $\gtrsim$ 一面是显然的. □

比较一下引理 5.1.1 和引理 5.6.1 可以发现, 两个引理对调了 $u$ 和 $u_h$ 以及 $H_0^m(\Omega)$ 和 $V_{h0}$ 的位置. 所以, 引理 5.6.1 是先验估计的 Strang 引理在后验估计情形下的对等结果. 另外, 与定理 1.5.2 比较, 引理 5.6.1 的结果中多出了

$$\inf_{v\in H_0^m(\Omega)} \|u_h-v\|_{m,h}$$

一项. 该项是因为非协调性质引起的, 也称其为相容项. 当 $V_{h0}\subset H_0^m(\Omega)$ 时, 相容项为零.

**引理 5.6.2** *设 $k$ 是非负整数. 对于任意 $v\in P_k(\mathcal{T}_h)$, 存在 $w\in H^1(\Omega)$, 使得*

$$\|v-w\|_{0,T}^2+h_T^2|v-w|_{1,T}^2 \lesssim h_T^4\,|v|_{2,T}^2+\sum_{T'\subset S_h(T)} h_{T'} \sum_{F\subset\partial T',F\not\subset\partial\Omega} \|[v]\|_{0,F}^2, \tag{5.6.2}$$

$$h_T^2\,|w|_{1,T}^2 \lesssim h_T^2\,|v|_{1,T}^2+\sum_{T'\subset S_h(T)} h_{T'} \sum_{F\subset\partial T',F\not\subset\partial\Omega} \|[v]\|_{0,F}^2 \tag{5.6.3}$$

*对任意 $T\in\mathcal{T}_h$ 成立.*

**证明** 当 $\mathcal{T}_h$ 是 $n$ 单纯形剖分时, 令 $M=n+1$, 否则令 $M=2^n$. 对于 $T\in\mathcal{T}_h$, 记其所有顶点为 $\boldsymbol{a}_j^T$ $(1\leqslant j\leqslant M)$. 令 $v\in P_k(\mathcal{T}_h)$. 定义函数 $w\in H^1(\Omega)$ 如下: 对任意 $T\in\mathcal{T}_h$, 当 $T$ 是单纯形时, $w|_T\in P_1(T)$, 否则 $w|_T\in Q_1(T)$, 并且

$$w(\boldsymbol{a}_j^T)=\frac{1}{N_h(\boldsymbol{a}_j^T)}\sum_{T'\in S_h(\boldsymbol{a}_j^T)}(v|_{T'})(\boldsymbol{a}_j^T),\quad 1\leqslant j\leqslant M,\ \forall T\in\mathcal{T}_h. \tag{5.6.4}$$

当 $T$ 是单纯形时, 记 $\Pi_T^1$ 为线性单纯形元对应的插值算子, 否则记 $\Pi_T^1$ 为一次矩形元对应的插值算子.

由逆不等式有

$$\|v-w\|_{0,T}^2+h_T^2|v-w|_{1,T}^2 \lesssim \|v-w\|_{0,T}^2 \lesssim \|v-\Pi_T^1 v\|_{0,T}^2+\|\Pi_T^1 v-w\|_{0,T}^2,$$

$$\begin{aligned} h_T^2|w|_{1,T}^2 &\lesssim h_T^2|w-v|_{1,T}^2+h_T^2|v|_{1,T}^2 \lesssim \|v-w\|_{0,T}^2+h_T^2|v|_{1,T}^2 \\ &\lesssim \|v-\Pi_T^1 v\|_{0,T}^2+\|\Pi_T^1 v-w\|_{0,T}^2+h_T^2|v|_{1,T}^2. \end{aligned}$$

由插值理论和逆不等式得

$$\|v-w\|_{0,T}^2+h_T^2|v-w|_{1,T}^2 \lesssim \|\Pi_T^1 v-w\|_{0,T}^2+h_T^4|v|_{2,T}^2, \tag{5.6.5}$$

$$h_T^2|w|_{1,T}^2 \lesssim \|\Pi_T^1 v-w\|_{0,T}^2+h_T^2|v|_{1,T}^2. \tag{5.6.6}$$

另一方面,

$$\|\Pi_T^1 v-w\|_{0,T}^2 \lesssim \sum_{j=1}^{M}|T|\,|(\Pi_T^1 v-w)(\boldsymbol{a}_j^T)|^2. \tag{5.6.7}$$

对于 $T$ 的顶点 $\boldsymbol{a}_j^T$, 记 $T_1,T_2,\cdots,T_l$ 是 $S_h(\boldsymbol{a}_j^T)$ 的所有单元, 而且 $T_1=T$, $F_i=T_i\cap T_{i+1}$ 是 $T_i$ 和 $T_{i+1}$ 的公共面, $\boldsymbol{a}_j^T\in F_i$ $(1\leqslant i<l)$. 由 $w$ 定义和逆不等式,

$$\begin{aligned} |T|\left|(\Pi_T^1 v-w)(\boldsymbol{a}_j^T)\right|^2 =&|T|\left|(v|_T)(\boldsymbol{a}_j^T)-\frac{1}{l}\sum_{i=1}^{l}(v|_{T_i})(\boldsymbol{a}_j^T)\right|^2 \\ &\lesssim |T|\sum_{i=1}^{l-1}\left(\frac{l-i}{l}\right)^2\left|(v|_{T_i})(\boldsymbol{a}_j^T)-(v|_{T_{i+1}})(\boldsymbol{a}_j^T)\right|^2 \\ &\lesssim \sum_{i=1}^{l-1}h_{T_i}\|[v]\|_{0,F_i}^2, \end{aligned}$$

所以

$$\|\Pi_T^1 v-w\|_{0,T}^2 \lesssim \sum_{T'\in S_h(T)}h_{T'}\sum_{F\subset\partial T',F\not\subset\partial\Omega}\|[v]\|_{0,F}^2. \tag{5.6.8}$$

由式 (5.6.5), 式 (5.6.6) 和式 (5.6.8) 得到引理的结论. □

设 $T\in\mathcal{T}_h$. 对于 $T$ 的面 $F$, 记 $\boldsymbol{\tau}_{F,2},\cdots,\boldsymbol{\tau}_{F,n}$ 是 $F$ 的一组相互正交的单位切向量. 对于 $v_h\in V_h$, 定义

$$R_T^{ni}(v_h)=|T|^{\frac{1}{n}}\sum_{F\subset\partial T,F\not\subset\partial\Omega}\sum_{|\boldsymbol{\alpha}|=m}\|[\partial^{\boldsymbol{\alpha}}v_h]\|_{0,F}^2+|T|^{\frac{2}{n}}|v_h|_{m+1,T}^2, \tag{5.6.9}$$

$$R_T^{nb}(v_h) = |T|^{\frac{1}{n}} \sum_{F\subset\partial T\cap\partial\Omega} \sum_{\substack{|\boldsymbol{\alpha}|=m\\ \alpha_1<m}} \left\| \frac{\partial^{|\boldsymbol{\alpha}|} v_h}{\partial \boldsymbol{\nu}_F^{\alpha_1} \partial \boldsymbol{\tau}_{F,2}^{\alpha_2} \cdots \partial \boldsymbol{\tau}_{F,n}^{\alpha_n}} \right\|_{0,F}^2, \tag{5.6.10}$$

$$E_T^n(v_h) = |T|^{\frac{2m}{n}} \left\| f - (-1)^m \Delta^m v_h \right\|_{0,T}^2 + R_T^{ni}(v_h) + R_T^{nb}(v_h). \tag{5.6.11}$$

**引理 5.6.3** 设存在整数 $r \geqslant m-1$, 使得对 $\mathcal{F}$ 中的任意有限元 $(T, P_T, \boldsymbol{D}_T)$ 都有 $P_r(T) \subset P_T$. 如果对 $v \in H_0^m(\Omega) + V_{h0}$, $\phi \in H^1(\Omega)$, $|\boldsymbol{\alpha}| = m-1$, $1 \leqslant j \leqslant n$, 下式:

$$\Big| \sum_{T\in\mathcal{T}_h} \int_T \Big( \partial^{\boldsymbol{\alpha}+\boldsymbol{e}_j} v\phi + \partial^{\boldsymbol{\alpha}} v \partial^{\boldsymbol{e}_j}\phi \Big)\, \mathrm{d}\boldsymbol{x} \Big| \lesssim \sum_{T\in\mathcal{T}_h} h_T \|v\|_{m,T} |\phi|_{1,T} \tag{5.6.12}$$

成立, 则对问题 (5.5.2) 的解 $u_h$ 和任意 $v \in H_0^m(\Omega)$,

$$|(f,v) - a(u_h, v)| \lesssim \|v\|_{m,\Omega} \Big( \sum_{T\in\mathcal{T}_h} E_T^n(u_h) \Big)^{1/2}. \tag{5.6.13}$$

**证明** 令 $v \in H_0^m(\Omega)$. 记所考虑的有限元和 $\mathcal{T}_h$ 对应的投影平均算子为 $\Pi_{h0}^p$. 令 $w_h = v - \Pi_{h0}^p v$. 对于 $|\boldsymbol{\alpha}| = m$, 将其表示为 $\boldsymbol{\alpha} = \boldsymbol{\beta} + \boldsymbol{e}_j$, 定义

$$E_{\boldsymbol{\alpha}} = \sum_{T\in\mathcal{T}_h} \int_T \partial^{\boldsymbol{\alpha}} u_h\, \partial^{\boldsymbol{\alpha}} w_h \,\mathrm{d}\boldsymbol{x}. \tag{5.6.14}$$

由引理 5.6.2, 存在 $v_{\boldsymbol{\alpha}} \in H^1(\Omega)$, 使得

$$\|\partial^{\boldsymbol{\alpha}} u_h - v_{\boldsymbol{\alpha}}\|_{0,T}^2 + h_T^2 |v_{\boldsymbol{\alpha}}|_{1,T}^2 \lesssim \sum_{T'\subset S_h(T)} R_{T'}^{ni}(u_h). \tag{5.6.15}$$

因为 $E_{\boldsymbol{\alpha}}$ 可以写成

$$\begin{aligned} E_{\boldsymbol{\alpha}} = &\sum_{T\in\mathcal{T}_h} \int_T (\partial^{\boldsymbol{\alpha}} u_h - v_{\boldsymbol{\alpha}}) \partial^{\boldsymbol{\alpha}} w_h \,\mathrm{d}\boldsymbol{x} - \sum_{T\in\mathcal{T}_h} \int_T \partial^{\boldsymbol{e}_j} v_{\boldsymbol{\alpha}} \partial^{\boldsymbol{\beta}} w_h \,\mathrm{d}\boldsymbol{x} \\ &+ \sum_{T\in\mathcal{T}_h} \int_T \Big( v_{\boldsymbol{\alpha}} \partial^{\boldsymbol{\alpha}} w_h + \partial^{\boldsymbol{e}_j} v_{\boldsymbol{\alpha}} \partial^{\boldsymbol{\beta}} w_h \Big) \,\mathrm{d}\boldsymbol{x}, \end{aligned}$$

所以由式 (5.6.12) 和 Schwarz 不等式得

$$|E_{\boldsymbol{\alpha}}| \lesssim \sum_{T\in\mathcal{T}_h} \Big( \|\partial^{\boldsymbol{\alpha}} u_h - v_{\boldsymbol{\alpha}}\|_{0,T} + h_T |v_{\boldsymbol{\alpha}}|_{1,T} \Big) \Big( |w_h|_{m,T} + h_T^{-1} |w_h|_{m-1,T} \Big),$$

$$|E_{\boldsymbol{\alpha}}|^2 \lesssim \Big( \sum_{T\in\mathcal{T}_h} (\|\partial^{\boldsymbol{\alpha}} u_h - v_{\boldsymbol{\alpha}}\|_{0,T}^2 + h_T^2 |v_{\boldsymbol{\alpha}}|_{1,T}^2) \Big) \sum_{T\in\mathcal{T}_h} \Big( |w_h|_{m,T}^2 + h_T^{-2} |w_h|_{m-1,T}^2 \Big).$$

由式 (5.6.15) 和式 (3.5.35) 有

$$|E_{\boldsymbol{\alpha}}|^2 \lesssim \Big( \sum_{T\in\mathcal{T}_h} \sum_{T'\in S_h(T)} R_{T'}^{ni}(u_h) \Big) \sum_{T\in\mathcal{T}_h} \sum_{T'\in S_h(T)} |v|_{m,T'}^2,$$

从而

$$|E_{\boldsymbol{\alpha}}|^2 \lesssim |v|_{m,\Omega}^2 \sum_{T\in\mathcal{T}_h} R_T^{ni}(u_h). \tag{5.6.16}$$

注意到

$$a_h(u_h,w_h)=\sum_{|\boldsymbol{\alpha}|=m} b_{\boldsymbol{\alpha}} E_{\boldsymbol{\alpha}}$$

其中, $b_{\boldsymbol{\alpha}}$ 是常数. 由式 (5.6.16) 得到

$$|a_h(u_h,w_h)| \lesssim |v|_{m,\Omega}\Big(\sum_{T\in\mathcal{T}_h} R_T^{ni}(u_h)\Big)^{1/2}. \tag{5.6.17}$$

另一方面有

$$(f,w_h)=\sum_{T\in\mathcal{T}_h}\int_T (f-(-1)^m\Delta^m u_h)w_h\,\mathrm{d}\boldsymbol{x}+(-1)^m\sum_{T\in\mathcal{T}_h}\int_T \Delta^m u_h w_h\,\mathrm{d}\boldsymbol{x},$$

所以 Schwarz 不等式和式 (3.5.35) 给出

$$\begin{aligned}|(f,w_h)| &\lesssim \sum_{T\in\mathcal{T}_h}\Big(\|f-(-1)^m\Delta^m u_h\|_{0,T}^2+|u_h|_{2m,T}^2\Big)\|w_h\|_{0,T}\\ &\lesssim \Big(\sum_{T\in\mathcal{T}_h}\big(E_T^n(u_h)+h_T^{2m}|u_h|_{2m,T}^2\big)\Big)^{1/2}\Big(\sum_{T\in\mathcal{T}_h}\sum_{T'\in S_h(T)}|v|_{m,T'}^2\Big)^{1/2},\end{aligned}$$

再由逆不等式得到

$$|(f,w_h)| \lesssim |v|_{m,\Omega}\Big(\sum_{T\in\mathcal{T}_h} E_T^n(u_h)\Big)^{1/2}. \tag{5.6.18}$$

最终, 由式 (5.5.2), 式 (5.6.17) 和式 (5.6.18) 得到式 (5.6.13). □

现在考虑式 (5.6.1) 右端的第二项. 为此有以下假设:

**HCE**　存在一个常规有限元簇 $\bar{\mathcal{F}}$ 满足以下三条:

(1) $\bar{\mathcal{F}}_e=\mathcal{F}_e$;

(2) 存在整数 $r\geqslant m$, 使得对任意 $\bar{\mathcal{F}}$ 中有限元 $(T,P_T,\boldsymbol{D}_T)$ 都有 $P_r(T)\subset P_T$;

(3) 与 $\bar{\mathcal{F}}$ 和 $\mathcal{T}_h$ 对应的有限元空间 $\bar{V}_{h0}$ 满足 $\bar{V}_{h0}\subset H_0^m(\Omega)$.

对于 $m<k\leqslant 2m$ 和 $v_h\in V_h$, 定义

$$R_{k,T}(v_h)=\sum_{j=m}^{k-1}|T|^{\frac{2(j-m)+1}{n}}\sum_{\substack{F\subset\partial T\\ F\not\subset\partial\Omega}}\sum_{|\boldsymbol{\alpha}|=j}\|[\partial^{\boldsymbol{\alpha}}v_h]\|_{0,F}^2+|T|^{\frac{2(k-m)}{n}}|v_h|_{k,T}^2. \tag{5.6.19}$$

**引理 5.6.4** 设 $V_h$ 具有 $m$ 阶弱连续性, $V_{h0}$ 在 $\partial\Omega$ 上具有 $m$ 阶弱零性. 如果 HCE 成立, 并且 $m < s \leqslant \min\{r+1, 2m\}$, 则对任意 $v_h \in V_{h0}$,

$$\inf_{v \in H_0^m(\Omega)} \|v_h - v\|_{m,h} \lesssim \left( \sum_{T \in \mathcal{T}_h} \Big( R_{s,T}(v_h) + R_T^{nb}(v_h) \Big) \right)^{1/2}. \tag{5.6.20}$$

**证明** 令 $v_h \in V_{h0}$. 记 $\bar{\mathcal{F}}$ 和 $\mathcal{T}_h$ 对应的投影平均算子为 $\bar{\Pi}_{h0}^p$, 则 $\bar{\Pi}_{h0}^p v_h \in \bar{V}_{h0}$, 由假设 HCE, $\bar{\Pi}_{h0}^p v_h \in H_0^m(\Omega)$. 下面将证明

$$\|v_h - \bar{\Pi}_{h0}^p v_h\|_{m,h}^2 \lesssim \sum_{T \in \mathcal{T}_h} \Big( R_{s,T}(v_h) + R_T^{nb}(v_h) \Big). \tag{5.6.21}$$

由此就可以得到式 (5.6.20).

令 $T \in \mathcal{T}_h$, 记 $\bar{\mathcal{F}}$ 对应的有限元为 $(T, \bar{P}_T, \bar{\boldsymbol{D}}_T)$, $L^2(T)$ 到 $\bar{P}_T$ 的 $L^2$ 正交投影算子为 $\bar{P}^T$. 对于任意 $\varphi \in L^2(\Omega)$, 定义 $(\bar{P}_h\varphi)|_T = \bar{P}^T(\varphi|_T)$ $(\forall T \in \mathcal{T}_h)$. 记 $\bar{\boldsymbol{D}}_T$ 的维数为 $\bar{L}$, 其分量为 $\bar{d}_{i,T}(1 \leqslant i \leqslant \bar{L})$, 则 $\bar{d}_{i,T}$ 可以写成

$$\bar{d}_{i,T}(v) = \begin{cases} \bar{D}_{i,T} v(\bar{\boldsymbol{a}}_{i,T}), & 1 \leqslant i \leqslant \bar{k}_1, \\ \dfrac{1}{|\bar{F}_{i,T}|} \displaystyle\int_{\bar{F}_{i,T}} \bar{D}_{i,T} v \, \mathrm{d}\bar{F}_{i,T}, & \bar{k}_1 < i \leqslant \bar{k}_2, \\ \dfrac{1}{|T|} \displaystyle\int_T \bar{D}_{i,T} v \, \mathrm{d}\boldsymbol{x}, & \bar{k}_2 < i \leqslant \bar{L}, \end{cases}$$

其中,

$$\bar{D}_{i,T} = \sum_{|\boldsymbol{\alpha}| = \bar{k}(i)} \bar{\eta}_{i,T,\boldsymbol{\alpha}} \partial^{\boldsymbol{\alpha}}, \quad 1 \leqslant i \leqslant \bar{L}.$$

记 $\bar{\kappa} = \max\{\bar{k}(1), \cdots, \bar{k}(\bar{L})\}$.

由引理 3.5.6 得对 $0 \leqslant j \leqslant s$ 和任意 $T' \in \mathcal{T}_h$,

$$|v_h - \bar{P}_h v_h|_{j,T'} + h_T^{1/2} \sum_{|\boldsymbol{\alpha}|=j} |\partial^{\boldsymbol{\alpha}} v_h - \partial^{\boldsymbol{\alpha}} \bar{P}_h v_h|_{0,\partial T'} \lesssim h_{T'}^{s-j} |v|_{s,T'}. \tag{5.6.22}$$

记 $\psi = \bar{P}_h v_h$, $w = \psi - \bar{\Pi}_{h0}^p v_h$, 则 $w|_T \in \bar{P}_T$. 由引理 3.5.4 和逆不等式,

$$|w|_{j,T}^2 \lesssim h_T^{n-2j} \sum_{i=1}^{\bar{k}_2} h_T^{2\bar{k}(i)} |\bar{d}_{i,T}(w|_T)|^2, \quad 0 \leqslant j \leqslant s. \tag{5.6.23}$$

现在令 $1 \leqslant i \leqslant \bar{k}_2$. 当 $1 \leqslant i \leqslant \bar{k}_1$ 时, 记 $G_i = \{\bar{\boldsymbol{a}}_{i,T}\}$, 否则 $G_i = \bar{F}_{i,T}$. 分下面两种情况进行讨论:

(1) 考虑 $G_i \not\subset \partial\Omega$ 或存在 $\varphi \in C^{\bar{\kappa}}(\bar{\Omega}) \cap H_0^m(\Omega)$, 使得 $\bar{d}_{i,T}(\varphi) \neq 0$ 的情形. 如果 $N_h^c(G_i) = 1$, 由 $\bar{\Pi}_{h0}^p v$ 的定义得 $\bar{d}_{i,T}(w|_T) = 0$, 所以考虑 $N_h^c(G_i) > 1$ 的情况.

当 $1 \leqslant i \leqslant \bar{k}_1$ 时,

$$\begin{aligned}\bar{d}_{i,T}(w|_T) &= \bar{D}_{i,T}(\psi|_T)(\bar{\boldsymbol{a}}_{i,T}) - \frac{1}{N_h^c(\bar{\boldsymbol{a}}_{i,T})} \sum_{T' \in S_h^c(\bar{\boldsymbol{a}}_{i,T})} \bar{D}_{i,T}(\psi|_{T'})(\bar{\boldsymbol{a}}_{i,T}) \\ &= \frac{1}{N_h^c(\bar{\boldsymbol{a}}_{i,T})} \sum_{T' \in S_h^c(\bar{\boldsymbol{a}}_{i,T})} \big(\bar{D}_{i,T}(\psi|_T) - \bar{D}_{i,T}(\psi|_{T'})\big)(\bar{\boldsymbol{a}}_{i,T}),\end{aligned}$$

进而得到

$$|\bar{d}_{i,T}(w|_T)| \lesssim \sum_{T' \in S_h^c(G_i)} \sum_{|\boldsymbol{\alpha}| = \bar{k}(i)} |\partial^{\boldsymbol{\alpha}}(\psi|_T) - \partial^{\boldsymbol{\alpha}}(\psi|_{T'})|_{0,\infty,G_i}. \tag{5.6.24}$$

当 $\bar{k}_1 < i \leqslant \bar{k}_2$ 时,

$$\begin{aligned}\bar{d}_{i,T}(w|_T) =& \bar{D}_{i,T}(\psi|_T) - \frac{1}{N_h^c(\bar{F}_{i,T})} \sum_{T' \in S_h^c(\bar{F}_{i,T})} \frac{1}{|\bar{F}_{i,T}|} \int_{\bar{F}_{i,T}} \bar{D}_{i,T}(\psi|_{T'})\, \mathrm{d}\bar{F}_{i,T} \\ =& \frac{1}{N_h^c(\bar{F}_{i,T})} \sum_{T' \in S_h^c(\bar{F}_{i,T})} \frac{1}{|\bar{F}_{i,T}|} \int_{\bar{F}_{i,T}} \big(\bar{D}_{i,T}(\psi|_T) - \bar{D}_{i,T}(\psi|_{T'})\big)\, \mathrm{d}\bar{F}_{i,T}.\end{aligned}$$

仍然可以得到式 (5.6.24).

对于 $T' \in S_h^c(G_i)$, $T' \neq T$, 存在 $T_1, \cdots, T_l \in S_h^c(G_i)$ 满足 $T_1 = T$, $T_l = T'$ 且 $T_k \cap T_{k+1}$ $(1 \leqslant k \leqslant l-1)$ 是 $T_k$ 与 $T_{k+1}$ 包含 $G_i$ 的公共面. 记 $\tilde{F}_k = T_k \cap T_{k+1}$. 利用逆不等式得

$$\begin{aligned}|\partial^{\boldsymbol{\alpha}}(\psi|_T) - \partial^{\boldsymbol{\alpha}}(\psi|_{T'})|_{0,\infty,G_i} &\lesssim \sum_{k=1}^{l-1} |\partial^{\boldsymbol{\alpha}}(\psi|_{T_k}) - \partial^{\boldsymbol{\alpha}}(\psi|_{T_{k+1}})|_{0,\infty,G_i} \\ &\lesssim h_T^{\frac{1-n}{2}} \sum_{k=1}^{l-1} \|[\partial^{\boldsymbol{\alpha}}\psi]\|_{0,\tilde{F}_k}.\end{aligned}$$

当 $s \leqslant \bar{k}(i)$ 时, 则由式 (5.6.22) 和逆不等式得到

$$\begin{aligned}\|[\partial^{\boldsymbol{\alpha}}\psi]\|_{0,\tilde{F}_k} &\lesssim h_T^{-1/2}|\partial^{\boldsymbol{\alpha}}\psi|_{0,T_k} + h_T^{-1/2}|\partial^{\boldsymbol{\alpha}}\psi|_{0,T_{k+1}} \\ &\lesssim h_T^{s-\bar{k}(i)-\frac{1}{2}}\big(|v_h|_{s,T_k} + |v_h|_{s,T_{k+1}}\big),\end{aligned}$$

这样就得到

$$h_T^{n-2j+2\bar{k}(i)}|\bar{d}_{i,T}(w|_T)|^2 \lesssim \sum_{T' \in S_h(T)} R_{s,T'}(v_h), \quad 0 \leqslant j \leqslant m. \tag{5.6.25}$$

当 $\bar{k}(i) < s$ 时, 则由式 (5.6.22) 得到

$$\|[\partial^{\boldsymbol{\alpha}}\psi]\|_{0,\tilde{F}_k} \lesssim |\partial^{\boldsymbol{\alpha}}\psi - \partial^{\boldsymbol{\alpha}}v_h|_{0,\partial T_k} + |\partial^{\boldsymbol{\alpha}}\psi - \partial^{\boldsymbol{\alpha}}v_h|_{0,\partial T_{k+1}} + \|[\partial^{\boldsymbol{\alpha}}v_h]\|_{0,\tilde{F}_k}$$
$$\lesssim h_T^{s-\bar{k}(i)-\frac{1}{2}}\left(|v_h|_{s,T_k} + |v_h|_{s,T_{k+1}}\right) + \|[\partial^{\boldsymbol{\alpha}}v_h]\|_{0,\tilde{F}_k},$$

所以, 当 $m \leqslant \bar{k}(i) < s$ 时仍然得到式 (5.6.25). 当 $\bar{k}(i) < m$ 时, 由 $V_h$ 的 $m$ 阶弱连续性可以得到

$$\|[\partial^{\boldsymbol{\alpha}}v_h]\|_{0,\tilde{F}_k} \lesssim h_T^{m-\bar{k}(i)} \sum_{|\boldsymbol{\beta}|=m} \|[\partial^{\boldsymbol{\beta}}v_h]\|_{0,\tilde{F}_k},$$

进而, 式 (5.6.25) 成立.

(2) 考虑 $G_i \subset \partial\Omega$, 并且对任意 $\varphi \in C^{\bar{\kappa}}(\bar{\Omega}) \cap H_0^m(\Omega)$ 都有 $\bar{d}_{i,T}(\varphi) = 0$ 的情形. 这时, 由 $\bar{\Pi}_{h0}^p v$ 的定义得 $\bar{d}_{i,T}(w|_T) = \bar{d}_{i,T}(\psi|_T)$.

对于 $G_i$, 存在 $\tilde{T} \in S_h^c(G_i)$ 和 $\tilde{T}$ 的一个面 $\tilde{F}$, 使得 $G_i \subset \tilde{F}$ 且 $\tilde{F} \subset \partial\Omega$, 所以

$$|\bar{d}_{i,T}(w|_T)| \lesssim \sum_{|\boldsymbol{\alpha}|=\bar{k}(i)} |\partial^{\boldsymbol{\alpha}}(\psi|_T) - \partial^{\boldsymbol{\alpha}}(\psi|_{\tilde{T}})|_{0,\infty,G_i} + |\bar{D}_{i,T}(\psi|_{\tilde{T}})|_{0,\infty,\tilde{F}}. \tag{5.6.26}$$

用情形 (1) 的方法可以证明当 $0 \leqslant j \leqslant m$ 时,

$$h_T^{n-2j+2\bar{k}(i)} \sum_{|\boldsymbol{\alpha}|=\bar{k}(i)} |\partial^{\boldsymbol{\alpha}}(\psi|_T) - \partial^{\boldsymbol{\alpha}}(\psi|_{\tilde{T}})|_{0,\infty,G_i}^2 \lesssim \sum_{T'\in S_h(T)} R_{s,T'}(v_h). \tag{5.6.27}$$

当 $\bar{k}(i) < m$ 时, 利用式 (5.6.22), $V_{h0}$ 的 $m$ 弱零性质和逆不等式可以得到

$$|\bar{D}_{i,T}(\psi|_{\tilde{T}})|_{0,\infty,\tilde{F}}^2 \lesssim \sum_{|\boldsymbol{\alpha}|=\bar{k}(i)} |\partial^{\boldsymbol{\alpha}}(\psi|_{\tilde{T}})|_{0,\infty,\tilde{F}}^2$$
$$\lesssim h_T^{1-n} \sum_{|\boldsymbol{\alpha}|=\bar{k}(i)} |\partial^{\boldsymbol{\alpha}}\psi - \partial^{\boldsymbol{\alpha}}v_h|_{0,\partial\tilde{T}}^2 + \sum_{|\boldsymbol{\alpha}|=\bar{k}(i)} |\partial^{\boldsymbol{\alpha}}v_h|_{0,\infty,\tilde{F}}^2$$
$$\lesssim h_T^{2s-2\bar{k}(i)-n}|\psi|_{s,\tilde{T}}^2 + \sum_{|\boldsymbol{\alpha}|=\bar{k}(i)} |\partial^{\boldsymbol{\alpha}}v_h|_{0,\infty,\tilde{F}}^2,$$

而

$$\sum_{|\boldsymbol{\alpha}|=\bar{k}(i)} |\partial^{\boldsymbol{\alpha}}v_h|_{0,\infty,\tilde{F}}^2 \lesssim h_T^{2m-2\bar{k}(i)} \sum_{\substack{|\boldsymbol{\alpha}|=m\\ \alpha_1<m}} \left\|\frac{\partial^{|\boldsymbol{\alpha}|}v_h}{\partial\boldsymbol{\nu}_{\tilde{F}}^{\alpha_1}\partial\boldsymbol{\tau}_{\tilde{F},2}^{\alpha_2}\cdots\partial\boldsymbol{\tau}_{\tilde{F},n}^{\alpha_n}}\right\|_{0,\infty,\tilde{F}}^2$$
$$\lesssim h_T^{2m-2\bar{k}(i)+1-n} \sum_{\substack{|\boldsymbol{\alpha}|=m\\ \alpha_1<m}} \left\|\frac{\partial^{|\boldsymbol{\alpha}|}v_h}{\partial\boldsymbol{\nu}_{\tilde{F}}^{\alpha_1}\partial\boldsymbol{\tau}_{\tilde{F},2}^{\alpha_2}\cdots\partial\boldsymbol{\tau}_{\tilde{F},n}^{\alpha_n}}\right\|_{0,\tilde{F}}^2.$$

综合上面两个式子得到

$$h_T^{n-2j+2\bar{k}(i)}|\bar{D}_{i,T}(\psi|_{\tilde{T}})|_{0,\infty,\tilde{F}}^2 \lesssim R_{s,\tilde{T}}(v_h) + R_{\tilde{T}}^{nb}(v_h), \quad 0 \leqslant j \leqslant m. \tag{5.6.28}$$

当 $\bar{k}(i) \geqslant s$ 时, 利用逆不等式和式 (5.6.22) 可以得到

$$\begin{aligned}|\bar{D}_{i,T}(\psi|_{\tilde{T}})|_{0,\infty,\tilde{F}}^2 &\lesssim \sum_{|\boldsymbol{\alpha}|=\bar{k}(i)} |\partial^{\boldsymbol{\alpha}}(\psi|_{\tilde{T}})|_{0,\infty,\tilde{F}}^2 \lesssim h_T^{-n}|\psi|_{\bar{k}(i),\tilde{T}}^2 \\ &\lesssim h_T^{2s-2\bar{k}(i)-n}|\psi|_{s,\tilde{T}}^2 \lesssim h_T^{2s-2\bar{k}(i)-n}|v_h|_{s,\tilde{T}}^2,\end{aligned}$$

所以式 (5.6.28) 仍然成立.

当 $m \leqslant \bar{k}(i) < s$ 时, 如果 $G_i$ 只包含在 $\Omega$ 的某一个面中, 则 $\bar{D}_{i,T}$ 可以表示为

$$\bar{D}_{i,T} = \sum_{|\boldsymbol{\alpha}|=\bar{k}(i)} \tilde{\eta}_{i,T,\boldsymbol{\alpha}} \frac{\partial^{|\boldsymbol{\alpha}|}}{\partial \boldsymbol{\nu}_{\tilde{F}}^{\alpha_1} \partial \boldsymbol{\tau}_{\tilde{F},2}^{\alpha_2} \cdots \partial \boldsymbol{\tau}_{\tilde{F},n}^{\alpha_n}}.$$

因为对所有的 $\varphi \in C^{\bar{\kappa}}(\bar{\Omega}) \cap H_0^m(\Omega)$ 都有 $\bar{d}_{i,T}(\varphi|_T) = 0$, 所以对所有满足 $\alpha_1 \geqslant m$ 的 $\boldsymbol{\alpha}$, $\tilde{\eta}_{i,T,\boldsymbol{\alpha}} = 0$. 由逆不等式可以得到

$$|\bar{D}_{i,T}(\psi|_{\tilde{T}})|_{0,\infty,\tilde{F}}^2 \lesssim h_T^{2m-2\bar{k}(i)+1-n} \sum_{\substack{|\boldsymbol{\alpha}|=m \\ \alpha_1<m}} \left\| \frac{\partial^{|\boldsymbol{\alpha}|} v_h}{\partial \boldsymbol{\nu}_{\tilde{F}}^{\alpha_1} \partial \boldsymbol{\tau}_{\tilde{F},2}^{\alpha_2} \cdots \partial \boldsymbol{\tau}_{\tilde{F},n}^{\alpha_n}} \right\|_{0,\tilde{F}}^2,$$

所以式 (5.6.28) 成立.

在以上讨论的情形下, 由式 (5.6.26)∼ 式 (5.6.28) 得到

$$h_T^{n-2j+2\bar{k}(i)}|\bar{d}_{i,T}(w|_T)|^2 \lesssim \sum_{T' \in S_h(T)} \Big( R_{s,T'}(v_h) + R_{T'}^{nb}(v_h) \Big), \quad 0 \leqslant j \leqslant m. \tag{5.6.29}$$

当 $m \leqslant \bar{k}(i) < s$, 并且至少有 $\Omega$ 的两个面包含 $G_i$ 时, 式 (5.6.29) 也是成立的. 这时, 存在 $\tilde{T}_1, \tilde{T}_2 \in S_h^c(G_i)$ 以及 $\tilde{T}_1$ 的一个面 $\tilde{F}_1$ 和 $\tilde{T}_2$ 的一个面 $\tilde{F}_2$ , 使得 $G_i \subset \tilde{F}_j$, $\tilde{F}_j \subset \partial\Omega$ $(j = 1, 2)$, 并且 $\tilde{F}_1 \neq \tilde{F}_2$.

取 $\boldsymbol{\tau}_{(3)}, \cdots, \boldsymbol{\tau}_{(n)}$ 是一组两两正交的单位向量, 都与 $\tilde{F}_1$ 和 $\tilde{F}_2$ 相切. 再取 $\tilde{F}_1$ 的一个单位切向量 $\boldsymbol{\tau}_{(1)}$ 和 $\tilde{F}_2$ 的一个单位切向量 $\boldsymbol{\tau}_{(2)}$, 而 $\boldsymbol{\tau}_{(1)}, \boldsymbol{\tau}_{(2)}, \cdots, \boldsymbol{\tau}_{(n)}$ 构成 $\mathbf{R}^n$ 的一组基, 则 $\bar{D}_{i,T}$ 可以表示为

$$\bar{D}_{i,T} = \sum_{|\boldsymbol{\beta}|=\bar{k}(i)} \xi_{i,T,\boldsymbol{\beta}} \tilde{\partial}^{\boldsymbol{\beta}}, \quad \tilde{\partial}^{\boldsymbol{\beta}} = \frac{\partial^{|\boldsymbol{\beta}|}}{\partial \boldsymbol{\tau}_{(1)}^{\beta_1} \partial \boldsymbol{\tau}_{(2)}^{\beta_2} \cdots \partial \boldsymbol{\tau}_{(n)}^{\beta_n}}.$$

因为 $\Omega$ 的面是有限个,

$$|\xi_{i,T,\boldsymbol{\beta}}| \lesssim 1, \quad |\boldsymbol{\beta}| = \bar{k}(i).$$

对于 $\bar{d}_{i,T}$ 有

$$|\bar{d}_{i,T}(w|_T)| \lesssim \sum_{|\boldsymbol{\beta}|=\bar{k}(i)} |\tilde{\partial}^{\boldsymbol{\beta}}(\psi|_T)|_{0,\infty,G_i}. \tag{5.6.30}$$

令 $|\boldsymbol{\beta}| = \bar{k}(i)$, 如果 $\beta_1 \geqslant m$, 则令 $\tilde{T} = T_1$, $\tilde{F} = \tilde{F}_1$, 否则 $\tilde{T} = T_2$, $\tilde{F} = \tilde{F}_2$. 然后, 对 $|\tilde{\partial}^{\boldsymbol{\beta}}(\psi|_T)|_{0,\infty,G_i}$ 采用类似于上面的处理方法可以得到

$$h_T^{n-2j+2\bar{k}(i)} |\tilde{\partial}^{\boldsymbol{\beta}}(\psi|_T)|^2_{0,\infty,G_i} \lesssim \sum_{T' \in S_h(T)} \Big( R_{s,T'}(v_h) + R^{nb}_{T'}(v_h) \Big) \tag{5.6.31}$$

对于 $0 \leqslant j \leqslant m$ 成立. 由式 (5.6.30) 和式 (5.6.31) 可知式 (5.6.29) 成立.

由式 (5.6.23), 式 (5.6.25) 和式 (5.6.29) 得到

$$\|w\|^2_{m,h} \lesssim \sum_{T\in\mathcal{T}_h} \sum_{T' \in S_h(T)} \Big( R_{s,T'}(v_h) + R^{nb}_{T'}(v_h) \Big),$$

进一步得到

$$\|w\|^2_{m,h} \lesssim \sum_{T\in\mathcal{T}_h} \Big( R_{s,T}(v_h) + R^{nb}_{T}(v_h) \Big). \tag{5.6.32}$$

最终, 由式 (5.6.32) 和式 (5.6.22) 得到式 (5.6.21) □

**定理 5.6.1** 设

(1) 对 $\mathcal{F}$ 中的任意有限元 $(T, P_T, \boldsymbol{D}_T)$ 都有 $P_m(T) \subset P_T$;

(2) $V_h$ 具有 $m$ 阶弱连续性, $V_{h0}$ 在 $\partial\Omega$ 上具有 $m$ 阶弱零性;

(3) 对 $v \in H^m_0(\Omega) + V_{h0}$, $\phi \in H^1(\Omega)$, $|\boldsymbol{\alpha}| = m-1$, $1 \leqslant j \leqslant n$, 式 (5.6.12) 成立;

(4) HCE 为真,

则对问题 (4.3.3) 和问题 (5.5.2) 的解 $u$ 和 $u_h$,

$$\|u-u_h\|^2_{m,h} \lesssim \sum_{T\in\mathcal{T}_h} E^n_T(u_h). \tag{5.6.33}$$

当 $u \in H^{m+1}(\Omega)$ 时,

$$\sum_{T\in\mathcal{T}_h} E^n_T(u_h) \lesssim \|u-u_h\|^2_{m,h} + \sum_{T\in\mathcal{T}_h} \Big( h_T^{2m} \|f\|^2_{0,T} + h_T^2 |u|^2_{m+1,T} \Big). \tag{5.6.34}$$

**证明** 由引理 5.6.1, 引理 5.6.3 和引理 5.6.4 直接得到式 (5.6.33).

令 $P_h$ 是 $\mathcal{F}$ 和 $\mathcal{T}_h$ 对应的算子, 记 $v_h = P_h u$. 设 $T \in \mathcal{T}_h$, $F$ 是 $T$ 的一个面. 由

逆不等式和引理 3.5.6 有

$$\begin{aligned}|u_h|_{m+1,T}^2 &\lesssim |u_h-v_h|_{m+1,T}^2+|v_h|_{m+1,T}^2\\&\lesssim h_T^{-2}|u_h-v_h|_{m,T}^2+|u|_{m+1,T}^2\\&\lesssim h_T^{-2}|u_h-u|_{m,T}^2+h_T^{-2}|u-v_h|_{m,T}^2+|u|_{m+1,T}^2\\&\lesssim h_T^{-2}|u_h-u|_{m,T}^2+|u|_{m+1,T}^2,\end{aligned}$$

所以

$$|T|^{\frac{2}{n}}|u_h|_{m+1,T}^2\lesssim|u-u_h|_{m,T}^2+h_T^2|u|_{m+1,T}^2. \tag{5.6.35}$$

由逆不等式和式 (5.6.35) 得

$$|T|^{\frac{2m}{n}}\left\|f-(-1)^m\Delta^m u_h\right\|_{0,T}^2\lesssim h_T^{2m}\|f\|_{0,T}^2+h_T^2|u|_{m+1,T}^2. \tag{5.6.36}$$

当 $F\not\subset\partial\Omega$ 时, 存在 $\tilde{T}\in\mathcal{T}_h$ 满足 $F=\tilde{T}\cap T$. 对于 $|\boldsymbol{\alpha}|=m$, 利用逆不等式、引理 4.3.1 和引理 3.5.6 有

$$\begin{aligned}\|[\partial^{\boldsymbol{\alpha}}u_h]\|_{0,F}^2&=\|[\partial^{\boldsymbol{\alpha}}(u_h-u)]\|_{0,F}^2\lesssim\|[\partial^{\boldsymbol{\alpha}}(u_h-v_h)]\|_{0,F}^2+\|[\partial^{\boldsymbol{\alpha}}(v_h-u)]\|_{0,F}^2\\&\lesssim h_T^{-1}\left(|u_h-v_h|_{m,T}^2+|u_h-v_h|_{m,\tilde{T}}^2\right)+h_T|u|_{m+1,T\cup\tilde{T}}^2\\&\lesssim h_T^{-1}\left(|u_h-u|_{m,T}^2+|u_h-u|_{m,\tilde{T}}^2\right)+h_T|u|_{m+1,T\cup\tilde{T}}^2.\end{aligned}$$

由上式和式 (5.6.35) 可以得到

$$R_T^{ni}(u_h)\lesssim\sum_{T'\in S_h(T)}|u-u_h|_{m,T'}^2+\sum_{T'\in S_h(T)}h_{T'}^2|u|_{m+1,T'}^2. \tag{5.6.37}$$

当 $F\subset\partial\Omega$ 时, 对于 $|\boldsymbol{\alpha}|=m$, $\alpha_1<m$, 利用逆不等式、引理 4.3.1, 引理 3.5.6 和

$$\frac{\partial^{|\boldsymbol{\alpha}|}u}{\partial\boldsymbol{\nu}_F^{\alpha_1}\partial\boldsymbol{\tau}_{F,2}^{\alpha_2}\cdots\partial\boldsymbol{\tau}_{F,n}^{\alpha_n}}$$

在 $F$ 上为零的事实, 则有

$$\begin{aligned}\left\|\frac{\partial^{|\boldsymbol{\alpha}|}u_h}{\partial\boldsymbol{\nu}_F^{\alpha_1}\partial\boldsymbol{\tau}_{F,2}^{\alpha_2}\cdots\partial\boldsymbol{\tau}_{F,n}^{\alpha_n}}\right\|_{0,F}^2&=\left\|\frac{\partial^{|\boldsymbol{\alpha}|}(u_h-u)}{\partial\boldsymbol{\nu}_F^{\alpha_1}\partial\boldsymbol{\tau}_{F,2}^{\alpha_2}\cdots\partial\boldsymbol{\tau}_{F,n}^{\alpha_n}}\right\|_{0,F}^2\\&\lesssim\left\|\frac{\partial^{|\boldsymbol{\alpha}|}(u_h-v_h)}{\partial\boldsymbol{\nu}_F^{\alpha_1}\partial\boldsymbol{\tau}_{F,2}^{\alpha_2}\cdots\partial\boldsymbol{\tau}_{F,n}^{\alpha_n}}\right\|_{0,F}^2+\left\|\frac{\partial^{|\boldsymbol{\alpha}|}(u-v_h)}{\partial\boldsymbol{\nu}_F^{\alpha_1}\partial\boldsymbol{\tau}_{F,2}^{\alpha_2}\cdots\partial\boldsymbol{\tau}_{F,n}^{\alpha_n}}\right\|_{0,F}^2\\&\lesssim h_T^{-1}|u_h-v_h|_{m,T}^2+h_T|u|_{m+1,T}^2,\end{aligned}$$

进而得到

$$R_T^{nb}(u_h) \lesssim |u-u_h|_{m,T}^2 + h_T^2|u|_{m+1,T}^2. \tag{5.6.38}$$

由式 (5.6.36)~ 式 (5.6.38) 得到

$$\sum_{T\in\mathcal{T}_h} E_T^n(u_h) \lesssim \sum_{T\in\mathcal{T}_h} h_T^{2m}\|f\|_{0,T}^2 + \sum_{T\in\mathcal{T}_h}\sum_{T'\in S_h(T)}\left(|u-u_h|_{m,T'}^2 + h_T^2|u|_{m+1,T'}^2\right),$$

由此可以得到式 (5.6.34). □

对于误差 $u-u_h$, 第 2 章给出的非协调元, 除了 12 参数三角板元是 $O(h^2)$ 量级外, 其他的都是 $O(h)$ 量级的. 式 (5.6.34) 说明作为后验误差估计的界,

$$\sum_{T\in\mathcal{T}_h} E_T^n(u_h)$$

也是 $O(h)$ 量级的, 所以对这些非协调元, 它是可以作为后验误差估计子的. 对于 12 参数三角板元, 也可以给出 $O(h^2)$ 量级的后验误差估计子. 对于 $T\in\mathcal{T}_h$, $v_h\in V_h$, 定义

$$\tilde{E}_T^n(v_h) = |T|^{\frac{2m}{n}}\left\|f-(-1)^m\Delta^m v_h\right\|_{0,T}^2 + R_{2m,T}(v_h) + R_T^{nb}(v_h). \tag{5.6.39}$$

**定理 5.6.2** 设 $m=n=2$, $V_{h0}$ 是 12 参数三角板元对应的有限元空间, 则对问题 (4.3.3) 和问题 (5.5.2) 的解 $u$ 和 $u_h$,

$$\|u-u_h\|_{2,h}^2 \lesssim \sum_{T\in\mathcal{T}_h}\tilde{E}_T^n(u_h). \tag{5.6.40}$$

当 $u\in H^4(\Omega)$ 时,

$$\sum_{T\in\mathcal{T}_h}\tilde{E}_T^n(u_h) \lesssim \|u-u_h\|_{2,h}^2 + \sum_{T\in\mathcal{T}_h} h_T^4|u|_{4,T}^2. \tag{5.6.41}$$

**证明** 令 $v\in H_0^2(\Omega)$. 记 12 参数三角板元和 $\mathcal{T}_h$ 对应的投影平均算子为 $\Pi_{h0}^p$, $w_h = v-\Pi_{h0}^p v$. 对于 $1\leqslant i,j\leqslant 2$, 由引理 5.6.2 及其证明可知存在 $v_{ij}\in H^1(\Omega)\cap P_1(\mathcal{T}_h)$, 使得

$$\left\|\frac{\partial^2 u_h}{\partial x_i\partial x_j} - v_{ij}\right\|_{0,T}^2 \lesssim h_T^4\,|u_h|_{4,T}^2 + \sum_{T'\subset S_h(T)} h_{T'}\sum_{\substack{F\subset\partial T'\\ F\not\subset\partial\Omega}}\left\|\left[\frac{\partial^2 u_h}{\partial x_i\partial x_j}\right]\right\|_{0,F}^2 \tag{5.6.42}$$

对任意 $T\in\mathcal{T}_h$ 成立. 注意到 $w_h\in H_0^1(\Omega)$, 利用 Green 公式、式 (2.6.16) 和式

(2.6.17) 有

$$
\begin{aligned}
&(f,v)-a_h(u_h,v)\\
=&(f,w_h)-a_h(u_h,w_h)\\
=&\sum_{T\in\mathcal{T}_h}\int_T(f-\Delta^2u_h)w_h\,\mathrm{d}\boldsymbol{x}-\sum_{1\leqslant i,j\leqslant 2}\sum_{T\in\mathcal{T}_h}\int_{\partial T}\left(\frac{\partial^2u_h}{\partial x_i\partial x_j}-v_{ij}\right)\frac{\partial w_h}{\partial x_j}\nu_i\,\mathrm{d}s,\\
&+\frac{1}{2}\sum_{1\leqslant i,j\leqslant 2}\sum_{T\in\mathcal{T}_h}\sum_{\substack{F\subset\partial T\\ F\not\subset\partial\Omega}}\int_F\left[\frac{\partial^3u_h}{\partial x_i^2\partial x_j}\right]w_h(\boldsymbol{\nu}_F)_j\,\mathrm{d}F.
\end{aligned}
$$

由 Schwarz 不等式、逆不等式、式 (5.6.42), 式 (4.3.8) 和式 (3.5.35) 得到

$$
\begin{aligned}
|(f,v)-a_h(u_h,v)|&\lesssim\sum_{T\in\mathcal{T}_h}\Big(\sum_{T'\in S_h(T)}\tilde{E}_{T'}^n(u_h)\Big)^{1/2}\Big(\sum_{k=0}^{2}h_T^{2k-4}|w_h|_{k,T}^2\Big)^{1/2}\\
&\lesssim\Big(\sum_{T\in\mathcal{T}_h}\sum_{T'\in S_h(T)}\tilde{E}_{T'}^n(u_h)\Big)^{1/2}\Big(\sum_{T\in\mathcal{T}_h}\sum_{T'\in S_h(T)}|v|_{2,T'}^2\Big)^{1/2}\\
&\lesssim|v|_{2,\Omega}\Big(\sum_{T\in\mathcal{T}_h}\tilde{E}_T^n(u_h)\Big)^{1/2}.
\end{aligned}
$$

由 $v$ 的任意性有

$$
\sup_{0\neq v\in H_0^2(\Omega)}\frac{|(f,v)-a_h(u_h,v)|}{\|v\|_{2,\Omega}}\lesssim\Big(\sum_{T\in\mathcal{T}_h}\tilde{E}_T^n(u_h)\Big)^{1/2}. \tag{5.6.43}
$$

对于二维四阶问题, Argyris 元是协调元, 所以引理 5.6.4 的假设成立. 进而由引理 5.6.1, 引理 5.6.4 和式 (5.6.43) 得到式 (5.6.40).

使用证明式 (5.6.34) 的类似方法, 可以得到式 (5.6.41). □

# 第 6 章　非协调有限元的收敛性

第 5 章介绍了非协调有限元方法, 并讨论了若干非协调元的收敛性和误差估计, 本章将继续讨论非协调元的收敛性质. 要证明一个非协调元的收敛性, 既要证明它具有逼近性, 又要验证相容项当 $h \to 0$ 时收敛于零. 因为插值理论已解决了逼近性问题, 所以保证相容项收敛于零的检验条件是关键问题. 本章将介绍非协调元的若干收敛条件, 并分析一些非协调元的收敛性质.

本章的内容安排如下：6.1 节介绍广义分片检验; 6.2 节和 6.3 节介绍分片检验并讨论其充分必要性; 6.4 节介绍 F-E-M 检验; 6.5 节讨论超逼近性; 最后一节介绍一些非协调元的奇异收敛现象：这些非协调元不收敛于期望的解, 却收敛于另外一个极限.

6.1 节的内容取自于文献 [21], [36], [37], 6.2 节的内容取自于文献 [19], [30], 6.3 节的内容取自于文献 [19], [21], [38], 6.4 节的内容取自于文献 [39], 6.5 节的内容取自于文献 [19], 6.6 节的内容取自于文献 [40], [41].

本章假设 $m$ 是一正整数, $\Omega$ 是 $\mathbf{R}^n$ 中一个有界区域, $(T, P_T, \boldsymbol{D}_T)$ 是一有限元. 对于趋向于零的网格尺寸 $h$, 令 $\mathcal{T}_h$ 是 $\Omega$ 的一个对应于该有限元的剖分, 记 $V_h$ 和 $V_{h0}$ 是相应于 $\mathcal{T}_h$ 和 $(T, P_T, \boldsymbol{D}_T)$ 的求解 $2m$ 阶边值问题的非协调有限元空间.

## 6.1　广义分片检验

本节介绍由 Stummel 在文献 [36] 中提出的广义分片检验. 对 $v_h \in H^m(\mathcal{T}_h)$ 和 $\phi \in C_0^\infty(\mathbf{R}^n)$, 定义

$$T_{\boldsymbol{\alpha},i}(\phi, v_h) = \sum_{T \in \mathcal{T}_h} \int_{\partial T} \phi \partial^{\boldsymbol{\alpha}} v_h \nu_i \, \mathrm{d}s, \quad 1 \leqslant i \leqslant n, \ |\boldsymbol{\alpha}| < m. \tag{6.1.1}$$

称 $\{V_h, H^m(\Omega)\}$ 通过广义分片检验, 如果

$$\lim_{h \to 0} \sup_{\substack{v_h \in V_h \\ \|v_h\|_{m,h} \leqslant 1}} |T_{\boldsymbol{\alpha},i}(\phi, v_h)| = 0, \quad 1 \leqslant i \leqslant n, \ |\boldsymbol{\alpha}| < m, \ \forall \phi \in C_0^\infty(\Omega). \tag{6.1.2}$$

类似地, 称 $\{V_{h0}, H_0^m(\Omega)\}$ 通过广义分片检验, 如果

$$\lim_{h \to 0} \sup_{\substack{v_h \in V_{h0} \\ \|v_h\|_{m,h} \leqslant 1}} |T_{\boldsymbol{\alpha},i}(\phi, v_h)| = 0, \quad 1 \leqslant i \leqslant n, \ |\boldsymbol{\alpha}| < m, \ \forall \phi \in C_0^\infty(\mathbf{R}^n). \tag{6.1.3}$$

考虑下述方程的边值问题：

$$\sum_{|\boldsymbol{\alpha}|,|\boldsymbol{\beta}|\leqslant m}(-1)^{|\boldsymbol{\alpha}|}\partial^{\boldsymbol{\alpha}}(a_{\boldsymbol{\alpha\beta}}\partial^{\boldsymbol{\beta}}u)=f, \tag{6.1.4}$$

其中, $a_{\boldsymbol{\alpha\beta}}$ 是常数. 对有界区域 $B\subset\mathbf{R}^n$, 定义

$$a_B(v,w)=\sum_{|\boldsymbol{\alpha}|,|\boldsymbol{\beta}|\leqslant m}\int_B a_{\boldsymbol{\alpha\beta}}\partial^{\boldsymbol{\beta}}v\partial^{\boldsymbol{\alpha}}w\,\mathrm{d}\boldsymbol{x},\quad v,w\in H^m(B). \tag{6.1.5}$$

记 $a(\cdot,\cdot)=a_\Omega(\cdot,\cdot)$. 对于 $v,w\in H^m(\mathcal{T}_h)$, 定义

$$a_h(v,w)=\sum_{T\in\mathcal{T}_h}a_T(v,w). \tag{6.1.6}$$

记 $M$ 是所有满足 $|\boldsymbol{\alpha}|\leqslant m$ 的多重指标 $\boldsymbol{\alpha}$ 的个数. 对于 $\boldsymbol{f}=(f_{\boldsymbol{\alpha}})\in(L^2(\Omega))^M$, 定义

$$\begin{cases}(\boldsymbol{f},v)_m=\displaystyle\sum_{|\boldsymbol{\alpha}|\leqslant m}\int_\Omega f_{\boldsymbol{\alpha}}\partial^{\boldsymbol{\alpha}}v\,\mathrm{d}\boldsymbol{x}, & \forall v\in H^m(\Omega),\\ (\boldsymbol{f},w)_{m,h}=\displaystyle\sum_{|\boldsymbol{\alpha}|\leqslant m}\sum_{T\in\mathcal{T}_h}\int_T f_{\boldsymbol{\alpha}}\partial^{\boldsymbol{\alpha}}w\,\mathrm{d}\boldsymbol{x}, & \forall w\in H^m(\mathcal{T}_h).\end{cases} \tag{6.1.7}$$

令 $W$ 是 $H_0^m(\Omega)$ 或 $H^m(\Omega)$. 当 $W=H_0^m(\Omega)$ 时, 令 $W_h=V_{h0}$, 否则令 $W_h=V_h$.

对 $\boldsymbol{f}\in(L^2(\Omega))^M$, 考虑变分问题：求 $u\in W$ 满足

$$a(u,v)=(\boldsymbol{f},v)_m,\quad \forall v\in W \tag{6.1.8}$$

和求 $u_h\in W_h$ 满足

$$a_h(u_h,v_h)=(\boldsymbol{f},v)_{m,h},\quad \forall v_h\in W_h. \tag{6.1.9}$$

要保证问题 (6.1.8) 和问题 (6.1.9) 解的存在唯一性, 给出下面的假设：

**(HE)** 下列式子为真：

$$\begin{cases}\|v\|_{m,\Omega}^2\lesssim a(v,v), & \forall v\in W,\\ \|v_h\|_{m,h}^2\lesssim a_h(v_h,v_h), & \forall v_h\in W_h.\end{cases} \tag{6.1.10}$$

称 $a_{h(\cdot,\cdot)}$ 是一致椭圆的, 如果式 (6.1.10) 的第二个不等式成立. 当 $W_h=V_{h0}$ 时, 如果 $V_h$ 具有 $m$ 阶弱连续性, $V_{h0}$ 在 $\partial\Omega$ 上具有 $m$ 阶弱零性, 并且式 (5.1.3) 成立, 则由定理 5.2.1 就得到 $a_{h(\cdot,\cdot)}$ 的一致椭圆性质.

**定理 6.1.1** 设 (HE) 为真. 令 $u$ 是问题 (6.1.8) 的解, $u_h$ 是问题 (6.1.9) 的解, 则

$$\lim_{h\to 0}\|u-u_h\|_{m,h}=0 \tag{6.1.11}$$

等价于

$$\lim_{h\to 0}\inf_{v_h\in W_h}\|u-v_h\|_{m,h}=0 \tag{6.1.12}$$

和

$$\lim_{h\to 0}\sup_{0\neq w_h\in W_h}\frac{|a_h(u,w_h)-(\boldsymbol{f},w_h)_{m,h}|}{\|w_h\|_{m,h}}=0. \tag{6.1.13}$$

**证明** 与定理 5.1.1 类似, 可以得到

$$\|u-u_h\|_{m,h}\lesssim \inf_{v_h\in W_h}\|u-v_h\|_{m,h}+\sup_{0\neq w_h\in W_h}\frac{|(\boldsymbol{f},w_h)_{m,h}-a_h(u,w_h)|}{\|w_h\|_{m,h}},$$

$$\|u-u_h\|_{m,h}\gtrsim \inf_{v_h\in W_h}\|u-v_h\|_{m,h}+\sup_{0\neq w_h\in W_h}\frac{|(\boldsymbol{f},w_h)_{m,h}-a_h(u,w_h)|}{\|w_h\|_{m,h}},$$

进而得到定理的结论. □

称 $\{W_h,W\}$ 具有逼近性, 如果

$$\lim_{h\to 0}\inf_{v_h\in W_h}\|v-v_h\|_{m,h}=0,\quad \forall v\in W.$$

**定理 6.1.2** 设 (HE) 为真. 令 $u$ 是问题 (6.1.8) 的解, $u_h$ 是问题 (6.1.9) 的解, 则对所有 $\boldsymbol{f}\in(L^2(\Omega))^M$ 都有 $\lim\limits_{h\to 0}\|u-u_h\|_{m,h}=0$ 等价于 $\{W_h,W\}$ 具有逼近性和通过广义分片检验.

**证明** 首先, 令 $\{W_h,W\}$ 具有逼近性且通过广义分片检验. 证明充分性, 只需证明对 $\boldsymbol{f}\in(L^2(\Omega))^M$ 和问题 (6.1.8) 的解 $u$ 有

$$\lim_{h\to 0}\sup_{0\neq w_h\in W_h}\frac{|a_h(u,w_h)-(\boldsymbol{f},w_h)_{m,h}|}{\|w_h\|_{m,h}}=0. \tag{6.1.14}$$

记

$$\mu=\limsup_{h\to 0}\sup_{0\neq w_h\in W_h}\frac{|a_h(u,w_h)-(\boldsymbol{f},w_h)_{m,h}|}{\|w_h\|_{m,h}}. \tag{6.1.15}$$

对 $k=1,2,\cdots$, 存在 $w_{h_k}\in W_{h_k}$ 满足当 $k\to\infty$ 时, $h_k\to 0$ 且

$$\|w_{h_k}\|_{m,h_k}=1,$$

$$\mu=\lim_{k\to\infty}|a_{h_k}(u,w_{h_k})-(\boldsymbol{f},w_{h_k})_{m,h_k}|.$$

当 $|\boldsymbol{\alpha}| \leqslant m$ 时, 定义 $w_k^{\boldsymbol{\alpha}} \in L^2(\Omega)$ 如下:

$$w_k^{\boldsymbol{\alpha}}|_T = \partial^{\boldsymbol{\alpha}}(w_{h_k}|_T), \quad \forall T \in \mathcal{T}_{h_k},$$

则当 $|\boldsymbol{\alpha}| \leqslant m$ 时, $\{w_k^{\boldsymbol{\alpha}}\}$ 是 $L^2(\Omega)$ 中的有界序列. 存在 $\{w_k^{\boldsymbol{\alpha}}\}$ 的子序列, 仍记为 $\{w_k^{\boldsymbol{\alpha}}\}$ 和 $w^{\boldsymbol{\alpha}} \in L^2(\Omega)$, 使得 $w_k^{\boldsymbol{\alpha}}$ 在 $L^2(\Omega)$ 中弱收敛于 $w^{\boldsymbol{\alpha}}$.

令 $1 \leqslant i \leqslant n$ 和 $|\boldsymbol{\alpha}| < m$, 当 $W = H_0^m(\Omega)$ 时, 令 $\phi \in C_0^\infty(\mathbf{R}^n)$, 否则令 $\phi \in C_0^\infty(\Omega)$, 则

$$\begin{aligned}\int_\Omega \left(\frac{\partial \phi}{\partial x_i} w^{\boldsymbol{\alpha}} + \phi w^{\boldsymbol{\alpha}+\boldsymbol{e}_i}\right) \mathrm{d}\boldsymbol{x} &= \lim_{k\to\infty} \int_\Omega \left(\frac{\partial \phi}{\partial x_i} w_k^{\boldsymbol{\alpha}} + \phi w_k^{\boldsymbol{\alpha}+\boldsymbol{e}_i}\right) \mathrm{d}\boldsymbol{x} \\ &= \lim_{k\to\infty} T_{\boldsymbol{\alpha},i}(\phi, w_{h_k}) = 0.\end{aligned}$$

由此得到 $w^{\boldsymbol{\alpha}} = \partial^{\boldsymbol{\alpha}} w^0$ ($|\boldsymbol{\alpha}| \leqslant m$) 且 $w^0 \in W$, 所以

$$\mu = \lim_{k\to\infty} |a_{h_k}(u, w_{h_k}) - (\boldsymbol{f}, w_{h_k})_{m,h_k}| = |a(u, w^0) - (\boldsymbol{f}, w^0)_m| = 0.$$

充分性得证.

反过来, 假设对 $\boldsymbol{f} \in (L^2(\Omega))^M$, 问题 (6.1.9) 的解 $u_h$ 都收敛于问题 (6.1.8) 的解 $u$, 逼近性很容易就可得到. 现在只剩下证明 $\{W_h, W\}$ 通过广义分片检验.

令 $1 \leqslant i \leqslant n$ 和 $|\boldsymbol{\alpha}| < m$, 当 $W = H_0^m(\Omega)$ 时取 $\phi \in C_0^\infty(\mathbf{R}^n)$, 否则取 $\phi \in C_0^\infty(\Omega)$. 定义 $\boldsymbol{f} \in (L^2(\Omega))^M$ 如下:

$$f_{\boldsymbol{\beta}} = \begin{cases} \dfrac{\partial \phi}{\partial x_i}, & \boldsymbol{\beta} = \boldsymbol{\alpha}, \\ \phi, & \boldsymbol{\beta} = \boldsymbol{\alpha} + \boldsymbol{e}_i, \\ 0, & \text{其他}. \end{cases}$$

对这样的 $\boldsymbol{f}$, 解 $u$ 恰好为零. 因为 $(\boldsymbol{f}, w_h)_{m,h} = T_{\boldsymbol{\alpha},i}(\phi, w_h)$, 再由定理 6.1.1, 得到

$$\lim_{h\to 0} \sup_{0\neq w_h \in W_h} \frac{|T_{\boldsymbol{\alpha},i}(\phi, w_h)|}{\|w_h\|_{m,h}} = 0. \tag{6.1.16}$$

也就是说, $\{W_h, W\}$ 通过广义分片检验. □

称一个有限元通过广义分片检验, 如果 $\{V_h, H^m(\Omega)\}$ 和 $\{V_{h0}, H_0^m(\Omega)\}$ 都通过广义分片检验. 下面讨论几个有限元通过广义分片检验的情况.

**定理 6.1.3**　令 $V_h$ 和 $V_{h0}$ 是 12 参数四边形元对应的有限元空间. 如果 HQ$(\epsilon)$ 对所有 $T \in \mathcal{T}_h$ 和所有 $h$ 成立, 则 $\{V_h, H^1(\Omega)\}$ 和 $\{V_{h0}, H_0^1(\Omega)\}$ 都通过广义分片检验.

**证明** 对 $\phi \in C_0^\infty(\Omega)$ (或 $C_0^\infty(\mathbf{R}^2)$), $w_h \in V_h$ (或 $V_{h0}$) 和 $i=1,2$, 双线性形式 $T_{0,i}(\phi, w_h)$ 可以写成

$$\begin{aligned} T_{0,i}(\phi, w_h) = & \sum_{T\in\mathcal{T}_h}\sum_{F\subset\partial T}\int_F R_F^0\phi R_F^0 w_h(\boldsymbol{\nu}_F)_i\,\mathrm{d}F \\ & + \sum_{T\in\mathcal{T}_h}\sum_{F\subset\partial T}\int_F P_F^0\phi w_h(\boldsymbol{\nu}_F)_i\,\mathrm{d}F = T^{(1)} + T^{(2)}. \end{aligned} \tag{6.1.17}$$

利用 Schwarz 不等式和定理 3.6.6, 立即可以得到

$$|T^{(1)}| \lesssim h|\phi|_{1,\Omega}|w_h|_{1,h}. \tag{6.1.18}$$

令 $F\subset T$ 是 $T$ 的一边, 记其两个端点为

$$\boldsymbol{a}_1 = (x_{11}, x_{21})^{\mathrm{T}}, \quad \boldsymbol{a}_2 = (x_{12}, x_{22})^{\mathrm{T}}.$$

在 $F$ 上, 函数 $w_h$ 是一个变量的 4 次多项式. 用 Simpson 积分公式得到

$$\begin{aligned} \int_F P_F^0 w_h\,\mathrm{d}F = & \frac{1}{6}\Big(w_h(\boldsymbol{a}_1) + 4w_h(\frac{1}{2}(\boldsymbol{a}_1+\boldsymbol{a}_2)) + w_h(\boldsymbol{a}_2)\Big) \\ & - \frac{(x_{12}-x_{11})(x_{22}-x_{21})}{720}\Big(t_1^T(x_{12}-x_{11})^2 + t_2^T(x_{22}-x_{21})^2\Big) \\ = & S_1^F w_h + S_2^F w_h, \end{aligned} \tag{6.1.19}$$

其中,

$$t_1^T = \frac{\partial^4 w_h}{\partial x_1^3 \partial x_2}\Big|_T, \quad t_2^T = \frac{\partial^4 w_h}{\partial x_1 \partial x_2^3}\Big|_T.$$

项 $S_1^F w_h$ 在 $F$ 上是连续的, 所以

$$\sum_{T\in\mathcal{T}_h}\sum_{F\subset\partial T} P_F^0\phi S_1^F w_h|F|(\boldsymbol{\nu}_F)_i = 0$$

且

$$T^{(2)} = \sum_{T\in\mathcal{T}_h}\sum_{F\subset\partial T} P_F^0\phi S_2^F w_h|F|(\boldsymbol{\nu}_F)_i. \tag{6.1.20}$$

令 $\boldsymbol{a}_j = (x_{1j}, x_{2j})^{\mathrm{T}}$ $(1\leqslant j\leqslant 4)$ 是 $T$ 的顶点, 并且按逆时针方向编的号. 记 $F_j = \overline{\boldsymbol{a}_j\boldsymbol{a}_{j+1}}$ $(1\leqslant j\leqslant 3)$, $F_4 = \overline{\boldsymbol{a}_4\boldsymbol{a}_1}$. 取 $i=1$, 则有

$$|F_1|(\boldsymbol{\nu}_{F_j})_1 = x_{2,j+1} - x_{2j}. \tag{6.1.21}$$

于是对 $T$ 的两条对边 $F_1$ 和 $F_3$, 在式 (6.1.20) 右端相应的和满足下面的等式：

$$\begin{aligned}&P^0_{F_1}\phi S_2^{F_1}w_h|F_1|(\boldsymbol{\nu}_{F_1})_1+P^0_{F_3}\phi S_2^{F_3}w_h|F_3|(\boldsymbol{\nu}_{F_3})_1\\=&\frac{1}{720}\Big(t_1^T\Big(P^0_{F_1}\phi(x_{11}-x_{12})^3(x_{21}-x_{22})^2-P^0_{F_3}\phi(x_{14}-x_{13})^3(x_{24}-x_{23})^2\Big)\\&+t_2^T\Big(P^0_{F_1}\phi(x_{11}-x_{12})(x_{21}-x_{22})^4-P^0_{F_3}\phi(x_{14}-x_{13})(x_{24}-x_{23})^4\Big)\Big).\quad(6.1.22)\end{aligned}$$

由定理 3.6.5 和定理 3.6.6 得

$$\begin{aligned}|P^0_{F_1}\phi-P^0_{F_3}\phi|\leqslant&\frac{1}{|F_1|}\Big|\int_{F_1}(P^0_{F_1}\phi-P^0_T\phi)\,\mathrm{d}F_1\Big|\\&+\frac{1}{|F_3|}\Big|\int_{F_3}(P^0_{F_3}\phi-P^0_T\phi)\,\mathrm{d}F_3\Big|\lesssim|\phi|_{1,T},\end{aligned}$$

$$|P^0_{F_k}\phi|\leqslant\frac{1}{|F_k|}\Big|\int_{F_k}(P^0_{F_k}\phi-P^0_T\phi)\,\mathrm{d}F_k\Big|+|P^0_T\phi|\lesssim|\phi|_{1,T}+h_T^{-1}|\phi|_{0,T},\quad 1\leqslant k\leqslant 4.$$

由逆不等式推出

$$|t_1^T|+|t_2^T|\lesssim h_T^{-4}|w_h|_{1,T}.$$

注意

$$|(x_{11}-x_{12})-(x_{14}-x_{13})|^2+|(x_{21}-x_{22})-(x_{24}-x_{23})|^2=4d_T^2,$$

所以

$$\begin{aligned}&\Big|P^0_{F_k}\phi S_2^{F_k}w_h|F_k|(\boldsymbol{\nu}_{F_k})_j+P^0_{F_{k+2}}\phi S_2^{F_{k+2}}w_h|F_{k+2}|(\boldsymbol{\nu}_{F_{k+2}})_j\Big|\\\lesssim&(h_T+d_T+d_Th_T^{-1})\|\phi\|_{1,T}|w_h|_{1,T}\end{aligned}\quad(6.1.23)$$

对 $k=1$ 和 $j=1$ 成立. 明显地, 上面的估计对 $k=1,2$ 和 $j=1,2$ 都成立, 进而得到

$$|T^{(2)}|\lesssim(h+h^{1+\epsilon}+h^{\epsilon})\|\phi\|_{1,\Omega}|w_h|_{1,h}.\quad(6.1.24)$$

综合不等式 (6.1.18) 和式 (6.1.24) 就证明了

$$|T_{0,i}(\phi,w_h)|\lesssim(h+h^{\epsilon})\|\phi\|_{1,\Omega}|w_h|_{1,h},\quad i=1,2.\quad(6.1.25)$$

定理的结论得证. □

**定理 6.1.4** 设 $V_h$ 和 $V_{h0}$ 是 Adini 元对应的有限元空间, 则 $\{V_h,H^2(\Omega)\}$ 和 $\{V_{h0},H_0^2(\Omega)\}$ 都通过广义分片检验.

**证明** 因为 $V_h \subset H^1(\Omega)$ 和 $V_{h0} \subset H_0^1(\Omega)$, 所以

$$T_{0,i}(\phi, w_h) = 0, \quad 1 \leqslant i \leqslant n \tag{6.1.26}$$

对所有的 $\phi \in C_0^\infty(\Omega)$ 和 $w_h \in V_h$, 以及所有的 $\phi \in C_0^\infty(\mathbf{R}^2)$ 和 $w_h \in V_{h0}$ 成立.

现在取 $w_h \in V_h$ 及 $\phi \in C_0^\infty(\Omega)$ 或者取 $w_h \in V_{h0}$ 及 $\phi \in C_0^\infty(\mathbf{R}^n)$, 则

$$T_{\boldsymbol{e}_i,j}(\phi, w_h) = \sum_{T\in\mathcal{T}_h} \int_{\partial T} \phi \frac{\partial w_h}{\partial x_i} \nu_j \,\mathrm{d}s, \quad 1 \leqslant i,j \leqslant n. \tag{6.1.27}$$

在单元 $T \in \mathcal{T}_h$ 的每个面 $F$ 上, $\boldsymbol{\nu}$ 只有一个分量不为零. 当 $i \neq j$ 时, $\dfrac{\partial}{\partial x_i} w_h$ 在 $\nu_j$ 不为零的面上是沿该面的切向导数. 因为 $w_h$ 在整个 $\Omega$ 上连续, 所以

$$T_{\boldsymbol{e}_i,j}(\phi, w_h) = 0, \quad 1 \leqslant i \neq j \leqslant n. \tag{6.1.28}$$

记一次矩形元对应的插值算子为 $\tilde{\Pi}_h$, 则 $\tilde{\Pi}_h\left(\dfrac{\partial}{\partial x_i} w_h\right)$ 在 $\Omega$ 上连续. 定义

$$\tilde{w}_{ih} = \frac{\partial w_h}{\partial x_i} - \tilde{\Pi}_h \frac{\partial w_h}{\partial x_i}, \tag{6.1.29}$$

则

$$T_{\boldsymbol{e}_i,i}(\phi, w_h) = \sum_{T\in\mathcal{T}_h} \int_{\partial T} \phi \tilde{w}_{ih} \nu_i \,\mathrm{d}s, \quad 1 \leqslant i \leqslant n. \tag{6.1.30}$$

对 $T \in \mathcal{T}_h$, $i \in \{1, 2, \cdots, n\}$, 定义

$$G_i(T) = \mathrm{span}\{\, (\xi_j^2 - 1)\xi^{\boldsymbol{\alpha}} \mid 1 \leqslant j \leqslant n,\ \alpha_i = 0,\ \alpha_k \leqslant 1, k \neq i\},$$

则

$$\int_T \frac{\partial p}{\partial x_i} \,\mathrm{d}\boldsymbol{x} = 0, \quad \forall p \in G_i(T).$$

由 Adini 元的 $P_T$ 的定义, $\tilde{w}_{ih} \in Q_1(T) + G_i(T)$. 因为 $\tilde{w}_{ih}$ 在 $T$ 的顶点处为零, 所以 $\tilde{w}_{ih} \in G_i(T)$. 于是有

$$\int_{\partial T} \tilde{w}_{ih} \nu_i \,\mathrm{d}s = \int_T \frac{\partial}{\partial x_i} \tilde{w}_{ih} \,\mathrm{d}\boldsymbol{x} = 0, \tag{6.1.31}$$

进而

$$|T_{\boldsymbol{e}_i,i}(\phi, w_h)| = \Big| \sum_{T\in\mathcal{T}_h} \int_{\partial T} (\phi - P_T^0 \phi) \tilde{w}_{ih} \nu_i \,\mathrm{d}s \Big| \leqslant \sum_{T\in\mathcal{T}_h} |\phi - P_T^0 \phi|_{0,\partial T} |\tilde{w}_{ih}|_{0,\partial T}.$$

再利用定理 3.3.4, 引理 3.5.1 和逆不等式 (3.4.1) 得到

$$|T_{\boldsymbol{e}_i,i}(\phi, w_h)| \lesssim h|\phi|_{1,\Omega}|w_h|_{2,h}, \quad 1 \leqslant i \leqslant n. \tag{6.1.32}$$

由式 (6.1.26), 式 (6.1.28) 和式 (6.1.32) 得到定理的结论. □

现在考虑求解薄板问题时的 Zienkiewicz 元. 该元的收敛性依赖于对区域 $\Omega$ 的有限元剖分. 考虑下面三种情形:

网格 (1)　对每个 $h$, $\mathcal{T}_h$ 由三组平行线生成, 这一条件称为平行线条件 (图 6.1.1);

网格 (2)　对每个 $h$, $\mathcal{T}_h$ 由图 6.1.2 所表示的"米字"形组成;

网格 (3)　对每个 $h$, $\mathcal{T}_h$ 由图 6.1.3 所表示的"鱼骨"形组成.

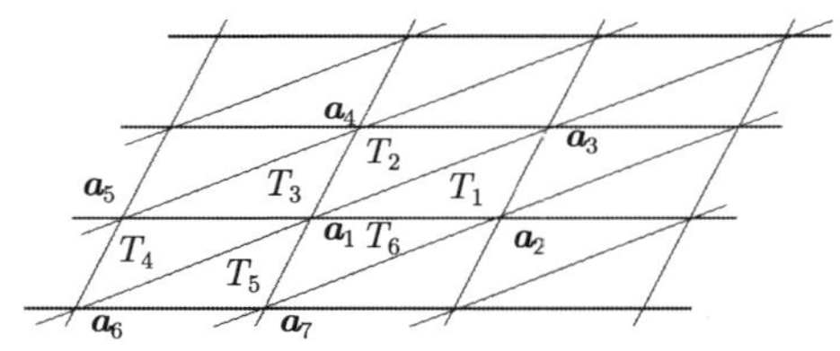


图 6.1.1　网格 (1)

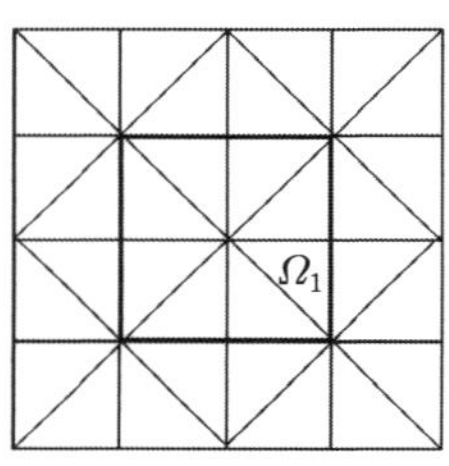


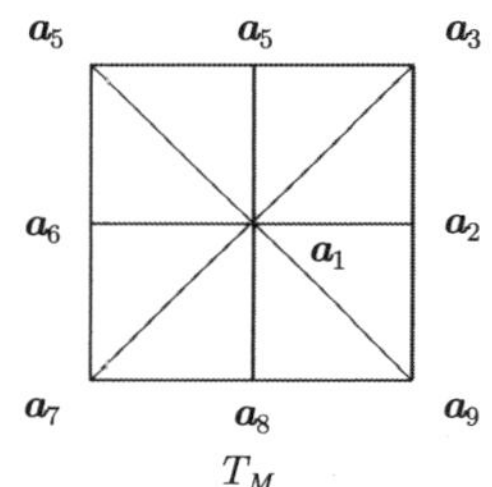


图 6.1.2　网格 (2)

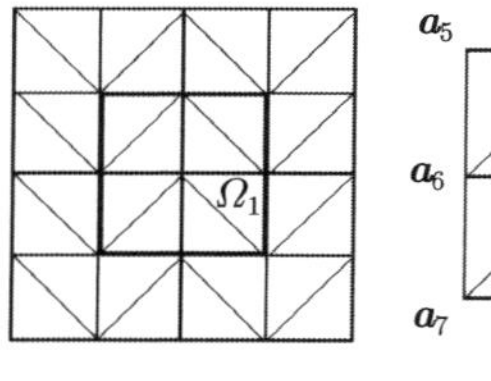


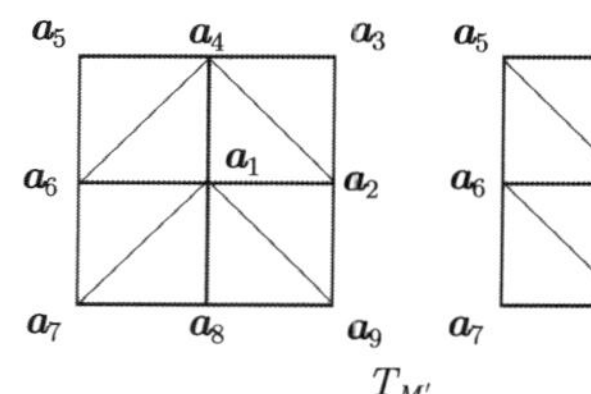


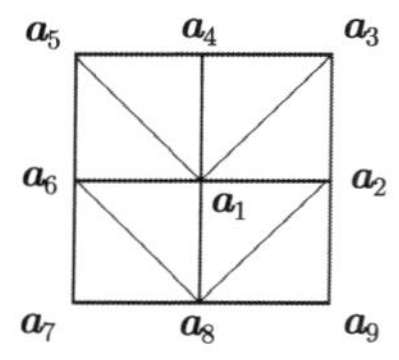


图 6.1.3　网格 (3)

对三角形 $T$, 逆时针记其顶点为 $\boldsymbol{a}_j=(x_{1j},x_{2j})^{\mathrm{T}}\ (1\leqslant j\leqslant 3)$, 记

$$\begin{aligned}&\xi_{23}=-c_1,\quad \xi_{31}=-c_2,\quad \xi_{12}=-c_3,\\&\eta_{23}=b_1,\qquad \eta_{31}=b_2,\qquad \eta_{12}=b_3,\end{aligned}$$

其中, $b_i,c_i$ 由式 (2.4.3) 定义.

**定理 6.1.5** 令 $V_h$ 和 $V_{h0}$ 是二维 Zienkiewicz 元对应的有限元空间, 则在平行线条件下 $\{V_h,H^2(\Omega)\}$ 和 $\{V_{h0},H_0^2(\Omega)\}$ 都通过广义分片检验.

**证明** 取 $w\in V_h$ 和 $\phi\in C_0^\infty(\Omega)$, 当 $w\in V_{h0}$ 时, 令 $\phi\in C_0^\infty(\mathbf{R}^2)$. 因为 $V_h\subset H^1(\Omega)$ 和 $V_{h0}\subset H_0^1(\Omega)$, 所以有

$$T_{0,i}(\phi,w)=0,\quad i=1,2. \tag{6.1.33}$$

记 $\partial_i=\dfrac{\partial}{\partial x_i}\ (i=1,2)$. 由于平行线条件, 所有三角形 $T\in\mathcal{T}_h$ 的边都分别平行于三个方向 $\boldsymbol{a}=\boldsymbol{a}_2-\boldsymbol{a}_1,\boldsymbol{b}=\boldsymbol{a}_3-\boldsymbol{a}_2,\boldsymbol{c}=\boldsymbol{a}_1-\boldsymbol{a}_3$. 于是

$$T_{e_2,1}(\phi,w)=\sum_{T\in\mathcal{T}_h}\sum_{F\subset\partial T}\int_F\phi\partial_2 w(\boldsymbol{\nu}_F)_1\,\mathrm{d}F=T^{\boldsymbol{a}}+T^{\boldsymbol{b}}+T^{\boldsymbol{c}}, \tag{6.1.34}$$

其中, $T^{\boldsymbol{a}}$ 是对所有 $T\in\mathcal{T}_h$ 的平行于 $\boldsymbol{a}$ 的边 $F$ 上的积分求和, $T^{\boldsymbol{b}}$ 和 $T^{\boldsymbol{c}}$ 可类似地定义.

现在, 考虑和 $T^{\boldsymbol{c}}$. 令 $T_1$ 是以 $\boldsymbol{a}_1,\boldsymbol{a}_2,\boldsymbol{a}_3$ 为顶点的三角形, $T_2$ 是以 $\boldsymbol{a}_1,\boldsymbol{a}_3,\boldsymbol{a}_4$ 为顶点的三角形, 并且 $T_1$ 和 $T_2$ 有公共边 $F_{13}=\overline{\boldsymbol{a}_3\boldsymbol{a}_1}$, 则在 $F_{13}$ 上的积分为

$$\begin{aligned}T_{F_{13}}^{\boldsymbol{c}}&=\int_{F_{13}}\phi\partial_2(w|_{T_1})\nu_1^{T_1}\,\mathrm{d}F_{13}+\int_{F_{13}}\phi\partial_2(w|_{T_2})\nu_1^{T_2}\,\mathrm{d}F_{13}\\&=\nu_1^{T_1}\int_{F_{13}}\phi(\partial_2(w|_{T_1})-\partial_2(w|_{T_2}))\,\mathrm{d}F_{13},\end{aligned} \tag{6.1.35}$$

其中, $\boldsymbol{\nu}^{T_i}$ 是 $F_{13}$ 相应于 $T_i$ 的单位外法向量. 由于 $\partial_2(w|_{T_1})-\partial_2(w|_{T_2})$ 是 $F_{13}$ 上的一个变量的二次多项式且在 $F_{13}$ 的端点为 0, 当 $1\leqslant s\leqslant|F_{13}|$ 时有

$$\partial_2(w|_{T_1})-\partial_2(w|_{T_2})=4\Big(1-\frac{s}{|F_{13}|}\Big)\frac{s}{|F_{13}|}(\partial_2(w|_{T_1})-\partial_2(w|_{T_2}))(\boldsymbol{a}_{13}),$$

其中, $\boldsymbol{a}_{13}=\dfrac{1}{2}(\boldsymbol{a}_1+\boldsymbol{a}_3)$, $s$ 是沿 $F_{13}$ 的坐标. 进而

$$T_{F_{13}}^{\boldsymbol{c}}=4\eta_{13}(\partial_2(w|_{T_1})-\partial_2(w|_{T_2}))(\boldsymbol{a}_{13})\int_0^1\phi_{13}(t)t(1-t)\,\mathrm{d}t, \tag{6.1.36}$$

其中,

$$\phi_{13}(t)=\phi(\boldsymbol{a}_3+t(\boldsymbol{a}_1-\boldsymbol{a}_3)).$$

由式 (2.4.20), $w$ 在每个单元 $T$ 具有形式

$$w = \sum_{i=1}^{3} \left(\lambda_i^2(3-2\lambda_i) + 2\lambda_1\lambda_2\lambda_3\right) w(\boldsymbol{a}_i) + \sum_{1\leqslant i\neq j\leqslant 3} \frac{1}{2}\lambda_i\lambda_j(1+\lambda_i-\lambda_j)\nabla w(\boldsymbol{a}_i)(\boldsymbol{a}_j-\boldsymbol{a}_i). \tag{6.1.37}$$

可以验证

$$\begin{aligned}\frac{\partial(w|_{T_1})}{\partial\lambda_1}(\boldsymbol{a}_{13}) =& \frac{3}{2}w(\boldsymbol{a}_1) - \frac{1}{2}c_2\partial_1 w(\boldsymbol{a}_1) + \frac{1}{4}c_2\partial_1 w(\boldsymbol{a}_3) \\ &+ \frac{1}{2}b_2\partial_2 w(\boldsymbol{a}_1) - \frac{1}{4}b_2\partial_2 w(\boldsymbol{a}_3),\end{aligned}$$

$$\begin{aligned}\frac{\partial(w|_{T_1})}{\partial\lambda_2}(\boldsymbol{a}_{13}) =& \frac{1}{2}(w(\boldsymbol{a}_1)+w(\boldsymbol{a}_2)+w(\boldsymbol{a}_3)) \\ &- \frac{1}{8}(c_2-3c_3)\partial_1 w(\boldsymbol{a}_1) - \frac{1}{8}(c_3-c_1)\partial_1 w(\boldsymbol{a}_2) \\ &- \frac{1}{8}(3c_1-c_2)\partial_1 w(\boldsymbol{a}_3) + \frac{1}{8}(b_2-3b_3)\partial_2 w(\boldsymbol{a}_1) \\ &+ \frac{1}{8}(b_3-b_1)\partial_2 w(\boldsymbol{a}_2) + \frac{1}{8}(3b_1-b_2)\partial_2 w(\boldsymbol{a}_3),\end{aligned}$$

$$\begin{aligned}\frac{\partial(w|_{T_1})}{\partial\lambda_3}(\boldsymbol{a}_{13}) =& \frac{3}{2}w(\boldsymbol{a}_3) - \frac{1}{4}c_2\partial_1 w(\boldsymbol{a}_1) + \frac{1}{2}c_2\partial_1 w(\boldsymbol{a}_3) \\ &+ \frac{1}{4}b_2\partial_2 w(\boldsymbol{a}_1) - \frac{1}{2}b_2\partial_2 w(\boldsymbol{a}_3),\end{aligned}$$

进一步得到

$$\begin{aligned}\partial_2(w|_{T_1})(\boldsymbol{a}_{13}) =& \frac{1}{2|T_1|}\left(c_1\frac{\partial(w|_{T_1})}{\partial\lambda_1} + c_2\frac{\partial(w|_{T_1})}{\partial\lambda_2} + c_3\frac{\partial(w|_{T_1})}{\partial\lambda_3}\right)(\boldsymbol{a}_{13}) \\ =& \frac{1}{4|T_1|}\Big\{(3c_1+c_2)w(\boldsymbol{a}_1) + c_2 w(\boldsymbol{a}_2) + (3c_3+c_2)w(\boldsymbol{a}_3) \\ &- \left[c_1+\frac{1}{4}(c_2-c_3)\right]c_2\partial_1 w(\boldsymbol{a}_1) - \frac{1}{4}(c_3-c_1)c_2\partial_1 w(\boldsymbol{a}_2) \\ &- \left[-c_3+\frac{1}{4}(c_1-c_2)\right]c_2\partial_1 w(\boldsymbol{a}_3) \\ &+ \left[b_2c_1+\frac{1}{4}(b_2-3b_3)c_2+\frac{1}{2}b_2c_3\right]\partial_2 w(\boldsymbol{a}_1) \\ &+ \frac{1}{4}(b_3-b_1)c_2\partial_2 w(\boldsymbol{a}_2) \\ &+ \left[-\frac{1}{2}b_2c_1+\frac{1}{4}(3b_1-b_2)c_2-b_2c_3\right]\partial_2 w(\boldsymbol{a}_3)\Big\}.\end{aligned}$$

利用平行线条件, 可以对三角形 $T_2$ 得到类似的结果,

$$\begin{aligned}\partial_2(w|_{T_2})(\boldsymbol{a}_{13}) =&\frac{1}{4|T_1|}\Big\{-(3c_3+c_2)w(\boldsymbol{a}_1)\\&-(3c_1+c_2)w(\boldsymbol{a}_3)-c_2w(\boldsymbol{a}_4)\\&-\Big[-c_3+\frac{1}{4}(c_1-c_2)\Big]c_2\partial_1 w(\boldsymbol{a}_1)\\&-\Big[c_1+\frac{1}{4}(c_2-c_3)\Big]c_2\partial_1 w(\boldsymbol{a}_3)\\&-\frac{1}{4}(c_3-c_1)c_2\partial_1 w(\boldsymbol{a}_4)+\frac{1}{4}(b_3-b_1)c_2\partial_2 w(\boldsymbol{a}_4)\\&+\Big[-\frac{1}{2}b_2c_1+\frac{1}{4}(3b_1-b_2)c_2-b_2c_3\Big]\partial_2 w(\boldsymbol{a}_1)\\&+\Big[b_2c_1+\frac{1}{4}(b_2-3b_3)c_2+\frac{1}{2}b_2c_3\Big]\partial_2 w(\boldsymbol{a}_3)\Big\}.\end{aligned}$$

所以

$$(\partial_2(w|_{T_1})-\partial_2(w|_{T_2}))(\boldsymbol{a}_{13})=\frac{\xi_{31}}{8|T_1|}\Big((w^{12}-w^{43})+(w^{14}-w^{23})\Big) \tag{6.1.38}$$

且

$$w^{ij}=w(\boldsymbol{a}_i)-w(\boldsymbol{a}_j)-\frac{\xi_{ij}}{2}\Big(\partial_1 w(\boldsymbol{a}_i)+\partial_1 w(\boldsymbol{a}_j)\Big)-\frac{\eta_{ij}}{2}\Big(\partial_2 w(\boldsymbol{a}_i)+\partial_2 w(\boldsymbol{a}_j)\Big). \tag{6.1.39}$$

将式 (6.1.38) 代入式 (6.1.36) 得到

$$T^{\boldsymbol{c}}_{F_{13}}=M_{31}\Big((w^{12}-w^{43})+(w^{14}-w^{23})\Big), \tag{6.1.40}$$

其中,

$$M_{ij}=-\frac{\xi_{ij}\eta_{ij}}{2|T_1|}\int_0^1\phi_{13}(t)t(1-t)\,\mathrm{d}t. \tag{6.1.41}$$

从式 (6.1.40) 可以看到在 $F_{13}$ 上的积分由两部分组成. 一部分与平行于 $\boldsymbol{a}$ 的 $F_{12}$ 和 $F_{43}$ 相关, 即 $w^{12}-w^{43}$; 另一部分与平行于 $\boldsymbol{b}$ 的 $F_{14}$ 和 $F_{23}$ 相关, 即 $w^{14}-w^{23}$. 两部分的共同乘子 $M_{31}$ 与四边形 $\boldsymbol{a}_1\boldsymbol{a}_2\boldsymbol{a}_3\boldsymbol{a}_4$ 的对角线 $F_{13}$ 上的积分相关.

当 $F_{13}\subset\partial\Omega$ 和 $T_1\in\mathcal{T}_h$ 时有

$$T^{\boldsymbol{c}}_{F_{13}}=M_{31}(w^{12}-w^{23}), \tag{6.1.42}$$

并且当 $\phi\in C_0^\infty(\Omega)$ 时, $M_{31}=0$.

这样, 将所有与 $\boldsymbol{c}$ 平行的边上的积分相加就得到了 $T^{\boldsymbol{c}}$, 它可以分解成下面的情况:

$$T^{\boldsymbol{c}}=\sum_{F//\boldsymbol{a}}G_1(F)+\sum_{F//\boldsymbol{b}}G_2(F), \tag{6.1.43}$$

其中, $G_1(F), G_2(F)$ 是分别与平行于 $\boldsymbol{a}$ 和 $\boldsymbol{b}$ 的边上的对应的项. 例如,

$$G_1(F_{12}) = (M_{13} - M_{27})w^{12},$$

$$G_1(F_{14}) = (M_{31} - M_{45})w^{14}.$$

另一方面, 由 Taylor 展开式有

$$w^{ij} = -\frac{1}{12}\Big(\xi_{ij}^3\frac{\partial^3 w}{\partial x_1^3} + 3\xi_{ij}^2\eta_{ij}\frac{\partial^3 w}{\partial x_1^2 \partial x_2} + 3\xi_{ij}\eta_{ij}^2\frac{\partial^3 w}{\partial x_1 \partial x_2^2} + \eta_{ij}^3\frac{\partial^3 w}{\partial x_2^3}\Big).$$

由于 $w$ 在以 $F_{ij} \subset T$ 为边的 $T$ 上是三次多项式, 所有三阶导数都是常数, 所以

$$|w^{ij}| \lesssim h_T^2 |w|_{3,T}.$$

利用逆不等式 (3.4.1) 得到

$$|w^{ij}| \lesssim h_T |w|_{2,T}. \tag{6.1.44}$$

进一步可以得到

$$\Big|\int_0^1 (\phi_{31} - \phi_{27}) t(1-t)\,\mathrm{d}t\Big| \lesssim |\phi|_{1,T_1\cup T_6}, \tag{6.1.45}$$

$$\Big|\int_0^1 (\phi_{31} - \phi_{45}) t(1-t)\,\mathrm{d}t\Big| \lesssim |\phi|_{1,T_2\cup T_3} \tag{6.1.46}$$

和

$$\frac{|\xi_{ij}\eta_{ij}|}{2|T_1|} \lesssim 1. \tag{6.1.47}$$

综合不等式 (6.1.44)~ 式 (6.1.47) 得到

$$|G_1(F_{12})| \lesssim h|\phi|_{1,T_1\cup T_6}|w|_{2,T_1},$$

$$|G_2(F_{14})| \lesssim h|\phi|_{1,T_2\cup T_3}|w|_{2,T_2},$$

所以

$$|T^{\boldsymbol{c}}| \lesssim h|\phi|_{1,\varOmega}|w|_{2,h}. \tag{6.1.48}$$

可以用同样的方法处理其他两项 $T^{\boldsymbol{a}}$ 和 $T^{\boldsymbol{b}}$, 这样就有

$$|T_{\boldsymbol{e}_i,j}(\phi, w)| \lesssim h|\phi|_{1,\varOmega}|w|_{2,h}, \quad i,j = 1,2 \tag{6.1.49}$$

对 $i = 2$ 和 $j = 1$ 成立.

类似地, 可以证明式 (6.1.49) 对其他的 $i$ 和 $j$ 成立. 定理的结论由式 (6.1.33) 和式 (6.1.49) 得到. □

**定理 6.1.6** 令 $V_h$ 和 $V_{h0}$ 是二维 Zienkiewicz 元对应的有限元空间, 则在网格 (2) 的情形下, $\{V_h, H^2(\Omega)\}$ 和 $\{V_{h0}, H_0^2(\Omega)\}$ 都不通过广义分片检验.

**证明** 给定一个单位正方形 $\Omega=(0,1)\times(0,1)$, 考虑 $\Omega$ 的剖分是由等边直角三角形 $T$ 构成的网格片 (2) (图 6.1.2). 网格尺寸在 $x_1$ 和 $x_2$ 方向都是

$$h_k=\frac{1}{2^k},\quad k=2,3,\cdots.$$

在 $\Omega$ 中选定一个固定的子域

$$\Omega_1=\left[\frac{1}{4},\frac{3}{4}\right]\times\left[\frac{1}{4},\frac{3}{4}\right].$$

在 $\Omega_1$ 中共有 $M_1=2^{2k-4}$ $(k\geqslant 2)$ 个边长为 $2h_k$ 的正方形, 每个这样的正方形都具有图 6.1.2 所示的以 $\boldsymbol{a}_1$ 为中心点的网格片 $T_M$. 记在 $T_M$ 的外边上的 8 个网格点为 $\boldsymbol{a}_i(2\leqslant i\leqslant 9)$.

现在定义一个函数序列 $w_h\in V_h$ 如下：在 $T_M$ 的节点 $\boldsymbol{a}$ 上, 令

$$\begin{aligned}&w_h(\boldsymbol{a}_1)=1,\quad \frac{\partial w_h}{\partial x_1}(\boldsymbol{a}_1)=\frac{\partial w_h}{\partial x_2}(\boldsymbol{a}_1)=0,\\&w_h(\boldsymbol{a}_i)=\frac{\partial w_h}{\partial x_1}(\boldsymbol{a}_i)=\frac{\partial w_h}{\partial x_2}(\boldsymbol{a}_i)=0,\quad 2\leqslant i\leqslant 9,\end{aligned}\tag{6.1.50}$$

而对节点 $\boldsymbol{a}\in\Omega\backslash\Omega_1$, 令 $w_h(\boldsymbol{a})=\dfrac{\partial w_h}{\partial x_1}(\boldsymbol{a})=\dfrac{\partial w_h}{\partial x_2}(\boldsymbol{a})=0$.

再定义一个函数 $\phi\in C_0^\infty(\Omega)$ 如下：

$$\phi(\boldsymbol{x})=\begin{cases}1, & \boldsymbol{x}\in\Omega_1,\\ 0, & \boldsymbol{x}\in\mathbf{R}^2\backslash\Omega.\end{cases}\tag{6.1.51}$$

对这样定义的 $w_h$ 和 $\phi$ 有

$$\sum_{T\in T_M}\int_{\partial T}\phi\frac{\partial w_h}{\partial x_1}\nu_1\,\mathrm{d}s=-\frac{4}{3},$$

$$\|w_h\|_{0,T_M}^2=c_0^2h_k^2,\quad c_0^2=\frac{242}{315}.$$

利用逆不等式得到

$$|w_h|_{1,T_M}\leqslant\frac{C}{h_k}\|w_h\|_{0,T_M}=C,$$

$$\sum_{T\in T_M}|w_h|_{2,T}^2\leqslant\frac{C}{h_k^2}|w_h|_{1,T_M}^2=\frac{C}{h_k^2},$$

因此

$$\sum_{T\in T_M}\|w_h\|_{2,T_M}^2\leqslant Ch_k^{-2}(1+O(h_k))^2,$$

从而有

$$T_{e_1,1}(\phi,w_h)=\sum_{T\in T_h}\int_{\partial T}\phi\frac{\partial w_h}{\partial x_1}\nu_1\,\mathrm{d}s=-\frac{4}{3}M_1=-\frac{1}{12h_k^2},$$

$$\|w_h\|_{2,h}\lesssim h_k^{-2}(1+O(h_k))$$

和

$$\frac{1}{\|w_h\|_{2,h}}|T_{e_1,1}(\phi,w_h)|\gtrsim 1+O(h_k)>0. \tag{6.1.52}$$

不等式 (6.1.52) 表明对于序列

$$v_h=\frac{w_h}{\|w_h\|_{2,h}}\in V_{h0}$$

和前面定义的 $\phi$, 当 $h\to 0$ 时, $T_{e_1,1}(\phi,v_h)$ 不趋向于 0. Zienkiewicz 元在网格 (2) 的情形下不通过广义分片检验. □

**定理 6.1.7** 令 $V_h$ 和 $V_{h0}$ 是二维 Zienkiewicz 元对应的有限元空间, 则在网格 (3) 的情形下, $\{V_h,H^2(\Omega)\}$ 和 $\{V_{h0},H_0^2(\Omega)\}$ 都不通过广义分片检验.

**证明** 仍取定理 6.1.6 证明中定义的 $\Omega$ 和 $\Omega_1$. 对于 $\Omega$ 的剖分和 $\Omega_1$ 中的正方形 $T_{M'}$ 可以参见图 6.1.3. 在 $\Omega_1$ 中有 $M_1=2^{2k-4}\ (k\geqslant 2)$ 个正方形 $T_{M'}$, 记 $T_{M'}$ 中心点为 $\boldsymbol{a}_1$, 在 $T_{M'}$ 边界上的网格点为 $\boldsymbol{a}_i(2\leqslant i\leqslant 9)$.

定义 $\bar{w}_h\in V_{h0}$ 如下:

$$\begin{aligned}&\bar{w}_h(\boldsymbol{a}_1)=\frac{\partial\bar{w}_h}{\partial x_1}(\boldsymbol{a}_1)=0,\quad \frac{\partial\bar{w}_h}{\partial x_2}(\boldsymbol{a}_1)=1,\\&\bar{w}_h(\boldsymbol{a}_i)=\frac{\partial\bar{w}_h}{\partial x_1}(\boldsymbol{a}_i)=\frac{\partial\bar{w}_h}{\partial x_2}(\boldsymbol{a}_i)=0,\quad 2\leqslant i\leqslant 9,\end{aligned} \tag{6.1.53}$$

对节点 $\boldsymbol{a}\in\Omega\backslash\Omega_1$ 令

$$\bar{w}_h(\boldsymbol{a})=\frac{\partial\bar{w}_h}{\partial x_1}(\boldsymbol{a})=\frac{\partial\bar{w}_h}{\partial x_2}(\boldsymbol{a})=0,$$

函数 $\phi$ 由式 (6.1.51) 定义.

经过若干运算可以得到

$$\sum_{T\in T_{M'}}\int_{\partial T}\phi\frac{\partial\bar{w}_h}{\partial x_1}\nu_1\,\mathrm{d}s=-\frac{2}{3}h_k,$$

$$\|\bar{w}_h\|_{0,T_{M'}}^2=c_0^2h_k^4,\quad c_0^2=\frac{9}{560}.$$

用逆不等式得

$$\sum_{T\in\mathcal{T}_{M'}}|\bar{w}_h|_{2,T}^2\leqslant C(1+O(h_k))^2,$$

所以

$$T_{\boldsymbol{e}_1,1}(\phi,\bar{w}_h)=\sum_{T\in\mathcal{T}_h}\int_{\partial T}\phi\frac{\partial\bar{w}_h}{\partial x_1}\nu_1\,\mathrm{d}s=-\frac{2}{3}h_kM_1=-\frac{1}{24h_k},$$

$$\|\bar{w}_h\|_{2,h}\lesssim h_k^{-1}(1+O(h_k)),$$

$$\frac{1}{\|\bar{w}_h\|_{2,h}}|T_{\boldsymbol{e}_1,1}(\phi,\bar{w}_h)|\gtrsim 1+O(h_k)>0. \tag{6.1.54}$$

进而, Zienkiewicz 元在网格 (3) 的情形下不通过广义分片检验. □

值得指出的是由式 (6.1.50) 定义的序列 $w_h$ 在网格 (3) 的情形时满足

$$T_{\boldsymbol{e}_i,j}(\phi,w_h)=0,\quad 1\leqslant i,j\leqslant 2,$$

所以不能用于此情形的证明.

从定理 6.1.2, 定理 6.1.5～ 定理 6.1.7 知道, Zienkiewicz 元对于薄板弯曲问题在平行线条件下是收敛的, 在网格 (2) 和网格 (3) 的情形下是发散的.

## 6.2 分片检验

本节将讨论由力学家 Irons 提出的分片检验 (参见文献 [42] 或 [43]). 为简单起见, 对于 $\mathbf{R}^n$ 中有界域 $B$ 定义 $a_B(\cdot,\cdot)$ 如下:

$$a_B(v,w)=\int_B\Big(\sum_{|\boldsymbol{\alpha}|=m}a_{\boldsymbol{\alpha}}\partial^{\boldsymbol{\alpha}}v\,\partial^{\boldsymbol{\alpha}}w+a_0vw\Big)\,\mathrm{d}\boldsymbol{x},\quad\forall v,w\in H^m(B), \tag{6.2.1}$$

其中, $a_{\boldsymbol{\alpha}}$ 是与 $B$ 无关的正常数, $a_0$ 是非负常数. 对于 $v,w\in H^m(\mathcal{T}_h)$, 记

$$a_h(v,w)=\sum_{T\in\mathcal{T}_h}a_T(v,w). \tag{6.2.2}$$

### 6.2.1 分片检验

设 $\Omega_P\subset\Omega$ 是一个连通的区域, 并且有 $\mathcal{T}_P\subset\mathcal{T}_h$, 使得 $\bar{\Omega}_P$ 是 $\mathcal{T}_P$ 中所有单元的并集. 记 $V_P$ 和 $V_{P0}$ 是对应于有限元 $(T,P_T,\boldsymbol{D}_T)$ 和剖分 $\mathcal{T}_P$ 的有限元空间.

令 $f \in L^2(\Omega_P)$, $g \in C^k(\bar{\Omega}_P)$, 其中, $k$ 足够大. 考虑下面的变分问题：求 $u \in H^m(\Omega_P)$ 满足

$$\begin{cases} \dfrac{\partial^i u}{\partial \boldsymbol{\nu}^i}\Big|_{\partial\Omega_P} = \dfrac{\partial^i g}{\partial \boldsymbol{\nu}^i}\Big|_{\partial\Omega_P}, & 0 \leqslant i < m, \\ a_{\Omega_P}(u,v) = \displaystyle\int_{\Omega_P} fv\,\mathrm{d}\boldsymbol{x}, & \forall v \in H_0^m(\Omega_P). \end{cases} \tag{6.2.3}$$

记 $\Pi_P$ 是对应于有限元 $(T, P_T, \boldsymbol{D}_T)$ 和剖分 $\mathcal{T}_P$ 的插值算子. 问题 (6.2.3) 相应的有限元问题为求 $u_P \in V_P$ 满足

$$\begin{cases} u_P - \Pi_P g \in V_{P0}, \\ \displaystyle\sum_{T\in\mathcal{T}_P} a_T(u_P, v) = \int_{\Omega_P} fv\,\mathrm{d}\boldsymbol{x}, \quad \forall v \in V_{P0}. \end{cases} \tag{6.2.4}$$

本节总假设问题 (6.2.4) 对任意 $f \in L^2(\Omega_P)$ 和 $g \in C^k(\bar{\Omega}_P)$ 都有唯一解.

称有限元 $(T, P_T, \boldsymbol{D}_T)$ 在 $\mathcal{T}_P$ 上通过分片检验, 如果当问题 (6.2.3) 的解 $u$ 是次数不超过 $m$ 的多项式时问题 (6.2.4) 的解 $u_P$ 恰好等于 $u$. □

**引理 6.2.1**　如果 $(T, P_T, \boldsymbol{D}_T)$ 在 $\mathcal{T}_P$ 上通过分片检验, 则有

$$\sum_{|\boldsymbol{\alpha}|=m}\sum_{T\in\mathcal{T}_P}\int_T a_{\boldsymbol{\alpha}}\partial^{\boldsymbol{\alpha}}p\,\partial^{\boldsymbol{\alpha}}v\,\mathrm{d}\boldsymbol{x} = 0, \quad \forall v \in V_{P0},\ \forall p \in P_m(\Omega_P). \tag{6.2.5}$$

反过来, 如果等式 (6.2.5) 成立且 $P_m(\Omega_P) \subset V_P$ 则 $(T, P_T, \boldsymbol{D}_T)$ 在 $\mathcal{T}_P$ 上通过分片检验.

**证明**　对任意 $p \in P_m(\Omega_P)$ 有

$$(-1)^m \sum_{|\boldsymbol{\alpha}|=m} \partial^{\boldsymbol{\alpha}}(a_{\boldsymbol{\alpha}}\partial^{\boldsymbol{\alpha}}p) + a_0 p = a_0 p.$$

在问题 (6.2.3) 中取 $f = a_0 p$ 和 $g = p$. 显然 $u = p$ 是问题 (6.2.3) 的解. 如果 $(T, P_T, \boldsymbol{D}_T)$ 在 $\mathcal{T}_P$ 上通过分片检验, 则 $u = u_h = p$, 即可推出式 (6.2.5) 成立.

反过来, 如果式 (6.2.5) 成立且 $P_m(\Omega_P) \subset V_P$, 则对任意 $p \in P_m(\Omega_P)$ 有 $p \in V_P$. 取 $f = a_0 p$ 和 $g = p$ 时, $p$ 是问题 (6.2.3) 和问题 (6.2.4) 的解. 由解的唯一性得到 $u = u_h = p$, 即 $(T, P_T, \boldsymbol{D}_T)$ 在 $\mathcal{T}_P$ 上通过分片检验. □

**引理 6.2.2**　设 $P_m(\Omega_P) \subset V_P$, 则 $(T, P_T, \boldsymbol{D}_T)$ 在 $\mathcal{T}_P$ 上通过分片检验等价于

$$\sum_{T\in\mathcal{T}_P}\int_T \partial^{\boldsymbol{\alpha}} v\,\mathrm{d}\boldsymbol{x} = 0, \quad \forall v \in V_{P0},\ |\boldsymbol{\alpha}| = m. \tag{6.2.6}$$

**证明** 由引理 6.2.1 可知在 $P_m(\Omega_P) \subset V_P$ 的条件下, $(T, P_T, \boldsymbol{D}_T)$ 在 $\mathcal{T}_P$ 上通过分片检验等价于式 (6.2.5) 成立, 所以只需证明式 (6.2.5) 和式 (6.2.6) 等价.

当式 (6.2.5) 成立时, 对于 $|\boldsymbol{\alpha}| = m$, 在式 (6.2.5) 中取 $p = \boldsymbol{x}^{\boldsymbol{\alpha}}$ 就得到了式 (6.2.6). 式 (6.2.6) 成立时式 (6.2.5) 显然成立. □

当形函数空间不包含 $P_m(T)$ 时就谈不上通过分片检验, 但是其等价形式 (6.2.6) 可以适用.

对于工程师来说, 分片检验是一个容易处理的条件, 它是局部的检验, 可以通过数值计算进行验证, 所以在工程力学界非常流行 (参见文献 [43], [44]). 在逼近性成立的前提下, 分片检验是否是非协调元收敛的充分条件? 分片检验是否是非协调收敛的必要条件? 对于这两个问题, 力学家认为答案是肯定的. 下面从数学上回答这两个问题.

### 6.2.2 弱分片检验

为了分析分片检验的充分性质, 要在分片检验和广义分片检验之间架一座桥梁 —— 弱分片检验. 对 $v_h \in H^m(\mathcal{T}_h)$, 定义

$$T_{h,\boldsymbol{\alpha}}^w(v_h) = \sum_{T \in \mathcal{T}_h} \int_T \partial^{\boldsymbol{\alpha}} v_h \, \mathrm{d}\boldsymbol{x}, \quad 0 < |\boldsymbol{\alpha}| \leqslant m. \tag{6.2.7}$$

称 $\{V_{h0}\}$ 通过弱分片检验, 如果

$$\lim_{h \to 0} \sup_{\substack{w_h \in V_{h0} \\ \|w_h\|_{m,h} \leqslant 1}} |T_{h,\boldsymbol{\alpha}}^w(w_h)| = 0, \quad 0 < |\boldsymbol{\alpha}| \leqslant m. \tag{6.2.8}$$

首先, 讨论分片检验与弱分片检验之间的关系. 由引理 6.2.2 直接得到下面的引理:

**引理 6.2.3** 假设 $m = 1$ 且 $P_1(\Omega) \subset V_{h0}$. 如果对所有 $h$, $(T, P_T, \boldsymbol{D}_T)$ 在 $\mathcal{T}_h$ 上通过分片检验, 则 $\{V_{h0}\}$ 通过弱分片检验.

对于 $m > 1$ 的情形, 在弱连续条件下可以由分片检验推出弱分片检验.

**引理 6.2.4** 设 $m > 1$ 且 $P_m(\Omega) \subset V_{h0}$. 假设

(1) $\mathcal{T}_h$ 由 $n$ 单纯形构成或由各边分别平行于坐标轴的 $n$ 矩形构成;

(2) 存在整数 $r$, 使得 $V_h \subset P_r(\mathcal{T}_h)$;

(3) $V_h$ 具有 $m$ 阶弱连续性, $V_{h0}$ 在 $\partial\Omega$ 上具有 $m$ 阶弱零性,

如果对所有 $h$, $(T, P_T, \boldsymbol{D}_T)$ 在 $\mathcal{T}_h$ 上通过分片检验, 则 $\{V_{h0}\}$ 通过弱分片检验.

**证明** 取 $v_h \in V_{h0}$, $1 \leqslant i \leqslant n$ 和 $|\boldsymbol{\alpha}| < m - 1$. 记 $k = m - |\boldsymbol{\alpha}|$, $\Pi_{h0}^{p,k}$ 为式 (5.2.4) 定义的算子, 则

$$T^w_{h,\boldsymbol{\alpha}+\boldsymbol{e}_i}(v_h) = \sum_{T\in\mathcal{T}_h}\int_T \frac{\partial}{\partial x_i}(\partial^{\boldsymbol{\alpha}} v_h - \Pi^{p,k}_{h0}\partial^{\boldsymbol{\alpha}} v_h)\,\mathrm{d}\boldsymbol{x} + \int_\Omega \frac{\partial}{\partial x_i}\Pi^{p,k}_{h0}\partial^{\boldsymbol{\alpha}} v_h\,\mathrm{d}\boldsymbol{x}$$

$$= \sum_{T\in\mathcal{T}_h}\int_T \frac{\partial}{\partial x_i}(\partial^{\boldsymbol{\alpha}} v_h - \Pi^{p,k}_{h0}\partial^{\boldsymbol{\alpha}} v_h)\,\mathrm{d}\boldsymbol{x}.$$

利用 Schwarz 不等式得

$$|T^w_{h,\boldsymbol{\alpha}+\boldsymbol{e}_i}(v_h)| \leqslant \sum_{T\in\mathcal{T}_h}|T|^{1/2}|\partial^{\boldsymbol{\alpha}} v_h - \Pi^{p,k}_{h0}\partial^{\boldsymbol{\alpha}} v_h|_{1,T}$$

$$\leqslant \left(\sum_{T\in\mathcal{T}_h}|T|\right)^{1/2}\left(\sum_{T\in\mathcal{T}_h}|\partial^{\boldsymbol{\alpha}} v_h - \Pi^{p,k}_{h0}\partial^{\boldsymbol{\alpha}} v_h|^2_{1,T}\right)^{1/2}$$

$$\lesssim |\partial^{\boldsymbol{\alpha}} v_h - \Pi^{p,k}_{h0}\partial^{\boldsymbol{\alpha}} v_h|_{1,h};$$

最终由引理 5.2.3 得到

$$|T^w_{h,\boldsymbol{\alpha}+\boldsymbol{e}_i}(v_h)| \lesssim h|v_h|_{m,h}, \quad \forall v_h \in V_{h0},\ 1\leqslant i\leqslant n,\ |\boldsymbol{\alpha}| < m-1. \tag{6.2.9}$$

综合引理 6.2.2 和式 (6.2.9), 得到引理的结论. □

现在考虑弱分片检验与广义分片检验的关系. 首先有下面的引理:

**引理 6.2.5**　如果 $\{V_{h0}, H^m_0(\Omega)\}$ 通过广义分片检验, 则 $\{V_{h0}\}$ 通过弱分片检验.

**证明**　因为 $\Omega$ 是有界的, 所以存在函数 $\psi\in C^\infty_0(\mathbf{R}^n)$ 满足在 $\Omega$ 上, $\psi(x)\equiv 1$. 给定函数 $v_h\in V_{h0}$, 显然有

$$T^w_{h,\boldsymbol{e}_i+\boldsymbol{\alpha}}(v_h) = T_{\boldsymbol{\alpha},i}(1, v_h) = T_{\boldsymbol{\alpha},i}(\psi, v_h), \quad 1\leqslant i\leqslant n,\ |\boldsymbol{\alpha}| < m, \tag{6.2.10}$$

于是由广义分片检验和弱分片检验的定义得到引理的结论. □

上面的讨论说明弱分片检验确实是一个弱的分片检验, 一方面它弱于分片检验, 另一方面它又弱于广义分片检验. 下面要考虑在什么条件下, 弱分片检验可以导致广义分片检验. 为此引进超逼近性的概念.

称 $\{V_{h0}\}$ 具有超逼近性, 如果存在一个整数 $r\geqslant 0$, 使得

$$\inf_{w_h\in V_{h0}}\|\varphi v_h - w_h\|_{m,h} \lesssim h\|v_h\|_{m,h}\|\varphi\|_{r,\Omega} \tag{6.2.11}$$

对任意 $(v_h,\varphi)\in V_{h0}\times H^r(\Omega)$ 和任意 $(v_h,\varphi)\in V_h\times H^r_0(\Omega)$ 都成立. 称 $\{V_{h0}\}$ 具有弱超逼近性, 如果

$$\lim_{h\to 0}\sup_{\substack{v_h\in V_{h0}\\ \|v_h\|_{m,h}\leqslant 1}}\inf_{w_h\in V_{h0}}\|\varphi v_h - w_h\|_{m,h} = 0, \quad \forall\varphi\in C^\infty_0(\mathbf{R}^n) \tag{6.2.12}$$

和

$$\lim_{h\to 0}\sup_{\substack{v_h\in V_h\\ \|v_h\|_{m,h}\leqslant 1}}\inf_{w_h\in V_{h0}}\|\varphi v_h-w_h\|_{m,h}=0,\quad \forall\varphi\in C_0^\infty(\Omega) \tag{6.2.13}$$

都成立. 显然, 超逼近性成立意味着弱超逼近性成立.

**定理 6.2.1** 设 $\{V_{h0}\}$ 具有弱超逼近性, 则 $\{V_{h0},H_0^m(\Omega)\}$ 通过广义分片检验等价于 $\{V_{h0}\}$ 通过弱分片检验.

**证明** 由引理 6.2.5, 只需要证明弱分片检验意味着广义分片检验. 要证明

$$\lim_{h\to 0}\sup_{\substack{v_h\in V_{h0}\\ \|v_h\|_{m,h}\leqslant 1}}|T_{\boldsymbol{\alpha},i}(\varphi,v_h)|=0,\quad |\boldsymbol{\alpha}|<m,\ 1\leqslant i\leqslant n,\ \forall\varphi\in C_0^\infty(\mathbf{R}^n), \tag{6.2.14}$$

首先证明

$$\lim_{h\to 0}\sup_{\substack{w_h\in V_{h0}\\ \|w_h\|_{m,h}\leqslant 1}}|T_{h,\boldsymbol{\alpha}}^w(w_h\phi)|=0,\quad 0<|\boldsymbol{\alpha}|\leqslant m,\ \forall\phi\in C_0^\infty(\mathbf{R}^n). \tag{6.2.15}$$

令 $0<|\boldsymbol{\alpha}|\leqslant m$ 且 $\phi\in C_0^\infty(\mathbf{R}^n)$, 并令 $v_h\in V_{h0}$ 满足 $\|v_h\|_{m,h}\leqslant 1$ 和

$$|T_{h,\boldsymbol{\alpha}}^w(v_h\phi)|=\sup_{\substack{w_h\in V_{h0}\\ \|w_h\|_{m,h}\leqslant 1}}|T_{h,\boldsymbol{\alpha}}^w(w_h\phi)|.$$

现在取 $\phi_h\in V_{h0}$ 是满足

$$\|\phi v_h-\phi_h\|_{m,h}=\inf_{w_h\in V_{h0}}\|\phi v_h-w_h\|_{m,h}$$

的函数. 由弱超逼近性得

$$\lim_{h\to 0}\|\phi v_h-\phi_h\|_{m,h}=0. \tag{6.2.16}$$

显然有

$$T_{h,\boldsymbol{\alpha}}^w(v_h\phi)=T_{h,\boldsymbol{\alpha}}^w(v_h\phi-\phi_h)+T_{h,\boldsymbol{\alpha}}^w(\phi_h). \tag{6.2.17}$$

因为 $\|v_h\|_{m,h}\leqslant 1$, $\|\phi_h\|_{m,h}$ 有界, 弱分片检验导致

$$\lim_{h\to 0}T_{h,\boldsymbol{\alpha}}^w(\phi_h)=0, \tag{6.2.18}$$

进而从式 (6.2.16)~ 式 (6.2.18) 得到式 (6.2.15).

给定两个多重指标 $\boldsymbol{\beta}$ 和 $\boldsymbol{\gamma}$, 如果 $\gamma_j\leqslant\beta_j(1\leqslant j\leqslant n)$, 则记 $\boldsymbol{\gamma}\leqslant\boldsymbol{\beta}$; 如果 $\boldsymbol{\gamma}\leqslant\boldsymbol{\beta}$ 且存在 $j\in\{1,\cdots,n\}$, 使得 $\gamma_j<\beta_j$, 则记 $\boldsymbol{\gamma}<\boldsymbol{\beta}$. 对于多重指标 $\boldsymbol{\alpha}$, 可以证明

$$\partial^{\boldsymbol{\alpha}}(vw)=\sum_{\boldsymbol{\beta}\leqslant\boldsymbol{\alpha}}b_{\boldsymbol{\alpha}\boldsymbol{\beta}}\partial^{\boldsymbol{\beta}}v\partial^{\boldsymbol{\alpha}-\boldsymbol{\beta}}w,\quad \forall v,w\in H^{|\boldsymbol{\alpha}|}(T),\tag{6.2.19}$$

其中, $b_{\boldsymbol{\alpha}\boldsymbol{\beta}}$ 是固定的非负整数. 明显地, $b_{\boldsymbol{\alpha}\boldsymbol{\alpha}}=b_{\boldsymbol{\alpha}0}=1$.

现在用归纳法证明式 (6.2.14). 由式 (6.2.7) 和式 (6.1.1) 得

$$T_{0,i}(\varphi,v_h)=T^w_{h,\boldsymbol{e}_i}(v_h\varphi),\quad 1\leqslant i\leqslant n,\ \varphi\in C_0^\infty(\mathbf{R}^n),$$

所以式 (6.2.14) 对 $\boldsymbol{\alpha}=0$ 成立. 假设当 $0\leqslant j<m-1$ 且 $|\boldsymbol{\alpha}|\leqslant j$ 时, 式 (6.2.14) 成立, 证明当 $|\boldsymbol{\alpha}|=j+1$ 时, 式 (6.2.14) 也成立. 取 $\varphi\in C_0^\infty(\mathbf{R}^n)$ 和 $1\leqslant i\leqslant n$. 显然有

$$T_{\boldsymbol{\alpha},i}(\varphi,v_h)=\sum_{T\in\mathcal{T}_h}\int_T\frac{\partial}{\partial x_i}(\varphi\partial^{\boldsymbol{\alpha}}v_h)\,\mathrm{d}\boldsymbol{x},\tag{6.2.20}$$

利用式 (6.2.19) 得

$$T_{\boldsymbol{\alpha},i}(\varphi,v_h)=T^w_{h,\boldsymbol{\alpha}+\boldsymbol{e}_i}(v_h\varphi)-\sum_{0<\boldsymbol{\beta}\leqslant\boldsymbol{\alpha}}b_{\boldsymbol{\alpha}\boldsymbol{\beta}}T_{i,\boldsymbol{\alpha}-\boldsymbol{\beta}}(\partial^{\boldsymbol{\beta}}\varphi,v_h).\tag{6.2.21}$$

由式 (6.2.15) 和归纳假设, 式 (6.2.14) 对于 $|\boldsymbol{\alpha}|=j+1$ 也成立.

到此已证明了 $\{V_{h0},H_0^m(\Omega)\}$ 通过广义分片检验. □

用类似于定理 6.2.1 的证明方法可以得到下面的定理:

**定理 6.2.2** 设$\{V_{h0}\}$具有弱超逼近性. 若$\{V_{h0}\}$通过弱分片检验, 则$\{V_h,H^m(\Omega)\}$通过广义分片检验.

### 6.2.3 分片检验的充分性

综合引理 6.2.3, 引理 6.2.4, 定理 6.2.1 和定理 6.2.2, 有下面关于分片检验的充分性的结论:

**定理 6.2.3** 设 $m=1$, $P_1(\Omega)\subset V_{h0}$ 且 $\{V_{h0}\}$ 具有弱超逼近性. 如果对所有 $h$, $(T,P_T,\boldsymbol{D}_T)$ 在 $\mathcal{T}_h$ 上通过分片检验, 则 $\{V_{h0},H_0^1(\Omega)\}$ 和 $\{V_h,H^1(\Omega)\}$ 都通过广义分片检验.

**定理 6.2.4** 设 $m\geqslant1$, $P_m(\Omega)\subset V_{h0}$ 且

(1) $\mathcal{T}_h$ 由 $n$ 单纯形构成或由各边分别平行于坐标轴的 $n$ 矩形构成;

(2) 存在整数 $k$, 使得 $V_h\subset P_k(\mathcal{T}_h)$;

(3) $V_h$ 具有 $m$ 阶弱连续性, $V_{h0}$ 在 $\partial\Omega$ 上具有 $m$ 阶弱零性;

(4) $\{V_{h0}\}$ 具有弱超逼近性,

如果对所有的 $h$, 有限元 $(T,P_T,\boldsymbol{D}_T)$ 在 $\mathcal{T}_h$ 上通过分片检验, 则 $\{V_{h0},H_0^m(\Omega)\}$ 和 $\{V_h,H^m(\Omega)\}$ 都通过广义分片检验.

在关于分片检验的充分性的讨论中, 弱超逼近性起了关键的作用. 对于众多具有逼近性的有限元来说, 超逼近性是其本身具有的性质. 超逼近性的讨论放在 6.5 节. 由 6.5 节的结果可知 2.4 ~2.7 节介绍的所有有限元都具有超逼近性. 2.8 节中介绍的 MWX 元也具有超逼近性.

由定理 6.2.3 和定理 6.2.4 可知在一定条件下分片检验导致广义分片检验. 另一方面, 当所考虑的非协调元是常规有限元簇时, 通过分片检验还可以推出逼近性为真. 事实上, 假设 $(T, P_T, \boldsymbol{D}_T)$ 在 $\mathcal{T}_h$ 上通过分片检验, 令 $\Omega_P = \Omega$. 对于任意 $p \in P_m(\Omega)$, 取相应的 $f$ 和 $g$ 就可以使 $p$ 是问题 (6.2.3) 的解. 通过分片检验意味着 $p \in V_h$, 进而得到 $p|_T \in P_T(\forall T \in \mathcal{T}_h)$. 再由 $p$ 的任意性就得到 $P_m(T) \subset P_T$ $(\forall T \in \mathcal{T}_h)$. 由定理 3.5.3 和定理 3.5.4 就得到了逼近性.

### 6.2.4 分片检验的必要性

现在考虑分片检验的必要性. 下节中的例子说明有不通过分片检验却收敛的单元. 另一方面, 定理 6.1.6 和定理 6.1.7 说明 Zienkiewicz 元在网格 (2) 和网格 (3) 的情形时是不收敛的, 而在这两种网格上 Zienkiewicz 元不通过分片检验. 下面考虑当一个有限元在某网格上不通过分片检验时会发生什么事.

对于正数 $\vartheta$ 和网格尺寸 $h$, 令 $\mathcal{T}_h(\mathcal{T}_P, \vartheta)$ 是由所有具有下面性质的片 $T_M$ 够成的集合:

(1) $T_M \subset \mathcal{T}_h$;

(2) 存在映射 $\boldsymbol{\Psi}_{T_M} : \boldsymbol{x} \in \mathbf{R}^n \to \theta_{T_M}\boldsymbol{x} + \boldsymbol{b}_{T_M} \in \mathbf{R}^n$, 使得 $T_M = \{T \,|\, T = \boldsymbol{\Psi}_{T_M} T', \forall T' \in \mathcal{T}_P\}$, 其中, $\theta_{T_M}$ 是一正数, $\boldsymbol{b}_{T_M} \in \mathbf{R}^n$;

(3) $\vartheta h \leqslant \theta_{T_M} \leqslant h$.

称 $\mathcal{T}_h(\mathcal{T}_P, \vartheta)$ 的一个子集是非重叠的, 如果该集中任意两个不同的片的交集是空的. 显然, 一个非重叠子集中片 $T_M$ 的个数是有限的, 令 $N_h(\mathcal{T}_P, \vartheta)$ 是所有非重叠子集中片的个数中最大的那个数.

**定理 6.2.5** 设 $(T, P_T, \boldsymbol{D}_T)$ 具有尺度不变性, 并且下面的条件为真:

(1) $P_m(T) \subset P_T$;

(2) $V_{P0}$ 的所有函数位于 $\partial\Omega_P$ 上的节点参数为零;

(3) $(T, P_T, \boldsymbol{D}_T)$ 在 $\mathcal{T}_P$ 上不通过分片检验;

(4) 存在与 $h$ 无关的正常数 $\vartheta$, 使得

$$N_h(\mathcal{T}_P, \vartheta) \eqsim h^{-n}, \tag{6.2.22}$$

则 $\{V_{h0}, H_0^m(\Omega)\}$ 不通过广义分片检验.

**证明** 因为有限元 $(T, P_T, \boldsymbol{D}_T)$ 在 $\mathcal{T}_P$ 上不通过分片检验, 所以存在 $v_p \in V_{P0}$,

使得

$$\xi \equiv \sum_{T\in\mathcal{T}_P} \int_T \partial^{\boldsymbol{\alpha}} v_p \,\mathrm{d}\boldsymbol{x} \neq 0 \tag{6.2.23}$$

对某个满足 $|\boldsymbol{\alpha}|=m$ 的 $\boldsymbol{\alpha}$ 成立. 定义

$$\xi_i = \Big(\sum_{T\in\mathcal{T}_P} |v_p|_{i,T}^2\Big)^{1/2}, \quad 0\leqslant i\leqslant m, \tag{6.2.24}$$

则由式 (6.2.23) 得 $\xi_m>0$.

令 $\psi(\boldsymbol{x})\in C_0^\infty(\mathbf{R}^n)$ 且在 $\Omega$ 上, $\psi(\boldsymbol{x})\equiv 1$. 记 $S_h$ 是 $\mathcal{T}_h(\mathcal{T}_P,\vartheta)$ 的非重叠子集, 其片数为 $N_h(\mathcal{T}_P,\vartheta)$. 在 $\bar{\Omega}$ 上定义 $v_h$ 如下：

$$v_h|_T = \begin{cases} v_p\cdot \boldsymbol{\Psi}_{T_M}^{-1}, & T\in T_M \text{ 和 } T_M\in S_h, \\ 0, & \text{其他}, \end{cases} \tag{6.2.25}$$

则 $v_h\in V_{h0}$.

取 $i\in\{1,\cdots,n\}$ 和 $|\boldsymbol{\beta}|=m-1$ 满足 $\boldsymbol{\beta}+\boldsymbol{e}_i=\boldsymbol{\alpha}$. 由 $v_h$ 的定义得到

$$T_{\boldsymbol{\beta},i}(\psi,v_h) = \sum_{T_M\in S_h}\sum_{T\in T_M}\int_T \partial^{\boldsymbol{\alpha}} v_h\,\mathrm{d}\boldsymbol{x}. \tag{6.2.26}$$

在每个 $T\in T_M$ 上进行坐标变换 $\boldsymbol{x}\to\boldsymbol{\Psi}_{T_M}^{-1}\boldsymbol{x}$, 于是得到

$$T_{\boldsymbol{\beta},i}(\psi,v_h) = \sum_{T_M\in S_h}\theta_{T_M}^{n-m}\sum_{T\in\mathcal{T}_P}\int_T \partial^{\boldsymbol{\alpha}} v_p\,\mathrm{d}\boldsymbol{x} = \xi\sum_{T_M\in S_h}\theta_{T_M}^{n-m},$$

因此有

$$|T_{\boldsymbol{\beta},i}(\psi,v_h)| = |\xi|\sum_{T_M\in S_h}\theta_{T_M}^{n-m}.$$

由式 (6.2.22) 和 $\vartheta h\leqslant\theta_{T_M}\leqslant h$, 断言

$$|T_{\boldsymbol{\beta},i}(\psi,v_h)| \gtrsim |\xi|\vartheta^n h^{-m}. \tag{6.2.27}$$

类似地, 可以得到

$$|v_h|_{i,h}^2 = \xi_i^2\sum_{T_M\in S_h}\theta_{T_M}^{n-2i} \lesssim \xi_i^2\vartheta^{-2i}h^{-2i}, \quad 0\leqslant i\leqslant m,$$

所以有

$$\|v_h\|_{m,h} \lesssim h^{-m}(1+O(h)). \tag{6.2.28}$$

结合式 (6.2.27) 和式 (6.2.28) 得到

$$\frac{1}{\|v_h\|_{m,h}}|T_{\boldsymbol{\beta},i}(\psi, v_h)| \gtrsim 1 + O(h). \tag{6.2.29}$$

不等式 (6.2.29) 表明对有界序列

$$w_h = \frac{v_h}{\|v_h\|_{m,h}} \in V_{h0}$$

和上面给定 $\psi$, 当 $h \to 0$ 时, $T_{\boldsymbol{\beta},i}(\psi, w_h)$ 不趋向于零. $\{V_{h0}, H_0^m(\Omega)\}$ 不通过广义分片检验. □

当一个非协调元在某一片 $\mathcal{T}_P$ 上不通过分片检验, 并且 $V_{P0}$ 的所有函数位于 $\partial\Omega_P$ 上的节点参数为零时, 定理 6.2.5 告诉我们, 该非协调元在满足定理 6.2.5 条件 (4) 的 $\{\mathcal{T}_h\}$ 上是不收敛的.

记 $M_h$ 是 $\mathcal{T}_h$ 中单元数目, 当 $\rho_T \gtrsim h$ $(\forall T \in \mathcal{T}_h)$ 时 $M_h$ 是 $h^{-n}$ 量级. 定理 6.2.5 的条件 (4) 意味着 $N_h(\mathcal{T}_P, \vartheta)$ 和 $M_h$ 是相同量级的.

对于通常的非协调元, 可以按定理 6.2.5 的条件 (4) 剖分区域. 当非协调元不通过分片检验时, 这样的剖分使得该非协调元是发散的. 换言之, 如果一个非协调元对任意簇剖分 $\{\mathcal{T}_h\}$ 都收敛, 那么它在任意剖分上都通过分片检验. 在这个意义下, 分片检验是必要的.

对于有些非协调元, $V_{P0}$ 的函数位于 $\partial\Omega_P$ 上的节点参数可能不全为零. 对于这种情形, 用类似的方法可以得到下面的定理:

**定理 6.2.6** 设 $(T, P_T, \boldsymbol{D}_T)$ 具有尺度不变性, 并且下面的条件为真:

(1) $P_m(T) \subset P_T$;

(2) 存在 $v_p \in V_{P0}$ 和 $|\boldsymbol{\alpha}| = m$ 满足 $v_p$ 的所有位于 $\partial\Omega_P$ 上的节点参数为零, 并且

$$\sum_{T\in\mathcal{T}_P}\int_T \partial^{\boldsymbol{\alpha}} v_p \,\mathrm{d}\boldsymbol{x} \neq 0; \tag{6.2.30}$$

(3) 存在与 $h$ 无关的正常数 $\vartheta$, 使得式 (6.2.22) 为真,

则 $\{V_{h0}, H_0^m(\Omega)\}$ 不通过广义分片检验.

现在验证几个有限元通过分片检验.

**定理 6.2.7** 设 $m = 1$, $(T, P_T, \boldsymbol{D}_T)$ 是第一类矩形 C-R 元或第二类矩形 C-R 元, 则 $(T, P_T, \boldsymbol{D}_T)$ 在对应的剖分 $\mathcal{T}_h$ 上通过分片检验.

**证明** 令 $V_{h0}$ 是对应的有限元空间, $v_h \in V_{h0}$. 由引理 6.2.2, 只需要证明

$$\sum_{T\in\mathcal{T}_h}\int_T \frac{\partial v_h}{\partial x_i}\,\mathrm{d}\boldsymbol{x} = 0, \quad 1 \leqslant i \leqslant n. \tag{6.2.31}$$

令 $1 \leqslant i \leqslant n$, 由 Green 公式得

$$\sum_{T\in\mathcal{T}_h}\int_T \frac{\partial v_h}{\partial x_i}\,\mathrm{d}\boldsymbol{x} = \sum_{T\in\mathcal{T}_h}\int_{\partial T} v_h\nu_i\,\mathrm{d}s. \tag{6.2.32}$$

对于第二类矩形 C-R 元, 利用式 (6.2.32) 和 $V_{h0}$ 的定义就可以得到式 (6.2.31).

现在考虑第一类矩形 C-R 元. 对 $T\in\mathcal{T}_h$, 采用 2.5 节的记号. 由式 (2.5.10) 可以得到

$$\int_T \frac{\partial v_h}{\partial x_i}\,\mathrm{d}\boldsymbol{x} = |F_{2i-1}|\Big(v_h(\boldsymbol{b}_{2i-1}) - v_h(\boldsymbol{b}_{2i})\Big). \tag{6.2.33}$$

对于剖分 $\mathcal{T}_h$, 可以将它分成若干个互不相交的子集, 每个子集具有这样的性质: 记子集中单元的个数为 $s$, 则可以将该子集中的单元编号为 $T_1, T_2, \cdots, T_s$, 其中, $T_1$ 和 $T_s$ 各有一个与 $x_i$ 轴垂直的面包含在 $\partial\Omega$ 中, $T_j\cap T_{j+1}$ $(1\leqslant j<s)$ 是垂直于 $x_i$ 轴的面. 将求和

$$\sum_{T\in\mathcal{T}_h}\int_T \frac{\partial v_h}{\partial x_i}\,\mathrm{d}\boldsymbol{x}$$

化成在每个子集上求和的和, 则由 $V_{h0}$ 的定义和式 (6.2.33) 得到式 (6.2.31). □

**定理 6.2.8** *设 $m=2$, $(T, P_T, \boldsymbol{D}_T)$ 是 Morley-Zienkiewicz 元、修正 Zienkiewicz 元和 Bogner-Fox-Schmit 元之一, 则 $(T, P_T, \boldsymbol{D}_T)$ 在对应的剖分 $\mathcal{T}_h$ 上通过分片检验.*

**证明** 令 $V_{h0}$ 是对应的有限元空间, $v_h\in V_{h0}$. 由引理 6.2.2, 只需要证明

$$\sum_{T\in\mathcal{T}_h}\int_T \frac{\partial^2 v_h}{\partial x_i\partial x_j}\,\mathrm{d}\boldsymbol{x} = 0, \quad 1\leqslant i,j\leqslant n. \tag{6.2.34}$$

令 $1\leqslant i,j\leqslant n$, 由 Green 公式得

$$\sum_{T\in\mathcal{T}_h}\int_T \frac{\partial^2 v_h}{\partial x_i\partial x_j}\,\mathrm{d}\boldsymbol{x} = \sum_{T\in\mathcal{T}_h}\int_{\partial T} \frac{\partial v_h}{\partial x_i}\nu_j\,\mathrm{d}s. \tag{6.2.35}$$

对于 Morley-Zienkiewicz 元, 直接利用式 (6.2.35) 和 $V_{h0}$ 的定义就可以得到式 (6.2.34). 对于修正 Zienkiewicz 元, 由式 (6.2.35) 和定理 2.6.6 也可以直接得到式 (6.2.34).

现在考虑 Bogner-Fox-Schmit 元. 对 $T\in\mathcal{T}_h$, 记 $\xi_i=\pm1$ 的面为 $F_i^{\pm}$. 定义 $\bar{G}_i(T)$ 如下:

$$\bar{G}_i(T) = \mathrm{span}\{(\xi_r^2-1)(\xi_s^2-1)\boldsymbol{\xi}^{\boldsymbol{\alpha}}\,|\,1\leqslant r<s\leqslant n,\ r,s\neq i,\ \alpha_i=0,\ \alpha_k\leqslant 1, k\neq i\}.$$

对 $v_h\in V_{h0}$ 可以验证 $\dfrac{\partial v_h}{\partial x_i}$ 可以分成两部分

$$\frac{\partial v_h}{\partial x_i} = \tilde{Q}_i\Big(\frac{\partial v_h}{\partial x_i}\Big) + \bar{Q}_i\Big(\frac{\partial v_h}{\partial x_i}\Big),$$

在 $T \in \mathcal{T}_h$ 上,

$$\bar{Q}_i\Big(\frac{\partial v_h}{\partial x_i}\Big)\Big|_T \in \bar{G}_i(T),$$

并且 $\tilde{Q}_i\left(\dfrac{\partial v_h}{\partial x_i}\right)$ 在 $F_i^{\pm}$ 上的限制属于相应于 $F_i^{\pm}$ 的 Adini 形函数空间, 从而

$$\begin{aligned}\sum_{T\in\mathcal{T}_h}\int_T \frac{\partial^2 v_h}{\partial x_i^2}\,\mathrm{d}\boldsymbol{x} &= \sum_{T\in\mathcal{T}_h}\int_{\partial T}\tilde{Q}_i\Big(\frac{\partial v_h}{\partial x_i}\Big)\nu_i\,\mathrm{d}s + \sum_{T\in\mathcal{T}_h}\int_{\partial T}\bar{Q}_i\Big(\frac{\partial v_h}{\partial x_i}\Big)\nu_i\,\mathrm{d}s\\ &= \sum_{T\in\mathcal{T}_h}\Big(\int_{F_i^+}\tilde{Q}_i\Big(\frac{\partial v_h}{\partial x_i}\Big)\,\mathrm{d}F_i^+ - \int_{F_i^-}\tilde{Q}_i\Big(\frac{\partial v_h}{\partial x_i}\Big)\,\mathrm{d}F_i^-\Big)\\ &\quad + \sum_{T\in\mathcal{T}_h}\int_{\partial T}\bar{Q}_i\Big(\frac{\partial v_h}{\partial x_i}\Big)\nu_i\,\mathrm{d}s.\end{aligned}$$

由 $\bar{G}_i(T)$ 的定义可以得出 $\tilde{Q}_i\left(\dfrac{\partial v_h}{\partial x_i}\right)|_{F_i^{\pm}}$ 正好是 $\dfrac{\partial v_h}{\partial x_i}$ 关于变量

$$x_1,\cdots,x_{i-1},x_{i+1},\cdots,x_n$$

的 Adini 插值多项式, 所以

$$\sum_{T\in\mathcal{T}_h}\Big(\int_{F_i^+}\tilde{Q}_i\Big(\frac{\partial v_h}{\partial x_i}\Big)\,\mathrm{d}F_i^+ - \int_{F_i^-}\tilde{Q}_i\Big(\frac{\partial v_h}{\partial x_i}\Big)\,\mathrm{d}F_i^-\Big) = 0. \tag{6.2.36}$$

因为 $\bar{Q}_i\left(\dfrac{\partial v_h}{\partial x_i}\right)$ 在 $T \in \mathcal{T}_h$ 上与 $\xi_i$ 无关, 所以

$$\sum_{T\in\mathcal{T}_h}\int_{\partial T}\bar{Q}_i\Big(\frac{\partial v_h}{\partial x_i}\Big)\nu_i\,\mathrm{d}s = 0. \tag{6.2.37}$$

由式 (6.2.36) 和式 (6.2.37), 当 $1 \leqslant i = j \leqslant n$ 时, 式 (6.2.34) 为真.

令 $1 \leqslant i \neq j \leqslant n$, $T \in \mathcal{T}_h$. 在 $T$ 的每个面上, $\nu_i\nu_j = 0$. 在 $\nu_j$ 不为零的面上, $\dfrac{\partial}{\partial x_i}$ 是沿该面的切向导数. 因为 $v_h \in H_0^1(\Omega)$, 所以式 (6.2.34) 也为真. □

对于求解二阶椭圆边值问题的 Crouzeix-Raviart 元和 Wilson 元, 求解四阶椭圆边值问题的 Morley 元、矩形 Morley 元、Adini 元、12 参数三角形板元、15 参数三角形板元和三次四面体元, 求解 $2m$ 阶椭圆边值问题的 MWX 元, 都可以验证它们在对应的剖分上通过分片检验.

## 6.3 分片检验的反例

在 6.2 节讨论了分片检验的充分必要性. 分片检验的必要性是在所有剖分簇范围意义下得到的. 只考虑某一个剖分簇时, 分片检验不是必要的. 6.1 节证明了 12

参数四边形元在 HQ($\epsilon$) 成立的条件下是收敛的. 下面的定理说明它可以不通过分片检验:

**定理 6.3.1**　对于二阶边值问题存在这样的剖分簇, 12 参数四边形元在其上不通过分片检验.

**证明**　令 $\Omega = (0,1)\times(0,1)$. 假设 $h$ 取下列数值: $h_k = 2^{-k}$, $k = 1, 2, \cdots$. 对 $h_k$, 定义

$$T_M = [0, 2h_k] \times [0, 2h_k],$$

并且取 $\Omega$ 的剖分 $\mathcal{T}_h$ 如下 (图 6.3.1): $\Omega \backslash T_M$ 被划分成边长为 $h_k$ 的正方形, 而 $T_M$ 被划分成 4 个四边形, 其网格点为

$$\begin{aligned}
&\boldsymbol{a}_1 = (h_k + h_k^2, h_k)^{\mathrm{T}}, \quad &&\boldsymbol{a}_2 = (0, h_k)^{\mathrm{T}}, \quad &&\boldsymbol{a}_3 = (0,0)^{\mathrm{T}},\\
&\boldsymbol{a}_4 = (h_k, 0)^{\mathrm{T}}, &&\boldsymbol{a}_5 = (2h_k, 0)^{\mathrm{T}}, &&\boldsymbol{a}_6 = (2h_k, h_k)^{\mathrm{T}},\\
&\boldsymbol{a}_7 = (2h_k, 2h_k)^{\mathrm{T}}, &&\boldsymbol{a}_8 = (h_k, 2h_k)^{\mathrm{T}}, &&\boldsymbol{a}_9 = (0, 2h_k)^{\mathrm{T}}.
\end{aligned}$$

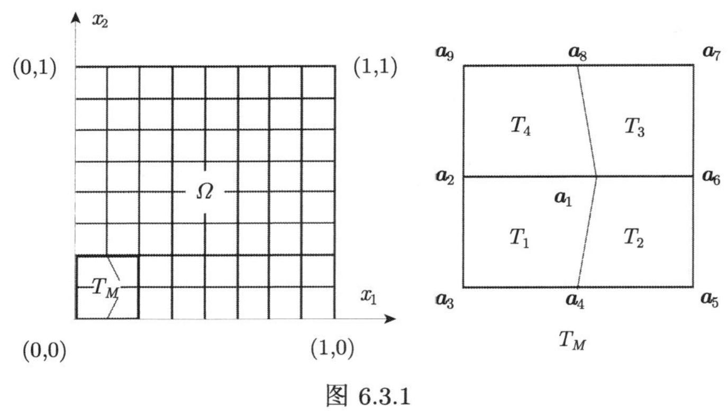


图 6.3.1

考虑 Poisson 方程的情况, 即

$$a_h(v,w) = \sum_{T\in\mathcal{T}_h} \int_T \left( \frac{\partial v}{\partial x_1}\frac{\partial w}{\partial x_1} + \frac{\partial v}{\partial x_2}\frac{\partial w}{\partial x_2} \right) \mathrm{d}\boldsymbol{x}, \quad \forall v, w \in H^1(\mathcal{T}_h).$$

如果该元在 $\mathcal{T}_h$ 上通过分片检验, 则有

$$a_h(p, v_h) = 0, \quad \forall p \in P_1(\Omega),\ \forall v_h \in V_{h0}. \tag{6.3.1}$$

令 $t = 1 + h_k$, 定义 $w_h \in V_h$ 如下:

$$w_h|_{T_1} = x_1 x_2 \left( t\frac{x_1}{h_k} - \frac{1}{3}(3t^2 + 2t - 2)\frac{x_2}{h_k} - \frac{2}{3}\frac{x_1^2}{h_k^2} + \frac{2}{3}(t^2 + t - 1)\frac{x_2^2}{h_k^2} \right), \tag{6.3.2}$$

在其他部分 $w_h = 0$. 容易验证

$$w_h(\boldsymbol{a}_i) = w_h\Big(\frac{1}{2}(\boldsymbol{a}_i + \boldsymbol{a}_j)\Big) = 0, \quad 1 \leqslant i \neq j \leqslant 4,$$

因此, $w_h \in V_{h0}$. 对 $p = x_1$ 有

$$a_h(x_1, w_h) = \int_{\partial T_1} w_h \nu_1 \,\mathrm{d}s.$$

记以 $\boldsymbol{a}_i$ 和 $\boldsymbol{a}_j$ $(1 \leqslant i \neq j \leqslant 4)$ 为端点的边为 $F_{ij}$. 由式 (6.1.19) 得

$$a_h(x_1, w_h) = \int_{F_{14}} w_h (\boldsymbol{\nu}_{F_{14}})_1 \,\mathrm{d}F_{14} = \frac{1}{180} h_k^5 (3 + h_k) > 0, \tag{6.3.3}$$

即该元在 $\mathcal{T}_h$ 上不通过分片检验. □

在上面证明中定义的 $T \in \mathcal{T}_h$ 满足条件 HQ(1). 定理 6.3.1 和定理 6.1.3 说明存在这样的非协调元, 它在一簇剖分上不通过分片检验但却是收敛的.

现在考虑分片检验的充分性. 分片检验成为充分条件的前提是弱超逼近性. 弱超逼近性不但与逼近性有关, 而且还与弱连续有关 (见 6.5 节). 如果没有弱超逼近性的前提或者弱连续性的前提, 下面的 Stummel 反例说明分片检验不是收敛的充分条件.

考虑在区间 $I = (0, 1)$ 上的两点边值问题,

$$-u'' + u = f, \quad 在\ I\ 内, \tag{6.3.4}$$

其中, $f \in L^2(I)$. 对应的变分问题为求 $u \in H^1(I)$ 满足 $u(0) = u_0$, $u(1) = u_1$ 且

$$\int_I (u'v' + uv) \,\mathrm{d}x = \int_I fv \,\mathrm{d}x, \quad \forall v \in H_0^1(I). \tag{6.3.5}$$

将 $I$ 划分成等长的子区间, 网格长度为

$$h = h_s = \frac{1}{s}, \quad s = 1, 2, \cdots.$$

令 $x_j = jh$ $(0 \leqslant j \leqslant s)$, $x_{j-\frac{1}{2}} = (j - \frac{1}{2})h$ $(1 \leqslant j \leqslant s)$. 记

$$I_j = [(j-1)h_s, jh_s], \quad 1 \leqslant j \leqslant s.$$

剖分 $\mathcal{T}_h$ 由所有 $I_j$ 构成. 记 $\bar{V}_h$ 和 $\bar{V}_{h0}$ 是线性单纯形元和 $\mathcal{T}_h$ 对应的有限元空间.

令 $w_j(x)$ $(j=1,2,\cdots,s)$ 是阶梯函数

$$w_j(x)=\begin{cases}1, & x_{j-1}<x<x_j,\\ 0, & \text{其他},\end{cases}$$

并且记

$$V_h=\bar{V}_h+\mathrm{span}\{w_2,\cdots,w_{s-1}\},\quad V_{h0}=\bar{V}_{h0}+\mathrm{span}\{w_2,\cdots,w_{s-1}\}. \tag{6.3.6}$$

显然, $V_h\not\subset H^1(I)$. 定义

$$a_h(v,w)=\sum_{j=1}^{s}\int_{I_j}(v'w'+vw)\,\mathrm{d}x,\quad \forall v,w\in H^1(\mathcal{T}_h). \tag{6.3.7}$$

对问题 (6.3.5), Stummel 第一例子的非协调元方法为求 $u_h\in V_h$ 满足 $u_h(0)=u_0,u_h(1)=u_1$ 且

$$a_h(u_h,v_h)=\int_I fv_h\,\mathrm{d}x,\quad \forall v_h\in V_{h0}. \tag{6.3.8}$$

**引理 6.3.1**　Stummel 第一例子在 $\mathcal{T}_h$ 上通过分片检验.

**证明**　由 Lax-Milgram 引理, 问题 (6.3.5) 和问题 (6.3.8) 都有唯一解. 显然, $P_1(I)\subset V_h$. 由引理 6.2.2 只需要证明

$$\sum_{j=1}^{s}\int_{I_j}p'v_h'\,\mathrm{d}x=0,\quad \forall p\in P_1(I),\ \forall v_h\in V_{h0} \tag{6.3.9}$$

对所有 $h$ 成立. 现在取 $v_h\in V_{h0}$ 和 $p\in P_1(I)$. 函数 $v_h$ 具有形式

$$v_h=\phi_h+w_h,$$

其中, $\phi_h\in\bar{V}_{h0}$, $w_h\in\mathrm{span}\ \{w_2,\cdots,w_{s-1}\}$, 则

$$\sum_{j=1}^{s}\int_{I_j}p'v_h'\,\mathrm{d}x=\sum_{j=1}^{s}\int_{I_j}p'\phi_h'\,\mathrm{d}x=\int_I p'\phi_h'\,\mathrm{d}x=0.$$

引理得证. □

对 $j\in\{1,\cdots,s-1\}$, 定义 $\psi_j\in\bar{V}_{h0}$ 如下:

$$\psi_j(x_i)=\delta_{ij},\quad 0\leqslant i\leqslant s. \tag{6.3.10}$$

令 $u_0=u_1=0$, 则问题 (6.3.8) 的解 $u_h$ 和 $v_h\in V_{h0}$ 可以写成

$$\begin{cases}u_h(x)=\displaystyle\sum_{j=1}^{s-1}y_j\psi_j(x)+\sum_{j=2}^{s-1}z_jw_j(x),\\ v_h(x)=\displaystyle\sum_{j=1}^{s-1}\bar{y}_j\psi_j(x)+\sum_{j=2}^{s-1}\bar{z}_jw_j(x).\end{cases} \tag{6.3.11}$$

目的是估计 $u_h$ 中的系数 $y_j$ 和 $z_j$, 进而考查其收敛性质. 对 $j=1,\cdots,s$, 定义

$$\begin{cases} a_j(u_h,v_h)=\displaystyle\int_{I_j}(u_h'v_h'+u_hv_h)\,\mathrm{d}x, \quad f_j=\displaystyle\int_{I_j}fv_h\,\mathrm{d}x, \\ f_{j0}=\dfrac{1}{h}\displaystyle\int_{I_j}f\,\mathrm{d}x, \quad f_{j1}=\dfrac{1}{h}\displaystyle\int_{I_j}xf\,\mathrm{d}x, \end{cases} \tag{6.3.12}$$

则问题 (6.3.8) 变成

$$\sum_{j=1}^{s}a_j(u_h,v_h)=\sum_{j=1}^{s}f_j, \quad \forall v_h\in V_{h0}. \tag{6.3.13}$$

令

$$\begin{cases} \boldsymbol{q}_1=(y_1),\ \boldsymbol{q}_s=(y_{s-1}),\ \boldsymbol{q}_j=(y_{j-1},y_j,z_j)^{\mathrm{T}}, \quad 1<j<s, \\ \bar{\boldsymbol{q}}_1=(\bar{y}_1),\ \bar{\boldsymbol{q}}_s=(\bar{y}_{s-1}),\ \bar{\boldsymbol{q}}_j=(\bar{y}_{j-1},\bar{y}_j,\bar{z}_j)^{\mathrm{T}}, \quad 1<j<s, \\ \boldsymbol{p}_j=(x_jf_{j0}-f_{j1},f_{j1}-x_{j-1}f_{j0},hf_{j0})^{\mathrm{T}}, \quad 1<j<s, \\ \boldsymbol{p}_1=(f_{11}),\ \boldsymbol{p}_s=(f_{s0}-f_{s1}), \end{cases} \tag{6.3.14}$$

于是得到

$$a_j(u_h,v_h)=\bar{\boldsymbol{q}}_j^{\mathrm{T}}\boldsymbol{k}_j\boldsymbol{q}_j, \quad f_j=\bar{\boldsymbol{q}}_j^{\mathrm{T}}\boldsymbol{p}_j, \quad j=1,\cdots,s, \tag{6.3.15}$$

其中,

$$\begin{cases} \boldsymbol{k}_1=\boldsymbol{k}_s=\left(\dfrac{1}{h}+\dfrac{h}{3}\right), \\ \boldsymbol{k}_j=\dfrac{1}{h}\begin{pmatrix}1&-1&0\\-1&1&0\\0&0&0\end{pmatrix}+\dfrac{h}{6}\begin{pmatrix}2&1&3\\1&2&3\\3&3&6\end{pmatrix}, \quad 1<j<s. \end{cases} \tag{6.3.16}$$

由于参数 $z_j$ 只在单元 $I_j$ 中出现, 并且对其他单元没有贡献, 可以在单元一级上将它消去. 这就是所谓的 “静态凝聚”. 这样就有

$$z_j=f_{j0}-\frac{1}{2}(y_{j-1}+y_j), \quad 1<j<s. \tag{6.3.17}$$

现在定义

$$\begin{cases} \boldsymbol{Q}_1=(y_1),\ \boldsymbol{Q}_s=(y_{s-1}),\ \bar{\boldsymbol{Q}}_1=(\bar{y}_1),\ \bar{\boldsymbol{Q}}_s=(\bar{y}_{s-1}), \\ \boldsymbol{p}_1=(f_{11}),\ \boldsymbol{p}_s=(f_{s0}-f_{s1}), \\ \boldsymbol{Q}_j=(y_{j-1},y_j)^{\mathrm{T}},\ \bar{\boldsymbol{Q}}_j=(\bar{y}_{j-1},\bar{y}_j)^{\mathrm{T}}, \quad 1<j<s, \\ \boldsymbol{P}_j=(-c_j,c_j)^{\mathrm{T}},\ c_j=f_{j1}-x_{j-\frac{1}{2}}f_{j0}, \quad 1<j<s. \end{cases} \tag{6.3.18}$$

将式 (6.3.17) 代入式 (6.3.15), 然后消去 $z_j$, 从式 (6.3.13) 得到

$$\sum_{j=1}^{s}\bar{\boldsymbol{Q}}_j^{\mathrm{T}}\boldsymbol{K}_j\boldsymbol{Q}_j=\sum_{j=1}^{s}\bar{\boldsymbol{Q}}_j^{\mathrm{T}}\boldsymbol{P}_j, \tag{6.3.19}$$

其中,

$$\boldsymbol{K}_1=K_s=\left(\frac{1}{h}+\frac{h}{3}\right),\quad \boldsymbol{K}_j=\frac{12+h^2}{12h}\begin{pmatrix}1&-1\\-1&1\end{pmatrix},\quad 1<j<s. \tag{6.3.20}$$

记 $\boldsymbol{Y}=(y_1,y_2,\cdots,y_{s-1})^{\mathrm{T}}$, $l_j=c_j-c_{j+1}\ (1\leqslant j<s)$, $\boldsymbol{L}=(l_1,l_2,\cdots,l_{s-1})^{\mathrm{T}}$ 以及

$$c_1=f_{11},\quad c_s=f_{s1}-f_{s0}. \tag{6.3.21}$$

从式 (6.3.20) 得到一个关于解 $u_h$ 的线性代数方程组

$$\boldsymbol{K}\boldsymbol{Y}=\boldsymbol{L}, \tag{6.3.22}$$

其中, 矩阵 $\boldsymbol{K}$ 为

$$\boldsymbol{K}=\frac{1}{\rho}\begin{pmatrix}\xi&-1&&&\\-1&2&-1&&\\&\ddots&\ddots&\ddots&\\&&-1&2&-1\\&&&-1&\xi\end{pmatrix}_{(s-1)\times(s-1)}, \tag{6.3.23}$$

$$\xi=\frac{24+5h^2}{12+h^2},\quad \rho=\frac{12h}{12+h^2}. \tag{6.3.24}$$

现在考虑线性代数方程组 (6.3.22) 的唯一解. 令 $y_0=y_s=0$, 因为 $\xi\geqslant 2$, 所以

$$\boldsymbol{Y}^{\mathrm{T}}\boldsymbol{K}\boldsymbol{Y}=\frac{1}{\rho}\Big((\xi-1)y_1^2+\sum_{j=2}^{s-1}(y_j-y_{j-1})^2+(\xi-1)y_{s-1}^2\Big)\geqslant\frac{1}{\rho}\sum_{j=1}^{s}(y_j-y_{j-1})^2. \tag{6.3.25}$$

另一方面,

$$\boldsymbol{Y}^{\mathrm{T}}\boldsymbol{L}=\sum_{j=1}^{s-1}l_jy_j=\sum_{j=1}^{s-1}(c_j-c_{j+1})y_j=\sum_{j=1}^{s}c_j(y_j-y_{j-1}). \tag{6.3.26}$$

再利用 Schwarz 不等式得

$$\frac{1}{\rho}\sum_{j=1}^{s}(y_j-y_{j-1})^2\leqslant \boldsymbol{Y}^{\mathrm{T}}\boldsymbol{K}\boldsymbol{Y}=\boldsymbol{Y}^{\mathrm{T}}\boldsymbol{L}\leqslant\Big(\sum_{j=1}^{s}c_j^2\Big)^{1/2}\Big(\sum_{j=1}^{s}(y_j-y_{j-1})^2\Big)^{1/2},$$

所以

$$\sum_{j=1}^{s}(y_j-y_{j-1})^2\leqslant\rho^2\sum_{j=1}^{s}c_j^2. \tag{6.3.27}$$

进一步,

$$c_1^2=f_{11}^2=\Big(\frac{1}{h}\int_{I_1}xf\,\mathrm{d}x\Big)^2\leqslant\frac{h}{3}\int_{I_1}f^2\,\mathrm{d}x,$$

$$c_j^2=(f_{j1}-x_{j-\frac{1}{2}}f_{j0})^2=\frac{1}{h^2}\Big(\int_{I_j}(x-x_{j-\frac{1}{2}})f\,\mathrm{d}x\Big)^2\leqslant\frac{h}{12}\int_{I_j}f^2\,\mathrm{d}x,\quad 2\leqslant j\leqslant s-1,$$

$$c_s^2=(f_{s1}-f_{s0})^2=\frac{1}{h^2}\Big(\int_{I_s}(x-1)f\,\mathrm{d}x\Big)^2\leqslant\frac{h}{3}\int_{I_s}f^2\,\mathrm{d}x,$$

这就导致

$$\sum_{j=1}^{s}c_j^2\leqslant\frac{h}{3}\sum_{j=1}^{s}\int_{I_j}f^2\,\mathrm{d}x=\frac{h}{3}\|f\|_{0,I}^2,$$

因为 $\rho=12h/(12+h^2)<h$, 从式 (6.3.27) 得

$$\sum_{j=1}^{s}(y_j-y_{j-1})^2\leqslant\frac{h^3}{3}\|f\|_{0,I}^2, \tag{6.3.28}$$

从而得到下面的估计:

$$\begin{cases}|y_1|\leqslant\dfrac{\|f\|_{0,I}}{\sqrt{3}}h^{3/2},|y_{s-1}|\leqslant\dfrac{\|f\|_{0,I}}{\sqrt{3}}h^{3/2},\\ |y_k|=\Big|\displaystyle\sum_{j=1}^{k}(y_j-y_{j-1})\Big|\leqslant k^{1/2}\Big(\sum_{j=1}^{s}(y_j-y_{j-1})^2\Big)\\ \qquad\leqslant s^{1/2}\dfrac{\|f\|_{0,I}}{\sqrt{3}}h^{3/2}=\dfrac{\|f\|_{0,I}}{\sqrt{3}}h,\quad 2\leqslant k\leqslant s-2.\end{cases} \tag{6.3.29}$$

由式 (6.3.17) 得

$$|z_k-f_{k0}|=\frac{1}{2}|y_j+y_{j+1}|\leqslant\frac{\|f\|_{0,I}}{\sqrt{3}}h,\quad 2\leqslant k\leqslant s-1. \tag{6.3.30}$$

注意 $h\to 0$ 时下述极限存在：

$$\sum_{j=1}^{s-1}\psi_j(x)\to 1,\quad \sum_{j=1}^{s-1}w_j(x)\to 1,\quad \sum_{j=1}^{s-1}f_{j0}w_j(x)\to f,\quad \text{在 } L^2(I) \text{ 中}.$$

最终得到在 $L^2(I)$ 下,

$$\lim_{h\to 0}\ u_h=\lim_{h\to 0}\left(\sum_{j=1}^{s-1}y_j\psi_j(x)+\sum_{j=1}^{s-1}z_jw_j(x)\right)=f. \tag{6.3.31}$$

此外, 由不等式 (6.3.28) 得

$$\frac{1}{h^2}\sum_{j=1}^{s}(y_j-y_{j-1})^2\leqslant\frac{\|f\|_{0,I}^2}{3}h\to 0,\quad h\to 0,$$

进而有

$$\lim_{h\to 0}\ u_h'=\lim_{h\to 0}\sum_{j=1}^{s-1}y_j\psi_j'(x)=0. \tag{6.3.32}$$

上面的讨论说明当 $h\to 0$ 时, $u_h$ 的协调部分趋向于 0, 而非协调部分趋向于 $f$, 所以 $u_h$ 不收敛于问题 (6.3.5) 的解 $u$ 而收敛于非齐次项 $f$.

**引理 6.3.2** Stummel 第一例子的有限元解不收敛于问题 (6.3.5) 的解.

引理 6.3.1 和引理 6.3.2 表明 Stummel 第一例子通过分片检验但不收敛.

第 2 章关于有限元的讨论说明, 一个有限元可以由三元组 $(T,P_T,\boldsymbol{D}_T)$ 描述, 其中, $\boldsymbol{D}_T$ 是 $P_T$ 唯一可解的. 对于 Stummel 第一例子, $T$ 是闭区间, $P_T=P_1(T)$. 由上面的讨论, $\boldsymbol{D}_T(v)$ 的分量似乎是 $v$ 在 $T$ 的两个端点和一个内点的值. 但是由于 $P_T$ 是二维的, 三个节点参数不能是 $P_T$ 唯一可解的. 实际上, 该有限元可以描述如下：

(1) 单元 $T$ 是以 $x_T^0$ 为中心的闭区间;

(2) 形函数空间 $P_T$ 是 $P_1(T)$;

(3) 节点参数向量 $\boldsymbol{D}_T=(d_1,d_2)^{\mathrm{T}}$ 为

$$d_1:\ v\to\ v(x_T^0),\quad d_2:\ v\to\ v'(x_T^0).$$

对于剖分 $\mathcal{T}_h$, 得到有限元空间 $X_h$ 如下：

$$X_h=\{\ v\in L^2(T)\mid v_T\in P_1(T),\ \forall T\in\mathcal{T}_h\}. \tag{6.3.33}$$

显然, $X_h$ 的维数是 $2s$, 而 $V_h$ 的维数是 $2s-1$. 所以 $V_h$ 是 $X_h$ 的真子空间. 定义

$$\psi_h(v_h)=v_h(1)-v_h(0)-\sum_{j=1}^{s}\int_{I_j}v_h'\,\mathrm{d}x,\quad \forall v_h\in X_h \tag{6.3.34}$$

及

$$X_h'=\{\ v_h\in X_h\mid \psi_h(v_h)=0\}. \tag{6.3.35}$$

取 $v_h\in V_h$, 则有

$$v_h=\bar{v}_h+\tilde{v}_h,$$

其中, $\bar{v}_h\in\bar{V}_h$ 和 $\tilde{v}_h\in\operatorname{span}\{w_2,\cdots,w_{s-1}\}$, 因此

$$\psi_h(v_h)=\bar{v}_h(1)-\bar{v}_h(0)-\sum_{j=1}^{s}\int_{I_j}\bar{v}_h'\,\mathrm{d}x=0,$$

也就是说, $V_h$ 是 $X_h'$ 的子空间. 另一方面, 取 $X_h$ 的函数 $w_h$ 为

$$w_h|_{I_j}=\begin{cases}1, & j=1,\\ 0, & 2\leqslant j\leqslant s,\end{cases}$$

则 $\psi_h(w_h)=-1$, 所以 $X_h'$ 的维数小于 $2s$, 最终得到

$$V_h=X_h'. \tag{6.3.36}$$

在同一篇文章 [45] 中, Stummel 还给出了第二个例子. 推广的 Stummel 例子由文献 [46] 给出. 这些例子的发散结果和有限元解的错误极限得到了讨论. 这些例子的有限元空间都是 $X_h'$ 的子空间, 是通过对 $X_h'$ 中函数或网格尺寸加上额外条件得到的.

值得说明的是: 这些例子的有限元空间不是按照 2.1 节 ~2.3 节所述的通常方法得到的, 而且这些例子的形函数不具有弱连续性.

## 6.4 F-E-M 检验

在研究许多非协调元收敛性的工作基础上, 石钟慈在文献 [39] 中提出了一个非协调元收敛的充分条件, 称之为 F-E-M 检验. 这一检验应用简单, 它只验证形函数在单元及单元内面上的局部性质. 进而工程师实际应用时, F-E-M 检验比广义分片检验更容易些.

令 $V_h$ 和 $V_{h0}$ 对应于剖分 $\mathcal{T}_h$ 和某有限元 $(T,P_T,\boldsymbol{D}_T)$ 的有限元空间, $m=1$ 或 $m=2$.

### 6.4.1 $\boldsymbol{F_1}$ 检验

称有限元 $(T, P_T, \boldsymbol{D}_T)$ 对 $2m$ 阶边值问题通过 $F_1$ 检验, 如果存在与 $h$ 无关的正常数 $\epsilon$, 使得

$$\Big|\int_F (v_h|_{T_1} - v_h|_{T_2})\,\mathrm{d}F\Big| \lesssim (h_{T_1} + h_{T_2})^{\frac{n}{2}+\epsilon}(\|v_h\|_{m,T_1} + \|v_h\|_{m,T_2}), \quad \forall v_h \in V_h \tag{6.4.1}$$

对任意两个相邻单元 $T_1, T_2 \in \mathcal{T}_h$ 的公共面 $F$ 和所有 $h$ 成立, 并且

$$\Big|\int_F v_h|_T\,\mathrm{d}F\Big| \lesssim h_T^{\frac{n}{2}+\epsilon}\|v_h\|_{m,T}, \quad \forall v_h \in V_{h0} \tag{6.4.2}$$

对所有自由面 $F \subset \partial T, T \in \mathcal{T}_h$ 和所有 $h$ 成立.

特殊地, 如果存在整数 $r \geqslant 0$, 使得

$$\int_F p(v_h|_{T_1} - v_h|_{T_2})\,\mathrm{d}F = 0, \quad \forall p \in P_r(F),\ \forall v_h \in V_h \tag{6.4.3}$$

对任意两个相邻单元 $T_1, T_2 \in \mathcal{T}_h$ 的公共面 $F$ 和所有 $h$ 成立, 并且

$$\int_F p v_h|_T\,\mathrm{d}F = 0, \quad \forall p \in P_r(F),\ \forall v_h \in V_{h0} \tag{6.4.4}$$

对所有自由面 $F \subset \partial T, T \in \mathcal{T}_h$ 和所有 $h$ 成立, 则称 $F_1$ 检验为 $r$ 阶强 $F_1$ 检验.

### 6.4.2 $\boldsymbol{F_2}$ 检验

对于四阶边值问题, $F_2$ 检验要求

$$\begin{aligned}&\Big|\int_F \Big(\frac{\partial(v_h|_{T_1})}{\partial x_k} - \frac{\partial(v_h|_{T_2})}{\partial x_k}\Big)\,\mathrm{d}F\Big| \\ \lesssim\ &(h_{T_1} + h_{T_2})^{\frac{n}{2}+\epsilon}(\|v_h\|_{2,T_1} + \|v_h\|_{2,T_2}), \quad 1 \leqslant k \leqslant n,\ \forall v_h \in V_h,\end{aligned} \tag{6.4.5}$$

对任意两个相邻单元 $T_1, T_2 \in \mathcal{T}_h$ 的公共面 $F$ 和所有 $h$ 为真, 并且

$$\Big|\int_F \frac{\partial(v_h|_T)}{\partial x_k}\,\mathrm{d}F\Big| \lesssim h_T^{\frac{n}{2}+\epsilon}\|v_h\|_{2,T}, \quad 1 \leqslant k \leqslant n,\ \forall v_h \in V_{h0} \tag{6.4.6}$$

对所有自由面 $F \subset \partial T, T \in \mathcal{T}_h$ 和所有 $h$ 为真, 其中, $\epsilon$ 是与 $h$ 无关的正常数.

特殊地, 如果存在整数 $r \geqslant 0$, 使得

$$\int_F p\Big(\frac{\partial(v_h|_{T_1})}{\partial x_k} - \frac{\partial(v_h|_{T_2})}{\partial x_k}\Big)\,\mathrm{d}F = 0, \quad 1 \leqslant k \leqslant n,\ \forall p \in P_r(F),\ \forall v_h \in V_h \tag{6.4.7}$$

对任意两个相邻单元 $T_1, T_2 \in \mathcal{T}_h$ 的公共面 $F$ 和所有 $h$ 为真, 并且

$$\int_F p\frac{\partial(v_h|_T)}{\partial x_k}\,\mathrm{d}F = 0, \quad 1 \leqslant k \leqslant n,\ \forall p \in P_r(F),\ \forall v_h \in V_{h0} \tag{6.4.8}$$

对所有自由面 $F \subset \partial T, T \in \mathcal{T}_h$ 和所有 $h$ 为真, 则称 $F_2$ 检验为 $r$ 阶强 $F_2$ 检验.

### 6.4.3 $\boldsymbol{E_1}$–$\boldsymbol{M_1}$ 检验

称有限元 $(T, P_T, \boldsymbol{D}_T)$ 对 $2m$ 阶边值问题通过 $E_1$-$M_1$ 检验, 如果每个函数 $v_h \in V_h$ 能分解成两部分, 一个连续部分 $C_1(v_h)$ 和一个不连续的部分 $D_1(v_h)$,

$$v_h = C_1(v_h) + D_1(v_h), \tag{6.4.9}$$

它们具有如下性质: 在每个单元 $T \in \mathcal{T}_h$ 上, 不连续的部分 $D_1(v_h)$ 满足

$$\Big|\int_{\partial T} D_1(v_h)\nu_i \, \mathrm{d}s\Big| \lesssim h_T^{\frac{n}{2}+\epsilon}\|v_h\|_{m,T}, \quad 1 \leqslant i \leqslant n, \ \forall v_h \in V_h, \tag{6.4.10}$$

$$\int_{\partial T} |D_1(v_h)|^2 \, \mathrm{d}s \lesssim h_T^{-1+\epsilon}\|v_h\|_{m,T}^2, \quad \forall v_h \in V_h, \tag{6.4.11}$$

其中, $\epsilon$ 是与 $h$ 无关的正常数.

与强 $F_1$ 检验类似, 如果等式

$$\int_{\partial T} pD_1(v_h)\nu_i \, \mathrm{d}s = 0, \quad 1 \leqslant i \leqslant n, \ \forall p \in P_r(F), \ \forall v_h \in V_h \tag{6.4.12}$$

对所有单元 $T \in \mathcal{T}_h$ 成立, 则称该检验为强 $r$ 阶 $E_1$-$M_1$ 检验.

### 6.4.4 $\boldsymbol{E_2}$–$\boldsymbol{M_2}$ 检验

对四阶边值问题, 称有限元 $(T, P_T, \boldsymbol{D}_T)$ 通过 $E_2$-$M_2$ 检验, 如果一阶导数 $\dfrac{\partial v_h}{\partial x_k}$ 能分成两部分,

$$\frac{\partial v_h}{\partial x_k} = C_2\Big(\frac{\partial v_h}{\partial x_k}\Big) + D_2\Big(\frac{\partial v_h}{\partial x_k}\Big), \quad 1 \leqslant k \leqslant n, \ v_h \in V_h, \tag{6.4.13}$$

其中, $C_2\left(\dfrac{\partial v_h}{\partial x_k}\right)$ 是 $\varOmega$ 上的连续函数, $D_2\left(\dfrac{\partial v_h}{\partial x_k}\right)$ 是相应的余项, 并且在每个单元 $T \in \mathcal{T}_h$ 上, 不连续部分 $D_2\left(\dfrac{\partial}{\partial x_k}v_h\right)$ 满足条件

$$\Big|\int_{\partial T} D_2\Big(\frac{\partial v_h}{\partial x_k}\Big)\nu_i \, \mathrm{d}s\Big| \lesssim h_T^{\frac{n}{2}+\epsilon}\|v_h\|_{2,T}, \quad 1 \leqslant k, i \leqslant n, \ \forall v_h \in V_h, \tag{6.4.14}$$

$$\int_{\partial T} \Big|D_2\Big(\frac{\partial v_h}{\partial x_k}\Big)\Big|^2 \mathrm{d}s \lesssim h_T^{-1+\epsilon}\|v_h\|_{2,T}^2, \quad 1 \leqslant k \leqslant n, \ \forall v_h \in V_h, \tag{6.4.15}$$

其中, $\epsilon$ 是与 $h$ 无关的正常数.

如果等式

$$\int_{\partial T} pD_2\Big(\frac{\partial v_h}{\partial x_k}\Big)\nu_i \, \mathrm{d}s = 0, \quad 1 \leqslant k, i \leqslant n, \ \forall p \in P_r(F), \ \forall v_h \in V_h \tag{6.4.16}$$

对所有单元 $T \in \mathcal{T}_h$ 成立, 则称该检验为强 $r$ 阶 $E_2$-$M_2$ 检验.

**定理 6.4.1**　对有限元 $(T, P_T, \boldsymbol{D}_T)$ 和二阶边值问题 $(m=1)$, $F_1$ 检验或 $E_1$-$M_1$ 检验导致 $\{V_h, H^1(\Omega)\}$ 和 $\{V_{h0}, H_0^1(\Omega)\}$ 通过广义分片检验.

**证明**　首先, 令 $(T, P_T, \boldsymbol{D}_T)$ 通过 $F_1$ 检验. 只需要证明当 $1 \leqslant i \leqslant n$ 时,

$$\lim_{h\to 0} \sup_{\substack{w_h \in W_h \\ \|w_h\|_{1,h} \leqslant 1}} |T_{0,i}(\phi, w_h)| = \lim_{h\to 0} \sup_{\substack{w_h \in W_h \\ \|w_h\|_{1,h} \leqslant 1}} \Big| \sum_{T\in\mathcal{T}_h} \int_{\partial T} \phi w_h \nu_i \,\mathrm{d}s \Big| = 0 \tag{6.4.17}$$

对所有 $\phi \in C_0^\infty(\Omega)$ $(C_0^\infty(\mathbf{R}^n))$ 成立, 其中, $W_h$ 为 $V_h$ $(V_{h0})$.

令 $P_F^0$ 是式 (3.3.17) 定义的算子, 对 $g \in L^2(F)$ 记 $R_F^0 g = g - P_F^0 g$, 则有

$$\begin{aligned} T_{0,i}(\phi, w_h) = & \sum_{T\in\mathcal{T}_h} \sum_{F\subset\partial T} \int_F P_F^0 \phi R_F^0 w_h (\boldsymbol{\nu}_F)_i \,\mathrm{d}F \\ & + \sum_{T\in\mathcal{T}_h} \sum_{F\subset\partial T} \int_F R_F^0 \phi R_F^0 w_h (\boldsymbol{\nu}_F)_i \,\mathrm{d}F \\ & + \sum_{T\in\mathcal{T}_h} \sum_{F\subset\partial T} \int_F \phi P_F^0 w_h (\boldsymbol{\nu}_F)_i \,\mathrm{d}F. \end{aligned} \tag{6.4.18}$$

由 $P_F^0$ 和 $R_F^0$ 的定义, 式 (6.4.18) 右端的第一项为 0,

$$\sum_{T\in\mathcal{T}_h} \sum_{F\subset\partial T} \int_F P_F^0 \phi R_F^0 w_h (\boldsymbol{\nu}_F)_i \,\mathrm{d}F = 0. \tag{6.4.19}$$

应用 Schwarz 不等式和定理 3.3.5 得到

$$\Big| \int_F R_F^0 \phi R_F^0 w_h (\boldsymbol{\nu}_F)_i \,\mathrm{d}F \Big| \lesssim h |\phi|_{1,T} |w_h|_{1,T},$$

因此

$$\Big| \sum_{T\in\mathcal{T}_h} \sum_{F\subset\partial T} \int_F R_F^0 \phi R_F^0 w_h (\boldsymbol{\nu}_F)_i \,\mathrm{d}F \Big| \lesssim h |\phi|_{1,\Omega} |w_h|_{1,h}. \tag{6.4.20}$$

第三项为

$$\begin{aligned} & \sum_{T\in\mathcal{T}_h} \sum_{F\subset\partial T} \int_F \phi P_F^0 w_h (\boldsymbol{\nu}_F)_i \,\mathrm{d}F \\ = & \sum_{T\in\mathcal{T}_h} \Big( \frac{1}{2} \sum_{\substack{F\subset\partial T \\ F\not\subset\partial\Omega}} \int_F P_F^0 \phi [w_h] (\boldsymbol{\nu}_F)_i \,\mathrm{d}F + \sum_{\substack{F\subset\partial T \\ F\subset\partial\Omega}} \int_F P_F^0 \phi [w_h] (\boldsymbol{\nu}_F)_i \,\mathrm{d}F \Big). \end{aligned}$$

对于单元内面 $F$,

$$
\begin{aligned}
&\left|\int_F P_F^0\phi[w_h](\boldsymbol{\nu}_F)_i\,\mathrm{d}F\right|\\
=&\left|P_F^0\phi\int_F[w_h](\boldsymbol{\nu}_F)_i\,\mathrm{d}F\right|\\
=&\left|(P_F^0\phi-P_T^0\phi)\int_F[w_h](\boldsymbol{\nu}_F)_i\,\mathrm{d}F+P_T^0\phi\int_F[w_h](\boldsymbol{\nu}_F)_i\,\mathrm{d}F\right|\\
=&\left|\frac{1}{|F|}\int_F(P_F^0\phi-P_T^0\phi)\,\mathrm{d}F\int_F[w_h](\boldsymbol{\nu}_F)_i\,\mathrm{d}F+\frac{1}{|T|}\int_T P_T^0\phi\,\mathrm{d}\boldsymbol{x}\int_F[w_h](\boldsymbol{\nu}_F)_i\,\mathrm{d}F\right|\\
\leqslant&\frac{1}{|F|}\left|\int_F(P_F^0\phi-P_T^0\phi)\,\mathrm{d}F\right|\left|\int_F[w_h]\,\mathrm{d}F\right|+\frac{1}{|T|}\left|\int_T P_T^0\phi\,\mathrm{d}\boldsymbol{x}\right|\left|\int_F[w_h]\,\mathrm{d}F\right|\\
\leqslant&\frac{1}{|F|^{1/2}}|P_F^0\phi-P_T^0\phi|_{0,F}\left|\int_F[w_h]\,\mathrm{d}F\right|+\frac{1}{|T|^{1/2}}|P_T^0\phi|_{0,T}\left|\int_F[w_h]\,\mathrm{d}F\right|.
\end{aligned}
$$

由 $F_1$ 检验和定理 3.3.3~ 定理 3.3.5 得到

$$\left|\int_F P_F^0\phi[w_h](\boldsymbol{\nu}_F)_i\,\mathrm{d}F\right|\lesssim h^\epsilon\|\phi\|_{1,T}(\|w_h\|_{m,T}+\|w_h\|_{m,T'}),$$

其中, $T'$ 是满足 $F=T\cap T'$ 的单元. 当 $F$ 是自由面时, 要么 $P_F^0\phi=0$, 要么不等式 (6.4.2) 为真, 所以

$$\left|\int_F P_F^0\phi[w_h](\boldsymbol{\nu}_F)_i\,\mathrm{d}F\right|\lesssim h^\epsilon\|\phi\|_{1,T}\|w_h\|_{m,T}.$$

因此

$$\left|\sum_{T\in\mathcal{T}_h}\sum_{F\subset\partial T}\int_F\phi P_F^0w_h(\boldsymbol{\nu}_F)_i\,\mathrm{d}F\right|\lesssim h^\epsilon\|\phi\|_{1,\Omega}\|w_h\|_{m,h}. \tag{6.4.21}$$

综合式 (6.4.18)~ 式 (6.4.21), 就证明了式 (6.4.17).

现在令有限元 $(T,P_T,\boldsymbol{D}_T)$ 通过 $E_1$-$M_1$ 检验. 由函数 $w_h$ 的分解式 (6.4.9) 有

$$\sum_{T\in\mathcal{T}_h}\int_{\partial T}\phi C_1(w_h)\nu_i\,\mathrm{d}s=0$$

和

$$T_{0,i}(\phi,w_h)=\sum_{T\in\mathcal{T}_h}\int_{\partial T}\phi D_1(w_h)\nu_i\,\mathrm{d}s. \tag{6.4.22}$$

对 $v\in L^2(T)$, 记 $R_T^0v=v-P_T^0v$. 于是

$$T_{0,i}(\phi,w_h)=\sum_{T\in\mathcal{T}_h}\int_{\partial T}P_T^0\phi D_1(w_h)\nu_i\,\mathrm{d}s+\sum_{T\in\mathcal{T}_h}\int_{\partial T}R_T^0\phi D_1(w_h)\nu_i\,\mathrm{d}s. \tag{6.4.23}$$

应用式 (6.4.10) 和式 (6.4.11) 得到

$$\begin{aligned}\Big|\sum_{T\in\mathcal{T}_h}\int_{\partial T}P_T^0\phi D_1(w_h)\nu_i\,\mathrm{d}s\Big| &\leqslant \sum_{T\in\mathcal{T}_h}|P_T^0\phi|\Big|\int_{\partial T}D_1(w_h)\nu_i\,\mathrm{d}s\Big|\\ &=\sum_{T\in\mathcal{T}_h}|T|^{-1/2}|P_T^0\phi|_{0,T}\Big|\int_{\partial T}D_1(w_h)\nu_i\,\mathrm{d}s\Big|\\ &\lesssim h^{\epsilon}\|\phi\|_{0,\Omega}\|w_h\|_{m,h},\end{aligned}$$

$$\begin{aligned}\Big|\sum_{T\in\mathcal{T}_h}\int_{\partial T}R_T^0\phi D_1(w_h)\nu_i\,\mathrm{d}s\Big| &\leqslant \sum_{T\in\mathcal{T}_h}|R_T^0\phi|_{0,\partial T}|D_1(w_h)|_{0,\partial T}\\ &\lesssim h^{\epsilon}\sum_{T\in\mathcal{T}_h}|\phi|_{1,T}\|w_h\|_{m,h}\lesssim h^{\epsilon}|\phi|_{1,\Omega}\|w_h\|_{m,h},\end{aligned}$$

因此

$$|T_{0,i}(\phi,w_h)|\lesssim h^{\epsilon}\|\phi\|_{1,\Omega}\|w_h\|_{m,h}. \tag{6.4.24}$$

等式 (6.4.17) 得证. □

**定理 6.4.2** 对于有限元 $(T,P_T,\boldsymbol{D}_T)$ 和四阶椭圆边值问题 $(m=2)$, $F_1$ 检验或 $E_1$-$M_1$ 检验与 $F_2$ 检验或 $E_2$-$M_2$ 检验一起导致 $\{V_h,H^2(\Omega)\}$ 和 $\{V_{h0},H_0^2(\Omega)\}$ 都通过广义分片检验.

定理 6.4.2 的证明与定理 6.4.1 的证明类似. □

定理 6.4.1 和定理 6.4.2 说明在逼近性成立的前提下, F-E-M 检验是有限元收敛的充分条件.

### 6.4.5 F-E-M 检验的操作步骤

对于二阶边值问题 $(m=1)$, F-E-M 检验按下面两步进行:

**步骤 $\mathbf{I_1}$** 在单元内面和自由面上验证 $F_1$ 检验, 如果通过了, 则收敛性得到保证.

**步骤 $\mathbf{I_2}$** 如果 $F_1$ 检验失败, 在每个单元上验证 $E_1$-$M_1$ 检验. 检验时需要形函数 $v_h$ 的一个分解. 当单元的顶点是节点时, $v_h$ 的相关的线性或 $n$ 线性 Lagrange 插值多项式是式 (6.4.9) 中连续部分 $C_1(v_h)$ 最好的选择. 不连续部分 $D_1(v_h)$ 是插值多项式的余项. 由插值理论和逆不等式得

$$\int_{\partial T}|D_1(v_h)|^2\,\mathrm{d}s\lesssim h_T^3|v_h|_{2,T}^2\lesssim h_T|v_h|_{1,T}^2. \tag{6.4.25}$$

不等式 (6.4.25) 显然导致条件 (6.4.11) 成立. 因此, 只有条件 (6.4.10) 需要验证, 如果通过了则得到收敛性质. □

对于四阶问题 ($m=2$) 需要进行下面三步：

**步骤 $\mathbf{II_1}$** 验证 $F_1$ 检验. 如果形函数 $v_h$ 在单元的每个面上有 $n$ 个不在同一 $(n-2)$ 维超平面上的连续点 (函数值节点), 则由插值理论可知条件 (6.4.1) 和条件 (6.4.2) 对 $m=2$ 成立.

也可以验证 $E_1$-$M_1$ 检验. 如果形函数 $v_h$ 在单元的顶点处连续, 则条件 (6.4.10) 和条件 (6.4.11) 对 $m=2$ 成立. 在此情形下, 式 (6.4.25) 的第一个不等式即

$$\int_{\partial T}|D_1(v_h)|^2\,\mathrm{d}s\lesssim h_T^3|v_h|_{2,T}^2,$$

导出 $m=2$ 时 $E_1$-$M_1$ 检验的两个条件.

**步骤 $\mathbf{II_2}$** 验证 $F_2$ 检验. 如果通过该检验且步骤 $\mathbf{II}_1$ 成功, 则收敛性得到保证.

**步骤 $\mathbf{II_3}$** 如果 $F_2$ 检验失败, 则验证 $E_2$-$M_2$ 检验. 这时需要一阶导数 $\dfrac{\partial}{\partial x_k}v_h$ 的某种分解. 如果 $\dfrac{\partial}{\partial x_k}v_h$ 在单元的顶点处连续, 则可以选择 $\dfrac{\partial}{\partial x_k}v_h$ 对应的线性或 $n$ 线性插值多项式为 $\dfrac{\partial}{\partial x_k}v_h$ 在分解式 (6.4.13) 中的连续部分. 余项 $D_2\left(\dfrac{\partial}{\partial x_k}v_h\right)$ 则满足

$$\int_{\partial T}\left|D_2\left(\frac{\partial v_h}{\partial x_k}\right)\right|^2\mathrm{d}s\lesssim h_T|v_h|_{2,T}^2,\quad 1\leqslant k\leqslant n,\tag{6.4.26}$$

不等式 (6.4.26) 导致条件 (6.4.15) 成立. 此时, 只有条件 (6.4.14) 需要验证, 如果通过了且步骤 $\mathbf{II}_1$ 成功, 就得到了收敛性. □

现在对一些非协调元验证 F-E-M 检验. 令 $V_h$ 和 $V_{h0}$ 所考虑的有限元对应的空间, $v_h\in V_h$.

### 6.4.6 四边形 Wilson 元

令 $\hat{T}=[-1,1]^2$. 对每个 $T\in\mathcal{T}_h$, 记其顶点为 $\boldsymbol{a}_j=(x_{1j},x_{2j})^{\mathrm{T}}$ $(1\leqslant j\leqslant 4)$, 则用式 (3.6.4) 定义 $\boldsymbol{\varPsi}_T$ 时, $T=\boldsymbol{\varPsi}_T\hat{T}$.

假设存在与 $h$ 无关的正数 $\epsilon$, 使得 HQ($\epsilon$) 对所有的 $T\in\mathcal{T}_h$ 和所有的 $h$ 成立.

四边形 Wilson 元的 $v_h$ 在单元 $T\in\mathcal{T}_h$ 所有顶点处连续. 令 $\hat{\varPi}_{\hat{T}}$ 为 $\hat{T}$ 上相应的双线性插值算子, 则在单元 $T$ 上 $C_1(v_h)$ 定义如下：

$$C_1(v_h)(\boldsymbol{x})=(\hat{\varPi}_{\hat{T}}\widehat{v_h|_T})(\hat{\boldsymbol{x}}),\quad \boldsymbol{x}=\boldsymbol{\varPsi}_T\hat{\boldsymbol{x}},\ \forall\hat{\boldsymbol{x}}\in\hat{T}.\tag{6.4.27}$$

容易验证 $C_1(v_h)\in H^1(\varOmega)$ 且当 $v_h\in V_{h0}$ 时, $C_1(v_h)\in H_0^1(\varOmega)$. 令 $D_1(v_h)$ 是余项, 则定理 3.6.1 和逆不等式导致式 (6.4.11) 对 $\epsilon=2$ 成立.

由式 (2.5.9) 得知 $D_1(v_h)$ 具有下述形式：

$$D_1(v_h)(\boldsymbol{x}) = \frac{1}{8}(\hat{x}_1^2 - 1)t_1 + \frac{1}{8}(\hat{x}_2^2 - 1)t_2, \quad \boldsymbol{x} = \boldsymbol{\Psi}_T\hat{\boldsymbol{x}},\ \hat{\boldsymbol{x}} \in \hat{T}, \tag{6.4.28}$$

其中, $t_i$ 由下式定义：

$$t_i = \int_{\hat{T}} \frac{\partial^2 \hat{v}_h}{\partial \hat{x}_i^2}\,\mathrm{d}\hat{\boldsymbol{x}}, \quad i = 1, 2. \tag{6.4.29}$$

取 $j = 1$,

$$\int_{\partial T} D_1(v_h)\nu_1\,\mathrm{d}s = \int_T \frac{\partial}{\partial x_1} D_1(v_h)\,\mathrm{d}\boldsymbol{x}.$$

在上式右端的项中作坐标变换 $\boldsymbol{x} = \boldsymbol{\Psi}_T\hat{\boldsymbol{x}}$, 则有

$$\begin{aligned}\int_{\partial T} D_1(v_h)\nu_1\,\mathrm{d}s =& \frac{1}{4}\sum_{i=1}^{2} t_i \int_{\hat{T}} \hat{x}_i \frac{\partial \hat{x}_i}{\partial x_1} |J_{\boldsymbol{\Psi}_T}|\,\mathrm{d}\hat{\boldsymbol{x}} \\ =& \frac{1}{4}\int_{\hat{T}} \Big( t_1\hat{x}_1 \frac{\partial x_2}{\partial \hat{x}_2} - t_2\hat{x}_2\frac{\partial x_2}{\partial \hat{x}_1}\Big)\,\mathrm{d}\hat{\boldsymbol{x}} \\ =& \frac{1}{12}(t_1 - t_2)(x_{21} - x_{22} + x_{23} - x_{24}).\end{aligned}$$

注意

$$\frac{1}{2}|x_{21} - x_{22} + x_{23} - x_{24}| \leqslant d_T$$

和

$$|t_1| + |t_2| \leqslant 2|\hat{v}_h|_{2,\hat{T}} \lesssim |v_h|_{1,T}, \tag{6.4.30}$$

对 $j = 1$ 得到

$$\Big|\int_{\partial T} D_1(v_h)\nu_j\,\mathrm{d}s\Big| \lesssim d_T |v_h|_{1,T}. \tag{6.4.31}$$

类似地, 当 $j = 2$ 时也成立. 由 HQ($\epsilon$) 最终得到

$$\Big|\int_{\partial T} D_1(v_h)\nu_j\,\mathrm{d}s\Big| \lesssim h_T^{1+\epsilon} |v_h|_{1,T}. \tag{6.4.32}$$

如果存在与 $h$ 无关的正数 $\epsilon$, 使得 HQ($\epsilon$) 对所有的 $T \in \mathcal{T}_h$ 和所有的 $h$ 成立, 则四边形 Wilson 元通过 $E_1$-$M_1$ 检验. □

### 6.4.7　8 参数四边形元

8 参数四边形元的 $v_h$ 在三角形 $T \in \mathcal{T}_h$ 的每条边的端点 $\boldsymbol{a}_1, \boldsymbol{a}_2$ 和中点 $\frac{1}{2}(\boldsymbol{a}_1 + \boldsymbol{a}_2)$ 连续. 因为

$$\int_F p\,\mathrm{d}F = \frac{|F|}{6}\Big(p(\boldsymbol{a}_1) + 4p\left(\frac{1}{2}(\boldsymbol{a}_1 + \boldsymbol{a}_2)\right) + p(\boldsymbol{a}_2)\Big), \quad \forall p \in P_3(F)$$

和 $v_h|_F \in P_3(F)$, 当 $F = T \cap T'$ 是单元内边时,

$$\int_F (v_h|_T - v_h|_{T'})\,\mathrm{d}F = 0.$$

如果 $v_h \in V_{h0}$ 且 $F$ 是自由边, 则 $v_h(\boldsymbol{a}_1) = v_h(\boldsymbol{a}_2) = v_h\left(\frac{1}{2}(\boldsymbol{a}_1 + \boldsymbol{a}_2)\right) = 0$, 因此

$$\int_F v_h\,\mathrm{d}F = 0.$$

该有限元通过 0 阶强 $F_1$ 检验. □

### 6.4.8 15 参数三角形板元

该有限元满足 $V_h \subset H^1(\Omega)$ 和 $V_{h0} \subset H_0^1(\Omega)$. 因此, 它们通过任意阶的强 $F_1$ 检验. 因为 $V_h$ 中的函数的两个一阶导数在单元内边上的积分平均值的跳跃为零, 并且 $V_{h0}$ 中函数的两个一阶导数在自由边上的积分平均值为零, 所以它们都通过 0 阶强 $F_2$ 检验. □

到目前为止, 已经讨论了一些非协调元的收敛性质. 表 6.4.1 和表 6.4.2 列出了有关的收敛结果.

**表 6.4.1**

| 二阶问题的有限元 | $P_r(T) \subset P_T$ | $\|u - u_h\|_{1,h}$ | 条件 |
|---|---|---|---|
| Crouzeix-Raviart 元 | $r=1$ | $O(h)$ | |
| Wilson 元 | $r=2$ | $O(h)$ | |
| 矩形 C-R 元 | $r=1$ | $O(h)$ | |
| 四边形 Wilson 元 | | $O(h)$ | HQ($\epsilon$) |
| 8 参数四边形元 | $r=2$ | $O(h)$ | HQ($\epsilon$) |
| 12 参数四边形元 | $r=3$ | $O(h^{\min\{1,\epsilon\}})$ | HQ($\epsilon$) |

**表 6.4.2**

| 四阶问题的有限元 | $P_r(T) \subset P_T$ | $\|u - u_h\|_{2,h}$ | 条件 |
|---|---|---|---|
| Morley 元 | $r=2$ | $O(h)$ | |
| Zienkiewicz 元 ($n=2$) | $r=2$ | $O(h)$ | 平行线 |
| Morley-Zienkiewicz 元 | $r=2$ | $O(h)$ | |
| 修正 Zienkiewicz 元 | $r=2$ | $O(h)$ | |
| 12 参数三角形板元 | $r=3$ | $O(h^2)$ | |
| 15 参数三角形板元 | $r=4$ | $O(h)$ | |
| 三次四面体元 | $r=3$ | $O(h)$ | |
| 矩形 Morley 元 | $r=2$ | $O(h)$ | |
| Adini 元 | $r=3$ | $O(h)$ | |
| Bogner-Fox-Schmit 元 ($n \geqslant 3$) | $r=3$ | $O(h)$ | |

## 6.5 超逼近性

本节讨论常规有限元簇的超逼近性质. 设 $\mathcal{F}$ 是常规有限元簇. 首先讨论 $\mathcal{F}$ 中的有限元 $(T, P_T, \boldsymbol{D}_T)$ 对应的插值算子 $\Pi_T$, 然后讨论 $\mathcal{F}$ 和 $\mathcal{T}_h$ 对应的 $\Pi_h$, 最后讨论对应的投影平均算子 $\Pi_h^p$ 和 $\Pi_{h0}^p$.

**引理 6.5.1** 设 $\mathcal{F}$ 是常规有限元簇, $m$ 是正整数且 $\eta > 0$. 假设存在整数 $r > m$ 满足 $r - \kappa > \dfrac{n}{2}$, 并且 $P_{r-1}(T) \subset P_T$ $(\forall (T, P_T, \boldsymbol{D}_T) \in \mathcal{F})$, 则

$$\sum_{j=0}^{m} h_T^j |\psi p - \Pi_T(\psi p)|_{j,T} \lesssim h_T^{m+1} \|p\|_{m,T} \|\psi\|_{r,\infty,T} \tag{6.5.1}$$

对 $\forall p \in P_T$, $\forall \psi \in C^r(T)$, $\mathcal{F}$ 中任意满足 $\eta h_T \leqslant \rho_T$ 的 $(T, P_T, \boldsymbol{D}_T)$ 成立.

**证明** 取 $p \in P_T$ 及 $\psi \in C^r(T)$. 令 $P_T^0$ 是 $L^2(T)$ 到 $P_0(T)$ 的正交投影算子. 因为 $\Pi_T p = p$, 所以

$$\psi p - \Pi_T(\psi p) = (\psi - P_T^0 \psi) p - \Pi_T((\psi - P_T^0 \psi) p).$$

由插值理论得

$$\sum_{j=0}^{m} h_T^j |\psi p - \Pi_T(\psi p)|_{j,T} \lesssim h_T^r |(\psi - P_T^0 \psi) p|_{r,T}. \tag{6.5.2}$$

利用求导数的法则和插值结果有

$$h_T^r |(\psi - P_T^0 \psi) p|_{r,T} \lesssim h_T^{r+1} |\psi|_{1,\infty,T} |p|_{r.T} + h_T^r \|\psi\|_{r,\infty,T} \|p\|_{r-1.T}.$$

由逆不等式得

$$h_T^r |(\psi - P_T^0 \psi) p|_{r,T} \lesssim h_T^{m+1} \|\psi\|_{r,\infty,T} \|p\|_{m,T},$$

再由式 (6.5.2) 得到了式 (6.5.1). □

由引理 6.5.1 和 $\Pi_h$ 的定义直接可以得到下面的定理:

**定理 6.5.1** 设 $\mathcal{F}$ 是常规有限元簇, $m$ 是正整数. 假设存在整数 $r > m$ 满足 $r - \kappa > \dfrac{n}{2}$, 并且 $P_{r-1}(T) \subset P_T$ $(\forall (T, P_T, \boldsymbol{D}_T) \in \mathcal{F})$, 则当 $0 \leqslant j \leqslant m$ 时,

$$|\psi v_h - \Pi_h(\psi v_h)|_{j,h} \lesssim h^{m+1-j} \|v_h\|_{m,h} \|\psi\|_{r,\infty,\Omega} \tag{6.5.3}$$

对 $\forall v_h \in V_h$ 和 $\forall \psi \in C^r(\bar{\Omega})$ 成立.

定理 6.5.1 说明当定理的假设成立时, 如果对所有的 $(v_h, \varphi) \in V_{h0} \times C^r(\bar{\Omega})$ 和所有 $(v_h, \varphi) \in V_h \times C_0^r(\Omega)$ 都有 $\Pi_h(\varphi v_h) \in V_{h0}$, 则超逼近性为真. 但是, 有些有限元并不满足这一条件, 如 Morley 元. 所以, 要讨论更一般的情形.

**引理 6.5.2** 设 $\mathcal{F}$ 是常规有限元簇, $m$ 是正整数且 $\eta > 0$. 假设存在整数 $r > m$, 使得 $P_{r-1}(T) \subset P_T$ $(\forall (T, P_T, D_T) \in \mathcal{F})$. 则

$$\sum_{j=0}^{m} h_T^j |\psi p - P^T(\psi p)|_{j,T} \lesssim h_T^{m+1} \|p\|_{m,T} \|\psi\|_{r,\infty,T} \tag{6.5.4}$$

对 $\forall p \in P_T$, $\forall \psi \in C^r(T)$, $\mathcal{F}$ 中任意满足 $\eta h_T \leqslant \rho_T$ 的 $(T, P_T, \boldsymbol{D}_T)$ 成立.

**证明** 取 $p \in P_T$ 及 $\psi \in C^r(T)$. 因为 $P^T p = p$, 所以

$$\psi p - P^T(\psi p) = (\psi - P_T^0 \psi) p - P^T((\psi - P_T^0 \psi) p).$$

利用引理 35.6 的结论和引理 6.5.1 的证明方法就可以得到引理 6.5.2 的结论. □

**定理 6.5.2** 设 $\mathcal{F}$ 是常规有限元簇, $m$ 是正整数, 并且存在整数 $r > m$, 使得 $P_{r-1}(T) \subset P_T$ $(\forall (T, P_T, \boldsymbol{D}_T) \in \mathcal{F})$. 如果 $V_h$ 具有 $m$ 阶弱连续性, 则当 $0 \leqslant j \leqslant m$ 时,

$$|\psi v_h - \Pi_h^p(\psi v_h)|_{j,h} \lesssim h^{m+1-j} \|v_h\|_{m,h} \|\psi\|_{r',\infty,\Omega} \tag{6.5.5}$$

对所有 $(v_h, \psi) \in V_h \times C^{r'}(\bar{\Omega})$ 成立, 其中, $r' = \max\{r, k(1), \cdots, k(L)\}$.

**证明** 取 $v \in V_h$, $\psi \in C^{r'}(\bar{\Omega})$. 记 $\omega = P_h(\psi v)$, $w = \omega - \Pi_h^p(\psi v)$. 令 $j \in \{0, 1, \cdots, m\}$, 由引理 6.5.2 得到

$$|\psi v - \omega|_{j,h} \lesssim h^{m+1-j} \|v\|_{m,h} \|\psi\|_{r,\infty,\Omega}. \tag{6.5.6}$$

令 $T \in \mathcal{T}_h$, 则 $w|_T \in P_T$. 从引理 3.5.4 和逆不等式得

$$|w|_{j,T}^2 \lesssim h_T^{n-2j} \sum_{1 \leqslant i \leqslant k_2} h_T^{2k(i)} |d_{i,T}(w|_T)|^2. \tag{6.5.7}$$

现在令 $1 \leqslant i \leqslant k_2$, 利用求导法则有

$$D_{i,T}(\bar{\psi}\bar{\varphi}) = \sum_{|\boldsymbol{\alpha}| = k(i)} \eta_{i,T,\boldsymbol{\alpha}} \sum_{\boldsymbol{\beta} \leqslant \boldsymbol{\alpha}} b_{\boldsymbol{\alpha\beta}} \partial^{\boldsymbol{\alpha}-\boldsymbol{\beta}} \bar{\psi} \partial^{\boldsymbol{\beta}} \bar{\varphi}, \quad \forall \bar{\psi}, \bar{\varphi} \in C^{k(i)}(T), \tag{6.5.8}$$

其中, $b_{\boldsymbol{\alpha\beta}}$ 是只与 $\boldsymbol{\alpha}, \boldsymbol{\beta}$ 有关的常数. 当 $1 \leqslant i \leqslant k_1$ 时, 记 $G_i = \{\boldsymbol{a}_{i,T}\}$, 否则记 $G_i = F_{i,T}$. 对 $\bar{\psi} \in C(T)$, 定义

$$I_{i,T}\bar{\psi} = \begin{cases} \bar{\psi}(\boldsymbol{a}_{i,T}), & 1 \leqslant i \leqslant k_1, \\ \dfrac{1}{|F_{i,T}|} \displaystyle\int_{F_{i,T}} \bar{\psi} \, \mathrm{d}F_{i,T}, & k_1 < i \leqslant k_2. \end{cases}$$

如果 $N_h^c(G_i)=1$, 由 $\Pi_h^p$ 的定义得 $d_{i,T}(w|_T)=0$, 所以考虑 $N_h^c(G_i)>1$ 的情况. 由 $\Pi_h^p$ 的定义得

$$\begin{aligned}d_{i,T}(w|_T)&=I_{i,T}D_{i,T}(\omega|_T)-\frac{1}{N_h^c(G_i)}\sum_{T'\in S_h^c(G_i)}I_{i,T}D_{i,T}(\omega|_{T'})\\&=\frac{1}{N_h^c(G_i)}\sum_{T'\in S_h^c(G_i)}\big(I_{i,T}D_{i,T}(\omega|_T)-I_{i,T}D_{i,T}(\omega|_{T'})\big),\end{aligned}$$

进而得到

$$|d_{i,T}(w|_T)|\lesssim\sum_{T'\in S_h^c(G_i)}\big|I_{i,T}D_{i,T}(\omega|_T)-I_{i,T}D_{i,T}(\omega|_{T'})\big|. \tag{6.5.9}$$

对于 $T'\in S_h^c(G_i)$, $T'\neq T$, 存在 $T_1,\cdots,T_l\in S_h^c(G_i)$ 满足 $T_1=T$, $T_l=T'$ 且 $T_k\cap T_{k+1}$ $(1\leqslant k\leqslant l-1)$ 是 $T_k$ 与 $T_{k+1}$ 包含 $G_i$ 的公共面. 记 $\tilde F_k=T_k\cap T_{k+1}$, 则

$$\big|I_{i,T}D_{i,T}(\omega|_T)-I_{i,T}D_{i,T}(\omega|_{T'})\big|\lesssim\sum_{k=1}^{l-1}\big|I_{i,T}D_{i,T}(\omega|_{T_k})-I_{i,T}D_{i,T}(\omega|_{T_{k+1}})\big|.$$

令 $1\leqslant k<l$, 当 $s=k,\ k+1$ 时,

$$\omega|_{T_s}=P^{T_s}\big((\psi-P^0_{T_s}\psi)v|_{T_s}\big)-(\psi-P^0_{T_s}\psi)v|_{T_s}+\psi v|_{T_s}.$$

因为

$$I_{i,T}D_{i,T}(v|_{T_k})=I_{i,T}D_{i,T}(v|_{T_{k+1}}),$$

所以由式 (6.5.8) 和式 (3.2.7),

$$\begin{aligned}&I_{i,T}D_{i,T}(\psi v|_{T_k})-I_{i,T}D_{i,T}(\psi v|_{T_{k+1}})\\=&\sum_{|\boldsymbol\alpha|=k(i)}\eta_{i,T,\boldsymbol\alpha}\sum_{\boldsymbol\beta<\boldsymbol\alpha}b_{\boldsymbol{\alpha\beta}}I_{i,T}\Big(\partial^{\boldsymbol\alpha-\boldsymbol\beta}\psi\big(\partial^{\boldsymbol\beta}(v|_{T_k})-\partial^{\boldsymbol\beta}(v|_{T_{k+1}})\big)\Big)\\&+\sum_{|\boldsymbol\alpha|=k(i)}\eta_{i,T,\boldsymbol\alpha}I_{i,T}\Big((\psi-P^0_T\psi)\big(\partial^{\boldsymbol\alpha}(v|_{T_k})-\partial^{\boldsymbol\alpha}(v|_{T_{k+1}})\big)\Big),\end{aligned}$$

进而

$$\begin{aligned}&\big|I_{i,T}D_{i,T}(\omega|_{T_k})-I_{i,T}D_{i,T}(\omega|_{T_{k+1}})\big|\\\lesssim&\sum_{s=k}^{k+1}\sum_{|\boldsymbol\alpha|=k(i)}\Big|I_{i,T}\Big(\partial^{\boldsymbol\alpha}P^{T_s}\big((\psi-P^0_{T_s}\psi)v|_{T_s}\big)-\partial^{\boldsymbol\alpha}\big((\psi-P^0_{T_s}\psi)v|_{T_s}\big)\Big)\Big|\\&+\sum_{|\boldsymbol\alpha|=k(i)}\sum_{\boldsymbol\beta<\boldsymbol\alpha}\Big|I_{i,T}\Big(\partial^{\boldsymbol\alpha-\boldsymbol\beta}\psi\big(\partial^{\boldsymbol\beta}(v|_{T_k})-\partial^{\boldsymbol\beta}(v|_{T_{k+1}})\big)\Big)\Big|\\&+\sum_{|\boldsymbol\alpha|=k(i)}\Big|I_{i,T}\Big((\psi-P^0_T\psi)\big(\partial^{\boldsymbol\alpha}(v|_{T_k})-\partial^{\boldsymbol\alpha}(v|_{T_{k+1}})\big)\Big)\Big|.\end{aligned}$$

由式 (3.5.26), 插值定理和逆不等式得到

$$\sum_{|\boldsymbol{\alpha}|=k(i)}\left|I_{i,T}\Big(\partial^{\boldsymbol{\alpha}}P^{T_s}\big((\psi-P^0_{T_s}\psi)v|_{T_s}\big)-\partial^{\boldsymbol{\alpha}}\big((\psi-P^0_{T_s}\psi)v|_{T_s}\big)\Big)\right|$$

$$\lesssim h_T^{r-k(i)-\frac{n}{2}}|(\psi-P^0_{T_s}\psi)v|_{r,T_s}\lesssim h_T^{m+1-k(i)-\frac{n}{2}}\|\psi\|_{r,\infty,T_s}\|v\|_{m,T_j}.$$

由引理 5.2.1 得到

$$\sum_{|\boldsymbol{\alpha}|=k(i)}\sum_{\substack{\boldsymbol{\beta}<\boldsymbol{\alpha}\\|\boldsymbol{\beta}|<m}}\left|I_{i,T}\Big(\partial^{\boldsymbol{\alpha}-\boldsymbol{\beta}}\psi\big(\partial^{\boldsymbol{\beta}}(v|_{T_k})-\partial^{\boldsymbol{\beta}}(v|_{T_{k+1}})\big)\Big)\right|$$

$$\lesssim\|\psi\|_{k(i),\infty,\Omega}\sum_{|\boldsymbol{\alpha}|=k(i)}\sum_{\substack{\boldsymbol{\beta}<\boldsymbol{\alpha}\\|\boldsymbol{\beta}|<m}}h_T^{m-|\boldsymbol{\beta}|-\frac{n}{2}}(|v|_{m,T_k}+|v|_{m,T_{k+1}})$$

$$\lesssim h_T^{m+1-k(i)-\frac{n}{2}}\|\psi\|_{k(i),\infty,\Omega}(|v|_{m,T_k}+|v|_{m,T_{k+1}}).$$

由逆不等式得到

$$\sum_{|\boldsymbol{\alpha}|=k(i)}\sum_{\substack{\boldsymbol{\beta}<\boldsymbol{\alpha}\\|\boldsymbol{\beta}|\geqslant m}}\left|I_{i,T}\Big(\partial^{\boldsymbol{\alpha}-\boldsymbol{\beta}}\psi\big(\partial^{\boldsymbol{\beta}}(v|_{T_k})-\partial^{\boldsymbol{\beta}}(v|_{T_{k+1}})\big)\Big)\right|$$

$$\lesssim\|\psi\|_{k(i),\infty,\Omega}\sum_{|\boldsymbol{\alpha}|=k(i)}\sum_{\substack{\boldsymbol{\beta}<\boldsymbol{\alpha}\\|\boldsymbol{\beta}|\geqslant m}}h_T^{-\frac{n}{2}}(|v|_{|\boldsymbol{\beta}|,T_k}+|v|_{|\boldsymbol{\beta}|,T_{k+1}})$$

$$\lesssim\|\psi\|_{k(i),\infty,\Omega}\sum_{|\boldsymbol{\alpha}|=k(i)}\sum_{\substack{\boldsymbol{\beta}<\boldsymbol{\alpha}\\|\boldsymbol{\beta}|\geqslant m}}h_T^{m-|\boldsymbol{\beta}|-\frac{n}{2}}(|v|_{m,T_k}+|v|_{m,T_{k+1}})$$

$$\lesssim h_T^{m+1-k(i)-\frac{n}{2}}\|\psi\|_{k(i),\infty,\Omega}(|v|_{m,T_k}+|v|_{m,T_{k+1}}).$$

由插值结果得

$$\sum_{|\boldsymbol{\alpha}|=k(i)}\left|I_{i,T}\Big((\psi-P^0_T\psi)(\partial^{\boldsymbol{\alpha}}(v|_{T_k})-\partial^{\boldsymbol{\alpha}}(v|_{T_{k+1}}))\Big)\right|$$

$$\lesssim h_T|\psi|_{1,\infty,\Omega}\sum_{|\boldsymbol{\alpha}|=k(i)}\left|I_{i,T}(\partial^{\boldsymbol{\alpha}}(v|_{T_k})-\partial^{\boldsymbol{\alpha}}(v|_{T_{k+1}}))\right|.$$

如果 $k(i)<m$, 则由引理 5.2.1 得到

$$\sum_{|\boldsymbol{\alpha}|=k(i)}\left|I_{i,T}\Big((\psi-P^0_T\psi)(\partial^{\boldsymbol{\alpha}}(v|_{T_k})-\partial^{\boldsymbol{\alpha}}(v|_{T_{k+1}}))\Big)\right|$$

$$\lesssim h_T^{m+1-k(i)-\frac{n}{2}}|\psi|_{1,\infty,\Omega}(|v|_{m,T_k}+|v|_{m,T_{k+1}}),$$

否则由逆不等式仍然得到上式.

记 $\bar{k}(i) = \max\{k(i), 1\}$, 总结上面的推导可以得到

$$|d_{i,T}(w|_T)|^2 \lesssim \|\psi\|^2_{\bar{k}(i),\infty,\Omega} \sum_{T' \in S_h(G_i)} h_T^{2m+2-2k(i)-n} |v|^2_{m,T'}. \tag{6.5.10}$$

将式 (6.5.10) 代入式 (6.5.7) 得

$$|w|^2_{j,T} \lesssim h_T^{2m+2-2j} \|\psi\|^2_{r',\infty,\Omega} \sum_{T' \in S_h(T)} |v|^2_{m,T'},$$

再将上式对所有 $T \in \mathcal{T}_h$ 求和得

$$|w|^2_{j,h} \lesssim h^{2m+2-2j} \|\psi\|^2_{r',\infty,\Omega} \sum_{T \in \mathcal{T}_h} \sum_{T' \in S_h(T)} |v|^2_{m,T'},$$

这样就得到

$$|\omega - \Pi_h^p(\psi v)|_{j,h} \lesssim h^{m+1-j} \|\psi\|_{r',\infty,\Omega} |v|_{m,h}. \tag{6.5.11}$$

最后, 由式 (6.5.6) 和式 (6.5.11) 得到定理的结论. □

**定理 6.5.3** 设 $\mathcal{F}$ 是常规有限元簇, $m$ 是正整数, 并且存在整数 $r > m$, 使得 $P_{r-1}(T) \subset P_T$ $(\forall (T, P_T, D_T) \in \mathcal{F})$. 如果 $V_h$ 具有 $m$ 阶弱连续性且 $V_{h0}$ 在 $\partial\Omega$ 上具有 $m$ 阶弱零性, 则当 $0 \leqslant j \leqslant m$ 时,

$$|\psi v_h - \Pi_{h0}^p(\psi v_h)|_{j,h} \lesssim h^{m+1-j} \|v_h\|_{m,h} \|\psi\|_{r',\infty,\Omega} \tag{6.5.12}$$

对所有 $(v_h, \psi) \in V_h \times C_0^\infty(\Omega)$ 和所有 $(v_h, \psi) \in V_{h0} \times C^\infty(\bar{\Omega})$ 成立, 其中, $r' = \max\{r, k(1), \cdots, k(L)\}$.

**证明** 取 $(v, \psi) \in V_h \times C_0^\infty(\Omega)$ 或者 $(v, \psi) \in V_{h0} \times C^\infty(\bar{\Omega})$. 记 $\omega = P_h(\psi v)$, $w = \omega - \Pi_{h0}^p(\psi v)$. 令 $j \in \{0, 1, \cdots, m\}$. 对于这里的 $v, \psi, \omega, w$, 定理 6.5.2 证明中的式 (6.5.6), 式 (6.5.7) 也成立.

仍然采用定理 6.5.2 证明中的记号. 当 $G_i \not\subset \partial\Omega$ 或者 $G_i \subset \partial\Omega$, 但是 $d_{i,T}(\phi)$ 对所有 $\phi \in C^\kappa(\Omega) \cap H_0^m(\Omega)$ 不全为零时, 式 (6.5.10) 仍然成立.

现在考虑这样的情形: $1 \leqslant i \leqslant k_2$, 并且 $d_{i,T}(\phi) = 0$ $(\forall \phi \in C^\kappa(\Omega) \cap H_0^m(\Omega))$. 此时, $d_{i,T}(\Pi_{h0}^p(\psi v)) = 0$,

$$d_{i,T}(w|_T) = I_{i,T} D_{i,T}(\omega|_T) = I_{i,T} D_{i,T}(P_h(\psi v|_T)),$$

存在 $T' \in S_h^c(G_i)$ 满足 $T'$ 的一个面 $F' \subset \partial\Omega$ 且 $G_i \subset F'$, 所以

$$|d_{i,T}(w|_T)| \leqslant |I_{i,T} D_{i,T}(\omega|_T) - I_{i,T} D_{i,T}(\omega|_{T'})| + |I_{i,T} D_{i,T}(\omega|_{T'})|. \tag{6.5.13}$$

对于式 (6.5.13) 右端的第二项有

$$\omega|_{T'} = P^{T'}\big((\psi - P^0_{T'}\psi)v|_{T'}\big) - (\psi - P^0_{T'}\psi)v|_{T'} + \psi v|_{T'}.$$

当 $v \in V_{h0}$ 时, $I_{i,T}D_{i,T}(v|_{T'}) = 0$, 而当 $\psi \in C_0^\infty(\Omega)$ 时, $\psi|_{F'} \equiv 0$, 所以由式 (6.5.8) 和式 (3.2.7),

$$\begin{aligned} I_{i,T}D_{i,T}(\psi v|_{T'}) = &\sum_{|\boldsymbol{\alpha}|=k(i)} \eta_{i,T,\boldsymbol{\alpha}} \sum_{\boldsymbol{\beta}<\boldsymbol{\alpha}} b_{\boldsymbol{\alpha}\boldsymbol{\beta}} I_{i,T}\Big(\partial^{\boldsymbol{\alpha}-\boldsymbol{\beta}}\psi\partial^{\boldsymbol{\beta}}(v|_{T'})\Big) \\ &+ \sum_{|\boldsymbol{\alpha}|=k(i)} \eta_{i,T,\boldsymbol{\alpha}} I_{i,T}\Big((\psi - P^0_{F'}\psi)\partial^{\boldsymbol{\alpha}}(v|_{T'})\Big), \end{aligned}$$

进而

$$\begin{aligned} \Big|I_{i,T}D_{i,T}(\omega|_{T'})\Big| \lesssim &\sum_{|\boldsymbol{\alpha}|=k(i)} \Big|I_{i,T}\Big(\partial^{\boldsymbol{\alpha}}\big(P^{T'}(\psi - P^0_{T'}\psi)v|_{T'}\big) - \partial^{\boldsymbol{\alpha}}\big((\psi - P^0_{T'}\psi)v|_{T'}\big)\Big)\Big| \\ &+ \sum_{|\boldsymbol{\alpha}|=k(i)} \sum_{\boldsymbol{\beta}<\boldsymbol{\alpha}} \Big|I_{i,T}\Big(\partial^{\boldsymbol{\alpha}-\boldsymbol{\beta}}\psi\partial^{\boldsymbol{\beta}}(v|_{T'})\Big)\Big| \\ &+ \sum_{|\boldsymbol{\alpha}|=k(i)} \Big|I_{i,T}\Big((\psi - P^0_{F'}\psi)\partial^{\boldsymbol{\alpha}}(v|_{T'})\Big)\Big|. \end{aligned}$$

由式 (3.5.26), 插值定理和逆不等式得到

$$\begin{aligned} &\sum_{|\boldsymbol{\alpha}|=k(i)} \Big|I_{i,T}\Big(\partial^{\boldsymbol{\alpha}}P^{T'}\big((\psi - P^0_{T'}\psi)v|_{T'}\big) - \partial^{\boldsymbol{\alpha}}\big((\psi - P^0_{T'}\psi)v|_{T'}\big)\Big)\Big| \\ \lesssim\ & h_T^{r-k(i)-\frac{n}{2}}|(\psi - P^0_{T'}\psi)v|_{r,T'} \lesssim h_T^{m+1-k(i)-\frac{n}{2}}\|\psi\|_{r,\infty,T'}\|v\|_{m,T'}. \end{aligned}$$

如果 $\psi \in C_0^\infty(\Omega)$, 则

$$\sum_{|\boldsymbol{\alpha}|=k(i)} \sum_{\boldsymbol{\beta}<\boldsymbol{\alpha}} \Big|I_{i,T}\Big(\partial^{\boldsymbol{\alpha}-\boldsymbol{\beta}}\psi\partial^{\boldsymbol{\beta}}(v|_{T'})\Big)\Big| + \sum_{|\boldsymbol{\alpha}|=k(i)} \Big|I_{i,T}\Big((\psi - P^0_{F'}\psi)\partial^{\boldsymbol{\alpha}}(v|_{T'})\Big)\Big| = 0.$$

当 $v \in V_{h0}$ 时, 由引理 5.2.2 得到

$$\begin{aligned} \sum_{|\boldsymbol{\alpha}|=k(i)} \sum_{\substack{\boldsymbol{\beta}<\boldsymbol{\alpha} \\ |\boldsymbol{\beta}|<m}} \Big|I_{i,T}\big(\partial^{\boldsymbol{\alpha}-\boldsymbol{\beta}}\psi\partial^{\boldsymbol{\beta}}(v|_{T'})\big)\Big| &\lesssim \|\psi\|_{k(i),\infty,\Omega} \sum_{|\boldsymbol{\alpha}|=k(i)} \sum_{\substack{\boldsymbol{\beta}<\boldsymbol{\alpha} \\ |\boldsymbol{\beta}|<m}} h_T^{m-|\boldsymbol{\beta}|-\frac{n}{2}}|v|_{m,T'} \\ &\lesssim h_T^{m+1-k(i)-\frac{n}{2}}\|\psi\|_{k(i),\infty,\Omega}|v|_{m,T'}. \end{aligned}$$

由逆不等式得到

$$\begin{aligned}\sum_{|\boldsymbol{\alpha}|=k(i)}\sum_{\substack{\boldsymbol{\beta}<\boldsymbol{\alpha}\\|\boldsymbol{\beta}|\geqslant m}}\left|I_{i,T}\left(\partial^{\boldsymbol{\alpha}-\boldsymbol{\beta}}\psi\partial^{\boldsymbol{\beta}}(v|_{T'})\right)\right| &\lesssim \|\psi\|_{k(i),\infty,\Omega}\sum_{|\boldsymbol{\alpha}|=k(i)}\sum_{\substack{\boldsymbol{\beta}<\boldsymbol{\alpha}\\|\boldsymbol{\beta}|\geqslant m}} h_T^{-\frac{n}{2}}|v|_{|\boldsymbol{\beta}|,T'}\\
&\lesssim \|\psi\|_{k(i),\infty,\Omega}\sum_{|\boldsymbol{\alpha}|=k(i)}\sum_{\substack{\boldsymbol{\beta}<\boldsymbol{\alpha}\\|\boldsymbol{\beta}|\geqslant m}} h_T^{m-|\boldsymbol{\beta}|-\frac{n}{2}}|v|_{m,T'}\\
&\lesssim h_T^{m+1-k(i)-\frac{n}{2}}\|\psi\|_{k(i),\infty,\Omega}|v|_{m,T'}.\end{aligned}$$

由插值结果得

$$\sum_{|\boldsymbol{\alpha}|=k(i)}\left|I_{i,T}\Big((\psi-P_{F'}^0\psi)\partial^{\boldsymbol{\alpha}}(v|_{T'})\Big)\right| \lesssim h_T|\psi|_{1,\infty,\Omega}\sum_{|\boldsymbol{\alpha}|=k(i)}\left|I_{i,T}(\partial^{\boldsymbol{\alpha}}(v|_{T'}))\right|.$$

如果 $k(i)<m$, 则由引理 5.2.2 得到

$$\sum_{|\boldsymbol{\alpha}|=k(i)}\left|I_{i,T}\Big((\psi-P_{F'}^0\psi)\partial^{\boldsymbol{\alpha}}(v|_{T'})\Big)\right| \lesssim h_T^{m+1-k(i)-\frac{n}{2}}|\psi|_{1,\infty,\Omega}|v|_{m,T'},$$

否则由逆不等式仍然得到上式.

总结上面的推导, 可以得到

$$|I_{i,T}D_{i,T}(\omega|_{T''})|^2 \lesssim \|\psi\|_{k(i),\infty,\Omega}^2\sum_{T''\in S_h(G_i)} h_T^{2m+2-2k(i)-n}|v|_{m,T''}^2. \tag{6.5.14}$$

对于式 (6.5.13) 右端的第一项, 采用定理 6.5.2 的证明方法处理, 可以得到

$$|I_{i,T}D_{i,T}(\omega|_T)-I_{i,T}D_{i,T}(\omega|_{T'})| \lesssim \|\psi\|_{k(i),\infty,\Omega}^2\sum_{T''\in S_h(G_i)} h_T^{2m+2-2k(i)-n}|v|_{m,T''}^2,$$

从而式 (6.5.10) 成立. 再用定理 6.5.2 的证明方法, 得到本定理的结论. □

对任给的 $v\in L^2(\Omega)$, $\Pi_h^p v$ 和 $\Pi_{h0}^p v$ 分别属于 $V_h$ 和 $V_{h0}$. 定理 6.5.2 说明在逼近性、弱连续性和弱零性的前提下, 常规有限元簇对应的有限元空间 $V_{h0}$ 具有超逼近性.

## 6.6　奇异的收敛现象

在 6.3 节中看到, Stummel 第一例子不收敛于希望的解, 却收敛于一个错误的极限, 还有若干非协调元也有这种奇异的收敛现象. 本节讨论两个具有这种现象的非协调元.

令 $\Omega$ 是 $\mathbf{R}^2$ 中的多边形区域, 对于网格尺寸 $h$, 令 $\mathcal{T}_h$ 是 $\Omega$ 的一个由三角形构成的剖分. 给定一个三角形 $T$, 逆时针方向记其顶点 $\boldsymbol{a}_i=(x_{1i},x_{2i})^{\mathrm{T}}$ $(i=1,2,3)$, 令 $b_i,c_i$ 由式 (2.4.3) 定义, 记

$$l=\left(\sum_{i=1}^{3}(b_i^2+c_i^2)\right)^{1/2}.$$

### 6.6.1 第二 Carey 例子

下面介绍的第一个非协调元是 Carey 在文献 [47] 中给出的一个 4 参数三角形元, 它的 $(T,P_T,\boldsymbol{D}_T)$ 如下:

(1) 单元 $T$ 为三角形;

(2) 形函数空间 $P_T=P_1(T)+\text{span}\,\{\lambda_2\lambda_3\}$;

(3) 节点参数为 $d_j:v\to v(\boldsymbol{a}_j)$ $(1\leqslant j\leqslant 3)$ 和

$$d_4(v)=\int_T(4\lambda_2\lambda_3-\lambda_1)v\,\mathrm{d}\boldsymbol{x}.$$

该元的协调部分与线性三角形元相同, 非协调部分是项 $\lambda_2\lambda_3$, 它只在边 $F_2$ 和 $F_3$ 上为 0.

令 $V_{h0}$ 是该元对应于 Poisson 方程边值问题的有限元空间. 定义

$$a_T(v,w)=\int_T\left(\frac{\partial v}{\partial x_1}\frac{\partial w}{\partial x_1}+\frac{\partial v}{\partial x_2}\frac{\partial w}{\partial x_2}\right)\mathrm{d}\boldsymbol{x},\quad \forall v,w\in H^1(T),$$

$$a_h(v_h,w_h)=\sum_{T\in\mathcal{T}_h}a_T(v_h,w_h),\quad \forall v_h,w_h\in H^1(\mathcal{T}_h),$$

则对问题 (4.1.1) 的有限元解 $u_h\in V_{h0}$ 满足

$$a_h(u_h,v_h)=(f,v_h),\quad \forall v_h\in V_{h0}. \tag{6.6.1}$$

首先研究该元在剖分的不同单元片上的有限元方程. 对于 $u_h$ 和 $v_h\in V_{h0}$, 在每个 $T$ 上它们可以表示成

$$\begin{cases} u_h|_T=u_1\lambda_1+u_2\lambda_2+u_3\lambda_3+t\xi,\\ v_h|_T=v_1\lambda_1+v_2\lambda_2+v_3\lambda_3+s\xi,\end{cases}\quad \xi=\lambda_2\lambda_3. \tag{6.6.2}$$

定义

$$\boldsymbol{k}_T=\begin{pmatrix} a_T(\lambda_1,\lambda_1) & a_T(\lambda_1,\lambda_2) & a_T(\lambda_1,\lambda_3) & a_T(\lambda_1,\xi)\\ a_T(\lambda_2,\lambda_1) & a_T(\lambda_2,\lambda_2) & a_T(\lambda_2,\lambda_3) & a_T(\lambda_2,\xi)\\ a_T(\lambda_3,\lambda_1) & a_T(\lambda_3,\lambda_2) & a_T(\lambda_3,\lambda_3) & a_T(\lambda_3,\xi)\\ a_T(\xi,\lambda_1) & a_T(\xi,\lambda_2) & a_T(\xi,\lambda_3) & a_T(\xi,\xi)\end{pmatrix}, \tag{6.6.3}$$

$$\boldsymbol{q}_T = \begin{pmatrix} u_1 \\ u_2 \\ u_3 \\ t \end{pmatrix}, \quad \bar{\boldsymbol{q}}_T = \begin{pmatrix} v_1 \\ v_2 \\ v_3 \\ s \end{pmatrix}, \quad \boldsymbol{f}_T = \begin{pmatrix} \int_T \lambda_1 f \,\mathrm{d}\boldsymbol{x} \\ \int_T \lambda_2 f \,\mathrm{d}\boldsymbol{x} \\ \int_T \lambda_3 f \,\mathrm{d}\boldsymbol{x} \\ \int_T \xi f \,\mathrm{d}\boldsymbol{x} \end{pmatrix}, \tag{6.6.4}$$

则方程 (6.6.1) 变成

$$\sum_{T\in\mathcal{T}_h} \bar{\boldsymbol{q}}_T^{\mathrm{T}} \boldsymbol{k}_T \boldsymbol{q}_T = \sum_{T\in\mathcal{T}_h} \bar{\boldsymbol{q}}_T^{\mathrm{T}} \boldsymbol{f}_T, \quad \forall v_h \in V_{h0}. \tag{6.6.5}$$

容易验证

$$\begin{cases} a_T(\lambda_i, \lambda_j) = \dfrac{1}{4|T|}(b_i b_j + c_i c_j), & 1 \leqslant i, j \leqslant 3, \\ a_T(\lambda_i, \xi) = -\dfrac{1}{12|T|}(b_1 b_i + c_1 c_i), & 1 \leqslant i \leqslant 3, \\ a_T(\xi, \xi) = \dfrac{l^2}{48|T|}. \end{cases} \tag{6.6.6}$$

另外, 假设非齐次项 $f$ 属于 $C^2(\bar{\Omega})$, 由 $f$ 的 Taylor 展开式得

$$\begin{cases} \displaystyle\int_T \lambda_i f \,\mathrm{d}\boldsymbol{x} = \frac{1}{3}|T| f(\boldsymbol{a}_i) + O(h^3), \quad 1 \leqslant i \leqslant 3, \\ \displaystyle\int_T \xi f \,\mathrm{d}\boldsymbol{x} = \frac{1}{12}|T| \sum_{j=1}^{3} f(\boldsymbol{a}_j) + O(h^3). \end{cases} \tag{6.6.7}$$

因为式 (6.6.2) 中的非协调参数 $t$ 是内部参数, 可以在单元一级上将其消去, 在每个单元上最终只留下三个节点参数. 消去 $t$ 得到

$$t = \frac{1}{a_T(\xi,\xi)}\Big( \int_T \xi f \,\mathrm{d}\boldsymbol{x} - \sum_{j=1}^{3} a_T(\lambda_j, \xi) u_j \Big). \tag{6.6.8}$$

记

$$\boldsymbol{K}_T = \left(K_T^{ij}\right)_{3\times 3}, \quad \boldsymbol{Q}_T = \begin{pmatrix} u_1 \\ u_2 \\ u_3 \end{pmatrix}, \quad \bar{\boldsymbol{Q}}_T = \begin{pmatrix} v_1 \\ v_2 \\ v_3 \end{pmatrix}, \quad \boldsymbol{F}_T = \begin{pmatrix} F_T^1 \\ F_T^2 \\ F_T^3 \end{pmatrix}, \tag{6.6.9}$$

其中,

$$\begin{cases} K_T^{ij} = a_T(\lambda_i, \lambda_j) - \dfrac{a_T(\lambda_i, \xi) a_T(\lambda_j, \xi)}{a_T(\xi, \xi)}, \\ F_T^i = \displaystyle\int_T \lambda_i f \,\mathrm{d}\boldsymbol{x} - \frac{a_T(\lambda_i, \xi)}{a_T(\xi, \xi)} \int_T \xi f \,\mathrm{d}\boldsymbol{x}, \end{cases} \quad 1 \leqslant i,\ j \leqslant 3, \tag{6.6.10}$$

则方程 (6.6.1) 化成

$$\sum_{T\in\mathcal{T}_h}\bar{\boldsymbol{Q}}_T^{\mathrm{T}}\boldsymbol{K}_T\boldsymbol{Q}_T=\sum_{T\in\mathcal{T}_h}\bar{\boldsymbol{Q}}_T^{\mathrm{T}}\boldsymbol{F}_T,\quad \forall v_h\in V_{h0}. \tag{6.6.11}$$

□

现在推导不同类型单元片上节点参数的有限元方程.

单元片 $I_a$ (图 6.6.1(a)) 是 4 个等腰直角三角形构成的正方形. 每个单元中的数字标出了边 $\overline{23}$, 在该边上基 $\xi=\lambda_2\lambda_3$ 不为 0. 在节点 $\boldsymbol{a}_0$ 处的有限元片方程具有下述形式:

$$4u_0-(u_1+u_2+u_3+u_4)=3k^2f(\boldsymbol{a}_0)+O(k^3), \tag{6.6.12}$$

其中, $k$ 是三角形直角边的长度, $h$ 是斜边的长度, $h=\sqrt{2}k$. 方程 (6.6.12) 可以看成是点 $\boldsymbol{a}_0$ 处的有限差分方程. 利用节点值的 Taylor 级数展开式, 并且令 $k$ 趋向于 0, 从式 (6.6.12) 得到相应的微分方程

$$-\Delta u=3f, \tag{6.6.13}$$

它与控制 Euler 方程 (4.1.1) 不一致.

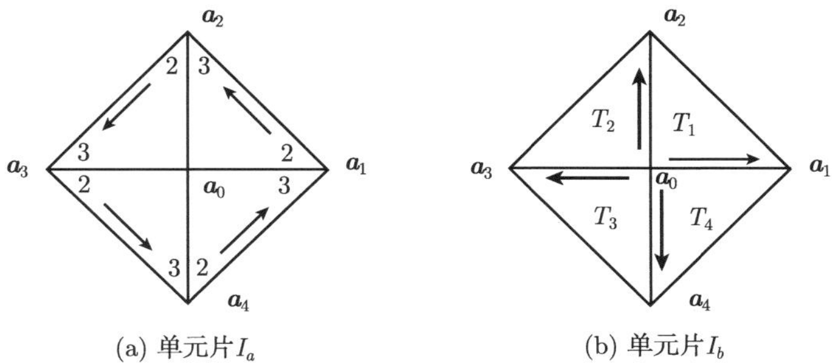


(a) 单元片 $I_a$　　(b) 单元片 $I_b$

图 6.6.1

单元片 $I_b$ (图 6.6.1(b)) 和 $I_a$ 具有同样的单元, 只是非协调基函数所在位置不同. 在节点 $\boldsymbol{a}_0$ 处的有限元片方程为

$$4u_0-(u_1+u_2+u_3+u_4)=\frac{3}{5}k^2f(\boldsymbol{a}_0)+O(k^3), \tag{6.6.14}$$

相应的微分方程为

$$-\Delta u=\frac{3}{5}f, \tag{6.6.15}$$

仍然与式 (4.1.1) 不一致.

单元片 $II_a$ (图 6.6.2(a)) 是 8 个等腰直角三角形构成的正方形. 在节点 $\boldsymbol{a}_0$ 处的有限元片方程为

$$8u_0-(u_1+u_3+u_5+u_7)-(u_2+u_4+u_6+u_8)=3k^2f(\boldsymbol{a}_0)+O(k^3), \qquad (6.6.16)$$

对应的微分方程是

$$-\Delta u=f. \qquad (6.6.17)$$

有趣的是, 虽然它与极限方程 (4.1.1) 一致, 但是这样单元片组并不收敛.

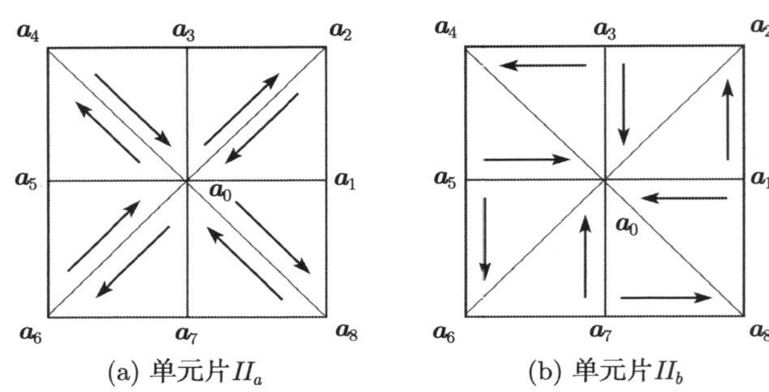


(a) 单元片 $II_a$ (b) 单元片 $II_b$

图 6.6.2

对于单元片 $II_b$ (图 6.6.2(b)), 在节点 $\boldsymbol{a}_0$ 处的有限元片方程为

$$4u_0-(u_1+u_3+u_5+u_7)=\frac{9}{5}k^2f(\boldsymbol{a}_0)+O(k^3), \qquad (6.6.18)$$

对应的微分方程是

$$-\Delta u=\frac{9}{5}f, \qquad (6.6.19)$$

依然和极限方程不一致. □

下面考虑图 6.6.3 所示的单元片 $III_a$ 和 $III_b$, 它们分别是由 $I_a$, $II_a$ 和 $I_b$, $II_b$ 组成的.

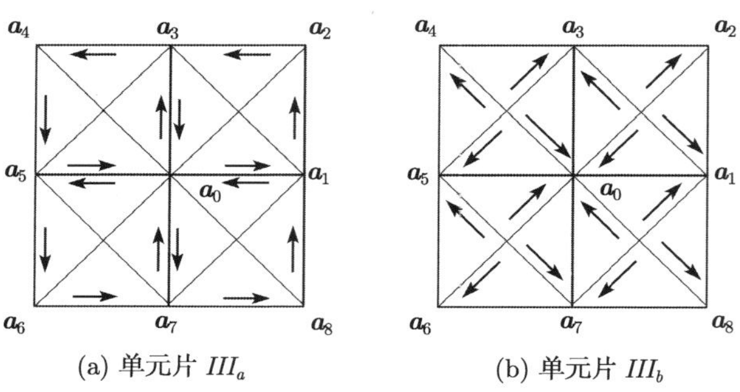


(a) 单元片 $III_a$ (b) 单元片 $III_b$

图 6.6.3

单元片 $III_a$ (图 6.6.3(a)) 有 4 个子片 $\boldsymbol{a}_0\boldsymbol{a}_1\boldsymbol{a}_2\boldsymbol{a}_3$, $\boldsymbol{a}_0\boldsymbol{a}_3\boldsymbol{a}_4\boldsymbol{a}_5$, $\boldsymbol{a}_0\boldsymbol{a}_5\boldsymbol{a}_6\boldsymbol{a}_7$ 和 $\boldsymbol{a}_0\boldsymbol{a}_7\boldsymbol{a}_8\boldsymbol{a}_1$. 对每个子片使用方程 (6.6.12). 对子片 $\boldsymbol{a}_1\boldsymbol{a}_3\boldsymbol{a}_5\boldsymbol{a}_7$, 将单元片方程 (6.6.12) 直接代入式 (6.6.16), 在点 $\boldsymbol{a}_0$ 得到组合方程

$$7u_0-\frac{3}{2}(u_1+u_3+u_5+u_7)-\frac{1}{4}(u_2+u_4+u_6+u_8)=3h^2f(\boldsymbol{a}_0)+O(h^3), \quad (6.6.20)$$

对应的微分方程是

$$-\Delta u=\frac{3}{2}f. \quad (6.6.21)$$

对于单元片 $III_b$ (图 6.6.3(b)), 在点 $\boldsymbol{a}_0$ 的方程

$$3u_0-\frac{1}{2}(u_1+u_3+u_5+u_7)-\frac{1}{4}(u_2+u_4+u_6+u_8)=\frac{6}{5}h^2f(\boldsymbol{a}_0)+O(h^3), \quad (6.6.22)$$

对应的微分方程是

$$-\Delta u=\frac{6}{5}f. \quad (6.6.23)$$

由式 (6.6.20)~ 式 (6.6.23) 可以看出单元片 $III_a$ 和 $III_b$ 上的组合方程与式 (4.1.1) 不吻合. □

现在考虑通常使用的网格情形, 即由三组平行线生成的网格 (图 6.1.1). 取网格 (1) 的一个标准的片, 它由 6 个等腰直角三角形组成. 非协调基函数位于三角形的垂直边上, 如图 6.6.4 所示. 在点 $\boldsymbol{a}_0$ 的有限元片方程为

$$\frac{10}{3}u_0-\frac{2}{3}(u_1+u_4)-(u_3+u_6)=k^2f(\boldsymbol{a}_0)+O(k^3), \quad (6.6.24)$$

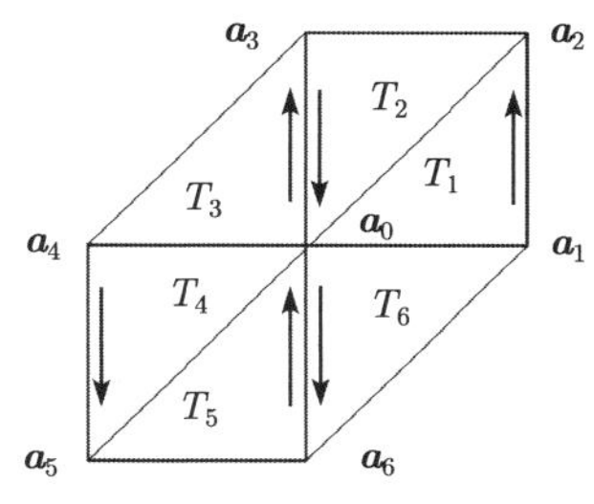

图 6.6.4 单元片 $IV$

对应的微分方程是

$$-\left(\frac{2}{3}\frac{\partial^2 u}{\partial x_1^2}+\frac{\partial^2 u}{\partial x_2^2}\right)=f, \quad (6.6.25)$$

与式 (4.1.1) 也不吻合. □

**定理 6.6.1** 第二 Carey 例子在网格 $III_a$, $III_b$ 和 $IV$ 的情形下是不收敛的.

**证明** 首先考虑网格 $IV$. 由上面的讨论可知在网格的每个节点处的有限元方程具有式 (6.6.24) 的形式, 它与式 (6.6.25) 的微分方程相容. 由有限差分逼近理论 (参见文献 [48]) 可以得到对于节点参数 $u_i$ 和 $h\to 0$,

$$\max_i|u_i-\tilde{u}(\boldsymbol{a}_i)|\leqslant Ch, \quad (6.6.26)$$

其中, $\tilde{u}$ 是微分方程 (6.6.25) 齐次 Dirichlet 边值问题的精确解.

令 $y_h$, $z_h$ 分别是第二 Carey 例子有限元解 $u_h$ 协调和非协调部分. 由式 (6.6.26) 和 Taylor 展开式, 协调部分 $y_h$ 点点趋向于 $\tilde{u}$,

$$|y_h - \tilde{u}|_{0,\infty,\Omega} \leqslant (C + 2M)h, \tag{6.6.27}$$

其中,

$$M = |\tilde{u}|_{1,\infty,\Omega},$$

因为非齐次项 $f \in C^2(\bar{\Omega})$, 所以 $M$ 有意义.

至于非协调部分 $z_h$, 根据消除公式 (6.6.8), 在每个三角形中 $t$ 可以由三个节点参数 $u_i$ $(i = 1, 2, 3)$ 分别乘以系数 $-a_T(\lambda_i, \xi)/a_T(\xi, \xi)$ 之和, 再加上 $\int_T \xi f \,\mathrm{d}\boldsymbol{x}/a_T(\xi, \xi)$ 一项. 由式 (6.6.6), 式 (6.6.7) 以及等式

$$-\sum_{i=1}^{3} a_T(\lambda_i, \xi) = -\frac{1}{12|T|}\left(c_1 \sum_{i=1}^{3} c_i + b_1 \sum_{i=1}^{3} b_i\right) = 0,$$

三个系数之和等于 0. 项

$$\int_T \xi f \,\mathrm{d}\boldsymbol{x}/a_T(\xi, \xi)$$

是 $O(h^2)$ 量级的, 而项

$$a_T(\lambda_i, \xi)/a_T(\xi, \xi)$$

是 $O(1)$ 量级的, 所以在式 (6.6.8) 进行 Taylor 展开, 并应用式 (6.6.26) 就可以得到

$$|z_h|_{0,\infty,T} = |t\xi|_{0,\infty,T} \leqslant |t| \lesssim h \tag{6.6.28}$$

对每个三角形 $T$ 成立. 这就意味着有限元解的非协调部分点点收敛于 0.

综合式 (6.6.27) 和式 (6.6.28) 得到

$$\max_{\boldsymbol{x} \in \bar{\Omega}} |u_h(\boldsymbol{x}) - \tilde{u}(\boldsymbol{x})| \lesssim h. \tag{6.6.29}$$

因此, 得到对网格 $IV$ 第二 Carey 例子的有限元解 $u_h$ 点点收敛于 $\tilde{u}$, 而 $\tilde{u}$ 是不同于式 (4.1.1) 的另一个变分问题的解.

用同样的方法可以证明对于网格 $III_a$ 和 $III_b$ 的情形, 该元的有限元解也不收敛于希望问题的解, 而分别收敛于微分方程 (6.6.21) 和方程 (6.6.23) 齐次 Dirichlet 边值问题的解. □

### 6.6.2 Zienkiewicz 元

现在考虑求解薄板弯曲问题的 Zienkiewicz 元. 6.1 节已经讨论了该元在三种类型网格情形下的收敛性质, 网格 (1) 是收敛的, 而网格 (2) 和网格 (3) 是发散的. 下面考虑另外一种类型的网格 (4) (图 6.6.5), 该网格是把区域先划分成边长为 $h$ 的正方形, 然后对每个正方形再用该正方形的两条对角线将其划分成 4 个等腰直角三角形.

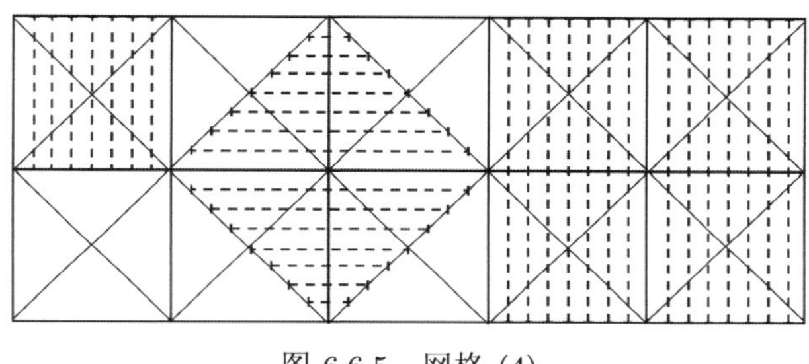

图 6.6.5 网格 (4)

对每个节点 $\boldsymbol{a}_0 \in \Omega$, 包含它的单元片是图 6.6.6 中所示的两种 $BI_a$ 和 $BI_b$ 中的一个.

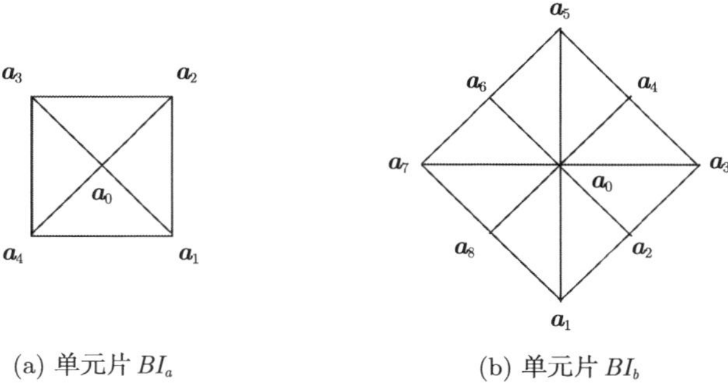


(a) 单元片 $BI_a$　　(b) 单元片 $BI_b$

图 6.6.6

令 $V_{h0}$ 是 Zienkiewicz 元对应的有限元空间, $u_h \in V_{h0}$ 是变分问题

$$a_h(u_h, v_h) = (f, v_h), \quad \forall v_h \in V_{h0} \tag{6.6.30}$$

的解, 其中, $a_h(\cdot,\cdot)$ 由式 (5.4.32) 给出.

在每个节点 $u_h$ 有三个节点参数: 在该点的函数值和两个一阶导数值. 记 $\theta_h = \dfrac{\partial u_h}{\partial x_1}$, $\phi_h = \dfrac{\partial u_h}{\partial x_2}$. 对每个节点 $\boldsymbol{a}_i$, 记 $u_h$, $\theta_h$ 和 $\phi_h$ 在该点的值分别为 $u_i$, $\theta_i$ 和 $\phi_i$.

对于单元片 $BI_a$ (图 6.6.7), 由式 (6.6.30) 可以得到单元片方程如下:

$$\begin{cases} 36\,(4u_0 - u_1 - u_2 - u_3 - u_4) \\ \quad +(10+\sigma)h(\theta_1+\theta_2-\theta_3-\theta_4-\phi_1+\phi_2+\phi_3-\phi_4) = \dfrac{h^4}{2}f(\boldsymbol{a}_0), \\ -4\,(15-2\sigma)(u_1+u_2-u_3-u_4)+12(7-2\sigma)h\theta_0 \\ \quad +(9+2\sigma)h(\theta_1+\theta_2+\theta_3+\theta_4)-(9-2\sigma)h(\phi_1-\phi_2+\phi_3-\phi_4)=0, \\ 4\,(15-2\sigma)(u_1-u_2-u_3+u_4)+12(7-2\sigma)h\phi_0 \\ \quad -(9-2\sigma)h(\theta_1-\theta_2+\theta_3-\theta_4)+(9+2\sigma)h(\phi_1+\phi_2+\phi_3+\phi_4)=0. \end{cases} \tag{6.6.31}$$

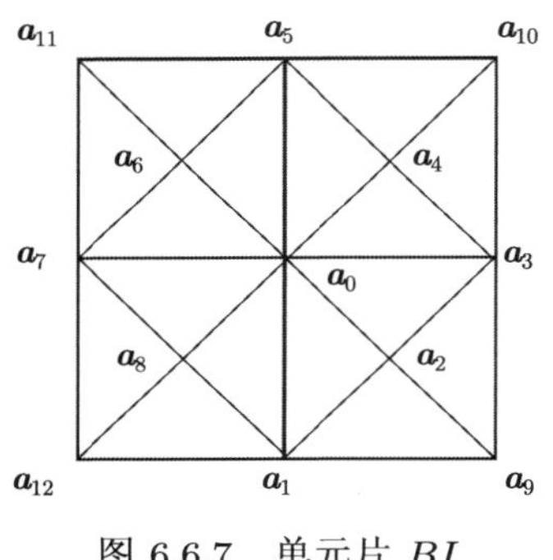

图 6.6.7　单元片 $BI$

现在可以考虑组合单元片 $BI$ 的情况. 在方程 (6.6.30) 中利用式 (6.6.31) 消去节点 $\boldsymbol{a}_2, \boldsymbol{a}_4, \boldsymbol{a}_6$ 和 $\boldsymbol{a}_8$ 处的节点参数, 得到在正方形片 $BI$ 上的点 $\boldsymbol{a}_0$ 处的差分方程,

$$\begin{cases} L_{11}u_h + hL_{12}\theta_h + hL_{13}\phi_h = 6f(\boldsymbol{a}_0)h^4, \\ -2L_{12}u_h + hL_{22}\theta_h + hL_{23}\phi_h = 0, \\ -2L_{13}u_h + hL_{23}\theta_h + hL_{33}\phi_h = 0, \end{cases} \tag{6.6.32}$$

其中, 差分算子 $L_{ij}$ 这样定义: 对足够光滑的函数 $v$, 记其在点 $\boldsymbol{a}_i$ 处的值为 $v_i$, 则在点 $\boldsymbol{a}_0$ 处,

$$\begin{cases} L_{11}v = d_0v_0 + d_1(v_1+v_3+v_5+v_7)+d_2(v_9+v_{10}+v_{11}+v_{12}), \\ L_{12}v = d_3(v_3-v_7)+d_4(v_9+v_{10}-v_{11}-v_{12}), \\ L_{13}v = d_3(-v_1+v_5)+d_4(-v_9+v_{10}+v_{11}-v_{12}), \\ L_{22}v = d_5v_0+d_6(v_1+v_5)+d_7(v_3+v_7)+d_8(v_9+v_{11}+v_{10}+v_{12}), \\ L_{23}v = d_9(-v_1+v_3-v_5+v_7), \\ L_{33}v = d_5v_0+d_6(v_3+v_7)+d_7(v_1+v_5)+d_8(v_9+v_{11}+v_{10}+v_{12}), \end{cases} \tag{6.6.33}$$

式 (6.6.33) 中系数 $d_i$ 是

$$d_0 = \frac{4(171-51\sigma-2\sigma^2)}{9(7-2\sigma)}, \quad d_1 = -3,$$
$$d_2 = \frac{18-3\sigma-2\sigma^2}{9(7-2\sigma)}, \quad d_3 = \frac{231-75\sigma-2\sigma^2}{9(7-2\sigma)},$$

$$d_4=\frac{25-7\sigma-2\sigma^2}{6(7-2\sigma)},\quad d_5=\frac{2459-660\sigma-51\sigma^2+2\sigma^3}{27(7-2\sigma)},$$
$$d_6=\frac{119-156\sigma-3\sigma^2+2\sigma^3}{54(7-2\sigma)},\quad d_7=\frac{637-276\sigma+3\sigma^2-2\sigma^3}{54(7-2\sigma)},$$
$$d_8=\frac{457-60\sigma-45\sigma^2-2\sigma^3}{108(7-2\sigma)},\quad d_9=\frac{457-60\sigma-21\sigma^2-2\sigma^3}{108(7-2\sigma)}.$$

上面的讨论说明，通过先解出所有对角线交点处的节点参数，可以把方程 (6.6.30) 转换成所有正方形顶点处的节点参数的差分方程 (6.6.32).

为了得到对应的微分方程, 将足够光滑的函数 $u$, $\theta$ 和 $\phi$ 代入式 (6.6.32), 然后利用在点 $\boldsymbol{a}_0$ 的 Taylor 展开就可以得到

$$\begin{cases}\dfrac{4A_1}{h^2}\Big(\dfrac{\partial^2 u}{\partial x_1^2}+\dfrac{\partial^2 u}{\partial x_2^2}\Big)+A_2\dfrac{\partial^4 u}{\partial x_1^2\partial x_2^2}+\dfrac{A_1}{3}\Big(\dfrac{\partial^4 u}{\partial x_1^4}+\dfrac{\partial^4 u}{\partial x_2^4}\Big)-\dfrac{4A_1}{h^2}\Big(\dfrac{\partial \theta}{\partial x_1}\\ \quad+\dfrac{\partial\phi}{\partial x_2}\Big)-\dfrac{2A_1}{3}\Big(\dfrac{\partial^3\theta}{\partial x_1^3}+\dfrac{\partial^3\phi}{\partial x_2^3}\Big)+A_3\Big(\dfrac{\partial^3\theta}{\partial x_1\partial x_2^2}+\dfrac{\partial^3\phi}{\partial x_1^2\partial x_2}\Big)=96f+O(h),\\ 4A_1\Big(-\theta+\dfrac{\partial u}{\partial x_1}\Big)+A_4h^2\dfrac{\partial^2\theta}{\partial x_1^2}+A_5h^2\dfrac{\partial^2\theta}{\partial x_2^2}\\ \quad+A_6h^2\dfrac{\partial^2\phi}{\partial x_1\partial x_2}+\dfrac{2A_1}{3}h^2\dfrac{\partial^3 u}{\partial x_1^3}-A_3h^2\dfrac{\partial^3 u}{\partial x_1\partial x_2^2}=O(h^3),\\ 4A_1\Big(-\phi+\dfrac{\partial u}{\partial x_2}\Big)+A_4h^2\dfrac{\partial^2\phi}{\partial x_2^2}+A_5h^2\dfrac{\partial^2\phi}{\partial x_1^2}\\ \quad+A_6h^2\dfrac{\partial^2\theta}{\partial x_1\partial x_2}+\dfrac{2A_1}{3}h^2\dfrac{\partial^3 u}{\partial x_2^3}-A_3h^2\dfrac{\partial^3 u}{\partial x_1^2\partial x_2}=O(h^3),\end{cases}\tag{6.6.34}$$

其中,

$$A_1=\frac{32(-153-48\sigma-4\sigma^2)}{3(7-2\sigma)},\quad A_2=\frac{128(18-3\sigma+2\sigma^2)}{3(7-2\sigma)},$$
$$A_3=\frac{32(25-7\sigma-2\sigma^2)}{(7-2\sigma)},\quad A_4=\frac{16(547-168\sigma-21\sigma^2-2\sigma^3)}{9(7-2\sigma)},$$
$$A_5=\frac{64(24-9\sigma-2\sigma^2)}{3(7-2\sigma)},\quad A_6=\frac{16(457-60\sigma-21\sigma^2-2\sigma^3)}{9(7-2\sigma)}.$$

将式 (6.6.34) 的第二个方程和第三个方程代入第一个方程中, 然后略去 $h\to 0$ 时的无穷小量得到

$$\begin{cases}\Delta^2 u=c(\sigma)f,\\ -\theta+\dfrac{\partial u}{\partial x_1}=0,\\ -\phi+\dfrac{\partial u}{\partial x_2}=0,\end{cases}\tag{6.6.35}$$

而

$$c(\sigma)=\frac{54(7-2\sigma)}{371-120\sigma-3\sigma^2+2\sigma^3},\quad 0\leqslant\sigma\leqslant\frac{1}{2}. \tag{6.6.36}$$

最终得到, 差分格式 (6.6.32) 的相容方程是式 (6.6.35). □

由上面的讨论可以断言, Zienkiewicz 元在网格 (4) 的情形下并不收敛于问题 (1.3.1) 的解, 而是收敛于微分方程 (6.6.35) 的解.

# 第 7 章　拟协调有限元方法

本章介绍另一种非标准有限元方法 —— 拟协调有限元. 首先介绍由唐立民等在文献 [49], [50] 中提出的拟协调元的基本思想.

令 $V_h$ 是相应于剖分 $\mathcal{T}_h$ 和某有限元的非协调有限元空间. 对 $v_h \in V_h$, 这样定义 $v_h^i \in L^2(\Omega)$,

$$v_h^i|_T = \frac{\partial}{\partial x_i}(v_h|_T), \quad \forall T \in \mathcal{T}_h.$$

由第 5 章可知 $v_h^i$ 占据着导数相应的位置, 但是在区域 $\Omega$ 上, $v_h^i$ 和 $v_h$ 通常不具有导数关系, 导数关系只在每个单元上成立. 可以想到, 在每个单元上导数关系也可以不成立.

现在考虑如何在单元一级上放松导数关系. 假设 $T$ 是一个单元, $v \in H^1(T)$. Green 公式告诉我们

$$\int_T w\frac{\partial v}{\partial x_i}\,\mathrm{d}\boldsymbol{x} = \int_{\partial T} wv\nu_i\,\mathrm{d}s - \int_T \frac{\partial w}{\partial x_i}v\,\mathrm{d}\boldsymbol{x}, \quad \forall w \in H^1(T).$$

一旦上式右端的 $v$ 给定, 则由该式就可以唯一地确定 $\dfrac{\partial}{\partial x_i}v$. 也就是说, $\dfrac{\partial}{\partial x_i}v$ 是一个变分问题的解, 可以近似地求解.

取 $H^1(T)$ 中的一个有限维子空间 $V_T$, $\dfrac{\partial}{\partial x_i}v$ 的近似 $\partial_{i,T}v$ 定义如下: $\partial_{i,T}v \in V_T$ 且

$$\int_T w\partial_{i,T}v\,\mathrm{d}\boldsymbol{x} = \int_{\partial T} wv\nu_i\,\mathrm{d}s - \int_T \frac{\partial w}{\partial x_i}v\,\mathrm{d}\boldsymbol{x}, \quad \forall w \in V_T.$$

这个问题明显地有唯一解. 在上式右端, 使用了两个已知函数 $v|_T$ 和 $v|_{\partial T}$. 因为 $\partial_{i,T}v$ 可以不是精确的导数, 所以 $v|_T$ 和 $v|_{\partial T}$ 可以分别由近似函数 $\tilde{v}$ 和 $\bar{v}$ 取代, 同时 $\bar{v}$ 可以不等于 $\tilde{v}|_{\partial T}$. 取而代之, 可以由

$$\int_T w\partial_{i,T}v\,\mathrm{d}\boldsymbol{x} = \int_{\partial T} w\bar{v}\nu_i\,\mathrm{d}s - \int_T \frac{\partial w}{\partial x_i}\tilde{v}\,\mathrm{d}\boldsymbol{x}, \quad \forall w \in V_T$$

确定的 $\partial_{i,T}v$.

值得指出的是, $\bar{v}$ 可以不是 $\tilde{v}$ 在 $\partial T$ 上的限制. 构造非协调元时, 一个任务就是要保证有限元函数通过单元内边界时具有一定的连续性, 而选择单元边界函数可以与单元内函数无关, 使得该任务变得容易起来.

基于上述想法, 唐立民等提出了拟协调元方法. 张鸿庆等证明了拟协调元方法的收敛性 [51~55], 文献 [56]~[59] 也讨论了拟协调元方法. 7.1 节和 7.2 节分别给出

二阶和四阶方程的拟协调元; 7.3 节 ~7.5 节讨论拟协调元的收敛性质和误差估计; 7.6 节讨论拟协调元的后验误差估计. 7.1 节 ~7.5 节的内容取自于文献 [9], [16], 7.6 节的内容取自于文献 [60].

## 7.1　二阶问题：RQC4 元

本节介绍一个用拟协调元方法构造的有限元, RQC4 元(参见文献 [9]). 令 $n=2$. 对于给定的矩形 $T$, 记其各边的中点为 $\boldsymbol{a}_j$ $(1\leqslant j\leqslant 4)$, 如图 7.1.1 所示. RQC4 元的 $(T,P_T,\boldsymbol{D}_T)$ 为第一类矩形 C-R 元的 $(T,P_T,\boldsymbol{D}_T)$.

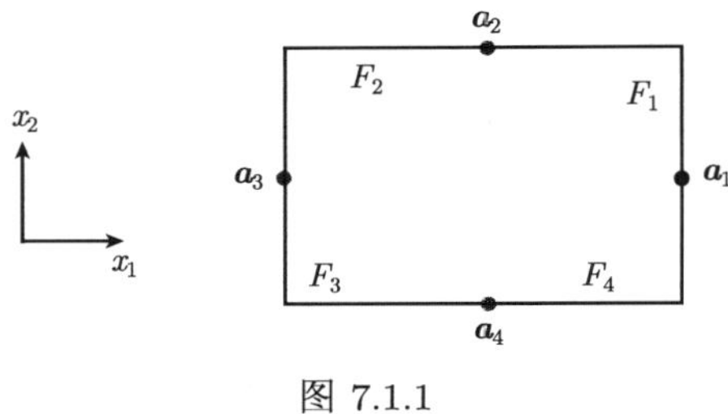


图 7.1.1

矩形 $T$ 可以由式 (2.5.1) 描述, 这时记 $\boldsymbol{a}_i$ 的坐标为 $(x_1^0+\xi_{1i}h_1,x_2^0+\xi_{2i}h_2)^{\mathrm{T}}$, 记 $T$ 含有点 $\boldsymbol{a}_i$ 的边为 $F_i$. 对 $p\in P_T$ 有

$$p=\frac{1}{4}\sum_{i=1}^{4}\big(1+2\xi_{1i}\xi_1+2\xi_{2i}\xi_2+(\xi_{1i}^2-\xi_{2i}^2)(\xi_1^2-\xi_2^2)\big)p(\boldsymbol{a}_i). \tag{7.1.1}$$

现在定义在 $\partial T$ 的插值函数 $\varPi_{\partial T}p$ 如下：

$$\varPi_{\partial T}p|_{F_i}=\begin{cases}p(\boldsymbol{a}_1)+\dfrac{1}{2}\xi_{22}\xi_2(p(\boldsymbol{a}_2)-p(\boldsymbol{a}_4)), & i=1,\\[2mm] p(\boldsymbol{a}_2)+\dfrac{1}{2}\xi_{13}\xi_1(p(\boldsymbol{a}_3)-p(\boldsymbol{a}_1)), & i=2,\\[2mm] p(\boldsymbol{a}_3)+\dfrac{1}{2}\xi_{24}\xi_2(p(\boldsymbol{a}_4)-p(\boldsymbol{a}_2)), & i=3,\\[2mm] p(\boldsymbol{a}_4)+\dfrac{1}{2}\xi_{11}\xi_1(p(\boldsymbol{a}_1)-p(\boldsymbol{a}_3)), & i=4.\end{cases} \tag{7.1.2}$$

当 $p\in P_1(T)$ 时, $\dfrac{\partial}{\partial\xi_2}p$ 在 $T$ 上为常数, 并且

$$\frac{\partial}{\partial\xi_2}p=\frac{1}{2}(p(\boldsymbol{a}_2)-p(\boldsymbol{a}_4)).$$

另一方面, $p|_{F_1}$ 是 $\xi_2$ 的一次多项式, 所以

$$
\begin{aligned}
p|_{F_1} &= p(\boldsymbol{a}_1)+\frac{1}{2}\xi_2(p(\boldsymbol{a}_2)-p(\boldsymbol{a}_4)) \\
&= p(\boldsymbol{a}_1)+\frac{1}{2}\xi_{22}\xi_2(p(\boldsymbol{a}_2)-p(\boldsymbol{a}_4)) = \varPi_{\partial T}p|_{F_1}.
\end{aligned}
$$

上面的结果对于 $F_i$ $(i=2,3,4)$ 也成立, 即

$$
\varPi_{\partial T}p = p|_{\partial T}, \quad \forall p\in P_1(T). \tag{7.1.3}
$$

对于 $i\in\{1,2\}$, 这样定义导数的逼近算子 $\partial_{i,T}: P_T\to P_1(T)$, 对 $p\in P_T$,

$$
\int_T q\partial_{i,T}p\,\mathrm{d}\boldsymbol{x} = \int_{\partial T} q\varPi_{\partial T}p\nu_i\,\mathrm{d}s - \int_T \frac{\partial q}{\partial x_i}p\,\mathrm{d}\boldsymbol{x}, \quad \forall q\in P_1(T). \tag{7.1.4}
$$

令

$$
\begin{aligned}
&\partial_{i,T}p = \zeta_{1i}(p)+\zeta_{2i}(p)\xi_1+\zeta_{3i}(p)\xi_2, \quad i=1,2,\\
&\boldsymbol{\zeta}_T(p) = (\zeta_{11}(p),\zeta_{21}(p),\zeta_{31}(p),\zeta_{12}(p),\zeta_{22}(p),\zeta_{32}(p))^{\mathrm{T}},\\
&\boldsymbol{D}_T(p) = (p(a_1),p(a_2),p(a_3),p(a_4))^{\mathrm{T}},
\end{aligned}
$$

则式 (7.1.4) 可写成

$$
\boldsymbol{C}_T\boldsymbol{\zeta}_T(p) = \boldsymbol{Q}_T\boldsymbol{D}_T(p), \tag{7.1.5}
$$

其中,

$$
\boldsymbol{C}_T = h_1h_2\begin{pmatrix} 4 & & & & & \\ & \frac{4}{3} & & & 0 & \\ & & \frac{4}{3} & & & \\ & & & 4 & & \\ & 0 & & & \frac{4}{3} & \\ & & & & & \frac{4}{3}\end{pmatrix}, \quad \boldsymbol{Q}_T = \begin{pmatrix} 2h_2 & 0 & -2h_2 & 0 \\ h_2 & -h_2 & h_2 & -h_2 \\ 0 & 0 & 0 & 0 \\ 0 & 2h_1 & 0 & -2h_1 \\ 0 & 0 & 0 & 0 \\ -h_1 & h_1 & -h_1 & h_1 \end{pmatrix}. \tag{7.1.6}
$$

令 $\mathcal{T}_h$ 是 $\varOmega$ 的一个由各边分别平行于坐标轴的矩形构成的剖分. 记 $V_h$ 和 $V_{h0}$ 是对应于 $\mathcal{T}_h$ 和上面定义的 $(T,P_T,\boldsymbol{D}_T)$ 的有限元空间. 对 $v\in V_h$, 定义 $\partial_{i,h}v$,

$$
\partial_{i,h}v|_T = \partial_{i,T}(v|_T), \quad \forall T\in\mathcal{T}_h.
$$

用 RQC4 元求解问题 (4.1.1) 的拟协调方法为求 $u_h\in V_{h0}$ 满足

$$
a_h(u_h,v_h) = (f,v_h), \quad \forall v_h\in V_{h0}, \tag{7.1.7}
$$

其中,

$$
a_h(u_h,v_h) = \int_\varOmega\Big(\partial_{1,h}u_h\partial_{1,h}v_h + \partial_{2,h}u_h\partial_{2,h}v_h\Big)\,\mathrm{d}\boldsymbol{x}. \tag{7.1.8}
$$

## 7.2 重调和方程

本节介绍求解重调和方程边值问题的拟协调元. 首先考虑二维的情形, 最后给出一个三维的拟协调元.

对于求解薄板弯曲问题的拟协调元, 从一般的描述开始, 然后给出具体的例子. 令 $n=2$, $(T,P_T,\boldsymbol{D}_T)$ 是某个有限元且 $P_T\subset H^2(T)$.

与二阶问题类似, 先要定义二阶导数的逼近算子. 为此, 对 $p\in P_T$ 需要

(1) 有限维空间 $N_T^{\boldsymbol{\alpha}}\subset H^2(T)$, $|\boldsymbol{\alpha}|=2$;

(2) $p$ 的近似函数 $\Pi_T^0 p$;

(3) $p$ 在 $\partial T$ 上的近似切向导数 $\Pi_{\partial T}^{\boldsymbol{\tau}}p$;

(4) $p$ 在 $\partial T$ 上的近似法向导数 $\Pi_{\partial T}^{\boldsymbol{\nu}}p$.

给定了这些, 就可以定义近似的二阶导数. 对任意 $p\in P_T$, $|\boldsymbol{\alpha}|=2$, 定义 $\partial_T^{\boldsymbol{\alpha}}p\in N_T^{\boldsymbol{\alpha}}$ 如下:

$$\begin{cases}\displaystyle\int_T q\partial_T^{(2,0)}p\,\mathrm{d}\boldsymbol{x}=\int_{\partial T}q\big(\nu_1^2\Pi_{\partial T}^{\boldsymbol{\nu}}p-\nu_1\nu_2\Pi_{\partial T}^{\boldsymbol{\tau}}p\big)\,\mathrm{d}s\\ \displaystyle\qquad\qquad-\int_T\frac{\partial q}{\partial x_1}\frac{\partial\Pi_T^0 p}{\partial x_1}\,\mathrm{d}\boldsymbol{x},\qquad\qquad \forall q\in N_T^{(2,0)},\\ \displaystyle 2\int_T q\partial_T^{(1,1)}p\,\mathrm{d}\boldsymbol{x}=\int_{\partial T}q\big(2\nu_1\nu_2\Pi_{\partial T}^{\boldsymbol{\nu}}p+(\nu_1^2-\nu_2^2)\Pi_{\partial T}^{\boldsymbol{\tau}}p\big)\,\mathrm{d}s\\ \displaystyle\qquad\qquad-\int_T\left(\frac{\partial q}{\partial x_1}\frac{\partial\Pi_T^0 p}{\partial x_2}+\frac{\partial q}{\partial x_2}\frac{\partial\Pi_T^0 p}{\partial x_1}\right)\mathrm{d}\boldsymbol{x},\quad \forall q\in N_T^{(1,1)},\\ \displaystyle\int_T q\partial_T^{(0,2)}p\,\mathrm{d}\boldsymbol{x}=\int_{\partial T}q\big(\nu_2^2\Pi_{\partial T}^{\boldsymbol{\nu}}p+\nu_1\nu_2\Pi_{\partial T}^{\boldsymbol{\tau}}p\big)\,\mathrm{d}s\\ \displaystyle\qquad\qquad-\int_T\frac{\partial q}{\partial x_2}\frac{\partial\Pi_T^0 p}{\partial x_2}\,\mathrm{d}\boldsymbol{x},\qquad\qquad \forall q\in N_T^{(0,2)}.\end{cases}\tag{7.2.1}$$

记 $N_T^{\boldsymbol{\alpha}}$ 的维数为 $M_{\boldsymbol{\alpha}}$, $L$ 是 $D_T(p)$ 的维数, $M=M_{(2,0)}+M_{(1,1)}+M_{(0,2)}$. 令 $\boldsymbol{\zeta}_T^{\boldsymbol{\alpha}}(p)$ 是 $\partial_T^{\boldsymbol{\alpha}}p$ 对应于 $N_T^{\boldsymbol{\alpha}}$ 的一组基的行坐标向量, 记

$$\boldsymbol{\zeta}_T(p)=(\boldsymbol{\zeta}_T^{(2,0)}(p),\boldsymbol{\zeta}_T^{(1,1)}(p),\boldsymbol{\zeta}_T^{(0,2)}(p))^{\mathrm{T}},$$

则式 (7.2.1) 变成

$$\boldsymbol{C}_T\boldsymbol{\zeta}_T(p)=\boldsymbol{Q}_T\boldsymbol{D}_T(p),\quad \forall p\in P_T,\tag{7.2.2}$$

其中, $\boldsymbol{C}_T$ 是 $M\times M$ 对称正定矩阵, $\boldsymbol{Q}_T$ 是 $M\times L$ 矩阵.

取 $\mathcal{T}_h$ 是 $\Omega$ 的一个剖分, $V_h$ 和 $V_{h0}$ 是对应于剖分 $\mathcal{T}_h$ 和 $(T,P_T,\boldsymbol{D}_T)$ 的有限元空间. 对任意 $v\in V_h$, 定义 $\partial_h^{\boldsymbol{\alpha}}v$, $|\boldsymbol{\alpha}|=2$, $\Pi_h^0 v$ 和 $\Delta_h v$ 如下:

$$\partial_h^{\boldsymbol{\alpha}}v|_T=\partial_T^{\boldsymbol{\alpha}}(v|_T),\ \Pi_h^0 v|_T=\Pi_T^0(v|_T),\quad \forall T\in\mathcal{T}_h,\quad \Delta_h v=\partial_h^{(2,0)}v+\partial_h^{(0,2)}v.$$

在 $V_h \times V_h$ 定义双线性泛函 $a_h(\cdot,\cdot)$ 如下：对任意 $v_h, w_h \in V_h$,

$$a_h(v_h,w_h)=\int_{\Omega}\Big\{\Delta_h v_h\Delta_h w_h+(1-\sigma)\big(2\partial_h^{(1,1)}v_h\partial_h^{(1,1)}w_h -\partial_h^{(2,0)}v_h\partial_h^{(0,2)}w_h-\partial_h^{(0,2)}v_h\partial_h^{(2,0)}w_h\big)\Big\}\,\mathrm{d}\boldsymbol{x}. \tag{7.2.3}$$

求解问题 (4.2.2) 的拟协调元方法为求 $u_h \in V_{h0}$ 满足

$$a_h(u_h,v_h)=(f,\Pi_h^0 v_h),\quad \forall v_h\in V_{h0}. \tag{7.2.4}$$

现在给出几个例子. 首先令 $T$ 是一个三角形, 逆时针记其顶点 $\boldsymbol{a}_1,\boldsymbol{a}_2,\boldsymbol{a}_3$, 令 $b_i, c_i$ 由式 (2.4.3) 定义.

### 7.2.1 TQC9 元

TQC9 元也称为 9 参数拟协调三角板元. 令 $(T,P_T,\boldsymbol{D}_T)$ 是 Zienkiewicz 元. 对 $|\boldsymbol{\alpha}|=2$, 取 $N_T^{\boldsymbol{\alpha}}=P_1(T)$. 对于 $p\in P_T$, 令 $\Pi_T^0 p$, $\Pi_{\partial T}^{\boldsymbol{\tau}} p$ 和 $\Pi_{\partial T}^{\boldsymbol{\nu}} p$ 为

$$\begin{cases} \Pi_T^0 p=p, \\ \Pi_{\partial T}^{\boldsymbol{\tau}} p|_{F_i}=\dfrac{1}{|F_i|}\displaystyle\sum_{\substack{1\leqslant j\leqslant 3\\ j\neq i}}\lambda_j\nabla p(\boldsymbol{a}_j)(c_i,-b_i)^{\mathrm{T}}, \\ \Pi_{\partial T}^{\boldsymbol{\nu}} p|_{F_i}=-\dfrac{1}{|F_i|}\displaystyle\sum_{\substack{1\leqslant j\leqslant 3\\ j\neq i}}\lambda_j\nabla p(\boldsymbol{a}_j)(b_i,c_i)^{\mathrm{T}}, \end{cases}\quad 1\leqslant i\leqslant 3. \tag{7.2.5}$$

显然, $\Pi_{\partial T}^{\boldsymbol{\tau}} p|_{F_i}$ 和 $\Pi_{\partial T}^{\boldsymbol{\nu}} p|_{F_i}$ 在 $F_i$ 的两个端点分别等于 $\dfrac{\partial}{\partial\boldsymbol{\tau}}p|_{F_i}$ 和 $\dfrac{\partial}{\partial\boldsymbol{\nu}}p|_{F_i}$.

这里描述的 TQC9 元和文献 [49], [50] 或 [9] 中的有所不同. 差别是在那里 $\Pi_{\partial T}^{\boldsymbol{\tau}} p=\dfrac{\partial}{\partial\boldsymbol{\tau}}p|_{\partial T}$.

### 7.2.2 TQC12 元

TQC12 元由文献 [49], [50] 提出, 也称为 12 参数拟协调三角板元. 取 $(T,P_T,\boldsymbol{D}_T)$ 是二维情形的 Morley-Zienkiewicz 元. 对 $p\in P_T$, 定义 $\Pi_T^0 p$, $\Pi_{\partial T}^{\boldsymbol{\tau}} p$ 和 $\Pi_{\partial T}^{\boldsymbol{\nu}} p$ 如下:

$$\begin{aligned} \Pi_T^0 p=&\sum_{i=1}^{3}\Big[\lambda_i^2(3-2\lambda_i)-2\lambda_1\lambda_2\lambda_3\sum_{\substack{1\leqslant j\leqslant 3\\ j\neq i}}\frac{b_ib_j+c_ic_j}{|F_j|^2}\Big]p(\boldsymbol{a}_i) \\ &+\sum_{\substack{1\leqslant i,j\leqslant 3\\ i\neq j}}\Big[\lambda_i^2\lambda_j-\frac{1}{3}\sum_{\substack{1\leqslant k\leqslant 3\\ k\neq i,k\neq j}}\frac{b_ib_k+c_ic_k}{|F_k|^2}\lambda_1\lambda_2\lambda_3\Big]\nabla p(\boldsymbol{a}_i)(\boldsymbol{a}_j-\boldsymbol{a}_i) \\ &-\sum_{i=1}^{3}\frac{8|T|}{3|F_i|}\lambda_1\lambda_2\lambda_3\frac{\partial p}{\partial\boldsymbol{\nu}_{F_i}}(\check{\boldsymbol{a}}_i), \end{aligned} \tag{7.2.6}$$

$$\Pi_{\partial T}^{\boldsymbol{\tau}} p=\frac{\partial}{\partial\boldsymbol{\tau}}\Pi_T^0 p\big|_{\partial T}, \tag{7.2.7}$$

对于 $1 \leqslant i \leqslant 3$,

$$\Pi_{\partial T}^{\boldsymbol{\nu}} p|_{F_i} = -\frac{1}{|F_i|} \sum_{\substack{1 \leqslant j \leqslant 3 \\ j \neq i}} \lambda_j (2\lambda_j - 1) \nabla p(\boldsymbol{a}_j)(b_i, c_i)^{\mathrm{T}} + \sum_{\substack{j \neq k \\ j,k \neq i}} 4\lambda_j \lambda_k \frac{\partial p}{\partial \boldsymbol{\nu}_{F_i}}(\check{\boldsymbol{a}}_i). \quad (7.2.8)$$

对 $|\boldsymbol{\alpha}| = 2$, 取 $N_T^{\boldsymbol{\alpha}} = P_2(T)$.

定义 $\Pi_T^3 p \in P_3(T)$ 为

$$\begin{aligned}
\Pi_T^3 p = & \sum_{i=1}^{3} \lambda_i^2 (3 - 2\lambda_i) p(\boldsymbol{a}_i) + \sum_{\substack{1 \leqslant i,j \leqslant 3 \\ i \neq j}} \lambda_i^2 \lambda_j \nabla p(\boldsymbol{a}_i)(\boldsymbol{a}_j - \boldsymbol{a}_i) \\
& - 6 \frac{b_1 b_3 + c_1 c_3}{|F_3|^2} \lambda_1 \lambda_2 \lambda_3 p(\boldsymbol{a}_1) - 6 \frac{b_2 b_3 + c_2 c_3}{|F_3|^2} \lambda_1 \lambda_2 \lambda_3 p(\boldsymbol{a}_2) \\
& - \frac{b_1 b_3 + c_1 c_3}{|F_3|^2} \lambda_1 \lambda_2 \lambda_3 \nabla p(\boldsymbol{a}_1)(\boldsymbol{a}_2 - \boldsymbol{a}_1) - \frac{b_2 b_3 + c_2 c_3}{|F_3|^2} \lambda_1 \lambda_2 \lambda_3 \nabla p(\boldsymbol{a}_2)(\boldsymbol{a}_1 - \boldsymbol{a}_2) \\
& + \lambda_1 \lambda_2 \lambda_3 \big( \nabla p(\boldsymbol{a}_1)(\boldsymbol{a}_2 - \boldsymbol{a}_3) + \nabla p(\boldsymbol{a}_2)(\boldsymbol{a}_1 - \boldsymbol{a}_3) \big) - \frac{8|T|}{|F_3|} \lambda_1 \lambda_2 \lambda_3 \frac{\partial p}{\partial \boldsymbol{\nu}_{F_3}}(\check{\boldsymbol{a}}_3).
\end{aligned}$$

在 $\Pi_T^3 p$ 的定义中, 转换下标 $3 \to 2 \to 1 \to 3$, 可以定义 $\Pi_T^2 p$; 对 $\Pi_T^2 p$ 再转换下标可以得到 $\Pi_T^1 p$, 则 $\Pi_T^0 p$ 恰好等于 $\frac{1}{3}(\Pi_T^1 p + \Pi_T^2 p + \Pi_T^3 p)$. 由 $\Pi_T^i p$ 的定义可以证明对 $p \in P_3(T)$ 有 $\Pi_T^i p = p$, 也就得到

$$\Pi_T^0 p = p, \quad \forall p \in P_3(T). \quad (7.2.9)$$

现在令 $p \in P_3(T)$. 在边 $F_i$ 上 $\frac{\partial}{\partial \boldsymbol{\nu}_{F_i}} p$ 是二次的. 另一方面, $\Pi_{\partial T}^{\boldsymbol{\nu}} p|_{F_i}$ 也是二次的, 并且在 $F_i$ 的两个端点和中点等于 $\frac{\partial}{\partial \boldsymbol{\nu}_{F_i}} p$, 所以有

$$\Pi_{\partial T}^{\boldsymbol{\nu}} p = \frac{\partial p}{\partial \boldsymbol{\nu}}\Big|_{\partial T}, \quad \forall p \in P_3(T). \quad (7.2.10)$$

### 7.2.3　TQC15 元

TQC15 元由文献 [15] 给出, 也称为 15 参数拟协调三角板元. TQC15 元取 15 参数三角形板元的 $(T, P_T, \boldsymbol{D}_T)$. 对 $p \in P_T$ 定义

$$\begin{cases}
\Pi_T^0 p = p, \ \Pi_{\partial T}^{\boldsymbol{\tau}} p = \dfrac{\partial p}{\partial \boldsymbol{\tau}}\Big|_{\partial T}, \\
\Pi_{\partial T}^{\boldsymbol{\nu}} p|_{F_i} = -\dfrac{1}{|F_i|} \displaystyle\sum_{\substack{1 \leqslant j \leqslant 3 \\ j \neq i}} \lambda_j (2\lambda_j - 1) \nabla p(\boldsymbol{a}_j)(b_i, c_i)^{\mathrm{T}} \\
\qquad + \displaystyle\sum_{\substack{j \neq k \\ j,k \neq i}} 4\lambda_j \lambda_k \dfrac{\partial p}{\partial \boldsymbol{\nu}_{F_i}}(\check{\boldsymbol{a}}_i), \quad 1 \leqslant i \leqslant 3.
\end{cases} \quad (7.2.11)$$

对 $|\boldsymbol{\alpha}| = 2$, 取 $N_T^{\boldsymbol{\alpha}} = P_2(T)$.

### 7.2.4 RQC12 元

RQC12 由文献 [61] 提出, 也称为 12 参数拟协调矩形板元. 取 $(T, P_T, \boldsymbol{D}_T)$ 是二维情形的 Adini 元. 对于式 (2.5.1) 给出的矩形 $T$, 按图 7.2.1 所示记其 4 个顶点 $\boldsymbol{a}_i$ 和 4 条边 $F_i$.

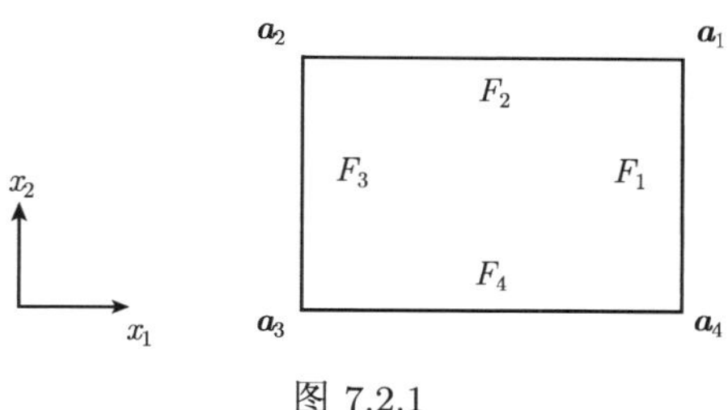


图 7.2.1

对 $p \in P_T$, 定义

$$\Pi_T^0 p = p, \quad \Pi_{\partial T}^{\boldsymbol{\tau}} p = \left.\frac{\partial p}{\partial \boldsymbol{\tau}}\right|_{\partial T}, \tag{7.2.12}$$

$$\Pi_{\partial T}^{\boldsymbol{\nu}} p|_{F_i} = \begin{cases} \dfrac{1}{2}\Big[(1+\xi_2)\dfrac{\partial p}{\partial x_1}(\boldsymbol{a}_1) + (1-\xi_2)\dfrac{\partial p}{\partial x_1}(\boldsymbol{a}_4)\Big], & i=1, \\ \dfrac{1}{2}\Big[(1+\xi_1)\dfrac{\partial p}{\partial x_2}(\boldsymbol{a}_1) + (1-\xi_1)\dfrac{\partial p}{\partial x_2}(\boldsymbol{a}_2)\Big], & i=2, \\ -\dfrac{1}{2}\Big[(1+\xi_2)\dfrac{\partial p}{\partial x_1}(\boldsymbol{a}_2) + (1-\xi_2)\dfrac{\partial p}{\partial x_1}(\boldsymbol{a}_3)\Big], & i=3, \\ -\dfrac{1}{2}\Big[(1+\xi_1)\dfrac{\partial p}{\partial x_2}(\boldsymbol{a}_1) + (1-\xi_1)\dfrac{\partial p}{\partial x_2}(\boldsymbol{a}_2)\Big], & i=4. \end{cases} \tag{7.2.13}$$

令 $N_T^{(2,0)} = N_T^{(0,2)} = \text{span}\,\{1, \xi_1, \xi_2, \xi_1\xi_2\}$, $N_T^{(1,1)} = \text{span}\,\{1, \xi_1, \xi_2, \xi_1^2, \xi_2^2\}$.

### 7.2.5 三维情形: TQC16 元

现在令 $n = 3$. 记四面体 $T$ 的 4 个顶点为 $\boldsymbol{a}_i = (x_{1i}, x_{2i}, a_{3i})$ $(1 \leqslant i \leqslant 4)$. 记 $\hat{T}$ 是以下面 4 个点为顶点的四面体:

$$\hat{\boldsymbol{a}}_1 = (1,0,0), \quad \hat{\boldsymbol{a}}_2 = (0,1,0), \quad \hat{\boldsymbol{a}}_3 = (0,0,1), \quad \hat{\boldsymbol{a}}_4 = (0,0,0).$$

定义

$$\boldsymbol{B}_T = \begin{pmatrix} x_{11} - x_{14} & x_{12} - x_{14} & x_{13} - x_{14} \\ x_{21} - x_{24} & x_{22} - x_{24} & x_{23} - x_{24} \\ x_{31} - x_{34} & x_{32} - x_{34} & x_{33} - x_{34} \end{pmatrix},$$

$\boldsymbol{\Psi}_T \hat{\boldsymbol{x}} = \boldsymbol{B}_T \hat{\boldsymbol{x}} + \boldsymbol{a}_4$ $(\hat{\boldsymbol{x}} \in \mathbf{R}^3)$, 则

$$T = \boldsymbol{\Psi}_T \hat{T}, \quad \boldsymbol{a}_i = \boldsymbol{\Psi}_T \hat{\boldsymbol{a}}_i, \ 1 \leqslant i \leqslant 4.$$

记 $\boldsymbol{B}_T^{-1} = (\xi_{ij})_{3\times 3}$.

现在令 $(T, P_T, \boldsymbol{D}_T)$ 是三维情形的 Zienkiewicz 元. 定义

$$N^{\boldsymbol{e}_i+\boldsymbol{e}_j} = \mathrm{span}\left\{1, \frac{1}{2}(\lambda_i + \lambda_j)\right\}, \quad 1 \leqslant i, j \leqslant 3.$$

记 $\Pi_T^1$ 是线性四面体元对应的插值算子. 对 $p \in P_T$, $|\boldsymbol{\alpha}| = 2$, 定义 $\partial_T^{\boldsymbol{\alpha}} p \in N^{\boldsymbol{\alpha}}$ 如下: 对 $1 \leqslant i, j \leqslant 3$,

$$\begin{aligned}\int_T q\partial_T^{\boldsymbol{e}_i+\boldsymbol{e}_j} p\,\mathrm{d}\boldsymbol{x} = &\frac{1}{2}\int_{\partial T} q\left(\Pi_T^1 \frac{\partial p}{\partial x_j}\nu_i + \Pi_T^1 \frac{\partial p}{\partial x_i}\nu_j\right)\mathrm{d}s \\ &-\frac{1}{2}\int_T \left(\frac{\partial q}{\partial x_i}\frac{\partial p}{\partial x_j} + \frac{\partial q}{\partial x_j}\frac{\partial p}{\partial x_i}\right)\mathrm{d}\boldsymbol{x}, \quad \forall q \in N^{\boldsymbol{e}_i+\boldsymbol{e}_j}. \quad (7.2.14)\end{aligned}$$

由 Green 公式和式 (7.2.14) 容易得到

$$\partial_T^{\boldsymbol{\alpha}} p = \partial^{\boldsymbol{\alpha}} p, \quad \forall p \in P_2(T). \tag{7.2.15}$$

定义

$$\boldsymbol{E}_T(p) = \left(\partial_T^{(2,0,0)}p, \partial_T^{(0,2,0)}p, \partial_T^{(0,0,2)}p, \partial_T^{(1,1,0)}p, \partial_T^{(1,0,1)}p, \partial_T^{(0,1,1)}p\right)^{\mathrm{T}}. \tag{7.2.16}$$

$$\tilde{\boldsymbol{N}}_{ij} = \left(1, \frac{1}{2}(\lambda_i + \lambda_j)\right), \quad 1 \leqslant i, j \leqslant 3,$$

$$\boldsymbol{N} = \begin{pmatrix} \tilde{\boldsymbol{N}}_{11} & & & & & \\ & \tilde{\boldsymbol{N}}_{22} & & & 0 & \\ & & \tilde{\boldsymbol{N}}_{33} & & & \\ & & & \tilde{\boldsymbol{N}}_{12} & & \\ & 0 & & & \tilde{\boldsymbol{N}}_{13} & \\ & & & & & \tilde{\boldsymbol{N}}_{23} \end{pmatrix},$$

$$\boldsymbol{H}_T = \begin{pmatrix} \xi_{11}^2 & \xi_{21}^2 & \xi_{31}^2 & 2\xi_{11}\xi_{21} & 2\xi_{11}\xi_{31} & 2\xi_{21}\xi_{31} \\ \xi_{12}^2 & \xi_{22}^2 & \xi_{32}^2 & 2\xi_{12}\xi_{22} & 2\xi_{12}\xi_{32} & 2\xi_{22}\xi_{32} \\ \xi_{13}^2 & \xi_{23}^2 & \xi_{33}^2 & 2\xi_{13}\xi_{23} & 2\xi_{13}\xi_{33} & 2\xi_{23}\xi_{33} \\ \xi_{11}\xi_{12} & \xi_{21}\xi_{22} & \xi_{31}\xi_{32} & \xi_{12}\xi_{21}+\xi_{11}\xi_{22} & \xi_{12}\xi_{31}+\xi_{11}\xi_{32} & \xi_{22}\xi_{31}+\xi_{21}\xi_{32} \\ \xi_{11}\xi_{13} & \xi_{21}\xi_{23} & \xi_{31}\xi_{33} & \xi_{13}\xi_{21}+\xi_{11}\xi_{23} & \xi_{13}\xi_{31}+\xi_{11}\xi_{33} & \xi_{23}\xi_{31}+\xi_{21}\xi_{33} \\ \xi_{12}\xi_{13} & \xi_{22}\xi_{23} & \xi_{32}\xi_{33} & \xi_{13}\xi_{22}+\xi_{12}\xi_{23} & \xi_{13}\xi_{32}+\xi_{12}\xi_{33} & \xi_{23}\xi_{32}+\xi_{22}\xi_{33} \end{pmatrix},$$

$$
\boldsymbol{A}_1 = \begin{pmatrix} 4 & -10 \\ -10 & 40 \end{pmatrix}, \quad
\boldsymbol{A}_2 = \begin{pmatrix} 9 & -30 \\ -30 & -120 \end{pmatrix}, \quad
\boldsymbol{A} = \begin{pmatrix} \boldsymbol{A}_1 & & & & & \\ & \boldsymbol{A}_1 & & & 0 & \\ & & \boldsymbol{A}_1 & & & \\ & & & \boldsymbol{A}_2 & & \\ & 0 & & & \boldsymbol{A}_2 & \\ & & & & & \boldsymbol{A}_2 \end{pmatrix},
$$

$$
\boldsymbol{Q} = \begin{pmatrix}
0 & -32 & 0 & 0 & 0 & 32 & 0 & 0 & 0 & 0 & 0 & 0 & 0 & 0 & 0 & 0 \\
32 & 0 & 4 & 4 & -32 & 24 & -4 & -4 & 0 & 4 & 0 & 0 & 0 & 4 & 0 & 0 \\
0 & 0 & -32 & 0 & 0 & 0 & 0 & 0 & 0 & 0 & 32 & 0 & 0 & 0 & 0 & 0 \\
32 & 4 & 0 & 4 & 0 & 0 & 4 & 0 & -32 & -4 & 24 & -4 & 0 & 0 & 4 & 0 \\
0 & 0 & 0 & -32 & 0 & 0 & 0 & 0 & 0 & 0 & 0 & 0 & 0 & 0 & 0 & 32 \\
32 & 4 & 4 & 0 & 0 & 0 & 0 & 4 & 0 & 0 & 0 & 4 & -32 & -4 & -4 & 24 \\
0 & -16 & -16 & 0 & 0 & 0 & 16 & 0 & 0 & 16 & 0 & 0 & 0 & 0 & 0 & 0 \\
16 & -1 & -1 & 2 & -8 & 4 & 4 & -1 & -8 & 4 & 4 & -1 & 0 & 1 & 1 & 0 \\
0 & -16 & 0 & -16 & 0 & 0 & 0 & 16 & 0 & 0 & 0 & 0 & 0 & 16 & 0 & 0 \\
16 & -1 & 2 & -1 & -8 & 4 & -1 & 4 & 0 & 1 & 0 & 1 & -8 & 4 & -1 & 4 \\
0 & 0 & -16 & -16 & 0 & 0 & 0 & 0 & 0 & 0 & 0 & 16 & 0 & 0 & 16 & 0 \\
16 & 2 & -1 & -1 & 0 & 0 & 1 & 1 & -8 & -1 & 4 & 4 & -8 & -1 & 4 & 4
\end{pmatrix},
$$

$$
\boldsymbol{M}_T = \begin{pmatrix}
1 & 0 & & & & & & \\
0 & \boldsymbol{B}_T^{\mathrm{T}} & & & & 0 & & \\
& & 1 & 0 & & & & \\
& & 0 & \boldsymbol{B}_T^{\mathrm{T}} & & & & \\
& & & & 1 & 0 & & \\
& & & & 0 & \boldsymbol{B}_T^{\mathrm{T}} & & \\
& & 0 & & & & 1 & 0 \\
& & & & & & 0 & \boldsymbol{B}_T^{\mathrm{T}}
\end{pmatrix},
$$

则

$$
\boldsymbol{E}_T(p) = \frac{1}{48}\boldsymbol{H}_T\boldsymbol{N}\boldsymbol{A}\boldsymbol{Q}\boldsymbol{M}_T\boldsymbol{D}_T(p), \quad \forall p \in P_T, \tag{7.2.17}
$$

其中,

$$
\boldsymbol{D}_T(p) = \Big(p(\boldsymbol{a}_4), \nabla^{\mathrm{T}} p(\boldsymbol{a}_4), p(\boldsymbol{a}_1), \nabla^{\mathrm{T}} p(\boldsymbol{a}_1), p(\boldsymbol{a}_2), \nabla^{\mathrm{T}} p(\boldsymbol{a}_2), p(\boldsymbol{a}_3), \nabla^{\mathrm{T}} p(\boldsymbol{a}_3)\Big)^{\mathrm{T}}.
$$

记

$$
\boldsymbol{Q}_T = \boldsymbol{Q}\boldsymbol{M}_T. \tag{7.2.18}
$$

令 $\boldsymbol{K}$ 是 $6\times 6$ 的对角矩阵, 前三个对角元素为 1, 后三个对角元素为 2. 记三维 Zienkiewicz 元对应的有限元空间为 $V_{h0}$. 定义

$$\bar{a}_h(v_h, w_h) = \sum_{T\in\mathcal{T}_h}\int_T \boldsymbol{E}_T(w_h)^{\mathrm{T}}\boldsymbol{K}\boldsymbol{E}_T(v_h)\,\mathrm{d}\boldsymbol{x}, \quad \forall v_h, w_h \in V_{h0}. \tag{7.2.19}$$

用 TQC16 元求解问题 (1.3.3) 为求 $u_h \in V_{h0}$ 满足

$$\bar{a}_h(u_h, v_h) = (f, v_h), \quad \forall v_h \in V_{h0}. \tag{7.2.20}$$

对 $v_h \in V_{h0}$ 和 $|\boldsymbol{\alpha}| = 2$ 定义 $\partial_h^{\boldsymbol{\alpha}} v_h$ 如下：$\partial_h^{\boldsymbol{\alpha}} v_h|_T = \partial_T^{\boldsymbol{\alpha}}(v_h|_T)$ $(\forall T \in \mathcal{T}_h)$.

## 7.3 秩 条 件

对于问题 (7.1.7), 问题 (7.2.4) 或问题 (7.2.20), 首先遇到的问题是解的存在性. 解的存在唯一性可以由秩条件保证.

**秩条件** 对于 $n$ 维 $2m$ 阶问题, 如果拟协调元中的矩阵 $\boldsymbol{Q}_T$ 的秩为

$$L - \binom{n+m-1}{m-1},$$

则称该拟协调元满足秩条件.

由式 (7.1.6) 可以容易地得到.

**引理 7.3.1** RQC4 元满足秩条件.

对于 TQC9 元, 选取

$$1-2\lambda_1, \quad 1-2\lambda_2, \quad 1-2\lambda_3$$

作为 $P_1(T)$ 的一组基, 记

$$\begin{aligned}\boldsymbol{D}_T(p) = \Big(&p(\boldsymbol{a}_1), p(\boldsymbol{a}_2), p(\boldsymbol{a}_3), \frac{\partial p}{\partial x_1}(\boldsymbol{a}_1), \frac{\partial p}{\partial x_2}(\boldsymbol{a}_1),\\ &\frac{\partial p}{\partial x_1}(\boldsymbol{a}_2), \frac{\partial p}{\partial x_2}(\boldsymbol{a}_2), \frac{\partial p}{\partial x_1}(\boldsymbol{a}_3), \frac{\partial p}{\partial x_2}(\boldsymbol{a}_3)\Big)^{\mathrm{T}}.\end{aligned}$$

令 $\boldsymbol{I}_i$ 是 $i\times i$ 阶单位矩阵, 则由定义可以得到

$$\boldsymbol{C}_T = \frac{1}{3}|T|\boldsymbol{I}_9, \tag{7.3.1}$$

$$\boldsymbol{Q}_T = \frac{1}{24|T|^2}\boldsymbol{H}_T\boldsymbol{Q}_{\hat{T}}\boldsymbol{G}_T, \tag{7.3.2}$$

其中,

$$
\boldsymbol{H}_T=\begin{pmatrix} b_1^2\boldsymbol{I}_3 & 2b_1b_2\boldsymbol{I}_3 & b_2^2\boldsymbol{I}_3 \\ b_1c_1\boldsymbol{I}_3 & (b_1c_2+b_2c_1)\boldsymbol{I}_3 & b_2c_2\boldsymbol{I}_3 \\ c_1^2\boldsymbol{I}_3 & 2c_1c_2\boldsymbol{I}_3 & c_2^2\boldsymbol{I}_3 \end{pmatrix}, \tag{7.3.3}
$$

$$
\boldsymbol{Q}_{\hat{T}}=\begin{pmatrix} 12 & 0 & -12 & -4 & 2 & -2 & 0 & -6 & -2 \\ 0 & 0 & 0 & 2 & 0 & 0 & 0 & -2 & 0 \\ -12 & 0 & 12 & 8 & -2 & 2 & 0 & 2 & 2 \\ 0 & 6 & -6 & 0 & 0 & 2 & -3 & -2 & -3 \\ 6 & 0 & -6 & -3 & 2 & 0 & 0 & -3 & -2 \\ -6 & -6 & 12 & 3 & 1 & 1 & 3 & 2 & 2 \\ 0 & 0 & 0 & 0 & 0 & 0 & 2 & 0 & -2 \\ 0 & 12 & -12 & 0 & -2 & 2 & -4 & -2 & -6 \\ 0 & -12 & 12 & 0 & 2 & -2 & 8 & 2 & 2 \end{pmatrix}, \tag{7.3.4}
$$

$$
\boldsymbol{G}_T=\begin{pmatrix} 1 & 0 & 0 & 0 & 0 & 0 & 0 & 0 & 0 \\ 0 & 1 & 0 & 0 & 0 & 0 & 0 & 0 & 0 \\ 0 & 0 & 1 & 0 & 0 & 0 & 0 & 0 & 0 \\ 0 & 0 & 0 & c_2 & -b_2 & 0 & 0 & 0 & 0 \\ 0 & 0 & 0 & -c_1 & b_1 & 0 & 0 & 0 & 0 \\ 0 & 0 & 0 & 0 & 0 & c_2 & -b_2 & 0 & 0 \\ 0 & 0 & 0 & 0 & 0 & -c_1 & b_1 & 0 & 0 \\ 0 & 0 & 0 & 0 & 0 & 0 & 0 & c_2 & -b_2 \\ 0 & 0 & 0 & 0 & 0 & 0 & 0 & -c_1 & b_1 \end{pmatrix}. \tag{7.3.5}
$$

因为 $\boldsymbol{H}_T$ 和 $\boldsymbol{G}_T$ 是可逆矩阵, $\boldsymbol{Q}_{\hat{T}}$ 的秩是 6, 所以 $\boldsymbol{Q}_T$ 的秩也是 6. 因此, 下面的引理成立:

**引理 7.3.2** TQC9 元满足秩条件.

**引理 7.3.3** TQC12 和 TQC15 元都满足秩条件.

**证明** 为了证明引理, 首先证明如果对所有的 $|\boldsymbol{\alpha}|=2$ 都有 $\partial_T^{\boldsymbol{\alpha}}p=0$, 则 $p\in P_1(T)$, 并且 $\Pi_{\partial T}^{\boldsymbol{\nu}}p=\dfrac{\partial}{\partial\boldsymbol{\nu}}p|_{\partial T}$.

假设 $\tilde{p}\in P_T$ 且对所有的 $|\boldsymbol{\alpha}|=2$ 都有 $\partial_T^{\boldsymbol{\alpha}}\tilde{p}=0$. 对于 $q\in P_1(T)$, 因为 $\Pi_{\partial T}^{\boldsymbol{\nu}}q=\dfrac{\partial}{\partial\boldsymbol{\nu}}q|_{\partial T}$ 和 $\Pi_T^0q=q$, 所以 $\partial_T^{\alpha}q=0, |\boldsymbol{\alpha}|=2$. 于是存在 $\tilde{q}\in P_1(T)$, 使得 $p=\tilde{p}-\tilde{q}$ 在 $T$ 的顶点处为零. 这时, $\partial_T^{\boldsymbol{\alpha}}p=0$, $|\boldsymbol{\alpha}|=2$.

利用 Green 公式和式 (7.2.1) 得到

$$\int_{\partial T} q\boldsymbol{\nu}^{\boldsymbol{\alpha}}\Big(\Pi_{\partial T}^{\boldsymbol{\nu}}p-\frac{\partial}{\partial\boldsymbol{\nu}}\Pi_T^0 p\Big)\,\mathrm{d}s+\int_T q\partial^{\boldsymbol{\alpha}}\Pi_T^0 p\,\mathrm{d}\boldsymbol{x}=0,\quad |\boldsymbol{\alpha}|=2,\ \forall q\in P_2(T).$$

令 $\hat{T}$ 是式 (3.1.6) 给出的参照单元, $\boldsymbol{\Psi}_T$ 由式 (3.1.7) 定义. 在上式的积分中采用坐标变换 $\boldsymbol{x}=\boldsymbol{\Psi}_T\hat{\boldsymbol{x}}$, 则对 $|\boldsymbol{\alpha}|=2$ 和 $q\in P_2(\hat{T})$ 有

$$\int_{\partial\hat{T}} q(\boldsymbol{B}_T^{-\mathrm{T}}\hat{\boldsymbol{\nu}})_1^{\alpha_1}(\boldsymbol{B}_T^{-\mathrm{T}}\hat{\boldsymbol{\nu}})_2^{\alpha_2}\frac{\widehat{\Pi_{\partial T}^{\boldsymbol{\nu}}p}-\widehat{\dfrac{\partial}{\partial\boldsymbol{\nu}}\Pi_T^0 p}}{\|\boldsymbol{B}_T^{-\mathrm{T}}\hat{\boldsymbol{\nu}}\|}\,\mathrm{d}\hat{s}+\int_{\hat{T}} q\partial_{\hat{\boldsymbol{x}}}^{\boldsymbol{\alpha}}\widehat{\Pi_T^0 p}\,\mathrm{d}\hat{\boldsymbol{x}}=0,\tag{7.3.6}$$

其中, 用到了式 (3.1.10) 和式 (3.1.11). 由式 (3.1.7) 可以推导出对任意 $q\in P_2(\hat{T})$ 和 $|\boldsymbol{\alpha}|=2$,

$$\int_{\hat{T}} q\partial_{\hat{\boldsymbol{x}}}^{\boldsymbol{\alpha}}\widehat{\Pi_T^0 p}\,\mathrm{d}\hat{\boldsymbol{x}}+\int_{\partial\hat{T}} q\hat{\nu}_1^{\alpha_1}\hat{\nu}_2^{\alpha_2}\frac{\widehat{\Pi_{\partial T}^{\boldsymbol{\nu}}p}-\widehat{\dfrac{\partial}{\partial\boldsymbol{\nu}}\Pi_T^0 p}}{\|\boldsymbol{B}_T^{-\mathrm{T}}\hat{\boldsymbol{\nu}}\|}\,\mathrm{d}\hat{s}=0.\tag{7.3.7}$$

令

$$\begin{cases}q_1=1-2\lambda_1, q_2=1-2\lambda_2, q_3=1-2\lambda_3,\\ q_4=20\lambda_1\lambda_2-4(\lambda_1+\lambda_2)+1,\\ q_5=7(\lambda_1^2+\lambda_2^2)+12\lambda_1\lambda_2-8(\lambda_1+\lambda_2)+2,\\ q_6=35(\lambda_1^2-\lambda_2^2)-28(\lambda_1-\lambda_2).\end{cases}\tag{7.3.8}$$

对于 TQC12 元, $\Pi_T^0 p\in P_3(T)$ 且 $\Pi_{\partial T}^{\boldsymbol{\nu}}p-\dfrac{\partial}{\partial\boldsymbol{\nu}}\Pi_T^0 p$ 在边 $F_i$ 上是二次的, 它在 $F_i$ 的两个端点为零, 所以

$$\widehat{\Pi_{\partial T}^{\boldsymbol{\nu}}p}-\widehat{\frac{\partial}{\partial\boldsymbol{\nu}}\Pi_T^0 p}\Big|_{F_i}=4\|\boldsymbol{B}_T^{-\mathrm{T}}\hat{\boldsymbol{\nu}}\|\lambda_j\lambda_k\xi_i,\quad 1\leqslant i\neq j\neq k\leqslant 3,\tag{7.3.9}$$

其中, $\xi_i$ 是待定常数.

因为 $\partial_{\hat{\boldsymbol{x}}}^{\boldsymbol{\alpha}}\widehat{\Pi_T^0 p}\in P_1(\hat{T})$ 且 $q_4,q_5$ 和 $q_6$ 在 $L^2(\hat{T})$ 意义下与 $P_1(\hat{T})$ 正交, 所以

$$\sum_{i=1}^{3}\xi_i\int_{F_i} q_l\nu_1^{\alpha_1}\hat{\nu}_2^{\alpha_2}\sum_{\substack{1\leqslant j\neq k\leqslant 3\\ j\neq i,k\neq i}}\lambda_j\lambda_k\,\mathrm{d}\hat{s}=0,\quad l=4,5,6.\tag{7.3.10}$$

因此 $\xi_1=\xi_2=\xi_3=0$. 这就意味着 $\partial_{\hat{\boldsymbol{x}}}^{\boldsymbol{\alpha}}\widehat{\Pi_T^0 p}=0$ 和 $\widehat{\Pi_{\partial T}^{\boldsymbol{\nu}}p}-\widehat{\dfrac{\partial}{\partial\boldsymbol{\nu}}\Pi_T^0 p}|_{\partial\hat{T}}=0$, 进而导出 $\Pi_T^0 p=0, \Pi_{\partial T}^{\boldsymbol{\nu}}p=0$. 这样就得到 $p=0$, 也就是 $\tilde{p}\in P_1(T)$.

对于 TQC15 元, $p=\Pi_T^0 p\in P_4(T)$, $\Pi_{\partial T}^{\boldsymbol{\nu}}p-\dfrac{\partial}{\partial\boldsymbol{\nu}}p$ 在 $F_i$ 上是三次的, 并且在 $F_i$

的两个端点和中点都为零. 这样它可以写成

$$\widehat{\Pi^{\boldsymbol{\nu}}_{\partial T}p}-\widehat{\frac{\partial p}{\partial \boldsymbol{\nu}}}\Big|_{F_i}=\begin{cases}\xi_1\lambda_2\lambda_3(\lambda_2-\lambda_3), & i=1,\\ \xi_2\lambda_1\lambda_3(\lambda_1-\lambda_3), & i=2,\\ \xi_3\lambda_1\lambda_2(\lambda_1-\lambda_2), & i=3,\end{cases}\tag{7.3.11}$$

其中, $\xi_i$ 是待定常数. 令

$$\begin{pmatrix}\partial_{\hat{\boldsymbol{x}}}^{(2,0)}\hat{p}\\ \partial_{\hat{\boldsymbol{x}}}^{(1,1)}\hat{p}\\ \partial_{\hat{\boldsymbol{x}}}^{(0,2)}\hat{p}\end{pmatrix}=\begin{pmatrix}g_{11} & \cdots & g_{16}\\ g_{21} & \cdots & g_{26}\\ g_{31} & \cdots & g_{36}\end{pmatrix}\begin{pmatrix}q_1\\ \vdots\\ q_6\end{pmatrix}.$$

根据式 (7.2.1) 计算可得

$$\begin{pmatrix}g_{11} & \cdots & g_{16}\\ g_{21} & \cdots & g_{26}\\ g_{31} & \cdots & g_{36}\end{pmatrix}=\begin{pmatrix}0 & \frac{1}{5}\xi_1 & \frac{1}{5}\xi_1 & \frac{12}{35}\xi_1 & \frac{3}{14}\xi_1 & \frac{3}{70}\xi_1\\ 0 & 0 & 0 & 0 & 0 & 0\\ \frac{1}{5}\xi_2 & 0 & \frac{1}{5}\xi_2 & \frac{12}{35}\xi_2 & \frac{3}{14}\xi_2 & \frac{3}{70}\xi_2\end{pmatrix}+\frac{\sqrt{2}}{10}\xi_3\begin{pmatrix}1 & -1 & 0 & 0 & 0 & \frac{3}{7}\\ 1 & -1 & 0 & 0 & 0 & \frac{3}{7}\\ 1 & -1 & 0 & 0 & 0 & \frac{3}{7}\end{pmatrix}.\tag{7.3.12}$$

由

$$\frac{\partial}{\partial \hat{x}_2}\partial_{\hat{\boldsymbol{x}}}^{(2,0)}\hat{p}=\frac{\partial}{\partial \hat{x}_1}\partial_{\hat{\boldsymbol{x}}}^{(1,1)}\hat{p},\quad \frac{\partial}{\partial \hat{x}_1}\partial_{\hat{\boldsymbol{x}}}^{(0,2)}\hat{p}=\frac{\partial}{\partial \hat{x}_2}\partial_{\hat{\boldsymbol{x}}}^{(1,1)}\hat{p}$$

推出

$$\begin{cases}10g_{14}+6g_{15}=7g_{25}+35g_{26},\\ 7g_{15}-35g_{16}=10g_{25}+6g_{26},\\ 10g_{34}+6g_{35}=7g_{25}-35g_{26}.\end{cases}\tag{7.3.13}$$

将式 (7.3.12) 代入式 (7.3.13) 有

$$\frac{33}{7}\xi_1=-\frac{3\sqrt{2}}{2}\xi_3,\quad \frac{3\sqrt{2}}{2}\xi_3=0,\quad \frac{33}{7}\xi_2=-\frac{3\sqrt{2}}{2}\xi_3,\tag{7.3.14}$$

也就是说, $\xi_1=\xi_2=\xi_3=0$. 这样就得到了需要证明的.

现在证明秩条件成立. 取 $p_1,p_2,p_3\in P_1(T)$ 是 $P_1(T)$ 的一组基. 由式 (7.2.1) 得 $\boldsymbol{\Phi}_i=\boldsymbol{D}_T(p_i)$ $(i=1,2,3)$ 是方程

$$\boldsymbol{Q}_T\boldsymbol{\Phi}=0\tag{7.3.15}$$

的解. 令 $\boldsymbol{\Phi}$ 是方程 (7.3.15) 的一个解. 因为 $(T,P_T,\boldsymbol{D}_T)$ 是 $P_T$ 唯一可解的, 所以存在 $p\in P_T$, 使得 $\boldsymbol{\Phi}=\boldsymbol{D}_T(p)$. 上面的讨论说明 $p\in P_1(T)$, 即 $\boldsymbol{D}_T(p)$ 是 $\boldsymbol{D}_T(p_i)$ $(i=1,2,3)$ 的线性组合. 又因为 $\boldsymbol{D}_T(p_1)$, $\boldsymbol{D}_T(p_2)$ 和 $\boldsymbol{D}_T(p_3)$ 是线性无关的, 所以 $\boldsymbol{Q}_T$ 的秩是 $L-3$. □

**引理 7.3.4**　RQC12 元满足秩条件.

**证明**　选取 $1, \xi_1, \xi_2, \xi_1\xi_2$ 作为 $N_T^{(2,0)}$ 和 $N_T^{(0,2)}$ 的基, $1, \xi_1, \xi_2, \xi_1^2, \xi_2^2$ 为 $N_T^{(1,1)}$ 的基. 令

$$\boldsymbol{D}_T(p) = \Big(p(\boldsymbol{a}_1), \cdots, p(\boldsymbol{a}_4), \nabla p(\boldsymbol{a}_1)^{\mathrm{T}}, \cdots, \nabla p(\boldsymbol{a}_4)^{\mathrm{T}}\Big)^{\mathrm{T}}.$$

经计算得

$$\boldsymbol{C}_T' = \begin{pmatrix} 1 & 0 & 0 & 0 \\ 0 & \frac{1}{3} & 0 & 0 \\ 0 & 0 & \frac{1}{3} & 0 \\ 0 & 0 & 0 & \frac{1}{9} \end{pmatrix}, \quad \boldsymbol{C}_T'' = \begin{pmatrix} 1 & 0 & 0 & \frac{1}{3} & \frac{1}{3} \\ 0 & \frac{1}{3} & 0 & 0 & 0 \\ 0 & 0 & \frac{1}{3} & 0 & 0 \\ \frac{1}{3} & 0 & 0 & \frac{1}{5} & \frac{1}{9} \\ \frac{1}{3} & 0 & 0 & \frac{1}{9} & \frac{1}{5} \end{pmatrix}$$

$$\boldsymbol{C}_T = 4h_1h_2 \begin{pmatrix} \boldsymbol{C}_T' & & 0 \\ & \boldsymbol{C}_T'' & \\ 0 & & \boldsymbol{C}_T' \end{pmatrix}, \tag{7.3.16}$$

$$\boldsymbol{Q}_T = \begin{pmatrix}
0 & 0 & 0 & 0 & h_1 & 0 & -h_1 & 0 & -h_1 & 0 & h_1 & 0 \\
-\frac{h_2}{h_1} & \frac{h_2}{h_1} & \frac{h_2}{h_1} & -\frac{h_2}{h_1} & h_1 & \frac{h_2}{3} & h_1 & -\frac{h_2}{3} & h_1 & \frac{h_2}{3} & h_1 & -\frac{h_2}{3} \\
0 & 0 & 0 & 0 & \frac{h_1}{3} & 0 & -\frac{h_1}{3} & 0 & -\frac{h_1}{3} & 0 & \frac{h_1}{3} & 0 \\
-\frac{2h_2}{5h_1} & \frac{2h_2}{5h_1} & -\frac{2h_2}{5h_1} & \frac{2h_2}{5h_1} & \frac{h_1}{3} & \frac{h_2}{15} & \frac{h_1}{3} & -\frac{h_2}{15} & \frac{h_1}{3} & \frac{h_2}{15} & \frac{h_1}{3} & \frac{h_2}{15} \\
1 & -1 & 1 & -1 & 0 & 0 & 0 & 0 & 0 & 0 & 0 & 0 \\
0 & 0 & 0 & 0 & \frac{h_1}{3} & 0 & -\frac{h_1}{3} & 0 & \frac{h_1}{3} & 0 & -\frac{h_1}{3} & 0 \\
0 & 0 & 0 & 0 & 0 & \frac{h_2}{3} & 0 & -\frac{h_2}{3} & 0 & \frac{h_2}{3} & 0 & -\frac{h_2}{3} \\
\frac{1}{5} & -\frac{1}{5} & \frac{1}{5} & -\frac{1}{5} & \frac{2h_1}{15} & 0 & \frac{2h_1}{15} & 0 & -\frac{2h_1}{15} & 0 & -\frac{2h_1}{15} & 0 \\
\frac{1}{5} & -\frac{1}{5} & \frac{1}{5} & -\frac{1}{5} & 0 & \frac{2h_2}{15} & 0 & -\frac{2h_2}{15} & 0 & -\frac{2h_2}{15} & 0 & \frac{2h_2}{15} \\
0 & 0 & 0 & 0 & 0 & h_2 & 0 & h_2 & 0 & -h_2 & 0 & -h_2 \\
0 & 0 & 0 & 0 & 0 & \frac{h_2}{3} & 0 & \frac{h_2}{3} & 0 & -\frac{h_2}{3} & 0 & -\frac{h_2}{3} \\
-\frac{h_1}{h_2} & -\frac{h_1}{h_2} & \frac{h_1}{h_2} & \frac{h_1}{h_2} & \frac{h_1}{3} & h_2 & -\frac{h_1}{3} & h_2 & \frac{h_1}{3} & h_2 & -\frac{h_1}{3} & h_2 \\
-\frac{2h_1}{5h_2} & \frac{2h_1}{5h_2} & -\frac{2h_1}{5h_2} & \frac{2h_1}{5h_2} & \frac{h_1}{15} & \frac{h_2}{3} & \frac{h_1}{15} & \frac{h_2}{3} & -\frac{h_1}{15} & \frac{h_2}{3} & -\frac{h_2}{15} & \frac{h_2}{3}
\end{pmatrix}. \tag{7.3.17}$$

矩阵 $\boldsymbol{Q}_T$ 的秩是 9, 所以引理得证. □

对于 TQC16 元, 因为 $\boldsymbol{M}_T$ 是非奇异的, $\boldsymbol{Q}$ 的秩是 12, 所以下面的引理成立:

**引理 7.3.5** TQC16 元满足秩条件.

**定理 7.3.1** 对于 TQC9 元、TQC12 元、TQC15 元和 RQC12 元中的任意一个, 设 $(T, P_T, \boldsymbol{D}_T)$ 是其使用的有限元. 如果对每个 $h$, $\mathcal{T}_h$ 是 $\Omega$ 的一个剖分且 HT1, HT2, HT4 和 HT5 成立, 则

$$|p|_{2,T}^2 \eqsim \sum_{|\boldsymbol{\alpha}|=2} |\partial_T^{\boldsymbol{\alpha}} p|_{0,T}^2, \quad \forall p \in P_T \tag{7.3.18}$$

对所有 $T \in \mathcal{T}_h$ 和所有 $h$ 一致成立.

**证明** 对定理中所涉及的单元都有 $P_1(T) \subset P_T$. 记 $p_1 = 1, p_2 = x_1, p_3 = x_2$. 由式 (7.2.1) 得 $\partial_T^{\boldsymbol{\alpha}} p_i = 0$ 对所有 $|\boldsymbol{\alpha}| = 2$ 和 $i = 1, 2, 3$ 成立. 由

$$\{\boldsymbol{D}_T(p_1), \boldsymbol{D}_T(p_2), \boldsymbol{D}_T(p_3)\}$$

张成的空间是三维的, 并且是方程 $\boldsymbol{Q}_T \boldsymbol{\Phi} = 0$ 的解空间. 由于秩条件成立, 所以若 $p \in P_T$ 且 $\partial_T^{\boldsymbol{\alpha}} p = 0, |\boldsymbol{\alpha}| = 2$, 则 $p \in P_1(T)$. 也就是说, 对任意 $p \in P_T$ 下面两条等价:

(1) $\partial_T^{\boldsymbol{\alpha}} p = 0$ 对所有 $|\boldsymbol{\alpha}| = 2$ 成立;

(2) $\partial^{\boldsymbol{\alpha}} p = 0$ 对所有 $|\boldsymbol{\alpha}| = 2$ 成立.

可以验证定理中提到的有限元都是仿射连续和尺度不变的, 所以用仿射连续和尺度不变技巧证明不等式 (7.3.18).

对于 TQC9 元、TQC12 元和 TQC15 元, 令 $\hat{T}$ 是参照三角形, $S(\eta)$ 是由所有满足 $|T| = |\hat{T}|, \eta h_T \leqslant \rho_T$ 的三角形 $T$ 构成的集合. 对于 RQC12 元, 令 $\hat{T}$ 是参照正方形, $S(\eta)$ 是由全体满足 $|T| = |\hat{T}|, \eta h_T \leqslant \rho_T$, 并且各边分别平行于坐标轴的矩形构成的集合. 现在证明

$$|p|_{2,T}^2 \lesssim \sum_{|\boldsymbol{\alpha}|=2} |\partial_T^{\boldsymbol{\alpha}} p|_{0,T}^2, \quad \forall p \in P_T \tag{7.3.19}$$

对所有的 $T \in S(\eta)$ 成立. 若不然, 则对 $k \in \mathbb{N}$, 存在 $T_k \in S(\eta)$ 和 $p_k \in P_{T_k}$, 使得

$$|p_k|_{2,T_k}^2 > k \sum_{|\boldsymbol{\alpha}|=2} |\partial_{T_k}^{\boldsymbol{\alpha}} p_k|_{0,T_k}^2. \tag{7.3.20}$$

不失一般性, 假设

$$\|\boldsymbol{D}_{T_k}(p_k)\|^2 \equiv \sum_{i=1}^{L} |d_{i,T_k}(p_k)|^2 = 1, \quad k \in \mathbb{N}.$$

因为对所有 $q \in P_1(T_k)$ 有 $\partial^{\boldsymbol{\alpha}} q = \partial_{T_k}^{\boldsymbol{\alpha}} q = 0, |\boldsymbol{\alpha}| = 2$, 可进一步假设

$$\boldsymbol{D}_{T_k}(p_k) \perp \boldsymbol{D}_{T_k}(q), \quad \forall q \in P_1(T_k).$$

由式 (3.1.2) 和 $T_k \in S(\eta)$ 可知 $\{\boldsymbol{B}_{T_k}\}$ 和 $\{\boldsymbol{B}_{T_k}^{-1}\}$ 在矩阵空间中是都是有界集. 存在 $\mathbb{N}$ 的子列 $\mathbb{N}'$, 使得 $\{\boldsymbol{D}_{T_k}(p_k)\}_{k\in\mathbb{N}'}$ 在 $\mathbf{R}^L$ 中收敛于 $\boldsymbol{\Phi}$, 而 $\{\boldsymbol{B}_{T_k}\}_{k\in\mathbb{N}'}$ 收敛一个可逆矩阵. 由仿射连续性质, 存在一个 $(T, P_T, \boldsymbol{D}_T)$, 使得 $\{\boldsymbol{B}_{T_k}\}_{k\in\mathbb{N}'}$ 收敛于 $\boldsymbol{B}_T$. 显然有

$$\|\boldsymbol{\Phi}\| = 1, \quad \boldsymbol{\Phi}\perp\boldsymbol{D}_T(q),\ \forall q \in P_1(T). \tag{7.3.21}$$

由仿射连续性质, $|p_k|_{2,T_k}(k \in \mathbb{N}')$ 是有界的. 从式 (7.3.20) 可以推导出

$$\lim_{k\to\infty, k\in\mathbb{N}'} \sum_{|\boldsymbol{\alpha}|=2} \|\partial_{T_k}^{\boldsymbol{\alpha}} p_k\|_{0,T_k}^2 = 0. \tag{7.3.22}$$

对于 $(T', P_{T'}, \boldsymbol{D}_{T'})$ 和 $p \in P_{T'}$, $\Pi_{T'}^0 p$, $\Pi_{\partial T'}^{\boldsymbol{\tau}} p$ 和 $\Pi_{\partial T'}^{\boldsymbol{\nu}} p$ 可以表示成

$$\Pi_{T'}^0 p = \sum_{i=1}^{L} \psi_{i,T'}^0 d_{i,T'}(p),$$
$$\Pi_{\partial T'}^{\boldsymbol{\tau}} p = \sum_{i=1}^{L} \psi_{i,T'}^{\boldsymbol{\tau}} d_{i,T'}(p),$$
$$\Pi_{\partial T'}^{\boldsymbol{\nu}} p = \sum_{i=1}^{L} \psi_{i,T'}^{\boldsymbol{\nu}} d_{i,T'}(p),$$

而 $N_{T'}^{\boldsymbol{\alpha}}(|\boldsymbol{\alpha}| = 2)$ 的基可以选成是 $\hat{T}$ 上的函数, 并且是不变的. 由这些单元的 $\Pi_{T'}^0$, $\Pi_{\partial T'}^{\boldsymbol{\tau}}$, $\Pi_{\partial T'}^{\boldsymbol{\nu}}$ 和 $\partial_{T'}^{\boldsymbol{\alpha}}$ 的定义可知 $\boldsymbol{Q}_{T'}$ 和 $\boldsymbol{C}_{T'}$ 关于 $\boldsymbol{B}_{T'}$ 都是连续的, 因而有

$$\lim_{k\to\infty, k\in\mathbb{N}'} \boldsymbol{Q}_{T_k} = \boldsymbol{Q}_T, \qquad \lim_{k\to\infty, k\in\mathbb{N}'} \boldsymbol{C}_{T_k} = \boldsymbol{C}_T, \tag{7.3.23}$$

$\boldsymbol{\zeta}_{T_k}(p_k)$ 收敛于 $\boldsymbol{\zeta}$ 且

$$\boldsymbol{C}_T\boldsymbol{\zeta} = \boldsymbol{Q}_T\boldsymbol{\Phi}. \tag{7.3.24}$$

由式 (7.3.20) 得

$$0 = \lim_{k\to\infty, k\in\mathbb{N}'} \sum_{|\boldsymbol{\alpha}|=2} \|\partial_{T_k}^{\boldsymbol{\alpha}} p_k\|_{0,T_k}^2 = \lim_{k\to\infty, k\in\mathbb{N}'} (\boldsymbol{\zeta}_{T_k})^{\mathrm{T}} \boldsymbol{C}_{T_k} \boldsymbol{\zeta}_{T_k} = \boldsymbol{\zeta}^{\mathrm{T}} \boldsymbol{C}_T \boldsymbol{\zeta}.$$

上式说明 $\boldsymbol{\zeta} = 0$, 从而 $\boldsymbol{Q}_T\boldsymbol{\Phi} = 0$. $\boldsymbol{\Phi}$ 属于由 $\{\boldsymbol{D}_T(1), \boldsymbol{D}_T(x_1), \boldsymbol{D}_T(x_2)\}$ 张成的空间, 并且因为式 (7.3.21), 它与该空间正交, 即 $\boldsymbol{\Phi} = 0$, 这与 $\|\boldsymbol{\Phi}\| = 1$ 矛盾, 所以不等式 (7.3.18) 对所有的 $T \in S(\eta)$ 成立.

现在令 $T \in \mathcal{T}_h$, 记

$$\theta_T = \frac{|\hat{T}|^{1/2}}{|T|^{1/2}}, \quad \tilde{T} = \{\tilde{\boldsymbol{x}} \mid \tilde{\boldsymbol{x}} = \theta_T \boldsymbol{x}, \forall \boldsymbol{x} \in T\},$$

则 $\tilde{T} \in S(\eta)$. 对 $p \in P_T$ 定义

$$\tilde{p}(\tilde{\boldsymbol{x}}) = p(\theta_T^{-1}\tilde{\boldsymbol{x}}), \quad \forall \tilde{\boldsymbol{x}} \in \tilde{T}.$$

显然, $\tilde{p} \in P_{\tilde{T}}$ 且

$$\partial_{\boldsymbol{x}}^{\boldsymbol{\alpha}} p = \theta_T^2 \partial_{\tilde{\boldsymbol{x}}}^{\boldsymbol{\alpha}} \tilde{p}, \quad |\boldsymbol{\alpha}| = 2. \tag{7.3.25}$$

由定义可以知道

$$\widetilde{\Pi_T^0 p} = \tilde{\Pi}_{\tilde{T}}^0 \tilde{p}, \quad \widetilde{\Pi_{\partial T}^{\boldsymbol{\tau}} p} = \theta_T \tilde{\Pi}_{\partial\tilde{T}}^{\boldsymbol{\tau}} \tilde{p}, \quad \widetilde{\Pi_{\partial T}^{\boldsymbol{\nu}} p} = \theta_T \tilde{\Pi}_{\partial\tilde{T}}^{\boldsymbol{\nu}} \tilde{p}.$$

利用上式和式 (7.3.25), 式 (7.2.1), 式 (3.1.10) 及式 (3.1.11) 有

$$\partial_T^{\boldsymbol{\alpha}} p = \theta_T^2 \partial_{\tilde{T}}^{\boldsymbol{\alpha}} \tilde{p}, \quad |\boldsymbol{\alpha}| = 2. \tag{7.3.26}$$

由式 (7.3.25), 式 (7.3.26) 和前面已经得到的结果就得到了式 (7.3.18) $\lesssim$ 的情形.

用类似的方法可以证明式 (7.3.18) $\gtrsim$ 的情形. 定理得证. □

在 $V_h$ 上定义半范 $|\cdot|_{2,q}$ 如下:

$$|v_h|_{2,q} = \Big(\sum_{|\boldsymbol{\alpha}|=2} |\partial_h^{\boldsymbol{\alpha}} v_h|_{0,\Omega}^2\Big)^{1/2}, \quad \forall v_h \in V_h. \tag{7.3.27}$$

**定理 7.3.2** 对于 TQC9 元、TQC12 元、TQC15 元和 RQC12 元, 半范 $|\cdot|_{2,q}$ 是 $V_{h0}$ 上的范数.

**证明** 令 $v_h \in V_{h0}$ 且 $|v_h|_{2,q} = 0$. 由定理 7.3.1 得

$$\partial^{\boldsymbol{\alpha}}(v_h|_T) = 0, \quad |\boldsymbol{\alpha}| = 2, \ \forall T \in \mathcal{T}_h,$$

即 $v_h$ 在每个 $T$ 上是一次多项式. 当单元 $T, T' \in \mathcal{T}_h$ 具有公共边 $F$ 时, $v_h$ 和 $\dfrac{\partial}{\partial \boldsymbol{\nu}} v_h$ 在 $F$ 的两个端点连续, 所以 $v_h|_{T\cup T'} \in P_1(T \cup T')$. 因此, $v_h \in P_1(\Omega)$. 因为 $v_h$ 和其一阶导数都至少在 $\partial\Omega$ 上的两点处为零, 所以在整个 $\Omega$ 上, $v_h$ 恒为零. □

定理 7.3.2 说明, 问题 (7.2.4) 是唯一可解的.

对 RQC4 元和 TQC16 元, 可以得到类似的结果.

## 7.4 逼 近 性

本节考虑拟协调元的逼近性, 即对 Sobolev 空间的函数 $v$, $\partial_T^{\boldsymbol{\alpha}} \Pi_T v$ 对 $\partial^{\boldsymbol{\alpha}} v$ 的误差估计.

**定理 7.4.1**　对于 TQC9 元、TQC12 元、TQC15 元和 RQC12 元中的任意一个, 记 $\Pi_T$ 为其所用的 $(T, P_T, \boldsymbol{D}_T)$ 对应的插值算子, 则对每个 $\eta > 0$,

$$\|\partial^{\boldsymbol{\alpha}} v - \partial_T^{\boldsymbol{\alpha}} \Pi_T v\|_{0,T} \lesssim h_T^r |v|_{r+2,T}, \quad |\boldsymbol{\alpha}| = 2, \ \forall v \in H^{r+2}(T) \tag{7.4.1}$$

对所有满足 $h_T \leqslant \eta \rho_T$ 的 $T$ 一致成立, 其中, 对于 TQC9 元和 RQC12 元 $r = 1$, 而对于 TQC12 元和 TQC15 元 $r = 2$.

**证明**　取 $p \in P_r(T)$ 和 $v \in H^{r+2}(T)$. 令 $\boldsymbol{\alpha} = (2, 0)$, 则

$$\begin{aligned}\|p - \partial_T^{\boldsymbol{\alpha}} \Pi_T v\|_{0,T}^2 = &\int_T (p - \partial_T^{\boldsymbol{\alpha}} \Pi_T v)(p - \partial^{\boldsymbol{\alpha}} v)\,\mathrm{d}\boldsymbol{x} \\ &+ \int_T (p - \partial_T^{\boldsymbol{\alpha}} \Pi_T v)(\partial^{\boldsymbol{\alpha}} v - \partial_T^{\boldsymbol{\alpha}} \Pi_T v)\,\mathrm{d}\boldsymbol{x}.\end{aligned}$$

由 Green 公式和式 (7.2.1) 得

$$\begin{aligned}\|p - \partial_T^{\boldsymbol{\alpha}} \Pi_T v\|_{0,T}^2 = &\int_T (p - \partial_T^{\boldsymbol{\alpha}} \Pi_T v)(p - \partial^{\boldsymbol{\alpha}} v)\,\mathrm{d}\boldsymbol{x} \\ &+ \int_{\partial T} (p - \partial_T^{\boldsymbol{\alpha}} \Pi_T v)\nu_1^2 \Big(\frac{\partial v}{\partial \boldsymbol{\nu}} - \Pi_{\partial T}^{\boldsymbol{\nu}} \Pi_T v\Big)\,\mathrm{d}s \\ &- \int_{\partial T} (p - \partial_T^{\boldsymbol{\alpha}} \Pi_T v)\nu_1 \nu_2 \Big(\frac{\partial v}{\partial \boldsymbol{\tau}} - \Pi_{\partial T}^{\boldsymbol{\tau}} \Pi_T v\Big)\,\mathrm{d}s \\ &- \int_T \frac{\partial}{\partial x_1}(p - \partial_T^{\boldsymbol{\alpha}} \Pi_T v)\frac{\partial}{\partial x_1}(v - \Pi_T^0 \Pi_T v)\,\mathrm{d}\boldsymbol{x}.\end{aligned}$$

利用 Schwarz 不等式有

$$\begin{aligned}\|p - \partial_T^{\boldsymbol{\alpha}} \Pi_T v\|_{0,T}^2 \leqslant &\|p - \partial_T^{\boldsymbol{\alpha}} \Pi_T v\|_{0,T} \|p - \partial^{\boldsymbol{\alpha}} v\|_{0,T} \\ &+ \|p - \partial_T^{\boldsymbol{\alpha}} \Pi_T v\|_{0,\partial T} \Big\|\frac{\partial v}{\partial \boldsymbol{\nu}} - \Pi_{\partial T}^{\boldsymbol{\nu}} \Pi_T v\Big\|_{0,\partial T} \\ &+ \|p - \partial_T^{\boldsymbol{\alpha}} \Pi_T v\|_{0,\partial T} \Big\|\frac{\partial v}{\partial \boldsymbol{\tau}} - \Pi_{\partial T}^{\boldsymbol{\tau}} \Pi_T v\Big\|_{0,\partial T} \\ &+ |p - \partial_T^{\boldsymbol{\alpha}} \Pi_T v|_{1,T} |v - \Pi_T^0 \Pi_T v|_{1,T}.\end{aligned}$$

再由逆不等式有

$$\begin{aligned}\|p - \partial_T^{\boldsymbol{\alpha}} \Pi_T v\|_{0,T}^2 \lesssim &\Big(\|p - \partial^{\boldsymbol{\alpha}} v\|_{0,T} + h_T^{-1/2} \Big\|\frac{\partial v}{\partial \boldsymbol{\nu}} - \Pi_{\partial T}^{\boldsymbol{\nu}} \Pi_T v\Big\|_{0,\partial T} \\ &+ h_T^{-1/2} \Big\|\frac{\partial v}{\partial \boldsymbol{\tau}} - \Pi_{\partial T}^{\boldsymbol{\tau}} \Pi_T v\Big\|_{0,\partial T} \\ &+ h_T^{-1} |v - \Pi_T^0 \Pi_T v|_{1,T}\Big) \|p - \partial_T^{\boldsymbol{\alpha}} \Pi_T v\|_{0,T}.\end{aligned}$$

因此,

$$\|p-\partial_T^{\boldsymbol{\alpha}}\Pi_T v\|_{0,T}\lesssim\|p-\partial^{\boldsymbol{\alpha}}v\|_{0,T}+h_T^{-1}|v-\Pi_T^0\Pi_T v|_{1,T}$$
$$+h_T^{-1/2}\left\|\frac{\partial v}{\partial\boldsymbol{\nu}}-\Pi_{\partial T}^{\boldsymbol{\nu}}\Pi_T v\right\|_{0,\partial T}+h_T^{-1/2}\left\|\frac{\partial v}{\partial\boldsymbol{\tau}}-\Pi_{\partial T}^{\boldsymbol{\tau}}\Pi_T v\right\|_{0,\partial T},$$

这样就得到了

$$\|v-\partial_T^{\boldsymbol{\alpha}}\Pi_T v\|_{0,T}\lesssim\inf_{p\in P_r(T)}\|p-\partial^{\boldsymbol{\alpha}}v\|_{0,T}+h_T^{-1}|v-\Pi_T^0\Pi_T v|_{1,T}$$
$$+h_T^{-1/2}\left\|\frac{\partial v}{\partial\boldsymbol{\nu}}-\Pi_{\partial T}^{\boldsymbol{\nu}}\Pi_T v\right\|_{0,\partial T}+h_T^{-1/2}\left\|\frac{\partial v}{\partial\boldsymbol{\tau}}-\Pi_{\partial T}^{\boldsymbol{\tau}}\Pi_T v\right\|_{0,\partial T}. \tag{7.4.2}$$

应用插值理论的结果可知式 (7.4.1) 对 $\boldsymbol{\alpha}=(2,0)$ 成立.

类似地可以证明式 (7.4.1) 对其他的 $\boldsymbol{\alpha}$ 也成立. □

**定理 7.4.2** 记 RQC4 元的 $(T,P_T,\boldsymbol{D}_T)$ 对应的插值算子为 $\Pi_T$, 则对每个 $\eta>0$,

$$\sum_{i=1}^{2}\|\partial^{\boldsymbol{e}_i}v-\partial_{i,T}\Pi_T v\|_{0,T}\lesssim h_T|v|_{2,T},\quad\forall v\in H^2(T) \tag{7.4.3}$$

对所有满足 $\eta h_T\leqslant\rho_T$ 的 $T$ 一致成立.

**定理 7.4.3** 记 TQC16 元的 $(T,P_T,\boldsymbol{D}_T)$ 对应的插值算子为 $\Pi_T$, 则对每个 $\eta>0$,

$$\sum_{|\boldsymbol{\alpha}|=2}\|\partial^{\boldsymbol{\alpha}}v-\partial_T^{\boldsymbol{\alpha}}\Pi_T v\|_{0,T}\lesssim h_T|v|_{3,T},\quad\forall v\in H^3(T) \tag{7.4.4}$$

对所有满足 $\eta h_T\leqslant\rho_T$ 的四面体 $T$ 一致成立.

这两个定理的证明留给读者作为练习. □

## 7.5 误差估计

本节讨论拟协调有限元解的误差估计. 在本节和 7.6 节中, 对于网格尺寸 $h$ $(h\to 0)$, 令 $\mathcal{T}_h$ 是 $\Omega$ 对应所讨论的有限元的剖分, 假设 HT1, HT2, HT4 和 HT5 成立.

首先考虑求解薄板弯曲问题的拟协调元. 令 $V_h$ 和 $V_{h0}$ 是 7.2 节描述的某拟协调元对应的有限元空间. 取 $f\in L^2(\Omega)$, 记 $u$ 和 $u_h$ 分别是问题 (4.2.2) 和问题 (7.2.4) 的解.

对 $v_h\in V_{h0}$, 由 $a_h(\cdot,\cdot)$ 的定义和式 (7.3.18) 可以推导出

$$|u_h-v_h|_{2,h}^2\lesssim a_h(u_h-v_h,u_h-v_h)=(f,\Pi_h^0(u_h-v_h))-a_h(v_h,u_h-v_h).$$

对 $v\in H^2(\mathcal{T}_h)$ 和 $w_h\in V_h$ 定义

$$\begin{aligned}A_h(v,w_h)=&\sum_{T\in\mathcal{T}_h}\int_T\Big\{\Delta v\Delta_h w_h+(1-\sigma)\big(2\partial^{(1,1)}v\partial_h^{(1,1)}w_h\\&-\partial^{(2,0)}v\partial_h^{(0,2)}w_h-\partial^{(0,2)}v\partial_h^{(2,0)}w_h\big)\Big\}\,\mathrm{d}\boldsymbol{x}.\end{aligned}\tag{7.5.1}$$

记 $w_h=u_h-v_h$, 则

$$|u_h-v_h|_{2,h}^2\lesssim A_h(u,w_h)-a_h(v_h,w_h)+(f,\Pi_h^0 w_h)-A_h(u,w_h).\tag{7.5.2}$$

综合式 (7.2.3), 式 (7.5.1), Schwarz 不等式和式 (7.3.18) 得到

$$|A_h(u,w_h)-a_h(v_h,w_h)|\lesssim\Big(\sum_{|\boldsymbol{\alpha}|=2}|\partial^{\boldsymbol{\alpha}}u-\partial_h^{\boldsymbol{\alpha}}v_h|_{0,\Omega}^2\Big)^{1/2}|w_h|_{2,h}.\tag{7.5.3}$$

利用式 (7.5.2) 有

$$|u_h-v_h|_{2,h}\lesssim\Big(\sum_{|\boldsymbol{\alpha}|=2}|\partial^{\boldsymbol{\alpha}}u-\partial_h^{\boldsymbol{\alpha}}v_h|_{0,\Omega}^2\Big)^{1/2}+\sup_{0\neq w_h\in V_{h0}}\frac{|(f,\Pi_h^0 w_h)-A_h(u,w_h)|}{|w_h|_{2,h}},$$

所以有

$$\begin{aligned}\Big(\sum_{|\boldsymbol{\alpha}|=2}|\partial^{\boldsymbol{\alpha}}u-\partial_h^{\boldsymbol{\alpha}}u_h|_{0,\Omega}^2\Big)^{1/2}\lesssim&\Big(\sum_{|\boldsymbol{\alpha}|=2}|\partial^{\boldsymbol{\alpha}}u-\partial_h^{\boldsymbol{\alpha}}v_h|_{0,\Omega}^2\Big)^{1/2}\\&+\sup_{0\neq w_h\in V_{h0}}\frac{|(f,\Pi_h^0 w_h)-A_h(u,w_h)|}{|w_h|_{2,h}},\end{aligned}$$

最终得到

$$\begin{aligned}\Big(\sum_{|\boldsymbol{\alpha}|=2}|\partial^{\boldsymbol{\alpha}}u-\partial_h^{\boldsymbol{\alpha}}u_h|_{0,\Omega}^2\Big)^{1/2}\lesssim&\inf_{v_h\in V_{h0}}\Big(\sum_{|\boldsymbol{\alpha}|=2}|\partial^{\boldsymbol{\alpha}}u-\partial_h^{\boldsymbol{\alpha}}v_h|_{0,\Omega}^2\Big)^{1/2}\\&+\sup_{0\neq w_h\in V_{h0}}\frac{|(f,\Pi_h^0 w_h)-A_h(u,w_h)|}{|w_h|_{2,h}}.\end{aligned}\tag{7.5.4}$$

**定理 7.5.1** 设 $n=2$. 令 $u$ 是问题 (4.2.2) 的解, $u_h$ 是问题 (7.2.4) 对应 TQC9 元、TQC12 元、TQC15 元和 RQC12 元之一的解, 则 $u\in H^{r+2}(\Omega)$ 时有

$$\Big(\sum_{|\boldsymbol{\alpha}|=2}|\partial^{\boldsymbol{\alpha}}u-\partial_h^{\boldsymbol{\alpha}}u_h|_{0,\Omega}^2\Big)^{1/2}\lesssim h^r|u|_{r+2,\Omega},\tag{7.5.5}$$

其中, $r$ 在 TQC9 元和 RQC12 元的情形下为 1, 在 TQC12 元和 TQC15 元的情形时为 2.

**证明** 首先考虑式 (7.5.4) 右端的第二项. 定义

$$E_1(u,w_h)=\int_\Omega\Big(\Delta u\partial_h^{(2,0)}w_h+\frac{\partial}{\partial x_1}\Delta u\frac{\partial \Pi_h^0 w_h}{\partial x_1}\Big)\,\mathrm{d}\boldsymbol{x},$$

$$E_2(u,w_h)=\int_\Omega\Big(\Delta u\partial_h^{(0,2)}w_h+\frac{\partial}{\partial x_2}\Delta u\frac{\partial \Pi_h^0 w_h}{\partial x_2}\Big)\,\mathrm{d}\boldsymbol{x},$$

$$E_3(u,w_h)=\int_\Omega\Big(2\frac{\partial^2 u}{\partial x_1\partial x_2}\partial_h^{(1,1)}w_h+\frac{\partial^3 u}{\partial x_1^2\partial x_2}\frac{\partial \Pi_h^0 w_h}{\partial x_2}+\frac{\partial^3 u}{\partial x_1\partial x_2^2}\frac{\partial \Pi_h^0 w_h}{\partial x_1}\Big)\,\mathrm{d}\boldsymbol{x},$$

$$E_4(u,w_h)=-\int_\Omega\Big(\frac{\partial^2 u}{\partial x_1^2}\partial_h^{(0,2)}w_h+\frac{\partial^3 u}{\partial x_1^2\partial x_2}\frac{\partial \Pi_h^0 w_h}{\partial x_2}\Big)\,\mathrm{d}\boldsymbol{x},$$

$$E_5(u,w_h)=-\int_\Omega\Big(\frac{\partial^2 u}{\partial x_2^2}\partial_h^{(2,0)}w_h+\frac{\partial^3 u}{\partial x_1\partial x_2^2}\frac{\partial \Pi_h^0 w_h}{\partial x_1}\Big)\,\mathrm{d}\boldsymbol{x}.$$

因为 $\Delta^2 u=f$, $u\in H^3(\Omega)$ 和 $\Pi_h^0 w_h\in H_0^1(\Omega)$, 所以

$$(f,\Pi_h^0 w_h)=-\int_\Omega\Big(\frac{\partial}{\partial x_1}\Delta u\frac{\partial}{\partial x_1}\Pi_h^0 w_h+\frac{\partial}{\partial x_2}\Delta u\frac{\partial}{\partial x_2}\Pi_h^0 w_h\Big)\,\mathrm{d}\boldsymbol{x},$$

进而

$$A_h(u,w_h)-(f,\Pi_h^0 w_h)=\sum_{i=1}^{2}E_i(u,w_h)+(1-\sigma)\sum_{i=3}^{5}E_i(u,w_h). \tag{7.5.6}$$

利用 Green 公式,

$$\begin{aligned}E_1(u,w_h)&=\sum_{T\in\mathcal{T}_h}\Big\{\int_T\Delta u\Big(\partial_h^{(2,0)}w_h-\partial^{(2,0)}\Pi_h^0 w_h\Big)\,\mathrm{d}\boldsymbol{x}\\&\quad+\int_{\partial T}\Delta u\Big(\nu_1^2\frac{\partial}{\partial\boldsymbol{\nu}}\Pi_T^0 w_h-\nu_1\nu_2\frac{\partial}{\partial\boldsymbol{\tau}}\Pi_h^0 w_h\Big)\,\mathrm{d}s\Big\}\\&=\sum_{T\in\mathcal{T}_h}\Big\{\int_T\Delta u\Big(\partial_h^{(2,0)}w_h-\partial^{(2,0)}\Pi_h^0 w_h\Big)\,\mathrm{d}\boldsymbol{x}\\&\quad-\int_{\partial T}\Delta u\nu_1^2\Big(\Pi_{\partial T}^{\boldsymbol{\nu}}w_h-\frac{\partial}{\partial\boldsymbol{\nu}}\Pi_T^0 w_h\Big)\,\mathrm{d}s\\&\quad+\int_{\partial T}\Delta u\nu_1\nu_2\Big(\Pi_{\partial T}^{\boldsymbol{\tau}}w_h-\frac{\partial}{\partial\boldsymbol{\tau}}\Pi_h^0 w_h\Big)\,\mathrm{d}s\Big\}\\&\quad+\sum_{T\in\mathcal{T}_h}\int_{\partial T}\Delta u\Big(\nu_1^2\Pi_{\partial T}^{\boldsymbol{\nu}}w_h-\nu_1\nu_2\Pi_{\partial T}^{\boldsymbol{\tau}}w_h\Big)\,\mathrm{d}s.\end{aligned}$$

如果 $F$ 是单元 $T,T'\in\mathcal{T}_h$ 的公共边, 则 $\Pi_{\partial T}^{\boldsymbol{\nu}}w_h=-\Pi_{\partial T'}^{\boldsymbol{\nu}}w_h$ 和 $\Pi_{\partial T}^{\boldsymbol{\tau}}w_h=-\Pi_{\partial T'}^{\boldsymbol{\tau}}w_h$.

如果 $F$ 是 $T$ 的边且 $F \subset \partial\Omega$, 则 $\Pi_{\partial T}^{\boldsymbol{\nu}} w_h = \Pi_{\partial T}^{\boldsymbol{\tau}} w_h = 0$, 从而有

$$\sum_{T\in\mathcal{T}_h} \int_{\partial T} \Delta u\Big(\nu_1^2 \Pi_{\partial T}^{\boldsymbol{\nu}} w_h - \nu_1\nu_2 \Pi_{\partial T}^{\boldsymbol{\tau}} w_h\Big)\,\mathrm{d}s = 0 \tag{7.5.7}$$

和

$$\begin{aligned} E_1(u,w_h) = \sum_{T\in\mathcal{T}_h} \Big\{ &\int_T \Delta u\Big(\partial_h^{(2,0)} w_h - \partial^{(2,0)} \Pi_h^0 w_h\Big)\,\mathrm{d}\boldsymbol{x} \\ &- \int_{\partial T} \Delta u \nu_1^2 \Big(\Pi_{\partial T}^{\boldsymbol{\nu}} w_h - \frac{\partial}{\partial \boldsymbol{\nu}} \Pi_T^0 w_h\Big)\,\mathrm{d}s \\ &+ \int_{\partial T} \Delta u \nu_1\nu_2 \Big(\Pi_{\partial T}^{\boldsymbol{\tau}} w_h - \frac{\partial}{\partial \boldsymbol{\tau}} \Pi_h^0 w_h\Big)\,\mathrm{d}s \Big\}. \end{aligned} \tag{7.5.8}$$

再由 Green 公式、Schwarz 不等式、式 (7.2.1) 和插值理论的结果得到

$$\begin{aligned} |E_1(u,w_h)| = \Big| &\int_T \Delta u\Big(\partial_h^{(2,0)} w_h - \partial^{(2,0)} \Pi_h^0 w_h\Big)\,\mathrm{d}\boldsymbol{x} \\ &- \int_{\partial T} \Delta u \nu_1^2 \Big(\Pi_{\partial T}^{\boldsymbol{\nu}} w_h - \frac{\partial}{\partial \boldsymbol{\nu}} \Pi_T^0 w_h\Big)\,\mathrm{d}s \\ &+ \int_{\partial T} \Delta u \nu_1\nu_2 \Big(\Pi_{\partial T}^{\boldsymbol{\tau}} w_h - \frac{\partial}{\partial \boldsymbol{\tau}} \Pi_h^0 w_h\Big)\,\mathrm{d}s \Big| \\ = \inf_{p\in P_{r-1}(T)} \Big| &\int_T (\Delta u - p)\Big(\partial_h^{(2,0)} w_h - \partial^{(2,0)} \Pi_h^0 w_h\Big)\,\mathrm{d}\boldsymbol{x} \\ &- \int_{\partial T} (\Delta u - p) \nu_1^2 \Big(\Pi_{\partial T}^{\boldsymbol{\nu}} w_h - \frac{\partial}{\partial \boldsymbol{\nu}} \Pi_T^0 w_h\Big)\,\mathrm{d}s \\ &+ \int_{\partial T} (\Delta u - p) \nu_1\nu_2 \Big(\Pi_{\partial T}^{\boldsymbol{\tau}} w_h - \frac{\partial}{\partial \tau} \Pi_h^0 w_h\Big)\,\mathrm{d}s \Big| \\ \leqslant \inf_{p\in P_{r-1}(T)} \Big\{ &|\Delta u - p|_{0,T} |\partial_h^{(2,0)} w_h - \partial^{(2,0)} \Pi_h^0 w_h|_{0,T} \\ &+ |\Delta u - p|_{0,\partial T} \Big|\Pi_{\partial T}^{\boldsymbol{\nu}} w_h - \frac{\partial}{\partial \boldsymbol{\nu}} \Pi_T^0 w_h\Big|_{0,\partial T} \\ &+ |\Delta u - p|_{0,\partial T} \Big|\Pi_{\partial T}^{\boldsymbol{\tau}} w_h - \frac{\partial}{\partial \boldsymbol{\tau}} \Pi_h^0 w_h\Big|_{0,\partial T} \Big\} \\ \lesssim h^r &|u|_{r+2,T} |w_h|_{2,T}, \end{aligned}$$

这样就得到

$$|E_i(u,w_h)| \lesssim h^r |u|_{r+2,\Omega} |w_h|_{2,h}, \quad 1 \leqslant i \leqslant 5 \tag{7.5.9}$$

对 $i=1$ 成立. 类似地, 可以证明不等式 (7.5.9) 对其他的 $i$ 成立.

等式 (7.5.6) 和不等式 (7.5.9) 导致

$$|A_h(u,w_h) - (f, \Pi_h^0 w_h)| \lesssim h^r |u|_{r+2,\Omega} |w_h|_{2,h}. \tag{7.5.10}$$

由定理 7.4.1 直接可以得到

$$\inf_{v_h\in V_h}\Big(\sum_{|\boldsymbol{\alpha}|=2}|\partial^{\boldsymbol{\alpha}}u-\partial_h^{\boldsymbol{\alpha}}v_h|_{0,\Omega}^2\Big)^{1/2}\lesssim h^r|u|_{r+2,\Omega}. \tag{7.5.11}$$

从式 (7.5.10), 式 (7.5.11) 和式 (7.5.4) 就得到了定理的结论. □

利用 Aubin-Nitsche 技巧可以得到下面的定理:

**定理 7.5.2** 设 $n=2$. 令 $u$ 是问题 (4.2.2) 的解, $u_h$ 是问题 (7.2.4) 对应 TQC9 元、TQC12 元、TQC15 元和 RQC12 元之一的解. 假设 $\Omega$ 是凸的, 则 $u\in H^{r+2}(\Omega)$ 时有

$$|u-u_h|_{1,\Omega}\lesssim h^{r+1}|u|_{r+2,\Omega}, \tag{7.5.12}$$

其中, $r$ 在 TQC9 元和 RQC12 元的情形下为 1, 在 TQC12 元和 TQC15 元的情形时为 2.

对于 RQC4 元和 TQC16 元, 有类似的结果.

**定理 7.5.3** 设 $n=2$. 令 $u$ 是问题 (1.2.3) 的解, $u_h$ 是问题 (7.1.7) 在 RQC4 元情形时的解, 则当 $u\in H^2(\Omega)$ 时,

$$\sum_{i=1}^{2}\left|\frac{\partial u}{\partial x_i}-\partial_{i,h}u_h\right|_{0,\Omega}\lesssim h|u|_{2,\Omega}. \tag{7.5.13}$$

如果 $\Omega$ 是凸的, 则

$$|u-u_h|_{0,\Omega}\lesssim h^2|u|_{2,\Omega}. \tag{7.5.14}$$

**定理 7.5.4** 设 $n=3$. 令 $u$ 是问题 (1.3.3) 的解, $u_h$ 是问题 (7.2.20) 在 TQC16 元情形时的解, 则当 $u\in H^3(\Omega)$ 时,

$$\sum_{|\boldsymbol{\alpha}|=2}\left|\partial^{\boldsymbol{\alpha}}u-\partial_h^{\boldsymbol{\alpha}}u_h\right|_{0,\Omega}\lesssim h|u|_{3,\Omega}. \tag{7.5.15}$$

比较定理 7.5.1 和表 6.4.2 的误差估计可以发现, 利用拟协调元技巧分别从 Zienkiewicz 元、Morley-Zienkiewicz 元和 15 参数三角形板元而来的 TQC9 元、TQC12 元和 TQC15 元, 它们的收敛结果都比原来的非协调元好. 由定理 7.5.4 可以看出, TQC16 元是收敛的, 而三维 Zienkiewicz 元是不收敛的.

## 7.6 后验误差估计

本节考虑拟协调元方法的后验估计, 只介绍薄板弯曲问题的几个拟协调元的结果. 本节设 $n=2$, $V_{h0}$ 是 TQC9 元、TQC12 元、TQC15 元和 RQC12 元之一对应的空间.

**引理 7.6.1** 设 $V_{h0}$ 是 TQC9 元、TQC12 元、TQC15 元和 RQC12 元之一对应的空间. 令 $u$ 是问题 (4.2.2) 的解, $u_h$ 是问题 (7.2.4) 的解, 则

$$\|u-u_h\|_{2,h} \lesssim \sup_{0\neq v\in H_0^2(\Omega)} \frac{|(f,v)-A_h(v,u_h)|}{\|v\|_{2,\Omega}} + \inf_{v\in H_0^2(\Omega)} \|u_h-v\|_{2,h} + \sum_{|\boldsymbol{\alpha}|=2} \|\partial^{\boldsymbol{\alpha}} u_h - \partial_h^{\boldsymbol{\alpha}} u_h\|_{0,h}. \qquad (7.6.1)$$

**证明** 令 $w\in H_0^2(\Omega)$, $a(\cdot,\cdot)$ 由式 (1.3.5) 定义. 由 Poincare-Friedrichs 不等式和式 (7.2.4) 有

$$\begin{aligned}\|u-w\|_{2,\Omega}^2 &\lesssim a(u-w,u-w)\\ &= (f,u-w)-A_h(u-w,u_h)+A_h(u-w,u_h)-a(u-w,w)\\ &\lesssim |(f,u-w)-A_h(u-w,u_h)| + \|u-w\|_{2,\Omega}\sum_{|\boldsymbol{\alpha}|=2} |\partial_h^{\boldsymbol{\alpha}} u_h - \partial^{\boldsymbol{\alpha}} w|_{0,\Omega},\end{aligned}$$

所以

$$\|u-w\|_{2,\Omega} \lesssim \sup_{0\neq v\in H_0^2(\Omega)} \frac{|(f,v)-A_h(v,u_h)|}{\|v\|_{2,\Omega}} + \|u_h-w\|_{2,h} + \sum_{|\boldsymbol{\alpha}|=2} \|\partial^{\boldsymbol{\alpha}} u_h - \partial_h^{\boldsymbol{\alpha}} u_h\|_{0,h}.$$

由三角不等式得到

$$\|u-u_h\|_{2,h} \lesssim \sup_{0\neq v\in H_0^2(\Omega)} \frac{|(f,v)-A_h(v,u_h)|}{\|v\|_{2,\Omega}} + \|u_h-w\|_{2,h} + \sum_{|\boldsymbol{\alpha}|=2} \|\partial^{\boldsymbol{\alpha}} u_h - \partial_h^{\boldsymbol{\alpha}} u_h\|_{0,h}.$$

由 $w$ 的任意性得到, 式 (7.6.1) 成立. □

对于 $T\in\mathcal{T}_h$ 和 $T$ 的边 $F$, 记 $\boldsymbol{\tau}_F$ 是 $F$ 的单位切向量. 对于 $v_h\in V_{h0}$, $s=1,2$, 定义

$$R_{s,T}^{qi}(v_h) = \sum_{F\subset\partial T, F\not\subset\partial\Omega} \sum_{2\leqslant|\boldsymbol{\alpha}|\leqslant s+1} |T|^{|\boldsymbol{\alpha}|-2+\frac{1}{2}} \|[\partial^{\boldsymbol{\alpha}} v_h]\|_{0,F}^2 + |T|^s |v_h|_{2+s,T}^2, \qquad (7.6.2)$$

$$R_T^{qb}(v_h) = |T|^{\frac{1}{2}} \sum_{F\subset\partial T\cap\partial\Omega} \left\| \frac{\partial^2 v_h}{\partial\boldsymbol{\nu}_F \partial\boldsymbol{\tau}_F} \right\|_{0,F}^2, \qquad (7.6.3)$$

$$E_{s,T}^q(v_h) = |T|^2 \left\| f-\Delta^2 v_h \right\|_{0,T}^2 + R_{s,T}^{qi}(v_h) + R_T^{qb}(v_h). \qquad (7.6.4)$$

**引理 7.6.2** 设 $V_{h0}$ 是 TQC9 元、TQC12 元、TQC15 元和 RQC12 元之一对应的空间，当 $V_{h0}$ 是 TQC9 元或 RQC12 元之一对应的空间时 $s=1$，否则 $s=2$，则对问题 (7.2.4) 的解 $u_h$ 和任意 $v \in H_0^2(\Omega)$，

$$|(f,v)-A_h(v,u_h)| \lesssim \|v\|_{2,\Omega}\Big(\sum_{T\in\mathcal{T}_h} E_{s,T}^q(u_h)\Big)^{1/2}. \tag{7.6.5}$$

**证明** 令 $v \in H_0^2(\Omega)$. 记所考虑的拟协调元和 $\mathcal{T}_h$ 对应的投影平均算子为 $\Pi_{h0}^p$. 令 $v_h=\Pi_{h0}^p v$, $w_h=v-\Pi_h^0 v_h$, 则有

$$(f,v)-A_h(v,u_h)=(f,w_h)-A_h(v,u_h)+a_h(v_h,u_h). \tag{7.6.6}$$

对于 $|\boldsymbol{\alpha}|=|\boldsymbol{\beta}|=2$, 记 $\boldsymbol{\beta}=\boldsymbol{e}_i+\boldsymbol{e}_j$, 定义

$$\left\{\begin{aligned}
E_{\boldsymbol{\alpha\beta}} &= \sum_{T\in\mathcal{T}_h}\int_T \Big(2\partial_h^{\boldsymbol{\alpha}} u_h(\partial^{\boldsymbol{\beta}} v-\partial_h^{\boldsymbol{\beta}} v_h)+\partial^{\boldsymbol{e}_i}\partial_h^{\boldsymbol{\alpha}} u_h\partial^{\boldsymbol{e}_j} w_h+\partial^{\boldsymbol{e}_j}\partial_h^{\boldsymbol{\alpha}} u_h\partial^{\boldsymbol{e}_i} w_h\Big)\,\mathrm{d}\boldsymbol{x},\\
E'_{\boldsymbol{\alpha\beta}} &= \sum_{T\in\mathcal{T}_h}\int_T \Big(\partial^{\boldsymbol{e}_i}(\partial^{\boldsymbol{\alpha}} u_h-\partial_h^{\boldsymbol{\alpha}} u_h)\partial^{\boldsymbol{e}_j} w_h+\partial^{\boldsymbol{e}_j}(\partial^{\boldsymbol{\alpha}} u_h-\partial_h^{\boldsymbol{\alpha}} u_h)\partial^{\boldsymbol{e}_i} w_h\Big)\,\mathrm{d}\boldsymbol{x},\\
E''_{\boldsymbol{\alpha\beta}} &= \sum_{T\in\mathcal{T}_h}\int_T \Big(\partial^{\boldsymbol{\alpha}+\boldsymbol{e}_i} u_h\partial^{\boldsymbol{e}_j} w_h+\partial^{\boldsymbol{\alpha}+\boldsymbol{e}_j} u_h\partial^{\boldsymbol{e}_i} w_h+2\partial^{\boldsymbol{\alpha}+\boldsymbol{\beta}} u_h w_h\Big)\,\mathrm{d}\boldsymbol{x},\\
E'''_{\boldsymbol{\alpha\beta}} &= 2\sum_{T\in\mathcal{T}_h}\int_T \partial^{\boldsymbol{\alpha}+\boldsymbol{\beta}} u_h w_h\,\mathrm{d}\boldsymbol{x},
\end{aligned}\right. \tag{7.6.7}$$

则

$$A_h(v,u_h)-a_h(v_h,u_h)=\sum_{|\boldsymbol{\alpha}|,|\boldsymbol{\beta}|=2} a_{\boldsymbol{\alpha\beta}}\big(E_{\boldsymbol{\alpha\beta}}+E'_{\boldsymbol{\alpha\beta}}-E''_{\boldsymbol{\alpha\beta}}+E'''_{\boldsymbol{\alpha\beta}}\big),$$

其中, $a_{\boldsymbol{\alpha\beta}}$ 是常数, 并且

$$\sum_{|\boldsymbol{\alpha}|,|\boldsymbol{\beta}|=2} a_{\boldsymbol{\alpha\beta}} E'''_{\boldsymbol{\alpha\beta}}=\sum_{T\in\mathcal{T}_h}\int_T \Delta^2 u_h w_h\,\mathrm{d}\boldsymbol{x}.$$

于是就有

$$\begin{aligned}(f,v)-A_h(v,u_h)=&-\sum_{|\boldsymbol{\alpha}|,|\boldsymbol{\beta}|=2} a_{\boldsymbol{\alpha\beta}}\big(E_{\boldsymbol{\alpha\beta}}+E'_{\boldsymbol{\alpha\beta}}-E''_{\boldsymbol{\alpha\beta}}\big)\\
&+\sum_{T\in\mathcal{T}_h}\int_T (f-\Delta^2 u_h)w_h\,\mathrm{d}\boldsymbol{x}.\end{aligned} \tag{7.6.8}$$

由这几个拟协调元的 $\Pi_h^0$ 的定义和引理 3.5.8 可以得到

$$|w_h|_{k,T}^2 \lesssim h_T^{4-2k}\sum_{T'\in S_h(T)} |v|_{2,T'}^2,\quad 0\leqslant k\leqslant 2,\ \forall T\in\mathcal{T}_h. \tag{7.6.9}$$

利用式 (7.6.9) 和 Schwarz 不等式可以得到

$$\Big|\sum_{T\in\mathcal{T}_h}\int_T(f-\Delta^2u_h)w_h\,\mathrm{d}\boldsymbol{x}\Big|\lesssim|v|_{2,\Omega}\Big(\sum_{T\in\mathcal{T}_h}|T|^2\|f-\Delta^2u_h\|_{0,T}^2\Big)^{1/2}. \tag{7.6.10}$$

因为 $w_h\in H_0^1(\Omega)$, 利用 Green 公式得

$$E''_{\boldsymbol{\alpha\beta}}=\frac{1}{2}\sum_{T\in\mathcal{T}_h}\sum_{F\subset\partial T,F\not\subset\partial\Omega}\int_F\Big([\partial^{\boldsymbol{\alpha}+\boldsymbol{e}_i}u_h](\boldsymbol{\nu}_F)_j+[\partial^{\boldsymbol{\alpha}+\boldsymbol{e}_j}u_h](\boldsymbol{\nu}_F)_i\Big)w_h\,\mathrm{d}F.$$

利用 Schwarz 不等式、引理 4.3.1 和式 (7.6.9) 得到

$$|E''_{\boldsymbol{\alpha\beta}}|\lesssim|v|_{2,\Omega}\Big(\sum_{|\boldsymbol{\gamma}|=3}\sum_{T\in\mathcal{T}_h}\sum_{F\subset\partial T,F\not\subset\partial\Omega}|T|^{3/2}\|[\partial^{\boldsymbol{\gamma}}u_h]\|_{0,F}^2\Big)^{1/2}. \tag{7.6.11}$$

进一步, 利用逆不等式得

$$|E''_{\boldsymbol{\alpha\beta}}|\lesssim|v|_{2,\Omega}\Big(\sum_{T\in\mathcal{T}_h}|T|\,|u_h|_{3,T}^2\Big)^{1/2}. \tag{7.6.12}$$

利用 Schwarz 不等式、定理 7.4.1 和式 (7.6.9) 得到

$$|E'_{\boldsymbol{\alpha\beta}}|\lesssim|v|_{2,\Omega}\Big(\sum_{T\in\mathcal{T}_h}|T|^s|u_h|_{2+s,T}^2\Big)^{1/2}. \tag{7.6.13}$$

现在取 $\boldsymbol{\beta}=\boldsymbol{e}_1+\boldsymbol{e}_2$, 由 Green 公式和式 (7.2.1) 可以得到

$$E_{\boldsymbol{\alpha\beta}}=\sum_{T\in\mathcal{T}_h}\int_{\partial T}\partial_h^{\boldsymbol{\alpha}}u_h\Big(2\nu_1\nu_2\Big(\frac{\partial v}{\partial\boldsymbol{\nu}}-\Pi_{\partial T}^{\boldsymbol{\nu}}v_h\Big)+(\nu_1^2-\nu_2^2)\Big(\frac{\partial v}{\partial\boldsymbol{\tau}}-\Pi_{\partial T}^{\boldsymbol{\tau}}v_h\Big)\Big)\,\mathrm{d}s.$$

由 $\Pi_{\partial T}^{\boldsymbol{\nu}}$ 和 $\Pi_{\partial T}^{\boldsymbol{\tau}}$ 定义, 对于 $T$ 的边 $F$ 有 $[\Pi_{\partial T}^{\boldsymbol{\nu}}v_h]|_F=[\Pi_{\partial T}^{\boldsymbol{\tau}}v_h]|_F=0$. 又 $v\in H_0^2(\Omega)$, 所以

$$\begin{aligned}E_{\boldsymbol{\alpha\beta}}=&\frac{1}{2}\sum_{T\in\mathcal{T}_h}\sum_{F\subset\partial T,F\not\subset\partial\Omega}\int_F 2[\partial_h^{\boldsymbol{\alpha}}u_h]\Big(\frac{\partial v}{\partial\boldsymbol{\nu}_F}-\Pi_{\partial T}^{\boldsymbol{\nu}}v_h\Big)(\boldsymbol{\nu}_F)_1(\boldsymbol{\nu}_F)_2\,\mathrm{d}F\\&+\frac{1}{2}\sum_{T\in\mathcal{T}_h}\sum_{F\subset\partial T,F\not\subset\partial\Omega}\int_F[\partial_h^{\boldsymbol{\alpha}}u_h]\Big(\frac{\partial v}{\partial\boldsymbol{\tau}_F}-\Pi_{\partial T}^{\boldsymbol{\tau}}v_h\Big)\Big((\boldsymbol{\nu}_F)_1^2-(\boldsymbol{\nu}_F)_2^2\Big)\,\mathrm{d}F,\end{aligned}$$

再由 Schwarz 不等式得到

$$|E_{\boldsymbol{\alpha\beta}}|\lesssim\sum_{T\in\mathcal{T}_h}\sum_{F\subset\partial T,F\not\subset\partial\Omega}\|[\partial_h^{\boldsymbol{\alpha}}u_h]\|_{0,F}\Big(\Big\|\frac{\partial v}{\partial\boldsymbol{\nu}_F}-\Pi_{\partial T}^{\boldsymbol{\nu}}v_h\Big\|_{0,F}+\Big\|\frac{\partial v}{\partial\boldsymbol{\tau}_F}-\Pi_{\partial T}^{\boldsymbol{\tau}}v_h\Big\|_{0,F}\Big). \tag{7.6.14}$$

由引理 4.3.1, 引理 3.5.8 和插值理论有

$$\begin{aligned}\left\|\frac{\partial v}{\partial \boldsymbol{\nu}_F}-\Pi_{\partial T}^{\boldsymbol{\nu}} v_h\right\|_{0,F}^2 &\lesssim \left\|\frac{\partial v}{\partial \boldsymbol{\nu}_F}-\frac{\partial v_h}{\partial \boldsymbol{\nu}_F}\right\|_{0,F}^2+\left\|\frac{\partial v_h}{\partial \boldsymbol{\nu}_F}-\Pi_{\partial T}^{\boldsymbol{\nu}} v_h\right\|_{0,F}^2 \\ &\lesssim \sum_{T'\in S_h(T)} h_{T'}|v|_{2,T'}^2+h_T|v_h|_{2,T}^2 \lesssim \sum_{T'\in S_h(T)} h_{T'}|v|_{2,T'}^2.\end{aligned}$$

类似地,

$$\left\|\frac{\partial v}{\partial \boldsymbol{\tau}_F}-\Pi_{\partial T}^{\boldsymbol{\tau}} v_h\right\|_{0,F}^2 \lesssim \sum_{T'\in S_h(T)} h_{T'}|v|_{2,T'}^2.$$

利用上面两式、Schwarz 不等式和式 (7.6.14) 得

$$|E_{\boldsymbol{\alpha\beta}}| \lesssim \Big(\sum_{T\in\mathcal{T}_h}\sum_{F\subset\partial T, F\not\subset\partial\Omega}|T|^{1/2}\|[\partial_h^{\boldsymbol{\alpha}} u_h]\|_{0,F}^2\Big)^{1/2}\Big(\sum_{T\in\mathcal{T}_h}\sum_{T'\in S_h(T)}|v|_{2,T'}^2\Big)^{1/2},$$

所以

$$|E_{\boldsymbol{\alpha\beta}}| \lesssim |v|_{2,\Omega}^2\Big(\sum_{T\in\mathcal{T}_h}\sum_{F\subset\partial T, F\not\subset\partial\Omega}|T|^{1/2}\|[\partial_h^{\boldsymbol{\alpha}} u_h]\|_{0,F}^2\Big)^{1/2}. \tag{7.6.15}$$

对于 TQC9 元和 RQC12 元利用式 (7.6.8), 式 (7.6.10), 式 (7.6.12), 式 (7.6.13) 和式 (7.6.15), 对于 TQC12 元和 TQC15 元利用式 (7.6.8), 式 (7.6.10), 式 (7.6.11), 式 (7.6.13) 和式 (7.6.15), 于是得到式 (7.6.5). □

**定理 7.6.1** 设 $V_{h0}$ 是 TQC9 元、TQC12 元、TQC15 元和 RQC12 元之一对应的空间, 当 $V_{h0}$ 是 TQC9 元或 RQC12 元之一对应的空间时 $s=1$, 否则 $s=2$. 令 $u$ 是问题 (4.2.2) 的解, $u_h$ 是问题 (7.2.4) 的解, 则

$$\|u-u_h\|_{2,h}^2 \lesssim \sum_{T\in\mathcal{T}_h} E_{s,T}^q(u_h). \tag{7.6.16}$$

如果 $u\in H^{2+s}(\Omega)$, 并且存在 $0<k\leqslant s$, 使得

$$\|u-u_h\|_{2,h}\geqslant C_1 h^k, \tag{7.6.17}$$

其中, $C_1$ 是与 $h$ 无关的正常数, 则存在与 $h$ 无关的常数 $C_2$, 使得

$$\sum_{T\in\mathcal{T}_h} E_{s,T}^q(u_h)\leqslant C_2\|u-u_h\|_{2,h}^2. \tag{7.6.18}$$

**证明** 剖分是三角形时 Argyris 元是协调元, 剖分是矩形时 Bogner-Fox-Schmit 元是协调的, 所以 HCE 的假设成立. 由引理 5.6.4 得到

$$\inf_{v\in H_0^2(\Omega)}\|u_h-v\|_{2,h}\lesssim\left(\sum_{T\in\mathcal{T}_h}\Big(R_{2+s,T}(u_h)+R_T^{nb}(u_h)\Big)\right)^{1/2}.$$

因为 $u_h \in H_0^1(\Omega)$, 所以当 $F \subset \partial\Omega$ 时,

$$\frac{\partial^2 u_h}{\partial \boldsymbol{\tau}_F^2}\Big|_F = 0,$$

进而得到

$$\inf_{v \in H_0^2(\Omega)} \|u_h - v\|_{2,h} \lesssim \left(\sum_{T\in\mathcal{T}_h}\left(R_{s,T}^{qi}(u_h) + R_T^{qb}(u_h)\right)\right)^{1/2}. \tag{7.6.19}$$

由定理 7.4.1 得到

$$\sum_{|\boldsymbol{\alpha}|=2} \|\partial^{\boldsymbol{\alpha}} u_h - \partial_h^{\boldsymbol{\alpha}} u_h\|_{0,h} \lesssim \left(\sum_{T\in\mathcal{T}_h} |T|^s |u_h|_{2+s,T}^2\right)^{1/2}. \tag{7.6.20}$$

利用引理 7.6.1, 引理 7.6.2, 式 (7.6.19) 和式 (7.6.20) 得到式 (7.6.16).

类似于式 (4.3.20), 可以证明

$$\sum_{T\in\mathcal{T}_h} R_{s,T}^{qi}(u_h) \lesssim \sum_{j=2}^{s+2}\sum_{T\in\mathcal{T}_h} h_T^{2j-4}|u-u_h|_{j,T}^2 + \sum_{T\in\mathcal{T}_h} h_T^{2s}|u_h|_{s+2,T}^2. \tag{7.6.21}$$

当 $T \in \mathcal{T}_h$, $F$ 是 $T$ 的一个自由边时, $\dfrac{\partial^2 u}{\partial \boldsymbol{\nu}_F \partial \boldsymbol{\tau}_F} = 0$, 所以由引理 4.3.1 和式 (4.3.12) 有

$$R_T^{qb}(u_h) = |T|^{\frac{1}{2}} \sum_{F\subset\partial T\cap\partial\Omega} \left\|\frac{\partial^2(u-u_h)}{\partial \boldsymbol{\nu}_F \partial \boldsymbol{\tau}_F}\right\|_{0,F}^2 \lesssim \sum_{j=2}^{3}\sum_{T'\in S_h(T)} h_{T'}^{2j-4}|u-u_h|_{j,T'}^2,$$

进一步就得到

$$\sum_{T\in\mathcal{T}_h} R_T^{qb}(u_h) \lesssim \sum_{j=2}^{3}\sum_{T\in\mathcal{T}_h} h_T^{2j-4}|u-u_h|_{j,T}^2. \tag{7.6.22}$$

利用逆不等式有

$$\sum_{T\in\mathcal{T}_h} |T|^2\|f-\Delta^2 u_h\|_{0,T}^2 \lesssim \sum_{T\in\mathcal{T}_h} h_T^4\|f\|_{0,T}^2 + \sum_{T\in\mathcal{T}_h} h_T^{2s}|u_h|_{s+2,T}^2. \tag{7.6.23}$$

综合式 (7.6.21)~ 式 (7.6.23) 和下式:

$$h_T^{2s}|u_h|_{s+2,T}^2 \lesssim h_T^{2s}|u-u_h|_{s+2,T}^2 + h_T^{2s}|u|_{s+2,T}^2$$

得到

$$\sum_{T\in\mathcal{T}_h} E_{s,T}^q \lesssim \sum_{j=2}^{s+2}\sum_{T\in\mathcal{T}_h} h_T^{2j-4}|u-u_h|_{j,T}^2 + h^4\|f\|_{0,\Omega}^2 + h^{2s}|u_h|_{s+2,\Omega}^2. \tag{7.6.24}$$

记 $k=s+1$, $P_T^k: L^2(T)\to P_k(T)$ 是正交投影算子. 当 $2<j\leqslant s+2$ 时, 由逆不等式和插值理论有

$$\begin{aligned}
h_T^{2j-4}|u-u_h|_{j,T}^2 &\lesssim h_T^{2j-4}|u-P_T^k u|_{j,T}^2 + h_T^{2j-4}|u_h-P_T^k u|_{j,T}^2\\
&\lesssim h_T^{2s}|u|_{2+s,T}^2 + |u_h-P_T^k u|_{2,T}^2\\
&\lesssim h_T^{2s}|u|_{2+s,T}^2 + |u-P_T^k u|_{2,T}^2 + |u-u_h|_{2,T}^2\\
&\lesssim h^{2s}|u|_{2+s,T}^2 + |u-u_h|_{2,T}^2.
\end{aligned}$$

不等式 (7.6.24) 导致

$$\sum_{T\in\mathcal{T}_h(\Omega)} E_{s,T}^q(u_h) \lesssim \|u-u_h\|_{2,h}^2 + h^4\|f\|_{0,\Omega}^2 + h^{2s}|u|_{2+s,\Omega}^2. \tag{7.6.25}$$

因为 $u\in H^{2+s}(\Omega)$, 并且式 (7.6.17) 成立, 于是得到式 (7.6.18). □

# 第 8 章 非传统有限元方法

本章介绍由文献 [62] 提出的非传统有限元法的自由格式. 该方法的力学描述和推导是由 Bergan 等给出的, 石钟慈等给出了数学讨论. 8.1 节介绍非传统有限元的数学描述; 8.2 节给出两个例子; 8.3 节考虑收敛性分析; 8.4 节考虑更一般的情形; 最后一节考虑后验误差估计. 8.1 节 ~8.4 节的内容取自于文献 [62]~ [69], 8.5 节的内容未见于文献.

## 8.1 自 由 格 式

考虑薄板弯曲问题的 9 参数三角形元. 给定一个三角形 $T$, 逆时针记其顶点 $\boldsymbol{a}_1, \boldsymbol{a}_2, \boldsymbol{a}_3$, 令 $b_i, c_i$ 由式 (2.4.3) 定义, 记

$$\begin{cases} r_1 = \dfrac{b_2 b_3 + c_2 c_3}{|T|},\ r_2 = \dfrac{b_3 b_1 + c_3 c_1}{|T|},\ r_3 = \dfrac{b_1 b_2 + c_1 c_2}{|T|}, \\ t_i = \dfrac{|F_i|^2}{|T|},\ e_{ij} = \dfrac{r_i}{t_j},\ 1 \leqslant i, j \leqslant 3. \end{cases} \tag{8.1.1}$$

选择一个形函数空间 $P_T$, 记为

$$P_T = \text{ span } \{q_1, q_2, \cdots, q_9\}, \tag{8.1.2}$$

其中, $q_1, \cdots, q_6$ 是 $P_2(T)$ 的一组基, $q_7, q_8, q_9$ 是高阶多项式. 参数向量 $\boldsymbol{D}_T$ 的分量定义为

$$\begin{cases} d_1(v) = v(\boldsymbol{a}_1),\ d_2(v) = \dfrac{\partial v}{\partial x_2}(\boldsymbol{a}_1),\ d_3(v) = -\dfrac{\partial v}{\partial x_1}(\boldsymbol{a}_1), \\ d_4(v) = v(\boldsymbol{a}_2),\ d_5(v) = \dfrac{\partial v}{\partial x_2}(\boldsymbol{a}_2),\ d_6(v) = -\dfrac{\partial v}{\partial x_1}(\boldsymbol{a}_2), \\ d_7(v) = v(\boldsymbol{a}_3),\ d_8(v) = \dfrac{\partial v}{\partial x_2}(\boldsymbol{a}_3),\ d_9(v) = -\dfrac{\partial v}{\partial x_1}(\boldsymbol{a}_3). \end{cases} \tag{8.1.3}$$

如果 $\boldsymbol{D}_T$ 是 $P_T$ 唯一可解的, 则 $(T, P_T, \boldsymbol{D}_T)$ 是一个有限元.

对于一个函数 $v \in H^2(T)$, 如果从力学的角度将 $v$ 看成是一弯曲薄板的挠度, 则称 $\dfrac{\partial}{\partial x_i} v\ (i = 1, 2)$ 为板的转角. 定义

$$\boldsymbol{E}(v) = \Big(\frac{\partial^2 v}{\partial x_1^2}, \frac{\partial^2 v}{\partial x_1^2}, 2\frac{\partial^2 v}{\partial x_1 \partial x_2}\Big)^{\mathrm{T}}. \tag{8.1.4}$$

$\boldsymbol{E}(v)$ 的分量都是板的应变. 令 $\sigma \in [0, \frac{1}{2}]$ 是 Poisson 系数, 并且定义矩阵

$$\boldsymbol{K} = \begin{pmatrix} 1 & \sigma & 0 \\ \sigma & 1 & 0 \\ 0 & 0 & \frac{1}{2}(1-\sigma) \end{pmatrix},$$

则 $\boldsymbol{KE}(v)$ 是 $v$ 的应力构成的向量. 称 $v$ 及其一阶导数为板的位移, 称 $\boldsymbol{D}_T(v)$ 为节点位移. 定义

$$a_T(v,w) = \int_T \boldsymbol{E}(w)^{\mathrm{T}} \boldsymbol{KE}(v) \,\mathrm{d}\boldsymbol{x}, \quad \forall v, w \in H^2(T), \tag{8.1.5}$$

则 $\frac{1}{2}a_T(v,v)$ 是 $v$ 的应变能, $a_T(v,w)$ 是应力 $\boldsymbol{KE}(v)$ 对虚位移 $w$ 所做的功. 与式 (1.3.5) 比较可以看出由式 (8.1.5) 定义的 $a_T(v,w)$ 正是薄板弯曲问题在 $T$ 上的双线性形式.

分部积分得

$$\begin{aligned} &\int_T \frac{\partial^2 v}{\partial x_1^2} \,\mathrm{d}\boldsymbol{x} = \int_{\partial T} \frac{\partial v}{\partial x_1} \nu_1 \,\mathrm{d}s, \\ &\int_T \frac{\partial^2 v}{\partial x_2^2} \,\mathrm{d}\boldsymbol{x} = \int_{\partial T} \frac{\partial v}{\partial x_2} \nu_2 \,\mathrm{d}s, \\ &\int_T 2\frac{\partial^2 v}{\partial x_1 \partial x_2} \,\mathrm{d}\boldsymbol{x} = \int_{\partial T} \frac{\partial v}{\partial x_1} \nu_2 \,\mathrm{d}s + \int_{\partial T} \frac{\partial v}{\partial x_2} \nu_1 \,\mathrm{d}s. \end{aligned}$$

对上面的式子中在 $\partial T$ 的边上的积分采用梯形积分公式, 注意到 $b_1 + b_2 + b_3 = c_1 + c_2 + c_3 = 0$, 于是得到

$$\int_T \boldsymbol{E}(v) \,\mathrm{d}x = \boldsymbol{L}_c^{\mathrm{T}} \boldsymbol{D}_T(v) + O(h_T^3 |v|_{3,\infty,T})(1,1,1)^{\mathrm{T}}, \quad \forall v \in C^3(T), \tag{8.1.6}$$

其中,

$$\boldsymbol{L}_c = \frac{1}{2} \begin{pmatrix} 0 & 0 & -b_1 & 0 & 0 & -b_2 & 0 & 0 & -b_3 \\ 0 & c_1 & 0 & 0 & c_2 & 0 & 0 & c_3 & 0 \\ 0 & b_1 & -c_1 & 0 & b_2 & -c_2 & 0 & b_3 & -c_3 \end{pmatrix}^{\mathrm{T}}. \tag{8.1.7}$$

由式 (8.1.6) 得

$$\boldsymbol{E}(p) = \frac{1}{|T|} \boldsymbol{L}_c^{\mathrm{T}} \boldsymbol{D}_T(p), \quad \forall p \in P_2(T).$$

因此,

$$a_T(p,q) = \frac{1}{|T|} (\boldsymbol{D}_T(q))^{\mathrm{T}} \boldsymbol{L}_c \boldsymbol{K} \boldsymbol{L}_c^{\mathrm{T}} \boldsymbol{D}_T(p), \quad \forall p, q \in P_2(T). \tag{8.1.8}$$

文献 [63] 提出了单个单元检验 (IET 检验) 的概念, 称 $(T, P_T, \boldsymbol{D}_T)$ 通过单个单元检验, 如果

$$a_T(p,q) = \frac{1}{|T|}(\boldsymbol{D}_T(q))^{\mathrm{T}}\boldsymbol{L}_c\boldsymbol{K}\boldsymbol{L}_c^{\mathrm{T}}\boldsymbol{D}_T(p), \quad \forall q \in P_T,\ \forall p \in P_2(T). \tag{8.1.9}$$

每个 $v \in P_T$ 可以表示成

$$v = \sum_{i=1}^{9}\psi_i q_i = \bar{v} + v', \tag{8.1.10}$$

其中,

$$\bar{v} = \sum_{i=1}^{6}\psi_i q_i, \quad v' = \sum_{i=7}^{9}\psi_i q_i.$$

对每个 $p \in P_2(T)$ 和 $q \in P_T$,

$$\begin{aligned} a_T(p,q) &= a_T(p,\bar{q}) + a_T(p,q') \\ &= \frac{1}{|T|}(\boldsymbol{D}_T(\bar{q}))^{\mathrm{T}}\boldsymbol{L}_c\boldsymbol{K}\boldsymbol{L}_c^{\mathrm{T}}\boldsymbol{D}_T(p) + a_T(p,q') \\ &= \frac{1}{|T|}(\boldsymbol{D}_T(q))^{\mathrm{T}}\boldsymbol{L}_c\boldsymbol{K}\boldsymbol{L}_c^{\mathrm{T}}\boldsymbol{D}_T(p) + a_T(p,q') - \frac{1}{|T|}(\boldsymbol{D}_T(q'))^{\mathrm{T}}\boldsymbol{L}_c\boldsymbol{K}\boldsymbol{L}_c^{\mathrm{T}}\boldsymbol{D}_T(p), \end{aligned}$$

所以 IET 检验等价于下式成立:

$$a_T(p,q') = \frac{1}{|T|}(\boldsymbol{D}_T(q'))^{\mathrm{T}}\boldsymbol{L}_c\boldsymbol{K}\boldsymbol{L}_c^{\mathrm{T}}\boldsymbol{D}_T(p), \quad \forall p \in P_2(T),\ \forall q \in P_T. \tag{8.1.11}$$

IET 检验的特殊情况是

$$a_T(p,q') = 0, \quad \forall p \in P_2(T),\ \forall q \in P_T \tag{8.1.12}$$

和

$$(\boldsymbol{D}_T(q'))^{\mathrm{T}}\boldsymbol{L}_c\boldsymbol{K}\boldsymbol{L}_c^{\mathrm{T}}\boldsymbol{D}_T(p) = 0, \quad \forall p \in P_2(T),\ \forall q \in P_T. \tag{8.1.13}$$

如果条件 (8.1.12) 成立, 则称有限元 $(T, P_T, \boldsymbol{D}_T)$ 是能量正交的, 如果条件 (8.1.13) 成立, 则称该有限元是力正交的.

令 $v, w \in P_T$, 则

$$\begin{aligned} a_T(v,w) =& a_T(\bar{v},\bar{w}) + a_T(\bar{v},w') + a_T(v',\bar{w}) + a_T(v',w') \\ =& \frac{1}{|T|}(\boldsymbol{D}_T(\bar{w}))^{\mathrm{T}}\boldsymbol{L}_c\boldsymbol{K}\boldsymbol{L}_c^{\mathrm{T}}\boldsymbol{D}_T(\bar{v}) + a_T(\bar{v},w') + a_T(v',\bar{w}) + a_T(v',w'). \end{aligned}$$

如果有限元通过 IET 检验, 则

$$a_T(v,w) = \frac{1}{|T|}(\boldsymbol{D}_T(w))^{\mathrm{T}}\boldsymbol{L}_c\boldsymbol{K}\boldsymbol{L}_c^{\mathrm{T}}\boldsymbol{D}_T(v) + a_T(v',w') - \frac{1}{|T|}(\boldsymbol{D}_T(w'))^{\mathrm{T}}\boldsymbol{L}_c\boldsymbol{K}\boldsymbol{L}_c^{\mathrm{T}}\boldsymbol{D}_T(v'). \tag{8.1.14}$$

式 (8.1.14) 右端的第一项对应的是常 $E(v)$ 的情形, 而第二项与高阶项相关. 现在不管是否通过 IET 检验, 都把 $a_T(v,w)$ 中的 $a_T(\bar{v},w')$ 和 $a_T(v',\bar{w})$ 分别换成

$$\frac{1}{|T|}(\boldsymbol{D}_T(w'))^{\mathrm{T}}\boldsymbol{L}_c\boldsymbol{K}\boldsymbol{L}_c^{\mathrm{T}}\boldsymbol{D}_T(\bar{v}) \quad \text{和} \quad \frac{1}{|T|}(\boldsymbol{D}_T(\bar{w}))^{\mathrm{T}}\boldsymbol{L}_c\boldsymbol{K}\boldsymbol{L}_c^{\mathrm{T}}\boldsymbol{D}_T(v'),$$

并且忽略项 $-\frac{1}{|T|}(\boldsymbol{D}_T(w'))^{\mathrm{T}}\boldsymbol{L}_c\boldsymbol{K}\boldsymbol{L}_c^{\mathrm{T}}\boldsymbol{D}_T(v')$, 然后定义

$$\bar{a}_T(v,w) = \frac{1}{|T|}(\boldsymbol{D}_T(w))^{\mathrm{T}}\boldsymbol{L}_c\boldsymbol{K}\boldsymbol{L}_c^{\mathrm{T}}\boldsymbol{D}_T(v) + a_T(v',w'), \quad \forall v,w \in P_T. \tag{8.1.15}$$

令 $\mathcal{T}_h$ 是 $\Omega$ 的一个剖分, $V_h$ 和 $V_{h0}$ 是相应的有限元空间. 对 $v_h, w_h \in V_h$ 定义

$$\bar{a}_h(v_h,w_h) = \sum_{T\in\mathcal{T}_h} \bar{a}_T(v_h,w_h). \tag{8.1.16}$$

薄板弯曲问题 (4.2.2) 的自由格式为求 $u_h \in V_{h0}$ 满足

$$\bar{a}_h(u_h,v_h) = (f,v_h), \quad \forall v_h \in V_{h0}. \tag{8.1.17}$$

记 $\boldsymbol{\Phi} = (\phi_1,\cdots,\phi_9)^{\mathrm{T}}$, $\boldsymbol{P}_T = (q_1,q_2,\cdots,q_9)^{\mathrm{T}}$, 并且 $v = \boldsymbol{\Phi}^{\mathrm{T}}\boldsymbol{P}_T$, 则

$$\boldsymbol{D}_T(v) = \boldsymbol{G}\boldsymbol{\Phi}, \quad \boldsymbol{G} = (d_i(q_j))_{9\times 9}. \tag{8.1.18}$$

用 $\boldsymbol{G}_{rc}$ 和 $\boldsymbol{G}_{sh}$ 分别记由 $\boldsymbol{G}$ 的前 6 列和后 3 列构成的矩阵, 则

$$\boldsymbol{G} = (\boldsymbol{G}_{rc}, \boldsymbol{G}_{sh}). \tag{8.1.19}$$

假设 $\boldsymbol{G}$ 是非奇异的, 记其逆为

$$\boldsymbol{H} = \boldsymbol{G}^{-1} = \begin{pmatrix} \boldsymbol{H}_{rc} \\ \boldsymbol{H}_{sh} \end{pmatrix} \tag{8.1.20}$$

其中, $\boldsymbol{H}_{rc}$ 是 $6\times 9$ 矩阵, $\boldsymbol{H}_{sh}$ 是 $3\times 9$ 矩阵.

现在取 Zienkiewicz 元的形函数空间作为 $P_T$, 即

$$\begin{cases} q_1 = \lambda_1,\ q_2 = \lambda_2,\ q_3 = \lambda_3,\ q_4 = \lambda_1\lambda_2,\ q_5 = \lambda_2\lambda_3,\ q_6 = \lambda_3\lambda_1, \\ q_7 = \lambda_1^2\lambda_2 - \lambda_1\lambda_2^2,\ q_8 = \lambda_2^2\lambda_3 - \lambda_2\lambda_3^2,\ q_9 = \lambda_3^2\lambda_1 - \lambda_3\lambda_1^2, \end{cases} \tag{8.1.21}$$

则 $\boldsymbol{G}_{rc}=\boldsymbol{G}_{rc}^{z}$, $\boldsymbol{G}_{sh}=\boldsymbol{G}_{sh}^{z}$ 和 $\boldsymbol{H}_{rc}=\boldsymbol{H}_{rc}^{z}$, 而

$$\boldsymbol{G}_{rc}^{z}=\frac{1}{2|T|}\begin{pmatrix} 2|T| & 0 & 0 & 0 & 0 & 0 \\ c_1 & c_2 & c_3 & c_2 & 0 & c_3 \\ -b_1 & -b_2 & -b_3 & -b_2 & 0 & -b_3 \\ 0 & 2|T| & 0 & 0 & 0 & 0 \\ c_1 & c_2 & c_3 & c_1 & c_3 & 0 \\ -b_1 & -b_2 & -b_3 & -b_1 & -b_3 & 0 \\ 0 & 0 & 2|T| & 0 & 0 & 0 \\ c_1 & c_2 & c_3 & 0 & c_2 & c_1 \\ -b_1 & -b_2 & -b_3 & 0 & -b_2 & -b_1 \end{pmatrix}, \tag{8.1.22}$$

$$\boldsymbol{G}_{sh}^{z}=\frac{1}{2|T|}\begin{pmatrix} 0 & c_2 & -b_2 & 0 & -c_1 & b_1 & 0 & 0 & 0 \\ 0 & 0 & 0 & 0 & c_3 & -b_3 & 0 & -c_2 & b_2 \\ 0 & -c_3 & b_3 & 0 & 0 & 0 & 0 & c_1 & -b_1 \end{pmatrix}^{\mathrm{T}}, \tag{8.1.23}$$

$$\boldsymbol{H}_{rc}^{z}=\frac{1}{2}\begin{pmatrix} 2 & 0 & 0 & 0 & 0 & 0 & 0 & 0 & 0 \\ 0 & 0 & 0 & 2 & 0 & 0 & 0 & 0 & 0 \\ 0 & 0 & 0 & 0 & 0 & 0 & 2 & 0 & 0 \\ 0 & -b_3 & -c_3 & 0 & b_3 & c_3 & 0 & 0 & 0 \\ 0 & 0 & 0 & 0 & -b_1 & -c_1 & 0 & b_1 & c_1 \\ 0 & b_2 & c_2 & 0 & 0 & 0 & 0 & -b_2 & -c_2 \end{pmatrix}. \tag{8.1.24}$$

由式 (8.1.7) 和式 (8.1.23) 得

$$\boldsymbol{L}_c^{\mathrm{T}}\boldsymbol{G}_{sh}^{z}=0. \tag{8.1.25}$$

将任意 $v,w\in P_T$ 表示为

$$v=\bar{v}+v',\quad \bar{v}=\sum_{i=1}^{6}\phi_i q_i,\quad v'=\sum_{i=7}^{9}\phi_i q_i,$$
$$w=\bar{w}+w',\quad \bar{w}=\sum_{i=1}^{6}\vartheta_i q_i,\quad w'=\sum_{i=7}^{9}\vartheta_i q_i,$$

则

$$\begin{aligned}(\boldsymbol{D}_T(w))^{\mathrm{T}}\boldsymbol{L}_c\boldsymbol{K}\boldsymbol{L}_c^{\mathrm{T}}\boldsymbol{D}_T(v)=&(\boldsymbol{D}_T(\bar{w}+w'))^{\mathrm{T}}\boldsymbol{L}_c\boldsymbol{K}\boldsymbol{L}_c^{\mathrm{T}}\boldsymbol{D}_T(\bar{v}+v')\\ =&(\boldsymbol{D}_T(\bar{w}))^{\mathrm{T}}\boldsymbol{L}_c\boldsymbol{K}\boldsymbol{L}_c^{\mathrm{T}}\boldsymbol{D}_T(\bar{v})+(\boldsymbol{D}_T(\bar{w}))^{\mathrm{T}}\boldsymbol{L}_c\boldsymbol{K}\boldsymbol{L}_c^{\mathrm{T}}\boldsymbol{D}_T(v')\\ &+(\boldsymbol{D}_T(w'))^{\mathrm{T}}\boldsymbol{L}_c\boldsymbol{K}\boldsymbol{L}_c^{\mathrm{T}}\boldsymbol{D}_T(\bar{v})+(\boldsymbol{D}_T(w'))^{\mathrm{T}}\boldsymbol{L}_c\boldsymbol{K}\boldsymbol{L}_c^{\mathrm{T}}\boldsymbol{D}_T(v').\end{aligned}$$

注意式 (8.1.25) 和

$$\boldsymbol{D}_T(v') = \boldsymbol{G}^z_{sh}(\phi_7,\phi_8,\phi_9)^{\mathrm{T}},\quad \boldsymbol{D}_T(w') = \boldsymbol{G}^z_{sh}(\vartheta_7,\vartheta_8,\vartheta_9)^{\mathrm{T}},$$

于是得到

$$(\boldsymbol{D}_T(w))^{\mathrm{T}}\boldsymbol{L}_c\boldsymbol{K}\boldsymbol{L}_c^{\mathrm{T}}\boldsymbol{D}_T(v) = (\boldsymbol{D}_T(\bar{w}))^{\mathrm{T}}\boldsymbol{L}_c\boldsymbol{K}\boldsymbol{L}_c^{\mathrm{T}}\boldsymbol{D}_T(\bar{v}). \tag{8.1.26}$$

等式 (8.1.8) 导致

$$a_T(\bar{v},\bar{w}) = \frac{1}{|T|}(\boldsymbol{D}_T(w))^{\mathrm{T}}\boldsymbol{L}_c\boldsymbol{K}\boldsymbol{L}_c^{\mathrm{T}}\boldsymbol{D}_T(v),\quad \forall v,w\in P_T, \tag{8.1.27}$$

也就是说, $\bar{a}_T(\cdot,\cdot)$ 的第一项对应的是 Zienkiewicz 元形函数的二次部分.

在由式 (8.1.2) 给出的一般的形函数的情形下, 定义算子 $\varPi^c_T: P_T\to P_2(T)$ 和 $\varPi^f_T: P_T\to P_T$ 如下:

$$\begin{cases} \varPi^c_T v = (\lambda_1,\lambda_2,\lambda_3,\lambda_1\lambda_2,\lambda_2\lambda_3,\lambda_3\lambda_1)\boldsymbol{H}^z_{rc}\boldsymbol{D}_T(v), \\ \varPi^f_T v = \varPi^c_T v + v', \end{cases}\quad \forall v\in P_T, \tag{8.1.28}$$

则

$$\bar{a}_T(v,w) = a_T(\varPi^c_T v, \varPi^c_T w) + a_T(v',w'),\quad \forall v,w\in P_T. \tag{8.1.29}$$

对 $v,w\in P_T$ 有

$$a_T(\varPi^f_T v, \varPi^f_T w) = \bar{a}_T(v,w) + a_T(\varPi^c_T v, w') + a_T(v', \varPi^c_T w). \tag{8.1.30}$$

如果有限元是能量正交的, 从式 (8.1.12) 得到

$$a_T(\varPi^c_T v, w') = a_T(v', \varPi^c_T w) = 0,\quad \forall v,w\in P_T,$$

所以

$$a_T(\varPi^f_T v, \varPi^f_T w) = \bar{a}_T(v,w),\quad \forall v,w\in P_T. \tag{8.1.31}$$

也就是说, 自由格式对于能量正交元来说, 就是在双线性形式中把 $v_h\in V_h$ 换成 $\varPi^f_T v_h$.

现在假设有限元是力正交的, 由数值积分公式 (8.1.6) 和等式 (8.1.13) 可得对任意 $v,w\in P_T$,

$$\begin{aligned} a_T(\varPi^c_T v, w') =& (\boldsymbol{D}_T(w'))^{\mathrm{T}}\boldsymbol{L}_c\boldsymbol{K}\boldsymbol{L}_c^{\mathrm{T}}\boldsymbol{D}_T(\varPi^c_T v) \\ &+ O(h_T^3|w'|_{3,\infty,T})(1,1,1)\boldsymbol{K}\boldsymbol{L}_c^{\mathrm{T}}\boldsymbol{D}_T(\varPi^c_T v), \\ =& O(h_T^3|w'|_{3,\infty,T})(1,1,1)\boldsymbol{K}\boldsymbol{L}_c^{\mathrm{T}}\boldsymbol{D}_T(\varPi^c_T v), \end{aligned}$$

$$
\begin{aligned}
a_T(v',\Pi_T^c w)=&(\boldsymbol{D}_T(v'))^{\mathrm{T}}\boldsymbol{L}_c\boldsymbol{K}\boldsymbol{L}_c^{\mathrm{T}}\boldsymbol{D}_T(\Pi_T^c w)\\
&+O(h_T^3|v'|_{3,\infty,T})(1,1,1)\boldsymbol{K}\boldsymbol{L}_c^{\mathrm{T}}\boldsymbol{D}_T(\Pi_T^c w),\\
=&O(h_T^3|v'|_{3,\infty,T})(1,1,1)\boldsymbol{K}\boldsymbol{L}_c^{\mathrm{T}}\boldsymbol{D}_T(\Pi_T^c w),
\end{aligned}
$$

则 $\bar{a}_T(v,w)$ 是忽略余项得到的.

## 8.2 两 个 单 元

本节介绍两个自由格式构造的有限元. 第一个例子是由 Argyris 等在文献 [70] 中提出的 TRUNC 元.

### 8.2.1 TRUNC 元

TRUNC 元取 Zienkiewicz 形函数空间为 $P_T$, 即

$$
\begin{cases}
q_1=\lambda_1,\ q_2=\lambda_2,\ q_3=\lambda_3,\ q_4=\lambda_1\lambda_2,\ q_5=\lambda_2\lambda_3,\ q_6=\lambda_3\lambda_1,\\
q_7=\lambda_1^2\lambda_2-\lambda_1\lambda_2^2,\ q_8=\lambda_2^2\lambda_3-\lambda_2\lambda_3^2,\ q_9=\lambda_3^2\lambda_1-\lambda_3\lambda_1^2.
\end{cases}
\tag{8.2.1}
$$

对于 $p\in P_T$, 可以将其写成

$$
p=\boldsymbol{\Phi}^{\mathrm{T}}\boldsymbol{P}_T,\quad \boldsymbol{\Phi}=\boldsymbol{H}\boldsymbol{D}_T(p),\tag{8.2.2}
$$

其中, $\boldsymbol{H}_{rc}=\boldsymbol{H}_{rc}^z$, 而

$$
\boldsymbol{H}_{sh}=\frac{1}{2}\begin{pmatrix}
2 & -b_3 & -c_3 & -2 & -b_3 & -c_3 & 0 & 0 & 0\\
0 & 0 & 0 & 2 & -b_1 & -c_1 & -2 & -b_1 & -c_1\\
-2 & -b_2 & -c_2 & 0 & 0 & 0 & 2 & -b_2 & -c_2
\end{pmatrix}.\tag{8.2.3}
$$

因为式 (8.1.29) 为真, TRUNC 元是力正交的.

由 $\Pi_T^c$ 的定义可知

$$
\bar{p}=\Pi_T^c p,\quad \forall p\in P_T\tag{8.2.4}
$$

和

$$
\bar{a}_T(v,w)=a_T(\bar{v},\bar{w})+a_T(v',w'),\quad \forall v,w\in P_T.\tag{8.2.5}
$$

因为 $q_7,q_8$ 和 $q_9$ 在 $T$ 顶点和各边中点都等于 0, 插值理论给出如下估计:

$$
|q'|_{k,T}\lesssim h_T^{3-k}|q'|_{3,T},\quad 0\leqslant k\leqslant 3,\ \forall q\in P_T.\tag{8.2.6}
$$

### 8.2.2 Bergan 元

Bergan 元取形函数空间 $P_T$ 如下:

$$\begin{cases} q_1 = \lambda_1,\ q_2 = \lambda_2,\ q_3 = \lambda_3,\ q_4 = \lambda_1\lambda_2,\ q_5 = \lambda_2\lambda_3,\ q_6 = \lambda_3\lambda_1, \\ q_7 = (\lambda_1 - \lambda_2)^3,\ q_8 = (\lambda_2 - \lambda_3)^3,\ q_9 = (\lambda_3 - \lambda_1)^3. \end{cases} \tag{8.2.7}$$

经计算得 $\boldsymbol{H}_{sh}$ 为

$$\boldsymbol{H}_{sh} = \frac{1}{54} \begin{pmatrix} -12 & 0 & 12 \\ 6b_3 - b_1 & -b_1 & 6b_2 - b_1 \\ 6c_3 - c_1 & -c_1 & 6c_2 - c_1 \\ 12 & -12 & 0 \\ 6b_3 - b_2 & 6b_1 - b_2 & -b_2 \\ 6c_3 - c_2 & 6c_1 - c_2 & -c_2 \\ 0 & 12 & -12 \\ -b_3 & 6b_1 - b_3 & 6b_2 - b_3 \\ -c_3 & 6c_1 - c_3 & 6c_2 - c_3 \end{pmatrix}^{\mathrm{T}}. \tag{8.2.8}$$

对 $i = 7,8,9$ 和 $|\boldsymbol{\alpha}| = 2$, $\partial^{\boldsymbol{\alpha}} q_i$ 具有形式

$$\partial^{\boldsymbol{\alpha}} q_i = c_{i,\boldsymbol{\alpha}}(\lambda_j - \lambda_k),$$

其中, $c_{i,\boldsymbol{\alpha}}$ 是常数, $1 \leqslant j \neq k \leqslant 3$. 因为

$$\int_T \lambda_j \, \mathrm{d}\boldsymbol{x} = \int_T \lambda_k \, \mathrm{d}\boldsymbol{x},$$

所以

$$\int_T \partial^{\boldsymbol{\alpha}} q' \, \mathrm{d}\boldsymbol{x} = 0, \quad |\boldsymbol{\alpha}| = 2,\ \forall q \in P_T, \tag{8.2.9}$$

即该元是能量正交的. 由式 (8.2.9) 和式 (3.3.13), 对 $T \in \mathcal{T}_h$ 有

$$\begin{aligned} |\partial^{\boldsymbol{\alpha}} q'|_{0,T}^2 &= \int_T \partial^{\boldsymbol{\alpha}} q' \partial^{\boldsymbol{\alpha}} q' \, \mathrm{d}\boldsymbol{x} \\ &= \int_T \partial^{\boldsymbol{\alpha}} q' \partial^{\boldsymbol{\alpha}} (q' - P_T^2 q') \, \mathrm{d}\boldsymbol{x} \lesssim h_T |\partial^{\boldsymbol{\alpha}} q'|_{0,T} |q'|_{3,T}, \end{aligned}$$

因此,

$$|q'|_{2,T} \lesssim h_T |q'|_{3,T}, \quad \forall q \in P_T. \tag{8.2.10}$$

另一方面, $q_i$ 及其两个一阶导数在 $T$ 的形心点为 0, 所以 $|q'|_{2,T}=0$ 等价于 $q'\equiv 0$. 由仿射技巧可以证明下面的不等式:

$$|q'|_{k,T}\lesssim h_T^{2-k}|q'|_{2,T},\quad k=0,1,\ \forall q\in P_T.$$

综合上面的讨论和式 (8.2.10) 最终得到式 (8.2.6) 对 Bergan 元也是成立.

## 8.3 收敛分析

本节讨论 8.1 节描述的自由格式的收敛性. 本节假设存在固定的整数 $r$, 使得 $P_T\subset P_r(T)$ 对每个三角形都成立. 以算子 $\varPi_T^c$ 的性质开始.

**引理 8.3.1** 对于给定的正数 $\eta$,

$$|v-\varPi_T^c v|_{k,T}\lesssim h_T^{3-k}|v|_{3,T},\quad 0\leqslant k\leqslant 3,\ \forall v\in H^3(T)\tag{8.3.1}$$

对所有满足 $\eta h_T\leqslant\rho_T$ 的三角形 $T$ 成立.

**证明** 只需要证明

$$\varPi_T^c p=p,\quad \forall p\in P_2(T)\tag{8.3.2}$$

为真. 令 $p\in P_2(T)$, 由式 (8.1.28) 有

$$p(\boldsymbol{a}_i)=\varPi_T^c p(\boldsymbol{a}_i),\quad 1\leqslant i\leqslant 3.\tag{8.3.3}$$

等式 (8.1.6) 意味着

$$\int_T \boldsymbol{E}(p)\,\mathrm{d}\boldsymbol{x}=\boldsymbol{L}_c^{\mathrm{T}}\boldsymbol{D}_T(p).$$

另一方面, 定义 (8.1.18) ~ 定义 (8.1.20) 导致

$$\begin{aligned}\int_T \boldsymbol{E}(\varPi_T^c p)\,\mathrm{d}\boldsymbol{x}=&\boldsymbol{L}_c^{\mathrm{T}}\boldsymbol{D}_T(\varPi_T^c p)\\ =&\boldsymbol{L}_c^{\mathrm{T}}D_T\Big((\lambda_1,\lambda_2,\lambda_3,\lambda_1\lambda_2,\lambda_2\lambda_3,\lambda_3\lambda_1)\boldsymbol{H}_{rc}^z\boldsymbol{D}_T(p)\Big)\\ =&\boldsymbol{L}_c^{\mathrm{T}}\boldsymbol{G}_{rc}^z\boldsymbol{H}_{rc}^z\boldsymbol{D}_T(v)=\boldsymbol{L}_c^{\mathrm{T}}\boldsymbol{D}_T(p),\end{aligned}$$

因而

$$\int_T\Big(\boldsymbol{E}(p)-\boldsymbol{E}(\varPi_T^c p)\Big)\,\mathrm{d}\boldsymbol{x}=0.\tag{8.3.4}$$

式 (8.34) 说明 $p-\varPi_T^c p$ 是一个一次多项式, 再由式 (8.3.3) 得 $p=\varPi_T^c p$. □

将不等式 (8.3.1) 用于 $q\in P_T$ 得到

$$|q-\varPi_T^c q|_{2,T}\lesssim h_T|q|_{3,T}.$$

由逆不等式和事实 $|q|_{3,T}=|q'|_{3,T}$ 可以推断

$$|q-\Pi_T^c q|_{2,T}\lesssim |q'|_{2,T}. \tag{8.3.5}$$

由此得到下述引理:

**引理 8.3.2** 对于给定的正数 $\eta$,

$$|q|_{2,T}\lesssim |\Pi_T^c q|_{2,T}+|q'|_{2,T},\quad \forall q\in P_T \tag{8.3.6}$$

对所有满足 $\eta h_T\leqslant \rho_T$ 的三角形 $T$ 成立.

记对应于 $(T,P_T,\boldsymbol{D}_T)$ 的插值算子为 $\Pi_T$. 如果 $(T,P_T,\boldsymbol{D}_T)$ 是仿射连续和尺度不变的, 则对给定的正数 $\eta$,

$$|v-\Pi_T v|_{k,T}\lesssim h_T^{3-k}|v|_{3,T},\quad 0\leqslant k\leqslant 3,\ \forall v\in H^3(T) \tag{8.3.7}$$

对所有满足 $\eta h_T\leqslant \rho_T$ 的三角形成立.

对网格尺寸 $h$, 令 $\mathcal{T}_h$ 是区域 $\Omega$ 的一个三角形剖分. 记 $V_h$ 和 $V_{h0}$ 是对应于 $\mathcal{T}_h$ 和 $(T,P_T,\boldsymbol{D}_T)$ 的有限元空间, $\Pi_h$ 是对应的插值算子. 假设 HT1, HT2, HT4 和 HT5 成立.

显然, $|\cdot|_{2,h}$ 是 $V_{h0}$ 上的范数. 由引理 8.3.2 得

$$|v_h|_{2,h}^2\lesssim \bar{a}_h(v_h,v_h),\quad \forall v_h\in V_h, \tag{8.3.8}$$

所以问题 (8.1.17) 有唯一解.

**定理 8.3.1** 设有限元簇 $\{(T,P_T,\boldsymbol{D}_T)\}$ 是仿射连续和尺度不变的, 并且

$$|q'|_{2,T}\lesssim h_T|q'|_{3,T},\quad \forall q\in P_T \tag{8.3.9}$$

对所有 $T\in\mathcal{T}_h$ 和所有 $h$ 成立. 令 $u$ 和 $u_h$ 分别是问题 (4.2.2) 和问题 (8.1.17) 的解, 则当 $u\in H^3(\Omega)\cap H_0^2(\Omega)$ 时,

$$|u-u_h|_{2,h}\lesssim h(|u|_{3,\Omega}+h\|f\|_{0,\Omega}). \tag{8.3.10}$$

**证明** 令 $v_h=\Pi_h u$, $w_h=v_h-u_h$. 由式 (8.3.8) 和式 (8.1.17) 推导出

$$\begin{aligned}|w_h|_{2,h}^2 &\lesssim \bar{a}_h(w_h,w_h)=\bar{a}_h(v_h,w_h)-\bar{a}_h(u_h,w_h)\\ &=\sum_{T\in\mathcal{T}_h}\big(a_T(\Pi_T^c v_h-u,\Pi_h^c w_h)+a_T(v_h',w_h')\big)+\sum_{T\in\mathcal{T}_h}a_T(u,\Pi_T^c w_h)-(f,w_h).\end{aligned} \tag{8.3.11}$$

从式 (8.3.1), 式 (8.3.7) 和式 (8.3.9) 得

$$\sum_{T\in\mathcal{T}_h}\Big(a_T(\Pi_T^c v_h-u,\Pi_h^c w_h)+a_T(v_h',w_h')\Big)\lesssim h|u|_{3,\Omega}|w_h|_{2,h}. \tag{8.3.12}$$

记 $\Pi_T^1$ 和 $\Pi_h^1$ 是线性三角形元对应的插值算子. 因为 $\Delta^2 u=f$ 和 $\Pi_h^1 w_h\in H_0^1(\Omega)$,

$$\begin{aligned}&\sum_{T\in\mathcal{T}_h}a_T(u,\Pi_T^c w_h)-(f,w_h)\\=&\sum_{T\in\mathcal{T}_h}a_T(u,\Pi_T^c w_h)-(\Delta^2 u,\Pi_h^1 w_h)-(f,w_h-\Pi_h^1 w_h)\\=&\sum_{T\in\mathcal{T}_h}\Big(a_T(u,\Pi_T^c w_h)+\sum_{i=1}^2\int_T\frac{\partial\Delta u}{\partial x_i}\frac{\partial w_h}{\partial x_i}\,\mathrm{d}\boldsymbol{x}\Big)\\&+\sum_{i=1}^2\sum_{T\in\mathcal{T}_h}\int_T\frac{\partial\Delta u}{\partial x_i}\frac{\partial(\Pi_h^1 w_h-w_h)}{\partial x_i}\,\mathrm{d}\boldsymbol{x}-(f,w_h-\Pi_h^1 w_h).\end{aligned} \tag{8.3.13}$$

由插值理论得

$$|(f,w_h-\Pi_h^1 w_h)|\lesssim h^2\|f\|_{0,\Omega}|w_h|_{2,h}, \tag{8.3.14}$$

$$\Big|\sum_{i=1}^2\sum_{T\in\mathcal{T}_h}\int_T\frac{\partial\Delta u}{\partial x_i}\frac{\partial(\Pi_h^1 w_h-w_h)}{\partial x_i}\,\mathrm{d}\boldsymbol{x}\Big|\lesssim h|u|_{3,\Omega}|w_h|_{2,h}. \tag{8.3.15}$$

对 $i,j\in\{1,2\}$ 和 $|\boldsymbol{\alpha}|=2$, 定义

$$T_{ij}^{\boldsymbol{\alpha}}=\sum_{T\in\mathcal{T}_h}\int_T\Big(2\partial^{\boldsymbol{\alpha}}u\frac{\partial^2\Pi_T^c w_h}{\partial x_j\partial x_i}+\frac{\partial\partial^{\boldsymbol{\alpha}}u}{\partial x_j}\frac{\partial w_h}{\partial x_i}+\frac{\partial\partial^{\boldsymbol{\alpha}}u}{\partial x_i}\frac{\partial w_h}{\partial x_j}\Big)\,\mathrm{d}\boldsymbol{x}. \tag{8.3.16}$$

因为 $\Pi_h^1\dfrac{\partial}{\partial x_i}w_h\in H_0^1(\Omega)$, 所以

$$\begin{aligned}T_{ij}^{\boldsymbol{\alpha}}=&\sum_{T\in\mathcal{T}_h}\int_T\partial^{\boldsymbol{\alpha}}u\Big(2\frac{\partial^2\Pi_T^c w_h}{\partial x_i\partial x_j}-\frac{\partial}{\partial x_j}\Pi_h^1\frac{\partial w_h}{\partial x_i}-\frac{\partial}{\partial x_i}\Pi_h^1\frac{\partial w_h}{\partial x_j}\Big)\,\mathrm{d}\boldsymbol{x}\\&+\sum_{T\in\mathcal{T}_h}\int_T\Big(\frac{\partial\partial^{\boldsymbol{\alpha}}u}{\partial x_j}(I-\Pi_h^1)\frac{\partial w_h}{\partial x_i}+\frac{\partial\partial^{\boldsymbol{\alpha}}u}{\partial x_i}(I-\Pi_h^1)\frac{\partial w_h}{\partial x_j}\Big)\,\mathrm{d}\boldsymbol{x},\end{aligned} \tag{8.3.17}$$

其中, $I$ 是恒等算子. 利用插值理论和逆不等式 (3.4.1) 得

$$\Big|\sum_{T\in\mathcal{T}_h}\int_T\frac{\partial\partial^{\boldsymbol{\alpha}}u}{\partial x_k}(I-\Pi_h^1)\frac{\partial w_h}{\partial x_l}\,\mathrm{d}\boldsymbol{x}\Big|\lesssim h|u|_{3,\Omega}|w_h|_{2,h},\quad k,l=1,2. \tag{8.3.18}$$

由 $\Pi_T^c$ 的定义,

$$\int_T \begin{pmatrix} \dfrac{\partial^2}{\partial x_1^2}\Pi_T^c w_h \\ \dfrac{\partial^2}{\partial x_2^2}\Pi_T^c w_h \\ 2\dfrac{\partial^2}{\partial x_1\partial x_2}\Pi_T^c w_h \end{pmatrix} \mathrm{d}\boldsymbol{x} = \boldsymbol{L}_c^{\mathrm{T}}\boldsymbol{D}_T(w_h). \tag{8.3.19}$$

另一方面, 可以得到下面的等式:

$$\int_T \begin{pmatrix} \dfrac{\partial}{\partial x_1}\Pi_h^1\dfrac{\partial w_h}{\partial x_1} \\ \dfrac{\partial}{\partial x_2}\Pi_h^1\dfrac{\partial w_h}{\partial x_2} \\ \dfrac{\partial}{\partial x_1}\Pi_h^1\dfrac{\partial w_h}{\partial x_2}+\dfrac{\partial}{\partial x_2}\Pi_h^1\dfrac{\partial w_h}{\partial x_1} \end{pmatrix} \mathrm{d}\boldsymbol{x} = \boldsymbol{L}_c^{\mathrm{T}}\boldsymbol{D}_T(w_h), \tag{8.3.20}$$

因此

$$\begin{aligned} &\sum_{T\in\mathcal{T}_h}\int_T \partial^{\boldsymbol{\alpha}}u\Big(2\frac{\partial^2\Pi_T^c w_h}{\partial x_i\partial x_j}-\frac{\partial}{\partial x_j}\Pi_h^1\frac{\partial w_h}{\partial x_i}-\frac{\partial}{\partial x_i}\Pi_h^1\frac{\partial w_h}{\partial x_j}\Big)\,\mathrm{d}\boldsymbol{x} \\ =&\sum_{T\in\mathcal{T}_h}\int_T \Big((I-P_T^0)\partial^{\boldsymbol{\alpha}}u\Big)\Big(2\frac{\partial^2\Pi_T^c w_h}{\partial x_i\partial x_j}-\frac{\partial}{\partial x_j}\Pi_h^1\frac{\partial w_h}{\partial x_i}-\frac{\partial}{\partial x_i}\Pi_h^1\frac{\partial w_h}{\partial x_j}\Big)\,\mathrm{d}\boldsymbol{x}. \end{aligned}$$

利用定理 3.3.3, 插值理论和逆不等式得

$$\Big|\sum_{T\in\mathcal{T}_h}\int_T \partial^{\boldsymbol{\alpha}}u\Big(2\frac{\partial^2\Pi_T^c w_h}{\partial x_i\partial x_j}-\frac{\partial}{\partial x_j}\Pi_h^1\frac{\partial w_h}{\partial x_i}-\frac{\partial}{\partial x_i}\Pi_h^1\frac{\partial w_h}{\partial x_j}\Big)\,\mathrm{d}\boldsymbol{x}\Big| \lesssim h|u|_{3,\Omega}|w_h|_{2,h}. \tag{8.3.21}$$

从式 (8.3.17), 式 (8.3.18) 和式 (8.3.21) 可以推出

$$|T_{ij}^{\boldsymbol{\alpha}}| \lesssim h|u|_{3,\Omega}|w_h|_{2,h}, \tag{8.3.22}$$

所以

$$\Big|\sum_{T\in\mathcal{T}_h}\Big(a_T(u,\Pi_T^c w_h)+\sum_{i=1}^{2}\int_T\frac{\partial\Delta u}{\partial x_i}\frac{\partial w_h}{\partial x_i}\,\mathrm{d}\boldsymbol{x}\Big)\Big| \lesssim h|u|_{3,\Omega}|w_h|_{2,h}, \tag{8.3.23}$$

理由是式 (8.3.23) 左端可以表示成 $T_{ij}^{\boldsymbol{\alpha}}$ ($|\boldsymbol{\alpha}|=2,\ i,j=1,2$) 的线性组合.

综合式 (8.3.11) ~ 式 (8.3.15) 以及式 (8.3.23), 可以得到

$$|w_h|_{2,h} \lesssim h(|u|_{3,\Omega} + h\|f\|_{0,\Omega}). \tag{8.3.24}$$

再由式 (8.3.24) 和式 (8.3.7) 得到定理的结论. □

如果 $P_T \subset P_3(T)$, 则当 $w_h \in V_{h0}$ 时, $w_h \in H_0^1(\Omega)$. 式 (8.3.13) 可以变成

$$\sum_{T\in\mathcal{T}_h} a_T(u, \Pi_T^c w_h) - (f, w_h) = \sum_{T\in\mathcal{T}_h} a_T(u, \Pi_T^c w_h) + \sum_{i=1}^{2} \int_T \frac{\partial \Delta u}{\partial x_i}\frac{\partial w_h}{\partial x_i}\,\mathrm{d}\boldsymbol{x}. \tag{8.3.25}$$

再由式 (8.3.11), 式 (8.3.12), 式 (8.3.23) 和式 (8.3.25) 就得到下面的定理:

**定理 8.3.2**　设有限元簇 $\{(T, P_T, \boldsymbol{D}_T)\}$ 是仿射连续和尺度不变的, 式 (8.3.9) 成立. 令 $u$ 和 $u_h$ 分别是问题 (4.2.2) 和问题 (8.1.17) 的解. 如果对任意 $T \in \mathcal{T}_h$ 有 $P_T \subset P_3(T)$, 则当 $u \in H^3(\Omega) \cap H_0^2(\Omega)$ 时,

$$|u - u_h|_{2,h} \lesssim h|u|_{3,\Omega}. \tag{8.3.26}$$

**定理 8.3.3**　设有限元簇 $\{(T, P_T, \boldsymbol{D}_T)\}$ 是仿射连续和尺度不变的, 式 (8.3.9) 成立, 并且 $\Omega$ 是凸的. 令 $u$ 和 $u_h$ 分别是问题 (4.2.2) 和问题 (8.1.17) 的解. 如果 $u \in H^3(\Omega) \cap H_0^2(\Omega)$, 则

$$\|u - u_h\|_{1,h} \lesssim h^2(|u|_{3,\Omega} + h\|f\|_{0,\Omega}), \tag{8.3.27}$$

并且当 $P_T \subset P_3(T)$ 对所有 $T \in \mathcal{T}_h$ 为真时,

$$\|u - u_h\|_{1,h} \lesssim h^2|u|_{3,\Omega}. \tag{8.3.28}$$

**证明**　对 $g \in L^2(\Omega)$, 令 $\phi_g \in H_0^2(\Omega)$ 和 $\phi_{gh} \in V_{h0}$ 分别是下面问题的解:

$$a(v, \phi_g) = (g, v), \quad \forall v \in H_0^2(\Omega), \tag{8.3.29}$$

$$\bar{a}_h(v_h, \phi_{gh}) = (g, \Pi_h^1 v_h), \quad \forall v_h \in V_{h0}, \tag{8.3.30}$$

其中, $a(\cdot,\cdot)$ 由式 (1.3.5) 给出. 从式 (1.3.4) 得

$$\|\phi_g\|_{3,\Omega} \lesssim \|g\|_{-1,\Omega}. \tag{8.3.31}$$

用类似于定理 8.3.1 的证明可以证得

$$|\phi_g - \phi_{gh}|_{2,h} \lesssim h|\phi_g|_{3,\Omega}. \tag{8.3.32}$$

记 $w_h = \Pi_h u$. 由式 (8.3.29), 式 (8.3.30), 式 (4.2.2) 和式 (8.1.17),

$$\begin{aligned}(g,\Pi_h^1(w_h-u_h))&=\bar{a}_h(w_h-u_h,\phi_{gh})\\&=\sum_{T\in\mathcal{T}_h}\Big(a_T(\Pi_T^c(w_h-u_h),\Pi_T^c\phi_{gh})+a_T(w_h'-u_h',\phi_{gh}')\Big)\\&=\sum_{T\in\mathcal{T}_h}a_T(u-\Pi_T^cw_h,\phi_g-\Pi_T^c\phi_{gh})-\sum_{T\in\mathcal{T}_h}a_T(w_h',\phi_{gh}')\\&\quad+\Big\{\sum_{T\in\mathcal{T}_h}a_T(u,\Pi_T^c\phi_{gh}-\phi_g)-(f,\phi_{gh}-\phi_g)\Big\}\\&\quad+\Big\{\sum_{T\in\mathcal{T}_h}a_T(\Pi_T^cw_h-u,\phi_g)-(g,\Pi_h^1(w_h-u))\Big\}+(g,\Pi_h^1(w_h-u)).\end{aligned}\tag{8.3.33}$$

借助于式 (8.3.5), 式 (8.3.7), 式 (8.3.32), 式 (3.3.13) 和逆不等式可以得到

$$|a_T(u-\Pi_T^cw_h,\phi_g-\Pi_T^c\phi_{gh})|\lesssim|u-\Pi_T^cw_h|_{2,T}|\phi_g-\Pi_T^c\phi_{gh}|_{2,T},$$

$$|u-\Pi_T^cw_h|_{2,h}\leqslant|u-w_h|_{2,T}+|w_h-\Pi_T^cw_h|_{2,T}\lesssim h|u|_{3,T},$$

$$\begin{aligned}|\phi_g-\Pi_T^c\phi_{gh}|_{2,T}&\leqslant|\phi_g-\phi_{gh}|_{2,T}+|\phi_{gh}-\Pi_T^c\phi_{gh}|_{2,T}\\&\lesssim h(|\phi_g|_{3,T}+|\phi_{gh}|_{3,T})\\&\lesssim h(|\phi_g|_{3,T}+|\phi_{gh}-P_T^2\phi_g|_{3,T})\\&\lesssim h(|\phi_g|_{3,T}+h_T^{-1}|\phi_{gh}-P_T^2\phi_g|_{2,T})\lesssim h|\phi_g|_{3,T},\end{aligned}$$

因此

$$|a_T(u-\Pi_T^cw_h,\phi_g-\Pi_T^c\phi_{gh})|\lesssim h^2|u|_{3,T}|\phi_g|_{3,T}.\tag{8.3.34}$$

利用式 (8.3.9) 和式 (8.3.7) 得

$$|a_T(w_h',\phi_{gh}')|\lesssim|w_h'|_{2,T}|\phi_{gh}'|_{2,T}\lesssim h^2|w_h|_{3,T}|\phi_{gh}|_{3,T}\lesssim h^2|u|_{3,T}|\phi_g|_{3,T}.\tag{8.3.35}$$

利用定理 8.3.1 的证明中同样的方法可以证明

$$\Big|\sum_{T\in\mathcal{T}_h}a_T(\Pi_T^cw_h-u,\phi_g)-(g,\Pi_h^1(w_h-u))\Big|\lesssim h^2|u|_{3,\Omega}|\phi_g|_{3,\Omega},\tag{8.3.36}$$

$$\Big|\sum_{T\in\mathcal{T}_h}a_T(u,\Pi_T^c\phi_{gh}-\phi_g)-(f,\phi_{gh}-\phi_g)\Big|\lesssim h(|u|_{3,\Omega}+h\|f\|_{0,\Omega})|\phi_g-\phi_{gh}|_{2,h},\tag{8.3.37}$$

并且当 $P_T\subset P_3(T)$ $(\forall T\in\mathcal{T}_h)$ 时,

$$\Big|\sum_{T\in\mathcal{T}_h}a_T(u,\Pi_T^c\phi_{gh}-\phi_g)-(f,\phi_{gh}-\phi_g)\Big|\lesssim h|u|_{3,\Omega}|\phi_g-\phi_{gh}|_{2,h}.\tag{8.3.38}$$

插值结果导致

$$|(g, \Pi_h^1(w_h - u))| \leqslant \|g\|_{-1,\Omega} \|\Pi_h^1(w_h - u)\|_{1,\Omega} \lesssim h^2 |u|_{3,\Omega} \|g\|_{-1,\Omega}. \tag{8.3.39}$$

综合式 (8.3.31) ~ 式 (8.3.39) 得到

$$|(g, \Pi_h^1(w_h - u_h))| \lesssim h^2(|u|_{3,\Omega} + h\|f\|_{0,\Omega})\|g\|_{-1,\Omega}, \tag{8.3.40}$$

并且当 $P_T \subset P_3(T)$ $(\forall T \in \mathcal{T}_h)$ 时,

$$|(g, \Pi_h^1(w_h - u_h))| \lesssim h^2 |u|_{3,\Omega} \|g\|_{-1,\Omega}. \tag{8.3.41}$$

注意到

$$\|\Pi_h^1(w_h - u_h)\|_{1,\Omega} = \sup_{0 \neq g \in L^2(\Omega)} \frac{|(g, \Pi_h^1(w_h - u_h))|}{\|g\|_{-1,\Omega}}$$

和

$$\begin{aligned} \|u - u_h\|_{1,h} &\leqslant \|u - w_h\|_{1,h} + \|\Pi_h^1(w_h - u_h)\|_{1,\Omega} + \|w_h - u_h - \Pi_h^1(w_h - u_h)\|_{1,h} \\ &\lesssim h^2 |u|_{3,\Omega} + \|\Pi_h^1(w_h - u_h)\|_{1,\Omega}, \end{aligned}$$

于是得到了定理的结论. □

容易看出 8.2 节给出的两个例子满足定理 8.3.2 的假设, 所以它们对薄板弯曲问题是收敛的.

## 8.4 一般情形

前面几节讨论的自由格式都是取 Zienkiewicz 元的参数和二次部分作为节点参数和双线性形式的固定部分, 这两者都可以换成其他可能.

令 $(T, P_T, \boldsymbol{D}_T)$ 是一个求解薄板弯曲问题的有限元. 对于趋向于零的网格尺寸 $h$, 令 $\mathcal{T}_h$ 是 $\Omega$ 的一个对应于该有限元的剖分, 记 $V_h$ 和 $V_{h0}$ 是相应于 $\mathcal{T}_h$ 和 $(T, P_T, \boldsymbol{D}_T)$ 的求解四阶边值问题的有限元空间.

假设 $r \geqslant 2$ 且 $P_r(T) \subset P_T$. 定义

$$\bar{\boldsymbol{P}}_T = (p_1, \cdots, p_M)^{\mathrm{T}}, \quad \boldsymbol{P}'_T = (q_1, \cdots, q_N)^{\mathrm{T}}, \quad \boldsymbol{P}_T = \begin{pmatrix} \bar{\boldsymbol{P}}_T \\ \boldsymbol{P}'_T, \end{pmatrix}, \tag{8.4.1}$$

其中, $p_1, \cdots, p_M, q_1, \cdots, q_N$ 是 $P_T$ 的一组基, 并且 $p_1, \cdots, p_M$ 是 $P_r(T)$ 的一组基. 这样, 每个 $v \in P_T$ 可以表示为

$$v = \boldsymbol{\Phi}^{\mathrm{T}} \boldsymbol{P}_T, \tag{8.4.2}$$

而 $\boldsymbol{\Phi} \in \mathbf{R}^{M+N}$. 将式 (8.4.2) 代入节点参数向量 $\boldsymbol{D}_T(v)$ 中, 就得到 $\boldsymbol{\Phi}$ 和 $\boldsymbol{D}_T(v)$ 之间的关系,

$$\boldsymbol{D}_T(v) = \boldsymbol{G}_T \boldsymbol{\Phi}, \tag{8.4.3}$$

$$\boldsymbol{G}_T = \begin{pmatrix} d_1(p_1) & \cdots & d_1(p_M) & d_1(q_1) & \cdots & d_1(q_N) \\ d_2(p_1) & \cdots & d_2(p_M) & d_2(q_1) & \cdots & d_2(q_N) \\ \vdots & & \vdots & \vdots & & \vdots \\ d_{M+N}(p_1) & \cdots & d_{M+N}(p_M) & d_{M+N}(q_1) & \cdots & d_{M+N}(q_N) \end{pmatrix}. \tag{8.4.4}$$

因为 $\boldsymbol{D}_T$ 是 $P_T$ 唯一可解的, 所以矩阵 $\boldsymbol{G}_T$ 是非奇异的. 记其逆为

$$\boldsymbol{H}_T = \boldsymbol{G}_T^{-1} = \begin{pmatrix} \boldsymbol{H}_{T,l} \\ \boldsymbol{H}_{T,h} \end{pmatrix}, \tag{8.4.5}$$

其中, $\boldsymbol{H}_{T,l}$ 是 $M \times (M+N)$ 矩阵, $\boldsymbol{H}_{T,h}$ 是 $N \times (M+N)$ 矩阵. 对任意 $v \in P_T$, 它可以表示为

$$v = \bar{v} + v', \quad \bar{v} = \boldsymbol{D}_T^{\mathrm{T}}(v)\boldsymbol{H}_{T,l}^{\mathrm{T}}\bar{\boldsymbol{P}}_T, \quad v' = \boldsymbol{D}_T^{\mathrm{T}}(v)\boldsymbol{H}_{T,h}^{\mathrm{T}}\boldsymbol{P}'_T. \tag{8.4.6}$$

令 $\boldsymbol{H}_{T,c}$ 是 $N \times (M+N)$ 矩阵且具有性质

$$p = \boldsymbol{D}_T^{\mathrm{T}}(p)\boldsymbol{H}_{T,c}^{\mathrm{T}}\bar{\boldsymbol{P}}_T + O(h_T^{r+1}|p|_{r+1,\infty,T}), \quad \forall p \in P_T. \tag{8.4.7}$$

定义 $\Pi_T^c : P_T \to P_r(T)$ 如下:

$$\Pi_T^c p = \boldsymbol{D}_T^{\mathrm{T}}(p)\boldsymbol{H}_{T,c}^{\mathrm{T}}\bar{\boldsymbol{P}}_T, \quad \forall p \in P_T. \tag{8.4.8}$$

令 $a_T(\cdot,\cdot)$ 由式 (8.1.5) 给出, 并定义

$$\tilde{a}_T(v,w) = a_T(\Pi_T^c v, \Pi_T^c w) + a_T(v', w'), \quad \forall v, w \in P_T, \tag{8.4.9}$$

$$\tilde{a}_h(v_h, w_h) = \sum_{T\in\mathcal{T}_h} \tilde{a}_T(v_h, w_h), \quad \forall v_h, w_h \in V_h. \tag{8.4.10}$$

用下述问题逼近问题 (4.2.2): 求 $u_h \in V_{h0}$, 使得

$$\tilde{a}_h(u_h, v_h) = (f, v_h), \quad \forall v_h \in V_{h0}. \tag{8.4.11}$$

现在考虑问题 (8.4.11) 解的收敛性. 令 $\Pi_T$ 是 $(T, P_T, \boldsymbol{D}_T)$ 对应的插值算子, $\Pi_h$ 是相应于 $\mathcal{T}_h$ 的插值算子. 对 $v_h \in V_h$, 定义 $\Pi_h^c v_h$ 为

$$\Pi_h^c v_h|_T = \Pi_T^c(v_h|_T), \quad \forall T \in \mathcal{T}_h, \tag{8.4.12}$$

则得到两个空间 $V_h^c$ 和 $V_{h0}^c$,

$$V_h^c = \Pi_h^c V_h, \quad V_{h0}^c = \Pi_h^c V_{h0}. \tag{8.4.13}$$

**定理 8.4.1**　设

$$\|v_h\|_{2,h} \lesssim |v_h|_{2,h}, \quad \forall v_h \in V_{h0}, \tag{8.4.14}$$

并且

$$\sum_{k=0}^{r+1} h_T^k |v - \Pi_T v|_{k,T} \lesssim h_T^{r+1} |v|_{r+1,T}, \quad \forall v \in H^{r+1}(T), \tag{8.4.15}$$

$$\sum_{k=0}^{r+1} h_T^k |v - \Pi_T^c v|_{k,T} \lesssim h_T^{r+1} |v|_{r+1,T}, \quad \forall v \in H^{r+1}(T), \tag{8.4.16}$$

$$|p'|_{2,T} \lesssim h_T^{r-1} |p|_{r+1,T}, \quad \forall p \in P_T \tag{8.4.17}$$

对所有 $T \in \mathcal{T}_h$ 和 $h$ 成立. 若 $\{V_{h0}^c, H_0^2(\Omega)\}$ 通过广义分片检验, 则对任意 $f \in L^2(\Omega)$ 问题 (8.4.11) 有唯一解且

$$\lim_{h\to 0} \|u - u_h\|_{2,h} = 0,$$

其中, $u$ 是问题 (4.2.2) 的解.

**证明**　对 $p \in P_T$ 应用不等式 (8.4.16) 得

$$|p - \Pi_T^c p|_{2,T} \lesssim h_T^{r-1} |p|_{r+1,T} = h_T^{r-1} |p'|_{r+1,T},$$

然后利用逆不等式得到

$$|p - \Pi_T^c p|_{2,T} \lesssim |p'|_{2,T},$$

因此

$$|v_h|_{2,h}^2 \lesssim \tilde{a}_h(v_h, v_h), \quad \forall v_h \in V_h, \tag{8.4.18}$$

也就是说, 问题 (8.4.11) 有唯一解.

取 $v_h \in V_{h0}$, 记 $w_h = v_h - u_h$. 由式 (8.4.18), 式 (8.4.14) 和式 (8.4.11),

$$\begin{aligned}\|w_h\|_{2,h}^2 \lesssim\ & \tilde{a}_h(w_h, w_h) = \tilde{a}_h(v_h, w_h) - \tilde{a}_h(u_h, w_h) \\ =\ & \sum_{T\in\mathcal{T}_h} a_T(\Pi_h^c v_h - u, \Pi_h^c w_h) + \sum_{T\in\mathcal{T}_h} a_T(v_h', w_h') \\ & + \sum_{T\in\mathcal{T}_h} a_T(u, \Pi_h^c w_h) - (f, w_h),\end{aligned}$$

所以

$$\begin{aligned}\|u - u_h\|_{2,h} \lesssim\ & \inf_{v_h\in V_{h0}} (|u - \Pi_h^c v_h|_{2,h} + |v_h'|_{2,h}) \\ & + \sup_{0\neq w_h\in V_{h0}} \frac{1}{\|w_h\|_{2,h}} \Big| \sum_{T\in\mathcal{T}_h} a_T(u, \Pi_h^c w_h) - (f, w_h) \Big|.\end{aligned} \tag{8.4.19}$$

因为 $C_0^\infty(\Omega)$ 在 $H_0^2(\Omega)$ 中稠密, 所以对任意 $\epsilon>0$, 存在函数 $\phi\in C_0^\infty(\Omega)$, 使得

$$\|u-\phi\|_{2,\Omega}\leqslant\epsilon,$$

从不等式 (8.4.15) ~ 式 (8.4.17) 得到

$$\begin{aligned}&|\phi-\Pi_h^c\Pi_h\phi|_{2,h}+|(\Pi_h\phi)'|_{2,h}\\ \leqslant\ &|\phi-\Pi_h\phi|_{2,h}+|\Pi_h\phi-\Pi_h^c\Pi_h\phi|_{2,h}+|(\Pi_h\phi)'|_{2,h}\lesssim h^{r-1}|\phi|_{r+1,\Omega}.\end{aligned}$$

因此, 存在 $h_0>0$, 使得当 $h<h_0$ 时有

$$|\phi-\Pi_h^c\Pi_h\phi|_{2,h}+|(\Pi_h\phi)'|_{2,h}\leqslant\epsilon.$$

因为当 $h<h_0$ 时,

$$\begin{aligned}&\inf_{v_h\in V_{h0}}\left(|u-\Pi_h^cv_h|_{2,h}+|v_h'|_{2,h}\right)\\ \leqslant\ &|u-\phi|_{2,h}+|\phi-\Pi_h^c\Pi_h\phi|_{2,h}+|(\Pi_h\phi)'|_{2,h}\leqslant 2\epsilon,\end{aligned}$$

所以有

$$\lim_{h\to0}\inf_{v_h\in V_{h0}}\left(|u-\Pi_h^cv_h|_{2,h}+|v_h'|_{2,h}\right)=0. \tag{8.4.20}$$

对于不等式 (8.4.19) 右端的第二项, 由不等式 (8.4.16) 和逆不等式得

$$\begin{aligned}&\Big|\sum_{T\in\mathcal{T}_h}a_T(u,\Pi_h^cw_h)-(f,w_h)\Big|\\ \leqslant\ &\Big|\sum_{T\in\mathcal{T}_h}a_T(u,\Pi_h^cw_h)-(f,\Pi_h^cw_h)\Big|+|(f,w_h-\Pi_h^cw_h)|\\ \lesssim\ &\Big|\sum_{T\in\mathcal{T}_h}a_T(u,\Pi_h^cw_h)-(f,\Pi_h^cw_h)\Big|+h^2|w_h|_{2,h},\end{aligned}$$

于是有

$$\begin{aligned}&\lim_{h\to0}\sup_{0\neq w_h\in V_{h0}}\frac{1}{\|w_h\|_{2,h}}\Big|\sum_{T\in\mathcal{T}_h}a_T(u,\Pi_h^cw_h)-(f,w_h)\Big|\\ =&\lim_{h\to0}\sup_{0\neq w_h\in V_{h0}}\frac{1}{\|w_h\|_{2,h}}\Big|\sum_{T\in\mathcal{T}_h}a_T(u,\Pi_h^cw_h)-(f,\Pi_h^cw_h)\Big|.\end{aligned} \tag{8.4.21}$$

用定理 6.1.2 证明中第一部分使用的方法可以证明当 $\{V_{h0}^c,H_0^2(\Omega)\}$ 通过广义分片检验时,

$$\lim_{h\to0}\sup_{0\neq w_h\in V_{h0}}\frac{1}{\|w_h\|_{2,h}}\Big|\sum_{T\in\mathcal{T}_h}a_T(u,\Pi_h^cw_h)-(f,\Pi_h^cw_h)\Big|=0, \tag{8.4.22}$$

再由式 (8.4.19) ~ 式 (8.4.22) 得到定理的结论. □

在定理 8.4.1 的假设中, 不等式 (8.4.15) ~ 式 (8.4.17) 可以用插值理论进行验证; 广义分片检验可以用 F-E-M 检验, 弱分片检验或分片检验进行验证. 如果 $V_h$ 具有二阶弱连续性, 而 $V_{h0}$ 在 $\partial\Omega$ 上具有二阶弱零性, 则由定理 5.1.2 可知半范数 $|\cdot|_{2,h}$ 在 $V_{h0}$ 上是范数, 并且由定理 5.2.1 得到不等式 (8.4.14).

也可以根据不等式 (8.4.19) 讨论问题 (8.4.11) 解的误差估计. 不等式 (8.4.19) 的右端的第一项可以利用插值理论结果, 而第二项可以用处理非协调元的方法进行分析.

结束本节前, 再介绍一个例子, 文献 [69] 中提出的 SZ 元. 对 SZ 元, $T$ 是三角形, $\boldsymbol{D}_T$ 和 Zienkiewicz 元相同, 而

$$P_T = P_2(T) + \text{span}\,\{(\lambda_1-\lambda_2)^3, (\lambda_2-\lambda_3)^3, (\lambda_3-\lambda_1)^3\},$$

$$\bar{\boldsymbol{P}}_T = (\lambda_1, \lambda_2, \lambda_3, \lambda_1\lambda_2, \lambda_2\lambda_3, \lambda_3\lambda_1)^{\mathrm{T}},$$

即 $(T, P_T, \boldsymbol{D}_T)$ 与 Bergan 元相同, 所以

$$\boldsymbol{H}_{T,h} = \boldsymbol{H}_{sh}, \tag{8.4.23}$$

而 $\boldsymbol{H}_{sh}$ 由式 (8.2.8) 定义. 与 Bergan 元不同, SZ 元使用下面的矩阵:

$$\boldsymbol{H}_{T,c}^{\mathrm{T}} = \begin{pmatrix} 1 & 0 & 0 & e_{12} & -(e_{23}+e_{32}) & e_{13} \\ 0 & 0 & 0 & -\dfrac{c_2}{t_2} & -\left(\dfrac{c_2}{t_2}+\dfrac{c_3}{t_3}\right) & -\dfrac{c_3}{t_3} \\ 0 & 0 & 0 & \dfrac{b_2}{t_2} & \dfrac{b_2}{t_2}+\dfrac{b_3}{t_3} & \dfrac{b_3}{t_3} \\ 0 & 1 & 0 & e_{21} & e_{23} & -(e_{13}+e_{31}) \\ 0 & 0 & 0 & -\dfrac{c_1}{t_1} & -\dfrac{c_3}{t_3} & -\left(\dfrac{c_3}{t_3}+\dfrac{c_1}{t_1}\right) \\ 0 & 0 & 0 & \dfrac{b_1}{t_1} & \dfrac{b_3}{t_3} & \dfrac{b_3}{t_3}+\dfrac{b_1}{t_1} \\ 0 & 0 & 1 & -(e_{12}+e_{21}) & e_{32} & e_{31} \\ 0 & 0 & 0 & -\left(\dfrac{c_1}{t_1}+\dfrac{c_2}{t_2}\right) & -\dfrac{c_2}{t_2} & -\dfrac{c_1}{t_1} \\ 0 & 0 & 0 & \dfrac{b_1}{t_1}+\dfrac{b_2}{t_2} & \dfrac{b_2}{t_2} & \dfrac{b_1}{t_1} \end{pmatrix}, \tag{8.4.24}$$

构造算子 $\Pi_T^c$, 而不是用 Zienkiewicz 形函数的二次部分. 实际上, 对 $v \in C^1(T)$, $\Pi_T^c v \in P_2(T)$ 是这样确定的, 在 $T$ 的顶点处 $\Pi_T^c v$ 与 $v$ 相等, 在 $T$ 的每条边中点处, $\Pi_T^c v$ 的法向导数等于 $v$ 的法向导数在该边两个端点值的平均值.

当 $v \in P_2(T)$ 时, 它在每边中点处的法向导数值恰好等于其法向导数在该边两个端点值的平均值. 另一方面, 一个二次多项式由其在三个顶点的值和其法向导数在三个边中点的值唯一确定, 所以 $\Pi_T^c p = p\ (\forall p \in P_2(T))$. 因为 $(T, P_T, \boldsymbol{D}_T)$ 是仿射连续和尺度不变的, 矩阵 $\boldsymbol{H}_{T,c}$ 和 $\boldsymbol{H}_{T,h}$ 等关于 $\boldsymbol{B}_T$ 是连续的, 所以不等式 (8.4.15) 和式 (8.4.16) 对 $r=2$ 成立. 不等式 (8.2.6) 导致式 (8.4.17). 因为 $V_{h0}^c$ 是 Morley 元的有限元空间的子空间, 所以 $\{V_{h0}^c, H_0^2(\Omega)\}$ 通过广义分片检验. 因为 $V_{h0}$ 中函数及其两个一阶导数在 $\mathcal{T}_h$ 的所有顶点处连续, 并且在位于 $\partial\Omega$ 上的顶点处为 0, 所以不等式 (8.4.14) 为真.

上面的讨论说明 SZ 元满足定理 8.4.1 的条件, 所以对薄板弯曲问题 SZ 元是收敛的. 解的误差估计结果为当 $u \in H^3(\Omega) \cap H_0^2(\Omega)$ 时, 式 (8.3.26) 成立, 并且当 $\Omega$ 是凸的时, 式 (8.3.28) 成立.

## 8.5 后验误差估计

对于 $v_h \in V_h$ 和 $v \in H^2(\Omega)$, 定义

$$\tilde{A}_h(v_h, v) = \sum_{T \in \mathcal{T}_h} \Big( a_T(\Pi_T^c v_h, v) + a_T(v_h', v) \Big). \tag{8.5.1}$$

**引理 8.5.1** 设式 (8.4.14)~ 式 (8.4.17) 成立. 令 $u$ 是问题 (4.2.2) 的解, $u_h$ 是问题 (8.4.11) 的解, 则

$$\begin{aligned}\|u - u_h\|_{2,h} \lesssim & \sup_{0 \neq v \in H_0^2(\Omega)} \frac{|(f, v) - \tilde{A}_h(u_h, v)|}{\|v\|_{2,\Omega}} \\ & + \inf_{v \in H_0^2(\Omega)} \|u_h - v\|_{2,h} + \Big( \sum_{T \in \mathcal{T}_h} |T|^{r-1} |u_h|_{r+1,T}^2 \Big)^{1/2}. \end{aligned} \tag{8.5.2}$$

**证明** 令 $w \in H_0^2(\Omega)$, $a(\cdot,\cdot)$ 由式 (1.3.5) 定义. 由 Poincare-Friedrichs 不等式有

$$\begin{aligned}\|u - w\|_{2,\Omega}^2 \lesssim & a(u-w, u-w) \\ =& (f, u-w) - \tilde{A}_h(u_h, u-w) + \tilde{A}_h(u_h, u-w) - a(w, u-w) \\ =& (f, u-w) - \tilde{A}_h(u_h, u-w) + \sum_{T \in \mathcal{T}_h} a_T(u_h - w, u-w) \\ & - \sum_{T \in \mathcal{T}_h} a_T(u_h - \Pi_T^c u_h, u-w) + \sum_{T \in \mathcal{T}_h} a_T(u_h', u-w),\end{aligned}$$

进而

$$\|u-w\|_{2,\Omega}^2 \lesssim |(f,u-w)-A_h(u_h,u-w)|+\Big|\sum_{T\in\mathcal{T}_h} a_T(u_h-w,u-w)\Big|$$

$$+\|u-w\|_{2,\Omega}\Big(|u_h'|_{2,h}^2+\sum_{T\in\mathcal{T}_h}|u_h-\Pi_T^c u_h|_{2,T}^2\Big)^{1/2},$$

所以由式 (8.4.16) 和式 (8.4.17) 得

$$\|u-w\|_{2,\Omega} \lesssim \sup_{0\neq v\in H_0^2(\Omega)} \frac{|(f,v)-A_h(v,u_h)|}{\|v\|_{2,\Omega}}$$

$$+\|u_h-w\|_{2,h}+\Big(\sum_{T\in\mathcal{T}_h}|T|^{r-1}|u_h|_{r+1,T}^2\Big)^{1/2}.$$

由三角不等式和 $w$ 的任意性, 就得到了式 (8.5.2). □

为得到后验误差估计, 我们假设:

$$\Big|\sum_{T\in\mathcal{T}_h}\int_T\Big(\phi\partial^{\boldsymbol{e}_i+\boldsymbol{e}_j}\Pi_T^c v+\partial^{\boldsymbol{e}_j}\phi\,\partial^{\boldsymbol{e}_i}\Pi_T^c v\Big)\,\mathrm{d}\boldsymbol{x}\Big| \lesssim \sum_{T\in\mathcal{T}_h} h_T\|v\|_{2,T}|\phi|_{1,T},$$

$$1\leqslant i,j\leqslant 2,\ \forall v\in V_{h0},\ \forall\phi\in H^1(\Omega). \tag{8.5.3}$$

对于 $v_h\in V_h$, 定义

$$R_T^{ui}(v_h)=\sum_{F\subset\partial T,F\not\subset\partial\Omega}\sum_{|\boldsymbol{\alpha}|=2}|T|^{\frac12}\|[\partial^{\boldsymbol{\alpha}}v_h]\|_{0,F}^2+|T|\,|v_h|_{3,T}^2, \tag{8.5.4}$$

$$R_T^{ub}(v_h)=|T|^{\frac12}\sum_{F\subset\partial T\cap\partial\Omega}\Big(\Big\|\frac{\partial^2 v_h}{\partial\boldsymbol{\nu}_F\partial\boldsymbol{\tau}_F}\Big\|_{0,F}^2+\Big\|\frac{\partial^2 v_h}{\partial\boldsymbol{\tau}_F^2}\Big\|_{0,F}^2\Big), \tag{8.5.5}$$

$$E_T^u(v_h)=|T|^2\big\|f-\Delta^2 v_h\big\|_{0,T}^2+R_T^{ui}(v_h)+R_T^{ub}(v_h). \tag{8.5.6}$$

**引理 8.5.2**　设式 (8.4.14)~ 式 (8.4.17) 和式 (8.5.3) 成立. 对 $v\in H_0^2(\Omega)$ 和问题 (8.4.11) 的解 $u_h$,

$$|(f,v)-\tilde{A}_h(u_h,v)|\lesssim\|v\|_{2,\Omega}\Big(\sum_{T\in\mathcal{T}_h}E_T^u(u_h)\Big)^{1/2}. \tag{8.5.7}$$

**证明**　令 $v\in H_0^2(\Omega)$. 记所考虑的有限元和 $\mathcal{T}_h$ 对应的投影平均算子为 $\Pi_{h0}^p$. 令 $v_h=\Pi_{h0}^p v$, $w_h=v-v_h$. 由式 (8.4.11) 得

$$(f,v)-\tilde{A}_h(u_h,v)=(f,w_h)-\tilde{A}_h(u_h,v)+\tilde{a}_h(u_h,v_h).$$

定义

$$\begin{cases} A_{1h} = -\sum\limits_{T\in\mathcal{T}_h} a_T(u_h, v - \Pi_T^c v_h), \\ A_{2h} = \sum\limits_{T\in\mathcal{T}_h} a_T(u_h - \Pi_T^c u_h, v - \Pi_T^c v_h), \\ A_{3h} = -\sum\limits_{T\in\mathcal{T}_h} a_T(u_h', v - v_h'), \end{cases}$$

则

$$(f, v) - \tilde{A}_h(u_h, v) = (f, w_h) + A_{1h} + A_{2h} + A_{3h}. \tag{8.5.8}$$

由 Schwarz 不等式, 式 (8.4.16), 式 (8.4.17) 和逆不等式有

$$\begin{aligned} |A_{2h}| + |A_{3h}| &\lesssim \sum_{T\in\mathcal{T}_h} \Big( |u_h - \Pi_T^c u_h|_{2,T} |v - \Pi_T^c v_h|_{2,T} + |u_h'|_{2,T} |v - v_h'|_{2,T} \Big) \\ &\lesssim \sum_{T\in\mathcal{T}_h} h_T^{r-1} |u_h|_{r+1,T} \Big( |v|_{2,T} + |\Pi_T^c v_h|_{2,T} + |v_h'|_{2,T} \Big) \\ &\lesssim \sum_{T\in\mathcal{T}_h} h_T |u_h|_{3,T} \Big( |v|_{2,T} + |v_h|_{2,T} \Big) \\ &\lesssim \Big( \sum_{T\in\mathcal{T}_h} h_T^2 |u_h|_{3,T}^2 \Big)^{1/2} \Big( |v|_{2,\Omega} + |v_h|_{2,h} \Big). \end{aligned}$$

利用定理 3.5.4 得到

$$|A_{2h}| + |A_{3h}| \lesssim |v|_{2,\Omega} \Big( \sum_{T\in\mathcal{T}_h} h_T^2 |u_h|_{3,T}^2 \Big)^{1/2}. \tag{8.5.9}$$

对于 $|\boldsymbol{\alpha}| = |\boldsymbol{\beta}| = 2$, 记 $\boldsymbol{\beta} = \boldsymbol{e}_i + \boldsymbol{e}_j$, 定义

$$E_{\boldsymbol{\alpha}\boldsymbol{\beta}} = \sum_{T\in\mathcal{T}_h} \int_T \partial^{\boldsymbol{\alpha}} u_h \, \partial^{\boldsymbol{\beta}} (v - \Pi_T^c v_h) \, \mathrm{d}\boldsymbol{x}. \tag{8.5.10}$$

由引理 5.6.2, 存在 $v_{\boldsymbol{\alpha}} \in H^1(\Omega)$, 使得

$$\sum_{T\in\mathcal{T}_h} \Big( \|\partial^{\boldsymbol{\alpha}} u_h - v_{\boldsymbol{\alpha}}\|_{0,T}^2 + h_T^2 |v_{\boldsymbol{\alpha}}|_{1,T}^2 \Big) \lesssim \sum_{T\in\mathcal{T}_h} R_T^{ui}(u_h). \tag{8.5.11}$$

因为

$$\sum_{T\in\mathcal{T}_h} \int_T \Big( v_{\boldsymbol{\alpha}} \partial^{\boldsymbol{\beta}} v + \partial^{\boldsymbol{e}_j} v_{\boldsymbol{\alpha}} \partial^{\boldsymbol{e}_i} v \Big) \, \mathrm{d}\boldsymbol{x} = 0,$$

$E_{\boldsymbol{\alpha\beta}}$ 可以写成

$$\begin{aligned}E_{\boldsymbol{\alpha\beta}} = &\sum_{T\in\mathcal{T}_h}\int_T(\partial^{\boldsymbol{\alpha}}u_h - v_{\boldsymbol{\alpha}})\partial^{\boldsymbol{\beta}}(v - \Pi_T^c v_h)\,\mathrm{d}\boldsymbol{x}\\&-\sum_{T\in\mathcal{T}_h}\int_T\partial^{\boldsymbol{e}_j}v_{\boldsymbol{\alpha}}\partial^{\boldsymbol{e}_i}(v - \Pi_T^c v_h)\,\mathrm{d}\boldsymbol{x}\\&-\sum_{T\in\mathcal{T}_h}\int_T\Big(v_{\boldsymbol{\alpha}}\partial^{\boldsymbol{\beta}}\Pi_T^c v_h + \partial^{\boldsymbol{e}_j}v_{\boldsymbol{\alpha}}\partial^{\boldsymbol{e}_i}\Pi_T^c v_h\Big)\,\mathrm{d}\boldsymbol{x}.\end{aligned}$$

所以由式 (8.5.3) 得

$$|E_{\boldsymbol{\alpha\beta}}| \lesssim \sum_{T\in\mathcal{T}_h}\Big(\|\partial^{\boldsymbol{\alpha}}u_h - v_{\boldsymbol{\alpha}}\|_{0,T} + h_T|v_{\boldsymbol{\alpha}}|_{1,T}\Big)\Big(|v - \Pi_T^c v_h|_{2,T} + h_T^{-1}|v - \Pi_T^c v_h|_{1,T}\Big).$$

同时, 由式 (8.4.16) 和逆不等式有

$$|v - \Pi_T^c v_h|_{2,T} + h_T^{-1}|v - \Pi_T^c v_h|_{1,T} \lesssim |w_h|_{2,T} + h_T^{-1}|w_h|_{1,T} + |v_h|_{2,T}.$$

利用 Schwarz 不等式和式 (8.5.11) 得到

$$|E_{\boldsymbol{\alpha\beta}}|^2 \lesssim \Big(\sum_{T\in\mathcal{T}_h}R_T^{ui}(u_h)\Big)\sum_{T\in\mathcal{T}_h}\Big(|w_h|_{2,T}^2 + h_T^{-2}|w_h|_{1,T}^2 + |v_h|_{2,T}^2\Big).$$

由式 (3.5.35),

$$\sum_{T\in\mathcal{T}_h}\Big(|w_h|_{2,T}^2 + h_T^{-2}|w_h|_{1,T}^2 + |v_h|_{2,T}^2\Big) \lesssim \sum_{T\in\mathcal{T}_h}\sum_{T'\in S_h(T)}|v|_{2,T'}^2 \lesssim |v|_{2,\Omega}^2,$$

从而

$$|E_{\boldsymbol{\alpha\beta}}|^2 \lesssim |v|_{2,\Omega}^2\sum_{T\in\mathcal{T}_h}R_T^{ui}(u_h). \tag{8.5.12}$$

注意到

$$A_{1h} = \sum_{|\boldsymbol{\alpha}|,|\boldsymbol{\beta}|=2}b_{\boldsymbol{\alpha\beta}}E_{\boldsymbol{\alpha\beta}},$$

其中, $b_{\boldsymbol{\alpha\beta}}$ 是常数. 从式 (8.5.12) 得到

$$|A_{1h}| \lesssim |v|_{2,\Omega}\Big(\sum_{T\in\mathcal{T}_h}R_T^{ui}(u_h)\Big)^{1/2}. \tag{8.5.13}$$

因为

$$(f, w_h) = \sum_{T\in\mathcal{T}_h}\int_T(f - \Delta^2 u_h)w_h\,\mathrm{d}\boldsymbol{x} + \sum_{T\in\mathcal{T}_h}\int_T\Delta^2 u_h w_h\,\mathrm{d}\boldsymbol{x},$$

所以由 Schwarz 不等式和式 (3.5.35),

$$
\begin{aligned}
|(f, w_h)| &\lesssim \sum_{T\in\mathcal{T}_h}\left(\|f-\Delta^2 u_h\|_{0,T}^2+|u_h|_{4,T}^2\right)\|w_h\|_{0,T} \\
&\lesssim \left(\sum_{T\in\mathcal{T}_h}\left(E_T^u(u_h)+h_T^4|u_h|_{4,T}^2\right)\right)^{1/2}\left(\sum_{T\in\mathcal{T}_h}\sum_{T'\in S_h(T)}|v|_{2,T'}^2\right)^{1/2}.
\end{aligned}
$$

再由逆不等式得到

$$
|(f, w_h)| \lesssim |v|_{2,\Omega}\left(\sum_{T\in\mathcal{T}_h}E_T^u(u_h)\right)^{1/2}. \tag{8.5.14}
$$

最终, 由式 (8.5.8), 式 (8.5.9), 式 (8.5.13) 和式 (8.5.14) 得到式 (8.5.7). □

**定理 8.5.1** 设式 (8.4.14)$\sim$ 式 (8.4.17) 和式 (8.5.3) 成立, $V_h$ 具有二阶弱连续性且 $V_{h0}$ 在 $\partial\Omega$ 上具有二阶弱零性. 令 $u$ 是问题 (4.2.2) 的解, $u_h$ 是问题 (8.4.11) 的解, 则

$$
\|u-u_h\|_{2,h}^2 \lesssim \sum_{T\in\mathcal{T}_h}E_T^u(u_h). \tag{8.5.15}
$$

当 $u\in H^3(\Omega)$ 时,

$$
\sum_{T\in\mathcal{T}_h}E_T^u(u_h) \lesssim \|u-u_h\|_{2,h}^2+\sum_{T\in\mathcal{T}_h}\left(h_T^4\|f\|_{0,T}^2+h_T^2|u|_{3,T}^2\right). \tag{8.5.16}
$$

**证明** 剖分是三角形时 Argyris 元是协调元, 剖分是矩形时 Bogner-Fox-Schmit 元是协调的, 所以 HCE 的假设成立. 由引理 5.6.4 得到

$$
\inf_{v\in H_0^2(\Omega)}\|u_h-v\|_{2,h} \lesssim \left(\sum_{T\in\mathcal{T}_h}E_T^u(u_h)\right)^{1/2},
$$

再由引理 8.5.2, 引理 8.5.1 和逆不等式就可以得到式 (8.5.15).

用类似于定理 5.6.1 证明的方法可以得到式 (8.5.16). □

# 第 9 章　双参数方法

本章介绍双参数方法 (DSP 法), 这是文献 [71] 提出的一种构造和分析有限元的方法. 9.1 节介绍 DSP 法; 9.2 节讨论 DSP 法的收敛性质; 9.3 节和 9.4 节分别给出求解二阶椭圆边值问题和薄板弯曲问题的一些例子; 最后一节考虑后验误差估计. 9.1 节 ~ 9.4 节的内容取自于文献 [71]~[74], 9.5 节的内容未见于文献.

令 $(T, P_T, \boldsymbol{D}_T)$ 是一有限元. 对于协调元和非协调元, 通常的有限元计算是把节点参数 $\boldsymbol{D}_T$ 作为离散系统的未知数, 而形函数就是由这些未知数和基函数来表示的. 因此, 选择节点参数要尽量简单, 并且使形成的离散系统的阶数要尽量得小. 另一方面, 节点参数的选择要使得形函数在通过单元内面时具有一定的连续性以保证收敛. 有的时候, 两个要求难以同时满足. 为此, DSP 法采用 $\boldsymbol{D}_T$ 作为未知数满足第一个要求. 对于第二个要求, DSP 法取另外一组节点参数构成的向量 $\bar{\boldsymbol{D}}_T$ 和对应的有限维函数空间. 通过某种规则, 将 $\bar{\boldsymbol{D}}_T$ 的分量由 $\boldsymbol{D}_T$ 的分量的线性组合替代, 并以此为依据得到形函数空间.

## 9.1　DSP 方法

令 $T$ 是一单元, $\boldsymbol{D}_T = (d_{1,T}, \cdots, d_{L,T})^{\mathrm{T}}$ 是节点参数向量. 设 $\bar{P}_T$ 是由多项式构成的 $l$ 维空间, $\bar{\boldsymbol{D}}_T$ 是另一节点参数向量,

$$\bar{\boldsymbol{D}}_T = (\bar{d}_{1,T}, \bar{d}_{2,T}, \cdots, \bar{d}_{l,T})^{\mathrm{T}},$$

其中, $\bar{d}_{i,T}$ 是 $C^{\kappa}(T)$ 上的线性泛函.

取 $\psi_1, \psi_2, \cdots, \psi_l$ 是 $\bar{P}_T$ 的一组基, 记

$$\bar{\boldsymbol{P}}_T = (\psi_1, \psi_2, \cdots, \psi_l)^{\mathrm{T}}, \tag{9.1.1}$$

则每个 $p \in \bar{P}_T$ 可以写成

$$p = \boldsymbol{\Phi}^{\mathrm{T}} \bar{\boldsymbol{P}}_T, \tag{9.1.2}$$

其中, $\boldsymbol{\Phi} = (\phi_1, \phi_2, \cdots, \phi_l)^{\mathrm{T}}$. 将式 (9.1.2) 代入泛函 $\bar{d}_{i,T}$ 就得到 $\boldsymbol{\Phi}$ 和 $\bar{\boldsymbol{D}}_T(p)$ 之间的关系

$$\boldsymbol{C}_T \boldsymbol{\Phi} = \bar{\boldsymbol{D}}_T(p), \tag{9.1.3}$$

其中, $\boldsymbol{C}_T=(\bar{d}_{i,T}(\psi_j))_{l\times l}$ 是一个矩阵. 为了 $\bar{\boldsymbol{D}}_T(p)$ 能唯一确定 $\boldsymbol{\Phi}$, 假设 $\boldsymbol{C}_T$ 是非奇异的.

现在以某种方式用 $\boldsymbol{D}_T(p)$ 的分量的线性组合去离散参数 $\bar{d}_{i,T}(p)$, 这样可以得到

$$\bar{\boldsymbol{D}}_T(p)=\boldsymbol{G}_T\boldsymbol{D}_T(p)+\boldsymbol{\epsilon}_T(p), \tag{9.1.4}$$

其中, $\boldsymbol{\epsilon}_T(p)$ 是离散的余项, $\boldsymbol{G}_T$ 是依赖于节点参数 $\boldsymbol{D}_T$ 不依赖于 $p$ 的矩阵. 略去式 (9.1.4) 中的 $\boldsymbol{\epsilon}_T(p)$, 定义一个从 $C^\kappa(T)$ 到 $\bar{P}_T$ 的算子 $\Pi_T^d$ 如下:

$$\Pi_T^d v=(\boldsymbol{D}_T(v))^{\mathrm{T}}(\boldsymbol{C}_T^{-1}\boldsymbol{G}_T)^{\mathrm{T}}\bar{\boldsymbol{P}}_T,\quad \forall v\in C^\kappa(T). \tag{9.1.5}$$

记

$$P_T=\Pi_T^d\bar{P}_T, \tag{9.1.6}$$

则 $P_T$ 是 DSP 法实际使用的形函数空间.

因为 $\boldsymbol{C}_T$ 是非奇异的, 所以 $(T,\bar{P}_T,\bar{\boldsymbol{D}}_T)$ 是一有限元. 对于网格尺寸 $h$, 令 $\mathcal{T}_h$ 是 $\Omega$ 的相应于 $(T,\bar{P}_T,\bar{\boldsymbol{D}}_T)$ 的一个剖分. 当 $(T,\bar{P}_T,\boldsymbol{D}_T)$ 是一个有限元时, 记 $V_h$ 和 $V_{h0}$ 分别是相应于 $\mathcal{T}_h$ 和 $(T,\bar{P}_T,\boldsymbol{D}_T)$ 用于逼近 $H^m(\Omega)$ 和 $H_0^m(\Omega)$ 的有限元空间. 如果 $(T,\bar{P}_T,\boldsymbol{D}_T)$ 不是一个有限元, 也可以按照 2.3 节构造有限元空间的方法得到相应的 $V_h$ 和 $V_{h0}$. $V_h\subset L^2(\Omega)$, 并且 $V_h$ 中的函数 $v$ 满足

(1) $v|_T\in\bar{P}_T, \forall T\in\mathcal{T}_h$;

(2) 对任意两个相异的单元 $T_1,T_2\in\mathcal{T}_h$, 如果 $T_1\cap T_2$ 非空, 则当

$$d_{i,T_1}(v|_{T_1})=d_{j,T_2}(v|_{T_2})$$

对任意 $v\in C^\kappa(\overline{\Omega})$ 都成立时, 该式对任意 $v\in V_h$ 也成立. $V_{h0}$ 由 $V_h$ 中所有这样的 $v_h$ 构成: 对 $T\in\mathcal{T}_h$, 如果 $i\in\{1,\cdots,L\}$ 且 $d_{i,T}(v)=0$ 对所有的 $v\in C^\kappa(\bar{\Omega})\cap H_0^m(\Omega)$ 都成立, 则有 $d_{i,T}(v_h|_T)=0$.

对 $v_h\in V_h$, 定义 $\Pi_h^d v_h$ 如下:

$$(\Pi_h^d v_h)|_T=\Pi_T^d(v_h|_T),\quad \forall T\in\mathcal{T}_h. \tag{9.1.7}$$

记有限元空间 $V_h^d$ 和 $V_{h0}^d$ 为

$$V_h^d=\Pi_h^d V_h,\quad V_{h0}^d=\Pi_h^d V_{h0}. \tag{9.1.8}$$

DSP 法分别用 $V_h^d$ 和 $V_{h0}^d$ 代替 $V_h$ 和 $V_{h0}$ 去逼近 $H^m(\Omega)$ 和 $H_0^m(\Omega)$.

可以独立地选择参数向量 $\boldsymbol{D}_T$ 和 $\bar{\boldsymbol{D}}_T$. $\boldsymbol{D}_T$ 的分量应该简单, 并且使得离散系统的整体未知数少, 同时 $\bar{\boldsymbol{D}}_T$ 和离散公式 (9.1.4) 的选择应该使得广义分片检验或分片检验条件成立. 这样就可以较好地解决形函数和节点参数的匹配问题.

从上面的讨论可以看出, 一个 DSP 有限元由 $T$, $\bar{P}_T$, $\boldsymbol{D}_T$, $\bar{\boldsymbol{D}}_T$ 和 $\boldsymbol{G}_T$ 确定, 所以用 $(T,\bar{P}_T,\boldsymbol{D}_T,\bar{\boldsymbol{D}}_T,\boldsymbol{G}_T)$ 描述一个 DSP 有限元. 当 $\bar{\boldsymbol{D}}_T=\boldsymbol{D}_T$ 且 $\boldsymbol{G}_T$ 是单位矩阵时, DSP 有限元变成通常的有限元.

为了确定一个 DSP 有限元, 矩阵 $\boldsymbol{C}_T$ 必须是非奇异的. 称一个 DSP 有限元是良定的, 如果

$$\det \boldsymbol{C}_T \neq 0. \tag{9.1.9}$$

对于 DSP 有限元, $\boldsymbol{D}_T$ 的维数 $L$ 和 $\bar{\boldsymbol{D}}_T$ 的维数 $l$ 可以不相等. 记矩阵 $\boldsymbol{G}_T$ 的秩为 $r$, 则 $r\leqslant \min\{l,L\}$, 并且由式 (9.1.6) 确定的 $P_T$ 是 $\bar{P}_T$ 的 $r$ 维子空间. 当 $r=L$ 时, 对 $p\in\bar{P}_T$ 由 $\Pi_T^d p=0$ 可以得出 $\boldsymbol{D}_T(p)=0$. 在这种情况下, 节点参数 $\boldsymbol{D}_T$ 可以作为离散系统的未知数.

称一个 DSP 有限元是强良定的, 如果式 (9.1.9) 成立, 并且

$$\text{rank}\ \boldsymbol{G}_T=L. \tag{9.1.10}$$

如果矩阵 $\boldsymbol{G}_T$ 的秩小于 $L$, 则 $\boldsymbol{D}_T$ 能否作为离散系统的未知数与剖分 $\mathcal{T}_h$ 有关. 一般地, 要使用 $\boldsymbol{C}_T^{-1}\boldsymbol{G}_T\boldsymbol{D}_T$.

## 9.2 DSP 方法的收敛性

首先考虑 DSP 有限元的逼近性, 并引进相应的仿射连续性和尺度不变性的概念. 称一簇 DSP 有限元 $\mathcal{F}$ 具有仿射连续性, 如果 HF2, HF4 以及下面的 HF1′, AC1′ 和 AC2′ 成立.

**HF1′** 存在非负整数 $l,r,L,\kappa$, 使得对 $\mathcal{F}$ 中的所有 $(T,\bar{P}_T,\boldsymbol{D}_T,\bar{\boldsymbol{D}}_T,\boldsymbol{G}_T)$, $\bar{P}_T$ 的维数和 $\bar{\boldsymbol{D}}_T$ 的维数都是 $l$, $\boldsymbol{D}_T$ 的维数是 $L$, $\boldsymbol{G}_T$ 的秩是 $r$, 并且 $\boldsymbol{D}_T$ 和 $\bar{\boldsymbol{D}}_T$ 的分量都是 $C^\kappa(T)$ 上的连续线性泛函.

**AC1′** 如果 $\{(T_k,\bar{P}_{T_k},\boldsymbol{D}_{T_k},\bar{\boldsymbol{D}}_{T_k},\boldsymbol{G}_{T_k})\}$ 是 $\mathcal{F}$ 中的一列双参数元, 并且当 $k\to\infty$ 时 $\boldsymbol{B}_{T_k}$ 收敛于 $\boldsymbol{B}_{T_\infty}$, 则当 $k\to\infty$ 时, $\boldsymbol{G}_{T_k}\to\boldsymbol{G}_{T_\infty}$, 并且在 $C^\kappa(\hat{T})$ 的对偶空间中, $\widehat{d_{i,T_k}}\to\widehat{d_{i,T_\infty}}$, $\widehat{\bar{d}_{j,T_k}}\to\widehat{\bar{d}_{j,T_\infty}}$ $(1\leqslant i\leqslant L,\ 1\leqslant j\leqslant l)$.

**AC2′** 如果 $\{(T_k,\bar{P}_{T_k},\boldsymbol{D}_{T_k},\bar{\boldsymbol{D}}_{T_k},\boldsymbol{G}_{T_k})\}$ 是 $\mathcal{F}$ 中的一列双参数元, 并且当 $k\to\infty$ 时 $\boldsymbol{B}_{T_k}$ 收敛于 $\boldsymbol{B}_{T_\infty}$, 则对每个 $k$, 存在 $\bar{P}_{T_k}$ 的一组基 $q_{1,T_k},\cdots,q_{l,T_k}$, 使得 $\widehat{q_{i,T_k}}$ 在空间 $C^\kappa(\hat{T})$ 中收敛于 $\widehat{q_{i,T_\infty}}$ $(1\leqslant i\leqslant l)$, 并且 $q_{1,T_\infty},\cdots,q_{l,T_\infty}$ 是 $\bar{P}_{T_\infty}$ 的一组基.

在假设 HF1′, HF2 和 HF3 成立时, 称一簇 DSP 有限元 $\mathcal{F}$ 具有尺度不变性, 如果对任意 $\theta>0$, 任意 $\boldsymbol{b}\in\mathbf{R}^n$ 和簇中的任意 $T$, 都有

$$\Pi_{\tilde{T}}^d\tilde{v}=\widetilde{\Pi_T^d v},\quad \forall v\in C^\kappa(T), \tag{9.2.1}$$

其中, $\tilde{T}=\boldsymbol{\Psi}_{T,\theta,\boldsymbol{b}}T$, 当 $w$ 是定义在 $T$ 上的函数时, $\tilde{w}(\tilde{\boldsymbol{x}})=w(\theta^{-1}(\tilde{\boldsymbol{x}}-\boldsymbol{b}))$.

有了以上准备, 就可以利用仿射技巧证明下面的插值理论结果:

**定理 9.2.1** 令 $\varrho \in [1,\infty]$ 且 $\mathcal{F}$ 是一簇仿射连续和尺度不变的 DSP 有限元. 设存在一个非负整数 $k$, 使得 $k+1-\kappa > n/\varrho$ 且对 $\mathcal{F}$ 中任意的 $(T,\bar{P}_T,\boldsymbol{D}_T,\bar{\boldsymbol{D}}_T,\boldsymbol{G}_T)$ 和任意 $p \in P_k(T)$ 都有 $\Pi_T^d p = p$. 对于 $j \in \{0,1,\cdots,k+1\}$, 如果数 $s_j$ 满足

$$\begin{cases} \varrho \leqslant s_j \leqslant \dfrac{n\varrho}{n-(k+1-j)\varrho}, & (k+1-j)\varrho < n, \\ \varrho \leqslant s_j < \infty, & (k+1-j)\varrho = n, \\ \varrho \leqslant s_j \leqslant \infty, & (k+1-j)\varrho > n, \end{cases}$$

则对 $\eta > 0$,

$$|v - \Pi_T^d v|_{j,s_j,T} \lesssim h_T^{k+1-j+\frac{n}{s_j}-\frac{n}{\varrho}} |v|_{k+1,\varrho,T}, \quad 0 \leqslant j \leqslant k+1 \tag{9.2.2}$$

对所有 $v \in W^{k+1,\varrho}(T)$ 和 $\mathcal{F}$ 中满足 $\eta h_T \leqslant \rho_T$ 的 $(T,\bar{P}_T,\boldsymbol{D}_T,\bar{\boldsymbol{D}}_T,\boldsymbol{G}_T)$ 成立.

**定理 9.2.2** 令 $\varrho \in [1,\infty]$ 且 $\mathcal{F}$ 是一簇仿射连续和尺度不变的 DSP 有限元. 设存在一个非负整数 $k$, 使得 $k+1-\kappa > n/\varrho$ 且对 $\mathcal{F}$ 中任意的 $(T,\bar{P}_T,\boldsymbol{D}_T,\bar{\boldsymbol{D}}_T,\boldsymbol{G}_T)$ 和任意 $p \in P_k(T)$ 都有 $\Pi_T^d p = p$. 对 $j \in \{0,1,\cdots,k\}$, 如果数 $t_j$ 满足

$$\begin{cases} \varrho \leqslant t_j \leqslant \dfrac{(n-1)\varrho}{n-(k+1-j)\varrho}, & (k+1-j)\varrho < n, \\ \varrho \leqslant t_j < \infty, & (k+1-j)\varrho = n, \\ \varrho \leqslant t_j \leqslant \infty, & (k+1-j)\varrho > n, \end{cases}$$

则对 $\eta > 0$,

$$\sum_{|\boldsymbol{\alpha}|=j} |\partial^{\boldsymbol{\alpha}}(v - \Pi_T^d v)|_{0,t_j,\partial T} \lesssim h_T^{k+1-j+\frac{n-1}{t_j}-\frac{n}{\varrho}} |v|_{k+1,\varrho,T}, \quad 0 \leqslant j \leqslant k \tag{9.2.3}$$

对所有 $v \in W^{k+1,\varrho}(T)$ 和 $\mathcal{F}$ 中满足 $\eta h_T \leqslant \rho_T$ 的 $(T,\bar{P}_T,\boldsymbol{D}_T,\bar{\boldsymbol{D}}_T,\boldsymbol{G}_T)$ 成立.

现在令 $m=1$ 或 2. 对有界区域 $B \subset \mathbf{R}^n$, 定义

$$a_B(v,w) = \sum_{|\boldsymbol{\alpha}|,|\boldsymbol{\beta}|=m} \int_B a_{\boldsymbol{\alpha\beta}} \partial^{\boldsymbol{\alpha}} v \partial^{\boldsymbol{\beta}} w \,\mathrm{d}\boldsymbol{x}, \quad \forall v,w \in H^m(B), \tag{9.2.4}$$

其中, $a_{\boldsymbol{\alpha\beta}}$ 是常数. 当 $B=\Omega$ 时, 记 $a_B(\cdot,\cdot)$ 为 $a(\cdot,\cdot)$. 令

$$a_h(v,w) = \sum_{T \in \mathcal{T}_h} a_T(v,w), \quad \forall v,w \in H^m(\mathcal{T}_h). \tag{9.2.5}$$

对给定的 $f \in L^2(\Omega)$ 考虑变分问题: 求 $u \in H_0^m(\Omega)$ 满足

$$a(u,v) = (f,v), \quad \forall v \in H_0^m(\Omega) \tag{9.2.6}$$

和变分问题：求 $u_h \in V_{h0}^d$ 满足

$$a_h(u_h, v_h) = (f, v_h), \quad \forall v_h \in V_{h0}^d. \tag{9.2.7}$$

为了保证问题 (9.2.7) 解的存在唯一性, 假设

$$|v_h|_{m,h}^2 \lesssim a_h(v_h, v_h), \quad \forall v_h \in V_{h0}^d. \tag{9.2.8}$$

在条件 (9.2.8) 成立时, 可以推导出当 $|\cdot|_{m,h}$ 是 $V_{h0}^d$ 上的范数时,

$$|u - u_h|_{m,h} \lesssim \inf_{v_h \in V_{h0}^d} |u - v_h|_{m,h} + \sup_{0 \neq w_h \in V_{h0}^d} \frac{|(f, w_h) - a_h(u, w_h)|}{|w_h|_{m,h}}. \tag{9.2.9}$$

不等式 (9.2.9) 右端的第一项可以由插值定理 9.2.1 控制. 称一个 DSP 有限元 $(T, \bar{P}_T, \boldsymbol{D}_T, \bar{\boldsymbol{D}}_T, \boldsymbol{G}_T)$ 对 $2m$ 阶问题具有逼近性, 如果

$$\lim_{h \to 0} \inf_{v_h \in V_{h0}^d} \|v - v_h\|_{m,h} = 0, \quad \forall v \in H_0^m(\Omega).$$

至于不等式 (9.2.9) 右端的第二项, 可以直接使用 5.3 节和 5.4 节中的方法进行估计. 因为 DSP 有限元可以看成是非协调元, 所以也可以应用分片检验、广义分片检验等进行分析. 对于 DSP 元, 6.4 节中的 F-E-M 检验可以这样描述：将那里的 $V_h$, $V_{h0}$ 和 $(T, P_T, \boldsymbol{D}_T)$ 分别换成 $V_h^d$, $V_{h0}^d$ 和 $(T, \bar{P}_T, \boldsymbol{D}_T, \bar{\boldsymbol{D}}_T, \boldsymbol{G}_T)$ 即可.

在使用广义分片检验或 F-E-M 检验时, 需要下面的不等式：

$$\|v_h\|_{m,h} \lesssim |v_h|_{m,h}, \quad \forall v_h \in V_{h0}^d. \tag{9.2.10}$$

事实上, 当 $V_h^d$ 具有 $m$ 阶弱连续性且 $V_{h0}^d$ 在 $\partial\Omega$ 上具有 $m$ 阶弱零性时, 不等式 (9.2.10) 成立 (见定理 5.2.1).

从现在起假设对网格尺寸 $h$, $\mathcal{T}_h$ 是 $\Omega$ 的相应于一簇仿射连续和尺度不变的 DSP 有限元的剖分, 并且 HT1, HT2, HT4 和 HT5 为真.

类似于非协调元的情形, 有下面三个定理：

**定理 9.2.3**　令 $(T, \bar{P}_T, \boldsymbol{D}_T, \bar{\boldsymbol{D}}_T, \boldsymbol{G}_T)$ 是 DSP 有限元且 $V_{h0}^d$ 是相应的有限元空间. 设下面三条为真:

(1) 条件 (9.2.8) 和不等式 (9.2.10) 成立;

(2) $(T, \bar{P}_T, \boldsymbol{D}_T, \bar{\boldsymbol{D}}_T, \boldsymbol{G}_T)$ 对 $2m$ 阶问题具有逼近性;

(3) $\{V_{h0}^d, H_0^m(\Omega)\}$ 通过广义分片检验,

则当 $u_h$ 是问题 (9.2.7) 的解且 $u$ 是问题 (9.2.6) 的解时有

$$\lim_{h \to 0} \|u - u_h\|_{m,h} = 0.$$

**定理 9.2.4** 令 $m=1$, $(T,\bar{P}_T,\boldsymbol{D}_T,\bar{\boldsymbol{D}}_T,\boldsymbol{G}_T)$ 是 DSP 有限元且 $V_{h0}^d$ 是相应的有限元空间. 设下面三条为真:

(1) 条件 (9.2.8) 和不等式 (9.2.10) 成立;

(2) $(T,\bar{P}_T,\boldsymbol{D}_T,\bar{\boldsymbol{D}}_T,\boldsymbol{G}_T)$ 对二阶问题具有逼近性;

(3) $(T,\bar{P}_T,\boldsymbol{D}_T,\bar{\boldsymbol{D}}_T,\boldsymbol{G}_T)$ 通过 $F_1$ 检验或 $E_1$-$M_1$ 检验,

则当 $u_h$ 是问题 (9.2.7) 的解且 $u$ 是问题 (9.2.6) 的解时有

$$\lim_{h\to 0}\|u-u_h\|_{1,h}=0.$$

**定理 9.2.5** 令 $m=2$, $(T,\bar{P}_T,\boldsymbol{D}_T,\bar{\boldsymbol{D}}_T,\boldsymbol{G}_T)$ 是 DSP 有限元且 $V_{h0}^d$ 是相应的有限元空间. 设下面三条为真:

(1) 条件 (9.2.8) 和不等式 (9.2.10) 成立;

(2) $(T,\bar{P}_T,\boldsymbol{D}_T,\bar{\boldsymbol{D}}_T,\boldsymbol{G}_T)$ 对四阶问题具有逼近性;

(3) $(T,\bar{P}_T,\boldsymbol{D}_T,\bar{\boldsymbol{D}}_T,\boldsymbol{G}_T)$ 通过 F-E-M 检验,

则当 $u_h$ 是问题 (9.2.7) 的解且 $u$ 是问题 (9.2.6) 的解时有

$$\lim_{h\to 0}\|u-u_h\|_{2,h}=0.$$

由不等式 (9.2.9), 对问题 (9.2.7) 的解的误差估计可以像非协调元情形一样进行.

## 9.3 Poisson 方程的 DSP 元

显然, DSP 元的一个特殊情形是非协调元. 现在考虑 RQC4 元 (见 7.1 节). 这里仍使用第 7.1 节中的符号. 令 $\bar{P}_T=P_1(T)+\operatorname{span}\{\xi_1^2-\xi_2^2\}$, 并且

$$\bar{\boldsymbol{P}}_T=(1,\xi_1,\xi_2,\xi_1^2-\xi_2^2)^{\mathrm{T}}. \tag{9.3.1}$$

令参数向量 $\bar{\boldsymbol{D}}_T=(\bar{d}_{1,T},\bar{d}_{2,T},\bar{d}_{3,T},\bar{d}_{4,T})^{\mathrm{T}}$ 如下定义:

$$\bar{d}_{i,T}(p)=\frac{1}{|F_i|}\int_{F_i}p\,\mathrm{d}F_i,\quad 1\leqslant i\leqslant 4, \tag{9.3.2}$$

这样就有

$$\boldsymbol{C}_T=\begin{pmatrix}1&1&0&\dfrac{2}{3}\\1&0&1&-\dfrac{2}{3}\\1&-1&0&\dfrac{2}{3}\\1&0&-1&-\dfrac{2}{3}\end{pmatrix}, \tag{9.3.3}$$

$\boldsymbol{C}_T$ 是非奇异的, 并且

$$\boldsymbol{C}_T^{-1} = \frac{1}{8}\begin{pmatrix} 2 & 2 & 2 & 2 \\ 4 & 0 & -4 & 0 \\ 0 & 4 & 0 & -4 \\ 3 & -3 & 3 & -3 \end{pmatrix}. \tag{9.3.4}$$

参数向量 $\boldsymbol{D}_T$ 的分量是 4 个边中点的函数值,

$$\boldsymbol{D}_T(v) = (v(\boldsymbol{a}_1), v(\boldsymbol{a}_2), v(\boldsymbol{a}_3), v(\boldsymbol{a}_4))^{\mathrm{T}}.$$

采用矩形数值积分公式得到

$$\bar{d}_{i,T}(p) = d_{i,T}(p) + O(|F_i|^2|p|_{2,\infty,T}), \tag{9.3.5}$$

即矩阵 $\boldsymbol{G}_T$ 是单位矩阵. 因此,

$$\begin{aligned}\Pi_T^d p =& \frac{1}{4}\sum_{i=1}^{4} p(\boldsymbol{a}_i) + \frac{1}{2}\Big(p(\boldsymbol{a}_1) - p(\boldsymbol{a}_3)\Big)\xi_1 + \frac{1}{2}\Big(p(\boldsymbol{a}_2) - p(\boldsymbol{a}_4)\Big)\xi_2 \\ &+ \frac{3}{8}\Big(p(\boldsymbol{a}_1) - p(\boldsymbol{a}_2) + p(\boldsymbol{a}_3) - p(\boldsymbol{a}_4)\Big)(\xi_1^2 - \xi_2^2).\end{aligned} \tag{9.3.6}$$

通过与 $\partial_{i,T}$ 的定义比较可以得出

$$\frac{\partial}{\partial x_i}\Pi_T^d p = \partial_{i,T} p, \quad \forall p \in \bar{P}_T. \tag{9.3.7}$$

上面的讨论说明, RQC4 元可以由 DSP 法描述. 现在利用 DSP 的收敛结果讨论 RQC4 元的收敛性.

首先, 对任意 $v_h \in V_h$, $\Pi_h^d v_h$ 在单元内边上的积分平均值通过该边时的跳跃为零, 并且当 $v_h \in V_{h0}$ 时, $\Pi_h^d v_h$ 在自由边上的积分平均值为零. 事实上, $v_h$ 在单元内边的中点处连续且当 $v_h \in V_{h0}$ 时, $v_h$ 在自由边的中点处为零. 此外, $V_h^d$ 具有一阶弱连续性, $V_{h0}^d$ 在 $\partial\Omega$ 上具有一阶弱零性.

其次, 令 $p \in P_1(T)$, 则 $\Pi_T^d p = p$. 对 $q \in P_1(T)$ 有

$$q(\boldsymbol{a}_1) - q(\boldsymbol{a}_2) + q(\boldsymbol{a}_3) - q(\boldsymbol{a}_4) = 0, \quad \bar{d}_{i,T}(q) = q(\boldsymbol{a}_i), 1 \leqslant i \leqslant 4,$$

所以 $\Pi_T^d p$ 是一次多项式. 另一方面,

$$\Pi_T^d p(\boldsymbol{a}_i) = p(\boldsymbol{a}_i), \quad 1 \leqslant i \leqslant 4,$$

因此, $\Pi_T^d p = p$.

最终, 由定理 9.2.4, RQC4 元对 $m = 1$ 时的问题 (9.2.6) 是收敛的.

## 9.4 薄板弯曲问题的 DSP 元

本节介绍若干薄板弯曲问题的 DSP 元. 除了特殊情形非协调元外, DSP 元的例子有龙驭球和辛克贵在文献 [75] 中提出的 9 参数广义协调元, 文献 [71], [73] 中提出的 DSP 元等.

给定三角形 $T$, 逆时针记其顶点为 $\boldsymbol{a}_1,\boldsymbol{a}_2,\boldsymbol{a}_3$, 令 $b_i$, $c_i$, $r_i$, $t_i$, $e_{ij}$ $(1\leqslant i,j\leqslant 3)$ 由式 (2.4.3) 和式 (8.1.1) 定义. 对于下面介绍的 DSP 有限元, $T$ 都是三角形. 对 $v\in C^1(T)$, 令 $\boldsymbol{D}_T(v)$ 为

$$\boldsymbol{D}_T(v)=\Big(v(\boldsymbol{a}_1),\nabla v(\boldsymbol{a}_1)^{\mathrm{T}},v(\boldsymbol{a}_2),\nabla v(\boldsymbol{a}_2)^{\mathrm{T}},v(\boldsymbol{a}_3),\nabla v(\boldsymbol{a}_3)^{\mathrm{T}}\Big)^{\mathrm{T}}. \tag{9.4.1}$$

### 9.4.1 9 参数广义协调元

9 参数广义协调元取 $\bar{P}_T$ 为二维 Zienkiewicz 元的形函数空间. 定义

$$\begin{aligned}\boldsymbol{P}_T=(&\lambda_1,\lambda_2,\lambda_3,\lambda_1\lambda_2,\lambda_2\lambda_3,\lambda_3\lambda_1,\\&\lambda_1^2\lambda_2-\lambda_1\lambda_2^2,\lambda_2^2\lambda_3-\lambda_2\lambda_3^2,\lambda_3^2\lambda_1-\lambda_3\lambda_1^2)^{\mathrm{T}},\end{aligned}$$

参数向量 $\bar{\boldsymbol{D}}_T$ 的 9 个分量如下:

$$\left\{\begin{aligned}&\bar{d}_1(p)=\int_{F_3}\frac{\partial p}{\partial\boldsymbol{\tau}_{F_3}}\,\mathrm{d}F_3,\quad \bar{d}_2(p)=\int_{F_1}\frac{\partial p}{\partial\boldsymbol{\tau}_{F_1}}\,\mathrm{d}F_1,\\&\bar{d}_3(p)=60\Big(\frac{1}{|F_3|}\int_{F_3}\Big(\lambda_2-\frac12\Big)p\,\mathrm{d}F_3+\frac{1}{|F_1|}\int_{F_1}\Big(\lambda_3-\frac12\Big)p\,\mathrm{d}F_1\\&\qquad\quad+\frac{1}{|F_2|}\int_{F_2}\Big(\lambda_1-\frac12\Big)p\,\mathrm{d}F_2\Big),\\&\bar{d}_4(p)=\frac{1}{|F_3|}\int_{F_3}p\,\mathrm{d}F_3,\ \bar{d}_5(p)=\frac{1}{|F_1|}\int_{F_1}p\,\mathrm{d}F_1,\ \bar{d}_6(p)=\frac{1}{|F_2|}\int_{F_2}p\,\mathrm{d}F_2,\\&\bar{d}_7(p)=\int_{F_3}\frac{\partial p}{\partial\boldsymbol{\nu}_{F_3}}\,\mathrm{d}F_3,\ \bar{d}_8(p)=\int_{F_1}\frac{\partial p}{\partial\boldsymbol{\nu}_{F_1}}\,\mathrm{d}F_1,\ \bar{d}_9(p)=\int_{F_2}\frac{\partial p}{\partial\boldsymbol{\nu}_{F_2}}\,\mathrm{d}F_2.\end{aligned}\right. \tag{9.4.2}$$

对应的矩阵 $\boldsymbol{C}_T$ 为

$$\boldsymbol{C}_T=\frac{1}{12}\begin{pmatrix}-12&12&0&0&0&0&0&0&0\\0&-12&12&0&0&0&0&0&0\\0&0&0&0&0&0&-12&-12&-12\\6&6&0&2&0&0&0&0&0\\0&6&6&0&2&0&0&0&0\\6&0&6&0&0&2&0&0&0\\-6r_2&-6r_1&-6r_3&3t_3&-3t_3&-3t_3&0&-2t_3&2t_3\\-6r_1&-6r_3&-6r_2&-3t_1&3t_1&-3t_1&2t_1&0&-2t_1\\-6r_3&-6r_2&-6r_1&-3t_2&-3t_2&3t_2&-2t_2&2t_2&0\end{pmatrix}. \tag{9.4.3}$$

可以计算出矩阵 $\boldsymbol{C}_T$ 的行列式为

$$\det \boldsymbol{C}_T = -\frac{t_1t_2t_3}{4\times 12^2} \neq 0, \tag{9.4.4}$$

所以 $\boldsymbol{C}_T$ 是非奇异的.

直接计算 $\bar{d}_1(p)$ 和 $\bar{d}_2(p)$, 对 $\bar{d}_3(p),\cdots,\bar{d}_6(p)$ 利用 Hermite 积分公式计算, 而对 $\bar{d}_7(p),\cdots,\bar{d}_9(p)$ 采用数值梯形积分公式. 前 6 个参数的计算是精确的, 后三个的余项为 $O(h_T^3|p|_{3,\infty,T})$. $\boldsymbol{G}_T$ 可以写成

$$\boldsymbol{G}_T = \frac{1}{12}\begin{pmatrix} -12 & 0 & 0 & 12 & 0 & 0 & 0 & 0 & 0 \\ 0 & 0 & 0 & -12 & 0 & 0 & 12 & 0 & 0 \\ 0 & 6c_1 & -6b_1 & 0 & 6c_2 & -6b_2 & 0 & 6c_3 & -6b_3 \\ 6 & c_3 & -b_3 & 6 & -c_3 & b_3 & 0 & 0 & 0 \\ 0 & 0 & 0 & 6 & c_1 & -b_1 & 6 & -c_1 & b_1 \\ 6 & -c_2 & b_2 & 0 & 0 & 0 & 6 & c_2 & -b_2 \\ 0 & -6b_3 & -6c_3 & 0 & -6b_3 & -6c_3 & 0 & 0 & 0 \\ 0 & 0 & 0 & 0 & -6b_1 & -6c_1 & 0 & -6b_1 & -6c_1 \\ 0 & -6b_2 & -6c_2 & 0 & 0 & 0 & 0 & -6b_2 & -6c_2 \end{pmatrix}. \tag{9.4.5}$$

可以验证

$$\det \boldsymbol{G}_T = 144^3|T|^2(|F_1|^2+|F_2|^2+|F_3|^2) \neq 0,$$

所以, 9 参数广义协调元是强良定的.

经过一系列的复杂计算可以得到对于 $p\in P_3''(T)$,

$$\begin{cases} \Pi_T^d p(\boldsymbol{a}_i) = p(\boldsymbol{a}_i), \\ \dfrac{\partial \Pi_T^d p}{\partial x_1}(\boldsymbol{a}_i) = \dfrac{\partial p}{\partial x_1}(\boldsymbol{a}_i) + O(h_T^2|p|_{3,\infty,T}), \quad 1\leqslant i\leqslant 3. \\ \dfrac{\partial \Pi_T^d p}{\partial x_2}(\boldsymbol{a}_i) = \dfrac{\partial p}{\partial x_2}(\boldsymbol{a}_i) + O(h_T^2|p|_{3,\infty,T}), \end{cases} \tag{9.4.6}$$

令 $w_h\in V_{h0}^d$, $v_h\in V_{h0}$, 并且 $w_h=\Pi_h^d v_h$. 式 (9.4.6) 说明, $w_h$ 在单元顶点处是连续的, 并且在位于 $\partial\Omega$ 上的顶点处为零.

对于 $T\in\mathcal{T}_h$ 的一条边 $F$, 记其端点为 $\boldsymbol{a}_1$ 和 $\boldsymbol{a}_2$, 则由式 (9.4.5) 可以得到

$$\int_F \frac{\partial}{\partial \boldsymbol{\nu}_F}(w_h|_T)\,\mathrm{d}F = \frac{|F|}{2}(\nabla v_h(\boldsymbol{a}_1)+\nabla v_h(\boldsymbol{a}_2))\boldsymbol{\nu}_F,$$

$$\int_F \frac{\partial}{\partial \boldsymbol{\tau}_F}(w_h|_T)\,\mathrm{d}F = v_h(\boldsymbol{a}_2)-v_h(\boldsymbol{a}_1),$$

因此, $\dfrac{\partial}{\partial \boldsymbol{\nu}_F} w_h$ 和 $\dfrac{\partial}{\partial \boldsymbol{\tau}_F} w_h$ 在 $F$ 上的积分平均值通过 $F$ 时的跳跃为零, 当 $F$ 是自由边时为零.

上面的讨论说明, $V_{h0}^d$ 具有二阶弱连续性, 并且在 $\partial\Omega$ 上具有二阶弱零性, 并且通过 $F_1$ 检验和强 $F_2$ 检验.

### 9.4.2 VZ1 元

VZ1 元取形函数空间为

$$\bar{P}_T = P_2(T) + \mathrm{span}\,\{\lambda_i^2\lambda_j - \lambda_i\lambda_j^2 + c\lambda_1\lambda_2\lambda_3 \mid 1 \leqslant i < j \leqslant 3\},$$

其中, $c$ 是一个非零常数. 记 $\boldsymbol{a}_4 = \boldsymbol{a}_1$, 选择参数向量 $\bar{\boldsymbol{D}}_T$ 如下: 对于 $1 \leqslant i \leqslant 3$,

$$\bar{d}_i(v) = v(\boldsymbol{a}_i), \quad \bar{d}_{i+3}(v) = v\Big(\frac{1}{2}(\boldsymbol{a}_i + \boldsymbol{a}_{i+1})\Big), \quad \bar{d}_{i+6}(v) = -2\int_{F_i} \frac{\partial v}{\partial \boldsymbol{\nu}_{F_i}} \mathrm{d}F_i. \quad (9.4.7)$$

记

$$\omega_1 = \frac{1}{3} + \frac{c}{6}, \quad \omega_2 = -\frac{1}{3} + \frac{c}{6},$$

则

$$\boldsymbol{C}_T = \begin{pmatrix} 1 & 0 & 0 & 0 & 0 & 0 & 0 & 0 & 0 \\ 0 & 1 & 0 & 0 & 0 & 0 & 0 & 0 & 0 \\ 0 & 0 & 1 & 0 & 0 & 0 & 0 & 0 & 0 \\ 1/2 & 1/2 & 0 & 1/4 & 0 & 0 & 0 & 0 & 0 \\ 0 & 1/2 & 1/2 & 0 & 1/4 & 0 & 0 & 0 & 0 \\ 1/2 & 0 & 1/2 & 0 & 0 & 1/4 & 0 & 0 & 0 \\ t_1 & r_3 & r_2 & t_1/2 & -t_1/2 & t_1/2 & \omega_2 t_1 & \frac{1}{6}ct_1 & \omega_1 t_1 \\ r_3 & t_2 & r_1 & t_2/2 & t_2/2 & -t_2/2 & \omega_1 t_2 & \omega_2 t_2 & \frac{1}{6}ct_2 \\ r_2 & r_1 & t_3 & -t_3/2 & t_3/2 & t_3/2 & \frac{1}{6}ct_3 & \omega_1 t_3 & \omega_2 t_3 \end{pmatrix}. \quad (9.4.8)$$

离散参数向量 $\bar{\boldsymbol{D}}_T$ 如下: $\bar{d}_1(v)$, $\bar{d}_2(v)$ 和 $\bar{d}_3(v)$ 分别是 $v$ 在点 $\boldsymbol{a}_1$, $\boldsymbol{a}_2$ 和 $\boldsymbol{a}_3$ 处的值; $\bar{d}_{3+i}(v)$ 等于 $v$ 在边 $F_i$ 上的三次 Hermite 插值多项式在 $\boldsymbol{a}_{3+i}$ 点的值, $1 \leqslant i \leqslant 3$, 其余项为 $O(h_T^4|v|_{4,\infty,T})$; $\bar{d}_7(v), \bar{d}_8(v)$ 和 $\bar{d}_9(v)$ 分别用梯形数值积分公式计算, 余项为 $O(h_T^3|v|_{3,\infty,T})$. 这样 $\boldsymbol{G}_T$ 可以写成

$$
\boldsymbol{G}_T=\begin{pmatrix}
1 & 0 & 0 & 0 & 0 & 0 & 0 & 0 & 0\\
0 & 0 & 0 & 1 & 0 & 0 & 0 & 0 & 0\\
0 & 0 & 0 & 0 & 0 & 0 & 1 & 0 & 0\\
\frac{1}{2} & \frac{1}{8}c_3 & -\frac{1}{8}b_3 & \frac{1}{2} & -\frac{1}{8}c_3 & \frac{1}{8}b_3 & 0 & 0 & 0\\
0 & 0 & 0 & \frac{1}{2} & \frac{1}{8}c_1 & -\frac{1}{8}b_1 & \frac{1}{2} & -\frac{1}{8}c_1 & \frac{1}{8}b_1\\
\frac{1}{2} & -\frac{1}{8}c_2 & \frac{1}{8}b_2 & 0 & 0 & 0 & \frac{1}{2} & \frac{1}{8}c_2 & -\frac{1}{8}b_2\\
0 & 0 & 0 & 0 & b_1 & c_1 & 0 & b_1 & c_1\\
0 & b_2 & c_2 & 0 & 0 & 0 & 0 & b_2 & c_2\\
0 & b_3 & c_3 & 0 & b_3 & c_3 & 0 & 0 & 0
\end{pmatrix}. \tag{9.4.9}
$$

容易看出 $\boldsymbol{C}_T$ 是非奇异的, 所以 VZ1 是良定的. 但是 $\det \boldsymbol{G}_T=0$, 所以它不是强良定的.

现在令 $w_h\in V_{h0}^d$. 由参数向量 $\bar{\boldsymbol{D}}_T$ 的定义和离散方式可以得到: $w_h$ 在所有顶点处连续且在位于 $\partial\Omega$ 上顶点处为零, $w_h$ 的两个一阶导数在单元内边上的积分平均值在通过该边时的跳跃为零, 并且在自由边上它们的积分平均值都为零. 因此, $V_{h0}^d$ 具有二阶弱连续性, 并且在 $\partial\Omega$ 上具有二阶弱零性. 由 F-E-M 检验可知 VZ1 通过强 $F_2$ 检验. 另外, 由 Simpson 数值积分公式和 $P_T\subset P_3(T)$ 可以得到 VZ1 元通过强 $F_1$ 检验.

给定 $p\in P_2(T)$, 由离散方式得 $\bar{\boldsymbol{D}}_T(p)=\boldsymbol{G}_T\boldsymbol{D}_T(p)$. 因为 $P_2(T)\subset\bar{P}_T$, 所以 $\Pi_h^d p=p$. 因此, VZ1 元具有逼近性.

上面的讨论说明 VZ1 元满足对四阶问题的收敛条件, 所以它对于薄板弯曲问题是收敛的.

因为 $\det\boldsymbol{C}_T\neq 0$, 所以 $(T,\bar{P}_T,\bar{\boldsymbol{D}}_T)$ 是一个非协调元, 它由文献 [76] 提出, 称之为第一 Veubake 元. 因为参数向量 $\boldsymbol{D}_T$ 是 Zienkiewicz 元的参数向量, 所以称如此给出的 DSP 元为 Veubake-Zienkiewicz-1 元, 简称为 VZ1 元.

由上面的讨论也可以看出作为非协调元的第一 Veubake 元对薄板弯曲问题也是收敛的.

### 9.4.3　VZ1 元的变形

在 VZ1 元中, 如果 $c=0$, 则 $\det\boldsymbol{C}_T=0$, 因此, 它不是良定的. 为了保证良定条件, 所以形函数空间基是最后三个需要 $c\lambda_1\lambda_2\lambda_3$ 一项. 为避免复杂的形函数形式, 可以取 $\bar{P}_T=P_3(T)$, 并在 $\bar{\boldsymbol{D}}_T$ 中加上另外一个参数 $\bar{d}_{10}$, 要求这个参数与收敛性无管只保证良定条件成立. 当然还满足逼近性条件. 下面列出 $\bar{d}_{10}$ 的三种形式.

1. VZ1C1 元

参数 $\bar{d}_{10}(v)$ 定义为

$$\bar{d}_{10}(v) = -4\int_{F_1} \lambda_2 \frac{\partial v}{\partial \boldsymbol{\nu}_{F_1}} \, \mathrm{d}F_1, \tag{9.4.10}$$

离散该参数的方法是用 $\dfrac{\partial}{\partial \boldsymbol{\nu}_{F_1}} v$ 在 $F_1$ 上线性插值多项式代替它计算积分, 余项为 $O(h_T^3|v|_{3,\infty,T})$.

2. VZ1C2 元

参数 $\bar{d}_{10}(v)$ 定义为

$$\bar{d}_{10}(v) = \frac{60}{|F_1|}\int_{F_1} \lambda_2 v \, \mathrm{d}F_1, \tag{9.4.11}$$

离散该参数的方法是用 $v$ 在 $T$ 上的三次 Hermite 插值多项式代替 $v$ 计算积分, 余项为 $O(h_T^4|v|_{4,\infty,T})$.

3. VZ1C3 元

参数 $\bar{d}_{10}(v)$ 定义为

$$\bar{d}_{10}(v) = 120\sum_{i=1}^{3} \frac{1}{|F_i|}\int_{F_i} \left(\lambda_{i-1} - \frac{1}{2}\right) v \, \mathrm{d}F_i, \tag{9.4.12}$$

其中, $\lambda_0 = \lambda_3$. 离散该参数的方法是用 $v$ 在 $T$ 上的三次 Hermite 插值多项式代替 $v$ 计算积分, 余项为 $O(h_T^4|v|_{4,\infty,T})$.

这三个元都满足四阶问题的收敛条件, 所以对薄板弯曲问题是收敛的, 其中, VZ1C1 元和 VZ1C3 元都满足强良定条件.

### 9.4.4 VZ2 元

形函数空间 $\bar{P}_T = P_3(T)$ 且

$$\begin{aligned}\bar{\boldsymbol{P}}_T = (&\lambda_1, \lambda_2, \lambda_3, \lambda_1\lambda_2, \lambda_2\lambda_3, \lambda_3\lambda_1,\\ &\lambda_1^2\lambda_2 - \lambda_1\lambda_2^2, \lambda_2^2\lambda_3 - \lambda_2\lambda_3^2, \lambda_3^2\lambda_1 - \lambda_3\lambda_1^2, \lambda_1\lambda_2\lambda_3)^{\mathrm{T}},\end{aligned} \tag{9.4.13}$$

记 $\boldsymbol{\rho}_{i1}$ 和 $\boldsymbol{\rho}_{i2}$ 边 $F_i$ 上的二次 Legendre 多项式的零点, $1 \leqslant i \leqslant 3$, $\boldsymbol{a}_0$ 是 $T$ 的形心点. 选择参数向量 $\bar{\boldsymbol{D}}_T$ 如下:

$$\begin{cases} \bar{d}_i(v) = v(\boldsymbol{a}_i), & 1 \leqslant i \leqslant 3, \\ \bar{d}_{2i+j+1}(v) = -|F_i|\dfrac{\partial v}{\partial \boldsymbol{\nu}_{F_i}}(\boldsymbol{\rho}_{ij}), & 1 \leqslant i \leqslant 3,\ j = 1, 2, \\ \bar{d}_{10}(v) = v(\boldsymbol{a}_0). \end{cases} \tag{9.4.14}$$

用 $\boldsymbol{D}_T$ 离散参数向量 $\bar{\boldsymbol{D}}_T$ 如下: $\bar{d}_i(v)=v(\boldsymbol{a}_i)(1\leqslant i\leqslant 3)$; $\bar{d}_4(v),\cdots,\bar{d}_9(v)$ 取 $\dfrac{\partial}{\partial\boldsymbol{\nu}}v$ 在每条边上的线性插值多项式对应的值; $\bar{d}_{10}(v)$ 等于 $v$ 的 Zienkiewicz 插值多项式在 $\boldsymbol{a}_0$ 点的值. 相应的余项都为 $O(h_T^3|v|_{3,\infty,T})$.

经计算得

$$\boldsymbol{C}_T=\begin{pmatrix}1&0&0&0&0&0&0&0&0&0\\0&1&0&0&0&0&0&0&0&0\\0&0&1&0&0&0&0&0&0&0\\\frac{t_1}{2}&\frac{r_3}{2}&\frac{r_2}{2}&\frac{t_1}{2}\sigma_1&\frac{t_1}{2}\gamma_{21}&\frac{t_1}{2}\sigma_2&-\frac{t_1}{2}\sigma_1^2&-\frac{\sqrt{3}}{12}t_1&\frac{t_1}{2}\sigma_2^2&\frac{t_1}{12}\\\frac{t_1}{2}&\frac{r_3}{2}&\frac{r_2}{2}&\frac{t_1}{2}\sigma_2&\frac{t_1}{2}\gamma_{22}&\frac{t_1}{2}\sigma_1&-\frac{t_1}{2}\sigma_2^2&\frac{\sqrt{3}}{12}t_1&\frac{t_1}{2}\sigma_1^2&\frac{t_1}{12}\\\frac{r_3}{2}&\frac{t_2}{2}&\frac{r_1}{2}&\frac{t_2}{2}\sigma_2&\frac{t_2}{2}\sigma_1&\frac{t_2}{2}\gamma_{32}&\frac{t_2}{2}\sigma_2^2&-\frac{t_2}{2}\sigma_1^2&-\frac{\sqrt{3}}{12}t_2&\frac{t_2}{12}\\\frac{r_3}{2}&\frac{t_2}{2}&\frac{r_1}{2}&\frac{t_2}{2}\sigma_1&\frac{t_2}{2}\sigma_2&\frac{t_2}{2}\gamma_{31}&\frac{t_2}{2}\sigma_1^2&-\frac{t_2}{2}\sigma_2^2&\frac{\sqrt{3}}{12}t_2&\frac{t_2}{12}\\\frac{r_2}{2}&\frac{r_1}{2}&\frac{t_3}{2}&\frac{t_3}{2}\gamma_{11}&\frac{t_3}{2}\sigma_2&\frac{t_3}{2}\sigma_1&-\frac{\sqrt{3}}{12}t_3&\frac{t_3}{2}\sigma_2^2&-\frac{t_3}{2}\sigma_1^2&\frac{t_3}{12}\\\frac{r_2}{2}&\frac{r_1}{2}&\frac{t_3}{2}&\frac{t_3}{2}\gamma_{12}&\frac{t_3}{2}\sigma_1&\frac{t_3}{2}\sigma_2&\frac{\sqrt{3}}{12}t_3&\frac{t_3}{2}\sigma_1^2&-\frac{t_3}{2}\sigma_2^2&\frac{t_3}{12}\\\frac{1}{3}&\frac{1}{3}&\frac{1}{3}&\frac{1}{9}&\frac{1}{9}&\frac{1}{9}&0&0&0&\frac{1}{27}\end{pmatrix},\tag{9.4.15}$$

$$\boldsymbol{G}_T=\begin{pmatrix}1&0&0&0&0&0&0&0&0\\0&0&0&1&0&0&0&0&0\\0&0&0&0&0&0&1&0&0\\0&0&0&0&b_1\sigma_1&c_1\sigma_1&0&b_1\sigma_2&c_1\sigma_2\\0&0&0&0&b_1\sigma_2&c_1\sigma_2&0&b_1\sigma_1&c_1\sigma_1\\0&b_2\sigma_2&c_2\sigma_2&0&0&0&0&b_2\sigma_1&c_2\sigma_1\\0&b_2\sigma_1&c_2\sigma_1&0&0&0&0&b_2\sigma_2&c_2\sigma_2\\0&b_3\sigma_1&c_3\sigma_1&0&b_3\sigma_2&c_3\sigma_2&0&0&0\\0&b_3\sigma_2&c_3\sigma_2&0&b_3\sigma_1&c_3\sigma_1&0&0&0\\\frac{1}{3}&\frac{c_3-c_2}{18}&\frac{b_2-b_3}{18}&\frac{1}{3}&\frac{c_1-c_3}{18}&\frac{b_3-b_1}{18}&\frac{1}{3}&\frac{c_2-c_1}{18}&\frac{b_1-b_2}{18}\end{pmatrix},\tag{9.4.16}$$

其中,

$$\sigma_1=\frac{1}{2}+\frac{\sqrt{3}}{6},\quad \sigma_2=\frac{1}{2}-\frac{\sqrt{3}}{6},$$

$$\gamma_{11}=-\frac{1}{2}+\frac{\sqrt{3}}{6}(e_{13}-e_{23}),\quad \gamma_{12}=-\frac{1}{2}-\frac{\sqrt{3}}{6}(e_{13}-e_{23}),$$

$$\gamma_{21}=-\frac{1}{2}+\frac{\sqrt{3}}{6}(e_{21}-e_{31}),\quad \gamma_{22}=-\frac{1}{2}-\frac{\sqrt{3}}{6}(e_{21}-e_{31}),$$
$$\gamma_{31}=-\frac{1}{2}+\frac{\sqrt{3}}{6}(e_{12}-e_{32}),\quad \gamma_{32}=-\frac{1}{2}-\frac{\sqrt{3}}{6}(e_{12}-e_{32}).$$

记 $\boldsymbol{G}_T$ 的前 9 行构成的子矩阵为 $\boldsymbol{G}_T^*$, 则

$$\det \boldsymbol{C}_T=\frac{\sqrt{3}}{144|T|^4}|F_1|^2|F_2|^2|F_3|^2(|F_1|^2+|F_2|^2+|F_3|^2), \tag{9.4.17}$$

$$\det \boldsymbol{G}_T^*=-\frac{8\sqrt{3}}{9}|T|^3, \tag{9.4.18}$$

所以 VZ2 满足强良定条件.

显然, $P_2(T)\subset \bar{P}_T$, 并且对所有 $p\in P_2(T)$ 有 $\bar{\boldsymbol{D}}_T(p)=\boldsymbol{G}_T\boldsymbol{D}_T(p)$, 所以 $\Pi_T^d p=p\ (\forall p\in P_2(T))$. VZ2 元具有逼近性.

令 $w_h\in V_{h0}^d$. 由 $\bar{\boldsymbol{D}}_T$ 的定义和离散方式可知, $w_h$ 在所有的顶点处连续且在位于 $\partial\Omega$ 上顶点处为零; $w_h$ 的两个一阶导数在所有单元内边上积分平均值的跳跃为零, 并且在所有自由边上的积分平均值为零. 所以 VZ2 元通过强 $F_2$ 检验. 给定一个单元内边 $F=T_1\cap T_2(T_1,T_2\in\mathcal{T}_h)$, 记使用在 $F$ 两个端点的函数值的线性插值算子为 $\Pi_F$. 插值理论给出

$$\begin{aligned}\Big|\int_F (w_h|_{T_1}-w_h|_{T_2})\,\mathrm{d}F\Big| &\leqslant \int_F \Big|w_h|_{T_1}-\Pi_F w_h|_{T_1}\Big|\,\mathrm{d}F+\int_F\Big|w_h|_{T_2}-\Pi_F w_h|_{T_2}\Big|\,\mathrm{d}F\\ &\lesssim h^2\Big(|w_h|_{2,T_1}+|w_h|_{2,T_2}\Big),\end{aligned}$$

所以 VZ2 元对四阶问题通过 $F_1$ 检验.

上面的讨论还说明 $V_{h0}^d$ 具有二阶弱连续性, 并且在 $\partial\Omega$ 上具有二阶弱零性.

综合上面的结论, VZ2 元对于薄板弯曲问题是收敛的.

在 VZ2 元中, $(T,\bar{P}_T,\bar{\boldsymbol{D}}_T)$ 就是文献 [76] 提出的第二 Veubake 元. 这里的结果说明作为非协调元的第二 Veubake 元是收敛的.

### 9.4.5 DSPT12 元

令 $(T,P_T,\boldsymbol{D}_T)$ 是二维情形的 Morley-Zienkiewicz 元且 $\boldsymbol{D}_T$ 表示为

$$\begin{aligned}\boldsymbol{D}_T(v)=\Big(&v(\boldsymbol{a}_1),\frac{\partial v}{\partial x_1}(\boldsymbol{a}_1),\frac{\partial v}{\partial x_2}(\boldsymbol{a}_1),\frac{\partial v}{\partial \boldsymbol{\nu}_{F_3}}(\check{\boldsymbol{a}}_3),v(\boldsymbol{a}_2),\frac{\partial v}{\partial x_1}(\boldsymbol{a}_2),\\ &\frac{\partial v}{\partial x_2}(\boldsymbol{a}_2),\frac{\partial v}{\partial \boldsymbol{\nu}_{F_1}}(\check{\boldsymbol{a}}_1),v(\boldsymbol{a}_3),\frac{\partial v}{\partial x_1}(\boldsymbol{a}_3),\frac{\partial v}{\partial x_2}(\boldsymbol{a}_3),\frac{\partial v}{\partial \boldsymbol{\nu}_{F_2}}(\check{\boldsymbol{a}}_2)\Big)^{\mathrm{T}}.\end{aligned} \tag{9.4.19}$$

DSPT12 元选择参数向量 $\bar{\boldsymbol{D}}_T$ 如下：

$$
\begin{aligned}
\bar{\boldsymbol{D}}_T(v)=\Big(&v(\boldsymbol{a}_1),v(\boldsymbol{a}_2),v(\boldsymbol{a}_3),\frac{6}{|F_1|}\int_{F_1}v\,\mathrm{d}F_1,\frac{6}{|F_2|}\int_{F_2}v\,\mathrm{d}F_2,\frac{6}{|F_3|}\int_{F_3}v\,\mathrm{d}F_3,\\
&-6\int_{F_1}\frac{\partial v}{\partial\boldsymbol{\nu}_{F_1}}\,\mathrm{d}F_1,-6\int_{F_2}\frac{\partial v}{\partial\boldsymbol{\nu}_{F_2}}\,\mathrm{d}F_2,-6\int_{F_3}\frac{\partial v}{\partial\boldsymbol{\nu}_{F_3}}\,\mathrm{d}F_3,\\
&-6\int_{F_1}\lambda_2\frac{\partial v}{\partial\boldsymbol{\nu}_{F_1}}\,\mathrm{d}F_1,-6\int_{F_2}\lambda_3\frac{\partial v}{\partial\boldsymbol{\nu}_{F_2}}\,\mathrm{d}F_2,-6\int_{F_3}\lambda_1\frac{\partial v}{\partial\boldsymbol{\nu}_{F_3}}\,\mathrm{d}F_3\Big)^{\mathrm{T}}.
\end{aligned}
\tag{9.4.20}
$$

形函数空间 $\bar{P}_T=P_3(T)+\operatorname{span}\{\psi_1,\psi_2\}$, 而

$$
\psi_j=\theta_{j1}\lambda_1^2\lambda_2\lambda_3+\theta_{j2}\lambda_1\lambda_2^2\lambda_3+\theta_{j3}\lambda_1\lambda_2\lambda_3^2+\theta_{j4}\lambda_1^2\lambda_2^2+\theta_{j5}\lambda_2^2\lambda_3^2+\theta_{j6}\lambda_3^2\lambda_1^2,
\tag{9.4.21}
$$

其中, $\theta_{jk}$ 是待定系数. 记

$$
\begin{aligned}
\bar{\boldsymbol{P}}_T=&(\lambda_1,\lambda_2,\lambda_3,\lambda_1\lambda_2,\lambda_2\lambda_3,\lambda_3\lambda_1,\lambda_1^2\lambda_2-\lambda_1\lambda_2^2,\\
&\lambda_2^2\lambda_3-\lambda_2\lambda_3^2,\lambda_3^2\lambda_1-\lambda_3\lambda_1^2,\lambda_1\lambda_2\lambda_3,\psi_1,\psi_2)^{\mathrm{T}},
\end{aligned}
\tag{9.4.22}
$$

则

$$
\boldsymbol{C}_T=\begin{pmatrix}
1&0&0&0&0&0&0&0&0&0&0&0\\
0&1&0&0&0&0&0&0&0&0&0&0\\
0&0&1&0&0&0&0&0&0&0&0&0\\
0&3&3&0&1&0&0&0&0&0&\frac{\theta_{15}}{5}&\frac{\theta_{25}}{5}\\
3&0&3&0&0&1&0&0&0&0&\frac{\theta_{16}}{5}&\frac{\theta_{26}}{5}\\
3&3&0&1&0&0&0&0&0&0&\frac{\theta_{14}}{5}&\frac{\theta_{24}}{5}\\
3t_1&3r_3&3r_2&\frac{3t_1}{2}&-\frac{3t_1}{2}&\frac{3t_1}{2}&-t_1&0&t_1&\frac{t_1}{2}&\sigma_{11}&\sigma_{21}\\
3r_3&3t_2&3r_1&\frac{3t_2}{2}&\frac{3t_2}{2}&-\frac{3t_2}{2}&t_2&-t_2&0&\frac{t_2}{2}&\sigma_{12}&\sigma_{22}\\
3r_2&3r_1&3t_3&-\frac{3t_3}{2}&\frac{3t_3}{2}&\frac{3t_3}{2}&0&t_3&-t_3&\frac{t_3}{2}&\sigma_{13}&\sigma_{23}\\
\frac{3t_1}{2}&\frac{3r_3}{2}&\frac{3r_2}{2}&t_1&\frac{r_2-t_1}{2}&\frac{t_1}{2}&-\frac{3t_1}{4}&-\frac{t_1}{4}&\frac{t_1}{4}&\frac{t_1}{4}&\gamma_{11}&\gamma_{21}\\
\frac{3r_3}{2}&\frac{3t_2}{2}&\frac{3r_1}{2}&\frac{t_2}{2}&t_2&\frac{r_3-t_2}{2}&\frac{t_2}{4}&-\frac{3t_2}{4}&-\frac{t_2}{4}&\frac{t_2}{4}&\gamma_{12}&\gamma_{22}\\
\frac{3r_2}{2}&\frac{3r_1}{2}&\frac{3t_3}{2}&\frac{r_1-t_3}{2}&\frac{t_3}{2}&t_3&-\frac{t_3}{4}&\frac{t_3}{4}&-\frac{3t_3}{4}&\frac{t_3}{4}&\gamma_{13}&\gamma_{23}
\end{pmatrix},
\tag{9.4.23}
$$

其中, 对 $i=1,2$,

$$
\begin{cases}
\sigma_{i1} = \dfrac{1}{4}(\theta_{i2} + \theta_{i3} - 2\theta_{i5})t_1, \gamma_{i1} = \dfrac{1}{20}[3\theta_{i2} + 2\theta_{i3} + (2e_{21} - 4)\theta_{i5}]t_1, \\
\sigma_{i2} = \dfrac{1}{4}(\theta_{i1} + \theta_{i3} - 2\theta_{i6})t_2, \gamma_{i2} = \dfrac{1}{20}[3\theta_{i1} + 2\theta_{i3} + (2e_{32} - 4)\theta_{i6}]t_2, \\
\sigma_{i3} = \dfrac{1}{4}(\theta_{i1} + \theta_{i2} - 2\theta_{i4})t_3, \gamma_{i3} = \dfrac{1}{20}[3\theta_{i1} + 2\theta_{i2} + (2e_{13} - 4)\theta_{i4}]t_3.
\end{cases}
$$

可以验证 $\boldsymbol{C}_T$ 的行列式的值为

$$
\det \boldsymbol{C}_T = -\frac{1}{2}\Big(\frac{3t_1t_2t_3}{80}\Big)^2 \det \boldsymbol{C}_T^*, \tag{9.4.24}
$$

其中, $\boldsymbol{C}_T^* = (c_{ij}^*)$ 是 $2\times 2$ 矩阵, 而

$$
\begin{cases}
c_{1j}^* = 2\theta_{j1} - \theta_{j2} - \theta_{j3} - 2\theta_{j4} + 4\theta_{j5} - 2\theta_{j6}, \\
c_{2j}^* = -\theta_{j1} + 2\theta_{j2} - \theta_{j3} - 2\theta_{j4} - 2\theta_{j5} + 4\theta_{j6},
\end{cases} \quad j = 1, 2. \tag{9.4.25}
$$

采用一定的数值格式用节点参数 $d_j(v)$ 离散 $\bar{\boldsymbol{D}}_T(v)$ 可以得到

$$
\bar{\boldsymbol{D}}_T(v) = \boldsymbol{G}_T\boldsymbol{D}_T(v) + \boldsymbol{\epsilon}(v), \tag{9.4.26}
$$

其中,

$$
\begin{cases}
\boldsymbol{\epsilon}(v) = (0, 0, 0, \epsilon_4, \epsilon_5, \epsilon_6, 0, 0, 0, \epsilon_{10}, \epsilon_{11}, \epsilon_{12})^{\mathrm{T}}, \\
\epsilon_i = O(h_T^3|v|_{4,T}), i = 4, 5, 6, 10, 11, 12
\end{cases} \tag{9.4.27}
$$

且

$$
\boldsymbol{G}_T = \begin{pmatrix}
1 & 0 & 0 & 0 & 0 & 0 & 0 & 0 & 0 & 0 & 0 & 0 \\
0 & 0 & 0 & 0 & 1 & 0 & 0 & 0 & 0 & 0 & 0 & 0 \\
0 & 0 & 0 & 0 & 0 & 0 & 0 & 0 & 1 & 0 & 0 & 0 \\
0 & 0 & 0 & 0 & 6 & c_1 & -b_1 & 0 & 6 & -c_1 & b_1 & 0 \\
6 & -c_2 & b_2 & 0 & 0 & 0 & 0 & 0 & 6 & c_2 & -b_2 & 0 \\
6 & c_3 & -b_3 & 0 & 6 & -c_3 & b_3 & 0 & 0 & 0 & 0 & 0 \\
0 & 0 & 0 & 0 & 0 & b_1 & c_1 & -4|F_1| & 0 & b_1 & c_1 & 0 \\
0 & b_2 & c_2 & 0 & 0 & 0 & 0 & 0 & 0 & b_2 & c_2 & -4|F_2| \\
0 & b_3 & c_3 & -4|F_3| & 0 & b_3 & c_3 & 0 & 0 & 0 & 0 & 0 \\
0 & 0 & 0 & 0 & 0 & b_1 & c_1 & -2|F_1| & 0 & 0 & 0 & 0 \\
0 & 0 & 0 & 0 & 0 & 0 & 0 & 0 & 0 & b_2 & c_2 & -2|F_2| \\
0 & b_3 & c_3 & -2|F_3| & 0 & 0 & 0 & 0 & 0 & 0 & 0 & 0
\end{pmatrix}. \tag{9.4.28}
$$

由于式 (9.4.24), 如果 $\boldsymbol{C}_T^*$ 是非奇异的, 则 DSPT12 元是良定的. 有许多情形可以保证 $\boldsymbol{C}_T^*$ 的非奇异性. 例如, $\theta_{11} = \theta_{22} = 1$, 而其他的 $\theta_{ij} = 0$. 此时 $\det \boldsymbol{C}_T^* =$

$3 \neq 0$, 而且式 (9.4.22) 中 $\bar{\boldsymbol{P}}_T$ 的最后两个基函数为

$$\psi_1 = \lambda_1^2\lambda_2\lambda_3, \quad \psi_2 = \lambda_1\lambda_2^2\lambda_3.$$

因为 $\lambda_1^2\lambda_2\lambda_3 + \lambda_1\lambda_2^2\lambda_3 + \lambda_1\lambda_2\lambda_3^2 = \lambda_1\lambda_2\lambda_3$, 所以

$$\bar{P}_T = P_3''(T) + \text{span}\,\{\lambda_1^2\lambda_2\lambda_3, \lambda_1\lambda_2^2\lambda_3, \lambda_1\lambda_2\lambda_3^2\},$$

其中, $P_3''(T)$ 是 Zienkiewicz 元的形函数空间. 下面三种情形也可以所为选择:

(1) $\psi_1 = \lambda_1^2\lambda_2^2$ 且 $\psi_2 = \lambda_3^2\lambda_1^2$;

(2) $\psi_1 = \lambda_1^2\lambda_2^2$ 且 $\psi_2 = \lambda_2^2\lambda_3^2$;

(3) $\psi_1 = \lambda_2^2\lambda_3^2$ 且 $\psi_2 = \lambda_3^2\lambda_1^2$.

可以验算 $\boldsymbol{G}_T$ 是奇异的, 所以该元不是强良定的. 但是, 划去该矩阵的第 5, 6 行、第 8, 12 列, 得到一个非奇异的矩阵 $\boldsymbol{G}_T^*$, 而

$$\det \boldsymbol{G}_T^* = -2|F_3|^2|T|^2 \neq 0.$$

因此,

$$10 \leqslant \text{ rank}\,(G_T) \leqslant 11. \tag{9.4.29}$$

由式 (9.4.26) 和式 (9.4.27),

$$\varPi_T^d p = p, \quad \forall p \in P_3(T), \tag{9.4.30}$$

这样 DSPT12 元具有逼近性.

空间 $V_{h0}^d$ 中的函数 $v_h$ 具有如下性质:

**DC1**　$v_h$ 在所有顶点处连续且在位于 $\partial\varOmega$ 上的顶点处为零.

**DC2**　积分 $\int_F v_h\,\mathrm{d}F$ 通过单元内边 $F$ 时的跳跃为零, 并且当 $F$ 是自由边时为零.

**DC3**　对任意 $p \in P_1(F)$, 积分 $\int_F p\dfrac{\partial}{\partial \boldsymbol{\nu}_F}v_h\,\mathrm{d}F$ 通过单元内边 $F$ 时的跳跃为零, 并且当 $F$ 是自由边时为零.

**DC4**　对任意 $p \in P_1(F)$, 积分 $\int_F p\dfrac{\partial}{\partial s}v_h\,\mathrm{d}F$ 通过单元内边 $F$ 时的跳跃为零, 并且当 $F$ 是自由边时为零.

前三个性质由 $\bar{\boldsymbol{D}}_T$ 的定义和离散方式直接可得. 第 4 个性质可以由

$$\int_F p\frac{\partial v_h}{\partial s}\,\mathrm{d}F = (pv_h)(\boldsymbol{a}_j) - (pv_h)(\boldsymbol{a}_i) - \int_F \frac{\partial p}{\partial s}v_h\,\mathrm{d}F, \quad \forall p \in P_1(F)$$

和前两个性质得到, 其中, $\boldsymbol{a}_i$ 和 $\boldsymbol{a}_j$ 是边 $F$ 的端点. 这些性质导致 $V_{h0}^d$ 具有二阶弱连续性, 在 $\partial\varOmega$ 上具有二阶弱零性, 并且通过强 $F_1$ 检验和强 $F_2$ 检验.

上面的讨论说明 DSPT12 元对于薄板弯曲问题是收敛的. □

### 9.4.6 误差估计

现在令 $m=2$ 且 $a(\cdot,\cdot)$ 和 $a_h(\cdot,\cdot)$ 是薄板弯曲问题的双线性泛函. 记 $u$ 和 $u_h$ 分别是问题 (9.2.6) 和问题 (9.2.7) 的解. 考虑本节介绍的 DSP 元的误差估计. 类似于 Morley 元, 有下面的定理:

**定理 9.4.1** 设 $V_{h0}^d$ 是 9 参数广义协调元, VZ1 元或其变形和 VZ2 元对应的有限元空间之一. 如果 $u\in H_0^2(\Omega)\cap H^3(\Omega)$, 则

$$\|u-u_h\|_{2,h}\lesssim h(|u|_{3,\Omega}+h\|f\|_{0,\Omega}), \tag{9.4.31}$$

并且当 $\Omega$ 是凸的时,

$$\|u-u_h\|_{1,h}\lesssim h^2(|u|_{3,\Omega}+h\|f\|_{0,\Omega}). \tag{9.4.32}$$

**定理 9.4.2** 设 $V_{h0}^d$ 是 DSPT12 对应的有限元空间. 如果 $u\in H_0^2(\Omega)\cap H^4(\Omega)$, 则

$$\|u-u_h\|_{2,h}\lesssim h^2|u|_{4,\Omega}, \tag{9.4.33}$$

并且当 $\Omega$ 是凸的时,

$$\|u-u_h\|_{1,h}\lesssim h^3|u|_{4,\Omega}. \tag{9.4.34}$$

**证明** 由式 (9.4.30) 和定理 9.2.1 得

$$\inf_{v_h\in V_{h0}^d}\|u-v_h\|_{2,h}\lesssim h^2|u|_{4,\Omega}. \tag{9.4.35}$$

令 $w_h\in V_{h0}^d$, 则

$$\begin{aligned}
&a_h(u,w_h)-(f,w_h)\\
=&\sum_{T\in\mathcal{T}_h}\int_T\Big(\Delta u\Delta w_h-\Delta^2uw_h\Big)\,\mathrm{d}\boldsymbol{x}\\
&+(1-\sigma)\sum_{T\in\mathcal{T}_h}\int_T\Big(2\frac{\partial^2u}{\partial x_1\partial x_2}\frac{\partial^2w_h}{\partial x_1\partial x_2}-\frac{\partial^2u}{\partial x_1^2}\frac{\partial^2w_h}{\partial x_2^2}-\frac{\partial^2u}{\partial x_2^2}\frac{\partial^2w_h}{\partial x_1^2}\Big)\,\mathrm{d}\boldsymbol{x}\\
=&T^1+(1-\sigma)T^2.
\end{aligned} \tag{9.4.36}$$

采用分部积分得

$$|T^1|=\Big|\sum_{T\in\mathcal{T}_h}\Big(\int_{\partial T}\Delta u\frac{\partial w_h}{\partial\boldsymbol{\nu}}\,\mathrm{d}s-\int_{\partial T}\frac{\partial\Delta u}{\partial\nu}w_h\,\mathrm{d}s\Big)\Big|. \tag{9.4.37}$$

对于边 $F$ 和非负正数 $r$, 记 $P_F^r$ 为式 (3.3.17) 定义的算子. 定义 $R_F^rg=g-P_F^rg$, $(\forall g\in L^2(F))$, 用 $\Pi_T^1$ 记 2.4 节中线性三角形元对应的插值算子. 由 DC1, DC2 和

插值结果得

$$\begin{aligned}\Big|\sum_{T\in\mathcal{T}_h}\int_{\partial T}\frac{\partial\Delta u}{\partial\boldsymbol{\nu}}w_h\,\mathrm{d}s\Big| &= \Big|\sum_{T\in\mathcal{T}_h}\sum_{F\subset\partial T}\int_F R_F^0\frac{\partial\Delta u}{\partial\boldsymbol{\nu}_F}(w_h-\varPi_T^1 w_h)\,\mathrm{d}F\Big|\\ &\leqslant \sum_{T\in\mathcal{T}_h}\sum_{F\subset\partial T}\Big|R_F^0\frac{\partial\Delta u}{\partial\boldsymbol{\nu}_F}\Big|_{0,F}|w_h-\varPi_T^1 w_h|_{0,F}\\ &\lesssim h^2\sum_{T\in\mathcal{T}_h}|u|_{4,T}|w_h|_{2,T}\lesssim h^2|u|_{4,\Omega}|w_h|_{2,h},\end{aligned}$$

而由 DC3 和式 (3.3.18) 可以推导出

$$\begin{aligned}\Big|\sum_{T\in\mathcal{T}_h}\int_{\partial T}\Delta u\frac{\partial w_h}{\partial\boldsymbol{\nu}}\,\mathrm{d}s\Big| &= \Big|\sum_{T\in\mathcal{T}_h}\sum_{F\subset\partial T}\int_F R_F^1\Delta u R_F^0\frac{\partial w_h}{\partial\boldsymbol{\nu}_F}\,\mathrm{d}F\Big|\\ &\leqslant \sum_{T\in\mathcal{T}_h}\sum_{F\subset\partial T}|R_F^1\Delta u|_{0,F}\Big|R_F^0\frac{\partial w_h}{\partial\boldsymbol{\nu}_F}\Big|_{0,F}\\ &\lesssim \sum_{T\in\mathcal{T}_h}h^2|u|_{4,T}|w_h|_{2,T},\end{aligned}$$

因此,

$$|T^1|\lesssim h^2|u|_{4,\Omega}|w_h|_{2,h}. \tag{9.4.38}$$

仍然采用分部积分得

$$\begin{aligned}T^2 = &-\sum_{T\in\mathcal{T}_h}\int_{\partial T}\frac{\partial^2 u}{\partial x_1^2}\frac{\partial w_h}{\partial x_2}\nu_2\,\mathrm{d}s-\sum_{T\in\mathcal{T}_h}\int_{\partial T}\frac{\partial^2 u}{\partial x_2^2}\frac{\partial w_h}{\partial x_1}\nu_1\,\mathrm{d}s\\ &+\sum_{T\in\mathcal{T}_h}\int_{\partial T}\frac{\partial^2 u}{\partial x_1\partial x_2}\frac{\partial w_h}{\partial x_2}\nu_1\,\mathrm{d}s+\sum_{T\in\mathcal{T}_h}\int_{\partial T}\frac{\partial^2 u}{\partial x_1\partial x_2}\frac{\partial w_h}{\partial x_1}\nu_2\,\mathrm{d}s.\end{aligned}$$

令 $i,j,k,l\in\{1,2\}$, 则由 DC3 和 DC4,

$$\begin{aligned}&\Big|\sum_{T\in\mathcal{T}_h}\int_{\partial T}\frac{\partial^2 u}{\partial x_i\partial x_j}\frac{\partial w_h}{\partial x_l}\nu_k\,\mathrm{d}s\Big|\\ =&\Big|\sum_{T\in\mathcal{T}_h}\sum_{F\subset\partial T}\int_F R_F^1\frac{\partial^2 u}{\partial x_i\partial x_j}R_F^0\frac{\partial w_h}{\partial x_l}(\boldsymbol{\nu}_F)_k\,\mathrm{d}F\Big|\lesssim h^2|u|_{4,\Omega}|w_h|_{2,h},\end{aligned}$$

因而

$$|T^2|\lesssim h^2|u|_{4,\Omega}|w_h|_{2,h}. \tag{9.4.39}$$

综合式 (9.4.36), 式 (9.4.38) 和式 (9.4.39) 得到

$$|a_h(u,w_h)-(f,w_h)| \lesssim h^2|u|_{4,\Omega}|w_h|_{2,h}. \tag{9.4.40}$$

估计式 (9.4.33) 由式 (9.4.35), 式 (9.4.40) 和式 (9.2.9) 得到.

估计式 (9.4.34) 可以利用 Aubin-Nitsche 技巧得到. □

比较定理 9.4.2 和表 6.4.2 可以看出 DSPT12 元的误差为 $O(h^2)$, 比 Morley-Zienkiewicz 元高一阶.

## 9.5 后验误差估计

一般情形下, 可以把问题 (9.2.7) 的解看成问题 (9.2.6) 的非协调有限元解. 可以使用 5.6 节的结果进行后验估计. 本节只考虑薄板弯曲问题的 DSPT12 元.

设 $n=2$, $V_h$, $V_{h0}$, $V_h^d$ 和 $V_{h0}^d$ 是 DSPT12 元对应的有限元空间. 对于 $v\in V_{h0}^d$, 定义

$$R_T^{di}(v_h)=\sum_{F\subset\partial T,F\not\subset\partial\Omega}\sum_{2\leqslant|\boldsymbol{\alpha}|\leqslant 3}|T|^{|\boldsymbol{\alpha}|-2+\frac{1}{2}}\|[\partial^{\boldsymbol{\alpha}}v_h]\|_{0,F}^2+|T|^2|v_h|_{4,T}^2, \tag{9.5.1}$$

$$R_T^{db}(v_h)=|T|^{\frac{1}{2}}\sum_{F\subset\partial T\cap\partial\Omega}\left\|\frac{\partial^2 v_h}{\partial\boldsymbol{\nu}_F\partial\boldsymbol{\tau}_F}\right\|_{0,F}^2, \tag{9.5.2}$$

$$E_T^d(v_h)=|T|^2\left\|f-\Delta^2 v_h\right\|_{0,T}^2+R_T^{di}(v_h)+R_T^{db}(v_h). \tag{9.5.3}$$

**定理 9.5.1** 设 $V_{h0}^d$ 是 DSPT12 元对应的空间. 令 $u$ 是问题 (9.2.6) 的解, $u_h$ 是问题 (9.2.7) 的解, 则

$$\|u-u_h\|_{2,h}^2\lesssim\sum_{T\in\mathcal{T}_h}E_T^d(u_h). \tag{9.5.4}$$

如果 $u\in H^4(\Omega)$, 并且存在 $0<k\leqslant 2$, 使得

$$\|u-u_h\|_{2,h}\geqslant C_1h^k, \tag{9.5.5}$$

其中, $C_1$ 是与 $h$ 无关的正常数, 则存在与 $h$ 无关的常数 $C_2$, 使得

$$\sum_{T\in\mathcal{T}_h}E_T^d(u_h)\leqslant C_2\|u-u_h\|_{2,h}^2. \tag{9.5.6}$$

**证明** 类似于引理 5.6.1, 则有

$$\|u-u_h\|_{2,h}\eqsim\sup_{0\neq v\in H_0^2(\Omega)}\frac{|(f,v)-a_h(u_h,v)|}{\|v\|_{2,\Omega}}+\inf_{v\in H_0^2(\Omega)}\|u_h-v\|_{2,h}. \tag{9.5.7}$$

因为 Argyris 元是协调元, 所以由引理 5.6.4 得到

$$\inf_{v\in H_0^2(\Omega)}\|u_h-v\|_{2,h}\lesssim\Big(\sum_{T\in\mathcal{T}_h}E_T^d(u_h)\Big)^{1/2}. \tag{9.5.8}$$

令 $V_{h0}$ 是 DSPT12 元对应的有限元空间, $V_{h0}$ 和 $\mathcal{T}_h$ 对应的投影平均算子为 $\Pi_{h0}^p$. 取 $v\in H_0^2(\Omega)$, 记 $v_h=\Pi_{h0}^p v$, $w_h=v-\Pi_h^d v_h$. 对于 $|\boldsymbol{\alpha}|=|\boldsymbol{\beta}|=2$, 记 $\boldsymbol{\beta}=\boldsymbol{e}_i+\boldsymbol{e}_j$, 定义

$$E_{\boldsymbol{\alpha}\boldsymbol{\beta}}=\sum_{T\in\mathcal{T}_h}\int_T\Big(\partial^{\boldsymbol{\alpha}}u_h\,\partial^{\boldsymbol{\beta}}w_h-\partial^{\boldsymbol{\alpha}+\boldsymbol{\beta}}u_h\,w_h\Big)\,\mathrm{d}\boldsymbol{x}. \tag{9.5.9}$$

由引理 5.6.2, 存在 $v_{\boldsymbol{\alpha}}\in H^1(\Omega)\cap P_1(\mathcal{T}_h)$, 使得

$$\sum_{l=1}^{2}h_T^{2l-2}|\partial^{\boldsymbol{\alpha}}u_h-v_{\boldsymbol{\alpha}}|_{l,T}^2\lesssim\sum_{T'\subset S_h(T)}R_{T'}^{di}(u_h). \tag{9.5.10}$$

$E_{\boldsymbol{\alpha}\boldsymbol{\beta}}$ 可以写成

$$\begin{aligned}E_{\boldsymbol{\alpha}\boldsymbol{\beta}}=&\sum_{T\in\mathcal{T}_h}\int_T(\partial^{\boldsymbol{\alpha}}u_h-v_{\boldsymbol{\alpha}})\partial^{\boldsymbol{\beta}}w_h\,\mathrm{d}\boldsymbol{x}+\sum_{T\in\mathcal{T}_h}\int_T\partial^{\boldsymbol{e}_j}(\partial^{\boldsymbol{\alpha}}u_h-v_{\boldsymbol{\alpha}})\partial^{\boldsymbol{e}_i}w_h\,\mathrm{d}\boldsymbol{x}\\&-\sum_{T\in\mathcal{T}_h}\int_T\Big(\partial^{\boldsymbol{\alpha}+\boldsymbol{e}_j}u_h\,\partial^{\boldsymbol{e}_i}w_h+\partial^{\boldsymbol{\alpha}+\boldsymbol{\beta}}u_h\,w_h\Big)\,\mathrm{d}\boldsymbol{x}\\&+\sum_{T\in\mathcal{T}_h}\int_T\Big(v_{\boldsymbol{\alpha}}\partial^{\boldsymbol{\beta}}w_h+\partial^{\boldsymbol{e}_j}v_{\boldsymbol{\alpha}}\partial^{\boldsymbol{e}_i}w_h\Big)\,\mathrm{d}\boldsymbol{x}.\end{aligned}$$

由性质 DC2 得到

$$\begin{aligned}&\sum_{T\in\mathcal{T}_h}\int_T\Big(\partial^{\boldsymbol{\alpha}+\boldsymbol{e}_j}u_h\,\partial^{\boldsymbol{e}_i}w_h+\partial^{\boldsymbol{\alpha}+\boldsymbol{\beta}}u_h\,w_h\Big)\,\mathrm{d}\boldsymbol{x}\\=&\sum_{T\in\mathcal{T}_h}\sum_{F\subset\partial T}\int_F\Big(\partial^{\boldsymbol{\alpha}+\boldsymbol{e}_j}u_h-P_F^0\partial^{\boldsymbol{\alpha}+\boldsymbol{e}_j}u_h\Big)w_h(\boldsymbol{\nu}_F)_i\,\mathrm{d}F\\&+\frac{1}{2}\sum_{T\in\mathcal{T}_h}\sum_{F\subset\partial T,F\not\subset\partial\Omega}\int_F[\partial^{\boldsymbol{\alpha}+\boldsymbol{e}_j}u_h]w_h(\boldsymbol{\nu}_F)_i\,\mathrm{d}F\\&+\frac{1}{2}\sum_{T\in\mathcal{T}_h}\sum_{F\subset\partial T,F\not\subset\partial\Omega}\int_F[P_F^0\partial^{\boldsymbol{\alpha}+\boldsymbol{e}_j}u_h-\partial^{\boldsymbol{\alpha}+\boldsymbol{e}_j}u_h]w_h(\boldsymbol{\nu}_F)_i\,\mathrm{d}F,\end{aligned}$$

进而, 由 Schwarz 不等式, 引理 4.3.1 和插值理论有

$$
\begin{aligned}
&\Big|\sum_{T\in\mathcal{T}_h}\int_T\left(\partial^{\boldsymbol{\alpha}+\boldsymbol{e}_j}u_h\,\partial^{e_i}w_h+\partial^{\boldsymbol{\alpha}+\boldsymbol{\beta}}u_h\,w_h\right)\mathrm{d}\boldsymbol{x}\Big|\\
\lesssim&\sum_{T\in\mathcal{T}_h}\sum_{T'\in S_h(T)}|u_h|_{4,T'}(|w_h|_{0,T}+h_T|w_h|_{1,T})\\
&+\sum_{T\in\mathcal{T}_h}\sum_{F\subset\partial T,F\not\subset\partial\Omega}\|[\partial^{\boldsymbol{\alpha}+\boldsymbol{e}_j}u_h]\|_{0.F}(h_T^{-1/2}|w_h|_{0,T}+h_T^{1/2}|w_h|_{0,T})\\
\lesssim&\Big(\sum_{T\in\mathcal{T}_h}R_T^{di}(u_h)\Big)^{1/2}\Big(\sum_{T\in\mathcal{T}_h}\sum_{l=0}^{1}h_T^{2l-4}|w_h|_{l,T}^2\Big)^{1/2}.
\end{aligned}
$$

由性质 DC3 和 DC4 得到

$$
\sum_{T\in\mathcal{T}_h}\int_T\left(v_{\boldsymbol{\alpha}}\partial^{\boldsymbol{\beta}}w_h+\partial^{\boldsymbol{e}_j}v_{\boldsymbol{\alpha}}\partial^{\boldsymbol{e}_i}w_h\right)\mathrm{d}\boldsymbol{x}=0,
$$

所以, 再由 Schwarz 不等式和式 (9.5.10) 得

$$
\begin{aligned}
|E_{\boldsymbol{\alpha\beta}}|\lesssim&\sum_{T\in\mathcal{T}_h}\Big(|\partial^{\boldsymbol{\alpha}}u_h-v_{\boldsymbol{\alpha}}|_{0,T}|w_h|_{2,T}+|\partial^{\boldsymbol{\alpha}}u_h-v_{\boldsymbol{\alpha}}|_{1,T}|w_h|_{1,T}\Big)\\
&+\Big(\sum_{T\in\mathcal{T}_h}R_T^{di}(u_h)\Big)^{1/2}\Big(\sum_{T\in\mathcal{T}_h}\sum_{l=0}^{1}h_T^{2l-4}|w_h|_{l,T}^2\Big)^{1/2}\\
\lesssim&\Big(\sum_{T\in\mathcal{T}_h}R_T^{di}(u_h)\Big)^{1/2}\Big(\sum_{T\in\mathcal{T}_h}\sum_{l=0}^{2}h_T^{2l-4}|w_h|_{l,T}^2\Big)^{1/2}.
\end{aligned}
$$

利用式 (9.4.35), 定理 9.2.1, 逆不等式和引理 3.5.8 有

$$
\begin{aligned}
\sum_{T\in\mathcal{T}_h}\sum_{l=0}^{2}h_T^{2l-4}|w_h|_{l,T}^2\lesssim&\sum_{T\in\mathcal{T}_h}\sum_{l=0}^{2}h_T^{2l-4}\Big(|v-v_h|_{l,T}^2+|v_h-\Pi_h^dv_h|_{l,T}^2\Big)\\
\lesssim&\sum_{T\in\mathcal{T}_h}\Big(|v_h|_{2,T}^2+\sum_{l=0}^{2}h_T^{2l-4}|v-v_h|_{l,T}^2\Big)\\
\lesssim&\sum_{T\in\mathcal{T}_h}\sum_{T'\in S_h(T)}|v|_{2,T'}^2\lesssim|v|_{2,\Omega}^2,
\end{aligned}
$$

这样就有

$$
|E_{\boldsymbol{\alpha\beta}}|\lesssim|v|_{2,\Omega}\Big(\sum_{T\in\mathcal{T}_h}R_T^{di}(u_h)\Big)^{1/2}. \tag{9.5.11}
$$

对于 $(f,v)-a_h(u_h,v)$, 可将其写成

$$(f,v)-a_h(u_h,v)=\sum_{T\in\mathcal{T}_h}\int_T(f-\Delta^2u_h)w_h\,\mathrm{d}\boldsymbol{x}+\sum_{|\boldsymbol{\alpha}|=|\boldsymbol{\beta}|=2}b_{\boldsymbol{\alpha\beta}}E_{\boldsymbol{\alpha\beta}}.$$

由式 (9.5.11) 和上面的讨论, 可以得到

$$|(f,v)-a_h(u_h,v)|\lesssim|v|_{2,\Omega}\Big(\sum_{T\in\mathcal{T}_h}E_T^d(u_h)\Big)^{1/2}. \tag{9.5.12}$$

由式 (9.5.7), 式 (9.5.8) 和式 (9.5.12) 得到式 (9.5.4). 利用定理 4.3.1 的证明方法可以得到式 (9.5.6). □

# 第 10 章　有限元空间的性质

从前面几章的讨论可以看出, 有限元空间是用于逼近 Sobolev 空间的. Sobolev 空间具有的一些性质, 如嵌入性和紧致性, 在微分方程的理论中是非常有用的. 当有限元空间是 Sobolev 空间的子空间时, 它们自然具有这些性质. 对于非标准有限元方法, 有限元空间不再包含于要逼近的 Sobolev 空间中, 这些有限元空间是否具有类似的性质是人们感兴趣的问题. 对于这个问题已有不少工作, 文献 [9] 对此有系统的介绍. 本章将给出有关的结果和证明, 这里的证明方法与文献 [9], [31] 有所不同.

一个相应于某剖分的有限元空间是有限维的, 所以嵌入性质、紧致性质等都是成立的. 要考虑的问题在于对于 $h \to 0$ 时, 相应于一簇剖分 $\mathcal{T}_h$ 的一列有限元空间的一致性质如何.

为了得到有限元空间上的性质, 需要一些假设, 10.1 节将描述这些假设并给出相关的结果; 10.2 节考虑嵌入性质; 10.3 节考虑紧致性质; 最后两节讨论有限元空间上的一些不等式.

10.1 节 ~10.3 节的有关结论取自于文献 [9], [31], [77], [78], 但采用了不同的证明方法. 10.4 节的内容取自于文献 [9], [31], [79], 10.5 节的内容取自于文献 [80].

## 10.1 基 本 假 设

已经看到非标准有限元空间不是 Sobolev 空间的子空间. 为了把它们和 Sobolev 空间放在同一个空间中进行讨论, 需要引进新的空间.

设 $\Omega$ 是 $\mathbf{R}^n$ 中的多胞形区域. 对非负整数 $m$ 和实数 $\varrho \in [1,\infty]$, 记 $M$ 是所有满足 $|\boldsymbol{\alpha}| \leqslant m$ 的 $n$ 重指标 $\boldsymbol{\alpha}$ 的个数, 定义 $L^{m,\varrho}(\Omega) = (L^{\varrho}(\Omega))^M$. 对 $u \in L^{m,\varrho}(\Omega)$, 记其分量为 $u^{\boldsymbol{\alpha}}$ $(|\boldsymbol{\alpha}| \leqslant m)$, 所以

$$L^{m,\varrho}(\Omega) = \{u \in (L^{\varrho}(\Omega))^M \,|u = (u^{\boldsymbol{\alpha}}), u^{\boldsymbol{\alpha}} \in L^{\varrho}(\Omega), |\boldsymbol{\alpha}| \leqslant m\}.$$

对于空间 $L^{m,\varrho}(\Omega)$, 定义范数 $\|\cdot\|_{m,\varrho,\Omega}$ 和半范 $|\cdot|_{m,\varrho,\Omega}$ 如下：当 $\varrho < \infty$ 时,

$$\begin{cases} \|u\|_{m,\varrho,\Omega} = \left(\displaystyle\sum_{|\boldsymbol{\alpha}|\leqslant m}\int_{\Omega}|u^{\boldsymbol{\alpha}}|^{\varrho}\,\mathrm{d}\boldsymbol{x}\right)^{1/\varrho}, \\ |u|_{m,\varrho,\Omega} = \left(\displaystyle\sum_{|\boldsymbol{\alpha}|= m}\int_{\Omega}|u^{\boldsymbol{\alpha}}|^{\varrho}\,\mathrm{d}\boldsymbol{x}\right)^{1/\varrho}, \end{cases} \quad \forall u \in L^{m,\varrho}(\Omega), \tag{10.1.1}$$

当 $\varrho=\infty$ 时,

$$\begin{cases} \|u\|_{m,\infty,\Omega}=\max\limits_{|\boldsymbol{\alpha}|\leqslant m}\operatorname*{esssup}\limits_{\boldsymbol{x}\in\Omega}|u^{\boldsymbol{\alpha}}(\boldsymbol{x})|, \\ |u|_{m,\infty,\Omega}=\max\limits_{|\boldsymbol{\alpha}|=m}\operatorname*{esssup}\limits_{\boldsymbol{x}\in\Omega}|u^{\boldsymbol{\alpha}}(\boldsymbol{x})|, \end{cases} \quad \forall u\in L^{m,\infty}(\Omega). \tag{10.1.2}$$

如果 $\varrho=2$, 记范数 $\|\cdot\|_{m,2,\Omega}$ 和半范 $|\cdot|_{m,2,\Omega}$ 分别为 $\|\cdot\|_{m,\Omega}$ 和 $|\cdot|_{m,\Omega}$.

对于函数 $w\in W^{m,\varrho}(\Omega)$, 自然地将 $w$ 和 $L^{m,\varrho}(\Omega)$ 中的 $(u^{\boldsymbol{\alpha}})=(\partial^{\boldsymbol{\alpha}}w)$ 相对应. 这样的对应把 Sobolev 空间 $W^{m,\varrho}(\Omega)$ 映射为 $L^{m,\varrho}(\Omega)$ 的一个闭子空间. 因为该映射保持范数和半范不变, 仍用 $W^{m,\varrho}(\Omega)$ 记该子空间.

设 $\mathcal{T}_h$ 是区域 $\Omega$ 的一个剖分, $V_h$ 是一个非协调元空间. 这样定义算子 $L_h^m: V_h\to L^{m,\varrho}(\Omega)$, 对任意 $v_h\in V_h$,

$$(L_h^m v_h)^{\boldsymbol{\alpha}}|_T=\partial^{\boldsymbol{\alpha}}(v_h|_T),\quad |\boldsymbol{\alpha}|\leqslant m,\ \forall T\in\mathcal{T}_h, \tag{10.1.3}$$

则 $V_h$ 被映射成 $L^{m,\varrho}(\Omega)$ 中一个有限维子空间 $L_h^m V_h$.

在求解 Possion 方程的拟协调元情形下, 定义 $L_{hq}^1: V_h\to L^{1,\infty}(\Omega)$ 为对任意 $v_h\in V_h$,

$$\begin{cases} (L_{hq}^1 v_h)^0=v_h, \\ (L_{hq}^1 v_h)^{\boldsymbol{e}_i}=\partial_{i,h}v_h,\quad 1\leqslant i\leqslant n, \end{cases} \tag{10.1.4}$$

于是得到 $L^{1,\varrho}(\Omega)$ 的子空间 $L_{hq}^1 V_h$. 对于重调和方程, 定义 $v_h\in V_h\to L_{hq}^2 v_h$ 为

$$\begin{cases} (L_{hq}^2 v_h)^0=v_h, \\ (L_{hq}^2 v_h)^{\boldsymbol{e}_i}|_T=\dfrac{\partial}{\partial x_i}(v_h|_T),\ \forall T\in\mathcal{T}_h,\ 1\leqslant i\leqslant n, \\ (L_{hq}^2 v_h)^{\boldsymbol{\alpha}}=\partial_h^{\boldsymbol{\alpha}}v_h, \qquad |\boldsymbol{\alpha}|=2, \end{cases} \tag{10.1.5}$$

这样也得到 $L^{2,\varrho}(\Omega)$ 的一个子空间 $L_{hq}^2 V_h$.

上面的讨论把 Sobolev 空间和有限元空间都看成了 $L^{m,\varrho}(\Omega)$ 的子空间.

对于 $h\to 0$ 的网格尺寸 $h$, 令 $\mathcal{T}_h$ 是 $\Omega$ 的一个由 $n$ 单纯形或各边分别平行于坐标轴的 $n$ 矩形构成的剖分. 假设条件 HT1, HT2, HT4 和 HT5 成立.

对每个 $h$, 令 $W_h$ 是 $L^{m,\varrho}(\Omega)$ 的一个有限维子空间. 假设存在与 $h$ 无关的整数 $r$, 使得

$$w_h^{\boldsymbol{\alpha}}\in P_r(\mathcal{T}_h),\quad |\boldsymbol{\alpha}|\leqslant m,\ \forall w_h\in W_h. \tag{10.1.6}$$

如果没有特别的说明, 上面关于 $\mathcal{T}_h$ 和 $W_h$ 的假设贯穿本章.

对于集合 $B\subset\bar{\Omega}$, 回忆定义

$$S_h(B)=\{T\mid T\in\mathcal{T}_h, T\cap B\neq\varnothing\}.$$

令 $N_h(B)$ 是 $S_h(B)$ 中单元的个数.

为保证 $W_h$ 具有类似于 Sobolev 空间的性质, 需要所谓的相容性假设. 如果下面两个条件为真, 则称 $\{W_h\}$ 具有相容性,

(1) 对所有 $w_h \in W_h$ 和 $T \in \mathcal{T}_h$ 有

$$\sum_{|\boldsymbol{\alpha}|=j} |w_h^{\boldsymbol{\alpha}}|_{1,\infty,T} \lesssim \sum_{|\boldsymbol{\alpha}|=j+1}^{m} h_T^{|\boldsymbol{\alpha}|-j-1} |w_h^{\boldsymbol{\alpha}}|_{0,\infty,T}, \quad 0 \leqslant j < m; \tag{10.1.7}$$

(2) 对所有 $w_h \in W_h$ 和所有 $\mathcal{T}_h$ 的单元内面 $F$, 当 $|\boldsymbol{\alpha}| < m$ 时,

$$|(w_h^{\boldsymbol{\alpha}}|_T - w_h^{\boldsymbol{\alpha}}|_{T'})|_{0,\infty,F} \lesssim h_T |w_h^{\boldsymbol{\alpha}}|_{1,\infty,T} + h_{T'} |w_h^{\boldsymbol{\alpha}}|_{1,\infty,T'}, \tag{10.1.8}$$

其中, $T, T' \in \mathcal{T}_h$, 并且 $F = T \cap T'$.

设 $W_{h0}$ 是 $W_h$ 的某个子空间, 并且满足当 $w_h \in W_{h0}$ 时,

$$|(w_h^{\boldsymbol{\alpha}}|_T)|_{0,\infty,F} \lesssim h_T |w_h^{\boldsymbol{\alpha}}|_{1,\infty,T}, \quad |\boldsymbol{\alpha}| < m \tag{10.1.9}$$

对 $\mathcal{T}_h$ 的所有自由面 $F$ 成立, 其中, $T$ 是包含 $F$ 的单元.

记由 $\mathcal{T}_h$ 的所有顶点构成的集合为 $E_h$, 并且令

$$E_h^i = E_h \cap \Omega, \quad E_h^b = E_h - E_h^i.$$

对应于剖分 $\mathcal{T}_h$, 令 $M_h = \{\, v \in W^{1,\infty}(\Omega) \mid$ 对任意 $T \in \mathcal{T}_h$, 当 $T$ 是 $n$ 单纯形时, $v|_T \in P_1(T)$, 否则 $v|_T \in Q_1(T)\}$. 记 $M_{h0} = \{\, v \in M_h \mid v(\boldsymbol{x}) = 0, \forall \boldsymbol{x} \in E_h^b\}$, 则 $M_{h0} \subset W_0^{1,\infty}(\Omega)$. 由 2.4 节和 2.5 节可知 $M_h$ 中的函数由其在 $E_h$ 中所有点处的值唯一确定.

对 $|\boldsymbol{\alpha}| < m$, 定义 $\Pi_h^{\boldsymbol{\alpha}} : W_h \to M_h$ 和 $\Pi_{h0}^{\boldsymbol{\alpha}} : W_h \to M_{h0}$ 如下: 对任意 $w_h \in W_h$ 和任意 $\boldsymbol{x} \in E_h$,

$$\Pi_h^{\boldsymbol{\alpha}} w_h(\boldsymbol{x}) = \frac{1}{N_h(\boldsymbol{x})} \sum_{T \in S_h(\boldsymbol{x})} (w_h^{\boldsymbol{\alpha}}|_T)(\boldsymbol{x}), \tag{10.1.10}$$

$$\Pi_{h0}^{\boldsymbol{\alpha}} w_h(\boldsymbol{x}) = \begin{cases} \dfrac{1}{N_h(\boldsymbol{x})} \displaystyle\sum_{T \in S_h(\boldsymbol{x})} (w_h^{\boldsymbol{\alpha}}|_T)(\boldsymbol{x}), & \boldsymbol{x} \in E_h^i, \\ 0, & \boldsymbol{x} \in E_h^b. \end{cases} \tag{10.1.11}$$

**引理 10.1.1** 设 $\{W_h\}$ 具有相容性, $\varrho \in [1, \infty)$, $|\boldsymbol{\alpha}| < m$, 则

$$\|w_h^{\boldsymbol{\alpha}} - \Pi_h^{\boldsymbol{\alpha}} w_h\|_{0,\varrho,T}^{\varrho} \lesssim \sum_{|\boldsymbol{\beta}|=|\boldsymbol{\alpha}|+1}^{m} h_T^{(|\boldsymbol{\beta}|-|\boldsymbol{\alpha}|)\varrho} \sum_{T' \in S_h(T)} \|w_h^{\boldsymbol{\beta}}\|_{0,\varrho,T'}^{\varrho}, \tag{10.1.12}$$

$$|\Pi_h^{\boldsymbol{\alpha}} w_h|_{1,\varrho,T}^{\varrho} \lesssim \sum_{|\boldsymbol{\beta}|=|\boldsymbol{\alpha}|+1}^{m} h_T^{(|\boldsymbol{\beta}|-|\boldsymbol{\alpha}|-1)\varrho} \sum_{T'\in S_h(T)} \|w_h^{\boldsymbol{\beta}}\|_{0,\varrho,T'}^{\varrho} \tag{10.1.13}$$

对所有 $T \in \mathcal{T}_h$, $w_h \in W_h$ 和 $h$ 成立, 并且

$$\|w_h^{\boldsymbol{\alpha}} - \Pi_{h0}^{\boldsymbol{\alpha}} w_h\|_{0,\varrho,T}^{\varrho} \lesssim \sum_{|\boldsymbol{\beta}|=|\boldsymbol{\alpha}|+1}^{m} h_T^{(|\boldsymbol{\beta}|-|\boldsymbol{\alpha}|)\varrho} \sum_{T'\in S_h(T)} \|w_h^{\boldsymbol{\beta}}\|_{0,\varrho,T'}^{\varrho}, \tag{10.1.14}$$

$$|\Pi_{h0}^{\boldsymbol{\alpha}} w_h|_{1,\varrho,T}^{\varrho} \lesssim \sum_{|\boldsymbol{\beta}|=|\boldsymbol{\alpha}|+1}^{m} h_T^{(|\boldsymbol{\beta}|-|\boldsymbol{\alpha}|-1)\varrho} \sum_{T'\in S_h(T)} \|w_h^{\boldsymbol{\beta}}\|_{0,\varrho,T'}^{\varrho} \tag{10.1.15}$$

对所有 $T \in \mathcal{T}_h$, $w_h \in W_{h0}$ 和 $h$ 成立.

**证明**　对 $T \in \mathcal{T}_h$, 当 $T$ 是 $n$ 单纯形时, 令 $\Pi_T$ 是线性单纯形元对应的插值算子, 否则令 $\Pi_T$ 是一次矩形元对应的插值算子. 记 $\boldsymbol{a}_i^T$ $(1 \leqslant i \leqslant k)$ 是 $T$ 的顶点, 其中, $k$ 当 $T$ 是 $n$ 单纯形时为 $n+1$, 否则为 $2^n$. 由式 (3.5.22) 得到当 $T$ 是 $n$ 单纯形时对 $p \in P_1(T)$, 否则对 $p \in Q_1(T)$ 有

$$\|p\|_{0,\varrho,T}^{\varrho} \eqsim \sum_{i=1}^{k} h_T^n |p(\boldsymbol{a}_i^T)|^{\varrho}. \tag{10.1.16}$$

首先, 证明不等式 (10.1.12). 对 $w_h \in W_h$ 和 $|\boldsymbol{\alpha}| < m$, 由式 (10.1.16) 得到

$$\|\Pi_T(w_h^{\boldsymbol{\alpha}}|_T) - \Pi_h^{\boldsymbol{\alpha}} w_h\|_{0,\varrho,T}^{\varrho} \lesssim h_T^n \sum_{i=1}^{k} |(w_h^{\boldsymbol{\alpha}}|_T - \Pi_h^{\boldsymbol{\alpha}} w_h)(\boldsymbol{a}_i^T)|^{\varrho}. \tag{10.1.17}$$

由 $\Pi_h^{\boldsymbol{\alpha}}$ 的定义,

$$|(w_h^{\boldsymbol{\alpha}}|_T - \Pi_h^{\boldsymbol{\alpha}} w_h)(\boldsymbol{a}_i^T)| = \left|(w_h^{\boldsymbol{\alpha}}|_T)(\boldsymbol{a}_i^T) - \frac{1}{N_h(\boldsymbol{a}_i^T)} \sum_{T'\in S_h(\boldsymbol{a}_i^T)} (w_h^{\boldsymbol{\alpha}}|_{T'})(\boldsymbol{a}_i^T)\right|.$$

$S_h(\boldsymbol{a}_i^T)$ 中的单元可以记为 $T_1, T_2, \cdots, T_{N_h(\boldsymbol{a}_i^T)}$, $T_l$ 和 $T_{l+1}$ 有包含 $\boldsymbol{a}_i^T$ 的公共面, $1 \leqslant l < N_h(\boldsymbol{a}_i^T)$, 并且 $T_1 = T$, 进而

$$|(w_h^{\boldsymbol{\alpha}}|_T - \Pi_h^{\boldsymbol{\alpha}} w_h)(\boldsymbol{a}_i^T)| \leqslant \sum_{l=1}^{N_h(\boldsymbol{a}_i^T)-1} \left(1 - \frac{l}{N_h(\boldsymbol{a}_i^T)}\right) \left|\left(w_h^{\boldsymbol{\alpha}}|_{T_l} - w_h^{\boldsymbol{\alpha}}|_{T_{l+1}}\right)(\boldsymbol{a}_i^T)\right|.$$

条件 (10.1.8) 和 $N_h(\boldsymbol{a}_i^T)$ 的有界性质导致

$$|(w_h^{\boldsymbol{\alpha}}|_T - \Pi_h^{\boldsymbol{\alpha}} w_h)(\boldsymbol{a}_i^T)| \lesssim \sum_{T'\in S_h(\boldsymbol{a}_i^T)} \sum_{|\boldsymbol{\beta}|=|\boldsymbol{\alpha}|+1}^{m} h_T^{|\boldsymbol{\beta}|-|\boldsymbol{\alpha}|} |w_h^{\boldsymbol{\beta}}|_{0,\infty,T'}, \tag{10.1.18}$$

所以由式 (10.1.17) 得到

$$\|\Pi_T(w_h^{\boldsymbol{\alpha}}|_T)-\Pi_h^{\boldsymbol{\alpha}}w_h\|_{0,\varrho,T}^{\varrho}\lesssim\sum_{T'\in S_h(T)}\sum_{|\boldsymbol{\beta}|=|\boldsymbol{\alpha}|+1}^{m}h_T^{(|\boldsymbol{\beta}|-|\boldsymbol{\alpha}|)\varrho+n}\|w_h^{\boldsymbol{\beta}}\|_{0,\infty,T'}^{\varrho}.$$

由逆不等式得

$$\|\Pi_T(w_h^{\boldsymbol{\alpha}}|_T)-\Pi_h^{\boldsymbol{\alpha}}w_h\|_{0,\varrho,T}^{\varrho}\lesssim\sum_{T'\in S_h(T)}\sum_{|\boldsymbol{\beta}|=|\boldsymbol{\alpha}|+1}^{m}h_T^{\varrho(|\boldsymbol{\beta}|-|\boldsymbol{\alpha}|)}|w_h^{\boldsymbol{\beta}}|_{0,\varrho,T'}^{\varrho}. \tag{10.1.19}$$

进一步, 由引理 3.5.1, 式 (10.1.7) 和逆不等式得到不等式 (10.1.12).

其次, 证明不等式 (10.1.13). 由逆不等式和式 (10.1.12) 推导出

$$\begin{aligned}|\Pi_h^{\boldsymbol{\alpha}}w_h|_{1,\varrho,T}^{\varrho}&\leqslant|w_h^{\boldsymbol{\alpha}}|_{1,\varrho,T}^{\varrho}+|\Pi_h^{\boldsymbol{\alpha}}w_h-w_h^{\boldsymbol{\alpha}}|_{1,\varrho,T}^{\varrho}\\&\lesssim|w_h^{\boldsymbol{\alpha}}|_{1,\varrho,T}^{\varrho}+h_T^{-\varrho}|\Pi_h^{\boldsymbol{\alpha}}w_h-w_h^{\boldsymbol{\alpha}}|_{0,\varrho,T}^{\varrho}\\&\lesssim|w_h^{\boldsymbol{\alpha}}|_{1,\varrho,T}^{\varrho}+\sum_{T'\in S_h(T)}\sum_{|\boldsymbol{\beta}|=|\boldsymbol{\alpha}|+1}^{m}h_T^{\varrho(|\boldsymbol{\beta}|-|\boldsymbol{\alpha}|-1)}|w_h^{\boldsymbol{\beta}}|_{0,\varrho,T'}^{\varrho},\end{aligned}$$

再由不等式 (10.1.7) 和式 (3.4.1), 推导出不等式 (10.1.13).

最后, 证明式 (10.1.14) 和式 (10.1.15). 令 $w_h\in W_{h0}$, $|\boldsymbol{\alpha}|<m$ 和 $T\in\mathcal{T}_h$. 类似于不等式 (10.1.17) 有

$$\|\Pi_T(w_h^{\boldsymbol{\alpha}}|_T)-\Pi_{h0}^{\boldsymbol{\alpha}}w_h\|_{0,\varrho,T}^{\varrho}\lesssim h_T^n\sum_{i=1}^{k}|(w_h^{\boldsymbol{\alpha}}|_T-\Pi_{h0}^{\boldsymbol{\alpha}}w_h)(\boldsymbol{a}_i^T)|^{\varrho}. \tag{10.1.20}$$

使用前面的方法可得如果 $\boldsymbol{a}_i^T\in E_h^i$, 则

$$|(w_h^{\boldsymbol{\alpha}}|_T-\Pi_{h0}^{\boldsymbol{\alpha}}w_h)(\boldsymbol{a}_i^T)|\lesssim\sum_{T'\in S_h(\boldsymbol{a}_i^T)}\sum_{|\boldsymbol{\beta}|=|\boldsymbol{\alpha}|+1}^{m}h_T^{|\boldsymbol{\beta}|-|\boldsymbol{\alpha}|}|w_h^{\boldsymbol{\beta}}|_{0,\infty,T'}. \tag{10.1.21}$$

如果 $\boldsymbol{a}_i^T$ 属于 $E_h^b$, 总可以在 $S_h(\boldsymbol{a}_i^T)$ 中选择 $T_1,T_2,\cdots,T_t$, 使得 $T_l$ 和 $T_{l+1}$ 有包含 $\boldsymbol{a}_i^T$ 的公共面, $T_1=T$ 且 $T_t$ 的一个面在 $\partial\Omega$ 上并且包含 $\boldsymbol{a}_i^T$, 所以

$$\begin{aligned}|(w_h^{\boldsymbol{\alpha}}|_T-\Pi_{h0}^{\boldsymbol{\alpha}}w_h)(\boldsymbol{a}_i^T)|&=|(w_h^{\boldsymbol{\alpha}}|_T)(\boldsymbol{a}_i^T)|\\&\leqslant\sum_{l=1}^{t-1}|(w_h^{\boldsymbol{\alpha}}|_{T_l}-w_h^{\boldsymbol{\alpha}}|_{T_{l+1}})(\boldsymbol{a}_i^T)|+|(w_h^{\boldsymbol{\alpha}}|_{T_t})(\boldsymbol{a}_i^T)|.\end{aligned}$$

不等式 (10.1.7)～式 (10.1.9) 保证不等式 (10.1.21) 对 $\boldsymbol{a}_i^T\in E_h^b$ 也成立. 再使用前面的方法就可以证明不等式 (10.1.14) 和式 (10.1.15). □

**引理 10.1.2**　设 $\{W_h\}$ 具有相容性, $|\boldsymbol{\alpha}|<m$. 则

$$\|w_h^{\boldsymbol{\alpha}}-\Pi_h^{\boldsymbol{\alpha}}w_h\|_{0,\infty,T}\lesssim\sum_{|\boldsymbol{\beta}|=|\boldsymbol{\alpha}|+1}^{m}h_T^{|\boldsymbol{\beta}|-|\boldsymbol{\alpha}|}\max_{T'\in S_h(T)}\|w_h^{\boldsymbol{\beta}}\|_{0,\infty,T'},\tag{10.1.22}$$

$$|\Pi_h^{\boldsymbol{\alpha}}w_h|_{1,\infty,T}\lesssim\sum_{|\boldsymbol{\beta}|=|\boldsymbol{\alpha}|+1}^{m}h_T^{|\boldsymbol{\beta}|-|\boldsymbol{\alpha}|-1}\max_{T'\in S_h(T)}\|w_h^{\boldsymbol{\beta}}\|_{0,\infty,T'}\tag{10.1.23}$$

对所有 $T\in\mathcal{T}_h$, $w_h\in W_h$ 和 $h$ 成立, 并且

$$\|w_h^{\boldsymbol{\alpha}}-\Pi_{h0}^{\boldsymbol{\alpha}}w_h\|_{0,\infty,T}\lesssim\sum_{|\boldsymbol{\beta}|=|\boldsymbol{\alpha}|+1}^{m}h_T^{|\boldsymbol{\beta}|-|\boldsymbol{\alpha}|}\max_{T'\in S_h(T)}\|w_h^{\boldsymbol{\beta}}\|_{0,\infty,T'},\tag{10.1.24}$$

$$|\Pi_{h0}^{\boldsymbol{\alpha}}w_h|_{1,\infty,T}\lesssim\sum_{|\boldsymbol{\beta}|=|\boldsymbol{\alpha}|+1}^{m}h_T^{|\boldsymbol{\beta}|-|\boldsymbol{\alpha}|-1}\max_{T'\in S_h(T)}\|w_h^{\boldsymbol{\beta}}\|_{0,\infty,T'}\tag{10.1.25}$$

对所有 $T\in\mathcal{T}_h$, $w_h\in W_{h0}$ 和 $h$ 成立.

**证明**　令 $T\in\mathcal{T}_h$, 采用引理 10.1.1 证明的记号. 由式 (3.5.23) 得到当 $T$ 是 $n$ 单纯形时对 $p\in P_1(T)$, 否则对 $p\in Q_1(T)$ 有

$$|p|_{0,\infty,T}\approx\sum_{i=1}^{k}|p(\boldsymbol{a}_i^T)|.\tag{10.1.26}$$

首先考虑不等式 (10.1.22). 对 $w_h\in W_h$ 和 $|\boldsymbol{\alpha}|<m$, 由式 (10.1.26) 得

$$|\Pi_T(w_h^{\boldsymbol{\alpha}}|_T)-\Pi_h^{\boldsymbol{\alpha}}w_h|_{0,\infty,T}\lesssim\sum_{i=1}^{k}|(w_h^{\boldsymbol{\alpha}}|_T-\Pi_h^{\boldsymbol{\alpha}}w_h)(\boldsymbol{a}_i^T)|.\tag{10.1.27}$$

重复引理 10.1.1 证明中的理由, 仍然可以得到式 (10.1.18), 所以有

$$\|\Pi_T(w_h^{\boldsymbol{\alpha}}|_T)-\Pi_h^{\boldsymbol{\alpha}}w_h\|_{0,\infty,T}\lesssim\sum_{T'\in S_h(T)}\sum_{|\boldsymbol{\beta}|=|\boldsymbol{\alpha}|+1}^{m}h_T^{|\boldsymbol{\beta}|-|\boldsymbol{\alpha}|}\|w_h^{\boldsymbol{\beta}}\|_{0,\infty,T'}.\tag{10.1.28}$$

进一步, 利用插值结果和式 (10.1.7) 有

$$|w_h^{\boldsymbol{\alpha}}-\Pi_h^{\boldsymbol{\alpha}}w_h|_{0,\infty,T}\lesssim\sum_{T'\in S_h(T)}\sum_{|\boldsymbol{\beta}|=|\boldsymbol{\alpha}|+1}^{m}h_T^{|\boldsymbol{\beta}|-|\boldsymbol{\alpha}|}|w_h^{\boldsymbol{\beta}}|_{0,\infty,T'}.\tag{10.1.29}$$

因此, 由式 (10.1.29) 和 $N_h(T)$ 的有界性得到不等式 (10.1.22).

其次, 考虑不等式 (10.1.23). 由逆不等式得

$$|\Pi_h^{\boldsymbol{\alpha}}w_h|_{1,\infty,T}\leqslant|w_h^{\boldsymbol{\alpha}}|_{1,\infty,T}^{\varrho}+|\Pi_h^{\boldsymbol{\alpha}}w_h-w_h^{\boldsymbol{\alpha}}|_{1,\infty,T}$$

$$\lesssim |w_h^{\boldsymbol{\alpha}}|_{1,\infty,T} + h_T^{-1}|\Pi_h^{\boldsymbol{\alpha}} w_h - w_h^{\boldsymbol{\alpha}}|_{0,\infty,T},$$

再由不等式 (10.1.7), 式 (10.1.29) 和式 (3.4.1), 推导出不等式 (10.1.23).

最后, 考虑式 (10.1.24) 和式 (10.1.25). 令 $w_h \in W_{h0}$, $|\boldsymbol{\alpha}| < m$ 和 $T \in \mathcal{T}_h$. 类似于不等式 (10.1.27),

$$|\Pi_T(w_h^{\boldsymbol{\alpha}}|_T) - \Pi_{h0}^{\boldsymbol{\alpha}} w_h|_{0,\infty,T} \lesssim \sum_{i=1}^{k} |(w_h^{\boldsymbol{\alpha}}|_T - \Pi_{h0}^{\boldsymbol{\alpha}} w_h)(\boldsymbol{a}_i^T)|. \tag{10.1.30}$$

使用前面的方法可得如果 $\boldsymbol{a}_i^T \in E_h^i$, 则

$$|(w_h^{\boldsymbol{\alpha}}|_T - \Pi_{h0}^{\boldsymbol{\alpha}} w_h)(\boldsymbol{a}_i^T)| \lesssim \sum_{T' \in S_h(\boldsymbol{a}_i^T)} \sum_{|\boldsymbol{\beta}|=|\boldsymbol{\alpha}|+1}^{m} h_T^{|\boldsymbol{\beta}|-|\boldsymbol{\alpha}|} |w_h^{\boldsymbol{\beta}}|_{0,\infty,T'}. \tag{10.1.31}$$

如果 $\boldsymbol{a}_i^T$ 属于 $E_h^b$, 总可以在 $S_h(\boldsymbol{a}_i^T)$ 中选择 $T_1, T_2, \cdots, T_t$, 使得 $T_l$ 和 $T_{l+1}$ 有包含 $\boldsymbol{a}_i^T$ 的公共面, $T_1 = T$ 且 $T_t$ 的一个面在 $\partial\Omega$ 上, 并且 $\boldsymbol{a}_i^T$ 在该面上, 所以

$$\begin{aligned}
|(w_h^{\boldsymbol{\alpha}}|_T - \Pi_{h0}^{\boldsymbol{\alpha}} w_h)(\boldsymbol{a}_i^T)| &= |(w_h^{\boldsymbol{\alpha}}|_T)(\boldsymbol{a}_i^T)| \\
&\leqslant \sum_{l=1}^{t-1} |(w_h^{\boldsymbol{\alpha}}|_{T_l} - w_h^{\boldsymbol{\alpha}}|_{T_{l+1}})(\boldsymbol{a}_i^T)| + |(w_h^{\boldsymbol{\alpha}}|_{T_t})(\boldsymbol{a}_i^T)|.
\end{aligned}$$

不等式 (10.1.7)$\sim$ 式 (10.1.9) 保证不等式 (10.1.31) 对 $\boldsymbol{a}_i^T \in E_h^b$ 也成立, 再使用前面的方法就可以证明不等式 (10.1.24) 和式 (10.1.25). □

**引理 10.1.3** 设 $m$ 是正整数, $V_h$ 是相应于剖分 $\mathcal{T}_h$ 和某有限元的有限元空间. 如果 $V_h$ 具有 $m$ 阶弱连续性, 则 $\{L_h^m V_h\}$ 具有相容性.

**证明** 条件 (10.1.7) 对 $\{L_h^m V_h\}$ 显然成立. 令 $v_h \in V_h$, $F$ 是 $\mathcal{T}_h$ 的单元内面, $|\boldsymbol{\alpha}| < m$. 存在两个单元 $T, T' \in \mathcal{T}_h$, 使得 $F = T \cap T'$. 设 $\partial^{\boldsymbol{\alpha}} v_h$ 在点 $\boldsymbol{a} \in F$ 连续, 则对任意 $\boldsymbol{x} \in F$,

$$\begin{aligned}
&|\partial^{\boldsymbol{\alpha}}(v_h|_T)(\boldsymbol{x}) - \partial^{\boldsymbol{\alpha}}(v_h|_{T'})(\boldsymbol{x})| \\
\leqslant\ & |\partial^{\boldsymbol{\alpha}}(v_h|_T)(\boldsymbol{x}) - \partial^{\boldsymbol{\alpha}}(v_h|_T)(\boldsymbol{a})| + |\partial^{\boldsymbol{\alpha}}(v_h|_{T'})(\boldsymbol{x}) - \partial^{\boldsymbol{\alpha}}(v_h|_{T'})(\boldsymbol{a})| \\
\leqslant\ & h_T |\partial^{\boldsymbol{\alpha}} v_h|_{1,\infty,T} + h_{T'} |\partial^{\boldsymbol{\alpha}} v_h|_{1,\infty,T'} \leqslant h_T(|\partial^{\boldsymbol{\alpha}} v_h|_{1,\infty,T} + |\partial^{\boldsymbol{\alpha}} v_h|_{1,\infty,T'}),
\end{aligned}$$

因此

$$|\partial^{\boldsymbol{\alpha}}(v_h|_T) - \partial^{\boldsymbol{\alpha}}(v_h|_{T'})|_{0,\infty,F} \lesssim h_T(|\partial^{\boldsymbol{\alpha}} v_h|_{1,\infty,T} + |\partial^{\boldsymbol{\alpha}} v_h|_{1,\infty,T'}). \tag{10.1.32}$$

这样就得到了引理的结论. □

前面几章给出的求解 $2m$ 阶问题的有限元, 除了 Stummel 例子, 都使得 $V_h$ 具有 $m$ 阶弱连续性. 对于第 7 章介绍的拟协调元, 由引理 10.1.3 和定理 7.3.1 可知 $\{L_{hq}^m V_h\}$ 具有相容性.

令 $V_{h0}$ 是前面几章给出的有限元 (不包括 Stummel 例子) 对应的有限元空间, 可以验证 $V_{h0}$ 在 $\partial\Omega$ 具有 $m$ 阶弱零性. 取 $v_h \in V_{h0}$, $|\boldsymbol{\alpha}| < m$ 和 $F$ 是自由面, 则 $m$ 阶弱零性意味着

$$|\partial^{\boldsymbol{\alpha}}(v_h|_T)|_{0,\infty,F} \leqslant h_T |\partial^{\boldsymbol{\alpha}} v_h|_{1,\infty,T}, \tag{10.1.33}$$

其中, $F \subset T$, $T \in \mathcal{T}_h$. 因此, 可以取 $L_h^m V_{h0}$ 作为 $W_{h0}$.

## 10.2 嵌入性质

现在给出关于 $\{W_h\}$ 的嵌入定理.

**定理 10.2.1** 设 $\{W_h\}$ 具有相容性. 对于 $\varrho \in (1,\infty)$ 和 $j \in \{0,1,\cdots,m\}$, 如果 $\mu \geqslant \varrho$, 并且

$$\begin{cases} \mu \leqslant \dfrac{n\varrho}{n-(m-j)\varrho}, & (m-j)\varrho < n, \\ \mu < \infty, & (m-j)\varrho = n, \\ \mu \leqslant \infty, & (m-j)\varrho > n, \end{cases}$$

则

$$\sum_{|\boldsymbol{\alpha}|\leqslant j} \|w_h^{\boldsymbol{\alpha}}\|_{0,\mu,\Omega} \lesssim \|w_h\|_{m,\varrho,\Omega}, \quad \forall w_h \in W_h. \tag{10.2.1}$$

**证明** 用归纳法证明定理的结论. 当 $j = m$ 时定理的结论显然成立. 假设定理的结论对所有满足 $l+1 \leqslant j$ 的 $j$ 成立.

取 $\varrho_k \in [\varrho,\infty)\,(k = l+1,\cdots,m)$ 且 $\varrho_m \leqslant \varrho_{m-1} \leqslant \cdots \leqslant \varrho_{l+1} \leqslant \mu$. 令 $w_h \in W_h$ 和 $|\boldsymbol{\alpha}| \leqslant l$, 则

$$\|w_h^{\boldsymbol{\alpha}}\|_{0,\mu,\Omega} \leqslant \|w_h^{\boldsymbol{\alpha}} - \Pi_h^{\boldsymbol{\alpha}} w_h\|_{0,\mu,\Omega} + \|\Pi_h^{\boldsymbol{\alpha}} w_h\|_{0,\mu,\Omega}. \tag{10.2.2}$$

如果 $\mu < \infty$, 则由引理 10.1.1 有

$$\|w_h^{\boldsymbol{\alpha}} - \Pi_h^{\boldsymbol{\alpha}} w_h\|_{0,\mu,\Omega}^{\mu} \lesssim \sum_{T\in\mathcal{T}_h} \sum_{|\boldsymbol{\alpha}|<|\boldsymbol{\beta}|\leqslant m} h_T^{(|\boldsymbol{\beta}|-|\boldsymbol{\alpha}|)\mu} \sum_{T'\in S_h(T)} \|w_h^{\boldsymbol{\beta}}\|_{0,\mu,T'}^{\mu}.$$

由定理 3.4.1 得

$$\sum_{T\in\mathcal{T}_h} \sum_{|\boldsymbol{\alpha}|<|\boldsymbol{\beta}|\leqslant m} h_T^{(|\boldsymbol{\beta}|-|\boldsymbol{\alpha}|)\mu} \sum_{T'\in S_h(T)} \|w_h^{\boldsymbol{\beta}}\|_{0,\mu,T'}^{\mu}$$

$$
\begin{aligned}
&\lesssim \sum_{T\in T_h}\sum_{|\boldsymbol{\alpha}|<|\boldsymbol{\beta}|\leqslant l+1} h_T^{(|\boldsymbol{\beta}|-|\boldsymbol{\alpha}|)\mu}\sum_{T'\in S_h(T)} h_{T'}^{n-\frac{n\mu}{\varrho_{l+1}}}\|w_h^{\boldsymbol{\beta}}\|_{0,\varrho_{l+1},T'}^{\mu}\\
&\quad+\sum_{T\in T_h}\sum_{k=l+2}^{m}\sum_{|\boldsymbol{\beta}|=k} h_T^{(k-|\boldsymbol{\alpha}|)\mu}\sum_{T'\in S_h(T)} h_{T'}^{n-\frac{n\mu}{\varrho_k}}\|w_h^{\boldsymbol{\beta}}\|_{0,\varrho_k,T'}^{\mu}\\
&\lesssim \sum_{|\boldsymbol{\alpha}|<|\boldsymbol{\beta}|\leqslant l+1}\left(\max_{T\in\mathcal{T}_h} h_T^{(|\boldsymbol{\beta}|-|\boldsymbol{\alpha}|+\frac{n}{\mu}-\frac{n}{\varrho_{l+1}})\mu}\right)\sum_{T\in\mathcal{T}_h}\sum_{T'\in S_h(T)}\|w_h^{\boldsymbol{\beta}}\|_{0,\varrho_{l+1},T'}^{\mu}\\
&\quad+\sum_{k=l+2}^{m}\sum_{|\boldsymbol{\beta}|=k}\left(\max_{T\in\mathcal{T}_h} h_T^{(k-|\boldsymbol{\alpha}|+\frac{n}{\mu}-\frac{n}{\varrho_k})\mu}\right)\sum_{T\in\mathcal{T}_h}\sum_{T'\in S_h(T)}\|w_h^{\boldsymbol{\beta}}\|_{0,\varrho_k,T'}^{\mu},\\
&\lesssim \sum_{|\boldsymbol{\alpha}|<|\boldsymbol{\beta}|\leqslant l+1}\left(\max_{T\in\mathcal{T}_h} h_T^{(|\boldsymbol{\beta}|-|\boldsymbol{\alpha}|+\frac{n}{\mu}-\frac{n}{\varrho_{l+1}})\mu}\right)\sum_{T\in\mathcal{T}_h}\|w_h^{\boldsymbol{\beta}}\|_{0,\varrho_{l+1},T}^{\mu}\\
&\quad+\sum_{k=l+2}^{m}\sum_{|\boldsymbol{\beta}|=k}\left(\max_{T\in\mathcal{T}_h} h_T^{(k-|\boldsymbol{\alpha}|+\frac{n}{\mu}-\frac{n}{\varrho_k})\mu}\right)\sum_{T\in\mathcal{T}_h}\|w_h^{\boldsymbol{\beta}}\|_{0,\varrho_k,T}^{\mu}.
\end{aligned}
$$

另一方面, 因为 $\varrho_k\leqslant\mu$,

$$
\begin{aligned}
\sum_{T\in\mathcal{T}_h}\|w_h^{\boldsymbol{\beta}}\|_{0,\varrho_k,T}^{\mu}&=\sum_{T\in\mathcal{T}_h}\|w_h^{\boldsymbol{\beta}}\|_{0,\varrho_k,T}^{\mu-\varrho_k}\|w_h^{\boldsymbol{\beta}}\|_{0,\varrho_k,T}^{\varrho_k}\\
&\lesssim\|w_h^{\boldsymbol{\beta}}\|_{0,\varrho_k,\Omega}^{\mu-\varrho_k}\sum_{T\in\mathcal{T}_h}\|w_h^{\boldsymbol{\beta}}\|_{0,\varrho_k,T}^{\varrho_k}=\|w_h^{\boldsymbol{\beta}}\|_{0,\varrho_k,\Omega}^{\mu}.
\end{aligned}
$$

总结上面的讨论得到

$$
\begin{aligned}
\|w_h^{\boldsymbol{\alpha}}-\Pi_h^{\boldsymbol{\alpha}}w_h\|_{0,\mu,\Omega}\lesssim&\sum_{|\boldsymbol{\alpha}|<|\boldsymbol{\beta}|\leqslant l+1}\left(\max_{T\in\mathcal{T}_h} h_T^{|\boldsymbol{\beta}|-|\boldsymbol{\alpha}|-\frac{n}{\varrho_{l+1}}+\frac{n}{\mu}}\right)\|w_h^{\boldsymbol{\beta}}\|_{0,\varrho_{l+1},\Omega}\\
&+\sum_{k=l+2}^{m}\left(\max_{T\in\mathcal{T}_h} h_T^{k-|\boldsymbol{\alpha}|-\frac{n}{\varrho_k}+\frac{n}{\mu}}\right)\sum_{|\boldsymbol{\beta}|=k}\|w_h^{\boldsymbol{\beta}}\|_{0,\varrho_k,\Omega}
\end{aligned}\tag{10.2.3}
$$

当 $\mu<\infty$ 时成立.

当 $\mu=\infty$ 时, 存在 $T\in\mathcal{T}_h$, 使得

$$
\|w_h^{\boldsymbol{\alpha}}-\Pi_h^{\boldsymbol{\alpha}}w_h\|_{0,\infty,\Omega}=\|w_h^{\boldsymbol{\alpha}}-\Pi_h^{\boldsymbol{\alpha}}w_h\|_{0,\infty,T}.
$$

由引理 10.1.2 有

$$
\|w_h^{\boldsymbol{\alpha}}-\Pi_h^{\boldsymbol{\alpha}}w_h\|_{0,\infty,\Omega}^{\mu}\lesssim\sum_{|\boldsymbol{\alpha}|<|\boldsymbol{\beta}|\leqslant m} h_T^{|\boldsymbol{\beta}|-|\boldsymbol{\alpha}|}\max_{T'\in S_h(T)}\|w_h^{\boldsymbol{\beta}}\|_{0,\infty,T'}.
$$

如果 $|\boldsymbol{\alpha}| < |\boldsymbol{\beta}| \leqslant m$ 且 $\varpi < \infty$, 则由定理 3.4.1 得

$$h_T^{|\boldsymbol{\beta}|-|\boldsymbol{\alpha}|} \max_{T' \in S_h(T)} \|w_h^{\boldsymbol{\beta}}\|_{0,\infty,T'} \lesssim \sum_{T' \in S_h(T)} h_{T'}^{|\boldsymbol{\beta}|-|\boldsymbol{\alpha}|-\frac{n}{\varpi}} \|w_h^{\boldsymbol{\beta}}\|_{0,\varpi,T'}.$$

$$\lesssim \max_{T' \in \mathcal{T}_h} h_{T'}^{|\boldsymbol{\beta}|-|\boldsymbol{\alpha}|-\frac{n}{\varpi}} \|w_h^{\boldsymbol{\beta}}\|_{0,\varpi,\Omega},$$

因而式 (10.2.3) 仍然成立.

如果 $\mu$ 和 $\varrho_{l+1}$ 使得下面的连续嵌入成立:

$$W^{1,\varrho_{l+1}}(\Omega) \to L^{\mu}(\Omega), \tag{10.2.4}$$

则

$$\begin{aligned}\|\Pi_h^{\boldsymbol{\alpha}} w_h\|_{0,\mu,\Omega} &\lesssim \|\Pi_h^{\boldsymbol{\alpha}} w_h\|_{0,\varrho_{l+1},\Omega} + |\Pi_h^{\boldsymbol{\alpha}} w_h|_{1,\varrho_{l+1},\Omega} \\ &\lesssim \|w_h^{\boldsymbol{\alpha}}\|_{0,\varrho_{l+1},\Omega} + |\Pi_h^{\boldsymbol{\alpha}} w_h|_{1,\varrho_{l+1},\Omega} + \|w_h^{\boldsymbol{\alpha}} - \Pi_h^{\boldsymbol{\alpha}} w_h\|_{0,\varrho_{l+1},\Omega}.\end{aligned}$$

由引理 10.1.1 得

$$|\Pi_h^{\boldsymbol{\alpha}} w_h|_{1,\varrho_{l+1},\Omega}^{\varrho_{l+1}} \lesssim \sum_{|\boldsymbol{\beta}|>|\boldsymbol{\alpha}|} \sum_{T \in \mathcal{T}_h} h_T^{(|\boldsymbol{\beta}|-|\boldsymbol{\alpha}|-1)\varrho_{l+1}} \sum_{T' \in S_h(T)} \|w_h^{\boldsymbol{\beta}}\|_{0,\varrho_{l+1},T'}^{\varrho_{l+1}},$$

$$\|w_h^{\boldsymbol{\alpha}} - \Pi_h^{\boldsymbol{\alpha}} w_h\|_{0,\varrho_{l+1},\Omega}^{\varrho_{l+1}} \lesssim \sum_{T \in \mathcal{T}_h} \sum_{|\boldsymbol{\alpha}|<|\boldsymbol{\beta}|\leqslant m} h_T^{(|\boldsymbol{\beta}|-|\boldsymbol{\alpha}|)\varrho_{l+1}} \sum_{T' \in S_h(T)} \|w_h^{\boldsymbol{\beta}}\|_{0,\varrho_{l+1},T'}^{\varrho_{l+1}},$$

所以

$$\begin{aligned}\|\Pi_h^{\boldsymbol{\alpha}} w_h\|_{0,\mu,\Omega} \lesssim & \sum_{|\boldsymbol{\alpha}|\leqslant|\boldsymbol{\beta}|\leqslant l+1} \|w_h^{\boldsymbol{\beta}}\|_{0,\varrho_{l+1},\Omega} \\ & + \sum_{l+1<|\boldsymbol{\beta}|} \left( \sum_{T \in \mathcal{T}_h} h_T^{(|\boldsymbol{\beta}|-l-1)\varrho_{l+1}} \|w_h^{\boldsymbol{\beta}}\|_{0,\varrho_{l+1},T}^{\varrho_{l+1}} \right)^{\frac{1}{\varrho_{l+1}}}.\end{aligned}$$

利用前面用到的方法得到如果关系 (10.2.4) 成立, 则

$$\begin{aligned}\|\Pi_h^{\boldsymbol{\alpha}} w_h\|_{0,\mu,\Omega} \lesssim & \sum_{|\boldsymbol{\alpha}|\leqslant|\boldsymbol{\beta}|\leqslant l+1} \|w_h^{\boldsymbol{\beta}}\|_{0,\varrho_{l+1},\Omega} \\ & + \sum_{k=l+2}^{m} \left( \max_{T \in \mathcal{T}_h} h_T^{k-l-1-\frac{n}{\varrho_k}+\frac{n}{\varrho_{l+1}}} \right) \sum_{|\boldsymbol{\beta}|=k} \|w_h^{\boldsymbol{\beta}}\|_{0,\varrho_k,\Omega}.\end{aligned} \tag{10.2.5}$$

现在证明定理的结论对 $j = l$ 成立. 首先, 考虑 $(m-l)\varrho \leqslant n$ 的情形. 对 $k = l+1, \cdots, m$, 定义

$$\varrho_k = \frac{n\varrho}{n-(m-k)\varrho},$$

则 $\varrho_m < \varrho_{m-1} < \cdots < \varrho_{l+1}$, 并且

$$n - \varrho_{l+1} = \frac{n(n-(m-l)\varrho)}{n-(m-l-1)\varrho},$$

因此 $n - \varrho_{l+1} \geqslant 0$, 而 $n - \varrho_{l+1} = 0$, 当且仅当 $n-(m-l)\varrho = 0$, 从而, $\mu$ 满足定理的要求当且仅当

$$\begin{cases} \mu \leqslant \dfrac{n\varrho_{l+1}}{n-\varrho_{l+1}}, & \varrho_{l+1} < n, \\ \mu < \infty, & \varrho_{l+1} = n, \end{cases}$$

所以 $\mu$ 和 $\varrho_{l+1}$ 使得关系 (10.2.4) 为真. 由 $\varrho_k$ 的定义得

$$\frac{n}{\varrho_k} - \frac{n}{\varrho_{l+1}} = k-l-1, \quad l+1 < k \leqslant m. \tag{10.2.6}$$

当 $\mu > \varrho_{l+1}$ 时有

$$\frac{n}{\varrho_{l+1}} - \frac{n}{\mu} \leqslant 1. \tag{10.2.7}$$

事实上, 如果 $n \leqslant \varrho_{l+1}$, 则有

$$\frac{n}{\varrho_{l+1}} - \frac{n}{\mu} \leqslant \frac{n}{\varrho_{l+1}} \leqslant 1.$$

如果 $n > \varrho_{l+1}$, 则由 $\mu \leqslant n\varrho_{l+1}/(n-\varrho_{l+1})$ 得

$$\frac{n}{\varrho_{l+1}} - \frac{n}{\mu} \leqslant \frac{n}{\varrho_{l+1}} - \frac{n-\varrho_{l+1}}{\varrho_{l+1}} = 1.$$

对 $k = l+2, \cdots, m$ 有

$$\frac{n}{\varrho_k} - \frac{n}{\mu} = \left(\frac{n}{\varrho_k} - \frac{n}{\varrho_{l+1}}\right) + \left(\frac{n}{\varrho_{l+1}} - \frac{n}{\mu}\right),$$

于是等式 (10.2.6) 和不等式 (10.2.7) 导致

$$\frac{n}{\varrho_k} - \frac{n}{\mu} \leqslant k-l, \quad l < k \leqslant m. \tag{10.2.8}$$

结合式 (10.2.2), 式 (10.2.3), 式 (10.2.5), 式 (10.2.6) 和式 (10.2.8), 由归纳假设得到

$$\|w_h^{\boldsymbol{\alpha}}\|_{0,\mu,\Omega} \lesssim \|w_h\|_{m,\varrho,\Omega}. \tag{10.2.9}$$

当 $\mu \leqslant \varrho_{l+1}$ 时, 由归纳假设直接得到式 (10.2.9).

其次, 考虑 $(m-l)\varrho > n$ 和 $(m-l-1)\varrho < n$ 的情形. 令 $\varrho_k\,(l+1 \leqslant k \leqslant m)$ 按第一种情形一样地定义, 则 $n < \varrho_{l+1}$ 且关系 (10.2.4) 为真. 对这样的 $\varrho_k$, 等式 (10.2.6) 仍然为真, 同时

$$\frac{n}{\varrho_{l+1}} - \frac{n}{\mu} \leqslant \frac{n}{\varrho_{l+1}} < 1.$$

因此, 不等式 (10.2.7) 也成立, 所以不等式 (10.2.9) 成立.

第三, 考虑 $(m-l)\varrho > n$ 和 $(m-l-1)\varrho = n$ 的情形. 当 $l+1 < k \leqslant m$ 时, 仍然按第一种情形定义 $\varrho_k$, 令 $\varrho_{l+1} \in (n,\infty)$, 则对 $k = l+2,\cdots,m$,

$$\frac{n}{\varrho_k} - \frac{n}{\varrho_{l+1}} < \frac{n}{\varrho_k} = \frac{n-(m-k)\varrho}{\varrho} = k-l-1.$$

因此,

$$\frac{n}{\varrho_k} - \frac{n}{\varrho_{l+1}} < k-l-1, \quad l+1 < k \leqslant m,$$

并且不等式 (10.2.8) 为真. 这样也得到了不等式 (10.2.9).

最后, 如果 $(m-l)\varrho > n$ 且对某个 $k \in \{l+1,\cdots,m\}$ 有 $(m-k)\varrho > n$, 则由归纳假设得到不等式 (10.2.9) 成立.

上面的讨论证明了在归纳的假设下定理的结论对于 $j = l$ 成立. 定理得证. □

现在考虑 Sobolev 空间迹嵌入定理的推广. 对 $1 \leqslant k \leqslant n$, 记 $\Omega$ 和 $\mathbf{R}^n$ 中一个 $k$ 维超平面的交集为 $\Omega^k$. 下面的定理是 Sobolev 迹嵌入定理 (参见文献 [2]) 的一种特殊情况.

**定理 10.2.2**　设 $\varrho \in (1,\infty)$, $\varrho \leqslant n$, $n-\varrho < k < n$. 如果 $\mu \geqslant \varrho$ 满足

$$\begin{cases} \mu \leqslant \dfrac{k\varrho}{n-\varrho}, & \varrho < n, \\ \mu < \infty, & \varrho = n, \end{cases}$$

则

$$W^{1,\varrho}(\Omega) \to L^\mu(\Omega^k). \tag{10.2.10}$$

如果 $\mu \geqslant \varrho$ 满足

$$\begin{cases} \mu < \dfrac{k\varrho}{n-\varrho}, & \varrho < n, \\ \mu < \infty, & \varrho = n, \end{cases}$$

则描述嵌入关系 (10.2.10) 的嵌入算子是紧的.

对于 $w_h \in W_h$, $w_h^{\boldsymbol{\alpha}}$ 可能会在 $\Omega^k$ 或其子集上没有意义. 为了推广迹嵌入定理, 定义 $w_h^{\boldsymbol{\alpha}}|_{\Omega^k}$ 如下: 对 $\boldsymbol{x} \in \Omega^k$, 选择 $T \in S_h(\boldsymbol{x})$, 并令

$$w_h^{\boldsymbol{\alpha}}|_{\Omega^k}(\boldsymbol{x}) = w_h^{\boldsymbol{\alpha}}|_T(\boldsymbol{x}). \tag{10.2.11}$$

实际上, 选择的方法并不影响后面讨论的结果, 所以经常用 $w_h^{\boldsymbol{\alpha}}$ 代替其在 $\Omega^k$ 的限制函数 $w_h^{\boldsymbol{\alpha}}|_{\Omega^k}$.

**定理 10.2.3** 设 $\{W_h\}$ 具有相容性, $\varrho \in (1, \infty)$, $j \in \{0, 1, \cdots, m-1\}$ 且 $(m-j)\varrho \leqslant n$. 记 $\omega = n\varrho/(n-(m-j-1)\varrho)$, 如果 $n-\omega < k < n$, 并且 $\mu \geqslant \varrho$ 满足

$$\begin{cases} \mu \leqslant \dfrac{k\varrho}{n-(m-j)\varrho}, & (m-j)\varrho < n, \\ \mu < \infty, & (m-j)\varrho = n, \end{cases}$$

则

$$\sum_{|\boldsymbol{\alpha}| \leqslant j} \|w_h^{\boldsymbol{\alpha}}\|_{0,\mu,\Omega^k} \lesssim \|w_h\|_{m,\varrho,\Omega}, \quad \forall w_h \in W_h. \tag{10.2.12}$$

**证明** 首先, 设 $(m-j)\varrho < n$. 对 $i = j, \cdots, m$, 记

$$\varrho_i = \frac{n\varrho}{n-(m-i)\varrho}.$$

因为

$$\frac{\varrho}{n-(m-j)\varrho} = \frac{\varrho_{j+1}}{n-\varrho_{j+1}},$$

所以 $\mu$ 满足

$$\mu \leqslant \frac{k\varrho_{j+1}}{n-\varrho_{j+1}}.$$

由定理 3.4.1,

$$\begin{aligned}
\|w_h^{\boldsymbol{\alpha}} - \Pi_h^{\boldsymbol{\alpha}} w_h\|_{0,\mu,\Omega^k}^{\mu} &\leqslant \sum_{T \in S_h(\Omega^k)} \|w_h^{\boldsymbol{\alpha}} - \Pi_h^{\boldsymbol{\alpha}} w_h\|_{0,\mu,\Omega^k \cap T}^{\mu} \\
&\lesssim \sum_{T \in S_h(\Omega^k)} h_T^k \|w_h^{\boldsymbol{\alpha}} - \Pi_h^{\boldsymbol{\alpha}} w_h\|_{0,\infty,T}^{\mu} \\
&\lesssim \sum_{T \in \mathcal{T}_h} h_T^k \|w_h^{\boldsymbol{\alpha}} - \Pi_h^{\boldsymbol{\alpha}} w_h\|_{0,\infty,T}^{\mu} \\
&\lesssim \sum_{T \in \mathcal{T}_h} h_T^{k-n} \|w_h^{\boldsymbol{\alpha}} - \Pi_h^{\boldsymbol{\alpha}} w_h\|_{0,\mu,T}^{\mu}.
\end{aligned}$$

从引理 10.1.1 得到

$$\|w_h^{\boldsymbol{\alpha}} - \Pi_h^{\boldsymbol{\alpha}} w_h\|_{0,\mu,\Omega^k}^{\mu} \lesssim \sum_{i=j+1}^{m} \sum_{|\boldsymbol{\beta}|=i} \sum_{T \in \mathcal{T}_h} h_T^{(i-j)\mu+k-n} \|w_h^{\boldsymbol{\beta}}\|_{0,\mu,\Omega}^{\mu},$$

用定理 10.2.1 的证明方法可以得到当 $\mu > \varrho_{j+1}$ 时,

$$\|w_h^{\boldsymbol{\alpha}} - \Pi_h^{\boldsymbol{\alpha}} w_h\|_{0,\mu,\Omega^k} \lesssim \sum_{i=j+1}^{m} \left(\max_{T\in\mathcal{T}_h} h_T^{i-j+\frac{k}{\mu}-\frac{n}{\varrho_i}}\right) \sum_{|\boldsymbol{\beta}|=i} \|w_h^{\boldsymbol{\beta}}\|_{0,\varrho_i,\Omega}. \tag{10.2.13}$$

记

$$\mu_j = \frac{k\varrho_{j+1}}{n-\varrho_{j+1}}.$$

因为

$$i-j+\frac{k}{\mu_j}-\frac{n}{\varrho_i}=0,$$

由式 (10.2.13) 和定理 10.2.1 推导出

$$\|w_h^{\boldsymbol{\alpha}} - \Pi_h^{\boldsymbol{\alpha}} w_h\|_{0,\mu_j,\Omega^k} \lesssim \|w_h\|_{m,\varrho,\Omega}.$$

再由 $\mu \leqslant \mu_j$ 得

$$\|w_h^{\boldsymbol{\alpha}} - \Pi_h^{\boldsymbol{\alpha}} w_h\|_{0,\mu,\Omega^k} \lesssim \|w_h\|_{m,\varrho,\Omega}. \tag{10.2.14}$$

由定理 10.2.2 有

$$\|\Pi_h^{\boldsymbol{\alpha}} w_h\|_{0,\mu,\Omega^k} \lesssim \|\Pi_h^{\boldsymbol{\alpha}} w_h\|_{1,\varrho_{j+1},\Omega}.$$

类似于定理 10.2.1 证明的第一种情形, 可以证明

$$\|\Pi_h^{\boldsymbol{\alpha}} w_h\|_{1,\varrho_{j+1},\Omega} \lesssim \|w_h\|_{m,\varrho,\Omega},$$

所以

$$\|\Pi_h^{\boldsymbol{\alpha}} w_h\|_{0,\mu,\Omega^k} \lesssim \|w_h\|_{m,\varrho,\Omega}. \tag{10.2.15}$$

结合式 (10.2.14) 和式 (10.2.15), 得到不等式 (10.2.12).

其次, 考虑 $(m-j)\varrho = n$ 的情形. 对 $k \in \{1,2,\cdots,n-1\}$ 和 $\mu \in [\varrho,\infty)$, 总可以选择 $\varrho' < \varrho$ 满足

$$(m-j)\varrho' < n, \quad n-(m-j)\varrho' < k, \quad \mu \leqslant \frac{k\varrho'}{n-(m-j)\varrho'}.$$

由第一种情形的结果得

$$\sum_{|\boldsymbol{\alpha}|\leqslant j} \|w_h^{\boldsymbol{\alpha}}\|_{0,\mu,\Omega^k} \lesssim \|w_h\|_{m,\varrho',\Omega}, \quad \forall w_h \in W_h. \tag{10.2.16}$$

不等式 (10.2.12) 也成立. □

## 10.3 紧致性质

本节讨论 $\{W_h\}$ 的紧致性质.

**定理 10.3.1** 设 $\{W_h\}$ 具有相容性, $\varrho \in (1,\infty)$, $j \in \{0,1,\cdots,m-1\}$, $\mu \geqslant \varrho$, 并且

$$\begin{cases} \mu < \dfrac{n\varrho}{n-(m-j)\varrho}, & (m-j)\varrho < n, \\ \mu < \infty, & (m-j)\varrho = n, \\ \mu \leqslant \infty, & (m-j)\varrho > n. \end{cases}$$

对于任意在 $L^{m,\varrho}(\Omega)$ 中有界的序列 $\{w_{h_s}\}_{s\in\mathbb{N}}$, 如果 $w_{h_s} \in W_{h_s}$ 且当 $s \to \infty$ 时 $h_s \to 0$, 则存在 $\mathbb{N}$ 的子列 $\mathbb{N}'$ 和 $w \in L^{m,\varrho}(\Omega)$, 使得

(1) $\{w_{h_s}\}_{s\in\mathbb{N}'}$ 在 $L^{m,\varrho}(\Omega)$ 中弱收敛于 $w$;

(2) 当 $|\alpha| = j$ 时 $w^{\boldsymbol{\alpha}} \in L^{\mu}(\Omega)$, 并且

$$\lim_{s\to\infty, s\in\mathbb{N}'} \sum_{|\boldsymbol{\alpha}|=j} \|w_{h_s}^{\boldsymbol{\alpha}} - w^{\boldsymbol{\alpha}}\|_{0,\mu,\Omega} = 0. \tag{10.3.1}$$

**证明** 因为 $\{w_{h_s}\}$ 是 $L^{m,\varrho}(\Omega)$ 中的有界序列, 所以存在 $\mathbb{N}$ 的子列 $\mathbb{N}'$ 和 $w \in L^{m,\varrho}(\Omega)$, 使得 $\{w_{h_s}\}_{s\in\mathbb{N}'}$ 在 $L^{m,\varrho}(\Omega)$ 中弱收敛于 $w$.

令 $|\boldsymbol{\alpha}| = j$. 对 $k = j+1,\cdots,m$, 定义

$$\begin{cases} \varrho_k = \dfrac{n\varrho}{n-(m-k)\varrho}, & (m-k)\varrho < n, \\ \varrho_k = n+1, & (m-k)\varrho \geqslant n, \end{cases}$$

则 $\varrho_{k+1} \leqslant \varrho_k \, (j+1 \leqslant k < m)$.

如果 $(m-j)\varrho < n$, 则

$$\frac{\varrho}{n-(m-j)\varrho} = \frac{\varrho_{j+1}}{n-\varrho_{j+1}}.$$

因此, 定理中给出的 $\mu$ 满足

$$\begin{cases} \mu < \dfrac{n\varrho_{j+1}}{n-\varrho_{j+1}}, & \varrho_{j+1} < n, \\ \mu < \infty, & \varrho_{j+1} = n, \\ \mu \leqslant \infty, & \varrho_{j+1} > n. \end{cases}$$

令 $k \in \{j+1,\cdots,m\}$. 如果 $n \leqslant (m-j-1)\varrho$, 令 $l \in \{j+1,\cdots,m\}$ 是满足 $n \leqslant (m-l)\varrho$ 和 $n > (m-l-1)\varrho$ 的整数, 则或者当 $k \leqslant l$ 时,

$$\frac{n}{\varrho_k} - \frac{n}{\varrho_{j+1}} = 0;$$

或者当 $k > l$ 时,

$$\begin{aligned}
\frac{n}{\varrho_k} - \frac{n}{\varrho_{j+1}} &= \frac{n}{\varrho_k} - \frac{n}{\varrho_{l+1}} + \frac{n}{\varrho_{l+1}} - \frac{n}{\varrho_{j+1}} \\
&= k-l-1 + \frac{n}{\varrho_{l+1}} - \frac{n}{\varrho_{j+1}} < k-l-1+\frac{n}{\varrho_{l+1}} \\
&< k-l-1+\frac{n-(m-l-1)\varrho}{\varrho} \\
&\leqslant k-l-1+\frac{(m-l)\varrho-(m-l-1)\varrho}{\varrho} \leqslant k-l.
\end{aligned}$$

因此有

$$\frac{n}{\varrho_k} - \frac{n}{\varrho_{j+1}} \leqslant k-j-1, \quad j+1 \leqslant k \leqslant m. \tag{10.3.2}$$

如果 $n > (m-j-1)\varrho$, 则

$$\frac{n}{\varrho_k} - \frac{n}{\varrho_{j+1}} = \frac{n-(m-k)\varrho}{\varrho} - \frac{n-(m-j-1)\varrho}{\varrho} = k-j-1,$$

即不等式 (10.3.2) 仍然成立.

现在假设 $\mu > \varrho_{j+1}$. 类似于 (10.2.3) 有

$$\|w_{h_s}^{\boldsymbol{\alpha}} - \varPi_{h_s}^{\boldsymbol{\alpha}} w_{h_s}\|_{0,\mu,\varOmega} \lesssim \sum_{k=j+1}^{m} \sum_{|\boldsymbol{\beta}|=k} \left( \max_{T\in\mathcal{T}_{h_s}} h_T^{k-j-\frac{n}{\varrho_k}+\frac{n}{\mu}} \right) |w_{h_s}^{\boldsymbol{\beta}}|_{0,\varrho_k,\varOmega}.$$

记

$$\epsilon = \min_{j+1\leqslant k\leqslant m} \left\{ k-j-\frac{n}{\varrho_k}+\frac{n}{\mu} \right\},$$

则由

$$\frac{n}{\varrho_k} - \frac{n}{\mu} = \frac{n}{\varrho_k} - \frac{n}{\varrho_{j+1}} + \frac{n}{\varrho_{j+1}} - \frac{n}{\mu} \leqslant k-j-1+\frac{n}{\varrho_{j+1}} - \frac{n}{\mu} < k-j$$

可知 $\epsilon > 0$. 利用定理 10.2.1 得

$$\|w_{h_s}^{\boldsymbol{\alpha}} - \varPi_{h_s}^{\boldsymbol{\alpha}} w_{h_s}\|_{0,\mu,\varOmega} \lesssim h_s^{\epsilon} \|w_{h_s}\|_{m,\varrho,\varOmega}. \tag{10.3.3}$$

因此,

$$\lim_{s\to\infty}\|w_{h_s}^{\boldsymbol{\alpha}}-\Pi_{h_s}^{\boldsymbol{\alpha}}w_{h_s}\|_{0,\mu,\Omega}=0. \tag{10.3.4}$$

利用式 (10.1.15) 和处理 $\|w_{h_s}^{\boldsymbol{\alpha}}-\Pi_{h_s}^{\boldsymbol{\alpha}}w_{h_s}\|_{0,\mu,\Omega}$ 的方法可得

$$|\Pi_{h_s}^{\boldsymbol{\alpha}}w_{h_s}|_{1,\varrho_{j+1},\Omega}\lesssim\sum_{k=j+1}^{m}\sum_{|\boldsymbol{\beta}|=k}\left(\max_{T\in\mathcal{T}_{h_s}}h_T^{k-j-1-\frac{n}{\varrho_k}+\frac{n}{\varrho_{j+1}}}\right)|w_{h_s}^{\boldsymbol{\beta}}|_{0,\varrho_k,\Omega}.$$

再由定理 10.2.1 和不等式 (10.3.2) 得到

$$|\Pi_{h_s}^{\boldsymbol{\alpha}}w_{h_s}|_{1,\varrho_{j+1},\Omega}\lesssim\|w_{h_s}\|_{m,\varrho,\Omega}. \tag{10.3.5}$$

因为 $\mu\geqslant\varrho$ 和式 (10.3.4), 所以

$$\lim_{s\to\infty}\|w_{h_s}^{\boldsymbol{\alpha}}-\Pi_{h_s}^{\boldsymbol{\alpha}}w_{h_s}\|_{0,\varrho,\Omega}=0,$$

因此, $\{\Pi_{h_s}^{\boldsymbol{\alpha}}w_{h_s}\}_{s\in\mathbb{N}'}$ 在 $L^{\varrho}(\Omega)$ 弱收敛于 $w^{\boldsymbol{\alpha}}$.

综合式 (10.3.3) 和式 (10.3.5) 可知 $\{\Pi_{h_s}^{\boldsymbol{\alpha}}w_{h_s}\}_{s\in\mathbb{N}}$ 是 $W^{1,\varrho_{j+1}}(\Omega)$ 中的有界序列. 由定理 1.1.3, $\{\Pi_{h_s}^{\boldsymbol{\alpha}}w_{h_s}\}_{s\in\mathbb{N}'}$ 在 $L^{\mu}(\Omega)$ 中收敛, 所以 $w^{\alpha}\in L^{\mu}(\Omega)$, 并且

$$\sum_{s\to\infty,s\in\mathbb{N}'}\|\Pi_{h_s}^{\boldsymbol{\alpha}}w_{h_s}-w^{\boldsymbol{\alpha}}\|_{0,\mu,\Omega}=0.$$

注意到式 (10.3.4) 就推出

$$\lim_{s\to\infty,s\in\mathbb{N}'}\|w_{h_s}^{\boldsymbol{\alpha}}-w^{\boldsymbol{\alpha}}\|_{0,\mu,\Omega}=0. \tag{10.3.6}$$

当 $\mu>\varrho_{j+1}$ 时定理得证, 所以当 $\mu\leqslant\varrho_{j+1}$ 时定理的结论也成立. □

**定理 10.3.2** 设 $\{W_h\}$ 具有相容性, $\varrho\in(1,\infty)$, $j\in\{0,1,\cdots,m-1\}$ 且 $(m-j)\varrho\leqslant n$. 记 $\omega=n\varrho/(n-(m-j-1)\varrho)$, 假设 $n-\omega<k<n$, $\mu\geqslant\varrho$ 满足

$$\begin{cases}\mu<\dfrac{k\varrho}{n-(m-j)\varrho}, & (m-j)\varrho<n,\\[2ex] \mu<\infty, & (m-j)\varrho=n.\end{cases}$$

对任意在 $L^{m,\varrho}(\Omega)$ 中有界的序列 $\{w_{h_s}\}_{s\in\mathbb{N}}$, 如果 $w_{h_s}\in W_{h_s}$ 且当 $s\to\infty$ 时 $h_s\to0$, 则存在 $\mathbb{N}$ 的子列 $\mathbb{N}'$ 和 $w\in L^{m,\varrho}(\Omega)$, 使得

(1) $\{w_{h_s}\}_{s\in\mathbb{N}'}$ 在 $L^{m,\varrho}(\Omega)$ 中弱收敛于 $w$;

(2) 当 $|\boldsymbol{\alpha}|=j$ 时 $w^{\boldsymbol{\alpha}}\in W^{1,\omega}(\Omega)$, 并且

$$\lim_{s\to\infty,s\in\mathbb{N}'}\sum_{|\boldsymbol{\alpha}|=j}\|w_{h_s}^{\boldsymbol{\alpha}}-w^{\boldsymbol{\alpha}}\|_{0,\mu,\Omega^k}=0. \tag{10.3.7}$$

**证明**　因为 $\{w_{h_s}\}$ 是 $L^{m,\varrho}(\Omega)$ 中的有界序列, 所以存在 $\mathbb{N}$ 的子列 $\mathbb{N}'$ 和 $w \in L^{m,\varrho}(\Omega)$, 使得 $\{w_{h_s}\}_{s\in\mathbb{N}'}$ 在 $L^{m,\varrho}(\Omega)$ 中弱收敛于 $w$.

令 $|\boldsymbol{\alpha}| = j$. 从定理 10.3.1 的证明可知在 $L^{\varrho}(\Omega)$ 中, $\{\Pi_{h_s}^{\boldsymbol{\alpha}} w_{h_s}\}_{s\in\mathbb{N}'}$ 弱收敛于 $w^{\boldsymbol{\alpha}}$, 并且有

$$\|\Pi_{h_s}^{\boldsymbol{\alpha}} w_{h_s}\|_{1,\omega,\Omega} \lesssim \|w_{h_s}\|_{m,\varrho,\Omega}, \tag{10.3.8}$$

因此, $w^{\boldsymbol{\alpha}} \in W^{1,\omega}(\Omega)$. 由定理 10.2.2 得

$$\lim_{s\to\infty, s\in\mathbb{N}'} \|\Pi_{h_s}^{\boldsymbol{\alpha}} w_{h_s} - w^{\boldsymbol{\alpha}}\|_{0,\mu,\Omega^k} = 0. \tag{10.3.9}$$

对 $i = j+1, \cdots, m$, 记

$$\varrho_i = \frac{n\varrho}{n-(m-i)\varrho}.$$

由定理 10.2.3 证明中的方法可以得到

$$\|w_{h_s}^{\boldsymbol{\alpha}} - \Pi_{h_s}^{\boldsymbol{\alpha}} w_{h_s}\|_{0,\mu,\Omega^k} \lesssim \|w_{h_s}\|_{m,\varrho,\Omega} \sum_{i=j+1}^{m} h_s^{\epsilon_i}, \tag{10.3.10}$$

其中,

$$\epsilon_i = i - j + \frac{k}{\mu} - \frac{n}{\varrho_i}. \tag{10.3.11}$$

现在选择 $\mu \geqslant \varrho_{j+1}$. 显然 $\mu > \varrho_i$, $i > j+1$. 当 $n > \varrho_{j+1}$ 时, 因为 $\mu < \dfrac{k\varrho_{j+1}}{n-\varrho_{j+1}}$, 所以

$$\epsilon_i > i - j + \frac{n-\varrho_{j+1}}{\varrho_{j+1}} - \frac{n}{\varrho_i} = i - j - 1 + \frac{n}{\varrho_{j+1}} - \frac{n}{\varrho_i} = 0.$$

如果 $n = \varrho_{j+1}$, 则因为

$$n - \varrho_{j+1} = \frac{n(n-(m-j)\varrho)}{n-(m-j-1)\varrho},$$

所以 $n = (m-j)\varrho$. 因此,

$$\epsilon_i = m - j + \frac{k}{\mu} - \frac{n}{\varrho} = m - j + \frac{k}{\mu} - (m-j) = \frac{k}{\mu} > 0.$$

上面的讨论说明当 $\mu \geqslant \varrho_{j+1}$ 时, $\epsilon_i > 0$, $i > j$, 所以有

$$\lim_{s\to\infty, s\in\mathbb{N}'} \|w_{h_s}^{\boldsymbol{\alpha}} - \Pi_{h_s}^{\boldsymbol{\alpha}} w_{h_s}\|_{0,\mu,\Omega^k} = 0. \tag{10.3.12}$$

当 $\varrho \leqslant \mu < \varrho_{j+1}$ 时式 (10.3.12) 也成立.

综合式 (10.3.9) 和式 (10.3.12) 得到等式 (10.3.7).　□

## 10.4 有限元空间上的不等式

给定一个有限元空间 $V_{h0}$, 为了保证求解 $2m$ 阶问题的有限元解的存在性, 半范数 $|\cdot|_{m,h}$ 应该是 $V_{h0}$ 上的范数. 由定理 5.2.1, 如果 $V_h$ 具有 $m$ 阶弱连续性, 而 $V_{h0}$ 在 $\partial\Omega$ 具有 $m$ 阶弱零性, 则 $|\cdot|_{m,h}$ 与 $\|\cdot\|_{m,h}$ 等价, 即

$$\|v_h\|_{m,h} \eqsim |v_h|_{m,h}, \quad \forall v_h \in V_{h0}. \tag{10.4.1}$$

更一般地, 有下面的定理:

**定理 10.4.1** 设 $\{ W_h \}$ 具有相容性, $\varrho \in (1,\infty)$. 则广义 Poincare-Friedrichs 不等式

$$\|w_h\|_{m,\varrho,\Omega} \lesssim |w_h|_{m,\varrho,\Omega}, \quad \forall w_h \in W_{h0} \tag{10.4.2}$$

和广义 Poincare 不等式

$$\|w_h\|^{\varrho}_{m,\varrho,\Omega} \lesssim |w_h|^{\varrho}_{m,\varrho,\Omega} + \sum_{|\boldsymbol{\alpha}|<m} \left|\int_\Omega w_h^{\boldsymbol{\alpha}}\,\mathrm{d}\boldsymbol{x}\right|^{\varrho}, \quad \forall w_h \in W_h \tag{10.4.3}$$

对所有 $h$ 成立.

**证明** 首先, 令 $w_h \in W_{h0}$, $\Pi_{h0}^{\boldsymbol{\alpha}}$ $(|\boldsymbol{\alpha}| < m)$ 由式 (10.1.11) 定义. 不等式 (10.1.14) 直接给出

$$\|w_h^{\boldsymbol{\alpha}} - \Pi_{h0}^{\boldsymbol{\alpha}} w_h\|_{0,\varrho,\Omega} \lesssim \sum_{|\boldsymbol{\beta}|=|\boldsymbol{\alpha}|+1}^{m} |w_h^{\boldsymbol{\beta}}|_{0,\varrho,\Omega}. \tag{10.4.4}$$

另一方面, 由 Poincare-Friedrichs 不等式

$$\|\Pi_{h0}^{\boldsymbol{\alpha}} w_h\|_{0,\varrho,\Omega} \lesssim |\Pi_{h0}^{\boldsymbol{\alpha}} w_h|_{1,\varrho,\Omega}. \tag{10.4.5}$$

综合式 (10.1.15), 式 (10.4.4) 和式 (10.4.5) 得到

$$\|w_h^{\boldsymbol{\alpha}}\|_{0,\varrho,\Omega} \lesssim \sum_{|\boldsymbol{\beta}|=|\boldsymbol{\alpha}|+1}^{m} |w_h^{\boldsymbol{\beta}}|_{0,\varrho,\Omega}. \tag{10.4.6}$$

由式 (10.4.6) 就可以得到不等式 (10.4.2).

现在令 $w_h \in W_h$, $\Pi_h^{\boldsymbol{\alpha}}$ $(|\boldsymbol{\alpha}| < m)$ 由式 (10.1.10) 定义. Poincare 不等式给出

$$\begin{aligned}\|\Pi_h^{\boldsymbol{\alpha}} w_h\|^{\varrho}_{0,\varrho,\Omega} &\lesssim |\Pi_h^{\boldsymbol{\alpha}} w_h|^{\varrho}_{1,\varrho,\Omega} + \left|\int_\Omega \Pi_h^{\boldsymbol{\alpha}} w_h\,\mathrm{d}\boldsymbol{x}\right|^{\varrho} \\ &\lesssim |\Pi_h^{\boldsymbol{\alpha}} w_h|^{\varrho}_{1,\varrho,\Omega} + \left|\int_\Omega w_h^{\boldsymbol{\alpha}}\,\mathrm{d}\boldsymbol{x}\right|^{\varrho} + \|w_h^{\boldsymbol{\alpha}} - \Pi_h^{\boldsymbol{\alpha}} w_h\|^{\varrho}_{0,\varrho,\Omega},\end{aligned}$$

因此,

$$\|w_h^{\boldsymbol{\alpha}}\|_{0,\varrho,\Omega}^{\varrho} \lesssim |\Pi_h^{\boldsymbol{\alpha}} w_h|_{1,\varrho,\Omega}^{\varrho} + \left|\int_\Omega w_h^{\boldsymbol{\alpha}}\,\mathrm{d}\boldsymbol{x}\right|^{\varrho} + \|w_h^{\boldsymbol{\alpha}} - \Pi_h^{\boldsymbol{\alpha}} w_h\|_{0,\varrho,\Omega}^{\varrho}. \tag{10.4.7}$$

借助于式 (10.1.12), 式 (10.1.13) 和式 (10.4.7) 得到

$$\|w_h^{\boldsymbol{\alpha}}\|_{0,\varrho,\Omega}^{\varrho} \lesssim \sum_{|\boldsymbol{\beta}|=|\boldsymbol{\alpha}|+1}^{m} |w_h^{\boldsymbol{\beta}}|_{0,\varrho,\Omega} + \left|\int_\Omega w_h^{\boldsymbol{\alpha}}\,\mathrm{d}\boldsymbol{x}\right|^{\varrho}. \tag{10.4.8}$$

从式 (10.4.8) 就可以推出不等式 (10.4.3). □

利用不等式 (1.4.7) 和定理 10.4.1 的证明方法, 可以得到下面的结果:

**定理 10.4.2**　设 $\{W_h\}$ 具有相容性, $\varrho \in (1,\infty)$, 则不等式

$$\|w_h\|_{m,\varrho,\Omega}^{\varrho} \lesssim |w_h|_{m,\varrho,\Omega}^{\varrho} + \sum_{|\boldsymbol{\alpha}|<m} \|w_h^{\boldsymbol{\alpha}}\|_{0,\varrho,\partial\Omega}^{\varrho}, \quad \forall w_h \in W_h \tag{10.4.9}$$

对所有 $h$ 成立.

不等式 (10.4.9) 和式 (1.4.7) 有一点微小的差别. 当 $m=1$ 时, 不等式 (10.4.9) 是 Friedrichs 不等式的推广. 当 $m>1$ 时还需要其他条件.

设 $W_0$ 是 $L^{m,\varrho}(\Omega)$ 的一个子空间. 称 $\{W_h, W_0\}$ 是弱闭的, 如果对任意在 $L^{m,\varrho}(\Omega)$ 中弱收敛的序列 $\{w_{h_s}\}_{s\in\mathbb{N}}$, 当 $w_{h_s} \in W_{h_s}$ 且 $\lim\limits_{s\to\infty} h_s = 0$ 时, 该序列的弱极限属于 $W_0$.

**定理 10.4.3**　设 $\varrho \in (1,\infty)$, $m \leqslant 2$, $\{W_h, W^{m,\varrho}(\Omega)\}$ 是弱闭的, 并且 $\{W_h\}$ 具有相容性, 则广义 Friedrichs 不等式

$$\|w_h\|_{m,\varrho,\Omega}^{\varrho} \lesssim |w_h|_{m,\varrho,\Omega}^{\varrho} + \|w_h^0\|_{0,\varrho,\partial\Omega}^{\varrho}, \quad \forall w_h \in W_h \tag{10.4.10}$$

当 $h$ 足够小时成立.

**证明**　用反证法证明, 假设不等式 (10.4.10) 不成立, 则对 $k \in \mathbb{N}$, 存在 $h_k$ 和 $w_{h_k} \in W_{h_k}$ 满足, 当 $k \to \infty$ 时 $h_k \to 0$, 并且

$$1 = \|w_{h_k}\|_{m,\varrho,\Omega}^{\varrho} > k(|w_{h_k}|_{m,\varrho,\Omega}^{\varrho} + \|w_{h_k}^0\|_{0,\varrho,\partial\Omega}^{\varrho}), \quad k \in \mathbb{N}. \tag{10.4.11}$$

因此, 存在 $\mathbb{N}$ 的子列 $\mathbb{N}'$ 和 $w_\infty \in L^{m,\varrho}(\Omega)$, 使得 $\{w_{h_k}\}_{k\in\mathbb{N}'}$ 在 $L^{m,\varrho}(\Omega)$ 中弱收敛于 $w_\infty$. 由定理 10.3.1 得

$$\lim_{k\to\infty,\ k\in\mathbb{N}'} \sum_{|\boldsymbol{\alpha}|<m} \|w_{h_k}^{\boldsymbol{\alpha}} - w_\infty^{\boldsymbol{\alpha}}\|_{0,\varrho,\Omega} = 0. \tag{10.4.12}$$

式 (10.4.11) 导致

$$\lim_{k\to\infty,\ k\in\mathbb{N}'} (|w_{h_k}|_{m,\varrho,\Omega}^{\varrho} + \|w_{h_k}^0\|_{0,\varrho,\partial\Omega}^{\varrho}) = 0, \tag{10.4.13}$$

所以 $\{w_{h_k}\}_{k\in\mathbb{N}'}$ 在 $L^{m,\varrho}(\Omega)$ 中收敛于 $w_\infty$, 而且

$$\begin{cases} \|w_\infty\|_{m,\varrho,\Omega}=1, \\ |w_\infty|_{m,\varrho,\Omega}+\|w_\infty^0\|_{0,\varrho,\partial\Omega}=0. \end{cases} \tag{10.4.14}$$

由弱闭性质 $w_\infty\in W^{m,\varrho}(\Omega)$. 由式 (10.4.14) 的第二个等式得 $w_\infty\equiv 0$, 与第一个等式矛盾. □

在线性弹性力学问题中, 利用 Korn 不等式可以得到解的存在性. 下面将 Korn 不等式推广到非协调有限元空间上.

对于向量函数 $\boldsymbol{u}=(u_1,u_2,\cdots,u_n)\in(H^m(\Omega))^n$, 定义

$$\|\boldsymbol{u}\|_{m,\Omega}=\left(\sum_{i=1}^n\|u_i\|_{m,\Omega}^2\right)^{1/2},\quad |\boldsymbol{u}|_{m,\Omega}=\left(\sum_{i=1}^n|u_i|_{m,\Omega}^2\right)^{1/2} \tag{10.4.15}$$

和

$$\epsilon_{ij}(\boldsymbol{u})=\frac{1}{2}\left(\frac{\partial u_i}{\partial x_j}+\frac{\partial u_j}{\partial x_i}\right),\quad 1\leqslant i,j\leqslant n, \tag{10.4.16}$$

则下列形式的 Korn 不等式成立 (见文献 [81]):

$$\|\boldsymbol{u}\|_{1,\Omega}^2\lesssim\sum_{i,j=1}^n\|\epsilon_{ij}(\boldsymbol{u})\|_{0,\Omega}^2+\|\boldsymbol{u}\|_{0,\Omega}^2,\quad\forall\boldsymbol{u}\in(H^1(\Omega))^n, \tag{10.4.17}$$

$$\|\boldsymbol{u}\|_{1,\Omega}^2\lesssim\sum_{i,j=1}^n\|\epsilon_{ij}(\boldsymbol{u})\|_{0,\Omega}^2+\sum_{i=1}^n\int_{\partial\Omega}|u_i|^2\,\mathrm{d}s,\quad\forall\boldsymbol{u}\in(H^1(\Omega))^n, \tag{10.4.18}$$

$$\|\boldsymbol{u}\|_{1,\Omega}^2\lesssim\sum_{i,j=1}^n\|\epsilon_{ij}(\boldsymbol{u})\|_{0,\Omega}^2,\quad\forall\boldsymbol{u}\in(H_0^1(\Omega))^n. \tag{10.4.19}$$

令 $(T,P_T,\boldsymbol{D}_T)$ 是满足 $P_T\subset P_r(T)$ 的有限元, 其中, $r$ 是个固定整数. 记 $V_h,V_{h0}$ 是该有限元和剖分 $\mathcal{T}_h$ 对应的有限元空间.

假设

$$|(v_h|_T-v_h|_{T'})|_{0,\infty,F}\lesssim h_T^2(|v_h|_{2,\infty,T}+|v|_{2,\infty,T'}),\quad\forall v_h\in V_h \tag{10.4.20}$$

对所有 $\mathcal{T}_h$ 的单元内面 $F$ 成立, 其中, $T,T'\in\mathcal{T}_h$ 且 $F=T\cap T'$, 并且

$$\left|(v_h|_T)\right|_{0,\infty,F}\lesssim h_T^2|v_h|_{2,\infty,T},\quad\forall v_h\in V_{h0} \tag{10.4.21}$$

对所有 $\mathcal{T}_h$ 的自由面 $F$ 成立, 其中, $T$ 是包含 $F$ 的单元.

考虑 $(T,P_T,\boldsymbol{D}_T)$ 是仿射连续或者 $\mathcal{S}$ 连续的, 并且是尺度不变的情形, 如果在 $T$ 的每个面上有不在同一 $(n-2)$ 维超平面上的 $n$ 个点, 在这 $n$ 点的函数值是

$(T, P_T, \boldsymbol{D}_T)$ 的节点参数, 则条件 (10.4.20) 和条件 (10.4.21) 成立. Wilson 元、8 参数和 12 参数四边形元都使得条件 (10.4.20) 和条件 (10.4.21) 为真.

定义算子 $\bar{\Pi}_h : V_h \to M_h$ 和 $\bar{\Pi}_{h0} : V_h \to M_{h0}$ 如下：对 $v_h \in V_h$,

$$\bar{\Pi}_h v_h(\boldsymbol{x}) = \frac{1}{N_h(\boldsymbol{x})} \sum_{T \in S_h(\boldsymbol{x})} (v_h|_T)(\boldsymbol{x}), \quad \forall \boldsymbol{x} \in E_h, \tag{10.4.22}$$

$$\bar{\Pi}_{h0} v_h(\boldsymbol{x}) = \begin{cases} \dfrac{1}{N_h(\boldsymbol{x})} \displaystyle\sum_{T \in S_h(\boldsymbol{x})} (v_h|_T)(\boldsymbol{x}), & \boldsymbol{x} \in E_h^i, \\ 0, & \boldsymbol{x} \in E_h^b. \end{cases} \tag{10.4.23}$$

**引理 10.4.1** 如果条件 (10.4.20) 和条件 (10.4.21) 为真, 则

$$\sum_{j=0,1} h_T^{2j} |v - \bar{\Pi}_h v|_{j,T}^2 + h_T |v - \bar{\Pi}_h v|_{0,\partial T}^2 \lesssim h_T^4 \sum_{T' \in S_h(T)} |v|_{2,T'}^2, \quad \forall T \in \mathcal{T}_h \tag{10.4.24}$$

对所有 $v \in V_h$ 和所有 $h$ 成立, 并且

$$\sum_{j=0,1} h_T^{2j} |v - \bar{\Pi}_{h0} v|_{j,T}^2 \lesssim h_T^4 \sum_{T' \in S_h(T)} |v|_{2,T'}^2, \quad \forall T \in \mathcal{T}_h \tag{10.4.25}$$

对所有 $v \in V_{h0}$ 和所有 $h$ 成立.

**证明** 对于 $T \in \mathcal{T}_h$ 有

$$\|p\|_{0,T}^2 + h_T \|p\|_{0,\partial T}^2 \lesssim h_T^n \sum_{i=1}^{k} |p(\boldsymbol{a}_i^T)|^2, \quad \forall p \in \bar{P}_T, \tag{10.4.26}$$

其中, $\boldsymbol{a}_i^T$ $(1 \leqslant i \leqslant k)$ 是 $T$ 的顶点, 当 $T$ 是 $n$ 单纯形时, $k = n+1$, $\bar{P}_T = P_1(T)$, 否则 $k = 2^n$, $\bar{P}_T = Q_1(T)$. 不等式 (10.4.26) 可以利用仿射技巧证明.

用条件 (10.4.20), 式 (10.4.21) 和不等式 (10.4.26) 分别取代引理 10.1.1 证明中的式 (10.1.8), 式 (10.1.9) 和式 (10.1.16), 可以得到本引理. □

对 $\boldsymbol{v} \in (H^m(\mathcal{T}_h))^n$ 定义

$$\|\boldsymbol{v}\|_{m,h} = \left( \sum_{i=1}^{n} \|v_i\|_{m,h}^2 \right)^{1/2}, \quad |\boldsymbol{v}|_{m,h} = \left( \sum_{i=1}^{n} |v_i|_{m,h}^2 \right)^{1/2}.$$

**定理 10.4.4** 设 $V_h, V_{h0}$ 是非协调有限元空间且式 (10.4.20) 和式 (10.4.21) 成立, 则下列广义 Korn 不等式成立:

$$\|\boldsymbol{v}\|_{1,h}^2 \lesssim \sum_{i,j=1}^{n} \sum_{T \in \mathcal{T}_h} \|\epsilon_{ij}(\boldsymbol{v})\|_{0,T}^2 + \|\boldsymbol{v}\|_{0,\Omega}^2, \quad \forall \boldsymbol{v} \in (V_h)^n, \tag{10.4.27}$$

$$\|\boldsymbol{v}\|_{1,h}^2 \lesssim \sum_{i,j=1}^{n} \sum_{T\in\mathcal{T}_h} \|\epsilon_{ij}(\boldsymbol{v})\|_{0,T}^2 + \sum_{i=1}^{n} \int_{\partial\Omega} |v_i|^2 \,\mathrm{d}s, \quad \forall \boldsymbol{v} \in (V_h)^n, \tag{10.4.28}$$

$$\|\boldsymbol{v}\|_{1,h}^2 \lesssim \sum_{i,j=1}^{n} \sum_{T\in\mathcal{T}_h} \|\epsilon_{ij}(\boldsymbol{v})\|_{0,T}^2, \quad \forall \boldsymbol{v} \in (V_{h0})^n. \tag{10.4.29}$$

**证明** 取 $\boldsymbol{v} \in (V_h)^n$, 则 $\bar{\Pi}_h\boldsymbol{v} \in (H^1(\Omega))^n$. 由不等式 (10.4.24) 和式 (10.4.17) 得

$$\begin{aligned}
\|\boldsymbol{v}\|_{1,h}^2 \leqslant & 2(\|\boldsymbol{v} - \bar{\Pi}_h\boldsymbol{v}\|_{1,h}^2 + \|\bar{\Pi}_h\boldsymbol{v}\|_{1,\Omega}^2) \\
\lesssim & \sum_{T\in\mathcal{T}_h} h_T^2 \sum_{T'\in S_h(T)} |\boldsymbol{v}|_{2,T'}^2 + \sum_{i,j=1}^{n} \|\epsilon_{ij}(\bar{\Pi}_h\boldsymbol{v})\|_{0,\Omega}^2 + \|\bar{\Pi}_h\boldsymbol{v}\|_{0,\Omega}^2 \\
\lesssim & \sum_{T\in\mathcal{T}_h} h_T^2 |\boldsymbol{v}|_{2,T}^2 + \|\bar{\Pi}_h\boldsymbol{v} - \boldsymbol{v}\|_{0,\Omega}^2 + \|\boldsymbol{v}\|_{0,\Omega}^2 \\
& + \sum_{T\in\mathcal{T}_h} \sum_{i,j=1}^{n} \left( \|\epsilon_{ij}(\bar{\Pi}_h\boldsymbol{v} - \boldsymbol{v})\|_{0,T}^2 + \|\epsilon_{ij}(\boldsymbol{v})\|_{0,T}^2 \right).
\end{aligned}$$

因此,

$$\|\boldsymbol{v}\|_{1,h}^2 \lesssim \sum_{T\in\mathcal{T}_h} h_T^2 |\boldsymbol{v}|_{2,T}^2 + \sum_{T\in\mathcal{T}_h} \sum_{i,j=1}^{n} \|\epsilon_{ij}(\boldsymbol{v})\|_{0,T}^2 + \|\boldsymbol{v}\|_{0,\Omega}^2. \tag{10.4.30}$$

对于 $i, j, k \in \{1, 2, \cdots, n\}$, 下面的等式成立:

$$\frac{\partial^2 v_k}{\partial x_i \partial x_j} = \frac{\partial}{\partial x_i}\epsilon_{kj}(\boldsymbol{v}) + \frac{\partial}{\partial x_j}\epsilon_{ki}(\boldsymbol{v}) - \frac{\partial}{\partial x_k}\epsilon_{ij}(\boldsymbol{v}). \tag{10.4.31}$$

由逆不等式得到

$$\sum_{T\in\mathcal{T}_h} h_T^2 |\boldsymbol{v}|_{2,T}^2 \lesssim \sum_{T\in\mathcal{T}_h} \sum_{i,j=1}^{n} \|\epsilon_{ij}(\boldsymbol{v})\|_{0,T}^2. \tag{10.4.32}$$

由不等式 (10.4.30) 和式 (10.4.32) 推出不等式 (10.4.27).

可以类似地证明不等式 (10.4.28) 和式 (10.4.29). □

## 10.5 关于最大模的不等式

在定理 10.2.1 中, 当 $(m-j)\varrho = n$ 时, 不等式 (10.2.1) 中的 $\mu$ 不能取为 $\infty$. 本节考虑一种特殊的情形, 并介绍一个关于最大模的不等式.

设 $\varrho = n = 2$. 首先引入 Green 函数. 令 $\boldsymbol{y} \in \Omega$, 记

$$g = g(\boldsymbol{x}, \boldsymbol{y}) = \frac{1}{2\pi} \ln \frac{1}{\|\boldsymbol{x} - \boldsymbol{y}\|}. \tag{10.5.1}$$

记以 $\boldsymbol{y}$ 为心, 以 $\varpi$ 为半径的圆盘区域为 $B_\varpi(\boldsymbol{y})$. 通过简单的计算可以得到

$$\left|\frac{\partial g}{\partial x_1}\right|^2 + \left|\frac{\partial g}{\partial x_2}\right|^2 \leqslant \frac{1}{(2\pi)^2 \|\boldsymbol{x} - \boldsymbol{y}\|^2}, \tag{10.5.2}$$

$$-\int_{\partial B_\varpi(\boldsymbol{y})} \frac{\partial g}{\partial \boldsymbol{\nu}} \, \mathrm{d}s = 1, \tag{10.5.3}$$

$$|g|_{1,\Omega - B_\varpi(\boldsymbol{y})} \leqslant C(1 + |\ln \varpi|^{1/2}), \tag{10.5.4}$$

其中, $C$ 是与 $\boldsymbol{y}$ 和 $\varpi$ 无关的常数.

假设剖分 $\mathcal{T}_h$ 不能局部过密, 也就是下面的条件 HT6 成立:

**HT6**　存在 $\delta \geqslant 1$, 使得

$$\min_{T \in \mathcal{T}_h} h_T \gtrsim h^\delta. \tag{10.5.5}$$

**引理 10.5.1**　如果 HT6 成立, 则

$$\|v_h\|_{0,\infty,\Omega} \lesssim (1 + |\ln h|^{1/2}) |v_h|_{1,\Omega}, \quad \forall v_h \in M_{h0}. \tag{10.5.6}$$

**证明**　取 $v_h \in M_{h0}$, 定义 $v_h|_{\mathbf{R}^2 - \Omega} = 0$. 因为 $v_h \in H_0^1(\Omega)$, 所以 $v_h \in H_0^1(\mathbf{R}^2)$. 由 Green 公式和 Green 函数的性质, 可以推导出

$$\begin{aligned}
\sum_{i=1}^2 \int_{\Omega - B_{h^\delta}(\boldsymbol{y})} \frac{\partial v_h}{\partial x_i} \frac{\partial g}{\partial x_i} \, \mathrm{d}\boldsymbol{x} &= \int_{\partial(\Omega - B_{h^\delta}(\boldsymbol{y}))} v_h \frac{\partial g}{\partial \boldsymbol{\nu}} \, \mathrm{d}s - \int_{\Omega - B_{h^\delta}(\boldsymbol{y})} v_h \Delta g \, \mathrm{d}\boldsymbol{x} \\
&= \int_{\partial B_{h^\delta}(\boldsymbol{y})} v_h \frac{\partial g}{\partial \boldsymbol{\nu}} \, \mathrm{d}s,
\end{aligned}$$

因此, 由等式 (10.5.3) 得到

$$v_h(\boldsymbol{y}) = \int_{\partial B_{h^\delta}(\boldsymbol{y})} (v_h(\boldsymbol{x}) - v_h(\boldsymbol{y})) \frac{\partial g}{\partial \boldsymbol{\nu}} \, \mathrm{d}s - \sum_{i=1}^2 \int_{\Omega - B_{h^\delta}(\boldsymbol{y})} \frac{\partial v_h}{\partial x_i} \frac{\partial g}{\partial x_i} \, \mathrm{d}\boldsymbol{x}. \tag{10.5.7}$$

对式 (10.5.7) 的右端第二项利用 Schwarz 不等式和式 (10.5.4) 有

$$\left|\sum_{i=1}^2 \int_{\Omega - B_{h^\delta}(\boldsymbol{y})} \frac{\partial v_h}{\partial x_i} \frac{\partial g}{\partial x_i} \, \mathrm{d}\boldsymbol{x}\right| \lesssim (1 + |\ln h^\delta|^{1/2}) |v_h|_{1,\Omega},$$

所以

$$\left|\sum_{i=1}^{2}\int_{\Omega-B_{h^\delta}(\boldsymbol{y})}\frac{\partial v_h}{\partial x_i}\frac{\partial g}{\partial x_i}\,\mathrm{d}\boldsymbol{x}\right| \lesssim (1+|\ln h|^{1/2})|v_h|_{1,\Omega}. \tag{10.5.8}$$

逆不等式给出

$$\max_{\boldsymbol{x}\in\partial B_{h^\delta}(\boldsymbol{y})}|v_h(\boldsymbol{x})-v_h(\boldsymbol{y})| \leqslant h^\delta|v_h|_{1,\infty,\Omega}\lesssim|v_h|_{1,\Omega}.$$

另一方面, 不等式 (10.5.2) 说明

$$\int_{\partial B_{h^\delta}(\boldsymbol{y})}\left|\frac{\partial g}{\partial\boldsymbol{\nu}}\right|\mathrm{d}s\lesssim 1,$$

从而

$$\left|\int_{\partial B_{h^\delta}(\boldsymbol{y})}(v_h(\boldsymbol{x})-v_h(\boldsymbol{y}))\frac{\partial g}{\partial\boldsymbol{\nu}}\,\mathrm{d}s\right|\lesssim|v_h|_{1,\Omega}. \tag{10.5.9}$$

综合式 (10.5.7) ~ 式 (10.5.9) 得到

$$|v_h(\boldsymbol{y})|\lesssim(1+|\ln h|^{1/2})|v_h|_{1,\Omega}. \tag{10.5.10}$$

引理得证. □

**定理 10.5.1** 设 $n=2$, $\{W_h\}$ 具有相容性. 如果 HT6 成立, 则对 $|\alpha|<m$ 有

$$\|w_h^{\boldsymbol{\alpha}}\|_{0,\infty,\Omega}\lesssim(1+|\ln h|^{1/2})\sum_{|\boldsymbol{\beta}|=|\boldsymbol{\alpha}|+1}^{m}\|w_h^{\boldsymbol{\beta}}\|_{0,\Omega},\quad\forall w_h\in W_{h0}. \tag{10.5.11}$$

**证明** 由引理 10.5.1 有

$$\begin{aligned}\|w_h^{\boldsymbol{\alpha}}\|_{0,\infty,\Omega}&\leqslant\|\Pi_{h0}^{\boldsymbol{\alpha}}w_h^{\boldsymbol{\alpha}}\|_{0,\infty,\Omega}+\|\Pi_{h0}^{\boldsymbol{\alpha}}w_h^{\boldsymbol{\alpha}}-w_h^{\boldsymbol{\alpha}}\|_{0,\infty,\Omega}\\&\lesssim(1+|\ln h|^{1/2})|\Pi_{h0}^{\boldsymbol{\alpha}}w_h^{\boldsymbol{\alpha}}|_{1,\Omega}+\|\Pi_{h0}^{\boldsymbol{\alpha}}w_h^{\boldsymbol{\alpha}}-w_h^{\boldsymbol{\alpha}}\|_{0,\infty,\Omega}.\end{aligned}$$

由引理 10.1.1 和 10.1.2 以及逆不等式, 可以推导出

$$\begin{aligned}\|\Pi_{h0}^{\boldsymbol{\alpha}}w_h^{\boldsymbol{\alpha}}-w_h^{\boldsymbol{\alpha}}\|_{0,\infty,\Omega}&\lesssim\sum_{|\boldsymbol{\beta}|=|\boldsymbol{\alpha}|+1}^{m}\max_{T\in\mathcal{T}_h}\left(h_T^{|\boldsymbol{\beta}|-|\boldsymbol{\alpha}|}\|w_h^{\boldsymbol{\beta}}\|_{0,\infty,T}\right)\\&\lesssim\sum_{|\boldsymbol{\beta}|=|\boldsymbol{\alpha}|+1}^{m}\max_{T\in\mathcal{T}_h}\left(h_T^{|\boldsymbol{\beta}|-|\boldsymbol{\alpha}|-1}\|w_h^{\boldsymbol{\beta}}\|_{0,T}\right)\lesssim\sum_{|\boldsymbol{\beta}|=|\boldsymbol{\alpha}|+1}^{m}\|w_h^{\boldsymbol{\beta}}\|_{0,\Omega},\end{aligned}$$

$$
\begin{aligned}
|\varPi_{h0}^{\boldsymbol{\alpha}} w_h^{\boldsymbol{\alpha}}|_{1,\varOmega}^2 &\lesssim \sum_{|\boldsymbol{\beta}|=|\boldsymbol{\alpha}|+1}^{m} \sum_{T\in\mathcal{T}_h} h_T^{2(|\boldsymbol{\beta}|-|\boldsymbol{\alpha}|-1)} \sum_{T'\in S_h(T)} \|w_h^{\boldsymbol{\beta}}\|_{0,T'}^2 \\
&\lesssim \sum_{|\boldsymbol{\beta}|=|\boldsymbol{\alpha}|+1}^{m} \sum_{T\in\mathcal{T}_h} \sum_{T'\in S_h(T)} \|w_h^{\boldsymbol{\beta}}\|_{0,T'}^2, \\
&\lesssim \sum_{|\boldsymbol{\beta}|=|\boldsymbol{\alpha}|+1}^{m} \sum_{T\in\mathcal{T}_h} \|w_h^{\boldsymbol{\beta}}\|_{0,T}^2 = \sum_{|\boldsymbol{\beta}|=|\boldsymbol{\alpha}|+1}^{m} \|w_h^{\boldsymbol{\beta}}\|_{0,\varOmega}^2,
\end{aligned}
$$

所以式 (10.5.11) 成立. □

# 第 11 章 二阶问题有限元的 $L^\infty$ 误差估计

在前面的章节中, 讨论了协调元和若干非标准有限元, 分析了这些有限元的有限元解在范数 $\|\cdot\|_{m,h}$ 下的误差估计. 现在考虑有限元解在范数 $\|\cdot\|_{m,\infty,h}$ 下的误差估计. 本章讨论二维 Poisson 方程边值问题的有限元, 下一章将讨论薄板弯曲问题的有限元.

11.1 节介绍进行 $L^\infty$ 分析的工具 —— 权范数; 11.2 节介绍正则 Green 函数; 11.3 节和 11.4 节分别讨论协调元和非协调元的 $L^\infty$ 误差估计. 本章的内容取自于文献 [82], [83].

设 $\Omega$ 是 $\mathbf{R}^2$ 中有界凸多边形区域. 对于网格尺寸 $h$ $(h \to 0)$, 令 $\mathcal{T}_h$ 是 $\Omega$ 的一个全由三角形或全由各边分别平行于坐标轴的矩形构成的剖分. 从现在开始, 总假设 HT1, HT2, HT4 和逆假设成立. 对于二阶椭圆边值问题, 令 $V_{h0}$ 是相应于剖分 $\mathcal{T}_h$ 和某有限元 $(T, P_T, \boldsymbol{D}_T)$ 的有限元空间. 该空间可以是协调的, 也可以是非协调的.

## 11.1 加权范数

对任意 $\boldsymbol{y} \in \mathbf{R}^2$, 定义权函数 $\rho_h$ 为

$$\rho_h(\boldsymbol{x}, \boldsymbol{y}) = \|\boldsymbol{x} - \boldsymbol{y}\|^2 + h^2. \tag{11.1.1}$$

对于非负整数 $m$, 整数 $s$ 和有界区域 $G \subset \mathbf{R}^2$, 定义加权半范数 $|\cdot|_{m,(s),h,G}$ 为

$$|v|_{m,(s),h,G} = \left( \sum_{|\boldsymbol{\alpha}|=m} \int_G \rho_h^{-s} |\partial^{\boldsymbol{\alpha}} v|^2 \,\mathrm{d}\boldsymbol{x} \right)^{1/2}, \quad \forall v \in H^m(G). \tag{11.1.2}$$

对 $v \in H^m(\mathcal{T}_h)$ 定义

$$|v|_{m,(s),h} = \left( \sum_{T \in \mathcal{T}_h} \sum_{|\boldsymbol{\alpha}|=m} \int_T \rho_h^{-s} |\partial^{\boldsymbol{\alpha}} v|^2 \,\mathrm{d}\boldsymbol{x} \right)^{1/2}. \tag{11.1.3}$$

**引理 11.1.1** 对于权函数 $\rho_h$, 下面的不等式成立:

$$\max_{\boldsymbol{x}\in T}\rho_h(\boldsymbol{x},\boldsymbol{y})\leqslant 3\min_{\boldsymbol{x}\in T}\rho_h(\boldsymbol{x},\boldsymbol{y}),\quad \forall T\in\mathcal{T}_h. \tag{11.1.4}$$

**证明** 令 $\boldsymbol{x}',\boldsymbol{x}''\in T$ 是满足

$$\rho_h(\boldsymbol{x}',\boldsymbol{y})=\max_{\boldsymbol{x}\in T}\rho_h(\boldsymbol{x},\boldsymbol{y}),\quad \rho_h(\boldsymbol{x}'',\boldsymbol{y})=\min_{\boldsymbol{x}\in T}\rho_h(\boldsymbol{x},\boldsymbol{y})$$

的两个点, 则

$$\begin{aligned}\rho_h(\boldsymbol{x}',\boldsymbol{y})=&\|\boldsymbol{x}'-\boldsymbol{y}\|^2+h^2\leqslant(2\|\boldsymbol{x}''-\boldsymbol{y}\|^2+2\|\boldsymbol{x}'-\boldsymbol{x}''\|^2+h^2)\\ \leqslant&(2\|\boldsymbol{x}''-\boldsymbol{y}\|^2+3h^2)\leqslant 3\rho_h(\boldsymbol{x}'',\boldsymbol{y}).\end{aligned}$$

不等式 (11.1.4) 成立. □

**引理 11.1.2** 设 $m$ 是非负整数. 对任意 $v\in H^m(\mathcal{T}_h)$ 有

$$|v|_{m,(s),h}\leqslant h^{-(s-t)}|v|_{m,(t),h},\quad s>t. \tag{11.1.5}$$

**证明** 令 $v\in H^m(\mathcal{T}_h)$, 则

$$\begin{aligned}|v|^2_{m,(s),h}=&\sum_{T\in\mathcal{T}_h}\sum_{|\boldsymbol{\alpha}|=m}\int_T\rho_h^{-s}|\partial^{\boldsymbol{\alpha}}v|^2\,\mathrm{d}\boldsymbol{x}=\sum_{T\in\mathcal{T}_h}\sum_{|\boldsymbol{\alpha}|=m}\int_T\rho_h^{-t}\rho_h^{t-s}|\partial^{\boldsymbol{\alpha}}v|^2\,\mathrm{d}\boldsymbol{x}\\ \leqslant&\sum_{T\in\mathcal{T}_h}\sum_{|\boldsymbol{\alpha}|=m}\int_T\rho_h^{-t}|\partial^{\boldsymbol{\alpha}}v|^2\,\mathrm{d}\boldsymbol{x}\max_{\boldsymbol{x}\in\Omega}\rho_h^{t-s}(\boldsymbol{x},\boldsymbol{y}),\end{aligned}$$

因为

$$\min_{\boldsymbol{x}\in\Omega}\rho_h(\boldsymbol{x},\boldsymbol{y})\geqslant h^2,$$

并且 $t-s<0$, 所以不等式 (11.1.5) 成立. □

在本章和下一章中, 假设常数 $C$ 及 $\lesssim$, $\gtrsim$ 和 $\eqsim$ 中涉及的常数都与 $\boldsymbol{y}$ 无关.

**引理 11.1.3** 对于权范数, 下面的不等式成立:

$$|w|_{0,(1),h}\lesssim(1+|\ln h|^{\frac{1}{2}})\|w\|_{0,\infty,\Omega},\quad \forall w\in L^\infty(\Omega), \tag{11.1.6}$$

$$|(\varphi,\psi)|\leqslant|\varphi|_{0,(s),h}|\psi|_{0,(-s),h},\quad \forall\varphi,\psi\in L^2(\Omega). \tag{11.1.7}$$

**证明** 令 $w\in L^\infty(\Omega)$, 则

$$|w|^2_{0,(1),h}\leqslant\|w\|^2_{0,\infty,\Omega}\int_\Omega\frac{1}{\|\boldsymbol{x}-\boldsymbol{y}\|^2+h^2}\,\mathrm{d}\boldsymbol{x},$$

同时由 $\Omega$ 的有界性可以得到

$$\int_{\Omega} \frac{1}{\|\boldsymbol{x}-\boldsymbol{y}\|^2+h^2}\,\mathrm{d}\boldsymbol{x} \lesssim 1+|\ln h|.$$

不等式 (11.1.6) 为真.

不等式 (11.1.7) 可以由 Schwarz 不等式直接得到. □

**引理 11.1.4** 设 $s$ 是一整数, $V_{h0}$ 对应的有限元簇 $\mathcal{F}$ 是仿射连续和尺度不变的, 并且存在整数 $r>\kappa$, 使得对 $\mathcal{F}$ 中的任意有限元 $(T,P_T,\boldsymbol{D}_T)$ 都有 $P_r(T)\subset P_T$, 则当 $0\leqslant j\leqslant r+1$ 时, 对任意 $T\in\mathcal{T}_h$,

$$|v-\Pi_T v|_{j,(s),h,T} \lesssim h_T^{r+1-j}|v|_{r+1,(s),h,T},\quad \forall v\in H^{r+1}(T). \tag{11.1.8}$$

**证明** 从 $|\cdot|_{j,(s),h,T}$ 的定义得到

$$|v-\Pi_T v|_{j,(s),h,T} \leqslant |\rho_h^{-s}|_{0,\infty,T}^{1/2}|v-\Pi_T v|_{j,T}, \tag{11.1.9}$$

所以, 定理 3.3.1 导致

$$|v-\Pi_T v|_{j,(s),h,T} \lesssim h_T^{r+1-j}|\rho_h^{-s}|_{0,\infty,T}^{1/2}|v|_{r+1,T}. \tag{11.1.10}$$

对 $\boldsymbol{x}\in T$, 由式 (11.1.4) 有

$$|\rho_h^{-s}|_{0,\infty,T} \lesssim \rho_h^{-s}(\boldsymbol{x},\boldsymbol{y}),$$

因此

$$|\rho_h^{-s}|_{0,\infty,T}|v|_{r+1,T}^2 \lesssim |v|_{r+1,(s),h,T}^2. \tag{11.1.11}$$

结合式 (11.1.9) ~ 式 (11.1.11) 就得到了不等式 (11.1.8). □

类似地, 可以证明下面的引理:

**引理 11.1.5** 给定正整数 $r$ 和整数 $s$,

$$|p|_{i,(s),h,T} \lesssim h_T^{j-i}|p|_{j,(s),h,T},\quad \forall p\in P_r(T),\ j\leqslant i\in\{0\}+\mathbb{N} \tag{11.1.12}$$

对所有 $T\in\mathcal{T}_h$ 和所有 $h$ 成立.

## 11.2 正则 Green 函数

对区域 $B\subset\mathbf{R}^2$, 定义

$$a_B(v,w)=\int_B\left(\frac{\partial v}{\partial x_1}\frac{\partial w}{\partial x_1}+\frac{\partial v}{\partial x_2}\frac{\partial w}{\partial x_2}\right)\mathrm{d}\boldsymbol{x},\quad \forall v,w\in H^1(B). \tag{11.2.1}$$

当 $B=\Omega$ 时, $a_B(\cdot,\cdot)$ 简单地记为 $a(\cdot,\cdot)$. 定义

$$a_h(v,w)=\sum_{T\in\mathcal{T}_h}a_T(v,w),\quad \forall v,w\in H^1(\mathcal{T}_h). \tag{11.2.2}$$

设 $f\in L^2(\Omega)$. Poisson 方程齐次 Dirichlet 边值问题的变分形式为：求 $u\in H_0^1(\Omega)$, 使得

$$a(u,v)=(f,v),\quad \forall v\in H_0^1(\Omega). \tag{11.2.3}$$

相应的有限元问题为：求 $u_h\in V_{h0}$, 使得

$$a_h(u_h,v_h)=(f,v_h),\quad \forall v_h\in V_{h0}. \tag{11.2.4}$$

令 $k$ 是足够大的正整数. 对 $\boldsymbol{y}\in\bar{\Omega}$, 令 $T'\in\mathcal{T}_h$ 是包含 $\boldsymbol{y}$ 的单元, 定义 $q\in P_k(T')$ 如下：

$$\int_{T'}qp\,\mathrm{d}\boldsymbol{x}=p(\boldsymbol{y}),\quad \forall p\in P_k(T'). \tag{11.2.5}$$

定义 $\delta_h\in L^2(\Omega)$ 为

$$\delta_h(\boldsymbol{x})=\begin{cases}q(\boldsymbol{x}), & x\in T',\\ 0, & \text{其他}.\end{cases} \tag{11.2.6}$$

利用逆不等式得

$$\|q\|_{0,T'}^2=q(\boldsymbol{y})\leqslant|q|_{0,\infty,T'}\lesssim h^{-1}\|q\|_{0,T'},$$

因此,

$$\|q\|_{0,T'}\lesssim h^{-1}.$$

定义 (11.2.6) 意味着

$$\|\delta_h\|_{0,\Omega}\lesssim h^{-1}. \tag{11.2.7}$$

相应于函数 $\delta_h$, 令 $G_h\in H_0^1(\Omega)$ 是下面问题的解：

$$a(G_h,v)=(\delta_h,v),\quad \forall v\in H_0^1(\Omega). \tag{11.2.8}$$

称 $G_h$ 为正则 Green 函数. $G_h$ 的有限元解 $g_h\in V_{h0}$ 定义为问题

$$a_h(g_h,v_h)=(\delta_h,v_h),\quad \forall v_h\in V_{h0} \tag{11.2.9}$$

的解. 因为 $\Omega$ 是凸的, 所以 $G_h\in H^2(\Omega)$, 并且

$$\|G_h\|_{2,\Omega}\lesssim h^{-1}. \tag{11.2.10}$$

**引理 11.2.1** 对于满足式 (11.2.8) 的正则 Green 函数 $G_h$,

$$|G_h|_{1,\Omega} \lesssim 1 + |\ln h|^{\frac{1}{2}}, \tag{11.2.11}$$

$$|G_h|_{2,(-1),h} \lesssim 1 + |\ln h|^{\frac{1}{2}}. \tag{11.2.12}$$

**证明** 令 $v_h \in H_0^1(\Omega)$ 是 $G_h$ 对应于 $\mathcal{T}_h$ 的线性或双线性插值多项式. 由式 (11.2.5) ~ 式 (11.2.8), 引理 10.5.1 和插值理论有

$$\begin{aligned}
|G_h|_{1,\Omega}^2 &= a(G_h, G_h) = (\delta_h, G_h) = (\delta_h, G_h - v_h) + (\delta_h, v_h) \\
&\leqslant \|\delta_h\|_{0,\Omega} \|G_h - v_h\|_{0,\Omega} + |v_h(\boldsymbol{y})| \\
&\lesssim h|G_h|_{2,\Omega} + (1 + |\ln h|^{\frac{1}{2}})|v_h|_{1,\Omega} \\
&\lesssim h|G_h|_{2,\Omega} + (1 + |\ln h|^{\frac{1}{2}})(|G_h|_{1,\Omega} + |G_h - v_h|_{1,\Omega}) \\
&\lesssim (1 + |\ln h|^{\frac{1}{2}})(h|G_h|_{2,\Omega} + |G_h|_{1,\Omega}),
\end{aligned}$$

于是从不等式 (11.2.10) 得到下面的估计:

$$|G_h|_{1,\Omega}^2 \lesssim (1 + |\ln h|^{\frac{1}{2}})(1 + |G_h|_{1,\Omega}), \tag{11.2.13}$$

因此,

$$|G_h|_{1,\Omega} \lesssim 1 + |\ln h|^{\frac{1}{2}} + (1 + |\ln h|^{\frac{1}{2}})^{1/2}.$$

因为

$$(1 + |\ln h|^{\frac{1}{2}})^{1/2} \leqslant 1 + |\ln h|^{\frac{1}{2}},$$

所以不等式 (11.2.11) 成立.

现在考虑不等式 (11.2.12). 从 $\rho_h$ 的定义得

$$|G_h|_{2,(-1),h}^2 = \sum_{i=1}^{2} \sum_{|\boldsymbol{\alpha}|=2} \int_\Omega |\partial^{\boldsymbol{\alpha}} G_h|^2 (x_i - y_i)^2 \,\mathrm{d}\boldsymbol{x} + h^2 \sum_{|\boldsymbol{\alpha}|=2} \int_\Omega |\partial^{\boldsymbol{\alpha}} G_h|^2 \,\mathrm{d}\boldsymbol{x}. \tag{11.2.14}$$

对于式 (11.2.14) 右端的第二项, 从不等式 (11.2.10) 得到

$$h^2 \sum_{|\boldsymbol{\alpha}|=2} \int_\Omega |\partial^{\boldsymbol{\alpha}} G_h|^2 \,\mathrm{d}\boldsymbol{x} \lesssim 1. \tag{11.2.15}$$

经过简单的计算, 得到下面的等式:

$$\begin{aligned}
&\frac{\partial^2}{\partial x_1^2}((x_1-y_1)G_h)=(x_1-y_1)\frac{\partial^2 G_h}{\partial x_1^2}+2\frac{\partial G_h}{\partial x_1},\\
&\frac{\partial^2}{\partial x_2^2}((x_1-y_1)G_h)=(x_1-y_1)\frac{\partial^2 G_h}{\partial x_2^2},\\
&\frac{\partial^2}{\partial x_1\partial x_2}((x_1-y_1)G_h)=(x_1-y_1)\frac{\partial^2 G_h}{\partial x_1\partial x_2}+\frac{\partial G_h}{\partial x_2},\\
&\Delta((x_1-y_1)G_h)=(x_1-y_1)\Delta G_h+2\frac{\partial G_h}{\partial x_1},
\end{aligned}$$

因而

$$\sum_{|\boldsymbol{\alpha}|=2}\int_\Omega |\partial^{\boldsymbol{\alpha}} G_h|^2(x_1-y_1)^2\,\mathrm{d}\boldsymbol{x}\lesssim |(x_1-y_1)G_h|_{2,\Omega}^2+|G_h|_{1,\Omega}^2. \tag{11.2.16}$$

显然, $(x_1-y_1)G_h\in H^2(\Omega)\cap H_0^1(\Omega)$, 并且

$$\|\Delta((x_1-y_1)G_h)\|_{0,\Omega}\leqslant\|(x_1-y_1)\delta_h\|_{0,\Omega}+2|G_h|_{1,\Omega}.$$

因为式 (11.2.6), 式 (11.2.11) 和 $\delta_h$ 在 $T'$ 外为 0, 并且在 $T'$ 上 $|x_1-y_1|\leqslant h$, 所以

$$\|\Delta((x_1-y_1)G_h)\|_{0,\Omega}\lesssim 1+|\ln h|^{\frac{1}{2}}, \tag{11.2.17}$$

因此,

$$|(x_1-y_1)G_h|_{2,\Omega}\lesssim 1+|\ln h|^{\frac{1}{2}}. \tag{11.2.18}$$

不等式 (11.2.16), 式 (11.2.18) 和式 (11.2.11) 导致

$$\sum_{|\boldsymbol{\alpha}|=2}\int_\Omega |\partial^{\boldsymbol{\alpha}} G_h|^2(x_i-y_i)^2\,\mathrm{d}\boldsymbol{x}\lesssim (1+|\ln h|^{\frac{1}{2}})^2 \tag{11.2.19}$$

对 $i=1$ 成立. 类似地, 它对 $i=2$ 也成立.

由式 (11.2.14), 式 (11.2.15) 和式 (11.2.19) 得到不等式 (11.2.12). □

## 11.3 协 调 元

令 $r\geqslant 1$, $(T,P_T,\boldsymbol{D}_T)$ 是 $r$ 次三角形元. 4.1 节的结果和式 (11.2.10) 给出

$$\|G_h-g_h\|_{0,\Omega}+h|G_h-g_h|_{1,\Omega}\lesssim h. \tag{11.3.1}$$

**引理 11.3.1** 设 $r \geqslant 1$, $V_{h0}$ 是 $r$ 次三角形元对应的有限元空间. 记 $G_h$ 和 $g_h$ 分别是问题 (11.2.8) 和问题 (11.2.9) 的解, 则

$$|G_h - g_h|_{1,(-1),h} \lesssim h(1 + |\ln h|^{\frac{1}{2}}). \tag{11.3.2}$$

**证明** 对 $v \in H^1(\Omega)$, $\rho_h v$ 的一阶导数可以写成

$$\frac{\partial(\rho_h v)}{\partial x_i} = \rho_h \frac{\partial v}{\partial x_i} + 2(x_i - y_i)v, \quad i = 1, 2, \tag{11.3.3}$$

于是

$$\begin{aligned}
&|G_h - g_h|^2_{1,(-1),h} \\
&= a(G_h - g_h, \rho_h(G_h - g_h)) - 2\sum_{i=1}^{2}\int_{\Omega}(x_i - y_i)\frac{\partial(G_h - g_h)}{\partial x_i}(G_h - g_h)\,\mathrm{d}\boldsymbol{x} \\
&\leqslant |a(G_h - g_h, \rho_h(G_h - g_h))| + 2\sum_{i=1}^{2}\int_{\Omega}\rho_h^{\frac{1}{2}}\left|\frac{\partial(G_h - g_h)}{\partial x_i}(G_h - g_h)\right|\mathrm{d}\boldsymbol{x} \\
&\leqslant |a(G_h - g_h, \rho_h(G_h - g_h))| + 2|G_h - g_h|_{1,(-1),h}\|G_h - g_h\|_{0,\Omega}.
\end{aligned}$$

因此, 由式 (11.3.1) 得到

$$|G_h - g_h|^2_{1,(-1),h} \lesssim |a(G_h - g_h, \rho_h(G_h - g_h))| + h|G_h - g_h|_{1,(-1),h}. \tag{11.3.4}$$

记 $\Pi_T$ 是 $(T, P_T, \boldsymbol{D}_T)$ 对应的插值算子, $\Pi_h$ 是相应于 $\mathcal{T}_h$ 和该有限元的算子. 令 $v_h = \Pi_h G_h$. 由式 (11.1.4), 式 (11.1.7), 式 (11.1.8) 和式 (11.3.3) 推导出

$$\begin{aligned}
|a(G_h - g_h, \rho_h(G_h - v_h))| &\leqslant |G_h - g_h|_{1,(-1),h}|\rho_h(G_h - v_h)|_{1,(1),h} \\
&\lesssim |G_h - g_h|_{1,(-1),h}\big(|G_h - v_h|_{1,(-1),h} + |G_h - v_h|_{0,\Omega}\big) \\
&\lesssim h|G_h - g_h|_{1,(-1),h}\big(|G_h|_{2,(-1),h} + h|G_h|_{2,\Omega}\big).
\end{aligned}$$

又因为式 (11.2.10) 和式 (11.2.12), 所以

$$|a(G_h - g_h, \rho_h(G_h - v_h))| \lesssim (1 + |\ln h|^{\frac{1}{2}})h|G_h - g_h|_{1,(-1),h}. \tag{11.3.5}$$

令 $P_T^0$ 是式 (3.3.12) 定义的投影算子, 记 $w_h = \Pi_h(\rho_h(v_h - g_h))$. 从式 (11.2.8), 式 (11.2.9) 和式 (11.1.7) 得到

$$\begin{aligned}
|a(G_h - g_h, \rho_h(v_h - g_h))| &= |a(G_h - g_h, \rho_h(v_h - g_h) - w_h)| \\
&\leqslant |G_h - g_h|_{1,(-1),h}|\rho_h(v_h - g_h) - w_h|_{1,(1),h}.
\end{aligned}$$

然后, 不等式 (11.1.8) 给出

$$
\begin{aligned}
&|\rho_h(v_h-g_h)-w_h|_{1,(1),h}^2\\
=&\sum_{T\in\mathcal{T}_h}|\rho_h(v_h-g_h)-\Pi_h(\rho_h(v_h-g_h))|_{1,(1),h,T}^2\\
=&\sum_{T\in\mathcal{T}_h}|(\rho_h-P_T^0\rho_h)(v_h-g_h)-\Pi_h((\rho_h-P_T^0\rho_h)(v_h-g_h))|_{1,(1),h,T}^2\\
\lesssim&\, h^2\sum_{T\in\mathcal{T}_h}|(\rho_h-P_T^0\rho_h)(v_h-g_h)|_{2,(1),h,T}^2.
\end{aligned}
$$

因为对 $v\in H^2(T)$ 有

$$
\begin{aligned}
\frac{\partial^2((\rho_h-P_T^0\rho_h)v)}{\partial x_i^2}=&(\rho_h-P_T^0\rho_h)\frac{\partial^2 v}{\partial x_i^2}+4(x_i-y_i)\frac{\partial v}{\partial x_i}+2v,\quad i=1,2,\\
\frac{\partial^2((\rho_h-P_T^0\rho_h)v)}{\partial x_1\partial x_2}=&(\rho_h-P_T^0\rho_h)\frac{\partial^2 v}{\partial x_1\partial x_2}+2(x_1-y_1)\frac{\partial v}{\partial x_2}+2(x_2-y_2)\frac{\partial v}{\partial x_1}
\end{aligned}
$$

和

$$
\begin{aligned}
&|\rho_h-P_T^0\rho_h|_{0,\infty,T}\lesssim h|\rho_h|_{1,\infty,T},\\
&|x_i-y_i|\leqslant\rho_h^{\frac{1}{2}},\quad i=1,2,
\end{aligned}
$$

所以, 利用式 (11.1.5) 和逆不等式得到

$$
\begin{aligned}
&|(\rho_h-P_T^0\rho_h)(v_h-g_h)|_{2,(1),h,T}^2\\
\lesssim&\, h^2|v_h-g_h|_{2,T}^2+|v_h-g_h|_{1,T}^2+|v_h-g_h|_{0,(1),h,T}^2\\
\lesssim&\, |v_h-g_h|_{1,T}^2+h^{-2}|v_h-g_h|_{0,T}^2\\
\lesssim&\, |G_h-v_h|_{1,T}^2+h^{-2}|G_h-v_h|_{0,T}^2+|G_h-g_h|_{1,T}^2+h^{-2}|G_h-g_h|_{0,T}^2,
\end{aligned}
$$

再由式 (11.3.1) 和插值理论推导出

$$
\begin{aligned}
&|\rho_h(v_h-g_h)-w_h|_{1,(1),h}\\
\lesssim&\, h\Big(|G_h-v_h|_{1,\Omega}+h^{-1}|G_h-v_h|_{0,\Omega}+|G_h-g_h|_{1,\Omega}+h^{-1}|G_h-g_h|_{0,\Omega}\Big)\lesssim h.
\end{aligned}
$$

因此,

$$
|a(G_h-g_h,\rho_h(v_h-g_h))|\lesssim h|G_h-g_h|_{1,(-1),h}. \tag{11.3.6}
$$

不等式 (11.3.4) ~ 式 (11.3.6) 导致引理成立. □

**定理 11.3.1** 设 $r \geqslant 1$, $V_{h0}$ 是 $r$ 次三角形元对应的有限元空间. 记 $u$ 和 $u_h$ 分别是问题 (11.2.3) 和问题 (11.2.4) 的解, 则当 $u \in W^{r+1,\infty}(\Omega)$ 时,

$$|u-u_h|_{j,\infty,\Omega} \lesssim h^{r+1-j}(1+|\ln h|)|u|_{r+1,\infty,\Omega}, \quad 0 \leqslant j \leqslant r. \tag{11.3.7}$$

**证明** 令 $v_h = \Pi_h u$, 则

$$|u-u_h|_{j,\infty,\Omega} \leqslant |u-v_h|_{j,\infty,\Omega} + |v_h-u_h|_{j,\infty,\Omega}.$$

由定理 3.3.1 和逆不等式得

$$|u-u_h|_{j,\infty,\Omega} \lesssim h^{r+1-j}|u|_{r+1,\infty,\Omega} + h^{-j}|v_h-u_h|_{0,\infty,\Omega}. \tag{11.3.8}$$

令 $T' \in \mathcal{T}_h$, $\boldsymbol{y} \in T'$ 满足

$$|v_h-u_h|_{0,\infty,\Omega} = |v_h-u_h|_{0,\infty,T'} = |(v_h-u_h)(\boldsymbol{y})|. \tag{11.3.9}$$

由式 (11.2.3), 式 (11.2.4), 式 (11.2.8) 和式 (11.2.9), 则有

$$\begin{aligned}
|(v_h-u_h)(\boldsymbol{y})| =& |(\delta_h, v_h-u_h)| = |a(g_h, v_h-u_h)| \\
=& |a(g_h, u-u_h) + a(g_h, v_h-u)| \\
=& |a(G_h-g_h, u-v_h) + (\Delta G_h, u-v_h)| \\
\leqslant& \ |G_h-g_h|_{1,(-1),h}|u-v_h|_{1,(1),h} + |G_h|_{2,(-1),h}|u-v_h|_{0,(1),h}.
\end{aligned}$$

从式 (11.1.6), 式 (11.2.12) 和式 (11.3.2) 得到

$$|(v_h-u_h)(\boldsymbol{y})| \lesssim (1+|\ln h|^{\frac{1}{2}})^2(h|u-v_h|_{1,\infty,\Omega} + |u-v_h|_{0,\infty,\Omega}).$$

再利用定理 3.3.1 得到

$$|(v_h-u_h)(\boldsymbol{y})| \lesssim (1+|\ln h|^{\frac{1}{2}})^2 h^{r+1}|u|_{r+1,\infty,\Omega}. \tag{11.3.10}$$

综合式 (11.3.8)～式 (11.3.10), 最终得到

$$|u-u_h|_{j,\infty,\Omega} \lesssim (1+|\ln h|^{\frac{1}{2}})^2 h^{r+1-j}|u|_{r+1,\infty,\Omega}.$$

因为 $(1+|\ln h|^{\frac{1}{2}})^2 \lesssim 1+|\ln h|$, 所以不等式 (11.3.7) 成立. □

对于 $r$ 次矩形元, 有类似的结果.

**定理 11.3.2** 设 $r$ 是正整数, $V_{h0}$ 是 $r$ 次矩形元对应的有限元空间. 记 $u$ 和 $u_h$ 分别是问题 (11.2.3) 和问题 (11.2.4) 的解, 则当 $u \in W^{r+1,\infty}(\Omega)$ 时,

$$|u-u_h|_{j,\infty,\Omega} \lesssim h^{r+1-j}(1+|\ln h|)|u|_{r+1,\infty,\Omega}, \quad 0 \leqslant j \leqslant r. \tag{11.3.11}$$

对于 Zienkiewicz 元和三次 Hermite 三角形元, 上面的讨论不能直接重复, 因为 $\Pi_h$ 在 $H^2(\Omega)$ 上没有意义. 这时, 可以使用 3.5 节定义的投影平均算子 $\Pi_{h0}^p$.

**引理 11.3.2** 设 $\Pi_{h0}^p$ 是三次 Hermite 三角形元或 Zienkiewicz 元对应的投影平均算子. 对于给定的整数 $s$, 当 $j=0,1,2$ 时,

$$|v-\Pi_{h0}^p v|_{j,(s),h} \lesssim h^{2-j}|v|_{2,(s),h}, \quad \forall v \in H^2(\Omega)\cap H_0^1(\Omega). \tag{11.3.12}$$

**证明** 令 $v \in H^2(\Omega)\cap H_0^1(\Omega)$. 由不等式 (3.5.35) 和逆不等式得

$$|v-\Pi_{h0}^p v|_{j,(s),h,T}^2 \lesssim h^{4-2j}|\rho^{-s}|_{0,\infty,T}\sum_{T'\in S_h(T)}|v|_{2,T'}^2.$$

因为任意两个在 $S_h(T)$ 中的单元上的点之间的距离小于等于 $3h$, 所以

$$\max_{T'\in S_h(T)}\max_{\boldsymbol{x}'\in T'}\rho_h(\boldsymbol{x}',\boldsymbol{y}) \leqslant 10\min_{T'\in S_h(T)}\min_{\boldsymbol{x}'\in T'}\rho_h(\boldsymbol{x}',\boldsymbol{y}),$$

因此

$$|v-\Pi_{h0}^p v|_{j,(s),h,T}^2 \lesssim h^{4-2j}\sum_{T'\in S_h(T)}|v|_{2,(s),h,T'}^2, \tag{11.3.13}$$

进而

$$|v-\Pi_{h0}^p v|_{j,(s),h}^2 \lesssim h^{4-2j}\sum_{T\in\mathcal{T}_h}\sum_{T'\in S_h(T)}|v|_{2,(s),h,T'}^2, \tag{11.3.14}$$

由此得到引理的结论. □

在引理 11.3.1 的证明中, 将 $G_h$ 的插值多项式 $v_h$ 换成 $\Pi_{h0}^p G_h$, 可以证明不等式 (11.3.2) 对三次 Hermite 三角形元成立.

**定理 11.3.3** 设 $V_{h0}$ 是三次 Hermite 三角形元对应的有限元空间. 记 $u$ 和 $u_h$ 分别是问题 (11.2.3) 和问题 (11.2.4) 的解, 则 $u \in W^{4,\infty}(\Omega)$ 时,

$$|u-u_h|_{j,\infty,\Omega} \lesssim h^{4-j}(1+|\ln h|)|u|_{4,\infty,\Omega}, \quad 0 \leqslant j \leqslant 3. \tag{11.3.15}$$

类似地, 对 Zienkiewicz 元有下面的定理:

**定理 11.3.4** 设 $V_{h0}$ 是 Zienkiewicz 元对应的有限元空间. 记 $u$ 和 $u_h$ 分别是问题 (11.2.3) 和问题 (11.2.4) 的解, 则当 $u \in W^{3,\infty}(\Omega)$ 时,

$$|u-u_h|_{j,\infty,\Omega} \lesssim h^{3-j}(1+|\ln h|)|u|_{3,\infty,\Omega}, \quad 0 \leqslant j \leqslant 2. \tag{11.3.16}$$

## 11.4 非 协 调 元

本节考虑非协调元的情形. 首先令 $(T, P_T, \boldsymbol{D}_T)$ 是 Crouzeix-Raviart 元. 由 5.3 节的结果可知下面的不等式成立:

$$\|G_h - g_h\|_{0,\Omega} + h|G_h - g_h|_{1,h} \lesssim h. \tag{11.4.1}$$

**引理 11.4.1** 设 $V_{h0}$ 是 Crouzeix-Raviart 元对应的有限元空间, $s$ 为一整数, 则对 $v \in H^2(\Omega) \cap H_0^1(\Omega)$, $w \in H_0^1(\Omega)$ 和 $v_h \in V_{h0}$, 下式成立:

$$|a_h(v, w - v_h) + (\Delta v, w - v_h)| \lesssim h|v|_{2,(-s),h}|w - v_h|_{1,(s),h}. \tag{11.4.2}$$

**证明** 用类似于引理 5.3.4 的证明方法, 可以得到

$$|a_h(v, w - v_h) + (\Delta v, w - v_h)| \lesssim h \sum_{T \in \mathcal{T}_h} |v|_{2,T}|w - v_h|_{1,T}. \tag{11.4.3}$$

不等式 (11.1.4) 导致

$$|v|_{2,T}|w - v_h|_{1,T} \lesssim |v|_{2,(-s),h,T}|w - v_h|_{1,(s),h,T}.$$

引理得证. □

与协调元情形一样, 需要证明不等式 (11.3.2) 也成立. 令 $\Pi_T$ 是 Crouzeix-Raviart 元的插值算子, $\Pi_h$ 是 $\mathcal{T}_h$ 和该元对应的插值算子. 记 $v_h = \Pi_h G_h$ 和 $w_h = \Pi_h(\rho_h(v_h - g_h))$. 因为 $\rho_h$ 是连续的, 并且 $v_h - g_h$ 在 $\mathcal{T}_h$ 的所有边的中点连续且在自由边的中点处为零, 所以 $w_h \in V_{h0}$.

用类似于不等式 (11.3.4) ~ 式 (11.3.6) 的证明方法, 可以证明

$$|G_h - g_h|^2_{1,(-1),h} \lesssim |a_h(G_h - g_h, \rho_h(G_h - g_h))| + h|G_h - g_h|_{1,(-1),h}, \tag{11.4.4}$$

$$|a_h(G_h - g_h, \rho_h(G_h - v_h))| \lesssim (1 + |\ln h|^{\frac{1}{2}})h|G_h - g_h|_{1,(-1),h}, \tag{11.4.5}$$

$$|a_h(G_h - g_h, \rho_h(G_h - v_h) - w_h)| \lesssim h|G_h - g_h|_{1,(-1),h}. \tag{11.4.6}$$

由引理 11.4.1, 式 (11.1.8), 式 (11.1.12) 和式 (11.2.12) 有

$$\begin{aligned}|a_h(G_h - g_h, w_h)| &= |a_h(G_h, w_h) + (\Delta G_h, w_h)| \\ &\lesssim h|G_h|_{2,(-1),h}|\Pi_h(\rho_h(v_h - g_h))|_{1,(1),h} \\ &\lesssim h(1 + |\ln h|^{\frac{1}{2}})|\rho_h(v_h - g_h)|_{1,(1),h}.\end{aligned}$$

另一方面, 由式 (11.3.3), 式 (11.4.1), 式 (11.1.12), 式 (11.2.10) 和式 (11.2.12) 得到

$$\begin{aligned}|\rho_h(v_h - g_h)|_{1,(1),h} &\lesssim |v_h - g_h|_{1,(-1),h} + |v_h - g_h|_{0,h}\\ &\lesssim |G_h - g_h|_{1,(-1),h} + |G_h - g_h|_{0,\Omega}\\ &\quad + |v_h - G_h|_{1,(-1),h} + |v_h - G_h|_{0,\Omega}\\ &\lesssim |G_h - g_h|_{1,(-1),h} + h(1 + |\ln h|^{\frac{1}{2}}),\end{aligned}$$

因而

$$|a_h(G_h - g_h, w_h)| \lesssim h(1 + |\ln h|^{\frac{1}{2}})\Big(|G_h - g_h|_{1,(-1),h} + h(1 + |\ln h|^{\frac{1}{2}})\Big). \tag{11.4.7}$$

从不等式 (11.4.4) ~ 式 (11.4.7) 可以推导出不等式 (11.3.2) 在 Crouzeix-Raviart 元的情形下也是成立的. □

**定理 11.4.1**　设 $V_{h0}$ 是 Crouzeix-Raviart 元对应的有限元空间. 记 $u$ 和 $u_h$ 分别是问题 (11.2.3) 和问题 (11.2.4) 的解, 则当 $u \in W^{2,\infty}(\Omega)$ 时,

$$|u - u_h|_{j,\infty,\Omega} \lesssim h^{2-j}(1 + |\ln h|)|u|_{2,\infty,\Omega}, \quad j = 0, 1. \tag{11.4.8}$$

**证明**　令 $v_h = \Pi_h u$, 则

$$|u - u_h|_{j,\infty,\Omega} \leqslant |u - v_h|_{j,\infty,\Omega} + |v_h - u_h|_{j,\infty,\Omega}.$$

由插值定理 3.3.1 和逆不等式得到

$$|u - u_h|_{j,\infty,\Omega} \lesssim (h^{2-j}|u|_{2,\infty,\Omega} + h^{-j}|v_h - u_h|_{0,\infty,\Omega}). \tag{11.4.9}$$

令 $T' \in \mathcal{T}_h$ 和 $\boldsymbol{y} \in T'$ 满足

$$|v_h - u_h|_{0,\infty,\Omega} = |v_h - u_h|_{0,\infty,T'} = |(v_h - u_h)(\boldsymbol{y})|. \tag{11.4.10}$$

由式 (11.2.3), 式 (11.2.4), 式 (11.2.8) 和式 (11.2.9) 有

$$\begin{aligned}(v_h - u_h)(\boldsymbol{y}) =& (\delta_h, v_h - u_h) = a_h(g_h, v_h - u_h)\\ =& a_h(G_h - g_h, u - v_h) + \Big[a_h(u, g_h - G_h) + (\Delta u, g_h - G_h)\Big]\\ &+ \Big[a_h(G_h, v_h - u) + (\Delta G_h, v_h - u)\Big] + (\Delta G_h, u - v_h).\end{aligned}$$

利用式 (11.1.6) ~ 式 (11.1.8), 式 (11.4.2), 式 (11.2.12) 和式 (11.3.2) 有

$$
\begin{aligned}
|(v_h-u_h)(\boldsymbol{y})| \lesssim & |G_h-g_h|_{1,(-1),h}(|u-v_h|_{1,(1),h}+h|u|_{2,(1),h}) \\
& +|G_h|_{2,(-1),h}(h|u-v_h|_{1,(1),h}+|u-v_h|_{0,(1),h}) \\
\lesssim & h^2(1+|\ln h|^{\frac{1}{2}})|u|_{2,(1),h} \lesssim h^2(1+|\ln h|^{\frac{1}{2}})^2|u|_{2,\infty,\Omega}.
\end{aligned}
$$

再由上面的不等式, 式 (11.4.9) 和式 (11.4.10) 就得到了估计式 (11.4.8). □

现在考虑 Wilson 元. 令 $(T,P_T,\boldsymbol{D}_T)$ 是 Wilson 元. 由 5.3 节, 估计式 (11.4.1) 也成立. 与引理 11.4.1 不同, 有下面的引理:

**引理 11.4.2** 设 $V_{h0}$ 是 Wilson 元对应的有限元空间, $s$ 是一整数, 则对 $v\in H^2(\Omega)\cap H_0^1(\Omega)$, $w\in H_0^1(\Omega)$ 和 $v_h\in V_{h0}$, 下式成立:

$$
|a_h(v,w-v_h)+(\Delta v,w-v_h)| \lesssim h^2|v|_{2,(-s),h}|v_h|_{2,(s),h}. \tag{11.4.11}
$$

**证明** 利用 Green 公式得

$$
a_h(v,w)+(\Delta v,w)=0,
$$

因此, 从引理 5.3.4 的证明可以得到

$$
|a_h(v,w-v_h)+(\Delta v,w-v_h)|=|a_h(v,v_h)+(\Delta v,v_h)| \lesssim h^2\sum_{T\in\mathcal{T}_h}|v|_{2,T}|v_h|_{2,T}.
$$

引理得证. □

现在令 $\Pi_T$ 是 Wilson 元对应的插值算子, $\Pi_h$ 是对应于 $\mathcal{T}_h$ 和该元的插值算子. 记 $v_h=\Pi_hG_h$ 和 $w_h=\Pi_h(\rho_h(v_h-g_h))$. 因为 $\rho_h$ 是连续的, 而 $v_h-g_h$ 在 $\mathcal{T}_h$ 的所有顶点连续且在位于 $\partial\Omega$ 上的顶点处为零, 所以 $w_h\in V_{h0}$. 这时, 不等式 (11.4.4) ~ 式 (11.4.6) 仍然成立.

对于不等式 (11.4.7), 从引理 11.4.2 和逆不等式可以得到

$$
\begin{aligned}
|a_h(G_h-g_h,w_h)| &= |a_h(G_h,w_h)+(\Delta G_h,w_h)| \\
&\lesssim h^2|G_h|_{2,(-1),h}|\Pi_h(\rho_h(v_h-g_h))|_{2,(1),h} \\
&\lesssim h(1+|\ln h|^{\frac{1}{2}})|\rho_h(v_h-g_h)|_{1,(1),h},
\end{aligned}
$$

因此, 不等式 (11.4.7) 在 Wilson 元的情形也成立, 进而不等式 (11.3.2) 也成立. □

**定理 11.4.2**　设 $V_{h0}$ 是 Wilson 元对应的有限元空间. 记 $u$ 和 $u_h$ 分别是问题 (11.2.3) 和问题 (11.2.4) 的解, 则当 $u \in W^{2,\infty}(\Omega)$ 时,

$$|u-u_h|_{j,\infty,\Omega} \lesssim h^{2-j}(1+|\ln h|)|u|_{2,\infty,\Omega}, \quad j=0,1. \tag{11.4.12}$$

**证明**　令 $v_h = \Pi_h u$, 只需要证明

$$|a_h(g_h, v_h-u_h)| \lesssim h^2(1+|\ln h|)|u|_{2,\infty,\Omega}. \tag{11.4.13}$$

从式 (11.2.3), 式 (11.2.4), 式 (11.2.8) 和式 (11.2.9) 得

$$\begin{aligned}
&a_h(g_h, v_h-u_h)\\
&= a_h(G_h-g_h, u-v_h) + \Big[a_h(u, g_h-G_h) + (\Delta u, g_h-G_h)\Big]\\
&\quad + \Big[a_h(G_h, v_h-u) + (\Delta G_h, v_h-u)\Big] + (\Delta G_h, u-v_h).
\end{aligned}$$

由于式 (11.1.6) ~ 式 (11.1.8), 式 (11.4.11), 式 (11.2.12) 和式 (11.3.2) 的缘故, 则有

$$\begin{aligned}
|a_h(g_h, v_h-u_h)| &\lesssim |G_h-g_h|_{1,(-1),h}|u-v_h|_{1,(1),h}\\
&\quad + h^2|g_h|_{2,(-1),h}|u|_{2,(1),h}\\
&\quad + |G_h|_{2,(-1),h}(h^2|v_h|_{2,(1),h} + |u-v_h|_{0,(1),h})\\
&\lesssim h^2(1+|\ln h|)(|u|_{2,\infty,\Omega} + |v_h|_{2,\infty,h})\\
&\quad + h^2(1+|\ln h|^{\frac{1}{2}})|u|_{2,\infty,\Omega}|g_h|_{2,(-1),h}.
\end{aligned}$$

另一方面, 由插值理论有

$$|v_h|_{2,\infty,h} \lesssim |u|_{2,\infty,\Omega},$$

而逆不等式, 式 (11.1.8), 式 (11.2.12) 和式 (11.3.2) 给出

$$\begin{aligned}
|g_h|_{2,(-1),h} &\leqslant |\Pi_h G_h - g_h|_{2,(-1),h} + |\Pi_h G_h|_{2,(-1),h}\\
&\lesssim h^{-1}|\Pi_h G_h - g_h|_{1,(-1),h} + |G_h|_{2,(-1),h}\\
&\lesssim h^{-1}|G_h - g_h|_{1,(-1),h} + |G_h|_{2,(-1),h} \lesssim 1+|\ln h|^{\frac{1}{2}}.
\end{aligned}$$

估计式 (11.4.13) 为真. □

到目前为止, 讨论了两个非协调元. 第二类矩形 C-R 元的 $L^\infty$ 误差估计结果与 Crouzeix-Raviart 元相同.

7.1 节描述的 RQC4 元可以用 DSP 方法刻画, 所以可以把它看成是一个非协调元, 它的 $L^\infty$ 误差估计结果正好和 Crouzeix-Raviart 元相同.

最后, 讨论第一类矩形 C-R 元的 $L^\infty$ 误差估计.

**定理 11.4.3** 设 $V_{h0}$ 是第一类矩形 C-R 元对应的有限元空间. 记 $u$ 和 $u_h$ 分别是问题 (11.2.3) 和问题 (11.2.4) 的解, 则当 $u \in W^{2,\infty}(\Omega)$ 时,

$$|u-u_h|_{j,\infty,\Omega} \lesssim h^{2-j}(1+|\ln h|)|u|_{2,\infty,\Omega}, \quad j=0,1. \tag{11.4.14}$$

**证明** 令 $s$ 是一整数. 首先证明对 $v \in H^2(\Omega)\cap H_0^1(\Omega)$, $w \in H_0^1(\Omega)$ 和 $v_h \in V_{h0}$,

$$|a_h(v,w-v_h)+(\Delta v,w-v_h)| \lesssim h|v|_{2,(-s),h}|v_h|_{1,(s),h}. \tag{11.4.15}$$

当 $T \in \mathcal{T}_h$ 时, 令 $\Pi_{\partial T}$ 由式 (7.1.2) 给出. 由式 (6.2.33) 和 $\Pi_{\partial T}$ 性质可以得到

$$\int_{\partial T}(v_h-\Pi_{\partial T}v_h)\nu_i\,\mathrm{d}s=0, \quad i=1,2. \tag{11.4.16}$$

于是

$$\begin{aligned}
&a_h(v,w-v_h)+(\Delta v,w-v_h)\\
=&-a_h(v,v_h)-(\Delta v,v_h)\\
=&-\sum_{i=1}^{2}\sum_{T\in\mathcal{T}_h}\int_{\partial T}\frac{\partial v}{\partial x_i}v_h\nu_i\,\mathrm{d}s=-\sum_{i=1}^{2}\sum_{T\in\mathcal{T}_h}\sum_{F\subset\partial T}\int_F\frac{\partial v}{\partial x_i}v_h(\boldsymbol{\nu}_F)_i\,\mathrm{d}F\\
=&-\sum_{i=1}^{2}\sum_{T\in\mathcal{T}_h}\sum_{F\subset\partial T}\int_F\left(\frac{\partial v}{\partial x_i}-P_F^0\frac{\partial v}{\partial x_i}\right)(v_h-P_F^0v_h)(\boldsymbol{\nu}_F)_i\,\mathrm{d}F\\
&-\sum_{i=1}^{2}\sum_{T\in\mathcal{T}_h}\sum_{F\subset\partial T}\int_F\left(P_F^0\frac{\partial v}{\partial x_i}-P_T^0\frac{\partial v}{\partial x_i}\right)(v_h-\Pi_{\partial T}v_h)(\boldsymbol{\nu}_F)_i\,\mathrm{d}F.
\end{aligned}$$

利用 Schwarz 不等式, 定理 3.3.4, 定理 3.3.5, $\Pi_{\partial T}$ 的性质和定理 3.3.2, 可以得到

$$|a_h(v,w-v_h)+(\Delta v,w-v_h)| \lesssim \sum_{T\in\mathcal{T}_h}h_T|v|_{2,T}|v_h|_{1,T}.$$

由式 (11.1.4) 就得到了式 (11.4.15).

由插值理、当 $s=0$ 时的式 (11.4.15) 和 5.3 节的方法有对于第一类矩形 C-R 元, 式 (11.4.1) 也成立, 再利用定理 11.4.1 的证明方法就可以得到本定理. □

# 第 12 章　薄板弯曲有限元的 $L^\infty$ 误差估计

本章考虑薄板弯曲问题有限元的 $L^\infty$ 误差估计. 12.1 节介绍正则 Green 函数; 12.2 节 ~12.6 节相继讨论协调元、非协调、拟协调元、非传统元和 DSP 元的 $L^\infty$ 误差估计. 本章前 5 节的内容取自于文献 [84]~[87], 12.6 节的内容未见于文献.

设 $\Omega$ 是 $\mathbf{R}^2$ 中的有界凸多边形区域. 对网格尺寸 $h$ $(h \to 0)$, 令 $\mathcal{T}_h$ 是 $\Omega$ 的一个全由三角形或全由各边分别平行于坐标轴的矩形构成的剖分. 在这一章, 总是假设 HT1, HT2, HT4 和逆假设成立.

## 12.1　正则 Green 函数

对 $\boldsymbol{y} \in \bar{\Omega}$ 和 $k \in \{1,2\}$, 令 $T' \in \mathcal{T}_h$ 是包含 $\boldsymbol{y}$ 的单元, 定义 $q \in P_6(T')$ 如下:

$$\int_{T'} qp \,\mathrm{d}\boldsymbol{x} = \frac{\partial p}{\partial x_k}(\boldsymbol{y}), \quad \forall p \in P_6(T'), \tag{12.1.1}$$

定义 $\delta_h \in L^2(\Omega)$ 为

$$\delta_h(\boldsymbol{x}) = \begin{cases} q(\boldsymbol{x}), & \boldsymbol{x} \in T', \\ 0, & \text{其他}. \end{cases} \tag{12.1.2}$$

令 $a(\cdot,\cdot)$ 是由式 (1.3.5) 给出的双线性形式, 薄板弯曲问题的正则 Green 函数 $G_h \in H_0^2(\Omega)$ 是下述问题的解:

$$a(G_h, v) = (\delta_h, v), \quad \forall v \in H_0^2(\Omega). \tag{12.1.3}$$

**引理 12.1.1**　由式 (12.1.2) 定义的 $\delta_h$ 满足

$$h\|\delta_h\|_{0,\Omega} + \|\delta_h\|_{-1,\Omega} + |\delta_h|_{0,(-1),h} \lesssim h^{-1}. \tag{12.1.4}$$

**证明**　首先, 由式 (12.1.1), 式 (12.1.2) 和逆不等式有

$$\|\delta_h\|_{0,\Omega}^2 = \|q\|_{0,T'}^2 = \frac{\partial q}{\partial x_k}(\boldsymbol{y}) \lesssim h^{-2}\|q\|_{0,T'} = h^{-2}\|\delta_h\|_{0,\Omega},$$

因此,

$$\|\delta_h\|_{0,\Omega} \lesssim h^{-2}. \tag{12.1.5}$$

其次, 应用式 (12.1.5) 和下面的不等式:

$$\max_{\boldsymbol{x}\in T'} \rho_h(\boldsymbol{x},\boldsymbol{y}) \leqslant 2h^2,$$

可以得到

$$\begin{aligned}|\delta_h|^2_{0,(-1),h} =&|q|^2_{0,(-1),h,T'} \leqslant 2h^2\|q\|^2_{0,T'}\\ =&2h^2\|\delta_h\|^2_{0,\Omega} \lesssim h^{-2},\end{aligned}$$

所以

$$|\delta_h|_{0,(-1),h} \lesssim h^{-1}. \tag{12.1.6}$$

最后, 由 $\delta_h$ 的定义,

$$\|\delta_h\|_{-1,\Omega} = \sup_{0\neq v\in H_0^1(\Omega)} \frac{(\delta_h,v)}{\|v\|_{1,\Omega}} = \sup_{0\neq v\in H_0^1(\Omega)} \frac{1}{\|v\|_{1,\Omega}}\int_{T'} qv\,\mathrm{d}\boldsymbol{x}.$$

由定理 3.3.3, 式 (12.1.1), 式 (12.1.2) 和式 (12.1.5) 得到

$$\begin{aligned}\left|\int_{T'} qv\,\mathrm{d}\boldsymbol{x}\right| =& \left|\int_{T'} qP^0_{T'}v\,\mathrm{d}\boldsymbol{x} + \int_{T'} q(v-P^0_{T'}v)\,\mathrm{d}\boldsymbol{x}\right| = \left|\int_{T'} q(v-P^0_{T'}v)\,\mathrm{d}\boldsymbol{x}\right|\\ \lesssim&\ h\|q\|_{0,T'}|v|_{1,T'} \lesssim h\|\delta_h\|_{0,\Omega}\|v\|_{1,\Omega} \lesssim h^{-1}\|v\|_{1,\Omega}.\end{aligned}$$

于是

$$\|\delta_h\|_{-1,\Omega} \lesssim h^{-1}. \tag{12.1.7}$$

引理得证. □

在讨论正则 Green 函数的性质之前, 定义两个算子 $\tilde{\Pi}^1_T$ 和 $\tilde{\Pi}^2_T$.

对于 $T\in\mathcal{T}_h$ 和 $v\in H^1(T)$, 当 $T$ 是三角形时 $\tilde{\Pi}^1_T v\in P_1(T)$, 否则 $\tilde{\Pi}^1_T v\in P_1(T)+\mathrm{span}\,\{\xi_1^2-\xi_2^2\}$; 在 $T$ 的每条边上 $\tilde{\Pi}^1_T v$ 在该边上的积分平均值与 $v$ 的相同. 当 $p\in P_1(T)$ 时, $p$ 在 $T$ 的一条边上的积分平均值等于它在该边上中点的值, 所以 $p\in P_1(T)$ 时 $\tilde{\Pi}^1_T p=p$. 定义 $\tilde{\Pi}^1_h$ 如下: 对任意 $v\in H^1(\Omega)$,

$$\tilde{\Pi}^1_h v|_T = \tilde{\Pi}^1_T(v|_T), \quad \forall T\in\mathcal{T}_h.$$

由插值理论可以得到

$$|v-\tilde{\Pi}^1_h v|_{j,h} \lesssim h^{1-j}|v|_{1,\Omega}, \quad j=0,1,\ \forall v\in H^1(\Omega). \tag{12.1.8}$$

容易验证, 当 $v\in H_0^1(\Omega)$ 时, $\tilde{\Pi}^1_h v$ 属于 Crouzeix-Raviart 元或第二类矩形 C-R 元对应的有限元空间 $V_{h0}$, 参见 2.4 节和 2.5 节.

对于 $T \in \mathcal{T}_h$ 和 $v \in H^2(T)$, 当 $T$ 是三角形时 $\tilde{\Pi}_T^2 v \in P_2(T)$, 否则 $\tilde{\Pi}_T^2 v \in P_2(T)+$ span $\{x_1^3, x_2^3\}$; 在 $T$ 的顶点处 $\tilde{\Pi}_T^2 v$ 与 $v$ 相等, 在 $T$ 的每条边上, $\tilde{\Pi}_T^2 v$ 的法向导数在该边上的积分平均值与 $v$ 的相等. 当 $p \in P_2(T)$ 时, $p$ 在每个边上的法向导数的积分平均值等于其法向导数在该边中点的值, 所以当 $p \in P_2(T)$ 时, $\tilde{\Pi}_T^2 p = p$. 对任意 $v \in H^2(\Omega)$ 定义 $\tilde{\Pi}_h^2$ 为

$$\tilde{\Pi}_h^2 v|_T = \tilde{\Pi}_T^2 (v|_T), \quad \forall T \in \mathcal{T}_h.$$

由插值理论得到

$$|v - \tilde{\Pi}_h^2 v|_{j,h} \lesssim h^{2-j} |v|_{2,\Omega}, \quad 0 \leqslant j \leqslant 2, \ \forall v \in H^2(\Omega). \tag{12.1.9}$$

可以验证, 当 $v \in H_0^2(\Omega)$ 时, $\tilde{\Pi}_h^2 v$ 属于 Morley 元 (或矩形 Morley 元) 对应的有限元空间 $V_{h0}$ (见 2.6 节和 2.7 节). □

**引理 12.1.2** 对于满足式 (12.1.3) 的正则 Green 函数 $G_h$,

$$|G_h|_{3,\Omega} \lesssim h^{-1}, \tag{12.1.10}$$

$$|G_h|_{2,\Omega} \lesssim 1 + |\ln h|^{\frac{1}{2}}, \tag{12.1.11}$$

$$|G_h|_{3,(-1),h} \lesssim 1 + |\ln h|^{\frac{1}{2}}. \tag{12.1.12}$$

**证明** 不等式 (12.1.10) 可以从式 (12.1.7) 和式 (1.3.4) 直接得到. 由式 (12.1.3), 式 (12.1.5), 式 (12.1.9) 和定理 10.5.1 可以推导出

$$\begin{aligned}
|G_h|_{2,\Omega}^2 &\lesssim a(G_h, G_h) = (\delta_h, G_h) \\
&= (\delta_h, \tilde{\Pi}_h^2 G_h) + (\delta_h, G_h - \tilde{\Pi}_h^2 G_h) \\
&\lesssim \left| \frac{\partial \tilde{\Pi}_h^2 G_h}{\partial x_k}(\boldsymbol{y}) \right| + h^2 \|\delta_h\|_{0,\Omega} |G_h|_{2,\Omega} \\
&\lesssim (1 + |\ln h|^{\frac{1}{2}}) |\tilde{\Pi}_h^2 G_h|_{2,h} + |G_h|_{2,\Omega} \\
&\lesssim (1 + |\ln h|^{\frac{1}{2}}) |G_h|_{2,\Omega},
\end{aligned}$$

所以不等式 (12.1.11) 为真.

由权函数的定义及下列等式:

$$\frac{\partial^3((x_1 - y_1)G_h)}{\partial x_1^3} = (x_1 - y_1)\frac{\partial^3 G_h}{\partial x_1^3} + 3\frac{\partial^2 G_h}{\partial x_1^2}, \quad \cdots,$$

$$\frac{\partial^3((x_2 - y_2)G_h)}{\partial x_1^3} = (x_2 - y_2)\frac{\partial^3 G_h}{\partial x_1^3}, \quad \cdots,$$

可以得到

$$
\begin{aligned}
|G_h|_{3,(-1),h}^2 &= \sum_{|\boldsymbol{\alpha}|=3}\sum_{i=1}^{2}|(x_i-y_i)\partial^{\boldsymbol{\alpha}}G_h|_{0,\Omega}^2+h^2|G_h|_{3,\Omega}^2 \\
&\lesssim \sum_{i=1}^{2}|(x_i-y_i)G_h|_{3,\Omega}^2+|G_h|_{2,\Omega}^2+h^2|G_h|_{3,\Omega}^2.
\end{aligned}
$$

不等式 (12.1.10) 和式 (12.1.11) 给出

$$
|G_h|_{3,(-1),h}^2 \lesssim \sum_{i=1}^{2}|(x_i-y_i)G_h|_{3,\Omega}^2+(1+|\ln h|^{\frac{1}{2}})^2. \tag{12.1.13}
$$

定义 $\psi_i=\Delta^2((x_i-y_i)G_h)\,(i=1,2)$, 则

$$
\psi_1=(x_1-y_1)\delta_h+4\frac{\partial^3 G_h}{\partial x_1^3}+2\frac{\partial^3 G_h}{\partial x_1\partial x_2^2},
$$

$$
\psi_2=(x_2-y_2)\delta_h+4\frac{\partial^3 G_h}{\partial x_2^3}+2\frac{\partial^3 G_h}{\partial x_1^2\partial x_1}.
$$

对任意 $v\in H_0^1(\Omega)$ 有

$$
\begin{aligned}
(\psi_1,v)=&((x_1-y_1)\delta_h,v)+4\left(\frac{\partial^3 G_h}{\partial x_1^3},v\right)+2\left(\frac{\partial^3 G_h}{\partial x_1\partial x_2^2},v\right) \\
=&((x_1-y_1)\delta_h,\tilde{\Pi}_h^1 v)+((x_1-y_1)\delta_h,v-\tilde{\Pi}_h^1 v) \\
&-4\left(\frac{\partial^2 G_h}{\partial x_1^2},\frac{\partial v}{\partial x_1}\right)-2\left(\frac{\partial^2 G_h}{\partial x_2^2},\frac{\partial v}{\partial x_1}\right).
\end{aligned}
$$

应用式 (12.1.1), 式 (12.1.2), 式 (12.1.5), 式 (12.1.8), 式 (12.1.11) 和定理 10.5.1 得

$$
\begin{aligned}
|(\psi_1,v)| \lesssim\;& h^2\|\delta_h\|_{0,\Omega}(|\tilde{\Pi}_h^1 v|_{0,\infty,\Omega}+|v|_{1,\Omega})+|G_h|_{2,\Omega}|v|_{1,\Omega} \\
\lesssim\;& (1+|\ln h|^{\frac{1}{2}})(|\tilde{\Pi}_h^1 v|_{1,h}+|v|_{1,\Omega}) \\
\lesssim\;& (1+|\ln h|^{\frac{1}{2}})|v|_{1,\Omega}.
\end{aligned}
$$

进一步

$$
\|\psi_1\|_{-1,\Omega}=\sup_{0\neq v\in H_0^1(\Omega)}\frac{(\psi_1,v)}{\|v\|_{1,\Omega}}\lesssim 1+|\ln h|^{\frac{1}{2}}.
$$

类似地,

$$
\|\psi_2\|_{-1,\Omega}\lesssim 1+|\ln h|^{\frac{1}{2}}.
$$

因此,

$$\sum_{i=1}^{2}|(x_i-y_i)G_h|_{3,\Omega}^2 \lesssim \sum_{i=1}^{2}\|\psi_i\|_{-1,\Omega}^2 \lesssim (1+|\ln h|^{\frac{1}{2}})^2. \tag{12.1.14}$$

不等式 (12.1.13) 和式 (12.1.14) 导致不等式 (12.1.12) 成立. □

## 12.2 协 调 元

令 $(T,P_T,\boldsymbol{D}_T)$ 是 Argyris 元, $V_{h0}$ 是相应的有限元空间. 对 $f\in L^2(\Omega)$ 考虑下列问题: 求 $u\in H_0^2(\Omega)$ 满足

$$a(u,v)=(f,v),\quad \forall v\in H_0^2(\Omega) \tag{12.2.1}$$

和求 $u_h\in V_{h0}$ 满足

$$a(u_h,v_h)=(f,v_h),\quad \forall v_h\in V_{h0}. \tag{12.2.2}$$

令 $g_h\in V_{h0}$ 是 $G_h$ 的有限元解, 即 $g_h$ 是问题

$$a(g_h,v_h)=(\delta_h,v_h),\quad \forall v_h\in V_{h0} \tag{12.2.3}$$

的解. 由式 (12.1.10) 和 4.2 节的结果有

$$\|G_h-g_h\|_{1,\Omega}+h|G_h-g_h|_{2,\Omega}\lesssim h. \tag{12.2.4}$$

类似于引理 11.3.2, 有下面的引理:

**引理 12.2.1** 令 $\Pi_{h0}^p$ 是 Argyris 元对应的投影平均算子. 对整数 $s$, 当 $0\leqslant j\leqslant 3$ 时有

$$|v-\Pi_{h0}^p v|_{j,(s),h}\lesssim h^{3-j}|v|_{3,(s),h},\quad \forall v\in H^3(\Omega)\cap H_0^2(\Omega). \tag{12.2.5}$$

与讨论二阶椭圆问题的情形一样, 需要估计 $|G_h-g_h|_{2,(-1),h}$.

**引理 12.2.2** 令 $V_{h0}$ 是 Argyris 元对应的有限元空间, $G_h$ 是问题 (12.1.3) 的解, $g_h$ 是问题 (12.2.3) 的解, 则

$$|G_h-g_h|_{2,(-1),h}\lesssim h(1+|\ln h|^{\frac{1}{2}}). \tag{12.2.6}$$

**证明** 记 $\boldsymbol{e}_1=(1,0),\boldsymbol{e}_2=(0,1)$, 由权范数的定义可以得到

$$\begin{aligned}|G_h-g_h|_{2,(-1),h}^2\lesssim &\int_\Omega \rho_h\Big\{\Big(\Delta(G_h-g_h)\Big)^2+2(1-\sigma)\Big(\partial^{\boldsymbol{e}_1+\boldsymbol{e}_2}(G_h-g_h)\Big)^2\\&-2(1-\sigma)\partial^{\boldsymbol{e}_1+\boldsymbol{e}_1}(G_h-g_h)\partial^{\boldsymbol{e}_2+\boldsymbol{e}_2}(G_h-g_h)\Big\}\mathrm{d}\boldsymbol{x}.\end{aligned}$$

经过简单的计算有

$$|G_h - g_h|^2_{2,(-1),h} \lesssim |a(G_h - g_h, \rho_h(G_h - g_h))| + \sum_{i=1}^{2}\left|\left(\partial^{\boldsymbol{e}_i+\boldsymbol{e}_i}(G_h - g_h), G_h - g_h\right)\right|$$

$$+ \sum_{i=1}^{2}\sum_{|\boldsymbol{\alpha}|=2}\int_\Omega |\partial^{\boldsymbol{\alpha}}(G_h - g_h)|\rho_h^{\frac{1}{2}}\left|\partial^{\boldsymbol{e}_i}(G_h - g_h)\right| \mathrm{d}\boldsymbol{x}.$$

应用 Green 公式和 Schwarz 不等式得

$$\left(\partial^{\boldsymbol{e}_i+\boldsymbol{e}_i}(G_h - g_h), G_h - g_h\right) = -\int_\Omega \left(\partial^{\boldsymbol{e}_i}(G_h - g_h)\right)^2 \mathrm{d}\boldsymbol{x},$$

$$\sum_{i=1}^{2}\sum_{|\boldsymbol{\alpha}|=2}\int_\Omega |\partial^{\boldsymbol{\alpha}}(G_h - g_h)|\rho_h^{\frac{1}{2}}\left|\partial^{\boldsymbol{e}_i}(G_h - g_h)\right| \mathrm{d}\boldsymbol{x} \leqslant |G_h - g_h|_{2,(-1),h}|G_h - g_h|_{1,\Omega}.$$

所以, 由不等式 (12.2.4) 得到

$$|G_h - g_h|^2_{2,(-1),h} \lesssim |a(G_h - g_h, \rho_h(G_h - g_h))| + h|G_h - g_h|_{2,(-1),h} + h^2. \quad (12.2.7)$$

令 $v_h = \Pi^p_{h0}G_h$, 则由式 (11.1.7) 得到

$$|a(G_h - g_h, \rho_h(G_h - v_h))| \lesssim |G_h - g_h|_{2,(-1),h}|\rho_h(G_h - v_h)|_{2,(1),h}.$$

同时, 由式 (11.1.5) 和式 (12.2.5) 得

$$\begin{aligned}
|\rho_h(G_h - v_h)|_{2,(1),h} &\lesssim |G_h - v_h|_{2,(-1),h} + |G_h - v_h|_{1,\Omega} + |G_h - v_h|_{0,(1),h} \\
&\lesssim h(|G_h|_{3,(-1),h} + h|G_h|_{3,\Omega} + h^2|G_h|_{3,(1),h}) \\
&\lesssim h(|G_h|_{3,(-1),h} + h|G_h|_{3,\Omega}).
\end{aligned}$$

这样, 不等式 (12.1.10) 和式 (12.1.11) 就给出

$$|a(G_h - g_h, \rho_h(G_h - v_h))| \lesssim (1 + |\ln h|^{\frac{1}{2}})h|G_h - g_h|_{2,(-1),h}. \quad (12.2.8)$$

记对应 Argyris 元和 $\mathcal{T}_h$ 的插值算子为 $\Pi_h$. 从式 (12.1.3), 式 (12.2.3), 式 (11.1.7) 和式 (11.1.8) 推导出

$$\begin{aligned}
&|a(G_h - g_h, \rho_h(v_h - g_h)| \\
=&|a(G_h - g_h, \rho_h(v_h - g_h) - \Pi_h(\rho_h(v_h - g_h))| \\
\leqslant&|G_h - g_h|_{2,(-1),h}|\rho_h(v_h - g_h) - \Pi_h(\rho_h(v_h - g_h))|_{2,(1),h},
\end{aligned}$$

$$
\begin{aligned}
&|\rho_h(v_h-g_h)-\Pi_h(\rho_h(v_h-g_h))|_{2,(1),h}^2\\
=&\sum_{T\in\mathcal{T}_h}|(\rho_h-P_T^0\rho_h)(v_h-g_h)-\Pi_h((\rho_h-P_T^0\rho_h)(v_h-g_h))|_{2,(1),h,T}^2\\
\lesssim&\, h^8\sum_{T\in\mathcal{T}_h}|(\rho_h-P_T^0\rho_h)(v_h-g_h)|_{6,(1),h,T}^2.
\end{aligned}
$$

由式 (11.1.5), 式 (12.2.4), 式 (12.2.5), 式 (12.1.10) 和逆不等式得

$$
\begin{aligned}
&\sum_{T\in\mathcal{T}_h}|(\rho_h-P_T^0\rho_h)(v_h-g_h)|_{6,(1),h,T}^2\\
\lesssim&\sum_{T\in\mathcal{T}_h}(h^2|v_h-g_h|_{6,T}^2+|v_h-g_h|_{5,T}^2+|v_h-g_h|_{4,(1),h,T}^2)\\
\lesssim&\ h^{-6}\sum_{T\in\mathcal{T}_h}|v_h-g_h|_{2,T}^2=h^{-6}|v_h-g_h|_{2,\Omega}^2\lesssim h^{-6}.
\end{aligned}
$$

因此,

$$
|a(G_h-g_h,\rho_h(v_h-g_h))|\lesssim h|G_h-g_h|_{2,(-1),h}. \tag{12.2.9}
$$

再由不等式 (12.2.7) ~ 式 (12.2.9) 就得到引理的结论. □

**定理 12.2.1**　设 $V_{h0}$ 是 Argyris 元对应的有限元空间, $u$ 和 $u_h$ 分别是问题 (12.2.1) 和问题 (12.2.2) 的解, 则当 $u\in W^{6,\infty}(\Omega)$ 时,

$$
|u-u_h|_{j,\infty,\Omega}\lesssim h^{6-j}(1+|\ln h|)|u|_{6,\infty,\Omega},\quad 1\leqslant j\leqslant 5, \tag{12.2.10}
$$

并且当 $u\in H^6(\Omega)$ 时,

$$
|u-u_h|_{0,\infty,\Omega}\lesssim h^5(1+|\ln h|^{\frac{1}{2}})|u|_{6,\Omega}. \tag{12.2.11}
$$

**证明**　不等式 (12.2.11) 是定理 10.5.1 和定理 4.2.2 的直接推论.

现在令 $v_h=\Pi_h u$, $1\leqslant j\leqslant 5$, 则

$$
|u-u_h|_{j,\infty,\Omega}\leqslant|u-v_h|_{j,\infty,\Omega}+|v_h-u_h|_{j,\infty,\Omega}.
$$

由定理 3.3.1 和逆不等式得

$$
|u-u_h|_{j,\infty,\Omega}\lesssim h^{6-j}|u|_{6,\infty,\Omega}+h^{1-j}|v_h-u_h|_{1,\infty,\Omega}. \tag{12.2.12}
$$

令 $T'\in\mathcal{T}_h$, $k\in\{1,2\}$ 和 $\boldsymbol{y}\in T'$ 满足

$$
|v_h-u_h|_{1,\infty,\Omega}=|v_h-u_h|_{1,\infty,T'}=\left|\partial^{\boldsymbol{e}_k}(v_h-u_h)(\boldsymbol{y})\right|. \tag{12.2.13}
$$

由式 (12.1.1), 式 (12.2.1), 式 (12.2.2) 和式 (12.2.3) 得到

$$\begin{aligned}\left|\partial^{e_k}(v_h-u_h)(\boldsymbol{y})\right| &= |(\delta_h, v_h-u_h)| = |a(g_h, v_h-u_h)|\\ &= |a(g_h, u-u_h)+a(g_h, v_h-u)|\\ &= |a(G_h-g_h, u-v_h)-(\Delta^2 G_h, u-v_h)|\\ &= \left|a(G_h-g_h, u-v_h)+\sum_{i=1}^{2}\Big(\partial^{e_i}\Delta G_h, \partial^{e_i}(u-v_h)\Big)\right|\\ &\leqslant |G_h-g_h|_{2,(-1),h}|u-v_h|_{2,(1),h}+|G_h|_{3,(-1),h}|u-v_h|_{1,(1),h},\end{aligned}$$

再由式 (11.1.6), 式 (12.1.12) 和式 (12.2.6) 得

$$\left|\partial^{e_k}(v_h-u_h)(\boldsymbol{y})\right| \lesssim (1+|\ln h|^{\frac{1}{2}})^2(h|u-v_h|_{2,\infty,\Omega}+|u-v_h|_{1,\infty,\Omega}).$$

从定理 3.3.1 有

$$\left|\partial^{e_k}(v_h-u_h)(\boldsymbol{y})\right| \lesssim (1+|\ln h|^{\frac{1}{2}})^2 h^5|u|_{6,\infty,\Omega}. \tag{12.2.14}$$

综合式 (12.2.12) ~ 式 (12.2.14), 最终得到

$$|u-u_h|_{j,\infty,\Omega} \lesssim (1+|\ln h|^{\frac{1}{2}})^2 h^{6-j}|u|_{6,\infty,\Omega}.$$

不等式 (12.2.10) 为真. □

对于 Bell 元和 Bogner-Fox-Schmit 元, 类似的结果成立.

**定理 12.2.2** 设 $V_{h0}$ 是 Bell 元对应的有限元空间, $u$ 和 $u_h$ 分别是问题 (12.2.1) 和问题 (12.2.2) 的解, 则当 $u\in W^{5,\infty}(\Omega)$ 时,

$$|u-u_h|_{j,\infty,\Omega} \lesssim h^{5-j}(1+|\ln h|)|u|_{5,\infty,\Omega}, \quad 1\leqslant j\leqslant 4, \tag{12.2.15}$$

并且当 $u\in H^5(\Omega)$ 时,

$$|u-u_h|_{0,\infty,\Omega} \lesssim h^4(1+|\ln h|^{\frac{1}{2}})|u|_{5,\Omega}. \tag{12.2.16}$$

**定理 12.2.3** 设 $V_{h0}$ 是 Bogner-Fox-Schmit 元对应的有限元空间, $u$ 和 $u_h$ 分别是问题 (12.2.1) 和问题 (12.2.2) 的解, 则当 $u\in W^{4,\infty}(\Omega)$ 时,

$$|u-u_h|_{j,\infty,\Omega} \lesssim h^{4-j}(1+|\ln h|)|u|_{4,\infty,\Omega}, \quad 1\leqslant j\leqslant 3, \tag{12.2.17}$$

并且当 $u\in H^4(\Omega)$ 时,

$$|u-u_h|_{0,\infty,\Omega} \lesssim h^3(1+|\ln h|^{\frac{1}{2}})|u|_{4,\Omega}. \tag{12.2.18}$$

## 12.3 非 协 调 元

现在考虑非协调元. 令 $V_{h0}$ 是 Morley 元对应的有限元空间, 双线性形式 $a_h(\cdot,\cdot)$ 由式 (5.4.32) 给出. 问题 (12.2.1) 的有限元逼近为: 求 $u_h \in V_{h0}$ 满足

$$a_h(u_h, v_h) = (f, v_h), \quad \forall v_h \in V_{h0}. \tag{12.3.1}$$

替代问题 (12.2.3), 定义 $g_h \in V_{h0}$ 是问题

$$a_h(g_h, v_h) = (\delta_h, v_h), \quad \forall v_h \in V_{h0} \tag{12.3.2}$$

的解. 由式 (12.1.4), 式 (12.1.10) 和 5.4 节的结果, 下述估计成立:

$$\|G_h - g_h\|_{1,h} + h|G_h - g_h|_{2,h} \lesssim h. \tag{12.3.3}$$

**引理 12.3.1** 设 $V_{h0}$ 是 Morley 元对应的有限元空间, $s$ 是一整数, 则对 $v \in H^3(\Omega) \cap H_0^2(\Omega)$, $\Delta^2 v \in L^2(\Omega)$, $w \in H_0^2(\Omega)$ 和 $v_h \in V_{h0}$, 下式成立:

$$|a_h(v, w-v_h) - (\Delta^2 v, w-v_h)| \lesssim h\big(|v|_{3,(-s),h} + h|\Delta^2 v|_{0,(-s),h}\big)|w-v_h|_{2,(s),h}. \tag{12.3.4}$$

**证明** 利用 5.4 节使用的方法, 可以推导出

$$|a_h(v, w-v_h) - (\Delta^2 v, w-v_h)| \lesssim h \sum_{T\in\mathcal{T}_h} \big(|v|_{3,T} + h|\Delta^2 v|_{0,T}\big)|w-v_h|_{2,T}.$$

在上面不等式的基础上, 可容易地证明本引理. □

对于三角形 $T$, 记线性三角形元对应的插值算子为 $\Pi_T^1$, 相应于 $\mathcal{T}_h$ 的插值算子为 $\Pi_h^1$. 对每个 $v \in H^3(T)$, 定义 $\tilde{\Pi}_T(\rho_h v) \in P_2(T)$如下: $\tilde{\Pi}_T(\rho_h v)$ 在 $T$ 的所有顶点处等于 $\rho_h v$, 在 $T$ 的每条边的中点 $\dfrac{\partial}{\partial \boldsymbol{\nu}}\tilde{\Pi}_T(\rho_h v)$ 等于 $\dfrac{\partial \rho_h}{\partial \boldsymbol{\nu}}\Pi_T^1 v + \rho_h \dfrac{\partial v}{\partial \boldsymbol{\nu}}$. 对 $v_h \in V_{h0}$, 定义 $\tilde{\Pi}_h(\rho_h v_h)$ 为 $\tilde{\Pi}_h(\rho_h v_h)|_T = \tilde{\Pi}_T(\rho_h v_h|_T)$ $(\forall T \in \mathcal{T}_h)$.

令 $\Pi_T, \Pi_h$ 是 Morley 元对应的插值算子. 如果 $v_h \in V_{h0}$, 则 $\tilde{\Pi}_h(\rho_h v_h)$ 属于 $V_{h0}$, 但是 $\Pi_h(\rho_h v_h)$ 不一定.

**引理 12.3.2** 设 $V_{h0}$ 是 Morley 元对应的有限元空间, 则对 $v_h \in V_{h0}$ 和 $T \in \mathcal{T}_h$,

$$|\Pi_T(\rho_h v_h) - \tilde{\Pi}_T(\rho_h v_h)|_{2,T} \lesssim h|v_h|_{2,(-1),h,T}. \tag{12.3.5}$$

**证明** 记

$$\eta = \frac{\partial^2}{\partial x_1^2}\big(\Pi_T(\rho_h v_h) - \tilde{\Pi}_T(\rho_h v_h)\big),$$

则 $\eta$ 在 $T$ 上是常数且由 Green 公式

$$\int_T \eta^2\,\mathrm{d}\boldsymbol{x} = \int_{\partial T} \eta\Big(\nu_1^2 \frac{\partial}{\partial \boldsymbol{\nu}}\big(\Pi_T(\rho_h v_h) - \tilde{\Pi}_T(\rho_h v_h)\big) - \nu_1\nu_2 \frac{\partial}{\partial \boldsymbol{\tau}}\big(\Pi_T(\rho_h v_h) - \tilde{\Pi}_T(\rho_h v_h)\big)\Big)\,\mathrm{d}s.$$

记 $F_i\ (i=1,2,3)$ 是 $T$ 的边, $\check{\boldsymbol{a}}_i$ 是 $F_i$ 的中点. 由 $\Pi_T$ 和 $\tilde{\Pi}_T$ 的定义,

$$\int_T \eta^2\,\mathrm{d}\boldsymbol{x} = \sum_{i=1}^3 \eta(\boldsymbol{\nu}_{F_i})_1^2 |F_i| \big(v_h(\check{\boldsymbol{a}}_i) - \Pi_T^1 v_h(\check{\boldsymbol{a}}_i)\big)\frac{\partial \rho_h}{\partial \boldsymbol{\nu}_{F_i}}(\check{\boldsymbol{a}}_i).$$

注意到

$$\left|\frac{\partial \rho_h}{\partial \boldsymbol{\nu}_{F_i}}\right| \leqslant 2\rho_h^{1/2}, \quad |v_h - \Pi_T^1 v_h|_{0,\infty,T} \lesssim h|v_h|_{2,T},$$

于是得到

$$\int_T \eta^2\,\mathrm{d}\boldsymbol{x} \lesssim \sum_{i=1}^3 h^2|\eta|\rho_h^{1/2}(\check{\boldsymbol{a}}_i)|v_h|_{2,T} \lesssim h|\eta|_{0,T}|v_h|_{2,(-1),h,T},$$

也就是说,

$$|\eta|_{0,T} \lesssim h|v_h|_{2,(-1),h,T}.$$

类似地, 可以讨论另外两个二阶导数, 所以不等式 (12.3.5) 成立. □

**引理 12.3.3** 令 $V_{h0}$ 是 Morley 元对应的有限元空间, $G_h$ 是问题 (12.1.3) 的解, $g_h$ 是问题 (12.3.2) 的解, 则

$$|G_h - g_h|_{2,(-1),h} \lesssim h(1+|\ln h|^{3/4}). \tag{12.3.6}$$

**证明** 类似于协调元有

$$\begin{aligned}
&|G_h - g_h|_{2,(-1),h}^2 \\
\lesssim& \sum_{T\in\mathcal{T}_h}\int_T \rho_h\Big\{\Big(\Delta(G_h-g_h)\Big)^2 + 2(1-\sigma)\Big(\partial^{(1,1)}(G_h-g_h)\Big)^2 \\
&- 2(1-\sigma)\partial^{(2,0)}(G_h-g_h)\partial^{(0,2)}(G_h-g_h)\Big\}\,\mathrm{d}\boldsymbol{x} \\
\lesssim& |a_h(G_h-g_h, \rho_h(G_h-g_h))| + \sum_{i=1}^2\Big|\sum_{T\in\mathcal{T}_h}\int_T \partial^{\boldsymbol{e}_i+\boldsymbol{e}_i}(G_h-g_h)(G_h-g_h)\,\mathrm{d}\boldsymbol{x}\Big| \\
&+ \sum_{i=1}^2\sum_{|\boldsymbol{\alpha}|=2}\sum_{T\in\mathcal{T}_h}\int_T |\partial^{\boldsymbol{\alpha}}(G_h-g_h)|\rho_h^{\frac{1}{2}}\Big|\partial^{\boldsymbol{e}_i}(G_h-g_h)\Big|\,\mathrm{d}\boldsymbol{x}.
\end{aligned}$$

由式 (12.3.3) 得

$$|G_h - g_h|^2_{2,(-1),h} \lesssim |a_h(G_h - g_h, \rho_h(G_h - g_h))| + h|G_h - g_h|_{2,(-1),h} + \sum_{i=1}^{2}\Big|\sum_{T\in\mathcal{T}_h}\int_T \partial^{\boldsymbol{e}_i+\boldsymbol{e}_i}(G_h - g_h)(G_h - g_h)\,\mathrm{d}\boldsymbol{x}\Big|. \quad (12.3.7)$$

记 $w_h = \Pi_h^1(G_h - g_h)$, 则 $w_h \in H_0^1(\Omega)$ 且

$$\begin{aligned}
&\sum_{T\in\mathcal{T}_h}\int_T \partial^{\boldsymbol{e}_i+\boldsymbol{e}_i}(G_h - g_h)(G_h - g_h)\,\mathrm{d}\boldsymbol{x}\\
=&\sum_{T\in\mathcal{T}_h}\int_T \partial^{\boldsymbol{e}_i+\boldsymbol{e}_i}(G_h - g_h)w_h\,\mathrm{d}\boldsymbol{x} + \sum_{T\in\mathcal{T}_h}\int_T \partial^{\boldsymbol{e}_i+\boldsymbol{e}_i}(G_h - g_h)(G_h - g_h - w_h)\,\mathrm{d}\boldsymbol{x}\\
=&\sum_{T\in\mathcal{T}_h}\int_{\partial T} \partial^{\boldsymbol{e}_i}(G_h - g_h)w_h\nu_i\,\mathrm{d}s - \sum_{T\in\mathcal{T}_h}\int_T \partial^{\boldsymbol{e}_i}(G_h - g_h)\partial^{\boldsymbol{e}_i}w_h\,\mathrm{d}\boldsymbol{x}\\
&+\sum_{T\in\mathcal{T}_h}\int_T \partial^{\boldsymbol{e}_i+\boldsymbol{e}_i}(G_h - g_h)(G_h - g_h - w_h)\,\mathrm{d}\boldsymbol{x}.
\end{aligned}$$

因为 $g_h$ 的一阶导数在所有单元内边上的积分平均值通过该边时的跳跃为零, 并且在自由边上的积分平均值为零, 所以

$$\Big|\sum_{T\in\mathcal{T}_h}\int_{\partial T} \partial^{\boldsymbol{e}_i}(G_h - g_h)w_h\nu_i\,\mathrm{d}s\Big| \lesssim h|G_h - g_h|_{2,h}|w_h|_{1,h},$$

因此, 插值理论给出

$$\begin{aligned}
&\Big|\sum_{T\in\mathcal{T}_h}\int_T \partial^{\boldsymbol{e}_i+\boldsymbol{e}_i}(G_h - g_h)(G_h - g_h)\,\mathrm{d}\boldsymbol{x}\Big|\\
\lesssim\ & h^2|G_h - g_h|^2_{2,h} + h|G_h - g_h|_{2,h}|w_h|_{1,h} + |G_h - g_h|_{1,h}|w_h|_{1,h}\\
\lesssim\ & h^2|G_h - g_h|^2_{2,h} + h|G_h - g_h|_{2,h}|G_h - g_h|_{1,h} + |G_h - g_h|^2_{1,h}.
\end{aligned}$$

由式 (12.3.3) 得

$$\Big|\sum_{T\in\mathcal{T}_h}\int_T \partial^{\boldsymbol{e}_i+\boldsymbol{e}_i}(G_h - g_h)(G_h - g_h)\,\mathrm{d}\boldsymbol{x}\Big| \lesssim h^2, \quad i = 1, 2. \quad (12.3.8)$$

令 $v_h = \Pi_h G_h$, 用类似于协调元的方法可以证明下面的不等式:

$$|a_h(G_h - g_h, \rho_h(G_h - v_h))| \lesssim (1 + |\ln h|^{\frac{1}{2}})h|G_h - g_h|_{2,(-1),h}, \quad (12.3.9)$$

$$|a_h(G_h-g_h,\rho_h(v_h-g_h)-\Pi_h(\rho_h(v_h-g_h)))|\lesssim h|G_h-g_h|_{2,(-1),h}. \tag{12.3.10}$$

由式 (11.1.7) 得

$$\begin{aligned}&|a_h(G_h-g_h,\Pi_h(\rho_h(v_h-g_h))-\tilde{\Pi}_h(\rho_h(v_h-g_h)))|\\ \leqslant&|G_h-g_h|_{2,(-1),h}|\Pi_h(\rho_h(v_h-g_h))-\tilde{\Pi}_h(\rho_h(v_h-g_h))|_{2,(1),h},\end{aligned}$$

利用式 (11.1.4), 式 (12.1.10), 式 (12.3.5), 式 (12.3.3) 和插值理论得

$$\begin{aligned}&|\Pi_h(\rho_h(v_h-g_h))-\tilde{\Pi}_h(\rho_h(v_h-g_h))|_{2,(1),h}^2\\ \leqslant&\sum_{T\in\mathcal{T}_h}|\rho_h^{-1}|_{0,\infty,T}|\Pi_h(\rho_h(v_h-g_h))-\tilde{\Pi}_h(\rho_h(v_h-g_h))|_{2,T}^2\\ \lesssim&h^2\sum_{T\in\mathcal{T}_h}|\rho_h^{-1}|_{0,\infty,T}|v_h-g_h|_{2,(-1),h,T}^2\lesssim h^2|v_h-g_h|_{2,h}^2\lesssim h^2,\end{aligned}$$

于是

$$|a_h(G_h-g_h,\Pi_h(\rho_h(v_h-g_h))-\tilde{\Pi}_h(\rho_h(v_h-g_h)))|\lesssim h|G_h-g_h|_{2,(-1),h}. \tag{12.3.11}$$

由式 (12.3.2) 和式 (12.3.4) 得

$$\begin{aligned}&|a_h(G_h-g_h,\tilde{\Pi}_h(\rho_h(v_h-g_h)))|\\ =&|a_h(G_h,\tilde{\Pi}_h(\rho_h(v_h-g_h)))-(\Delta^2G_h,\tilde{\Pi}_h(\rho_h(v_h-g_h)))|\\ \lesssim&h(|G_h|_{3,(-1),h}+h|\delta_h|_{0,(-1),h})|\tilde{\Pi}_h(\rho_h(v_h-g_h))|_{2,(1),h},\end{aligned}$$

再由式 (12.1.4) 和式 (12.1.12) 得到

$$|a_h(G_h-g_h,\tilde{\Pi}_h(\rho_h(v_h-g_h)))|\lesssim(1+|\ln h|^{\frac{1}{2}})h|\tilde{\Pi}_h(\rho_h(v_h-g_h))|_{2,(1),h}.$$

另一方面, 利用式 (12.3.5), 式 (11.1.8), 式 (11.1.5), 式 (11.1.6), 式 (11.1.12) 和定理 10.5.1, 可以推导出

$$\begin{aligned}&|\tilde{\Pi}_h(\rho_h(v_h-g_h))|_{2,(1),h}\\ \leqslant&|\Pi_h(\rho_h(v_h-g_h))-\tilde{\Pi}_h(\rho_h(v_h-g_h))|_{2,(1),h}+|\Pi_h(\rho_h(v_h-g_h))|_{2,(1),h}\\ \lesssim&h|v_h-g_h|_{2,h}+|\Pi_h(\rho_h(v_h-g_h))|_{2,(1),h}\end{aligned}$$

和

$$\begin{aligned}
&|\Pi_h(\rho_h(v_h-g_h))|_{2,(1),h}\\
\lesssim\ &|\rho_h(v_h-g_h)|_{2,(1),h}\\
\lesssim\ &|v_h-g_h|_{2,(-1),h}+|v_h-g_h|_{1,h}+|v_h-g_h|_{0,(1),h}\\
\lesssim\ &|v_h-g_h|_{2,(-1),h}+|v_h-g_h|_{1,h}+(1+|\ln h|^{\frac12})|v_h-g_h|_{0,\infty,\Omega}\\
\lesssim\ &|v_h-g_h|_{2,(-1),h}+(1+|\ln h|)|v_h-g_h|_{1,h}\\
\lesssim\ &|G_h-g_h|_{2,(-1),h}+h|G_h|_{3,(-1),h}+(1+|\ln h|)(|G_h-g_h|_{1,h}+h^2|G_h|_{3,\Omega}).
\end{aligned}$$

不等式 (12.1.10), 式 (12.1.12) 和式 (12.3.3) 给出

$$\begin{aligned}
&|a_h(G_h-g_h,\tilde{\Pi}_h(\rho_h(v_h-g_h)))|\\
\lesssim\ &(1+|\ln h|^{\frac12})h\Big(|G_h-g_h|_{2,(-1),h}+(1+|\ln h|)h\Big).
\end{aligned}\tag{12.3.12}$$

综合式 (12.3.9)～式 (12.3.12) 得到

$$\begin{aligned}
&|a_h(G_h-g_h,\rho_h(v_h-g_h))|\\
\lesssim\ &(1+|\ln h|^{\frac12})h\Big(|G_h-g_h|_{2,(-1),h}+(1+|\ln h|)h\Big).
\end{aligned}\tag{12.3.13}$$

进一步, 利用不等式 (12.3.7) 和式 (12.3.8) 得

$$|G_h-g_h|^2_{2,(-1),h}\lesssim(1+|\ln h|^{\frac12})h\Big(|G_h-g_h|_{2,(-1),h}+(1+|\ln h|)h\Big).\tag{12.3.14}$$

引理得证. □

**定理 12.3.1** 设 $V_{h0}$ 是 Morley 元对应的有限元空间. 记 $u$ 和 $u_h$ 分别是问题 (12.2.1) 和问题 (12.3.1) 的解, 则当 $u\in W^{3,\infty}(\Omega)$ 和 $f\in L^\infty(\Omega)$ 时,

$$|u-u_h|_{j,\infty,h}\lesssim h^{3-j}(1+|\ln h|^{5/4})(|u|_{3,\infty,\Omega}+h\|f\|_{0,\infty,\Omega}),\quad j=1,2,\tag{12.3.15}$$

并且当 $u\in H^3(\Omega)$ 时,

$$|u-u_h|_{0,\infty,\Omega}\lesssim h^2(1+|\ln h|^{\frac12})(|u|_{3,\Omega}+h\|f\|_{0,\Omega}).\tag{12.3.16}$$

**证明** 不等式 (12.3.16) 是定理 10.5.1 和定理 5.4.3 的直接推论. 对不等式 (12.3.15), 只需要证明不等式

$$|a_h(g_h,\Pi_h u-u_h)|\lesssim h^2(1+|\ln h|^{5/4})(|u|_{3,\infty,\Omega}+h\|f\|_{0,\infty,\Omega})\tag{12.3.17}$$

成立. 由式 (12.3.1), 式 (12.3.2), 式 (12.2.1), 式 (12.1.3), 式 (12.3.4) 和式 (11.1.7),

$$\begin{aligned}|a_h(g_h,\Pi_h u-u_h)| &= \Big|a_h(G_h-g_h,u-\Pi_h u)+(\Delta^2 G_h,\Pi_h u-u)\\&\quad+\Big(a_h(u,g_h-G_h)-(\Delta^2 u,g_h-G_h)\Big)\\&\quad+\Big(a_h(G_h,\Pi_h u-u)-(\Delta^2 G_h,\Pi_h u-u)\Big)\Big|\\&\lesssim |G_h-g_h|_{2,(-1),h}|u-\Pi_h u|_{2,(1),h}\\&\quad+|\delta_h|_{0,(-1),h}|u-\Pi_h u|_{0,(1),h}\\&\quad+h(|u|_{3,(1),h}+h|f|_{0,(1),h})|G_h-g_h|_{2,(-1),h}\\&\quad+h(|G_h|_{3,(-1),h}+h|\delta_h|_{0,(-1),h})|u-\Pi_h u|_{2,(1),h},\end{aligned}$$

于是从式 (11.1.6), 式 (11.1.8), 式 (12.3.6), 式 (12.2.12) 和式 (12.1.4) 得

$$\begin{aligned}|a_h(g_h,\Pi_h u-u_h)| &\lesssim h^2\Big((1+|\ln h|^{3/4})(|u|_{3,(1),h}+h|f|_{0,(1),h})\\&\quad+(1+|\ln h|^{1/2})|u|_{3,(1),h}\Big)\\&\lesssim h^2(1+|\ln h|^{5/4})(|u|_{3,\infty,\Omega}+h|f|_{0,\infty,\Omega}),\end{aligned}$$

即不等式 (12.3.17) 成立. □

因为矩形 Morley 元与 Morley 元具有同样的性质, 所以误差估计式 (12.3.15) 和式 (12.3.16) 对它也是成立的. 对于 2.6 节和 2.7 节给出的其他非协调元, 有下面的定理:

**定理 12.3.2** 设 $V_{h0}$ 是 Adini 元、Morley-Zienkiewicz 元、修正 Zienkiewicz 元和 15 参数三角形板元之一对应的有限元空间. 记 $u$ 和 $u_h$ 分别是问题 (12.2.1) 和问题 (12.3.1) 的解, 则当 $u\in W^{3,\infty}(\Omega)$ 时,

$$|u-u_h|_{j,\infty,h}\lesssim h^{3-j}(1+|\ln h|^{5/4})|u|_{3,\infty,\Omega},\quad j=1,2, \tag{12.3.18}$$

并且当 $u\in H^3(\Omega)$ 时,

$$|u-u_h|_{0,\infty,\Omega}\lesssim h^2(1+|\ln h|^{\frac{1}{2}})|u|_{3,\Omega}. \tag{12.3.19}$$

定理 12.3.2 的证明与 Morley 元的情形类似, 其中有两点不同. 首先, 不等式 (12.3.4) 由下面的不等式替代:

$$|a_h(v,w-v_h)-(\Delta^2 v,w-v_h)|\lesssim h|v|_{3,(-s),h}|w-v_h|_{2,(s),h}. \tag{12.3.20}$$

其次, 不再需要算子 $\tilde{\Pi}_h$, 因为对这些有限元 $\Pi_h(\rho_h v_h)\in V_{h0}$. 估计式 (12.3.11) 和式 (12.3.12) 由下面的不等式取代:

$$\begin{aligned}&|a_h(G_h-g_h,\Pi_h(\rho_h(v_h-g_h)))|\\ \lesssim\ &(1+|\ln h|^{\frac12})h\big(|G_h-g_h|_{2,(-1),h}+(1+|\ln h|)h\big),\end{aligned}\tag{12.3.21}$$

而不等式 (12.3.21) 可以从不等式 (12.3.20) 及定理 12.3.1 的证明使用的方法得到. □

对于 12 参数三角形板元, 不但式 (12.3.20) 和式 (12.3.21) 成立, 而且还有

$$|a_h(v,w-v_h)-(\Delta^2 v,w-v_h)|\lesssim h^2|v|_{4,(-s),h}|w-v_h|_{2,(s),h}.\tag{12.3.22}$$

因此, 可以得到下面的结果:

**定理 12.3.3**　设 $V_{h0}$ 是 12 参数三角形板元对应的有限元空间. 记 $u$ 和 $u_h$ 分别是问题 (12.2.1) 和问题 (12.3.1) 的解, 则当 $u\in W^{4,\infty}(\Omega)$ 时,

$$|u-u_h|_{j,\infty,h}\lesssim h^{4-j}(1+|\ln h|^{5/4})|u|_{4,\infty,\Omega},\quad 1\leqslant j\leqslant 3,\tag{12.3.23}$$

并且当 $u\in H^4(\Omega)$ 时,

$$|u-u_h|_{0,\infty,\Omega}\lesssim h^3(1+|\ln h|^{\frac12})|u|_{4,\Omega}.\tag{12.3.24}$$

## 12.4　拟协调元

本节考虑拟协调板元, 采用 7.2 节使用的符号. 以 TQC9 元为例进行讨论.

令 $(T,P_T,\boldsymbol{D}_T)$ 是 Zienkiewicz 元, $V_{h0}$ 是对应的有限元空间. 对 $v_h,w_h\in V_{h0}$ 和 $v\in H^2(\Omega)$, 定义

$$\begin{aligned}a_h(v_h,w_h)=&\int_\Omega\Big\{\Delta_h v_h\Delta_h w_h+(1-\sigma)\big(2\partial_h^{(1,1)}v_h\partial_h^{(1,1)}w_h\\ &-\partial_h^{(2,0)}v_h\partial_h^{(0,2)}w_h-\partial_h^{(0,2)}v_h\partial_h^{(2,0)}w_h\big)\Big\}\,\mathrm{d}\boldsymbol{x},\end{aligned}\tag{12.4.1}$$

$$\begin{aligned}A_h(v,w_h)=&\int_\Omega\Big\{\Delta v\Delta_h w_h+(1-\sigma)\big(2\partial^{(1,1)}v\partial_h^{(1,1)}w_h\\ &-\partial^{(2,0)}v\partial_h^{(0,2)}w_h-\partial^{(0,2)}v\partial_h^{(2,0)}w_h\big)\Big\}\,\mathrm{d}\boldsymbol{x}.\end{aligned}\tag{12.4.2}$$

对问题 (12.2.1), TQC9 元求 $u_h\in V_{h0}$ 满足

$$a_h(u_h,v_h)=(f,v_h),\quad\forall v_h\in V_{h0}.\tag{12.4.3}$$

TQC9 元对于正则 Green 函数 $G_h$ 的有限元解 $g_h \in V_{h0}$ 满足

$$a_h(g_h, v_h) = (\delta_h, v_h), \quad \forall v_h \in V_{h0}. \tag{12.4.4}$$

从定理 7.5.1 和定理 7.5.2 以及不等式 (12.1.10) 得

$$|G_h - g_h|_{1,\Omega} + h \sum_{|\boldsymbol{\alpha}|=2} |\partial^{\boldsymbol{\alpha}} G_h - \partial_h^{\boldsymbol{\alpha}} g_h|_{0,\Omega} \lesssim h. \tag{12.4.5}$$

对于 $T \in \mathcal{T}_h$, 记 $\Pi_T$ 是 Zienkiewicz 元对应的插值算子, 则下面的引理可以由定理 7.4.1 得到:

**引理 12.4.1** 设 $s$ 为一整数, 则对所有 $T \in \mathcal{T}_h$ 和所有 $h$,

$$\sum_{|\boldsymbol{\alpha}|=2} |\partial^{\boldsymbol{\alpha}} v - \partial_T^{\boldsymbol{\alpha}} \Pi_T v|_{0,(s),h,T} \lesssim h|v|_{3,(s),h,T}, \quad \forall v \in H^3(T). \tag{12.4.6}$$

**引理 12.4.2** 设 $s$ 为一整数, 则对 $v \in H^3(\Omega) \cap H_0^2(\Omega)$, $\Delta^2 v \in L^2(\Omega)$ 和 $v_h \in V_{h0}$ 有

$$|A_h(v, v_h) - (\Delta^2 v, v_h)| \lesssim h^2 |v|_{3,(-s),h} |v_h|_{3,(s),h}. \tag{12.4.7}$$

**证明** 令 $v \in H^3(\Omega) \cap H_0^2(\Omega)$ 且 $\Delta^2 v \in L^2(\Omega)$, $v_h \in V_{h0}$. 定义

$$\begin{aligned}
E_1(v, v_h) &= \int_\Omega \left( \Delta v \partial_h^{(2,0)} v_h + \frac{\partial \Delta v}{\partial x_1} \frac{\partial v_h}{\partial x_1} \right) \mathrm{d}\boldsymbol{x}, \\
E_2(v, v_h) &= \int_\Omega \left( \Delta v \partial_h^{(0,2)} v_h + \frac{\partial \Delta v}{\partial x_2} \frac{\partial v_h}{\partial x_2} \right) \mathrm{d}\boldsymbol{x}, \\
E_3(v, v_h) &= (1-\sigma) \int_\Omega \left( 2 \frac{\partial^2 v}{\partial x_1 \partial x_2} \partial_h^{(1,1)} v_h \right. \\
&\qquad \left. + \frac{\partial^3 v}{\partial x_1^2 \partial x_2} \frac{\partial v_h}{\partial x_2} + \frac{\partial^3 v}{\partial x_1 \partial x_2^2} \frac{\partial v_h}{\partial x_1} \right) \mathrm{d}\boldsymbol{x}, \\
E_4(v, v_h) &= -(1-\sigma) \int_\Omega \left( \frac{\partial^2 v}{\partial x_1^2} \partial_h^{(0,2)} v_h + \frac{\partial^3 v}{\partial x_1^2 \partial x_2} \frac{\partial v_h}{\partial x_2} \right) \mathrm{d}\boldsymbol{x}, \\
E_5(v, v_h) &= -(1-\sigma) \int_\Omega \left( \frac{\partial^2 v}{\partial x_2^2} \partial_h^{(2,0)} v_h + \frac{\partial^3 v}{\partial x_1 \partial x_2^2} \frac{\partial v_h}{\partial x_1} \right) \mathrm{d}\boldsymbol{x},
\end{aligned}$$

则

$$A_h(v, v_h) - (\Delta^2 v, v_h) = \sum_{i=1}^{5} E_i(v, v_h). \tag{12.4.8}$$

类似于定理 7.5.1 的证明有

$$|E_1(v,v_h)| \leqslant \sum_{T\in\mathcal{T}_h}\Big(|\Delta v - P_T^0\Delta v|_{0,T}|\partial_h^{(2,0)}v_h - \partial^{(2,0)}v_h|_{0,T} + |\Delta v - P_T^0\Delta v|_{0,\partial T}\Big|\Pi_{\partial T}^{\boldsymbol{\nu}}v_h - \frac{\partial v_h}{\partial \boldsymbol{\nu}}\Big|_{0,\partial T} + |\Delta v - P_T^0\Delta v|_{0,\partial T}\Big|\Pi_{\partial T}^{\boldsymbol{\tau}}v_h - \frac{\partial v_h}{\partial \boldsymbol{\tau}}\Big|_{0,\partial T}\Big).$$

由定理 3.3.3, 定理 3.3.4 和定理 7.4.1 以及下面的等式:

$$\Pi_{\partial T}^{\boldsymbol{\nu}}p - \frac{\partial p}{\partial \boldsymbol{\nu}} = \Pi_{\partial T}^{\boldsymbol{\tau}}p - \frac{\partial p}{\partial \boldsymbol{\tau}} = 0, \quad \forall p \in P_2(T),$$

可以得到当 $i=1$ 时,

$$|E_i(v,v_h)| \lesssim h^2\sum_{T\in\mathcal{T}_h}|v|_{3,T}|v_h|_{3,T}. \tag{12.4.9}$$

类似地, 它对其他的 $i$ 也成立. 因此,

$$\begin{aligned}|A_h(v,v_h) - (\Delta^2 v, v_h)| &\lesssim h^2\sum_{T\in\mathcal{T}_h}|v|_{3,T}|v_h|_{3,T}\\ &\lesssim h^2\sum_{T\in\mathcal{T}_h}|v|_{3,(-s),h,T}|v_h|_{3,(s),h,T}\\ &\lesssim h^2|v|_{3,(-s),h}|v_h|_{3,(s),h}.\end{aligned}$$

证毕. □

**引理 12.4.3**　令 $V_{h0}$ 是 Zienkiewicz 元对应的有限元空间, $G_h$ 是问题 (12.1.3) 的解, $g_h$ 是问题 (12.4.4) 的解, 则

$$\sum_{|\boldsymbol{\alpha}|=2}|\partial^{\boldsymbol{\alpha}}G_h - \partial_h^{\boldsymbol{\alpha}}g_h|_{0,(-1),h}^2 \lesssim h^2(1+|\ln h|). \tag{12.4.10}$$

**证明**　令 $\Pi_h$ 是 Zienkiewicz 元相应于 $\mathcal{T}_h$ 的插值算子, 记

$$v_h = \Pi_h G_h, \quad w_h = \Pi_h(\rho_h(v_h - g_h)),$$

则 $w_h \in V_{h0}$, 并且

$$
\begin{aligned}
&\sum_{|\boldsymbol{\alpha}|=2}|\partial^{\boldsymbol{\alpha}}G_h-\partial_h^{\boldsymbol{\alpha}}g_h|_{0,(-1),h}^2\\
\lesssim&\int_\Omega\rho_h\Big\{(\Delta G_h-\Delta_h g_h)^2+2(1-\sigma)\Big(\partial^{(1,1)}G_h-\partial_h^{(1,1)}g_h\Big)^2\\
&-2(1-\sigma)(\partial^{(2,0)}G_h-\partial_h^{(2,0)}g_h)(\partial^{(0,2)}G_h-\partial_h^{(0,2)}g_h)\Big\}\,\mathrm{d}\boldsymbol{x},\\
\lesssim&\Big|A_h(G_h,w_h)-a_h(g_h,w_h)\Big|\\
&+\sum_{|\boldsymbol{\alpha}|=2}\int_\Omega\rho_h\Big|(\partial^{\boldsymbol{\alpha}}G_h-\partial_h^{\boldsymbol{\alpha}}g_h)(\partial^{\boldsymbol{\alpha}}G_h-\partial_h^{\boldsymbol{\alpha}}v_h)\Big|\,\mathrm{d}\boldsymbol{x}\\
&+\sum_{|\boldsymbol{\alpha}|=2}\Big|\int_\Omega(\partial^{\boldsymbol{\alpha}}G_h-\partial_h^{\boldsymbol{\alpha}}g_h)(\rho_h(\partial_h^{\boldsymbol{\alpha}}v_h-\partial_h^{\boldsymbol{\alpha}}g_h)-\partial_h^{\boldsymbol{\alpha}}w_h)\,\mathrm{d}\boldsymbol{x}\Big|,
\end{aligned}
$$

因而

$$
\begin{aligned}
&\sum_{|\boldsymbol{\alpha}|=2}|\partial^{\boldsymbol{\alpha}}G_h-\partial_h^{\boldsymbol{\alpha}}g_h|_{0,(-1),h}^2\\
\lesssim&\Big|A_h(G_h,w_h)-a_h(g_h,w_h)\Big|\\
&+\sum_{|\boldsymbol{\alpha}|=2}|\partial^{\boldsymbol{\alpha}}G_h-\partial_h^{\boldsymbol{\alpha}}g_h|_{0,(-1),h}|\partial^{\boldsymbol{\alpha}}G_h-\partial_h^{\boldsymbol{\alpha}}v_h|_{0,(-1),h}\\
&+\sum_{|\boldsymbol{\alpha}|=2}\Big|\int_\Omega(\partial^{\boldsymbol{\alpha}}G_h-\partial_h^{\boldsymbol{\alpha}}g_h)(\rho_h(\partial_h^{\boldsymbol{\alpha}}v_h-\partial_h^{\boldsymbol{\alpha}}g_h)-\partial_h^{\boldsymbol{\alpha}}w_h)\,\mathrm{d}\boldsymbol{x}\Big|.
\end{aligned}\tag{12.4.11}
$$

由式 (12.4.6) 和式 (12.1.12) 得

$$
\sum_{|\boldsymbol{\alpha}|=2}|\partial^{\boldsymbol{\alpha}}G_h-\partial_h^{\boldsymbol{\alpha}}v_h|_{0,(-1),h}\lesssim h|G_h|_{3,(-1),h}\lesssim(1+|\ln h|^{\frac{1}{2}})h.\tag{12.4.12}
$$

利用式 (12.4.7) 和式 (12.1.12) 得到

$$
|A_h(G_h,w_h)-a_h(g_h,w_h)|\lesssim(1+|\ln h|^{\frac{1}{2}})h^2|w_h|_{3,(1),h},
$$

同时利用式 (11.1.5) 和式 (11.1.12) 得

$$
\begin{aligned}
|w_h|_{3,(1),h}&\lesssim|v_h-g_h|_{3,(-1),h}+|v_h-g_h|_{2,h}+|v_h-g_h|_{1,(1),h}\\
&\lesssim h^{-1}(|v_h-g_h|_{2,(-1),h}+|v_h-g_h|_{1,h}).
\end{aligned}
$$

由定理 7.3.1,

$$
\begin{aligned}
|v_h - g_h|_{2,(-1),h}^2 &= \sum_{T\in\mathcal{T}_h} |v_h - g_h|_{2,(-1),h,T}^2 \lesssim \sum_{T\in\mathcal{T}_h} |\rho_h|_{0,\infty,T} |v_h - g_h|_{2,T}^2 \\
&\lesssim \sum_{T\in\mathcal{T}_h} |\rho_h|_{0,\infty,T} \sum_{|\boldsymbol{\alpha}|=2} |\partial_h^{\boldsymbol{\alpha}}(v_h - g_h)|_{0,T}^2 \\
&\lesssim \sum_{|\boldsymbol{\alpha}|=2} |\partial_h^{\boldsymbol{\alpha}}(v_h - g_h)|_{0,(-1),h}^2.
\end{aligned}
$$

注意到

$$
\begin{aligned}
&\partial_h^{\boldsymbol{\alpha}}(v_h - g_h) = \partial_h^{\boldsymbol{\alpha}} v_h - \partial^{\boldsymbol{\alpha}} G_h + \partial^{\boldsymbol{\alpha}} G_h - \partial_h^{\boldsymbol{\alpha}} g_h, \\
&v_h - g_h = v_h - G_h + G_h - g_h,
\end{aligned}
$$

再由式 (11.1.8), 式 (12.4.6), 式 (11.1.12) 和式 (12.4.5) 得到

$$
|w_h|_{3,(1),h} \lesssim h^{-1}\Big(h(1+|\ln h|^{\frac{1}{2}}) + \sum_{|\boldsymbol{\alpha}|=2} |\partial^{\boldsymbol{\alpha}} G_h - \partial_h^{\boldsymbol{\alpha}} g_h|_{0,(-1),h}\Big),
$$

所以有

$$
\begin{aligned}
&|A_h(G_h, w_h) - a_h(g_h, w_h)| \\
\lesssim\ & (1+|\ln h|)h^2 + (1+|\ln h|^{\frac{1}{2}})h \sum_{|\boldsymbol{\alpha}|=2} |\partial^{\boldsymbol{\alpha}} G_h - \partial_h^{\boldsymbol{\alpha}} g_h|_{0,(-1),h}.
\end{aligned} \tag{12.4.13}
$$

现在取 $\boldsymbol{\alpha} = (2,0)$. 对 $v \in L^2(\Omega)$ 定义 $P_h^0 v \in L^2(\Omega)$ 为 $P_h^0 v|_T = P_T^0(v|_T)$ $(\forall T \in \mathcal{T}_h)$. 在每个 $T \in \mathcal{T}_h$ 上, 记

$$
\begin{cases}
v_1 = (\rho_h - P_h^0 \rho_h)(\partial_h^{\boldsymbol{\alpha}} - \partial^{\boldsymbol{\alpha}})(v_h - g_h), \\
v_2 = (\partial^{\boldsymbol{\alpha}} - \partial_h^{\boldsymbol{\alpha}} \Pi_h)\Big((\rho_h - P_h^0 \rho_h)(v_h - g_h)\Big), \\
v_3 = -4 \dfrac{\partial \rho_h}{\partial x_1} \dfrac{\partial (v_h - g_h)}{\partial x_1}, \quad v_4 = -2(v_h - g_h),
\end{cases} \tag{12.4.14}
$$

则

$$
\int_\Omega (\partial^{\boldsymbol{\alpha}} G_h - \partial_h^{\boldsymbol{\alpha}} g_h)\Big(\rho_h(\partial_h^{\boldsymbol{\alpha}} v_h - \partial_h^{\boldsymbol{\alpha}} g_h) - \partial_h^{\boldsymbol{\alpha}} w_h\Big)\,\mathrm{d}\boldsymbol{x} = \sum_{i=1}^{4} \int_\Omega (\partial^{\boldsymbol{\alpha}} G_h - \partial_h^{\boldsymbol{\alpha}} g_h) v_i \,\mathrm{d}\boldsymbol{x}. \tag{12.4.15}
$$

由 $v_i$ 的定义, 再应用式 (12.4.5), 式 (12.4.6), 逆不等式及定理 3.3.3 和定理 7.3.1

得到

$$\begin{aligned}
&\Big|\int_\Omega(\partial^{\boldsymbol\alpha}G_h-\partial_h^{\boldsymbol\alpha}g_h)v_1\,\mathrm{d}\boldsymbol x\Big|\\
=&\Big|\sum_{T\in\mathcal T_h}\int_T(\partial^{\boldsymbol\alpha}G_h-\partial_h^{\boldsymbol\alpha}g_h)v_1\,\mathrm{d}\boldsymbol x\Big|\\
\lesssim&\sum_{T\in\mathcal T_h}|\partial^{\boldsymbol\alpha}G_h-\partial_h^{\boldsymbol\alpha}g_h|_{0,T}|(\partial_h^{\boldsymbol\alpha}-\partial^{\boldsymbol\alpha})(v_h-g_h)|_{0,T}|\rho_h-P_T^0\rho_h|_{0,\infty,T}\\
\lesssim& h^2\sum_{T\in\mathcal T_h}|\partial^{\boldsymbol\alpha}G_h-\partial_h^{\boldsymbol\alpha}g_h|_{0,T}|v_h-g_h|_{3,T}|\rho_h^{\frac12}|_{0,\infty,T}\\
\lesssim& h\sum_{T\in\mathcal T_h}|\partial^{\boldsymbol\alpha}G_h-\partial_h^{\boldsymbol\alpha}g_h|_{0,(-1),h,T}|v_h-g_h|_{2,T}\\
\lesssim& h|\partial^{\boldsymbol\alpha}G_h-\partial_h^{\boldsymbol\alpha}g_h|_{0,(-1),h}\sum_{|\boldsymbol\beta|=2}|\partial_h^{\boldsymbol\beta}(v_h-g_h)|_{0,\Omega},
\end{aligned}$$

因而由不等式 (11.1.12), 式 (12.4.5) 和式 (12.4.6) 推导出不等式

$$\Big|\int_\Omega(\partial^{\boldsymbol\alpha}G_h-\partial_h^{\boldsymbol\alpha}g_h)v_i\,\mathrm{d}\boldsymbol x\Big|\lesssim h|\partial^{\boldsymbol\alpha}G_h-\partial_h^{\boldsymbol\alpha}g_h|_{0,(-1),h}\tag{12.4.16}$$

当 $i=1$ 时成立.

由式 (11.1.7) 和式 (12.4.6) 得

$$\begin{aligned}
&\Big|\int_\Omega(\partial^{\boldsymbol\alpha}G_h-\partial_h^{\boldsymbol\alpha}g_h)v_2\,\mathrm{d}\boldsymbol x\Big|\\
=&|\partial^{\boldsymbol\alpha}G_h-\partial_h^{\boldsymbol\alpha}g_h|_{0,(-1),h}|v_2|_{0,(1),h}\\
\lesssim& h|\partial^{\boldsymbol\alpha}G_h-\partial_h^{\boldsymbol\alpha}g_h|_{0,(-1),h}\Big(\sum_{T\in\mathcal T_h}|(\rho_h-P_T^0\rho_h)(v_h-g_h)|_{3,(1),h,T}^2\Big)^{1/2},
\end{aligned}$$

再由定理 3.3.3 和定理 7.3.1, 逆不等式以及 $|\rho_h^{-1}|_{0,\infty,T}\leqslant h^{-2}$ 有

$$\begin{aligned}
&|(\rho_h-P_T^0\rho_h)(v_h-g_h)|_{3,(1),h,T}^2\\
\leqslant&|\rho_h^{-1}|_{0,\infty,T}|(\rho_h-P_T^0\rho_h)(v_h-g_h)|_{3,T}^2\\
\lesssim&|\rho_h^{-1}|_{0,\infty,T}\Big(h^2|\rho_h|_{0,\infty,T}|v_h-g_h|_{3,T}^2+|\rho_h|_{0,\infty,T}|v_h-g_h|_{2,T}^2+|v_h-g_h|_{1,T}^2\Big)\\
\lesssim&|v_h-g_h|_{2,T}^2+h^{-2}|v_h-g_h|_{1,T}^2\lesssim\sum_{|\boldsymbol\beta|=2}|\partial_h^{\boldsymbol\beta}(v_h-g_h)|_{0,T}^2+h^{-2}|v_h-g_h|_{1,T}^2,
\end{aligned}$$

所以

$$\begin{aligned}&\left|\int_\Omega(\partial^{\boldsymbol{\alpha}}G_h-\partial_h^{\boldsymbol{\alpha}}g_h)v_2\,\mathrm{d}\boldsymbol{x}\right|\\ \lesssim\ & h|\partial^{\boldsymbol{\alpha}}G_h-\partial_h^{\boldsymbol{\alpha}}g_h|_{0,(-1),h}\Big(\sum_{|\boldsymbol{\beta}|=2}|\partial_h^{\boldsymbol{\beta}}(v_h-g_h)|_{0,\Omega}+h^{-1}|v_h-g_h|_{1,\Omega}\Big).\end{aligned}$$

从式 (11.1.12), 式 (12.4.5) 和式 (12.4.6) 可知不等式 (12.4.16) 当 $i=2$ 时也成立.

当 $i=3$ 时, 由式 (12.1.10), 式 (12.4.5) 和定理 3.3.1 得

$$\begin{aligned}\left|\int_\Omega(\partial^{\boldsymbol{\alpha}}G_h-\partial_h^{\boldsymbol{\alpha}}g_h)v_3\,\mathrm{d}\boldsymbol{x}\right|&\lesssim\int_\Omega|\partial^{\boldsymbol{\alpha}}G_h-\partial_h^{\boldsymbol{\alpha}}g_h|\rho^{\frac12}\left|\frac{\partial(v_h-g_h)}{\partial x_1}\right|\mathrm{d}\boldsymbol{x}\\&\lesssim|\partial^{\boldsymbol{\alpha}}G_h-\partial_h^{\boldsymbol{\alpha}}g_h|_{0,(-1),h}|v_h-g_h|_{1,\Omega}\\&\lesssim h|\partial^{\boldsymbol{\alpha}}G_h-\partial_h^{\boldsymbol{\alpha}}g_h|_{0,(-1),h},\end{aligned}$$

因此, 不等式 (12.4.16) 成立.

令 $\Pi_h^1$ 是 12.3 节定义的算子, 则 $\Pi_h^1(v_h-g_h)\in H_0^1(\Omega)$ 且

$$\begin{aligned}\left|\int_\Omega(\partial^{\boldsymbol{\alpha}}G_h-\partial_h^{\boldsymbol{\alpha}}g_h)v_4\,\mathrm{d}\boldsymbol{x}\right|\leqslant&\,2\left|\int_\Omega(\partial^{\boldsymbol{\alpha}}G_h-\partial_h^{\boldsymbol{\alpha}}g_h)\Pi_h^1(v_h-g_h)\,\mathrm{d}\boldsymbol{x}\right|\\&+2\left|\int_\Omega(\partial^{\boldsymbol{\alpha}}G_h-\partial_h^{\boldsymbol{\alpha}}g_h)(v_h-g_h-\Pi_h^1(v_h-g_h))\,\mathrm{d}\boldsymbol{x}\right|.\end{aligned}$$

由插值理论, 式 (11.1.5), 定理 7.3.1, 式 (12.1.10) 和式 (12.4.5) 有

$$\begin{aligned}&\left|\int_\Omega(\partial^{\boldsymbol{\alpha}}G_h-\partial_h^{\boldsymbol{\alpha}}g_h)(v_h-g_h-\Pi_h^1(v_h-g_h))\,\mathrm{d}\boldsymbol{x}\right|\\ \lesssim\ & h^2|v_h-g_h|_{2,h}|\partial^{\boldsymbol{\alpha}}G_h-\partial_h^{\boldsymbol{\alpha}}g_h|_{0,\Omega}\\ \lesssim\ & h\sum_{|\boldsymbol{\beta}|=2}|\partial_h^{\boldsymbol{\beta}}(v_h-g_h)|_{0,\Omega}|\partial^{\boldsymbol{\alpha}}G_h-\partial_h^{\boldsymbol{\alpha}}g_h|_{0,(-1),h}\lesssim h|\partial^{\boldsymbol{\alpha}}G_h-\partial_h^{\boldsymbol{\alpha}}g_h|_{0,(-1),h},\end{aligned}$$

同时利用 Green 公式和定义 (7.2.1) 推导出

$$\begin{aligned}\left|\int_\Omega(\partial^{\boldsymbol{\alpha}}G_h-\partial_h^{\boldsymbol{\alpha}}g_h)\Pi_h^1(v_h-g_h)\,\mathrm{d}\boldsymbol{x}\right|&=\left|\int_\Omega\frac{\partial(G_h-g_h)}{\partial x_1}\frac{\partial(\Pi_h^1(v_h-g_h))}{\partial x_1}\,\mathrm{d}\boldsymbol{x}\right|\\&\leqslant|\Pi_h^1(v_h-g_h)|_{1,\Omega}|G_h-g_h|_{1,\Omega}.\end{aligned}$$

所以, 再利用插值理论和式 (12.4.5) 就可以得到

$$\left|\int_\Omega(\partial^{\boldsymbol{\alpha}}G_h-\partial_h^{\boldsymbol{\alpha}}g_h)\Pi_h^1(v_h-g_h)\,\mathrm{d}\boldsymbol{x}\right|\lesssim h^2,$$

这样就有

$$\left|\int_{\Omega}(\partial^{\boldsymbol{\alpha}}G_h-\partial_h^{\boldsymbol{\alpha}}g_h)v_4\,\mathrm{d}\boldsymbol{x}\right|\lesssim h^2+h|\partial^{\boldsymbol{\alpha}}G_h-\partial_h^{\boldsymbol{\alpha}}g_h|_{0,(-1),h}. \tag{12.4.17}$$

综合式 (12.4.15)～ 式 (12.4.17) 得到下面的不等式:

$$\left|\int_{\Omega}(\partial^{\boldsymbol{\alpha}}G_h-\partial_h^{\boldsymbol{\alpha}}g_h)(\rho_h(\partial^{\boldsymbol{\alpha}}G_h-\partial_h^{\boldsymbol{\alpha}}g_h)-\partial_h^{\boldsymbol{\alpha}}w_h)\,\mathrm{d}\boldsymbol{x}\right|\lesssim h^2+h|\partial^{\boldsymbol{\alpha}}G_h-\partial_h^{\boldsymbol{\alpha}}g_h|_{0,(-1),h} \tag{12.4.18}$$

当 $\boldsymbol{\alpha}=(2,0)$ 时成立. 类似地, 它对其他满足 $|\boldsymbol{\alpha}|=2$ 的 $\boldsymbol{\alpha}$ 也成立.

不等式 (12.4.11)～ 式 (12.4.13) 以及式 (12.4.18) 导致

$$\begin{aligned}&\sum_{|\boldsymbol{\alpha}|=2}|\partial^{\boldsymbol{\alpha}}G_h-\partial_h^{\boldsymbol{\alpha}}g_h|_{0,(-1),h}^2\\ \lesssim\;&(1+|\ln h|)h^2+(1+|\ln h|^{\frac{1}{2}})h\sum_{|\boldsymbol{\alpha}|=2}|\partial^{\boldsymbol{\alpha}}G_h-\partial_h^{\boldsymbol{\alpha}}g_h|_{0,(-1),h}.\end{aligned} \tag{12.4.19}$$

引理得证. □

**定理 12.4.1** 设 $u$ 是问题 (12.2.1) 的解, $u_h$ 是问题 (12.4.3) 在 TQC9 元情形时的解, 则当 $u\in W^{3,\infty}(\Omega)$ 时,

$$|u-u_h|_{j,\infty,h}\lesssim h^{3-j}(1+|\ln h|)|u|_{3,\infty,\Omega},\quad j=1,2, \tag{12.4.20}$$

并且当 $u\in H^3(\Omega)$ 时,

$$|u-u_h|_{0,\infty,\Omega}\lesssim h^2(1+|\ln h|^{\frac{1}{2}})|u|_{3,\Omega}. \tag{12.4.21}$$

**证明** 不等式 (12.4.21) 是定理 10.5.1 和定理 7.5.2 的直接推论.

对于不等式 (12.4.20), 只需证明

$$|a_h(g_h,\varPi_hu-u_h)|\lesssim h^2(1+|\ln h|)|u|_{3,\infty,\Omega}. \tag{12.4.22}$$

定义

$$\begin{aligned}&\tilde{A}_h(G_h-g_h,u-\varPi_hu)\\ =&\int_{\Omega}\Big\{(\Delta G_h-\Delta_hg_h)(\Delta u-\Delta_h\varPi_hu)\\ &+(1-\sigma)\Big(2(\partial^{(1,1)}G_h-\partial_h^{(1,1)}g_h)(\partial^{(1,1)}u-\partial_h^{(1,1)}\varPi_hu)\\ &-(\partial^{(2,0)}G_h-\partial_h^{(2,0)}g_h)(\partial^{(0,2)}u-\partial_h^{(0,2)}\varPi_hu)\\ &-(\partial^{(0,2)}G_h-\partial_h^{(0,2)}g_h)(\partial^{(2,0)}u-\partial_h^{(2,0)}\varPi_hu)\Big)\Big\}\,\mathrm{d}\boldsymbol{x},\end{aligned}$$

则由式 (12.4.3), 式 (12.4.4), 式 (12.2.1), 式 (12.1.3), 式 (12.4.7) 和式 (11.1.7) 得

$$\begin{aligned}|a_h(g_h,\Pi_h u-u_h)|&=\Big|\tilde{A}_h(G_h-g_h,u-\Pi_h u)+\Big(A_h(u,g_h)-(\Delta^2 u,g_h)\Big)\\&\quad+\Big(A_h(G_h,\Pi_h u)-(\Delta^2 G_h,\Pi_h u)\Big)+(\Delta^2 G_h,\Pi_h u-u)\Big|\\&\lesssim\sum_{|\boldsymbol{\alpha}|=2}|\partial^{\boldsymbol{\alpha}}G_h-\partial_h^{\boldsymbol{\alpha}}g_h|_{0,(-1),h}|\partial^{\boldsymbol{\alpha}}u-\partial_h^{\boldsymbol{\alpha}}\Pi_h u|_{0,(1),h}\\&\quad+h^2|u|_{3,(1),h}|g_h|_{3,(-1),h}+h^2|G_h|_{3,(-1),h}|\Pi_h u|_{3,(1),h}\\&\quad+|\delta|_{0,(-1),h}|u-\Pi_h u|_{0,(1),h}.\end{aligned}$$

利用式 (11.1.6), 式 (12.1.4), 式 (12.1.12), 式 (12.4.6) 和式 (12.4.10) 有

$$|a_h(g_h,\Pi_h u-u_h)|\lesssim(1+|\ln h|)h^2|u|_{3,\infty,\Omega}+(1+|\ln h|^{\frac{1}{2}})h^2|u|_{3,\infty,\Omega}|g_h|_{3,(-1),h}.$$

另一方面, 从式 (12.4.6), 式 (12.1.12), 式 (12.4.10), 定理 7.3.1 和逆不等式推导出

$$\begin{aligned}|g_h|_{3,(-1),h}&\leqslant|g_h-\Pi_h G_h|_{3,(-1),h}+|\Pi_h G_h|_{3,(-1),h}\\&\lesssim|G_h|_{3,(-1),h}+h^{-1}|g_h-\Pi_h G_h|_{2,(-1),h}\\&\lesssim|G_h|_{3,(-1),h}+h^{-1}\sum_{|\boldsymbol{\alpha}|=2}|\partial_h^{\boldsymbol{\alpha}}(g_h-\Pi_h G_h)|_{0,(-1),h}\\&\lesssim|G_h|_{3,(-1),h}+h^{-1}\sum_{|\boldsymbol{\alpha}|=2}|\partial^{\boldsymbol{\alpha}}G_h-\partial_h^{\boldsymbol{\alpha}}g_h|_{0,(-1),h}\lesssim 1+|\ln h|^{\frac{1}{2}},\end{aligned}$$

因此, 不等式 (12.4.22) 为真. □

利用同样的方法可以证明不等式 (12.4.20) 和式 (12.4.21) 对 RQC12 元的情形也成立. 对于 TQC12 元和 TQC15 元, 有下面的定理:

**定理 12.4.2** 设 $u$ 是问题 (12.2.1) 的解, $u_h$ 是问题 (12.4.3) 在 TQC12 元情形或 TQC15 元情形时的解, 则当 $u\in W^{4,\infty}(\Omega)$ 时,

$$|u-u_h|_{j,\infty,h}\lesssim h^{4-j}(1+|\ln h|)|u|_{4,\infty,\Omega},\quad 1\leqslant j\leqslant 3,\tag{12.4.23}$$

并且当 $u\in H^4(\Omega)$ 时,

$$|u-u_h|_{0,\infty,\Omega}\lesssim h^3(1+|\ln h|^{\frac{1}{2}})|u|_{4,\Omega}.\tag{12.4.24}$$

## 12.5 非传统元

本节讨论非传统元的 $L^\infty$ 误差估计. 令 $(T, P_T, \boldsymbol{D}_T)$ 是具有下述性质的有限元:

(1) $T$ 是三角形;

(2) $P_T = \text{span}\,\{q_1, \cdots, q_9\} \subset P_3(T)$, 其中, $q_1, \cdots, q_6$ 是 $P_2(T)$ 的一组基;

(3) $\boldsymbol{D}_T$ 是 Zienkiewicz 元的节点参数向量.

如果 $v \in P_T$, 它可以表示成

$$v = \bar{v} + v', \quad \bar{v} = \sum_{i=1}^{6} \psi_i q_i, \quad v' = \sum_{i=7}^{9} \psi_i q_i.$$

令 $V_{h0}$ 是该有限元对应薄板弯曲问题的有限元空间. 对 $v_h \in V_{h0}$, 定义 $\bar{v}_h, v_h'$ 为

$$\bar{v}_h|_T = \overline{(v_h|_T)}, \quad v_h'|_T = (v_h|_T)', \quad \forall T \in \mathcal{T}_h. \tag{12.5.1}$$

对三角形 $T$, 令 $\Pi_T^c$ 是式 (8.1.28) 定义的算子. 对 $v_h \in V_{h0}$, 定义 $\Pi_h^c v_h$ 为

$$\Pi_h^c v_h|_T = \Pi_T^c(v_h|_T), \quad \forall T \in \mathcal{T}_h.$$

令 $a_h(\cdot,\cdot)$ 由式 (5.4.32) 定义. 在 $V_{h0}$ 上定义双线性形式 $\bar{a}_h(\cdot,\cdot)$ 为

$$\bar{a}_h(v_h, w_h) = a_h(\Pi_h^c v_h, \Pi_h^c w_h) + a_h(v_h', w_h'), \quad \forall v_h, w_h \in V_{h0}, \tag{12.5.2}$$

则求解问题 (12.2.1) 的非传统元方法为: 求 $u_h \in V_{h0}$ 满足

$$\bar{a}_h(u_h, v_h) = (f, v_h), \quad \forall v_h \in V_{h0}. \tag{12.5.3}$$

这时, 正则 Green 函数 $G_h$ 的有限元近似 $g_h \in V_{h0}$ 满足

$$\bar{a}_h(g_h, v_h) = (\delta_h, v_h), \quad \forall v_h \in V_{h0}. \tag{12.5.4}$$

本节假设, 对任意 $T \in \mathcal{T}_h$ 有

$$\begin{cases} |v - \Pi_T v|_{j,T} \lesssim h_T^{3-j} |v|_{3,T}, & \forall v \in H^3(T), \\ |p'|_{j,T} \lesssim h_T^{3-j} |p|_{3,T}, & \forall p \in P_T, \end{cases} \quad 0 \leqslant j \leqslant 3, \tag{12.5.5}$$

其中, $\Pi_T$ 是 $(T, P_T, \boldsymbol{D}_T)$ 对应的插值算子. 由定理 8.3.2 和定理 8.3.3 以及式 (12.1.10) 得

$$|G_h - g_h|_{1,\Omega} + h|G_h - g_h|_{2,h} \lesssim h. \tag{12.5.6}$$

由上面的假设和引理 8.3.1 容易证明下面的引理:

**引理 12.5.1**　设 $s$ 是整数, 则对任意 $T \in \mathcal{T}_h$ 和 $0 \leqslant j \leqslant 3$,

$$|v - \Pi_T v|_{j,(s),h,T} \lesssim h_T^{3-j} |v|_{3,(s),h,T}, \quad \forall v \in H^3(T), \tag{12.5.7}$$

$$|v - \Pi_T^c v|_{j,(s),h,T} \lesssim h_T^{3-j} |v|_{3,(s),h,T}, \quad \forall v \in H^3(T), \tag{12.5.8}$$

$$|p'|_{j,(s),h,T} \lesssim h^{3-j} |p|_{3,(s),h,T}, \quad \forall p \in P_T, \tag{12.5.9}$$

$$|p|_{2,(s),h,T}^2 \lesssim |\Pi_T^c p|_{2,(s),h,T}^2 + |p'|_{2,(s),h,T}^2, \quad \forall p \in P_T. \tag{12.5.10}$$

**引理 12.5.2**　设 $s$ 是整数, 则对任意 $v \in H^3(\Omega) \cap H_0^2(\Omega)$, $\Delta^2 v \in L^2(\Omega)$ 和任意 $v_h \in V_{h0}$,

$$|a_h(v, \Pi_h^c v_h) - (\Delta^2 v, v_h)| \lesssim h^2 |v|_{3,(-s),h} |v_h|_{3,(s),h}. \tag{12.5.11}$$

**证明**　令 $v \in H^3(\Omega) \cap H_0^2(\Omega)$ 且 $\Delta^2 v \in L^2(\Omega)$, $v_h \in V_{h0}$. 因为 $P_T \subset P_3(T)$, 当 $v_h \in V_{h0}$ 时 $v_h \in H_0^1(\Omega)$. 令 $\Pi_h^1$ 是 12.3 节给出的算子, 则

$$\begin{aligned} a_h(v, \Pi_h^c v_h) - (\Delta^2 v, v_h) &= a_h(v, \Pi_h^c v_h) + \sum_{i=1}^{2} \int_\Omega \frac{\partial \Delta v}{\partial x_i} \frac{\partial v_h}{\partial x_i} \mathrm{d}\boldsymbol{x} \\ &= a_h(v, \Pi_h^c v_h) + \sum_{i=1}^{2} \int_\Omega \frac{\partial \Delta v}{\partial x_i} \Pi_h^1 \frac{\partial v_h}{\partial x_i} \mathrm{d}\boldsymbol{x} \\ &\quad + \sum_{i=1}^{2} \int_\Omega \frac{\partial \Delta v}{\partial x_i} \left( \frac{\partial v_h}{\partial x_i} - \Pi_h^1 \frac{\partial v_h}{\partial x_i} \right) \mathrm{d}\boldsymbol{x}. \end{aligned} \tag{12.5.12}$$

由插值理论得

$$\left| \sum_{i=1}^{2} \int_\Omega \frac{\partial \Delta v}{\partial x_i} \left( \frac{\partial v_h}{\partial x_i} - \Pi_h^1 \frac{\partial v_h}{\partial x_i} \right) \mathrm{d}\boldsymbol{x} \right| \lesssim h^2 \sum_{T \in \mathcal{T}_h} |v|_{3,T} |v_h|_{3,T}. \tag{12.5.13}$$

对于 $i, j \in \{1, 2\}$ 和 $|\boldsymbol{\alpha}| = 2$, 定义

$$T_{ij}^{\boldsymbol{\alpha}} = \sum_{T \in \mathcal{T}_h} \int_T \left( 2\partial^{\boldsymbol{\alpha}} v \frac{\partial^2 \Pi_T^c v_h}{\partial x_j \partial x_i} + \frac{\partial \partial^{\boldsymbol{\alpha}} v}{\partial x_j} \Pi_h^1 \frac{\partial v_h}{\partial x_i} + \frac{\partial \partial^{\boldsymbol{\alpha}} v}{\partial x_i} \Pi_h^1 \frac{\partial v_h}{\partial x_j} \right) \mathrm{d}\boldsymbol{x}. \tag{12.5.14}$$

由 Green 公式和 $\Pi_h^1 \dfrac{\partial}{\partial x_k} v_h \in H_0^1(\Omega)\,(k = 1, 2)$, 则有

$$T_{ij}^{\boldsymbol{\alpha}} = \sum_{T \in \mathcal{T}_h} \int_T \partial^{\boldsymbol{\alpha}} v \left( 2 \frac{\partial^2 \Pi_T^c v_h}{\partial x_j \partial x_i} - \frac{\partial}{\partial x_j} \Pi_h^1 \frac{\partial v_h}{\partial x_i} - \frac{\partial}{\partial x_i} \Pi_h^1 \frac{\partial v_h}{\partial x_j} \right) \mathrm{d}\boldsymbol{x}.$$

使用等式 (8.3.19) 和式 (8.3.20) 推得

$$T_{ij}^{\boldsymbol{\alpha}} = \sum_{T \in \mathcal{T}_h} \int_T \left( (I - P_T^0) \partial^{\boldsymbol{\alpha}} v \right) \left( 2 \frac{\partial^2 \Pi_T^c v_h}{\partial x_j \partial x_i} - \frac{\partial}{\partial x_j} \Pi_h^1 \frac{\partial v_h}{\partial x_i} - \frac{\partial}{\partial x_i} \Pi_h^1 \frac{\partial v_h}{\partial x_j} \right) \mathrm{d}\boldsymbol{x},$$

其中, $I$ 是恒等算子. 因此, 插值理论给出

$$|T_{ij}^{\boldsymbol{\alpha}}| \lesssim h^2 \sum_{T\in\mathcal{T}_h} |v|_{3,T}|w_h|_{3,T}, \tag{12.5.15}$$

这样就有

$$\left|a_h(v,\Pi_h^c v_h)+\sum_{i=1}^{2}\int_\Omega \frac{\partial\Delta v}{\partial x_i}\Pi_h^1\frac{\partial v_h}{\partial x_i}\,\mathrm{d}\boldsymbol{x}\right| \lesssim h^2 \sum_{T\in\mathcal{T}_h} |v|_{3,T}|w_h|_{3,T} \tag{12.5.16}$$

成立, 其中的原因是式 (12.5.16) 左端的项可以表示成 $T_{ij}^{\boldsymbol{\alpha}}$ 的线性组合.

由式 (12.5.12), 式 (12.5.13) 和式 (12.5.16) 得

$$|a_h(v,\Pi_h^c v_h)-(\Delta^2 v, v_h)| \lesssim h^2 \sum_{T\in\mathcal{T}_h} |v|_{3,T}|w_h|_{3,T}, \tag{12.5.17}$$

所以不等式 (12.5.11) 为真. □

**引理 12.5.3** 令 $G_h$ 是问题 (12.1.3) 的解, $g_h$ 是问题 (12.5.4) 的解, 则

$$|G_h-g_h|_{2,(-1),h} \lesssim h(1+|\ln h|). \tag{12.5.18}$$

**证明** 令 $\Pi_h$ 是 $\mathcal{T}_h$ 和 $(T,P_T,\boldsymbol{D}_T)$ 对应的插值算子. 记

$$v_h=\Pi_h G_h,\quad \psi_h=v_h-g_h,\quad w_h=\Pi_h(\rho_h\psi_h),$$

则 $w_h\in V_{h0}$. 由式 (12.5.6), 式 (12.5.7) 和式 (12.1.10) 得

$$|\psi_h|_{j,h} \lesssim h^{2-j},\quad 1\leqslant j\leqslant 3, \tag{12.5.19}$$

同时不等式 (12.5.8), 式 (12.5.9) 和式 (11.1.12) 导致

$$|\Pi_h^c\psi_h|_{2,(s),h}+|\psi_h'|_{2,(s),h} \lesssim |\psi_h|_{2,(s),h}. \tag{12.5.20}$$

经过简单的推算有

$$\rho_h\frac{\partial^2\Pi_h^c\psi_h}{\partial x_i^2}=\frac{\partial^2\Pi_h^c w_h}{\partial x_i^2}+\frac{\partial^2(\rho_h\Pi_h^c\psi_h-\Pi_h^c w_h)}{\partial x_i^2}-4(x_i-y_i)\frac{\partial\Pi_h^c\psi_h}{\partial x_i}-2\Pi_h^c\psi_h,\quad i=1,2,$$

$$\rho_h\frac{\partial^2\Pi_h^c\psi_h}{\partial x_1\partial x_2}=\frac{\partial^2\Pi_h^c w_h}{\partial x_1\partial x_2}+\frac{\partial^2(\rho_h\Pi_h^c\psi_h-\Pi_h^c w_h)}{\partial x_1\partial x_2}-2(x_1-y_1)\frac{\partial\Pi_h^c\psi_h}{\partial x_2}-2(x_2-y_2)\frac{\partial\Pi_h^c\psi_h}{\partial x_1},$$

$$\rho_h\frac{\partial^2\psi_h'}{\partial x_i^2}=\frac{\partial^2 w_h'}{\partial x_i^2}+\frac{\partial^2(\rho_h\psi_h'-w_h')}{\partial x_i^2}-4(x_i-y_i)\frac{\partial\psi_h'}{\partial x_i}-2\psi_h',\quad i=1,2,$$

$$\rho_h\frac{\partial^2\psi_h'}{\partial x_1\partial x_2}=\frac{\partial^2 w_h'}{\partial x_1\partial x_2}+\frac{\partial^2(\rho_h\psi_h'-w_h')}{\partial x_1\partial x_2}-2(x_1-y_1)\frac{\partial\psi_h'}{\partial x_2}-2(x_2-y_2)\frac{\partial\psi_h'}{\partial x_1}.$$

从上面的等式和式 (12.5.10) 推导得

$$
\begin{aligned}
&|\psi_h|_{2,(-1),h}^2\\
\lesssim\ & |\Pi_h^c\psi_h|_{2,(-1),h}^2+|\psi_h'|_{2,(-1),h}^2\\
\lesssim\ & \sum_{T\in\mathcal{T}_h}\int_T\rho_h\Big\{(\Delta\Pi_T^c\psi_h)^2+2(1-\sigma)\Big(\frac{\partial^2\Pi_T^c\psi_h}{\partial x_1\partial x_2}\Big)^2\\
&-2(1-\sigma)\frac{\partial^2\Pi_T^c\psi_h}{\partial x_1^2}\frac{\partial^2\Pi_T^c\psi_h}{\partial x_2^2}+(\Delta\psi_h')^2\\
&+2(1-\sigma)\Big(\frac{\partial^2\psi_h'}{\partial x_1\partial x_2}\Big)^2-2(1-\sigma)\frac{\partial^2\psi_h'}{\partial x_1^2}\frac{\partial^2\psi_h'}{\partial x_2^2}\Big\}\,\mathrm{d}\boldsymbol{x}\\
\lesssim\ & |a_h(\Pi_h^c\psi_h,\Pi_h^c w_h)+a_h(\psi_h',w_h')|\\
&+|a_h(\Pi_h^c\psi_h,\rho_h\Pi_h^c\psi_h-\Pi_h^c w_h)|+|a_h(\psi_h',\rho_h\psi_h'-w_h')|\\
&+\sum_{|\boldsymbol{\alpha}|=2}\sum_{i=1}^{2}\sum_{T\in\mathcal{T}_h}\int_T\Big(|\partial^{\boldsymbol{\alpha}}\Pi_h^c\psi_h|\rho^{\frac12}\Big|\frac{\partial\Pi_h^c\psi_h}{\partial x_i}\Big|+|\partial^{\boldsymbol{\alpha}}\psi_h'|\rho^{\frac12}\Big|\frac{\partial\psi_h'}{\partial x_i}\Big|\Big)\mathrm{d}\boldsymbol{x}\\
&+\sum_{i=1}^{2}\Big|\sum_{T\in\mathcal{T}_h}\int_T\Big(\frac{\partial^2\Pi_h^c\psi_h}{\partial x_i^2}\Pi_h^c\psi_h+\frac{\partial^2\psi_h'}{\partial x_i^2}\psi_h'\Big)\,\mathrm{d}\boldsymbol{x}\Big|,
\end{aligned}
$$

因而, 由 Schwarz 不等式和式 (11.1.7) 得

$$
\begin{aligned}
|\psi_h|_{2,(-1),h}^2\lesssim\ & |a_h(\Pi_h^c\psi_h,\Pi_h^c w_h)+a_h(\psi_h',w_w')|\\
&+|\Pi_h^c\psi_h|_{2,(-1),h}|\rho_h\Pi_h^c\psi_h-\Pi_h^c w_h)|_{2,(1),h}\\
&+|\psi_h'|_{2,(-1),h}|\rho_h\psi_h'-w_h')|_{2,(1),h}\\
&+|\Pi_h^c\psi_h|_{2,(-1),h}|\Pi_h^c\psi_h|_{1,h}+|\psi_h'|_{2,(-1),h}|\psi_h'|_{1,h}\\
&+\sum_{i=1}^{2}\Big|\sum_{T\in\mathcal{T}_h}\int_T\Big(\frac{\partial^2\Pi_h^c\psi_h}{\partial x_i^2}\Pi_h^c\psi_h+\frac{\partial^2\psi_h'}{\partial x_i^2}\psi_h'\Big)\,\mathrm{d}\boldsymbol{x}\Big|.
\end{aligned}
$$

应用式 (12.5.8), 式 (12.5.19) 和式 (12.5.20) 推导出

$$
\begin{aligned}
|\psi_h|_{2,(-1),h}^2\lesssim\ & |a_h(\Pi_h^c\psi_h,\Pi_h^c w_h)+a_h(\psi_h',w_h')|\\
&+|\psi_h|_{2,(-1),h}|\rho_h\Pi_h^c\psi_h-\Pi_h^c w_h)|_{2,(1),h}\\
&+|\psi_h|_{2,(-1),h}\Big(h+|\rho_h\psi_h'-w_h')|_{2,(1),h}\Big)\\
&+\sum_{i=1}^{2}\Big|\sum_{T\in\mathcal{T}_h}\int_T\Big(\frac{\partial^2\Pi_h^c\psi_h}{\partial x_i^2}\Pi_h^c\psi_h+\frac{\partial^2\psi_h'}{\partial x_i^2}\psi_h'\Big)\,\mathrm{d}\boldsymbol{x}\Big|.
\end{aligned}\tag{12.5.21}
$$

由式 (12.5.4), 式 (12.5.11), 式 (11.1.7), 式 (12.5.7)～ 式 (12.5.9) 以及式 (11.1.12) 有

$$
\begin{aligned}
&|a_h(\Pi_h^c\psi_h,\Pi_h^c w_h)+a_h(\psi_h',w_h')|\\
=&|a_h(G_h,\Pi_h^c w_h)-(\Delta^2 G_h,w_h)\\
&+a_h(v_h-G_h,\Pi_h^c w_h)-a_h(v_h',\Pi_h^c w_h)+a_h(v_h',w_h')|\\
\lesssim& h^2|G_h|_{3,(-1),h}|w_h|_{3,(1),h}+|G_h-v_h|_{2,(-1),h}|\Pi_h^c w_h|_{2,(1),h}\\
&+|v_h'|_{2,(-1),h}\big(|\Pi_h^c w_h|_{2,(1),h}+|w_h'|_{2,(1),h}\big)\\
\lesssim& h|G_h|_{3,(-1),h}\big(h|w_h|_{3,(1),h}+|w_h|_{2,(1),h}\big)\lesssim h|G_h|_{3,(-1),h}|w_h|_{2,(1),h},
\end{aligned}
$$

同时由式 (12.5.19), 式 (11.1.6) 和定理 10.5.1, 得

$$
\begin{aligned}
|w_h|_{2,(1),h}\lesssim& |\psi_h|_{2,(-1),h}+|\psi_h|_{1,h}+|\psi_h|_{0,(1),h}\\
\lesssim& |\psi_h|_{2,(-1),h}+h+(1+|\ln h|^{\frac{1}{2}})|\psi_h|_{0,\infty,h}\\
\lesssim& |\psi_h|_{2,(-1),h}+h+(1+|\ln h|)|\psi_h|_{1,h}\\
\lesssim& |\psi_h|_{2,(-1),h}+(1+|\ln h|)h.
\end{aligned}
$$

由式 (12.1.12) 得

$$
|a_h(\Pi_h^c\psi_h,\Pi_h^c w_h)+a_h(\psi_h',w_h')|\lesssim(1+|\ln h|^{\frac{1}{2}})h\big(|\psi_h|_{2,(-1),h}+(1+|\ln h|)h\big). \tag{12.5.22}
$$

在每个单元 $T\in\mathcal{T}_h$ 上,

$$
\begin{aligned}
&\rho_h\Pi_h^c\psi_h-\Pi_h^c w_h=(\rho_h-P_T^0\rho_h)\Pi_h^c\psi_h-\Pi_h^c\Pi_h((\rho_h-P_T^0\rho_h)\psi_h),\\
&\rho_h\psi_h'-w_h'=(\rho_h-P_T^0\rho_h)\psi_h'-(\Pi_h((\rho_h-P_T^0\rho_h)\psi_h))',
\end{aligned}
$$

所以, 由式 (12.5.7)～ 式 (12.5.10) 及式 (11.1.12),

$$
\begin{aligned}
&|\rho_h\Pi_h^c\psi_h-\Pi_h^c w_h|_{2,(1),h,T}^2\\
\leqslant& 2|(\rho_h-P_T^0\rho_h)\Pi_h^c\psi_h|_{2,(1),h,T}^2+2|\Pi_h^c\Pi_h((\rho_h-P_T^0\rho_h)\psi_h)|_{2,(1),h,T}^2\\
\lesssim& |(\rho_h-P_T^0\rho_h)\Pi_h^c\psi_h|_{2,(1),h,T}^2+|(\rho_h-P_T^0\rho_h)\psi_h)|_{2,(1),h,T}^2\\
\lesssim& h^2|\Pi_h^c\psi_h|_{2,T}^2+|\Pi_h^c\psi_h|_{1,T}^2+|\Pi_h^c\psi_h|_{0,(1),h,T}^2+h^2|\psi_h|_{2,T}^2+|\psi_h|_{1,T}^2+|\psi_h|_{0,(1),h,T}^2\\
\lesssim& h^2|\psi_h|_{2,T}^2+|\psi_h|_{1,T}^2+|\psi_h|_{0,(1),h,T}^2,
\end{aligned}
$$

$$
\begin{aligned}
&|\rho_h\psi_h'-w_h'|_{2,(1),h,T}^2\\
\leqslant\ & 2|(\rho_h-P_T^0\rho_h)\psi_h'|_{2,(1),h,T}^2+2|(\varPi_h((\rho_h-P_T^0\rho_h)\psi_h))'|_{2,(1),h,T}^2\\
\lesssim\ & |(\rho_h-P_T^0\rho_h)\psi_h'|_{2,(1),h,T}^2+|(\rho_h-P_T^0\rho_h)\psi_h)|_{2,(1),h,T}^2\\
\lesssim\ & h^2|\psi_h'|_{2,T}^2+|\psi_h'|_{1,T}^2+|\psi_h'|_{0,(1),h,T}^2+h^2|\psi_h|_{2,T}^2+|\psi_h|_{1,T}^2+|\psi_h|_{0,(1),h,T}^2\\
\lesssim\ & h^2|\psi_h|_{2,T}^2+|\psi_h|_{1,T}^2+|\psi_h|_{0,(1),h,T}^2,
\end{aligned}
$$

因此,

$$
|\rho_h\varPi_h^c\psi_h-\varPi_h^cw_h|_{2,(1),h}+|\rho_h\psi_h'-w_h'|_{2,(1),h}\lesssim h|\psi_h|_{2,h}+|\psi_h|_{1,h}+|\psi_h|_{0,(1),h}.
$$

另外, 不等式 (12.5.19), 式 (11.1.6) 和定理 10.5.1 导致

$$
h|\psi_h|_{2,h}+|\psi_h|_{1,h}+|\psi_h|_{0,(1),h}\lesssim(1+|\ln h|)h,
$$

所以

$$
|\rho_h\varPi_h^c\psi_h-\varPi_h^cw_h|_{2,(1),h}+|\rho_h\psi_h'-w_h'|_{2,(1),h}\lesssim(1+|\ln h|)h. \tag{12.5.23}
$$

由式 (11.1.7), 式 (12.5.20), 式 (12.5.8) 和式 (12.5.9) 有

$$
\begin{aligned}
&\sum_{i=1}^{2}\Big|\sum_{T\in\mathcal{T}_h}\int_T\Big(\frac{\partial^2\varPi_h^c\psi_h}{\partial x_i^2}\varPi_h^c\psi_h+\frac{\partial^2\psi_h'}{\partial x_i^2}\psi_h'\Big)\,\mathrm{d}\boldsymbol{x}\Big|\\
\lesssim\ & |\varPi_h^c\psi_h|_{2,(-1),h}|\varPi_h^c\psi_h|_{0,(1),h}+|\psi_h'|_{2,(-1),h}|\psi_h'|_{0,(1),h}\\
\lesssim\ & |\psi_h|_{2,(-1),h}\big(|\psi_h|_{0,(1),h}+h^3|\psi_h|_{3,(1),h}\big),
\end{aligned}
$$

而由式 (11.1.12), 式 (11.1.6), 式 (12.5.19) 和定理 10.5.1 得到

$$
|\psi_h|_{0,(1),h}+h^3|\psi_h|_{3,(1),h}\lesssim(1+|\ln h|)h,
$$

所以

$$
\sum_{i=1}^{2}\Big|\sum_{T\in\mathcal{T}_h}\int_T\Big(\frac{\partial^2\varPi_h^c\psi_h}{\partial x_i^2}\varPi_h^c\psi_h+\frac{\partial^2\psi_h'}{\partial x_i^2}\psi_h'\Big)\,\mathrm{d}\boldsymbol{x}\Big|\lesssim(1+|\ln h|)h|\psi_h|_{2,(-1),h}. \tag{12.5.24}
$$

综合式 (12.5.21)～ 式 (12.5.24) 得到

$$
|\psi_h|_{2,(-1),h}^2\lesssim(1+|\ln h|)h|\psi_h|_{2,(-1),h}+(1+|\ln h|^{\frac{3}{2}})h^2,
$$

也就是说,

$$|\psi_h|_{2,(-1),h} \lesssim (1+|\ln h|)h. \tag{12.5.25}$$

从式 (12.5.7) 和式 (12.1.12) 得

$$|G_h - v_h|_{2,(-1),h} \lesssim (1+|\ln h|^{\frac{1}{2}})h.$$

由上面两个估计式得到不等式 (12.5.18). □

**定理 12.5.1** 记 $u$ 和 $u_h$ 分别是问题 (12.2.1) 和问题 (12.5.3) 的解. 设式 (12.5.5) 成立, 则当 $u \in W^{3,\infty}(\Omega)$ 时,

$$|u-u_h|_{j,\infty,h} \lesssim h^{3-j}(1+|\ln h|^{3/2})|u|_{3,\infty,\Omega}, \quad j=1,2, \tag{12.5.26}$$

当 $u \in H^3(\Omega)$ 时,

$$|u-u_h|_{0,\infty,\Omega} \lesssim h^2(1+|\ln h|^{1/2})|u|_{3,\Omega}. \tag{12.5.27}$$

**证明** 不等式 (12.5.27) 是定理 10.5.1 和定理 8.3.3 的直接推论. 对不等式 (12.5.26), 只需要证明

$$|\bar{a}_h(g_h, \Pi_h u - u_h)| \lesssim h^2(1+|\ln h|^{3/2})|u|_{3,\infty,\Omega}. \tag{12.5.28}$$

由式 (12.5.3), 式 (12.5.4), 式 (12.2.1) 和式 (12.1.3) 得

$$\begin{aligned}
|\bar{a}_h(g_h, \Pi_h u - u_h)| = \Big| & a_h(G_h - \Pi_h^c g_h, u - \Pi_h^c u) + a_h(g_h', (\Pi_h u)') \\
& + \big(a_h(u, \Pi_h^c g_h) - (\Delta^2 u, g_h)\big) \\
& + \big(a_h(G_h, \Pi_h^c u) - (\Delta^2 G_h, \Pi_h u)\big) \\
& + (\Delta^2 G_h, \Pi_h u - u)\Big|.
\end{aligned}$$

因为式 (12.5.11), 式 (11.1.7), 式 (12.5.7) ~ 式 (12.5.9), 式 (12.1.12) 和式 (12.1.4), 所以

$$\begin{aligned}
& |\bar{a}_h(g_h, \Pi_h u - u_h)| \\
\lesssim\ & |G_h - \Pi_h^c g_h|_{2,(-1),h} |u - \Pi_h^c u|_{2,(1),h} \\
& + |g_h'|_{2,(-1),h} |(\Pi_h u)'|_{2,(1),h} + h^2 |g_h|_{3,(-1),h} |u|_{3,(1),h} \\
& + h^2 |G_h|_{3,(-1),h} |\Pi_h u|_{3,(1),h} + |\delta_h|_{0,(-1),h} |u - \Pi_h u|_{0,(1),h} \\
\lesssim\ & \Big(h|G_h - \Pi_h^c g_h|_{2,(-1),h} + h^3 |\delta_h|_{0,(-1),h} \\
& + h^2 |G_h|_{3,(-1),h} + h^2 |g_h|_{3,(-1),h}\Big) |u|_{3,(1),h} \\
\lesssim\ & h^2 \Big(h^{-1} |G_h - \Pi_h^c g_h|_{2,(-1),h} + |g_h|_{3,(-1),h} + (1+|\ln h|^{\frac{1}{2}})\Big) |u|_{3,(1),h}.
\end{aligned}$$

由于式 (12.5.8), 式 (12.5.18), 式 (12.1.12) 和式 (11.1.12) 推导出

$$h^{-1}|G_h - \Pi_h^c g_h|_{2,(-1),h} \lesssim |g_h|_{3,(-1),h} + (1 + |\ln h|^{\frac{1}{2}}),$$

$$\begin{aligned}|g_h|_{3,(-1),h} &\lesssim |\Pi_h G_h - g_h|_{3,(-1),h} + |\Pi_h G_h|_{3,(-1),h}\\ &\lesssim h^{-1}|\Pi_h G_h - g_h|_{2,(-1),h} + |G_h|_{3,(-1),h}\\ &\lesssim h^{-1}|G_h - g_h|_{2,(-1),h} + |G_h|_{3,(-1),h}\\ &\lesssim 1 + |\ln h|,\end{aligned}$$

因此,

$$|\bar{a}_h(g_h, \Pi_h u - u_h)| \lesssim h^2 |u|_{3,(1),h}(1 + |\ln h|).$$

再由式 (11.1.6) 就得到了不等式 (12.5.28). □

在 8.2 节和 8.4 节给出的 TRUNC 元、Bergan 元和 SZ 元都满足定理 12.5.1 的条件, 所以对这些有限元估计式 (12.5.26) 和式 (12.5.27) 成立.

## 12.6 DSP 元

现在考虑 DSP 元. 令 $(T, \bar{P}_T, \boldsymbol{D}_T, \bar{\boldsymbol{D}}_T, \boldsymbol{G}_T)$ 是一个 DSP 元, 假设良定条件成立. 记 $V_h$ 和 $V_{h0}$ 是对应于 $(T, \bar{P}_T, \boldsymbol{D}_T)$ 和 $\mathcal{T}_h$ 的有限元空间 (见 9.1 节). 用 $\bar{V}_{h0}$ 记对应于 $(T, \bar{P}_T, \bar{\boldsymbol{D}}_T)$ 和 $\mathcal{T}_h$ 的有限元空间. 令 $V_{h0}^d = \Pi_h^d V_{h0}$ 而 $\Pi_h^d$ 由式 (9.1.7) 给出. 双线性形式 $a_h(\cdot,\cdot)$ 由式 (5.4.32) 定义.

用 DSP 元求解问题 (12.2.1) 为: 求 $u_h \in V_{h0}^d$ 满足

$$a_h(u_h, v_h) = (f, v_h), \quad \forall v_h \in V_{h0}^d. \tag{12.6.1}$$

因为一个 DSP 元可以看成是一个非协调元, 所以 DSP 元的 $L^\infty$ 收敛结果可以用非协调元的方法得到.

令 $g_h \in V_{h0}^d$ 是下面问题的解:

$$a_h(g_h, v_h) = (\delta_h, v_h), \quad \forall v_h \in V_{h0}^d. \tag{12.6.2}$$

目的是估计 $|G_h - g_h|_{2,(-1),h}$ 的误差界.

现在令 $(T, \bar{P}_T, \boldsymbol{D}_T, \bar{\boldsymbol{D}}_T, \boldsymbol{G}_T)$ 是 9.4 节给出的 VZ2 元. 记 $\Pi_T^z, \Pi_h^z$ 分别是相应于 Zienkiewicz 元和剖分 $\mathcal{T}_h$ 的插值算子. 可以证明下面的引理:

**引理 12.6.1** 令 $G_h$ 是问题 (12.1.3) 的解, $g_h$ 是 VZ2 元时问题 (12.6.2) 的解, 则

$$\|G_h - g_h\|_{1,h} + h|G_h - g_h|_{2,h} \lesssim h. \tag{12.6.3}$$

**引理 12.6.2** 设 $(T, \bar{P}_T, \boldsymbol{D}_T, \bar{\boldsymbol{D}}_T, \boldsymbol{G}_T)$ 是 VZ2 元, $s$ 是一个给定的整数, 则对任意 $v \in H^3(\Omega) \cap H_0^2(\Omega)$, $\Delta v \in L^2(\Omega)$, $w \in H_0^2(\Omega)$ 和 $v_h \in \bar{V}_{h0}$,

$$|a_h(v, w - v_h) - (\Delta^2 v, w - v_h)| \lesssim h(|v|_{3,(-s),h} + h|\Delta^2 v|_{0,(-s),h})|w - v_h|_{2,(s),h}. \tag{12.6.4}$$

**引理 12.6.3** 设 $(T, \bar{P}_T, \boldsymbol{D}_T, \bar{\boldsymbol{D}}_T, \boldsymbol{G}_T)$ 是 VZ2 元. 对于给定的整数 $s$, 当 $0 \leqslant j \leqslant 3$ 时,

$$|v - \Pi_T^d \Pi_T^z v|_{j,(s),h,T} \lesssim h^{3-j}|v|_{3,(s),h,T}, \quad \forall v \in H^3(T) \tag{12.6.5}$$

对任意 $T \in \mathcal{T}_h$ 成立, 其中, $\Pi_T^d$ 由式 (9.1.5) 给出.

**引理 12.6.4** 设 $(T, \bar{P}_T, \boldsymbol{D}_T, \bar{\boldsymbol{D}}_T, \boldsymbol{G}_T)$ 是 VZ2 元, 则对任意 $T \in \mathcal{T}_h$,

$$|\Pi_T^z v|_{j,T} \lesssim |\Pi_T^d \Pi_T^z v|_{j,T}, \quad 0 \leqslant j \leqslant 2, \ \forall v \in H^3(T). \tag{12.6.6}$$

**证明** 令 $P_3''(T)$ 是 Zienkiewicz 元的形函数空间. 只需要证明

$$|p|_{j,T} \lesssim |\Pi_T^d p|_{j,T}, \quad 0 \leqslant j \leqslant 2, \ \forall p \in P_3''(T). \tag{12.6.7}$$

因为 VZ2 元满足强良定条件, 所以矩阵 $\boldsymbol{G}_T$ 的秩为 9. 因此, 对 $p \in P_3''(T)$, $p = 0$ 当且仅当 $\Pi_T^d p = 0$. 这样, 不等式 (12.6.7) 可以用仿射技巧证得. □

**引理 12.6.5** 令 $G_h$ 是问题 (12.1.3) 的解, $g_h$ 是 VZ2 元时问题 (12.6.2) 的解, 则

$$|G_h - g_h|_{2,(-1),h} \lesssim h(1 + |\ln h|^{3/4}). \tag{12.6.8}$$

**证明** 因为有引理 12.6.1~ 引理 12.6.4 的结果, 使用引理 12.3.3 证明中的方法, 可以得到

$$|G_h - g_h|^2_{2,(-1),h} \lesssim |a_h(G_h - g_h, \rho_h(G_h - g_h))| + h|G_h - g_h|_{2,(-1),h} + h^2. \tag{12.6.9}$$

令 $v_h = \Pi_h^z G_h$. 类似于不等式 (12.3.9) 有

$$|a_h(G_h - g_h, \rho_h(G_h - \Pi_h^d v_h))| \lesssim (1 + |\ln h|^{\frac{1}{2}})h|G_h - g_h|_{2,(-1),h}. \tag{12.6.10}$$

因为 $V_{h0}^d = \Pi_h^d V_{h0}$, 存在 $\psi_h \in V_{h0}$ 满足 $g_h = \Pi_h^d \psi_h$ 且 $\psi_h = \Pi_h^z \psi_h$. 记 $w_h = v_h - \psi_h$, 则从不等式 (11.1.7) 得

$$\begin{aligned}&\left|a_h(G_h - g_h, \rho_h(\Pi_h^d v_h - g_h) - \Pi_h^d(\rho_h w_h))\right| \\ \leqslant &|G_h - g_h|_{2,(-1),h}|\rho_h \Pi_h^d w_h - \Pi_h^d(\rho_h w_h)|_{2,(1),h}.\end{aligned} \tag{12.6.11}$$

对任意 $T \in \mathcal{T}_h$, 记 $P_T^0$ 是从 $L^2(T)$ 到 $P_0(T)$ 的正交投影算子. 在 $T$ 上, 下面的等式成立：

$$\begin{aligned}\rho_h \Pi_h^d w_h - \Pi_h^d(\rho_h w_h) =& \Pi_h^d\Big((\rho_h - P_T^0\rho_h)(\Pi_h^d w_h - w_h)\Big)\\ &+ \Big((\rho_h - P_T^0\rho_h)\Pi_h^d w_h - \Pi_h^d((\rho_h - P_T^0\rho_h)\Pi_h^d w_h)\Big),\end{aligned}$$

因此,

$$\begin{aligned}&|\rho_h \Pi_h^d w_h - \Pi_h^d(\rho_h w_h)|_{2,(1),h}^2\\ \lesssim& \sum_{T\in\mathcal{T}_h}\Big|(\rho_h - P_T^0\rho_h)\Pi_h^d w_h - \Pi_h^d((\rho_h - P_T^0\rho_h)\Pi_h^d w_h)\Big|_{2,(1),h,T}^2\\ &+\sum_{T\in\mathcal{T}_h}\big|\Pi_h^d((\rho_h - P_T^0\rho_h)(\Pi_h^d w_h - w_h))\big|_{2,(1),h,T}^2.\end{aligned}\tag{12.6.12}$$

使用式 (11.1.5), 式 (12.6.3), 式 (12.6.5), 式 (12.1.10), 逆不等式, 定理 3.3.3 和 $\rho_h$ 的性质, 可以推导出

$$\begin{aligned}&\sum_{T\in\mathcal{T}_h}\Big|(\rho_h - P_T^0\rho_h)\Pi_h^d w_h - \Pi_h^d((\rho_h - P_T^0\rho_h)\Pi_h^d w_h)\Big|_{2,(1),h,T}^2\\ \lesssim& h^2\sum_{T\in\mathcal{T}_h}|(\rho_h - P_T^0\rho_h)\Pi_h^d w_h|_{3,(1),h,T}^2\\ \lesssim& h^2\sum_{T\in\mathcal{T}_h}(h^2|\Pi_h^d w_h|_{3,T}^2 + |\Pi_h^d w_h|_{2,T}^2 + |\Pi_h^d w_h|_{1,(1),h,T}^2)\\ \lesssim& \sum_{T\in\mathcal{T}_h}(h^2|\Pi_h^d w_h|_{2,T}^2 + |\Pi_h^d w_h|_{1,T}^2) = h^2|\Pi_h^d w_h|_{2,h}^2 + |\Pi_h^d w_h|_{1,h}^2 \lesssim h^2,\end{aligned}$$

同时, 由同样的理由和不等式 (12.6.6) 有

$$\begin{aligned}&\sum_{T\in\mathcal{T}_h}|\Pi_h^d((\rho_h - P_T^0\rho_h)(\Pi_h^d w_h - w_h))|_{2,(1),h,T}^2\\ \lesssim& \sum_{T\in\mathcal{T}_h}|(\rho_h - P_T^0\rho_h)(\Pi_h^d w_h - w_h)|_{2,(1),h,T}^2\\ \lesssim& \sum_{T\in\mathcal{T}_h}(h^2|\Pi_h^d w_h - w_h|_{2,T}^2 + |\Pi_h^d w_h - w_h|_{1,T}^2 + |\Pi_h^d w_h - w_h|_{0,(1),h,T}^2)\\ =& h^2|\Pi_h^d w_h - w_h|_{2,h}^2 + |\Pi_h^d w_h - w_h|_{1,h}^2 + |\Pi_h^d w_h - w_h|_{0,(1),h}^2\\ \lesssim& h^4|w_h|_{3,h}^2 + h^6|w_h|_{3,(1),h}^2 \lesssim h^2|w_h|_{2,h}^2 \lesssim h^2|\Pi_h^d w_h|_{2,h}^2 \lesssim h^2,\end{aligned}$$

从而得到

$$\left|a_h(G_h-g_h,\rho_h(\Pi_h^d v_h-g_h)-\Pi_h^d(\rho_h w_h))\right|\lesssim h|G_h-g_h|_{2,(-1),h}. \tag{12.6.13}$$

注意到 $\Pi_h^d(\rho_h w_h)\in V_{h0}^d$, 由式 (12.6.2) 和式 (12.6.4) 得

$$\begin{aligned}|a_h(G_h-g_h,\Pi_h^d(\rho_h w_h))|&=|a_h(G_h,\Pi_h^d(\rho_h w_h))-(\Delta^2 G_h,\Pi_h^d(\rho_h w_h))|\\&\lesssim h(|G_h|_{3,(-1),h}+h|\delta_h|_{0,(-1),h})|\Pi_h^d(\rho_h w_h))|_{2,(1),h},\end{aligned}$$

于是从式 (12.1.4) 和式 (12.1.12) 得出

$$|a_h(G_h-g_h,\Pi_h^d(\rho_h w_h))|\lesssim(1+|\ln h|^{1/2})h|\Pi_h^d(\rho_h w_h)|_{2,(1),h}.$$

此外, 由不等式 (11.1.8), 式 (11.1.5), 式 (11.1.6), 式 (11.1.12), 式 (12.6.5), 式 (12.6.6) 和定理 10.5.1 得

$$\begin{aligned}|\Pi_h^d(\rho_h w_h)|_{2,(1),h}&\lesssim|\rho_h w_h|_{2,(1),h}\\&\lesssim|w_h|_{2,(-1),h}+|w_h|_{1,h}+|w_h|_{0,(1),h}\\&\lesssim|w_h|_{2,(-1),h}+|w_h|_{1,h}+(1+|\ln h|^{\frac{1}{2}})|w_h|_{0,\infty,\Omega}\\&\lesssim|w_h|_{2,(-1),h}+(1+|\ln h|)|w_h|_{1,h}\\&\lesssim|\Pi_h^d w_h|_{2,(-1),h}+(1+|\ln h|)|\Pi_h^d w_h|_{1,h}\\&\lesssim|G_h-g_h|_{2,(-1),h}+h|G_h|_{3,(-1),h}\\&\quad+(1+|\ln h|)(|G_h-g_h|_{1,h}+h^2|G_h|_{3,\Omega}).\end{aligned}$$

不等式 (12.1.10), 式 (12.1.12) 和式 (12.6.3) 导致

$$|a_h(G_h-g_h,\Pi_h^d(\rho_h w_h))|\lesssim(1+|\ln h|^{\frac{1}{2}})h\Big(|G_h-g_h|_{2,(-1),h}+(1+|\ln h|)h\Big). \tag{12.6.14}$$

综合不等式 (12.6.9) ~ 式 (12.6.11), 式 (12.6.13) 和式 (12.6.14), 最终得到

$$|G_h-g_h|_{2,(-1),h}^2\lesssim(1+|\ln h|^{\frac{1}{2}})h(|G_h-g_h|_{2,(-1),h}+(1+|\ln h|)h). \tag{12.6.15}$$

引理得证. □

现在可以给出 VZ2 元的 $L^\infty$ 误差估计了, 其证明与定理 12.3.1 的类似.

**定理 12.6.1**　设 $(T, \bar{P}_T, \boldsymbol{D}_T, \bar{\boldsymbol{D}}_T, \boldsymbol{G}_T)$ 是 VZ2 元, 问题 (12.2.1) 和问题 (12.6.1) 的解分别是 $u$ 和 $u_h$, 则当 $u \in W^{3,\infty}(\Omega)$ 和 $f \in L^\infty(\Omega)$ 时,

$$|u - u_h|_{j,\infty,h} \lesssim h^{3-j}(1 + |\ln h|^{5/4})(|u|_{3,\infty,\Omega} + h\|f\|_{0,\infty,\Omega}), \quad j = 1, 2, \tag{12.6.16}$$

并且当 $u \in H^3(\Omega)$ 时成立

$$|u - u_h|_{0,\infty,\Omega} \lesssim h^2(1 + |\ln h|^{\frac{1}{2}})(|u|_{3,\Omega} + h\|f\|_{0,\Omega}). \tag{12.6.17}$$

利用同样的方法, 可以证明定理 12.6.1 的结论对于 9 参数广义协调元, VZ1C1 元和 VZ1C3 元也是成立的. □

在上面的讨论中, 利用了 DSP 元的强良定的条件. 对于不满足这一条件的其他 DSP 元, 其 $L^\infty$ 误差估计还需要进一步的工作.

# 参 考 文 献


[1] 冯康. 基于变分原理的差分格式. 应用数学与计算数学, 1965, 2(4): 238–262

[2] Adams R A. Sobolev Spaces. New York: Academic Press, 1975

[3] 应隆安. 有限元方法讲义. 北京: 北京大学出版社, 1988

[4] Ciarlet P G. The Finite Element Method for Elliptic Problems. Amsterdam, New York, Oxford: North-Holland, 1978

[5] Grisvard P. Elliptic Problems in Nonsmooth Domains. Boston, London, Melbourne: Pitman, 1985

[6] Cea J. Approimation variationnelle des problèmes aux limites. Ann Inst Fourier (Grenoble), 1964, 14: 345–444

[7] Zienkiewicz O C. The Finite Element Method in Engineering Science. London: McGrawhill, 1971

[8] Nicolaides R A. On a class of finite elements generated by Lagrange interpolation II. SIAM J Numer Anal, 1972, 10: 182–189

[9] 张鸿庆, 王鸣. 有限元的数学理论. 北京: 科学出版社, 1991

[10] Klouček P, Li B, Luskin M. Analysis of a class of nonconforming finite elements for crystalline microstructures. Math Comp, 1996, 65(215): 1111–1135

[11] Morley L S D. The triangular equilibrium element in the solution of plate bending problems. Aero Quart, 1968, 19: 149–169

[12] Wang M, Xu J. The Morley element for fourth order elliptic equations in any dimensions. Numer Math, 2006, 103: 155–169

[13] Wang M, Shi Z C, Xu J. A new class of Zienkiewicz-type nonconforming element in any dimensions. Numer Math, 2007, 106: 335–347

[14] Wang M, Zhang S. Nonconforming plate element with high accuracy. Research Report, School of Mathematical Sciences and Institute of Mathematics, Peking University, 2007: 70

[15] 蒋和洋. 用拟协调元方法推导高精度三角形板弯曲单元. 大连工学院学报, 1981, 20(增刊 2): 21–28

[16] Wang M, Xu J. Nonconforming tetrahedral finite elements for fourth order elliptic equations. Math Comp, 2007, 76: 1–18

[17] Wang M, Shi Z C, Xu J. Some $n$-rectangle nonconforming elements for fourth order elliptic equations. J Comput Math, 2007, 25: 408–420

[18] Wang M, Xu J. Minimal finite element spaces for $2m$-th order partial differential equations in $R^n$. Research Report, School of Mathematical Sciences and Institute of Mathematics, Peking University, 2006. 29

[19] Wang M. On the necessity and sufficiency of the patch test for convergence of nonconforming finite elements. SIAM J Numer Anal, 2002, 39: 363–384

[20] Shi Z C. A convergence condition for the quadrilateral Wilson element. Numer Math, 1984, 44: 349–361

[21] Shi Z C. On the convergence properties of quadrilateral elements of Sander and Beckers.

Math Comp, 1984, 42: 493–504

[22] Bank R E, Weiser A. Some a posteriori error estimators for elliptic partial differential equations. Math Comp, 1985, 44: 283–301

[23] Verfürth R. A Review of a Posteriori Error Estimation and Adaptive Mesh-Refiniement Techniques. Chichester and Stuttgart: Wiley and Teubner, 1996

[24] 冯康, 石钟慈. 弹性结构的数学理论. 北京: 科学出版社, 1981

[25] 李开泰, 黄艾香, 黄庆怀. 有限元方法及其应用. 北京: 科学出版社, 2006

[26] 冯康. 论间断有限元的理论. 计算数学, 1979, 1(4): 378–385

[27] Lascaux P, Lesaint P. Some nonconforming finite elements for the plate bending problem. RAIRO Anal Numer, 1985, R-1: 9–53

[28] Lesaint P. On the convergence of Wilson's nonconforming element for solving the elastic problem. Comput Meths Appl Mech Eng, 1976, 7: 1–6

[29] 石钟慈. 关于 Morley 元的误差估计. 计算数学, 1990, 12: 113–118

[30] Strang G, Fix G J. An Analysis of the Finite Element Method. Englewood Cliffs: Prentice-Hall, 1973

[31] Stummel F. Basic compactness properties of nonconforming and hybrid finite element spaces. RAIRO Anal Numer, 1980, 4(1): 81–115

[32] 石钟慈. 两种不协调板元的统一函数形式. 计算数学, 1986, 8: 428–434

[33] Wang M, Zhang S. Local a priori and a posteriori error estimates of finite elements for biharmonic equation. Research Report, School of Mathematical Sciences and Institute of Mathematics, Peking University, 2006. 13

[34] Zenicek A. Polynomial approximation on tetrahedrons in the finite element method. J Approx Theory, 1973, 7: 334–351

[35] Zenicek A. A general theorem on triangular finite $C^{(m)}$-elements. RAIRO Anal Numer, 1974, R-2: 119–127

[36] Stummel F. The generalized patch test. SIAM J Numer Anal, 1979, 16: 449–471

[37] Shi Z C. The generalized patch test for Zienkiewicz's triangles. J Comput Math, 1984, 2: 279–286

[38] Shi Z C. An explicit analysis of Stummel's patch test examples. Int J Numer Meth Eng, 1984, 20: 1233–1246

[39] Shi Z C. The F-E-M-Test for nonconforming finite elements. Math Comp, 1987, 49: 391–405

[40] Shi Z C. Convergence properties of two nonconforming finite elements. Comput Meths Appl Mech Eng, 1985, 48: 123–137

[41] 蔡伟. Zienkiewicz 三角板元的极限问题. 计算数学, 1986, 8(4): 345–353

[42] Bazeley G P, Cheung Y K, Irons B M, et al. Triangular elements in bending – conforming and nonconforming solutions. In: Air Force Ins Tech. Proceedings of Confernce on Matrix Methods in Structural Mechanics. Ohio: Wright-Patterson A. F. Base, 1965: 547–576

[43] Taylor R L, Simo T C, Zienkiewicz O C et al. The patch test – a condition for assessing FEM convergence. Int J Numer Meth Eng, 1986, 22: 39–62

[44] Irons B M, Razzaque A. Experience with the patch test. *In*: Aziz A K. The Mathematical Foundations of the Finite Element Method with Applications to Partial Differential Equations. New York: Academic Press, 1972: 557–587

[45] Stummel F. The limitation of the patch test. Int J Numer Meth Eng, 1980, 15: 177–188

[46] Shi Z C. On Stummel's examples to the patch test. Computational Mechanics, 1989, 5: 81–87

[47] Carey G F. An analysis of finite element equations and mesh subdivisions. Comput Meths Appl Mech Eng, 1976, 9: 165–179

[48] Forsythe G E, Wasow W R. Finite-difference Methods for Partial Differential Equations. New York: Wiley, 1960

[49] 唐立民, 陈万吉, 刘迎曦. 有限元分析中的拟协调元. 大连工学院学报, 19(2): 19–35

[50] 陈万吉, 刘迎曦, 唐立民. 拟协调元列式. 大连工学院学报, 1980, 19(2): 37–49

[51] 张鸿庆. 多套函数广义分片检验和 12 参拟协调元. 大连工学院学报, 1982, 21(3): 11–19

[52] Zhang H Q. The generalized patest and 9-parameter quasi-conforming element. In: Feng Kang. Proc. the Sino-France Symp. on Finite Element Methods. Beijing: Science Press, Gordon and Breach, 1983: 566–583

[53] Zhang H Q, Wang M. Finite element approximations with multiple sets of functions and quasi-conforming elements. *In*: Feng Kang. Proc. the 1984 Beijing Symp. on Diff. Geometry and Diff. Equations. Beijing: Science Press, 1985: 354–365

[54] 张鸿庆, 王鸣. 多套函数有限元逼近与拟协调板元. 应用数学和力学, 1985, 6(1): 41–52

[55] 张鸿庆, 王鸣. 拟协调元空间的紧致性和拟协调元法的收敛性. 应用数学和力学, 1986, 7(5): 409–423

[56] 石钟慈. 关于九参数拟协调板元. 计算数学, 1988, 10: 100–106

[57] Shi Z C. On the accuracy of the quasi-conforming and generalized conforming finite elements. Chin Ann Math, 1990, 11B: 148–156

[58] 石钟慈, 陈绍春. 九参拟协调元的直接分析. 计算数学, 1990, 12: 76–84

[59] Wang M, Zhang H Q. On the convergence of quasi-conforming elements for linear elasticity problem. J Comput Math, 1986, 4(2): 131–145

[60] Wang M, Zhang W M. Local a priori and a posteriori error estimate of TQC9 element for biharmonic equation. J Comput Math, 2008, 26: 196–208

[61] 石广玉. 十二参数矩形拟协调板单元. 大连工学院硕士论文, 1980

[62] Bergan P G, Nygard M K. Finite elements with increased freedom in choosing shape functions. Int J Numer Meths Eng, 1984, 20: 634–664

[63] Bergan P G, Hanssen L. A new approach for deriving "good" finite element stiffness matrices. *In*: Whiteman J R. The Mathematics of Finite Elements and Applications. Vol. Ⅱ. London: Academic Press, 1976: 483–498

[64] Bergan P G. Finite elements based on energy orthogonal functions. Int J Numer Meths Eng, 1980, 15: 1541–1555

[65] Felippa C A, Bergan P G. A triangular bending element based on energy-orthogonal free formulation. Comput Meths Appl Mech Eng, 1987, 61: 129–160

[66] Chen S C, Shi Z C. On the free formulation scheme for construction of stiffness matrices. *In*: Chan T, Shi Z-C. Proc. International Conference on Scientific Computation. Singapore: World Scientific, 1992: 18–27

[67] Shi Z C. Convergence of the TRUNC plate element. Comput Meths Appl Mech Eng, 1987, 62: 71–88

[68] Shi Z C, Chen S C, Zhang F. Convergence analysis of Bergan's energy-orthogonal plate element. $M^3AS$, 1994, 4: 489–507

[69] Shi Z C, Zhang F. Construction and analysis of a new energy-orthogonal unconventional plate element. J Comput Math, 1990, 8: 75–91

[70] Argyris J H, Haase M, Mlejnek H P. On an unconventional but natural formation of a stiffness matrix. Comput Meths Appl Mech Eng, 1980, 22: 1–22

[71] 陈绍春, 石钟慈. 构造单元刚度矩阵双参数法. 计算数学, 1991, 13(3): 286–296

[72] 石钟慈, 陈绍春. 九参广义协调元的收敛性. 计算数学, 1991, 13: 193–203

[73] Shi Z C, Chen S C, Huang H C. Plate elements with high accuracy. In: Collection of papers dedicated to the 70th birthday of Prof. Chao-hao Gu. Singapore: World scientific, 1996: 158–164

[74] Shi Z C, Wang M. Mathematical theory of some non-standard finite element methods. Comtemporary Mathematics, 1994, 163: 111–125

[75] 龙驭球, 辛克贵. 广义协调元. 土木工程学报, 1987, 1: 1–14

[76] Veubake F D. Variational principles and the patch test. Int J Numer Meth Eng, 1974, 8: 783–801

[77] 王鸣, 张鸿庆. 有限元空间的嵌入性质和紧致性. 应用数学和力学, 1988, 9(2): 127–134

[78] Wang M. The trace embedding and compact properties of finite element spaces. 数学研究与评论, 1990, 10: 187–194

[79] 王鸣. 非协调元空间上的广义 Korn 不等式. 计算数学, 1994, 16: 108–113

[80] 王鸣. 关于非协调有限元空间最大模的不等式. 计算数学, 1990, 12: 104–107

[81] Fichera G. Existence theorems in elasticity. In: Handbuch der Physik, Encyclopedia of Physics, Band VI, 12. Heidelberg: Springer-Verlag, 1972: 347–389

[82] 朱起定, 林群. 有限元超收敛理论. 长沙: 湖南科学技术出版社, 1989

[83] 沈树民. 非协调有限元解的 $L^\infty$ 的估计. 计算数学, 1986, 3: 225–230

[84] Wang M. $L^\infty$ error estimates of nonconforming finite elements for the biharmonic equation. J Comput Math, 1993, 11: 276–288

[85] Wang M. $L^\infty$ convergence of conforming finite elements for the biharmonic equation. J Comput Math, 1993, 11: 373–384

[86] Wang M. $L^\infty$ Convergence of quasi-conforming finite elements for the biharmonic equation. J Comput Math, 1995, 13: 108–122

[87] Wang M. $L^\infty$ Convergence of TRUNC element for the biharmonic equation. J Comput Math, 1997, 15: 14–22

# 索 引

## 《信息与计算科学丛书 · 典藏版》书目

30 反问题的数值解法 2003.9 肖庭延等 著
31 有理函数逼近及其应用 2004.1 王仁宏等 著
32 小波分析·应用算法 2004.5 徐 晨等 著
33 非线性微分方程多解计算的搜索延拓法 2005.7 陈传淼 谢资清 著
34 边值问题的Galerkin有限元法 2005.8 李荣华 著
35 Numerical Linear Algebra and Its Applications 2005.8 Xiao-qing Jin, Yi-min Wei
36 不适定问题的正则化方法及应用 2005.9 刘继军 著
37 Developments and Applications of Block Toeplitz Iterative Solvers 2006.3 Xiao-qing Jin
38 非线性分歧：理论和计算 2007.1 杨忠华 著
39 科学计算概论 2007.3 陈传淼 著
40 Superconvergence Analysis and a Posteriori Error Estimation in Finite Element Methods 2008.3 Ningning Yan
41 Adaptive Finite Element Methods for Optimal Control Governed by PDEs 2008.6 Wenbin Liu Ningning Yan
42 计算几何中的几何偏微分方程方法 2008.10 徐国良 著
43 矩阵计算 2008.10 蒋尔雄 著
44 边界元分析 2009.10 祝家麟 袁政强 著
45 大气海洋中的偏微分方程组与波动学引论 2009.10 〔美〕Andrew Majda 著 陈 南 王晓明 程 晋 江 渝 译
46 有限元方法 2010.1 石钟慈 王 鸣 著
47 现代数值计算方法 2010.3 刘继军 编著
48 Selected Topics in Finite Elements Method 2011.2 Zhiming Chen Haijun Wu
49 交点间断Galerkin方法：算法、分析和应用 〔美〕Jan S. Hesthaven T. Warburton 著 李继春 汤涛 译
50 Computational Fluid Dynamics Based on the Unified Coordinates 2012.1 Wai-How Hui Kun Xu
51 间断有限元理论与方法(修订版) 2014.10 张 铁 著
52 三维油气资源盆地数值模拟的理论和实际应用 2013.1 袁益让 韩玉笈 著
53 偏微分方程外问题——理论和数值方法 2013.1 应隆安 著
54 Geometric Partial Differential Equation Methods in Computational Geometry 2013.3 Guoliang Xu Qin Zhang
55 Effective Condition Number for Numerical Partial Differential Equations 2013.3 Zi-Cai Li Hung-Tsai Huang Yimin Wei Alexander H.-D. Cheng
56 积分方程的高精度算法 2013.3 吕 涛 黄 晋 著
57 能源数值模拟方法的理论和应用 2013.6 袁益让 著

58 Finite Element Methods 2013.6 Shi Zhongci　Wang Ming　著
59 支持向量机的算法设计与分析 2013.6　杨晓伟　郝志峰　著
60 后小波与变分理论及其在图像修复中的应用　2013.9　徐　晨　李　敏　张维强　孙晓丽　宋宜美　著
61 统计微分回归方程——微分方程的回归方程观点与解法　2013.9　陈乃辉　著